본서의 특징
- 2022년 소방시설관리사 시험 대비
- 소방시설관리사 맞춤 교재
- 최신 개정 및 제정 내용 모두 반영
- 유료 동영상 강의 교재

2022 개정 9판

두문자법에 의한

화재안전기준 및 소방관련법령

이민호 저

꼭! 합격 하세요

유료 동영상 강의

도서 내용 문의 - 4ittm4200@hanmail.net

궁금한 내용이나 질문 사항이 있으면 메일로 보내주세요.
자세한 답변드리겠습니다.

세진북스
www.sejinbooks.kr

머리말

- 소방은 "인명" 입니다.

스프링클러 하나로 수많은 사람을 구할 수 있는 것입니다.
소방시설관리사는 이렇듯 중요한 소방시설들을 유지·점검·관리하는 가치 있는 역할을 하고 있는 것입니다.
또한, 관리사 자격을 취득하는 순간 90세 평균수명시대에 맞추어 평생직장과 일을 확보하게 되는 것이지요.

관리사공부를 하는 분들 중에 너무 많은 분들이 5년 이상 고생하시는 것을 보고 가슴 아팠으며, 이 분들에게 실질적인 도움을 하나라도 드려야 한다는 생각으로 철학과 윤리를 바탕으로 이 책을 출간하고 강의하게 되었습니다.
다시 말씀드리지만 소방시설관리사의 1년 이내 조기합격의 열쇠는 "화재안전기준과 소방관련법령"의 암기가 핵심입니다.
단기간에 이들을 철저히 격파시킬 수 있도록 심혈을 기울여 편집하였음을 알려 드립니다.

- **본 교재의 특징**은
★ 관리사 맞춤교재입니다.
수많은 기준과 법령 전체를 망라한 교재는 수험서가 아니지요.
여기저기 방대하게 널려있는 법령들 중에서 관리사에 출제될 수 있는 문제들만으로 구성하였습니다.

★ 최근 개정 및 제정된 내용을 정확히 모두 반영하여 22회 시험의 준비서로 만들었습니다.
23회 시험은 다시 업데이트한 내용으로 발간될 것입니다.
★ 최소한의 분량으로 95% 이상 적중률을 감히 확신합니다.
핵심기준을 중심으로 중요도 표시와 두문자를 이용한 암기방법, 그리고 특히 법령은 중요예상문제 형태로 편집하였습니다.

"이것만 보면 화재안전기준과 소방관련법령은 끝이다."를 확신하며, 수험생 여러분들에게 자신 있게 추천 드립니다.

- 꼭 22회 시험에 모든 분들이 합격하시길 빕니다.
소방인으로서 성공하시고 철학과 윤리와 꿈을 간직하시길 소망합니다.

이민호 드림

소방시설관리사-시험의 핵심 제시

- 한방에 합격의 지름길을 알려드립니다.

결론 : 화재안전기준과 소방관련법령의 암기

1. 기출문제를 모두 분석한 결과, 특히 2차 시험의 당락은 화재안전기준과 법령의 암기라는 결론을 도출하였음.
   설계시공과 점검실무 과목 모두 70~80%의 비중을 차지하고 있습니다.

2. **설계시공**
   1) 화재안전기준 기술하는 문제 : 30~40%
   2) 화재안전기준(기본수치)을 이용한 계산 문제 : 30~40%
   3) 펌프, 유체역학, 소방전기기초 등 이론 관련 문제 : 10~30%

3. **점검실무**
   1) 화재안전기준 기술하는 문제 : 30~40%
   2) 소방관련법령 기술하는 문제 : 20~30%
   3) 점검실무(종합점검항목 포함) 문제 : 10~20%
   4) 방화셔터, 도시기호 등 관련 부수 문제 : 10~20%

분석 및 해결방안 제시 : 모든 기출문제를 상세히 분석하고, 해결방안을 제시하겠습니다.

교재 및 강의 : 소방시설관리사에 초점을 맞춘 이번의 맞춤 교재(세진북스)와 맞춤 강의(주경야독)로 99% 이상 해결할 수 있다고 자부합니다. 최소 내용, 가장 최근 내용, 정확한 내용, 핵심 예상문제 위주로 철학과 윤리를 바탕으로 수험생분들에게 진실로 도움이 되도록 접근했습니다.

– 화재안전기준과 소방관련법령은 이 한권으로 끝…

– 당연히 한방에 합격이지요.

차례

I 관리사 기출문제 요약-해결방안 제시

기출문제 분석 및 해결방안 제시 ——————————— 12

화재안전기준

01 소화기구 및 자동소화장치의 화재안전기준 (NFSC 101) ——— 60
02 옥내소화전설비의 화재안전기준(NFSC 102) ——————— 70
03 스프링클러설비의 화재안전기준(NFSC 103) ——————— 89
04 간이스프링클러설비의 화재안전기준(NFSC 103A) ———— 120
05 화재조기진압용 스프링클러설비의 화재안전기준
   (NFSC 103B) ——————————————————— 136
06 물분무소화설비의 화재안전기준(NFSC 104) ——————— 156
07 미분무소화설비의 화재안전기준(NFSC 104A) —————— 169
08 포소화설비의 화재안전기준(NFSC 105) ————————— 184
09 이산화탄소소화설비의 화재안전기준(NFSC 106) ————— 207

⑩ 할론소화설비의 화재안전기준(NFSC 107) —————————— 221

⑪ 할로겐화합물 및 불활성기체소화설비의 화재안전기준
(NFSC 107A) ————————————————————— 231

⑫ 분말소화설비의 화재안전기준(NFSC 108) —————————— 243

⑬ 옥외소화전설비의 화재안전기준(NFSC 109) ————————— 251

⑭ 고체에어로졸소화설비의 화재안전기준(NFSC 110) ————— 261

⑮ 비상경보설비 및 단독경보형감지기의 화재안전기준
(NFSC 201) —————————————————————— 268

⑯ 비상방송설비의 화재안전기준(NFSC 202) —————————— 271

⑰ 자동화재탐지설비 및 시각경보장치의 화재안전기준
(NFSC 203) —————————————————————— 274

⑱ 자동화재속보설비의 화재안전기준(NFSC 204) ———————— 294

⑲ 누전경보기의 화재안전기준(NFSC 205) ——————————— 295

⑳ 가스누설경보기의 화재안전기준(NFSC 206) ————————— 297

㉑ 피난기구의 화재안전기준(NFSC 301) ———————————— 300

㉒ 인명구조기구의 화재안전기준(NFSC 302) —————————— 308

㉓ 유도등 및 유도표지의 화재안전기준(NFSC 303) ——————— 310

㉔ 비상조명등의 화재안전기준(NFSC 304) ——————————— 318

㉕ 상수도소화용수설비의 화재안전기준(NFSC 401) ——————— 321

26 소화수조 및 저수조의 화재안전기준(NFSC 402) ——— 322
27 제연설비의 화재안전기준(NFSC 501) ——— 325
28 특별피난계단의 계단실 및 부속실 제연설비의 화재안전기준
(NFSC 501A) ——— 334
29 연결송수관설비의 화재안전기준(NFSC 502) ——— 349
30 연결살수설비의 화재안전기준(NFSC 503) ——— 358
31 비상콘센트설비의 화재안전기준(NFSC 504) ——— 367
32 무선통신보조설비의 화재안전기준(NFSC 505) ——— 371
33 지하구의 화재안전기준(NFSC 605) ——— 375
34 소방시설용비상전원수전설비의 화재안전기준(NFSC 602) ——— 386
35 도로터널의 화재안전기준(NFSC 603) ——— 392
36 고층건축물의 화재안전기준(NFSC 604) ——— 399
37 임시소방시설의 화재안전기준(NFSC 606) ——— 406

소방관련법규

01 소방기본법 · 시행령 · 시행규칙 —————————— 410
02 화재예방, 소방시설 설치 · 유지 및 안전관리에 관한 법률
   (약칭 : 소방시설법) · 시행령 · 시행규칙 —————————— 417
03 공공기관의 소방안전관리에 관한 규정 —————————— 504
04 소방시설공사업법 · 시행령 · 시행규칙 —————————— 505
05 다중이용업소 안전관리에 관한 특별법 · 시행령 · 시행규칙 —— 508
06 초고층 및 지하연계 복합건축물 재난관리 특별법 —————————— 527
07 건축법 · 시행령 · 시행규칙 —————————— 533
08 발코니 등의 구조변경 절차 및 설치기준 —————————— 545
09 건축물의 피난 · 방화구조 등의 기준에 관한 규칙 —————————— 547
10 건축물의 설비기준등에 관한 규칙 —————————— 559
11 방화문 및 자동방화셔터의 인정 및 관리기준 —————————— 564
12 여타 관련법령들 —————————— 567
13 소방시설 자체 점검 등에 관한 고시 —————————— 568
14 작동기능, 종합정밀 점검표 —————————— 573

관리사 기출문제 요약
—해결방안 제시

기출문제 분석 및 해결방안 제시

화재안전기준 및 소방관련법령기준

1회~21회 전체
(주로 최근 5~7회차 기출문제를 참고하시기 바람)

기출문제 분석 및 해결방안 제시

1. 점검실무

[제 1 회]

1. 도시기호 : 중계기, 이산화탄소저장용기, 물분무헤드, 자동방화문 폐쇄장치
   ➡ **분석 및 해결방안** : 도시기호 암기, 관련된 중요한 것만 암기
   아주 가끔 출제됨

2. 유도등 2선식과 3선식 비교
   ➡ **분석 및 해결방안** : 유도등 기초이론문제 숙지

3. 유도등 : 점멸기를 설치시 점등사유
   ➡ **분석 및 해결방안** : 화재안전기준. 암기

4. 옥외소화전설비 법정 점검장비
   ➡ **분석 및 해결방안** : 법령, 점검관련 기본문제, 암기

5. 위험물 안전관리자 선임대상
   ➡ **분석 및 해결방안** : 법령, 점검관련 기본문제, 암기

6. 연결살수설비 살수헤드 점검항목
   ➡ **분석 및 해결방안** : 종합점검항목, 암기.
   화재안전기준 암기로 응용 답안가능

7. 소방시설 자체점검 기록부 작성종목 8가지 작성요령
   ➡ **분석 및 해결방안** : 법령, 자체점검기록부 항목 암기

8. 누전경보기의 수신부 설치제외 장소
   ➡ **분석 및 해결방안** : 화재안전기준, 암기

9. S/P설비 말단 시험밸브의 시험작동시 확인사항
   ➡ **분석 및 해결방안** : 점검실무. 점검실무관련 이론 암기

10. S/P급수관구경(도표) / 설치된 헤드의 종류별 점검 착안사항

　◯ **분석 및 해결방안** : 화재안전기준 및 점검사항 , 암기

11. 고정포 소화설비의 종합정밀 점검방법

　◯ **분석 및 해결방안** : 종합점검항목, 암기,
　　　　　　　　　　　화재안전기준 암기로 응용 답안가능

[제 2 회]

1. 구성명칭, 작동순서, 작동후조치, 경보장치 작동시험방법

　◯ **분석 및 해결방안** : 밸브 작동 점검실무, 전형적인 점검실무문제
　　　　　　　　　　　숙지 및 암기

2. 전류전압측정계의 0점조정 콘덴서의 품질시험방법, 사용상 주의사항

　◯ **분석 및 해결방안** : 점검기구 시용 점검실무, 전형적인 점검실무문제
　　　　　　　　　　　숙지 및 암기

3. 화재표시작동시험, 도통시험, 공통선시험, 예비전원시험, 동시작동시험, 회로저항시험

　◯ **분석 및 해결방안** : 시험방법 점검실무, 전형적인 점검실무문제
　　　　　　　　　　　숙지 및 암기

4. 기동용압력스위치 압력챔버 셋팅방법

　◯ **분석 및 해결방안** : 압력챔버셋팅 점검실무, 전형적인 점검실무문제
　　　　　　　　　　　숙지 및 암기

5. 자체짐검 절차

　◯ **분석 및 해결방안** : 자체점검절차 점검실무, 전형적인 점검실무문제
　　　　　　　　　　　숙지 및 암기

[제 3 회]

1. 습식유수검지장치 : 시험작동시 현상, 시험작동방법

   ➡ **분석 및 해결방안** : 밸브 작동 점검실무, 전형적인 점검실무문제
   숙지 및 암기

2. 소방시설별 점검기구 도표완성 [전체]

   ➡ **분석 및 해결방안** : 점검기구, 전형적인 점검실무문제
   숙지 및 암기

3. 공기관식감지기의 작동시험방법과 주의사항

   ➡ **분석 및 해결방안** : 감지기 작동 점검실무, 전형적인 점검실무문제
   숙지 및 암기

4. 자동기동방식인 경우 펌프의 성능시험방법

   ➡ **분석 및 해결방안** : 펌프성능시험 점검실무, 전형적인 점검실무문제
   숙지 및 암기

5. CO_2계통도 : 작동순서, 분사헤드 설치제외 장소

   ➡ **분석 및 해결방안** : CO_2 작동순서 이론 및 화재안전기준
   숙지 및 암기

[제 4 회]

1. 작동시험방법, 명칭, 밸브의기능, 평상시유지상태

   ➡ **분석 및 해결방안** : 밸브 작동 점검실무, 전형적인 점검실무문제
   숙지 및 암기

2. 준비작동식S/P : 동작방법, 오동작원인

   ➡ **분석 및 해결방안** : 밸브 작동 점검실무, 전형적인 점검실무문제
   숙지 및 암기

3. 불연성 가스계 : 가스압력식 기동방식 점검시 오동작 방지대책

   ➡ **분석 및 해결방안** : 가스계점검시 안전조치사항, 전형적인 점검실무문제
   숙지 및 암기

4. 열감지기 시험기 : 계통도, 시험방법, 동작상태 확인방법

○ **분석 및 해결방안** : 열감지기시험기 점검실무, 전형적인 점검실무문제 숙지 및 암기

5. 봉인과 검인의 정의, 위치표시

○ **분석 및 해결방안** : 이론문제, 숙지 및 암기

[제 5 회]

1. CO_2 오작동시 미치는 영향 : 농도별

○ **분석 및 해결방안** : CO_2관련 이론문제, 숙지 및 암기

2. 피난기구 점검착안사항

○ **분석 및 해결방안** : 피난기구 점검실무, 전형적인 점검실무문제 숙지 및 암기

3. 펌프의 성능곡선과 각 시험방법

○ **분석 및 해결방안** : 펌프성능시험 점검실무, 전형적인 점검실무문제 숙지 및 암기

4. 급기가압제연설비 점검표 점검항목

○ **분석 및 해결방안** : 전실제연 점검항목 점검실무, 별도 암기필요 (중요한 점검항목)

5. 옥내소화전 방수압력측정방법, 방수량계산

○ **분석 및 해결방안** : 방수압력측정 점검실무, 전형적인 점검실무문제 숙지 및 암기

[제 6 회]

1. 이너젠가스저장용기, CO_2저장용기, 기동용가스용기 가스량산정(점검)방법

○ **분석 및 해결방안** : 가스계 용기관련 점검실무, 전형적인 점검실무문제 숙지 및 암기

2. 준비작동식밸브의 작동방법 및 복구방법

➡ **분석 및 해결방안** : 밸브 작동 점검실무, 전형적인 점검실무문제
　　　　　　　　　숙지 및 암기

3. P형1급수신기 : 각각 작동시험방법과 가부판정기준

➡ **분석 및 해결방안** : 수신기 작동 점검실무, 전형적인 점검실무문제
　　　　　　　　　숙지 및 암기

4. CO_2기동장치 설치기준 : 수동식, 자동식

➡ **분석 및 해결방안** : 화재안전기준, 암기

5. 소방용수시설의 수원기준과 종합정밀점검항목

➡ **분석 및 해결방안** : 화재안전기준 및 종합정검항목
　　　　　　　　　화재안전기준으로 해결가능

[제 7 회]

1. 준비작동실밸브 : 작동방법, 점검방법

➡ **분석 및 해결방안** : 밸브 작동 점검실무, 전형적인 점검실무문제
　　　　　　　　　숙지 및 암기

2. 비상콘센트설비 : 비상전원종류, 전원회로별 공급용량 종류, 최소회로수, 설치높이, 보호함 설치기준

➡ **분석 및 해결방안** : 화재안전기준, 암기

3. 작동기능점검과 종합정밀점검 : 대상, 자격, 횟수

➡ **분석 및 해결방안** : 법령, 전형적인 점검실무기본문제(중요한 사항임)

[제 8 회]

1. 방화구획기준

➡ **분석 및 해결방안** : 법령. 중요 관련법령 정리 및 암기

2. 유도등 : 평상시 점등상태, 예비전원감시등 점등원인, 3선식 유도등 점등원인

   ➡ **분석 및 해결방안** : 화재안전기준 및 유도등 이론, 전형적인 점검실무문제
   　　　　　　　　　숙지 및 암기

3. 종합정밀점검표 : 수조, S/P설비의 가압송수장치, 청정의 저장용기, 음향경보장치의 경보되는 층 표시

   ➡ **분석 및 해결방안** : 종합점검항목, 암기
   　　　　　　　　　화재안전기준으로 응용 답안가능

[제 9 회]

1. 특별피난계단의 계단실 및 부속실의 제연설비 종합정밀점검항목

   ➡ **분석 및 해결방안** : 종합점검항목, 전형적인 점검실무문제
   　　　　　　　　　(아주 중요 별도 암기 필요)

2. 다중이용업소 소방시설 종류

   ➡ **분석 및 해결방안** : 법령, 다중이용업법 정리 및 암기

3. 차동식분포형 공기관식 감지기 계통도 : 동작시험방법, 기준치 이상시와 미달시 원인

   ➡ **분석 및 해결방안** : 감지기 동작시험 점검실무, 전형적인 점검실무문제
   　　　　　　　　　숙지 및 암기

4. 펌프주변 계통도의 명칭 및 기능

   ➡ **분석 및 해결방안** : 펌프주변 계통도 점검실무, 전형적인 점검실무문제
   　　　　　　　　　숙지 및 암기

5. 충압펌프 5분마다 기동 및 정지 반복원인

   ➡ **분석 및 해결방안** : 충압펌프 고장진단 점검실무, 전형적인 점검실무문제
   　　　　　　　　　숙지 및 암기

6. 방수시험시 펌프 미기동 원인

   ➡ **분석 및 해결방안** : 방수시험 점검실무, 전형적인 점검실무문제
   　　　　　　　　　숙지 및 암기

[제 10 회]

1. 다중이용업소 : 비상구위치와 규격기준

▶ **분석 및 해결방안** : 법령, 다중이용업법 정리 및 암기

2. 종합정밀점검을 받아야 하는 공공기관의 대상

▶ **분석 및 해결방안** : 법령, 전형적인 점검실무문제. 숙지 및 암기

3. 2 이상의 특정소방대상물이 연결통로로 연결된 경우
- 하나의 소방대상물로 보는 조건중 내화구조로 벽이 없는 통로와 벽이 있는 통로 구분
- 하나의 소방대상물로 볼수 있는 조건
- 별개의 소방대상물로 볼수 있는 조건

▶ **분석 및 해결방안** : 법령, 관련법령 정리 및 암기(자주 출제되는 중요 문제)

4. CO_2소화설비
- 가스압력식 기동장치의 전자개방밸브 작동방법
- 교차회로 감지기 동시작동시 정상작동여부 판단 확인사항
- 소화약제 저장용기 설치장소기준

▶ **분석 및 해결방안** : CO_2 설비 점검방법 및 화재안전기준
　　　　　　　　　 전형적인 점검실무문제
　　　　　　　　　 숙지 및 암기 (중요문제)

5. 옥내소화전설비 : 감시제어반기능, 릴리프밸브 개방압력 조정방법

▶ **분석 및 해결방안** : 화재안전기준 및 점검실무, 전형적인 점검실무문제
　　　　　　　　　 숙지 및 암기 (중요 문제임)

[제 11 회]

1. S/P 설비의 감시제어반 도통시험 및 작동시험 확인회로

▶ **분석 및 해결방안** : 화재안전기준, 암기

2. 종합정밀점검표 : 시각경보장치, 청정의 수동식기동장치

▶ **분석 및 해결방안** : 종합점검항목, 숙지 및 암기
　　　　　　　　　 화재안전기준으로 응용 답안가능

3. 다중이용업소의 안전시설등 세부점검표의 점검항목

⬥ 분석 및 해결방안 : 법령, 다중이용업법 점검실무문제. 숙지 및 암기

4. 소방시설관리업자 : 영업정지시 경감처분요건중 경미한 위반사항

⬥ 분석 및 해결방안 : 법령, 관련법령 정리 및 암기

5. 강화된 화재안전기준을 적용하는 소방시설

⬥ 분석 및 해결방안 : 법령, 관련법령 정리 및 암기

6. 자동방화셔터 : 정의, 구조 및 감기기종류와 공칭작동온도 출입구 설치기준, 셔터 작동시 확인사항

⬥ 분석 및 해결방안 : 건축법, 방화셔터 관련 이론, 법령, 작동시험 숙지 및 암기

[제 12 회]

1. 불꽃감지기 설치기준

⬥ 분석 및 해결방안 : 화재안전기준, 암기

2. 광원점등방식의 피난유도선 설치기준

⬥ 분석 및 해결방안 : 법령, 관련법령 정리 및 암기

3. 피난구유도등 설치제외 기준

⬥ 분석 및 해결방안 : 화재안전기준, 암기

4. 일반대상물 및 공공기관의 점검시기와 점검면제기준

⬥ 분석 및 해결방안 : 법령, 전형적인 점검실무문제. 숙지 및 암기

5. 소방시설별 점검기구 : 소화기구, S/P, CO_2

⬥ 분석 및 해결방안 : 점검기구, 전형적인 점검실무문제. 숙지 및 암기

6. 숙박시설이 설치되지 않은 특정소방대상물의 수용인원산정기준

⬥ 분석 및 해결방안 : 법령, 관련법령 정리 및 암기

7. RTI식을 쓰고 설명

   ▶ 분석 및 해결방안 : 스프링클러 관련 이론문제, 기본이론 준비

8. S/P헤드에 반드시 표시사항

   ▶ 분석 및 해결방안 : 점검항목, 전형적인 점검실무문제. 숙지 및 암기

9. 유리벌브형과 퓨지블랭크형 표시온도에 따른 색상 [도표]

   ▶ 분석 및 해결방안 : 법령, 색상은 건별로 별도 정리사항

10. 도시기호 : 개방형헤드, 폐쇄형헤드, 프리액션밸브, 경보델류지밸브, 솔레노이드밸브

    ▶ 분석 및 해결방안 : 도시기호, 중요한 것 별도 정리, 가끔 출제됨

[제 13 회]

1. 연소방지도료 도포장소

   ▶ 분석 및 해결방안 : 화재안전기준, 암기

2. 거실제연설비 제어반 점검항목

   ▶ 분석 및 해결방안 : 종합점검항목
      제연설비 점검항목은 는 별도로 암기해야함

3. 유수검지장치 설치기준

   ▶ 분석 및 해결방안 : 화재안전기준, 암기

4. 공공기관 종합정밀점검 점검인력배치기준

   ▶ 분석 및 해결방안 : 법령, 전형적인 점검실무문제. 숙지 및 암기

5. 초고층 및 지하연계 복합건물 재난관리에 관한 특별 법령 관련 문제 (5문제)

   ▶ 분석 및 해결방안 : 법령, 정리 및 암기, 최근 제정된 특별법 중요

6. 위험물안전관리세부기준에서의 CO_2 설비 배관기준

   ▶ 분석 및 해결방안 : 법령, 화재안전기준으로 답해도 상당점수 가능

7. 포방출구 2형, 4형

　⬢ **분석 및 해결방안** : 포설비 기본 이론문제, 기본적인 문제 숙지

8. 다수인피난장비 설치기준

　⬢ **분석 및 해결방안** : 화재안전기준, 암기, 최근제정도된 설비 중요

[제 14 회]

1. 일시적으로 발생한 열·연기 또는 먼지 등으로 인하여 화재신호를 발신할 우려가 있는 장소에 설치장소별 적응성 있는 감지기를 설치하기위한 별표 2의 환경상태 구분 장소

　⬢ **분석 및 해결방안** : 자탐 화재안전기준 별표 2 암기 및 숙지

2. 정온식감지선형감지기 설치기준

　⬢ **분석 및 해결방안** : 화재안전기준 암기

3. 호스릴이산화탄소 소화설비의 설치기준

　⬢ **분석 및 해결방안** : 화재안전기준 암기

4. 옥외소화전설비에 표시해야할 표지의 명칭과 설치위치

　⬢ **분석 및 해결방안** : 화재안전기준 암기

5. 무선통신보조설비 종합정밀점검표에서 분배기, 분파기, 혼합기의 점검항목

　⬢ **분석 및 해결방안** : 화재안전기준 암기

6. 무선통신보조설비 종합정밀점검표에서 누설동축케이블등의 점검항목

　⬢ **분석 및 해결방안** : 종합정밀점검항목 암기

7. 예상제연구역의 바닥면적이 $400m^2$ 미만인 예상제연구역(통로인 예상제연구역 제외)에 대한 배출구의 설치기준

　⬢ **분석 및 해결방안** : 화재안전기준 암기

8. 제연설비 작동기능점검표에서 배연기의 점검항목 및 점검내용

　⬢ **분석 및 해결방안** : 작동기능점검항목 암기

9. 특정소방대상물(별표2)의 복합건축물 구분항목에서 하나의 건축물에 둘 이상의 용도로 사용되는 경우에도 복합건축물에 해당되지 않는 경우

   ● **분석 및 해결방안** : 소방관련법령(유지관리법) 암기

10. 소방방재청장의 형식승인을 받아야 하는 소방용품 중 소화설비, 경보설비, 피난설비를 구성하는 제품 또는 기기를 각각 쓰시오.

    ● **분석 및 해결방안** : 소방관련법령(유지관리법) 암기

11. 소방시설용비상전원수전설비 인입선 및 인입구 배선의 시설기준

    ● **분석 및 해결방안** : 화재안전기준 암기

12. 소방시설용비상전원수전설비에서 특별고압 또는 고압으로 수전하는 경우 큐비클형 방식의 설치기준 중 환기장치 설치기준

    ● **분석 및 해결방안** : 화재안전기준 암기

[제 15 회]

1-1 건축물의 구조상 비상구를 설치할 수 없는 경우

   ● **분석 및 해결방안** : 다중이용업소 관련 문제(소방방재청 고시 2006-8호)

1-2 불의 사용시 지켜야할 사항 중 보일러

   ● **분석 및 해결방안** : 소방기본법 중 일부 중요내용 숙지

1-3 임시소방시설을 설치한 것으로 보는 소방시설

   ● **분석 및 해결방안** : 최근 신설 내용. 유지관리법 시행령

1-4 밀폐구조의 영업장에 대한 정의, 밀폐구조의 영업장에 대한 요건

   ● **분석 및 해결방안** : 최근 용어 개정. 다중이용업소 특별법

2-1 종합정밀점검표에서 기타사항 확인표 중 피난·방화시설의 점검내용 8가지

   ● **분석 및 해결방안** : 종합정밀점검표 암기

2-2 작동기능점검표에서 수신기의 점검항목 및 점검내용 10가지

   ● **분석 및 해결방안** : 작동기능점검표 암기

2-3 소방시설 도시기호

⬤ **분석 및 해결방안** : 도시기호 숙지

2-4 이산화탄소설비의 종합정밀점검표에서 제어반 및 화재표시등의 점검항목 8가지

⬤ **분석 및 해결방안** : 종합정밀점검표 암기

3-1 행정처분 일반기준

⬤ **분석 및 해결방안** : 유지관리법 시행규칙 별표8

3-2 연기감지기 설치할 수 없는 장소 중 도금공장 또는 축전지실과 같이 부식성가스의 발생우려가 있는 장소에 감지기 설치시 유의사항

⬤ **분석 및 해결방안** : 자탐 화재안전기준 별표1

3-3 피난기구설치의 감소기준

⬤ **분석 및 해결방안** : 피난기구 화재안전기준 암기

[제 16 회]

1-1 압력챔버 공기교체방법

⬤ **분석 및 해결방안** : 점검실무교재 정리와 암기

1-2 제연설비에서
   1) 제연설비 설치대상 6가지

⬤ **분석 및 해결방안** : 유지관리법 정리와 암기

   2) 제연설비 면제기준

⬤ **분석 및 해결방안** : 유지관리법 정리와 암기

   3) 제연설비를 설치하여야 할 특정소방대상물 중 배출구 · 공기유입구의 설치 및 배출량 산정에서 이를 제외할 수 있는 부분(장소)

⬤ **분석 및 해결방안** : 화재안전기준 암기

화재안전기준 및 소방관련법령기준

1-3 종합정밀점검표에서
    1) 다중이용업소의 종합정밀점검시 "가스누설경보기" 점검내용 5가지

◐ 분석 및 해결방안 : 종합정밀점검 항목 암기

    2) 청정소화약제소화설비의 "개구부의 자동폐쇄장치" 점검항목 3가지

◐ 분석 및 해결방안 : 종합정밀점검 항목 암기

    3) 거실제연설비의 "기동장치" 점검항목 3가지

◐ 분석 및 해결방안 : 종합정밀점검 항목 암기

2-1 소방펌프 점검 시
    1) 에어락이라고 판단한 이유

◐ 분석 및 해결방안 : 점검 교재 숙지 및 점검실무 경험

    2) 적절한 대책

◐ 분석 및 해결방안 : 점검 교재 숙지 및 점검실무 경험

2-2 특피제연설비 점검항목에서
    1) 방연풍속 측정방법

◐ 분석 및 해결방안 : 점검항목 및 점검실무교재 숙지

    2) 유입공기 배출량 측정방법

◐ 분석 및 해결방안 : 점검항목 및 점검실무교재 숙지

2-3 소화설비에 사용하는 밸브류에서
    1) 명칭에 맞는 도시기호를 표시하고 그 기능을 기술

◐ 분석 및 해결방안 : 도시기호 정리와 암기

3-1 통로유도등에서
    1) 복도통로유도등 설치목적과 조도기준

◐ 분석 및 해결방안 : 화재안전기준 정리와 암기

    2) 계단통로유도등 설치목적과 조도기준

◐ 분석 및 해결방안 : 화재안전기준 정리와 암기

3-2 화재구역의 발신기를 눌렀을 경우
   1) 수신기에서 발신기 동작상황

● **분석 및 해결방안** : 점검실무교재 숙지 및 점검실무 경험

   2) 화재구역을 확인하는 방법

● **분석 및 해결방안** : 점검실무교재 숙지 및 점검실무 경험

3-3 P형 1급 수신기에서
   1) 수신기 절연저항 시험방법

● **분석 및 해결방안** : 점검실무교재 숙지 및 점검실무 경험

   2) 수신기 절연내력 시험방법

● **분석 및 해결방안** : 점검실무교재 숙지 및 점검실무 경험

   3) 절연저항시험과 절연내력시험 목적

● **분석 및 해결방안** : 점검실무교재 숙지 및 점검실무 경험

3-4 P형 수신기에서 지구경종이 작동되지 않는 원인 5가지

● **분석 및 해결방안** : 점검실무교재 숙지 및 점검실무 경험

[제 17 회]

1-1 설치장소별 감지기 적응성 - 설치할 수 있는 감지기의 종류별 설치조건
   1) "물방울이 발생하는 장소"에 설치할 수 있는 감지기의 종류별 설치조건을 쓰시오.
   2) "부식성가스가 발생할 우려가 있는 장소"에 설치할 수 있는 감지기의 종류별 설치조건을 쓰시오.

● **분석 및 해결방안** : 화재안전기준 암기

1-2 1) 무선통신보조설비를 설치하지 아니할 수 있는 경우의 특정소방대상물의 조건을 쓰시오.
   2) 분말소화설비의 자동식 기동장치에서 가스압력식 기동장치의 설치기준 3가지를 쓰시오.

● **분석 및 해결방안** : 화재안전기준 암기

1-3 「소방용품의 품질관리 등에 관한 규칙」에서 성능인증을 받아야 하는 대상의 종류
▶ 분석 및 해결방안 : 소방관련법령의 암기

1-4 소방시설 도시기호를 넣고 그 기능을 설명하시오.
▶ 분석 및 해결방안 : 소방관련법령의 암기

1-5 "소방시설을 설치하지 아니할 수 있는 특정소방대상물과 그에 따른 소방시설의 범위"를 쓰시오.
▶ 분석 및 해결방안 : 소방관련법령의 암기

1-6 (대상물내역) 내화구조의 건축물로서 소방대상물의 용도는 복합건축물, 지하3층, 지상11층으로 1개 층의 바닥면적은 1,000제곱미터……??(마무리해주세요)
1) 수원용량 (저수조 및 옥상수조)을 구하시오.
▶ 분석 및 해결방안 : 화재안전기준이용한 계산문제 숙지

2) 천장과 반자 사이에 스프링클러헤드를 화재안전기준에 적합하게 설치해야 하는 층과 스프링클러헤드가 설치되어야 하는 이유를 쓰시오.
▶ 분석 및 해결방안 : 화재안전기준 암기

3) 무부하시험, 정격부하시험 및 최대부하시험방법을 설명하고, 실제 성능시험을 실시하여 펌프성능시험곡선을 작성하시오.
▶ 분석 및 해결방안 : 점검실무 교재 숙지

2-1 건축물의 피난. 방화구조 등의 기준에 관한 규칙
1) 방화지구 내 외벽에 설치하는 창문 등으로서 연소할 우려가 있는 부분에 설치하는 설비를 쓰시오.
2) 피난용승강기 전용 예비전원의 설치기준을 쓰시오.
▶ 분석 및 해결방안 : 소방관련법령 암기

2-2 다중이용업소에 대한 화재위험평가를 해야 하는 경우를 쓰시오.
▶ 분석 및 해결방안 : 소방관련법령 암기

2-3 방화구획을 완화하여 적용할 수 있는 경우 7가지를 쓰시오.
▶ 분석 및 해결방안 : 소방관련법령 암기

2-4 제연설비 작동중에 거실에서 부속실로 통하는 출입문 개방에 필요한 힘을 계산하시오.

◐ 분석 및 해결방안 : 제연관련 계산문제 숙지와 화재안전기준 암기

2-5 연결송수관용 방수구에서 피토게이지(pitot gauge)로 측정한 방수압력이 72.54psi일 때 방수량(m^3/min)을 계산하시오.

◐ 분석 및 해결방안 : 점검관련 계산문제 숙지

3-1 종합정밀점검표에 관하여
    1) 화재조기진압용 스프링클러설비의 설치금지 장소 2가지를 쓰시오.

◐ 분석 및 해결방안 : 화재안전기준 암기

    2) 미분무소화설비의 가압송수장치 중 압력수조를 이용한 가압송수장치점검항목 4가지를 쓰시오.
    3) 승강식피난기 및 피난사다리 점검항목을 모두 쓰시오.

◐ 분석 및 해결방안 : 종합정밀점검항목 암기

3-2 소방시설관리사가 지상 53층인 건축물의 점검과정에서 설계도면상 자동화재탐지설비의 통신 및 신호배선방식의 적합성 판단을 위해 「고층건축물의 화재안전기준(NFSC 604)」에서 확인해야할 배선관련 사항을 모두 쓰시오.

◐ 분석 및 해결방안 : 고층건축물화재안전기준 암기

3-3 소방기본법령상 특수가연물의 저장 및 취급 기준을 쓰시오.

◐ 분석 및 해결방안 : 소방관련법령 암기

3-4 포소화약제 저장탱크 내 약제를 보충하고자 한다. 다음 그림을 보고 그 조작순서를 쓰시오.

◐ 분석 및 해결방안 : 점검실무교재 숙지 및 점검실무 경험

3-5 점검자의 실수로 감지기 A, B가 동시에 작동하여 소화약제가 방출되기 전에 해당 방호구역 앞에서 점검자가 즉시 적절한 조치를 취하여 약제방출을 방지했다.
    1) 조치를 취한 장치의 명칭 및 설치위치
    2) 조치를 취한 장치의 기능

◐ 분석 및 해결방안 : 점검실무교재 숙지 및 점검실무 경험

3-6 지하 3층 지상5층 복합건축물의 소방안전관리자가 소방시설을 유지·관리하는 과정에서 고의로 제어반에서 화재발생 시 소화펌프 및 제연설비가 자동으로 작동되지 않도록 조작하여 실제 화재가 발생했을 때 소화설비와 제연설비가 작동하지 않았다.
  1) 소방안전관리자의 위반사항과 그에 따른 벌칙을 쓰시오.
  2) 위 사례에서 화재로 인해 사람이 상해를 입은 경우, 소방안전관리자가 받게 될 벌칙을 쓰시오.

▶ **분석 및 해결방안** : 소방관련법규 및 점검실무 교재 숙지

[제 18 회]

1-1 R형 복합수신기 화재표시 및 제어기능
  1) 화재표시창 확인사항 5가지
  2) 제어표시창 확인사항 5가지

▶ **분석 및 해결방안** : 점검현장실무, 형식승인 및 제품검사기술기준

1-2 R형 복합수신기 중계기 통신램프 점멸되지 않을 경우 발생원인과 확인절차

▶ **분석 및 해결방안** : 점검실무 이론강의

1-3 화재신호가 정상출력되었으나 동력제어반의 전로기구 및 관리상태 이상으로 소방펌프가 자동기동이 되지 않을 수 있는 주요원인 5가지

▶ **분석 및 해결방안** : 점검실무 이론 강의

1-4 소방펌프용 농형유도전동기에서 Y결선과 △결선의 피상전력이 $Pa = \sqrt{3}\,VI[VA]$ 으로 동일함을 전류, 전압을 이용하여 증명하시오.

▶ **분석 및 해결방안** : 소방전기 이론 강의 (점검실무이론 강의에서 설명)

1-5 아날로그 감지기
  1) 감지기의 동작특성 설명
  2) 감지기의 시공방법 설명
  3) 수신반 회로수 산정에 대하여 설명

▶ **분석 및 해결방안** : 점검실무이론 강의, 현장실무

1-6 중계기 점검 중 감지기가 정상동작 하여도 중계기가 신호입력을 못 받을 때의 확인절차를 쓰시오.

▶ **분석 및 해결방안** : 점검실무이론 강의, 현장실무

2-1 물계통 소화설비의 관부속(90도 엘보, 티(분류)) 및 밸브류(볼밸브, 게이트밸브, 체크밸브, 앵글밸브) 상당 직관정(등가길이)이 작은 것부터 순서대로 도시기호를 그리시오.

⊙ 분석 및 해결방안 : 점검실무이론 강의

2-2 "소방시설 자체점검사항 등에 관한 고시" 중 소방시설외관점검표에 의한 스프링클러, 물분무, 포소화설비의 점검내용 6가지를 쓰시오.

⊙ 분석 및 해결방안 : 소방관련법령 암기

2-3 고시원 영업장에 설치된 간이스프링클러 작동기능점검과 종합정밀점검내용을 모두 쓰시오.

⊙ 분석 및 해결방안 : 소방관련법령 암기

2-4 특별피난계단의 계단실 및 부속실 제연설비를 화재안전기준(NFSC 501A)에 의하여 설치한 경우 "시험, 측정 및 조정 등"에 관한 "제연설비 시험 등의 실시 기준"을 모두 쓰시오.

⊙ 분석 및 해결방안 : 화재안전기준 암기

3. 종합정밀점검표에 관하여
3-1 피난안전구역에 설치하는 소방시설 중 제연설비 및 휴대용비상조명등의 설치기준을 고층 건축물의 화재안전기준에 따라 각각 쓰시오.

⊙ 분석 및 해결방안 : 화재안전기준 암기

3-2 연소방지시설의 화재안전기준(NFSC 506)에 관하여
  1) 연소방지도료와 난연테이프의 용어 정의
  2) 방화벽의 용어정의와 살치기준

⊙ 분석 및 해결방안 : 화재안전기준 암기

3-3 승강식피난기&피난사다리 점검항목을 모두 쓰시오.

⊙ 분석 및 해결방안 : 종합정밀점검항목 암기

3-4 1) LCX 케이블(LCX-FR-SS-42D-146)의 표시사항을 빈 칸에 쓰시오.

⊙ 분석 및 해결방안 : 점검실무 이론 강의

  2) 위험물안전관리법 시행규칙에 따른 제5류 위험물에 적응성 있는 대형, 소형 소화기의 종류를 모두 쓰시오.

⊙ 분석 및 해결방안 : 위험물 이론 숙지, 화재안전기준

[제 19 회]

1-1 공동주택 옥내소화전 작동기능점검
    1) 점검내용
    2) 방사시간, 방사압력, 방사거리에 대한 가부판정 기준

➡ **분석 및 해결방안** : 소방관련법령 (작동기능점검표) 암기

1-2 아파트 지하주차장 준비작동식밸브의 작동기능점검을 위하여
    1) 준비작동식밸브를 작동시키는 방법 모두 기술
    2) 작동기능점검후 복구절차 9단계 ( ) 채우기

➡ **분석 및 해결방안** : 점검실무 교재 및 이론강의

1-3 이산화탄소소화설비 종합정밀점검시 "전원 및 배선"에 대한 점검항목 중 5가지 쓰시오.

➡ **분석 및 해결방안** : 소방관련법령 (종합정밀점검표 점검항목) 암기

1-4 주요구조부가 내화구조인 장소에 공기관식차동식분포형 감지기가 설치됨
    1) 공기관식차동식분포형 감지기의 설치기준

➡ **분석 및 해결방안** : 화재안전기준 암기

    2) 공기관식차동식분포형 감지기의 작동계속시험 방법 ( ) 넣기
    3) 동 시험결과 작동지속시간이 기준치미만으로 측정될 경우. 이러한 결과가 나는 경우의 조건 3가지

➡ **분석 및 해결방안** : 점검실무 교재 및 이론강의

1-5 자동화재탐지설비의 작동기능점검 실시
    1) 수신기에 관한 점검항목과 점검내용 ( ) 넣기

➡ **분석 및 해결방안** : 소방관련법령 (작동기능점검표) 암기

    2) 수신기 예비전원감시등 소등상태일 때, 예상 원인과 점검방법 ( ) 넣기

➡ **분석 및 해결방안** : 점검실무 교재 및 이론강의

2-1 유지관리법에 따른 소방시설의 종류에서
    1) 단독경보형감지기를 설치해야 하는 특정소방대상물 쓰시오.
    2) 시각경보기를 설치해야 하는 특정소방대상물 쓰시오.
    3) 자동화재탐지설비와 시각경보기 점검에 필요한 점검장비를 쓰시오.

➡ **분석 및 해결방안** : 소방관련법령(유지관리법) 숙지 및 강의

2-2 소화설비 펌프주위 배관도를 제시하고
  1) 소방시설도시기호 명칭 및 기능

➡ **분석 및 해결방안** : 소방관련법령 숙지 및 강의 점검실무 이론강의

  2) 점선부분(성능시험배관) 설치기준

➡ **분석 및 해결방안** : 화재안전기준 암기

  3) 펌프성능시험 방법을 순서대로 쓰시오. (보기에서 골라 채우기)

➡ **분석 및 해결방안** : 점검실무 교재 및 이론강의

2-3 소방시설관리사시험 응시자격애서 소방안전관리자의 요구 실무경력

➡ **분석 및 해결방안** : 소방관련법령 숙지 및 강의

2-4 제연구역
  1) 설치장소에 대한 구획기준
  2) 제연구획의 설치기준

➡ **분석 및 해결방안** : 화재안전기준 암기

3-1 이산화탄소 소화설비에서
  1) 이산화탄소 소화설비의 비상스위치 작동점검순서

➡ **분석 및 해결방안** : 점검실무 교재 및 이론강의

  2) 분사헤드 설치기준

➡ **분석 및 해결방안** : 화재안전기준 암기

3-2 자동화재탐지설비
  1) 중계기설치기준 3가지

➡ **분석 및 해결방안** : 화재안전기준 암기

  2) 설비별 중계기 입력 및 출력 회로수를 구분하여 쓰시오.

➡ **분석 및 해결방안** : 점검실무 이론 및 강의, 현장 실무

  3) 광전식분리형감지기 설치기준 6가지

➡ **분석 및 해결방안** : 화재안전기준 암기

4) 취침. 숙박 등 거실에 설치해야하는 연기감지기설치대상 특정소방대상물 4가지

➡ **분석 및 해결방안** : 소방관련법령, 화재안전기준 숙지

3-3 연소방지설비 방수헤드 설치기준 3가지

➡ **분석 및 해결방안** : 화재안전기준 숙지

3-4 간이스프링클러설비의 간이헤드 사용기준

➡ **분석 및 해결방안** : 화재안전기준 숙지

[제 20 회]

1-1 복합건축물에 대한 세부내용을 제시하고……
  1) 유지관리법상 설치되어야 하는 소방시설 종류 6가지 기술하기

➡ **분석 및 해결방안** : 소방관련법령 암기 및 실제 적용 연습

  2) 화재안전기준상 연결송수관설비 방수구 설치제외 가능한 층과 제외기준을 위의 조건을 적용하여 쓰시오.

➡ **분석 및 해결방안** : 화재안전기준 암기 및 실제 적용 연습

  3) 3층을 노인의료복지시설로 용도변경하려고 한다.
    ① 유지관리법상 2층에 추가로 설치되어야 하는 소방시설을 쓰시오.

➡ **분석 및 해결방안** : 화재안전기준 암기 및 실제 적용 연습

    ② 소방기본법상 불꽃을 사용하는 용접·용단하는 작업장에서 지켜야 하는 사항을 쓰시오

➡ **분석 및 해결방안** : 소방관련법령 (소방기본법) 암기

  4) 2층에 일반음식점 영업을 하려고 한다.
    ① 다중이용업소특별법상 비상구에 부속실을 설치하는 경우 부속실입구의 문과 부속실에서 건물외부로 나가는 문에 설치해야 하는 추락 등의 방지를 위한 시설들을 각각 기술하시오.
    ② 다중이용업소특별법상 안전시설 등 세부점검표의 점검사항중 피난설비 작동기능점검 및 외관점검에 관한 확인사항 4가지를 기술하시오.

➡ **분석 및 해결방안** : 소방관련법령 (다중이용업소 특별법) 암기

1-2
1) 특별피난계단 제연설비 화재안전기준상 방연풍속 측정방법, 측정결과 부적합시 조치방법을 각각 쓰시오.

◎ 분석 및 해결방안 : 화재안전기준 암기와 숙지

2) 특별피난계단 제연설비의 성능시험조사표에서 송풍기풍량측정 일반사항 중 측정점에 대하여 쓰고 풍속 풍량 계산식을 각각 쓰시오.

◎ 분석 및 해결방안 : 점검실무 교재 및 이론강의 숙지
성능시험조사표 숙지

3) 수신기의 기록장치에 저장해야 하는 데이터 내용들 기술하기

◎ 분석 및 해결방안 : 점검실무 이론강의, 현장실무

4) 미분무소화설비 화재안전기준상 미분무 정의, 사용압력 분류

◎ 분석 및 해결방안 : 화재안전기준 암기

2-1 점검인력 배치기준에서
1) 대상용도와 가감계수 빈칸 채우기
2) 지하구 자체점검에서
① 지하구의 실제점검면적 산출
② 한쪽 측벽에 소방시설이 설치되어 있는 터널의 실제 점검면적을 산출
③ 한쪽 측벽에 소방시설이 설치되어 있지 않는 터널의 실제 점검면적

◎ 분석 및 해결방안 : 소방관련법령(유지관리법) 숙지

2-2 소방시설 자체점검 등에 관한 고시에서
1) 통합감시시설 종합점검시 주, 보조수신기 점검항목을 쓰시오.
2) 거실제연설비 종합점검시 송풍기 점검항목을 쓰시오.

◎ 분석 및 해결방안 : 소방관련법령(종합정밀점검항목) 암기

2-3 자동화재탐지설비 화재안전기준에서
1) 연기감지기를 설치할 수 없는 경우 건조실 등에 설치할 수 있는 적응 열감지기 종류 3가지 쓰시오.

◎ 분석 및 해결방안 : 화재안전기준 암기 및 적용 연습

2) 종단저항 설치기준 기술하시오.

◎ 분석 및 해결방안 : 화재안전기준 암기

3-1 소방시설 자체점검사항 등 고시에서 규정하고 있는 조사표에서
　　1) 내진설비 성능시험 조사표의 종합정밀점검표 중 가압송수장치, 지진분리 이음, 수평배관 흔들림방지 버팀대의 점검항목을 각각 쓰시오.
　　2) 미분무소화설비 성능시험 조사표 중 "설계도서 등"의 점검항목을 쓰시오.

◉ 분석 및 해결방안 : 내진성능시험 조사표 암기

3-2 다중이용업소 특별법상 비상구 공통기준중 비상구 구조, 문이 열리는 방향, 문의 재질에 관하여 규정된 내용을 쓰시오.

◉ 분석 및 해결방안 : 소방관련법령 (다중이용업소특별법) 암기

3-3 옥내소화전 화재안전기준에서
　　1) 내화전선의 내화성능을 설명하시오.
　　2) 내열전선의 내열성능을 설명하시오.

◉ 분석 및 해결방안 : 화재안전기준 암기

[제 21 회]

1-1 비상경보설비 및 단독경보형감지기 화재안전기준 중 발신기 설치기준(괄호 채우기)

◉ 분석 및 해결방안 : 화재안전기준 암기

1-2 옥내소화전 화재안전기준에서 소방용합성수지배관을 시용할 수 있는 경우 쓰기

◉ 분석 및 해결방안 : 화재안전기준 암기

1-3 옥내소화전 방수압력 점검시 방수량과 유속 계산하기

◉ 분석 및 해결방안 : 점검실무 숙지하기, 기본계산문제 연습

1-4 소방시설 자체점검 고시의 소방시설 외관점검표에 대하여 답하시오.
　　1) 소화기의 점검내용 5가지를 쓰시오.
　　2) 스프링클러설비의 점검내용 6가지를 쓰시오.

◉ 분석 및 해결방안 : 소방관련법령(자체점검사항등에 관한 고시) 암기

1-5 소방점검 중 다음 사항이 발생시 이에 대한 원인과 조치방법을 쓰시오.
　　1) 아날로그 감지기 통신선로의 단선표시등 점등
　　2) 습식스프링클러설비의 충압펌프의 잦은 기동과 정지

◉ 분석 및 해결방안 : 점검실무 강의 숙지 및 점검현장 실무 숙지

2-1 작동기능, 종합정밀 점검표에서
　　1) 제연설비 배출기의 점검항목 5가지를 쓰시오.
　　2) 분말소화설비 가압용 가스용기의 점검항목 5가지를 쓰시오.

◘ 분석 및 해결방안 : 소방관련법령(자체점검사항등에 관한 고시) 암기

2-2 건축물 피난, 방화구조 등의 기준에 관한 규칙에 대하여
　　1) 건축물의 바깥쪽에 설치하는 피난계단의 구조기준 4가지를 쓰시오.
　　2) 하향식 피난구 구조기준 6가지를 쓰시오.

◘ 분석 및 해결방안 : 소방관련법령 교재(건축관련법령) 암기

2-3 비상조명등 화재안전기준 내용 괄호 넣기

◘ 분석 및 해결방안 : 화재안전기준 암기

2-4 유도등 및 유도표지 화재안전기준에서 3선식 배선의 경우 점등되어야 하는 때에 해당하는 것 5가지

◘ 분석 및 해결방안 : 화재안전기준 암기

3-1 할론 1301 약제저장용기 약제저장량 측정에서
　　1) 액위측정법을 설명하시오.
　　2) 레벨메터 각 부품의 명칭을 쓰시오.
　　3) 레벨메터 사용시 주의사항 6가지를 쓰시오.

◘ 분석 및 해결방안 : 점검실무 강의 숙지 및 점검현장 실무 숙지

3-2 자동소화장치에 대하여
　　1) 가스용 주방 자동소화장치를 사용하는 경우 탐지부 설치위치를 쓰시오.

◘ 분석 및 해결방안 : 화재안전기준 암기

　　2) 작동기능. 종합정밀 점검표에서 상업용 주방 자동소화장치의 점검항목을 쓰시오.

◘ 분석 및 해결방안 : 소방관련법령 (자체점검사항등에 관한 고시) 암기

3-3 준비작동식 스프링클러 전기계통도 (R형 수신기) 이다. 최소 배선 수 및 회로 명칭을 각각 쓰시오.

◘ 분석 및 해결방안 : 점검실무 강의 숙지

3-4 전실 제연설비에 대하여
　　1) 자체점검사항 등에 대한 고시의 성능시험조사표에서 부속실 제연설비의 "차압 등" 점검항목 4가지를 쓰시오.

◯ **분석 및 해결방안** : 소방관련법령(자체점검사항등에 관한 고시) 암기

　　2) 전층이 닫힌 상태에서 차압이 과다한 원인 3가지를 쓰시오.
　　3) 방연풍속이 부족한 원인 3가지를 쓰시오.

◯ **분석 및 해결방안** : 점검실무 강의 숙지 및 점검현장 실무 숙지

2. 설계시공

[제 1 회]

1. 자탐의 다중전송방식의 특징
   ● 분석 및 해결방안 : 다중전송 이론, 기본이론 숙지

2. 포소화설비의 약제혼합방식
   ● 분석 및 해결방안 : 포 약제 이론, 기본이론 숙지

3. 옥내소화전 : 전동기용량 구하기
   ● 분석 및 해결방안 : 펌프 이론, 기본이론 숙지 및 계산문제 준비

4. 분말소화설비의 장점
   ● 분석 및 해결방안 : 분말 약제 이론, 기본이론 숙지

5. 물올림장치 설치기준
   ● 분석 및 해결방안 : 화재안전기준 , 암기

6. 공동현상 : 발생원인, 발생현상, 방지대책
   ● 분석 및 해결방안 : 펌프 관련 기본 이론, 기본이론 숙지

7. 연기감지기에서 광전식 감지기의 구조원리
   ● 분석 및 해결방안 : 감지기 기본 이론, 기본이론 숙지

8. 건식S/P 급속개폐장치 종류 2가지 : 엑셀레이터, 익져스터
   ● 분석 및 해결방안 : 스프링클러 이론, 기본이론 숙지

9. 일제개방밸브의 감압방식과 가압방식 비교
   ● 분석 및 해결방안 : 밸브 점검관련 이론, 밸브기본이론 숙지

10. 준비작동식 S/P설비의 작동과정을 2단계로 구분
    ● 분석 및 해결방안 : 밸브 이론, 기본이론 숙지 및 화재안전기준 암기

[제 2 회]

1. 자탐설비의 간선수 구하기, 중계기 설치기준

　▶ **분석 및 해결방안** : 자탐 간선수, 화재안전기준
　　　　　　　　　　자탐이론 숙지 및 화재안전기준 암기

2. S/P설비 : 배관내경 구하기, 헤드배치방식 및 헤드설치시 유의사항, 습식 S/P설비 특징

　▶ **분석 및 해결방안** : SP 배관, 헤드 관련 계산 및 이론
　　　　　　　　　　기본이론 숙지 및 계산문제 준비

3. CO_2소화설비 : 배관시공기준, 재료사용기준

　▶ **분석 및 해결방안** : CO_2 배관 이론. 기본이론 숙지

4. 비상전원수전설비의 저압수전계통도

　▶ **분석 및 해결방안** : 화재안전기준, 암기

5. 옥내소화전설비 : 토출량, 전양정, 펌프용량, 수원용량 구하기

　▶ **분석 및 해결방안** : 화재안전기준 이용한 계산문제
　　　　　　　　　　기본수치 암기 및 계산문제 연습

[제 3 회]

1. CO_2소화설비 : 저장용기실 계통도, 소화가스농도 구하기

　▶ **분석 및 해결방안** : CO_2 이론 및 계산문제
　　　　　　　　　　기본이론 및 기본수치 이용한 계산문제 연습

2. P형과 R형 수신기 비교

　▶ **분석 및 해결방안** : 수신기 기본이론, 기본이론 숙지

3. 가압펌프 : 성능특성곡선, 수온상승 방지장치 종류 및 설치기준

　▶ **분석 및 해결방안** : 펌프 관련 기본이론, 기본이론 숙지

4. S/P설비의 가압송수장치 : 괄호넣기

　▶ **분석 및 해결방안** : 화재안전기준, 암기

5. 분말소화설비 : 폐쇄형S/P헤드 설치기준, 배관설치시 주의사항

　▶ **분석 및 해결방안** : 화재안전기준 및 기본이론, 암기

[제 4 회]

1. S/P설비 : 전양정, 분당토출량, 전효율, 동력 구하기

　▶ **분석 및 해결방안** : 계산문제
　　　　　　　　　화재안전기준 기본수치 이용한 계산문제 연습

2. S/P설비 : 헤드선정방법, 헤드 부착시 주의사항

　▶ **분석 및 해결방안** : SP 헤드 이론, 기본이론 숙지

3. 청정소화약제 :
　• 화학식, 상품명, 작동시간, 소화원리
　• 청정, 할론, CO_2 특성 비교
　• ODP 와 GWP에 대하여 설명

　▶ **분석 및 해결방안** : 청정약제 이론 및 화재안전기준, 기본이론 숙지
　　　　　　　　　화재안전기준 암기

4. 감지기 종별 설치개수 구하기

　▶ **분석 및 해결방안** : 계산문제, 화재안전 기본수치 이용한 계산문제 연습

5. 감지기 전선수 구하기

　▶ **분석 및 해결방안** : 전선가닥수 계산. 자탐관련 계산문제 연습

6. 교차회로방식으로 설치하지 않아도 되는 감지기 종류

　▶ **분석 및 해결방안** : 화재안전기준, 암기

[제 5 회]

1. 미완성도면 작성 및 전선가닥수 구하기, 시스템 동작과정 순서대로 설명

　▶ **분석 및 해결방안** : 자탐 관련 이론, 기본이론 숙지

2. CO_2 소화설비 : 약제량, 선택밸브이후 유량, 최소용기수, 체크밸브 개수 구하기

➡ 분석 및 해결방안 : CO_2 기본 계산문제
　　　　　　　　　화재안전기준기본수치이용한 계산문제 연습

3. S/P설비 : 배관구경, 마찰손실수두 구하기

➡ 분석 및 해결방안 : SP 계산문제, 기본수치 이용한 계산문제 연습

4. 위험물 옥외저장탱크에 포소화설비 : 포소화약제량, 고정포방출구수, 펌프토출량 계산

➡ 분석 및 해결방안 : 고정포 계산문제, 홈챔버 계산문제 연습
　　　　　　　　　(전형적인 계산문제임)

5. 자탐설비 : 종단저항 설치목적, 내화배선회로, 내화공사방법

➡ 분석 및 해결방안 : 화재안전기준, 암기

[제 6 회]

1. 드렌처설비 : 일반적인사항, 배관시주의사항 및 설치기준

➡ 분석 및 해결방안 : 드렌처 화재안전기준 및 이론, 암기 및 기본이론 숙지

2. 펌프 성능시험배관 시공방법 설명

➡ 분석 및 해결방안 : 화재안전기준, 암기

3. 옥내소화전 : 피토게이지 측정위치, 최고위층 소화전 방수압력 측정방법, 노즐유량 공식유도, 방사압 0.7MPa 초과시 미치는 영향, 감압방식종류 및 설명

➡ 분석 및 해결방안 : 옥내소화전 방수압측정
　　　　　　　　　기본이론 숙지 및 공식유도 준비

4. 할론1301 : 최소약제량, 저장용기수, 감지기 설치개수, 감지기 회로수, 헤드분구면적 구하기, 강관의 경우 재료기준, Soaking Time 설명

➡ 분석 및 해결방안 : 할론 계산문제 및 이론
　　　　　　　　　기본 계산문제 준비 연습 및 이론숙지

5. 제연설비 : 소요배출량, 흡입측풍도 최소폭, 축동력, 회전수, 송풍기의 전압 구하기, 풍량증가시 전동기 사용여부, 송풍기와 전동기를 연결시 설치기준, 제연용송풍기 특징

　▶ 분석 및 해결방안 : 거실제연 계산문제
　　　　　　　　　　화재안전기준 이용한 계산문제 연습 및 기본이론 숙지

[제 7 회]

1. 제연설비의 제연구획 기준

　▶ 분석 및 해결방안 : 화재안전기준, 암기

2. 옥내소화전의 감압장치방식 4가지

　▶ 분석 및 해결방안 : 수계설비의 기본이론문제, 기본이론 숙지

3. 신축이음종류 3가지 이상

　▶ 분석 및 해결방안 : 기본이론 문제, 기본이론 숙지

4. 포소화설비의 혼합장치 4가지

　▶ 분석 및 해결방안 : 포 소화설비 이론, 기본이론 숙지

5. S/P설비 하향식헤드 설치기준

　▶ 분석 및 해결방안 : 화재안전기준, 암기

6. CO_2소화설비의 교차회로방식일때 구성기기 동작순서

　▶ 분석 및 해결방안 : CO_2 설비 이론, 기본이론 숙지

7. 감시제어반에서 확인되어야하는 S/P의 구성기기 비정상 상태 감시신호 4가지

　▶ 분석 및 해결방안 : SP 설비 이론, 기본이론 숙지 및 화재안전기준 암기

8. 옥내 + S/P설비 겸용 : 토출량과 전동기동력, 수원량, 토출측 주배관 최소값, 방호구역수 구하기, 옥내소화전과 호스릴옥내소화전 비교

　▶ 분석 및 해결방안 : 수계설비 계산문제, 화재안전기준 이용한 계산문제 연습

[제 8 회]

1. 옥외소화전 : 계통도 도시 및 기구등 이름. 안전밸브와 릴리프밸브 차이점, 릴리프밸브 압력설정방법, 소화전 동파방지 시공시 유의사항 2가지

▶ **분석 및 해결방안** : 수계설비의 이론, 기본이론 숙지

2. 콘루프형 위험물저장 옥외탱크 : 포소화약제 저장량 구하기
[고정포, 보조포, 송액관]

▶ **분석 및 해결방안** : 포 약제 계산문제, 포 관련 계산문제 연습

3. S/P설비 : 설치헤드수, 수원량 구하기

▶ **분석 및 해결방안** : SP 관련 계산문제, 화재안전기준 이용한 계산문제 연습

[제 9 회]

1. 할로겐화합물 청정소화약제 최소약제량 구하기

▶ **분석 및 해결방안** : 할론 약제량 계산문제
　　　　　　　　　　화재안전기준 기본수치 이용한 계산문제 연습

2. 길이 3000m 터널에 설치할 수 있는 소방시설 종류

▶ **분석 및 해결방안** : 터널화재안전기준, 암기 및 숙지

3. 제연설비의 전동기 동력구하기

▶ **분석 및 해결방안** : 동력 계산문제, 기본 계산문제 연습

4. 부속실제연설비 제어반 기능

▶ **분석 및 해결방안** : 화재안전기준, 암기

5. 자탐설비의 경계구역수 구하기

▶ **분석 및 해결방안** : 자탐 계산문제
　　　　　　　　　　화재안전기준 암기 및 응용한 계산문제 연습

6. 지상1층 발화시 비상방송 경보되어야할 층

▶ **분석 및 해결방안** : 우선경보
　　　　　　　　　　화재안전기준 암기 및 응용 계산문제 연습

7. 자탐설비의 괄호 넣기 [감시상태]
   ● 분석 및 해결방안 : 화재안전기준, 암기

[제 10 회]

1. 청정소화약제 : 용어의 정의, 설치제외장소, 최대허용설계농도가 가장 높은 약제 및 낮은 약제, 과압배출구 설치장소, 자동폐쇄장치설치기준, 저장용기 재충전 및 교체기준[할로겐, 불활성]
   ● 분석 및 해결방안 : 화재안전기준, 암기

2. 부속실 제연설비 : 제연방식, 제연구역 선정기준
   ● 분석 및 해결방안 : 화재안전기준, 암기

3. 차압구하고 40Pa과 비교
   ● 분석 및 해결방안 : 차압관련 계산문제, 기본적인 계산문제 연습

4. 폐쇄형S/P설비 ; 최소압력, 방수량, 구간유량, 구간최소내경 구하기
   ● 분석 및 해결방안 : 수계설비 계산문제, 기본적인 계산문제 연습

[제 11 회]

1. 흡입측배관 마찰손실수두, 유효흡입양정 구하기, 필요흡입양정의 운전가능여부 판단 및 근거
   ● 분석 및 해결방안 : 공동현상 관련 이론 및 계산문제, 수계 기본이론 숙지

2. 물분무소화설비 : 최소토출량, 최소수원량 구하기, 전기기기 이격기준 [표]작성, 배수설비 설치기준
   ● 분석 및 해결방안 : 화재안전기준 및 계산문제, 암기, 기본 계산문제 연습

3. 단독경보형감지기 최소설치수량과 근거
   ● 분석 및 해결방안 : 화재안전기준, 암기

4. 자탐설비의 비화재보 설치감지기 종류 8가지, 일반감지기를 설치할 수 있는 조건
   ● 분석 및 해결방안 : 화재안전기준, 암기

5. P형1급 수신기 : 감지기의 종단저항, 감시전류 및 동작전류 구하기

　◆ 분석 및 해결방안 : 자탐 관련 계산문제, 기본 계산문제 정리 및 연습

[제 12 회]

1. 옥내 + S/P 겸용 : 전양정, 저수조량, 토출량, 동력 구하기, 옥상수조 부속장치 5가지, 방수구 설치제외장소 5가지, 감시제어반과 동력제어반을 구분하여 미설치하는 4가지

　◆ 분석 및 해결방안 : 수계설비 계산문제 및 화재안전기준, 암기
　　　　　　　　　　 기본 계산문제 연습

2. 주방설치 자동식소화기 설치기준

　◆ 분석 및 해결방안 : 화재안전기준, 암기

3. 소화기 설치수량 구하기

　◆ 분석 및 해결방안 : 소화기 설치개수 계산문제
　　　　　　　　　　 화재안전기준 암기와 계산문제 연습

4. 소화수조 및 저수조 : 저수량, 투입구 및 채수구 설치수량 구하기

　◆ 분석 및 해결방안 : 화재안전기준 및 계산문제, 암기 및 계산문제 연습

5. 터널의 옥내소화전설비 : 방수구 최소수량 및 수원의 량 구하기

　◆ 분석 및 해결방안 : 터널화재안전기준 계산문제
　　　　　　　　　　 기준 암기 및 계산문제 연습

6. 터널내 옥내소화전과 연결송수관설비의 방사압력 및 방수량 기술

　◆ 분석 및 해결방안 : 터널 화재안전기준, 암기

7. 터널내의 최소 경계구역의 수와 적용 가능한 화재감지기 3가지

　◆ 분석 및 해결방안 : 터널 화재안전기준, 암기

8. 터널내 비상콘센트 설치수량 및 설치기준

　◆ 분석 및 해결방안 : 터널 화재안전기준, 암기

[제 13 회]

1. CO_2 소화약제 저장용기 설치기준

   ➡ **분석 및 해결방안** : 화재안전기준, 암기

2. CO_2 분사헤드 설치제외 장소

   ➡ **분석 및 해결방안** : 화재안전기준, 암기

3. CO_2 약제량 등 계산문제

   ➡ **분석 및 해결방안** : CO_2 관련 계산문제
   화재안전기준 암기와 기본수치 이용한 계산문제 연습

4. 전실제연의 제연구역 급기기준과 급기송풍기 설치기준

   ➡ **분석 및 해결방안** : 화재안전기준, 암기

5. 거실제연실비의 배출량, 전동기 용량, 풍도 최소폭 계산, 강판두께

   ➡ **분석 및 해결방안** : 거실제연 계산문제
   화재안전기준 암기 및 기본수치 이용한 계산문제 연습

6. 미분무소화설비의 최고주위온도, 수원의 량

   ➡ **분석 및 해결방안** : 미분무설비 계산문제, 화재안전기준 암기와 이용한 계산문제 연습

7. 시각경보기 설치시 전압강하 계산문제

   ➡ **분석 및 해결방안** : 전기관련 계산문제, 기본적인 계산문제 준비 및 연습

8. 내화배선의 공시방법

   ➡ **분석 및 해결방안** : 화재안전기준, 암기

[제 14 회] : (매우 어려운 문제들임)

1. 주상복합건축물의 소화기 수량을 주용도, 부속용도별로 산출

   ➡ **분석 및 해결방안** : 화재안전기준 암기 및 적용한 계산문제 연습

2. 스프링클러소화설비의 입상배관의 압력, 구경, 마찰손실, 유량 관련 계산문제

▶ **분석 및 해결방안** : 기본적인 수리계산문제(베르누이 방정식) 연습

3. 관로망 각 분기관에 흐르는 유량[l/min]을 계산하시오. (3분기관)

▶ **분석 및 해결방안** : 기본적인 수리계산문제(관로망) 연습

4. 펌프의 비속도 계산

▶ **분석 및 해결방안** : 기본적인 수리계산문제(비속도) 연습

5. 자동화재탐지설비 설계시 최소 경계구역 수 산출

▶ **분석 및 해결방안** : 화재안전기준 암기 및 적용한 계산문제 연습

6. 신호전송선로에 트위스트 쉴드선을 사용하는 이유, 원리, 종류를 쓰시오.

▶ **분석 및 해결방안** : 기본적인 소방전기이론 숙지

7. 발전기 용량(kVA)을 계산하시오. (PG방식을 적용)

▶ **분석 및 해결방안** : 기본적인 소방전기이론 숙지 및 계산문제 연습

8. 금속마그네슘 화재에 대하여 다음 소화설비가 적응성이 없는 이유를 기술하고, 반응식을 쓰시오.

▶ **분석 및 해결방안** : 위험물관련 기본이론 숙지

9. 청정소화약제 HCFC Bland-A 화학식과 조성비를 쓰시오.

▶ **분석 및 해결방안** : 화재안전기준 암기

10. IG-541의 선형상수에서 K1과 K2, 소화약제량[m^3], 최소 저장용기수, 선택밸브 통과시 최소유량[m^3/s] 계산

▶ **분석 및 해결방안** : 화재안전기준 암기 및 적용한 계산문제 연습

11. 자동식소화장치 중 분말식, 고체에어로졸식 자동소화장치의 설치기준

▶ **분석 및 해결방안** : 화재안전기준 암기

[제 15 회]

1-1 제연설비에서 배출량 계산, 댐퍼 작동상태

➡ 분석 및 해결방안 : 계산문제 반복풀이

1-2 제연설비에서 제연구역 구획설정기준

➡ 분석 및 해결방안 : 화재안전기준 암기

1-3 제연설비에서 송풍기 최소 필요 압력과 최소 필요 동력 구하기

➡ 분석 및 해결방안 : 계산문제 반복풀이

2-1 유도등. 유도 표지에서
① 복도통로유도등 설치기준
② 비상전원용량 60분 이상으로 설치해야하는 특정소방대상물

➡ 분석 및 해결방안 : 화재안전기준 암기

2-2 옥외탱크저장소에서
① 최소 포소화약제 저장량 구하기
② 방유제 높이 계산

➡ 분석 및 해결방안 : 계산문제 반복풀이

2-3 도로터널 화재안전기준에서
① 발신기 설치높이
② 비상경보설비 설치기준
③ 화재노출 우려되는 제연설비와 전원공급선의 운전 유지조건
④ 제연설비가 기동되는 조건

➡ 분석 및 해결방안 : 화재안전기준 암기

3-1 수계소화설비에서
① 펌프 수동력 구하기
② 문화 및 집회시설의 전층에 스프링클러를 설치해야 하는 특정소방대상물 4 가지

➡ 분석 및 해결방안 : 계산문제 반복풀이, 유지관리법 중요사항 암기

3-2 HFC - 125 설비의
　　① K_1, K_2 값 계산하기
　　② 방출시간에 방출해야 하는 최소 약제량

➡ 분석 및 해결방안 : 계산문제 반복풀이

3-3 포소화설비에서
　　① 최소 포소화약제량 계산
　　② 차고, 주차장에 호스릴포소화설비를 설치할 수 있는 조건
　　③ 기동장치에 설치하는 자동경보장치의 설치기준

➡ 분석 및 해결방안 : 계산문제 반복풀이, 화재안전기준 암기

[제 16 회]

1-1 국소방출방식의 고압식 이산화탄소소화설비에서
　　1) 방호공간 체적
　　2) 방호공간 벽면적
　　3) 주위에 설치된 벽면적
　　4) 이산화탄소 약제량, 용기수

➡ 분석 및 해결방안 : 화재안전기준 암기 및 계산문제풀이 반복

1-2 전기설비 심부화재 발생시
　　1) 이산화탄소 비체적
　　2) 자유유출시 체적당 소화약제량
　　3) 심부화재의 경우 방호대상물별 약제량과 설계농도
　　4) 전기설비 방호대상물 설계농도

➡ 분석 및 해결방안 : 화재안전기준 암기 및 계산문제풀이 반복

2-1 스프링클러 설비에서
　　1) 일반건식밸브와 저압건식밸브의 작동 순서
　　2) 저압건식밸브 2차측 설정압력이 낮은 경우 장점 4가지
　　3) 헤드의 표시온도와 종류
　　4) 엑셀러레이터, 익져스터 작동원리
　　5) 펌프 2대 병렬운전시 장점 2가지
　　6) 후드밸브와 체크밸브의 이상 유무를 확인하는 방법

➡ 분석 및 해결방안 : 화재안전기준 암기 및 계산문제풀이 반복, 점검실무

2-2 간이스프링클러 설비에서
　　1) 2) 상수도 직결식 배관과 밸브 설치순서, 펌프이용시 배관과 밸브설치순서

▶ 분석 및 해결방안 : 화재안전기준 암기

3-1 노유자설비에 제연설비에서 배출기 최소풍량

3-2 전동기동력

3-3 최소 공기유입량, 공기유입구 최소면적

▶ 분석 및 해결방안 : 화재안전기준 암기 및 계산문제풀이 반복

3-4 1) 강화된 소방시설기준의 적용대상인 노유자시설과 의료시설에 설치하는 소방설비
　　2) 승강식피난기 및 하향식 피난구용 내림식사다리 설치기준

▶ 분석 및 해결방안 : 화재안전기준 암기 및 유지관리법 암기

[제 17 회]

1-1 "지붕 또는 외벽이 불연재료가 아니거나 내화구조가 아닌 공장 또는 창고시설"로서 스프링클러설비 설치대상이 되는 경우 5가지를 쓰시오.

▶ 분석 및 해결방안 : 소방관련법규 숙지

1-2 준비작동식스프링클러설비의 동작순서 block diagram을 완성하시오

▶ 분석 및 해결방안 : 설계시공 교재 숙지

1-3 감지기회로의 도통시험과 관련하여
　　1) 종단저항 설치기준 3가지를 쓰시오.

▶ 분석 및 해결방안 : 화재안전기준 암기

　　2) 회로도통시험을 전압계를 사용하여 시험시 측정결과에 대한 판정기준

▶ 분석 및 해결방안 : 점검실무 교재 숙지

1-4 일제개방밸브를 사용하는 스프링클러설비에 있어서 일제개방밸브 2차측 배관의 부대설비 설치기준을 쓰시오.

▶ 분석 및 해결방안 : 화재안전기준 암기

1-5 「위험물안전관리에 관한 세부기준」에서 부착장소의 최고주위온도와 스프링클러헤드표시온도를 쓰시오.

▶ 분석 및 해결방안 : 위험물안전관리법령 암기

1-6 감지기 오작동으로 인하여 준비작동밸브가 개방되었을 경우
   1) 밸브 2차측으로 넘어간 소화수의 양(m^3)을 구하시오

▶ 분석 및 해결방안 : 설계시공 계산문제 숙지

   2) 밸브 2차측 배관 내에 충수되는 유체의 무게(kN)를 구하시오.

▶ 분석 및 해결방안 : 설계시공 계산문제 숙지, 유체역학 기초 숙지

1-7 청정소화약제소화설비의 화재안전기준(NFSC 107A)에 관한 다음 물음에 답하시오.
   1) 배관의 최대허용응력(kPa)을 구하시오.
   2) 관의 두께(mm)를 구하시오.

▶ 분석 및 해결방안 : 화재안전기준 및 설계시공 계산문제 숙지

2-1 내화구조인 건축물에 자동화재탐지설비를 설치하고자 한다.
   1) 전체 경계구역의 수를 구하시오.
   2) 설치해야 할 감지기의 종류별 수량을 구하시오.

▶ 분석 및 해결방안 : 화재안전기준 및 설계시공 계산문제 숙지

2-2 국가화재안전기준(NFSC)에 관하여
   1) 송수압력범위를 표시한 표지를 설치하여야 되는 소방시설 중 화재안전기준상 규정하고 있는 소화설비의 종류 4가지를 쓰시오.
   2) 연결송수관설비의 송수구 설치기준 중 급수개폐밸브 작동표시스위치의 설치기준을 쓰시오.
   3) 특별피난계단의 계단실 및 부속실 제연설비에서 옥내의 출입문 (방화구조의 복도가 있는 경우로서 복도와 거실사이의 출입문)에 대한 구조기준을 쓰시오.

▶ 분석 및 해결방안 : 화재안전기준 암기

2-3 다중이용업소의 안전관리에 관한 특별법령에서
   1) 구획된 실(室)이 있는 영업장 내부에 피난통로를 설치하여야 되는 다중이용업의 종류를 쓰시오.
   2) 영상음향차단장치에 대한 설치유지기준을 쓰시오.

▶ 분석 및 해결방안 : 소방관련법령의 암기

2-4 배관의 A지점에서 B지점으로 40 kgf/s의 소화수가 흐를 때 A, B 각 지점에서의 평균속도(m/s)를 계산하시오.

🔸 **분석 및 해결방안** : 유체역학 계산문제 연습

2-5 「소방시설의 내진설계 기준」에 따른 수평배관의 종방향 흔들림 방지버팀대에 대한 설치기준을 쓰시오.

🔸 **분석 및 해결방안** : 소방관련법령의 암기

3-1 소화기구 및 자동소화장치의 화재안전기준(NFSC 101)에 관하여
   1) 소화기 수량산출에서 소형소화기를 감소할 수 있는 경우를 쓰시오.
   2) 소화기 수량산출에서 소형소화기를 감소할 수 없는 특정소방대상물 4가지를 쓰시오.
   3) 일반화재를 적용대상으로 하는 소화기구의 적응성 있는 소화약제를 쓰시오.

🔸 **분석 및 해결방안** : 화재안전기준 암기

3-2 항공기 격납고에 포소화설비 관련 계산문제들

🔸 **분석 및 해결방안** : 설계시공 계산문제 연습

3-3 비상콘센트설비의 화재안전기준(NFSC 504) 등을 참고하여 계산문제들

🔸 **분석 및 해결방안** : 설계시공 계산문제 연습

[제 18 회]

1-1 1) 벤츄리관(Venturi tube)에서 베르누이 정리와 연속방정식 등을 이용하여 유량 구하는 공식을 유도하시오.

🔸 **분석 및 해결방안** : 설계시공 계산문제 숙지, 유체역학 관련문제 숙지

   2) 위 그림과 같은 벤츄리관(Venturi tube)에서 액주세의 높이차가 200mm일 때, 관을 통과하는 물의 유량을 구하시오.

🔸 **분석 및 해결방안** : 설계시공 계산문제 숙지, 유체역학 관련문제 숙지

1-2 피난기구 화재안전기구
   1) 4층 이상층 피난사다리 설치기준
   2) 소화활동상 유효한 개구부 설명
   3) 지상 10층 업무시설의 3층에 설치하여야 하는 피난기구 8가지를 쓰시오.

🔸 **분석 및 해결방안** : 화재안전기준 암기

4) 지상 10층(판매시설)인 소방대상물의 5층에 피난기구를 설치하고자 한다. 필요한 피난기구의 최소 수량을 산출하시오.

⬤ 분석 및 해결방안 : 화재안전기준 암기, 설계시공 계산문제 숙지

1-3 이산화탄소소화설비 설치하고자 한다.
   1) 각 방호구역내 개구부의 최대면적 산출
   2) 각 방호구역의 최소 소화약제량 산출
   3) 저장용기실 최소저장용기수, 최소소화약제 저장량
   4) 화재안전기준 별표 1에서 정하는 기준 중 석탄가스와 에칠렌의 설계농도

⬤ 분석 및 해결방안 : 설계시공 계산문제 숙지, 화재안전기준 암기

2-1 두 개의 동으로 구성된 건축물
   1) 옥내소화전설비를 정방형으로 배치시 각 동의 최소 수원의 량
   2) 스프링클러가 설치된 경우 아파트와 오피스텔의 최소 수원의 량
   3) B동 고가수조의 소화용수가 자연낙차에 따라 지하 5층 옥내소화전 방수구로 방수되는데 소요되는 최소시간을 구하시오.

⬤ 분석 및 해결방안 : 설계시공 계산문제 숙지, 화재안전기준 암기

2-2 물의 압력 - 온도 상태도에서
   1) 상태도를 작도하고, 임계점과 삼중점을 표시하고 각각 설명하시오.
   2) 상태도에 비등현상과 공동현상을 작도하고, 설명하시오.
   3) 물의 응축잠열과 증발잠열을 설명하고, 증발잠열이 소화효과에 미치는 영향을 설명하시오.

⬤ 분석 및 해결방안 : 설계시공 강의, 1차 기초이론 숙지

3-1 자동화재탐지설비에서
   1) 조건에서 1종 정온식감지기의 최소작동시간을 계산과정을 쓰고 구하시오.

⬤ 분석 및 해결방안 : 설계시공 강의, 계산문제풀이 연습

   2) 정온식감지선형감지기 설치기준 괄호넣기

⬤ 분석 및 해결방안 : 화재안전기준 암기

3-2 가스계 소화설비에서
   1) HCFC BLEND A를 이용한 소화설비를 설치하였을 때, 전체 소화약제 저장용기에 저장되는 최소 소화약제의 저장량(kg)을 산출

⬤ 분석 및 해결방안 : 설계시공 강의, 계산문제풀이 연습

2) 저장용기 교체기준을 쓰시오.
3) 이산화탄소소화설비의 설치장소에 대한 안전시설 설치기준 2가지

◉ **분석 및 해결방안** : 화재안전기준 암기

3-3 특별피난계단의 계단실 및 부속실 제연설비에서
   1) 출입문의 누설틈새면적 산출
   2) 누설틈새를 통한 최소 누설량(m^3/s)을 $Q = 0.827 AP^{\frac{1}{2}}$의 식을 이용하여 산출하시오.

◉ **분석 및 해결방안** : 화재안전기준 및 설계시공 계산문제 숙지

[제 19 회]

1-1 노유자시설에 3종 분말소화기 설치시
   1) 최소소화 능력단위
   2) 2 단위 소화기설치시 소화기 개수

◉ **분석 및 해결방안** : 화재안전기준 숙지 및 설계시공 계산문제 연습

1-2
   1) HFC-23 할로겐화합물소화설비 설치시
      ① 소화약제 저장량
      ② 방사시 분사헤드의 유량
   2) IG-100 불활성기체소화설비 설치시
      ① 소화약제 저장량
      ② 소화약제 저장용기 수

◉ **분석 및 해결방안** : 화재안전기준 숙지 및 설계시공 계산문제 연습

1-3 스프링클러설비 유량, 압력 계산
   1) 말단헤드 유량
   2) 마찰손실압력
   3) 펌프의 토출압력

◉ **분석 및 해결방안** : 화재안전기준 숙지 및 설계시공 계산문제 연습

1-4 할로겐화합물 및 불활성기체소화설비 배관두께 계산

◉ **분석 및 해결방안** : 화재안전기준 숙지 및 설계시공 계산문제 연습

2-1 특별피난계단의 계단실 및 부속실 제연설비에서
   1) 송풍기 풍량을 계산
   2) 송풍기 정압을 산정
   3) 송풍기구동에 필요한 전동기 용량

◐ 분석 및 해결방안 : 화재안전기준 숙지 및 설계시공 계산문제 연습

3-1 화재안전기준에 따라
   1) 기동용수압개폐장치의 압력설정치
      ① 주펌프 기동점, 정지점
      ② 예비펌프 기동점, 정지점
      ③ 충압펌프 기동점, 정지점
   2) 주펌프 또는 예비펌프 성능시험시 성능기준에 적합한 양정
      ① 체절운전시
      ② 정격토출량의 150% 운전시
   3) 유량측정장치의 유량범위
      ① 최소유량
      ② 최대유량

◐ 분석 및 해결방안 : 점검실무 이론 및 강의

3-2 유지관리법, 화재안전기준에 따라
   1) 문화 및 집회시설의 모든 층에 설치하여야 하는 경우에 해당하는 스프링클러 설비 설치대상 4가지

◐ 분석 및 해결방안 : 소방관련법령(유지관리법) 숙지

   2) 할로겐화합물 및 불활성기체소화설비의 화재안전기준에 따른 배관구경 선정 기준
   3) 무선통신보조설비의 무선기기접속단자 설치기준 4가지

◐ 분석 및 해결방안 : 화재안전기준 숙지

3-3 화재안전기준에 따라
   1) 차동식스포트형 감지기 설치시 총 설치수량 계산
   2) 스프링클러설비 유수검지장치의 종류별 설치수량

◐ 분석 및 해결방안 : 화재안전기준 숙지 및 설계시공 계산문제 연습

   3) 방호구역, 유수검지장치 설치기준 6가지

◐ 분석 및 해결방안 : 화재안전기준 숙지

[제 20 회]

1-1 간이스프링클러 설비에 대하여
  1) 유지관리법상 설치대상
  2) 다중이용특별법상 설치대상

➡ **분석 및 해결방안** : 소방관련법령(유지관리법) 숙지와 암기

  3) 화재안전기준상 상수도직결형 및 캐비넷형을 설치할 수 없는 대상물

➡ **분석 및 해결방안** : 화재안전기준 숙지와 암기

  4) 화재안전기준상 가압수조방식에서 배관 등 설치순서와 도시기호 작성

➡ **분석 및 해결방안** : 화재안전기준 및 소방관련법령 숙지와 암기

  5) 화재안전기준상 간이헤드 수별 급수관구경 내용

➡ **분석 및 해결방안** : 화재안전기준 숙지와 암기

1-2 돌연확대관에서 손실수두 구하는 공식의 유도와 손실수두 계산하기

➡ **분석 및 해결방안** : 설계시공 계산문제 연습

2-1 위험물안전관리에 관한 세부기준에서
  1) IG 소화약제 저장량 계산하기

➡ **분석 및 해결방안** : 위험물안전관리법령 숙지와 계산문제 연습

  2) 할로겐화합물소화약제들 화학식 기술하기

➡ **분석 및 해결방안** : 가스계소화약제 이론강의 숙지

2-2 고정지붕구조 II 형 포방출구
  1) II 형 포방출구 정의 기술

➡ **분석 및 해결방안** : 위험물관련 이론강의와 법령 숙지

  2) 포 수용액량, 수원의 량, 소화약제 저장량 계산

➡ **분석 및 해결방안** : 위험물관련 이론강의와 법령 숙지와 관련계산 문제풀이 연습

  3) 전동기 출력 계산

➡ **분석 및 해결방안** : 위험물관련 이론강의와 법령 숙지와 관련계산 문제풀이 연습

2-3 위험물안전관리 세부기준상 스프링클러설비에서
　　1) 스프링클러헤드의 부착위치에 대한 내용
　　2) 유슈검지장치 설치기준 2가지 기술
　　3) 스프링클러설비 헤드방수시간 내용

◯ 분석 및 해결방안 : 위험물관련 이론강의와 법령 숙지

3-1 계산문제 등
　　1) 하디크로스방식의 유체역학적 기본원리 3가지 기술
　　2) 하디크로스방식 계산절차 중 4~8 단계 기술하기
　　3) 하디크로스방식에 의한 각 분기관으로 흐르는 유량 계산하기
　　4) 스프링클러설비의 방수압과 방수량 관계식 유도과정을 쓰시오.

◯ 분석 및 해결방안 : 유체역학 심층 문제풀이 숙지

　　5) 스프링클러 화재안전기준상에서
　　　① 급수개폐밸브 작동표시스위치 설치기준 기술
　　　② 충압펌프 설치기준 기술

◯ 분석 및 해결방안 : 화재안전기준 숙지와 암기

[제 21 회]

1-1 관속에 물이 중량유량 얼마로 흐르고 있을 때, B지점에서 공동현상이 발생하지 않도록 하는 A지점에서의 최소압력을 구하시오.

◯ 분석 및 해결방안 : 설계시공 강의 숙지 및 유체역학 문제풀이 연습

1-2 도로터널의 화재안전기준에 대하여 여러 조건을 제시한 후
　　1) 물분무소화설비가 작동하여 소화수가 방사되는 경우 수원의 용량을 구하시오.

◯ 분석 및 해결방안 : 도로터널 화재안전기준 숙지 및 설계시공 계산문제 연습

　　2) 방사된 수원을 보충하기 위해 필요한 최소시간을 구하시오.

◯ 분석 및 해결방안 : 설계시공 계산문제 연습

1-3 소방시설 도시기호에 대하여 괄호에 알맞은 명칭을 쓰고, 도시기호를 그리시오.

◯ 분석 및 해결방안 : 소방관련법령 (자체점검사항등에 관한 고시) 암기

1-4 스프링클러 헤드의 특성에 대하여
    1) ESFR 화재안전기준에서 설치할 장소기준 중 해당 층의 높이와 천장의 기울기 기준을 기술하시오.
    2) ESFR 화재안전기준에서 가지배관 사이의 거리를 쓰시오.

▶ 분석 및 해결방안 : 화재안전기준 암기

    3) 필요방사밀도(RDD)의 개념을 쓰시오.
    4) 실제방사밀도(ADD)의 개념을 쓰시오.
    5) 필요방사밀도(RDD)와 실제방사밀도(ADD)의 관계를 설명하시오.

▶ 분석 및 해결방안 : 설계시공 강의와 기본이론 숙지

2-1 이산화탄소 소화설비 화재안전기준에 대하여
    1) 분사헤드 설치제외 장소 4가지를 쓰시오.
    2) 소화에 필요한 설계농도 괄호 넣기

▶ 분석 및 해결방안 : 화재안전기준 암기

2-2 전기실, 할론소화설비(1301), 전역방출방식 설치시 물음에 답하시오.
    1) 화재안전기준에 따른 최소약제량 및 약제용기 수를 구하시오.
    2) 최소약제량이 방사시 소화약제의 비체적을 구하시오.
    3) 실제저장 약제량이 모두 방사된 경우 약제농도를 계산하시오.

▶ 분석 및 해결방안 : 화재안전기준 암기 및 설계시공 계산문제 연습

2-3 고층건축물 화재안전기준에 대하여
    1) 피난안전구역에 설치하는 소방시설 종류 기술하기
    2) 피난안전구역에 설치하는 피난유도선 설치기준 3가지를 쓰시오.
    3) 피난안전구역에 설치하는 인명구조기구 설치기준 4가지를 쓰시오.

▶ 분석 및 해결방안 : 화재안전기준 암기

3-1
    1) 축전지 용량 계산하기
    2) 자탐설비회로의 전선의 최소 공칭단면적을 계산하시오.

▶ 분석 및 해결방안 : 설계시공 강의 숙지와 계산문제 풀이 연습

    3) 화재안전기준에서 정온식감지선형감지기 설치기준 괄호 채우기

▶ 분석 및 해결방안 : 화재안전기준 암기

4) 전동기 시퀀스제어회로의 명칭을 쓰고, 주어진 소자를 이용하여 시퀀스제어회로를 완성하시오.

◐ 분석 및 해결방안 : 설계시공 강의 숙지와 전기회로 이론 숙지

화재안전기준

01 소화기구 및 자동소화장치의 화재안전기준 (NFSC 101)

[시행 2021. 1. 15.] [소방청고시 제2021-11호, 2021. 1. 15., 타법개정]

제 2 조(적용범위) 「화재예방, 소방시설 설치·유지 및 안전관리에 관한 법률 시행령」(이하 "영"이라 한다) 별표 5 제1호가목 및 나목에 따른 소화기구 및 자동소화장치는 이 기준에서 정하는 규정에 따라 설치하고 유지·관리하여야 한다. 〈개정 2012.6.11., 2015.1.23., 2017.4.11.〉

> **참고** 유지관리법 제9조(특정소방대상물에 설치하는 소방시설의 유지·관리 등) ① 특정소방대상물의 관계인은 대통령령으로 정하는 소방시설을 소방청장이 정하여 고시하는 화재안전기준에 따라 설치 또는 유지·관리하여야 한다. 이 경우 「장애인·노인·임산부 등의 편의증진 보장에 관한 법률」 제2조제1호에 따른 장애인등이 사용하는 소방시설(경보설비 및 피난구조설비를 말한다)은 대통령령으로 정하는 바에 따라 장애인등에 적합하게 설치 또는 유지·관리하여야 한다. 〈개정 2014. 1. 7., 2014. 11. 19., 2015. 1. 20., 2016. 1. 27., 2017. 7. 26., 2018. 3. 27.〉

제 3 조(정의) 이 기준에서 사용하는 용어의 정의는 다음과 같다.
1. "소화약제"란 소화기구 및 자동소화장치에 사용되는 소화성능이 있는 고체·액체 및 기체의 물질을 말한다. 〈개정 2012.6.11., 2017.4.11.〉
2. "소화기"란 소화약제를 압력에 따라 방사하는 기구로서 사람이 수동으로 조작하여 소화하는 다음 각 목의 것을 말한다. 〈개정 2012.6.11.〉
   가. "소형소화기"란 능력단위가 1단위 이상이고 대형소화기의 능력단위 미만인 소화기를 말한다.
   나. "대형소화기"란 화재 시 사람이 운반할 수 있도록 운반대와 바퀴가 설치되어 있고 능력단위가 A급 10단위 이상, B급 20단위 이상인 소화기를 말한다.
3. "자동확산소화기"란 화재를 감지하여 자동으로 소화약제를 방출 확산시켜 국소적으로 소화하는 소화기를 말한다. 〈신설 2017.4.11.〉
4. "자동소화장치"란 소화약제를 자동으로 방사하는 고정된 소화장치로서 법

제36조 또는 제39조에 따라 형식승인이나 성능인증을 받은 유효설치 범위(설계방호체적, 최대설치높이, 방호면적 등을 말한다) 이내에 설치하여 소화하는 다음 각 목의 것을 말한다. 〈전문개정 2012.6.11.〉 〈개정 2017.4.11.〉

가. "주거용 주방자동소화장치"란 주거용 주방에 설치된 열발생 조리기구의 사용으로 인한 화재 발생 시 열원(전기 또는 가스)을 자동으로 차단하며 소화약제를 방출하는 소화장치를 말한다. 〈개정 2017.4.11.〉

나. "상업용 주방자동소화장치"란 상업용 주방에 설치된 열발생 조리기구의 사용으로 인한 화재 발생 시 열원(전기 또는 가스)을 자동으로 차단하며 소화약제를 방출하는 소화장치를 말한다. 〈신설 2017.4.11.〉

다. "캐비닛형 자동소화장치"란 열, 연기 또는 불꽃 등을 감지하여 소화약제를 방사하여 소화하는 캐비닛형태의 소화장치를 말한다. 〈개정 2017.4.11.〉

라. "가스자동소화장치"란 열, 연기 또는 불꽃 등을 감지하여 가스계 소화약제를 방사하여 소화하는 소화장치를 말한다. 〈개정 2017.4.11.〉

마. "분말자동소화장치"란 열, 연기 또는 불꽃 등을 감지하여 분말의 소화약제를 방사하여 소화하는 소화장치를 말한다. 〈개정 2017.4.11.〉

바. "고체에어로졸자동소화장치"란 열, 연기 또는 불꽃 등을 감지하여 에어로졸의 소화약제를 방사하여 소화하는 소화장치를 말한다. 〈개정 2017.4.11.〉

암기방법 주상고분케가 중요도 ★★★

5. "거실"이란 거주·집무·작업·집회·오락 그 밖에 이와 유사한 목적을 위하여 사용하는 방을 말한다. 〈개정 2012.6.11.〉

6. "능력단위"란 소화기 및 소화약제에 따른 간이소화용구에 있어서는 법 제36조제1항에 따라 형식승인 된 수치를 말하며, 소화약제 외의 것을 이용한 간이소화용구에 있어서는 별표 2에 따른 수치를 말한다. 〈전문개정 2012.6.11.〉

7. "일반화재(A급 화재)"란 나무, 섬유, 종이, 고무, 플라스틱류와 같은 일반 가연물이 타고 나서 재가 남는 화재를 말한다. 일반화재에 대한 소화기의 적응화재별 표시는 'A'로 표시한다. 〈신설 2015.1.23.〉

8. "유류화재(B급 화재)"란 인화성 액체, 가연성 액체, 석유 그리스, 타르, 오일, 유성도료, 솔벤트, 래커, 알코올 및 인화성 가스와 같은 유류가 타고 나서 재

가 남지 않는 화재를 말한다. 유류화재에 대한 소화기의 적응 화재별 표시는 'B'로 표시한다. 〈신설 2015.1.23.〉
9. "전기화재(C급 화재)"란 전류가 흐르고 있는 전기기기, 배선과 관련된 화재를 말한다. 전기화재에 대한 소화기의 적응 화재별 표시는 'C'로 표시한다. 〈신설 2015.1.23.〉
10. "주방화재(K급 화재)"란 주방에서 동식물유를 취급하는 조리기구에서 일어나는 화재를 말한다. 주방화재에 대한 소화기의 적응 화재별 표시는 'K'로 표시한다. 〈신설 2017.4.11.〉

제 4 조(설치기준) ①소화기구는 다음 각 호의 기준에 따라 설치하여야 한다. 〈개정 2012.6.11.〉
1. 특정소방대상물의 설치장소에 따라 별표 1에 적합한 종류의 것으로 할 것 〈개정 2012.6.11.〉
2. 특정소방대상물에 따라 소화기구의 능력단위는 별표 3의 기준에 따를 것 〈개정 2012.6.11.〉
3. 제2호에 따른 능력단위 외에 별표 4에 따라 부속용도별로 사용되는 부분에 대하여는 소화기구 및 자동소화장치를 추가하여 설치할 것 〈개정 2012.6.11., 2017.4.11.〉
4. 소화기는 다음 각 목의 기준에 따라 설치할 것 〈개정 2012.6.11.〉
   가. 각층마다 설치하되, 특정소방대상물의 각 부분으로부터 1개의 소화기까지의 보행거리가 소형소화기의 경우에는 20m 이내, 대형소화기의 경우에는 30m 이내가 되도록 배치할 것. 다만, 가연성물질이 없는 작업장의 경우에는 작업장의 실정에 맞게 보행거리를 완화하여 배치할 수 있으며, 지하구의 경우에는 화재발생의 우려가 있거나 사람의 접근이 쉬운 장소에 한하여 설치할 수 있다. 〈개정 2012.6.11.〉
   나. 특정소방대상물의 각층이 2 이상의 거실로 구획된 경우에는 가목의 규정에 따라 각 층마다 설치하는 것 외에 바닥면적이 $33m^2$ 이상으로 구획된 각 거실(아파트의 경우에는 각 세대를 말한다)에도 배치할 것 〈개정 2012.6.11.〉
   다. 〈삭제〉 〈2008.12.15.〉
5. 능력단위가 2단위 이상이 되도록 소화기를 설치하여야 할 특정소방대상물 또는 그 부분에 있어서는 간이소화용구의 능력단위가 전체 능력단위의 2분의 1을 초과하지 아니하게 할 것 다만, 노유자시설의 경우에는 그렇지 않

다. 〈개정 2012.6.11.〉
6. 소화기구(자동확산소화기를 제외한다)는 거주자 등이 손쉽게 사용할 수 있는 장소에 바닥으로부터 높이 1.5m 이하의 곳에 비치하고, 소화기에 있어서는 "소화기", 투척용소화용구에 있어서는 "투척용소화용구", 마른모래에 있어서는 "소화용모래", 팽창질석 및 팽창진주암에 있어서는 "소화질석"이라고 표시한 표지를 보기 쉬운 곳에 부착할 것〈개정 2010.12.2.7., 2012.6.11., 2017.4.11.〉
7. 자동확산소화기는 다음 각 목의 기준에 따라 설치할 것 〈신설 2017.4.11.〉
   가. 방호대상물에 소화약제가 유효하게 방사될 수 있도록 설치할 것
   나. 작동에 지장이 없도록 견고하게 고정할 것
8. 삭제 〈2017.4.11.〉
9. 삭제 〈2017.4.11.〉
② 자동소화장치는 다음 각 호의 기준에 따라 설치하여야 한다. 〈개정 2017.4.11.〉
1. 주거용 주방자동소화장치는 다음 각 목의 기준에 따라 설치할 것

암기방법 방감탐차수   중요도 ★★★

   가. 소화약제 방출구는 환기구(주방에서 발생하는 열기류 등을 밖으로 배출하는 장치를 말한다. 이하 같다)의 청소부분과 분리되어 있어야 하며, 형식승인 받은 유효설치 높이 및 방호면적에 따라 설치할 것
   나. 감지부는 형식승인 받은 유효한 높이 및 위치에 설치할 것
   다. 차단장치(전기 또는 가스)는 상시 확인 및 점검이 가능하도록 설치할 것
   라. 가스용 주방자동소화장치를 사용하는 경우 탐지부는 수신부와 분리하여 설치하되, 공기보다 가벼운 가스를 사용하는 경우에는 천장 면으로부터 30cm 이하의 위치에 설치하고, 공기보다 무거운 가스를 사용하는 장소에는 바닥 면으로부터 30cm 이하의 위치에 설치할 것
   마. 수신부는 주위의 열기류 또는 습기 등과 주위온도에 영향을 받지 아니하고 사용자가 상시 볼 수 있는 장소에 설치할 것
2. 상업용 주방자동소화장치는 다음 각 목의 기준에 따라 설치할 것
   가. 소화장치는 조리기구의 종류 별로 성능인증 받은 설계 매뉴얼에 적합하게 설치할 것
   나. 감지부는 성능인증 받는 유효높이 및 위치에 설치할 것

다. 차단장치(전기 또는 가스)는 상시 확인 및 점검이 가능하도록 설치할 것
라. 후드에 방출되는 분사헤드는 후드의 가장 긴 변의 길이까지 방출될 수 있도록 약제 방출 방향 및 거리를 고려하여 설치할 것
마. 덕트에 방출되는 분사헤드는 성능인증 받는 길이 이내로 설치할 것
3. 캐비닛형자동소화장치는 다음 각 목의 기준에 따라 설치하여야 한다.
   가. 분사헤드의 설치 높이는 방호구역의 바닥으로부터 최소 0.2m 이상 최대 3.7m 이하로 하여야 한다. 다만, 별도의 높이로 형식승인 받은 경우에는 그 범위 내에서 설치할 수 있다.
   나. 화재감지기는 방호구역내의 천장 또는 옥내에 면하는 부분에 설치하되 「자동화재탐지설비 및 시각경보장치의 화재안전기준(NFSC 203)」 제7조에 적합하도록 설치할 것
   다. 방호구역내의 화재감지기의 감지에 따라 작동되도록 할 것
   라. 화재감지기의 회로는 교차회로방식으로 설치할 것. 다만, 화재감지기를 「자동화재탐지설비 및 시각경보장치의 화재안전기준(NFSC 203)」 제7조제1항 단서의 각 호의 감지기로 설치하는 경우에는 그러하지 아니하다.
   마. 교차회로내의 각 화재감지기회로별로 설치된 화재감지기 1개가 담당하는 바닥면적은 「자동화재탐지설비 및 시각경보장치의 화재안전기준(NFSC 203)」 제7조제3항제5호·제8호 및 제10호에 따른 바닥면적으로 할 것
   바. 개구부 및 통기구(환기장치를 포함한다. 이하 같다)를 설치한 것에 있어서는 약제가 방사되기 전에 해당 개구부 및 통기구를 자동으로 폐쇄할 수 있도록 할 것. 다만, 가스압에 의하여 폐쇄되는 것은 소화약제방출과 동시에 폐쇄할 수 있다.
   사. 작동에 지장이 없도록 견고하게 고정시킬 것
   아. 구획된 장소의 방호체적 이상을 방호할 수 있는 소화성능이 있을 것
4. 가스, 분말, 고체에어로졸 자동소화장치는 다음 각 목의 기준에 따라 설치하여야 한다.
   가. 소화약제 방출구는 형식승인 받은 유효설치범위 내에 설치할 것
   나. 자동소화장치는 방호구역내에 형식승인 된 1개의 제품을 설치할 것. 이 경우 연동방식으로서 하나의 형식을 받은 경우에는 1개의 제품으로 본다.
   다. 감지부는 형식승인된 유효설치범위 내에 설치하여야 하며 설치장소의

평상시 최고주위온도에 따라 다음 표에 따른 표시온도의 것으로 설치할 것. 다만, 열감지선의 감지부는 형식승인 받은 최고주위온도범위 내에 설치하여야 한다.

설치장소의 최고주위온도	표시온도
39℃ 미만	79℃ 미만
39℃ 이상 64℃ 미만	79℃ 이상 121℃ 미만
64℃ 이상 106℃ 미만	121℃ 이상 162℃ 미만
106℃ 이상	162℃ 이상

라. 다목에도 불구하고 화재감지기를 감지부를 사용하는 경우에는 제3호 나목부터 마목까지의 설치방법에 따를 것

③ 이산화탄소 또는 할로겐화합물을 방사하는 소화기구(자동확산소화기를 제외한다)는 지하층이나 무창층 또는 밀폐된 거실로서 그 바닥면적이 20m^2 미만의 장소에는 설치할 수 없다. 다만, 배기를 위한 유효한 개구부가 있는 장소인 경우에는 그러하지 아니하다. 〈개정 2008.12.15., 2012.6.11., 2017.4.11.〉

제 5 조(소화기의 감소) ① 소형소화기를 설치하여야 할 특정소방대상물 또는 그 부분에 옥내소화전설비·스프링클러설비·물분무등소화설비·옥외소화전설비 또는 대형소화기를 설치한 경우에는 해당 설비의 유효범위의 부분에 대하여는 제4조제1항제2호 및 제3호에 따른 소화기의 3분의 2(대형소화기를 둔 경우에는 2분의 1)를 감소할 수 있다. 다만, 층수가 11층 이상인 부분, 근린생활시설, 위락시설, 문화 및 집회시설, 운동시설, 판매시설, 운수시설, 숙박시설, 노유자시설, 의료시설, 아파트, 업무시설(무인변전소를 제외한다), 방송통신시설, 교육연구시설, 항공기 및 자동차관련시설, 관광 휴게시설은 그러하지 아니하다. 〈개정 2012.6.11〉

② 대형소화기를 설치하여야 할 특정소방대상물 또는 그 부분에 옥내소화전설비·스프링클러실비·물분무등소화실비 또는 옥외소화전실비를 실치한 경우에는 해당 설비의 유효범위안의 부분에 대하여는 대형소화기를 설치하지 아니할 수 있다. 〈개정 2012.6.11〉

화재안전기준 및 소방관련법령기준

[별표 1] 〈개정 2012.6.11., 2015.1.23., 2017.4.11., 2018.11.19.〉

소화기구의 소화약제별 적응성(제4조제1항제6호 관련)

소화약제 구분 적응대상	가스			분말		액체				기타		
	이산화탄소 소화약제	할론소화약제	할로겐화합물 및 불활성기체 소화약제	인산염류 소화약제	중탄산염류 소화약제	산알칼리 소화약제	강화액 소화약제	포 소화약제	물·침윤 소화약제	고체에어로졸화합물	마른모래	팽창질석·팽창진주암	그 밖의 것
일반화재 (A급 화재)	—	○	○	○	—	○	○	○	○	○	○	○	—
유류화재 (B급 화재)	○	○	○	○	○	○	○	○	○	○	○	○	—
전기화재 (C등급)	○	○	○	○	○	*	*	*	*	○	—	—	—
주방화재 (K등급)	—	—	—	—	*	—	*	*	*	—	—	—	*

[주] "*"의 소화약제별 적응성은 「화재예방, 소방시설 설치유지 및 안전관리에 관한 법률」 제36조에 의한 형식승인 및 제품검사의 기술기준에 따라 화재 종류별 적응성에 적합한 것으로 인정되는 경우에 한한다.

[별표 2] 〈개정 2012.6.11〉

소화약제 외의 것을 이용한 간이소화용구의 능력단위(제3조제6호 관련)

간 이 소 화 용 구		능력단위
1. 마른모래	삽을 상비한 50L 이상의 것 1포	0.5단위
2. 팽창질석 또는 팽창진주암	삽을 상비한 80L 이상의 것 1포	

암기방법 마. 팽, 50. 80 . 0.5 중요도 ★★

(최근 개정됨. 암기필요)

[별표 3] 〈개정 2012.6.11〉

특정소방대상물별 소화기구의 능력단위기준(제4조제1항제2호 관련)

특정소방대상물	소화기구의 능력단위
1. 위락시설	해당 용도의 바닥면적 $30m^2$ 마다 능력단위 1단위 이상
2. 공연장·집회장·관람장·문화재·장례식장 및 의료시설	해당 용도의 바닥면적 $50m^2$ 마다 능력단위 1단위 이상
3. 근린생활시설·판매시설·운수시설·숙박시설·노유자시설·전시장·공동주택·업무시설·방송통신시설·공장·창고시설·항공기 및 자동차 관련 시설 및 관광휴게시설	해당 용도의 바닥면적 $100m^2$ 마다 능력단위 1단위 이상
4. 그 밖의 것	해당 용도의 바닥면적 $200m^2$ 마다 능력단위 1단위 이상

(주) 소화기구의 능력단위를 산출함에 있어서 건축물의 주요구조부가 내화구조이고, 벽 및 반자의 실내에 면하는 부분이 불연재료·준불연재료 또는 난연재료로 된 특정소방대상물에 있어서는 위 표의 기준면적의 2배를 해당 특정소방대상물의 기준면적으로 한다.

암기방법 위, 공집관문의장. 근판숙노공업공통.
3.5.1.2...주내불 2배

중요도 ★★★★★

(서술형, 계산문제에 모두 필요, 반드시 암기필요)

[별표 4] 〈개정 2010.12.27., 2012.6.11., 2017.4.11., 2021. 1. 15.〉
부속용도별로 추가하여야 할 소화기구 및 자동소화장치
(제4조제1항제3호 관련)

용 도 별		소화기구의 능력단위
1. 다음 각목의 시설. 다만, 스프링클러설비·간이스프링클러설비·물분무등소화설비 또는 상업용 주방자동소화장치가 설치된 경우에는 자동확산소화기를 설치하지 아니할 수 있다. 　가. 보일러실(아파트의 경우 방화구획된 것을 제외한다) · 건조실 · 세탁소 · 대량화기취급소 　나. 음식점(지하가의 음식점을 포함한다) · 다중이용업소 · 호텔 · 기숙사 · 노유자시설 · 의료시설 · 업무시설 · 공장 · 장례식장 · 교육연구시설 · 교정 및 군사시설의 주방 다만, 의료시설 · 업무시설 및 공장의 주방은 공동취사를 위한 것에 한한다. 　다. 관리자의 출입이 곤란한 변전실 · 송전실 · 변압기실 및 배전반실(불연재료로된 상자안에 장치된 것을 제외한다) 　라. 삭제		1. 해당 용도의 바닥면적 25m²마다 능력단위 1단위 이상의 소화기로 하고, 그 외에 자동확산소화기를 바닥면적 10m² 이하는 1개, 10m² 초과는 2개를 설치 할 것. 2. 나목의 주방의 경우, 1호에 의하여 설치하는 소화기중 1개 이상은 주방화재용 소화기(K급)를 설치하여야 한다.
2. 발전실 · 변전실 · 송전실 · 변압기실 · 배전반실 · 통신기기실 · 전산기기실 · 기타 이와 유사한 시설이 있는 장소. 다만, 제1호 다목의 장소를 제외한다.		해당 용도의 바닥면적 50m²마다 적응성이 있는 소화기 1개 이상 또는 유효설치방호체적 이내의 가스 · 분말 · 고체에어로졸 자동소화장치, 캐비닛형자동소화장치(다만, 통신기기실 · 전자기기실을 제외한 장소에 있어서는 교류 600V 또는 직류750V 이상의 것에 한한다)
3. 위험물안전관리법시행령 별표1에 따른 지정수량의 1/5 이상 지정수량 미만의 위험물을 저장 또는 취급하는 장소		능력단위 2단위 이상 또는 유효설치방호체적 이내의 가스 · 분말 · 고체에어로졸 자동소화장치, 캐비닛형자동소화장치
4. 소방기본법시행령 별표2에 따른 특수가연물을 저장 또는 취급하는 장소	소방기본법시행령 별표2에서 정하는 수량 이상	소방기본법시행령 별표2에서 정하는 수량의 50배 이상마다 능력단위 1단위 이상
	소방기본법시행령 별표2에서 정하는 수량의 500배 이상	대형소화기 1개 이상

용 도 별			소화기구의 능력단위
5. 고압가스안전관리법·액화석유가스의 안전관리 및 사업법 및 도시가스사업법에서 규정하는 가연성가스를 연료로 사용하는 장소	액화석유가스 기타 가연성가스를 연료로 사용하는 연소기기가 있는 장소		각 연소기로부터 보행거리 10m 이내에 능력단위 3단위 이상의 소화기 1개 이상. 다만, 상업용 주방자동소화장치가 설치된 장소는 제외한다.
	액화석유가스 기타 가연성가스를 연료로 사용하기 위하여 저장하는 저장실(저장량 300kg 미만은 제외한다)		능력단위 5단위 이상의 소화기 2개 이상 및 대형소화기 1개 이상
6. 고압가스안전관리법·액화석유가스의 안전관리 및 사업법 또는 도시가스사업법에서 규정하는 가연성가스를 제조하거나 연료외의 용도로 저장·사용하는 장소	저장하고 있는 양 또는 1개월 동안 제조·사용하는 양	200kg 미만 저장하는 장소	능력단위 3단위 이상의 소화기 2개 이상
		제조·사용하는 장소	능력단위 3단위 이상의 소화기 2개 이상
		200kg 이상 300kg 미만 저장하는 장소	능력단위 5단위 이상의 소화기 2개 이상
		제조·사용하는 장소	바닥면적 50m²마다 능력단위 5단위 이상의 소화기 1개 이상
		300kg 이상 저장하는 장소	대형소화기 2개 이상
		제조·사용하는 장소	바닥면적 50m² 마다 능력단위 5단위 이상의 소화기 1개 이상

[비고] 액화석유가스·기타 가연성가스를 제조하거나 연료외의 용도로 사용하는 장소에 소화기를 설치하는 때에는 해당 장소 바닥면적 50m² 이하인 경우에도 해당 소화기를 2개 이상 비치하여야 한다.

암기방법 **보건소주변지저분, 25. 10. 50. 2. 50 대** 중요도 ★★★

(계산문제에 필요, 1,2,3,4번이라도 암기필요)

옥내소화전설비의 화재안전기준(NFSC 102)

[시행 2021. 4. 1.] [소방청고시 제2021-18호, 2021. 4. 1., 일부개정]으로 수정

제 1 조(목적) 이 기준은 「화재예방, 소방시설 설치·유지 및 안전관리에 관한 법률」제9조제1항에 따라 소방청장에게 위임한 사항 중 소화설비인 옥내소화전설비의 설치·유지 및 안전관리에 필요한 사항을 규정함을 목적으로 한다. 〈개정 2015. 1. 23., 2016. 5. 16., 2017. 7. 26.〉

제 2 조(적용범위) 「화재예방, 소방시설 설치·유지 및 안전관리에 관한 법률 시행령」(이하 "영"이라 한다) 별표 5 제1호다목에 따른 옥내소화전설비는 이 기준에서 정하는 규정에 따라 설비를 설치하고 유지·관리하여야 한다. 〈개정 2013.6.10., 2015.1.23.〉 〈개정 2016.5.16.〉

제 3 조(정의) 이 기준에서 사용하는 용어의 정의는 다음과 같다
  1. "고가수조"란 구조물 또는 지형지물 등에 설치하여 자연낙차의 압력으로 급수하는 수조를 말한다.
  2. "압력수조"란 소화용수와 공기를 채우고 일정압력 이상으로 가압하여 그 압력으로 급수하는 수조를 말한다.
  3. "충압펌프"란 배관내 압력손실에 따른 주펌프의 빈번한 기동을 방지하기 위하여 충압역할을 하는 펌프를 말한다.
  4. "정격토출량"이란 정격토출압력에서의 펌프의 토출량을 말한다.
  5. "정격토출압력"이란 정격토출량에서의 펌프의 토출측 압력을 말한다.
  6. "진공계"란 대기압 이하의 압력을 측정하는 계측기를 말한다.
  7. "연성계"란 대기압 이상의 압력과 대기압 이하의 압력을 측정할 수 있는 계측기를 말한다.
  8. "체절운전"이란 펌프의 성능시험을 목적으로 펌프토출측의 개폐밸브를 닫은 상태에서 펌프를 운전하는 것을 말한다.
  9. "기동용수압개폐장치"란 소화설비의 배관내 압력변동을 검지하여 자동적으로 펌프를 기동 및 정지시키는 것으로서 압력챔버 또는 기동용압력스위치 등을 말한다.

10. "급수배관"이란 수원 및 옥외송수구로부터 옥내소화전방수구에 급수하는 배관을 말한다.
11. "개폐표시형밸브"란 밸브의 개폐여부를 외부에서 식별이 가능한 밸브를 말한다.
12. "가압수조"란 가압원인 압축공기 또는 불연성 고압기체에 따라 소방용수를 가압시키는 수조를 말한다. 〈신설 2008.12.15〉

제 4 조(수원) ① 옥내소화전설비의 수원은 그 저수량이 옥내소화전의 설치개수가 가장 많은 층의 설치개수(2개 이상 설치된 경우에는 2개)에 2.6m³(호스릴옥내소화전설비를 포함한다)를 곱한 양 이상이 되도록 하여야 한다. 〈개정 2008. 12. 15., 2012. 2. 15., 2013. 6. 11., 2021. 4. 1.〉

필수사항 (130×20분, 29층 이하만을 의미하는 것임) 중요도 ★★★
(30층 이상은 고층 화재기준에서 별도 정함)

② 옥내소화전설비의 수원은 제1항에 따라 산출된 유효수량 외에 유효수량의 3분의 1 이상을 옥상(옥내소화전설비가 설치된 건축물의 주된 옥상을 말한다. 이하 같다)에 설치하여야 한다. 다만, 다음 각 호의 어느 하나에 해당하는 경우에는 그러하지 아니하다. 〈개정 2013.6.10〉

2. 지하층만 있는 건축물
3. 제5조제2항에 따른 고가수조를 가압송수장치로 설치한 옥내소화전설비
4. 수원이 건축물의 지붕보다 높은 위치에 설치된 경우
5. 건축물의 높이가 지표면으로부터 10m 이하인 경우
6. 주펌프와 동등 이상의 성능이 있는 별도의 펌프로서 내연기관의 기동과 연동하여 작동되거나 비상전원을 연결하여 설치한 경우
7. 제5조제1항제9호 단서에 해당하는 경우〈신설 2008.12.15.〉

참고 (다만, 학교・공장・창고시설(제4조제2항에 따라 옥상수조를 설치한 대상은 제외한다)로서 동결의 우려가 있는 장소에 있어서는 기동스위치에 보호판을 부착하여 옥내소화전함 내에 설치할 수 있다.) 〈개정 2013.6.10.〉 〈개정 2016.5.16.〉

8. 제5조제4항에 따라 가압수조를 가압송수장치로 설치한 옥내소화전설비 〈신설 2009.10.22.〉

암기방법 지고수10별학가 중요도 ★★★★★
(최근 개정됨, 암기 필요)

④ 옥상수조(제1항에 따라 산출된 유효수량의 3분의 1 이상을 옥상에 설치한 설비를 말한다. 이하 같다)는 이와 연결된 배관을 통하여 상시 소화수를 공급할 수 있는 구조인 특정소방대상물인 경우에는 둘 이상의 특정소방대상물이 있더라도 하나의 특정소방대상물에만 이를 설치할 수 있다. [종전의 제3항에서 이동 2012.2.15]

⑤ 옥내소화전설비의 수원을 수조로 설치하는 경우에는 소방설비의 전용수조로 하여야 한다. 다만, 다음 각 호의 어느 하나에 해당하는 경우에는 그러하지 아니하다. [종전의 제4항에서 이동 2012.2.15]〈개정 2013.6.10〉

1. 옥내소화전펌프의 후드밸브 또는 흡수배관의 흡수구(수직회전축펌프의 흡수구를 포함한다. 이하 같다)를 다른 설비(소방용설비 외의 것을 말한다. 이하 같다)의 후드밸브 또는 흡수구보다 낮은 위치에 설치한 때
2. 제5조제2항에 따른 고가수조로부터 옥내소화전설비의 수직배관에 물을 공급하는 급수구를 다른 설비의 급수구보다 낮은 위치에 설치한 때

⑥ 제1항 및 제2항에 따른 저수량을 산정함에 있어서 다른 설비와 겸용하여 옥내소화전설비용 수조를 설치하는 경우에는 옥내소화전설비의 후드밸브·흡수구 또는 수직배관의 급수구와 다른 설비의 후드밸브·흡수구 또는 수직배관의 급수구와의 사이의 수량을 그 유효수량으로 한다. [종전의 제5항에서 이동 2012.2.15]

⑦ 옥내소화전설비용 수조는 다음 각호의 기준에 따라 설치하여야 한다. [종전의 제6항에서 이동 2012.2.15]

1. 점검에 편리한 곳에 설치할 것
2. 동결방지조치를 하거나 동결의 우려가 없는 장소에 설치할 것
3. 수조의 외측에 수위계를 설치할 것. 다만, 구조상 불가피한 경우에는 수조의 맨홀 등을 통하여 수조 안의 물의 양을 쉽게 확인할 수 있도록 하여야 한다.
4. 수조의 상단이 바닥보다 높은 때에는 수조의 외측에 고정식 사다리를 설치할 것
5. 수조가 실내에 설치된 때에는 그 실내에 조명설비를 설치할 것
6. 수조의 밑 부분에는 청소용 배수밸브 또는 배수관을 설치할 것
7. 수조의 외측의 보기 쉬운 곳에 "옥내소화전설비용 수조"라고 표시한 표지를 할 것. 이 경우 그 수조를 다른 설비와 겸용하는 때에는 그 겸용되는 설비의 이름을 표시한 표지를 함께 하여야 한다.
8. 옥내소화전펌프의 흡수배관 또는 옥내소화전설비의 수직배관과 수조의 접속부분에는 "옥내소화전설비용 배관"이라고 표시한 표지를 할 것. 다만, 수

조와 가까운 장소에 옥내소화전펌프가 설치되고 옥내소화전펌프에 제5조 제1항제14호에 따른 표지를 설치한 때에는 그러하지 아니하다.

암기방법 점동수고조청표표 중요도 ★★★

제 5 조(가압송수장치) ① 전동기 또는 내연기관에 따른 펌프를 이용하는 가압송수장치는 다음 각 호의 기준에 따라 설치하여야 한다. 다만, 가압송수장치의 주펌프는 전동기에 따른 펌프로 설치하여야 한다. 〈개정 2015.1.23.〉

1. 쉽게 접근할 수 있고 점검하기에 충분한 공간이 있는 장소로서 화재 및 침수 등의 재해로 인한 피해를 받을 우려가 없는 곳에 설치할 것
2. 동결방지조치를 하거나 동결의 우려가 없는 장소에 설치할 것
3. 특정소방대상물의 어느 층에 있어서도 해당 층의 옥내소화전(2개 이상 설치된 경우에는 2개의 옥내소화전)을 동시에 사용할 경우 각 소화전의 노즐선단에서의 방수압력이 0.17MPa(호스릴옥내소화전설비를 포함한다) 이상이고, 방수량이 130L/min(호스릴옥내소화전설비를 포함한다) 이상이 되는 성능의 것으로 할 것. 다만, 하나의 옥내소화전을 사용하는 노즐선단에서의 방수압력이 0.7MPa을 초과할 경우에는 호스접결구의 인입 측에 감압장치를 설치하여야 한다. 〈개정 2008. 12. 15., 2021. 4. 1.〉

암기방법 옥5, 130, 0.17 - 0.7 중요도 ★★★
(계산문제 필수 기본수치임)

4. 펌프의 토출량은 옥내소화전이 가장 많이 설치된 층의 설치개수(옥내소화전이 2개 이상 설치된 경우에는 2개)에 130L/min를 곱한 양 이상이 되도록 할 것. 〈개정 2021. 4. 1.〉
5. 펌프는 전용으로 할 것. 다만, 다른 소화설비와 겸용하는 경우 각각의 소화설비의 성능에 지장이 없을 때에는 그러하지 아니하다.
6. 펌프의 토출 측에는 압력계를 체크밸브 이전에 펌프토출 측 플랜지에서 가까운 곳에 설치하고, 흡입 측에는 연성계 또는 진공계를 설치할 것. 다만, 수원의 수위가 펌프의 위치보다 높거나 수직회전축 펌프의 경우에는 연성계 또는 진공계를 설치하지 아니할 수 있다.
7. 가압송수장치에는 정격부하운전 시 펌프의 성능을 시험하기 위한 배관을 설치할 것. 다만, 충압펌프의 경우에는 그러하지 아니하다.

8. 가압송수장치에는 체절운전 시 수온의 상승을 방지하기 위한 순환배관을 설치할 것. 다만, 충압펌프의 경우에는 그러하지 아니하다.
9. 기동장치로는 기동용수압개폐장치 또는 이와 동등 이상의 성능이 있는 것을 설치할 것. 다만, 학교·공장·창고시설(제4조제2항에 따라 옥상수조를 설치한 대상은 제외한다)로서 동결의 우려가 있는 장소에 있어서는 기동스위치에 보호판을 부착하여 옥내소화전함 내에 설치할 수 있다.〈개정 2013.6.10.〉〈개정 2016.5.16.〉
9의2. 제9호 단서의 경우에는 주펌프와 동등 이상의 성능이 있는 별도의 펌프로서 내연기관의 기동과 연동하여 작동되거나 비상전원을 연결한 펌프를 추가 설치할 것. 다만, 다음 각 목의 경우는 제외한다.〈신설 2016.5.16.〉
   가. 지하층만 있는 건축물
   나. 고가수조를 가압송수장치로 설치한 경우
   다. 수원이 건축물의 최상층에 설치된 방수구보다 높은 위치에 설치된 경우
   라. 건축물의 높이가 지표면으로부터 10m 이하인 경우
   마. 가압수조를 가압송수장치로 설치한 경우
10. 기동용수압개폐장치(압력챔버)를 사용할 경우 그 용적은 100l 이상의 것으로 할 것
11. 수원의 수위가 펌프보다 낮은 위치에 있는 가압송수장치에는 다음 각 목의 기준에 따른 물올림장치를 설치할 것〈개정 2013.6.10〉
    가. 물올림장치에는 전용의 탱크를 설치할 것
    나. 탱크의 유효수량은 100l 이상으로 하되, 구경 15mm 이상의 급수배관에 따라 해당 탱크에 물이 계속 보급되도록 할 것
12. 기동용수압개폐장치를 기동장치로 사용할 경우에는 다음 각 목의 기준에 따른 충압펌프를 설치할 것. 다만, 옥내소화전이 각층에 1개씩 설치된 경우로서 소화용 급수펌프로도 상시 충압이 가능하고 다음 가목의 성능을 갖춘 경우에는 충압펌프를 별도로 설치하지 아니할 수 있다.〈개정 2013.6.10〉
    가. 펌프의 토출압력은 그 설비의 최고위 호스접결구의 자연압보다 적어도 0.2MPa이 더 크도록 하거나 가압송수장치의 정격토출압력과 같게 할 것
    나. 펌프의 정격토출량은 정상적인 누설량보다 적어서는 아니 되며, 옥내소화전설비가 자동적으로 작동할 수 있도록 충분한 토출량을 유지할 것

암기방법 **1개, 토출압력, 토출량** 중요도 ★★

13. 내연기관을 사용하는 경우에는 다음 각 목의 기준에 적합한 것으로 할 것 〈개정 2013.6.10〉
    가. 내연기관의 기동은 제9호의 기동장치를 설치하거나 또는 소화전함의 위치에서 원격조작이 가능하고 기동을 명시하는 적색등을 설치할 것
    나. 제어반에 따라 내연기관의 자동기동 및 수동기동이 가능하고, 상시 충전되어 있는 축전지설비를 갖출 것
    다. 내연기관의 연료량은 펌프를 20분(층수가 30층 이상 49층 이하는 40분, 50층 이상은 60분) 이상 운전할 수 있는 용량일 것 〈신설 2013.6.10〉
14. 가압송수장치에는 "옥내소화전펌프"라고 표시한 표지를 할 것. 이 경우 그 가압송수장치를 다른 설비와 겸용하는 때에는 그 겸용되는 설비의 이름을 표시한 표지를 함께 하여야 한다.
15. 가압송수장치가 기동이 된 경우에는 자동으로 정지되지 아니하도록 하여야 한다. 다만, 충압펌프의 경우에는 그러하지 아니하다. 〈개정 2008.12.15〉
16. 가압송수장치는 부식 등으로 인한 펌프의 고착을 방지할 수 있도록 다음 각 목의 기준에 적합한 것으로 할 것. 다만, 충압펌프는 제외한다. 〈개정 2021. 4. 1.〉
    가. 임펠러는 청동 또는 스테인리스 등 부식에 강한 재질을 사용할 것
    나. 펌프축은 스테인리스 등 부식에 강한 재질을 사용할 것

암기방법   임청수, 펌스   중요도 ★★★

② 고가수조의 자연낙차를 이용한 가압송수장치는 다음 각 호의 기준에 따라 설치하여야 한다.

1. 고가수조의 자연낙차수두(수조의 하단으로부터 최고층에 설치된 소화전 호스 접결구까지의 수직거리를 말한다)는 다음의 식에 따라 산출한 수치 이상이 되도록 할 것 〈개정 2008.12.15〉

    $H = h_1 + h_2 + 17$ (호스릴옥내소화전설비를 포함한다)

    H : 필요한 낙차(m)
    h_1 : 소방용호스 마찰손실 수두(m)
    h_2 : 배관의 마찰손실 수두(m)

2. 고가수조에는 수위계·배수관·급수관·오버플로우관 및 맨홀을 설치할 것

③ 압력수조를 이용한 가압송수장치는 다음 각 호의 기준에 따라 설치하여야

한다.
1. 압력수조의 압력은 다음의 식에 따라 산출한 수치 이상으로 할 것〈개정 2008.12.15〉

   $P = p_1 + p_2 + p_3 + 0.17$ (호스릴옥내소화전설비를 포함한다)

   P : 필요한 압력(MPa)
   p_1 : 소방용호스의 마찰손실 수두압(MPa)
   p_2 : 배관의 마찰손실 수두압(MPa)
   p_3 : 낙차의 환산 수두압(MPa)

2. 압력수조에는 수위계 · 급수관 · 배수관 · 급기관 · 맨홀 · 압력계 · 안전장치 및 압력저하 방지를 위한 자동식 공기압축기를 설치할 것.

암기방법 수급배급맨 압안자   중요도 ★★

④ 가압수조를 이용한 가압송수장치는 다음 각 호의 기준에 따라 설치하여야 한다.〈신설 2008.12.15〉
1. 가압수조의 압력은 제1항제3호에 따른 방수량 및 방수압이 20분 이상유지 되도록 할 것〈개정 2012.2.15, 2013.6.11〉
2. 삭 제〈2015.1.23.〉
3. 가압수조 및 가압원은 「건축법 시행령」제46조에 따른 방화구획 된 장소에 설치할 것
4. 삭 제〈2015.1.23.〉
5. 가압수조를 이용한 가압송수장치는 소방청장이 정하여 고시한 「가압수조식가압송수장치의 성능인증 및 제품검사의 기술기준」에 적합한 것으로 설치할 것〈개정 2013. 6. 10., 2015. 1. 23., 2017. 7. 26.〉

암기방법 압방성   중요도 ★★

제 6 조(배관 등) ① 배관과 배관이음쇠는 다음 각 호의 어느 하나에 해당하는 것 또는 동등 이상의 강도 · 내식성 및 내열성을 국내 · 외 공인기관으로부터 인정 받은 것을 사용하여야 하고, 배관용 스테인리스강관(KS D 3576)의 이음을 용접으로 할 경우에는 알곤용접방식에 따른다. 다만, 본 조에서 정하지 않은 사항은 건설기술 진흥법 제44조제1항의 규정에 따른 건축기계설비공사 표준설명서에 따른다.〈개정 2008.12.15., 2013.6.10., 2016.7.25.〉

1. 배관 내 사용압력이 1.2MPa 미만일 경우에는 다음 각 목의 어느 하나에 해당하는 것〈신설 2013.6.10, 개정 2016.7.25.〉
   가. 배관용 탄소강관(KS D 3507)
   나. 이음매 없는 구리 및 구리합금관(KS D 5301). 다만, 습식의 배관에 한한다.
   다. 배관용 스테인리스강관(KS D 3576) 또는 일반배관용 스테인리스강관(KS D 3595)
   라. 덕타일 주철관(KS D 4311)〈신설 2016.7.25.〉
2. 배관 내 사용압력이 1.2MPa 이상일 경우에는 다음 각 목의 어느 하나에 해당하는 것〈신설 2013.6.10., 개정 2016.7.25.〉
   가. 압력배관용탄소강관(KS D 3562)〈신설 2016.7.25.〉
   나. 배관용 아크용접 탄소강강관(KS D 3583)〈신설 2016.7.25.〉

암기방법 1.2, 탄구스덕, 압배 중요도 ★★★

암기방법 배관이음, 1.2 미만, 이상 중요도 ★★★★★
(최근 개정됨, 반드시 암기필요)

② 제1항에도 불구하고 다음 각 호의 어느 하나에 해당하는 장소에는 소방청장이 정하여 고시한 「소방용합성수지배관의 성능인증 및 제품검사의 기술기준」에 적합한 소방용 합성수지배관으로 설치할 수 있다.〈개정 2013. 6. 10., 2015. 1. 23., 2017. 7. 26.〉
1. 배관을 지하에 매설하는 경우
2. 다른 부분과 내화구조로 구획된 덕트 또는 피트의 내부에 설치하는 경우
3. 천장(상층이 있는 경우에는 상층바닥의 하단을 포함한다. 이하 같다)과 반자를 불연재료 또는 준불연 재료로 설치하고 그 내부에 습식으로 배관을 설치하는 경우

암기방법 지내천 중요도 ★★★

③ 급수배관은 전용으로 하여야 한다. 다만, 옥내소화전의 기동장치의 조작과 동시에 다른 설비의 용도에 사용하는 배관의 송수를 차단할 수 있거나, 옥내소화전설비의 성능에 지장이 없는 경우에는 다른 설비와 겸용할 수 있다.

⑤ 펌프의 흡입 측 배관은 다음 각 호의 기준에 따라 설치하여야 한다. [종전의 제4항에서 이동 2012.2.15]
1. 공기고임이 생기지 아니하는 구조로 하고 여과장치를 설치할 것
2. 수조가 펌프보다 낮게 설치된 경우에는 각 펌프(충압펌프를 포함 한다)마다 수조로부터 별도로 설치할 것

⑥ 펌프의 토출 측 주배관의 구경은 유속이 4m/s 이하가 될 수 있는 크기 이상으로 하여야 하고, 옥내소화전방수구와 연결되는 가지배관의 구경은 40mm(호스릴옥내소화전설비의 경우에는 25mm) 이상으로 하여야 하며, 주배관중 수직배관의 구경은 50mm(호스릴옥내소화전설비의 경우에는 32mm) 이상으로 하여야 한다. 〈개정 2008.12.15〉[종전의 제5항에서 이동 2012.2.15.]

> **필수사항** (주배관 구경산출위한 유속으로 중요, 4)
> (일반옥내와 호스릴의 차이는 구경뿐임)   중요도 ★★★

⑦ 연결송수관설비의 배관과 겸용할 경우의 주배관은 구경 100mm 이상, 방수구로 연결되는 배관의 구경은 65mm 이상의 것으로 하여야 한다. [종전의 제6항에서 이동 2012.2.15]

⑧ 펌프의 성능은 체절운전 시 정격토출압력의 140%를 초과하지 아니하고, 정격토출량의 150%로 운전 시 정격토출압력의 65% 이상이 되어야 하며, 펌프의 성능시험배관은 다음 각 호의 기준에 적합하여야 한다. [종전의 제7항에서 이동 2012.2.15]
1. 성능시험배관은 펌프의 토출측에 설치된 개폐밸브 이전에서 분기하여 설치하고, 유량측정장치를 기준으로 전단 직관부에 개폐밸브를 후단 직관부에는 유량조절밸브를 설치할 것
2. 유량측정장치는 성능시험배관의 직관부에 설치하되, 펌프의 정격토출량의 175% 이상 측정할 수 있는 성능이 있을 것

> **암기방법** 펌프성능, 성능시험배관 분기, 개폐밸브,
> 유량측정장치. 유량측정장치   중요도 ★★★★★

⑨ 가압송수장치의 체절운전 시 수온의 상승을 방지하기 위하여 체크밸브와 펌프사이에서 분기한 구경 20mm 이상의 배관에 체절압력 미만에서 개방되는 릴리프밸브를 설치하여야 한다. [종전의 제8항에서 이동 2012.2.15]

⑩ 동결방지조치를 하거나 동결의 우려가 없는 장소에 설치하여야 한다. 다만, 보온재를 사용할 경우에는 난연재료 성능이상의 것으로 하여야 한다. 〈개정 2012.2.15, 2015.1.23.〉

⑪ 급수배관에 설치되어 급수를 차단할 수 있는 개폐밸브(옥내소화전방수구를 제외한다)는 개폐표시형으로 하여야 한다. 이 경우 펌프의 흡입측 배관에는 버터플라이밸브 외의 개폐표시형밸브를 설치하여야 한다. [종전의 제10항에서 이동 2012.2.15]

⑫ 배관은 다른 설비의 배관과 쉽게 구분이 될 수 있는 위치에 설치하거나, 그 배관표면 또는 배관 보온재표면의 색상은 「한국산업표준(배관계의 식별 표시, KS A 0503)」 또는 적색으로 식별이 가능하도록 소방용설비의 배관임을 표시하여야 한다. 〈개정 2008.12.15〉 [종전의 제11항에서 이동 2012.2.15] 〈개정 2013.6.10〉

⑬ 옥내소화전설비에는 소방차로부터 그 설비에 송수할 수 있는 송수구를 다음 각 호의 기준에 의하여 설치하여야 한다. [종전의 제12항에서 이동 2012.2.15] 〈개정 2013.6.10〉

1. 송수구는 소방차가 쉽게 접근할 수 있는 잘 보이는 장소에 설치하되 화재층으로부터 지면으로 떨어지는 유리창 등이 송수 및 그 밖의 소화작업에 지장을 주지 아니하는 장소에 설치할 것 〈개정 2013.6.10〉

2. 송수구로부터 주 배관에 이르는 연결배관에는 개폐밸브를 설치하지 아니할 것. 다만, 스프링클러설비·물분무소화설비·포소화설비 또는 연결송수관설비의 배관과 겸용하는 경우에는 그러하지 아니하다.

3. 지면으로부터 높이가 0.5m 이상 1m 이하의 위치에 설치할 것

4. 구경 65mm의 쌍구형 또는 단구형으로 할 것

5. 송수구의 가까운 부분에 자동배수밸브(또는 직경 5mm의 배수공) 및 체크밸브를 설치할 것. 이 경우 자동배수밸브는 배관안의 물이 잘 빠질 수 있는 위치에 설치하되, 배수로 인하여 다른 물건 또는 장소에 피해를 주지 아니하여야 한다.

6. 송수구에는 이물질을 막기 위한 마개를 씌울 것 〈신설 2008.12.15.〉

암기방법   소개높구자마   중요도 ★★

⑭ 분기배관을 사용할 경우에는 소방청장이 정하여 고시한 「분기배관의 성능인증 및 제품검사의 기술기준」에 적합한 것으로 설치하여야 한다. 〈개정 2012. 2. 15., 2013. 6. 10., 2015. 1. 23., 2017. 7. 26.〉

제 7 조(함 및 방수구 등) ① 옥내소화전설비의 함은 다음 각 호의 기준에 따라 설치하여야 한다.

1. 함은 소방청장이 정하여 고시한 「소화전함 성능인증 및 제품검사의 기술기준」에 적합한 것으로 설치하되 밸브의 조작, 호스의 수납 및 문의 개방 등 옥내소화전 사용에 장애가 없도록 설치할 것. 연결송수관의 방수구를 같이 설치하는 경우에도 또한 같다. 〈개정 2015. 1. 23., 2017. 7. 26., 2021. 4. 1.〉
2. 삭 제〈2015.1.23.〉
3. 제1호와 제2호에도 불구하고 제2항제1호의 기준을 초과하는 경우로서 기둥 또는 벽이 설치되지 아니한 대형공간의 경우는 다음 각 목의 기준에 따라 설치할 수 있다. 〈개정 2013.6.10〉
   가. 호스 및 관창은 방수구의 가장 가까운 장소의 벽 또는 기둥 등에 함을 설치하여 비치 할 것
   나. 방수구의 위치표지는 표시등 또는 축광도료 등으로 상시 확인이 가능토록 할 것

② 옥내소화전방수구는 다음 각 호의 기준에 따라 설치하여야 한다.
1. 특정소방대상물의 층마다 설치하되, 해당 특정소방대상물의 각 부분으로부터 하나의 옥내소화전방수구까지의 수평거리가 25m(호스릴옥내소화전설비를 포함한다) 이하가 되도록 할 것. 다만, 복층형 구조의 공동주택의 경우에는 세대의 출입구가 설치된 층에만 설치할 수 있다.〈개정 2008.12.15, 2009.10.22〉
2. 바닥으로부터의 높이가 1.5m 이하가 되도록 할 것
3. 호스는 구경 40mm(호스릴옥내소화전설비의 경우에는 25mm) 이상의 것으로서 특정소방대상물의 각 부분에 물이 유효하게 뿌려질 수 있는 길이로 설치할 것
4. 호스릴옥내소화전설비의 경우 그 노즐에는 노즐을 쉽게 개폐할 수 있는 장치를 부착할 것

③ 표시등은 다음 각 호의 기준에 따라 설치하여야 한다.
1. 옥내소화전설비의 위치를 표시하는 표시등은 함의 상부에 설치하되, 소방청장이 고시하는 「표시등의 성능인증 및 제품검사의 기술기준」에 적합한 것으로 할 것 〈개정 2015. 1. 23., 2017. 7. 26.〉
2. 가압송수장치의 기동을 표시하는 표시등은 옥내소화전함의 상부 또는 그 직근에 설치하되 적색등으로 할 것. 다만, 자체소방대를 구성하여 운영하는 경우(「위험물 안전관리법 시행령」별표8에서 정한 소방자동차와 자체소방대

원의 규모를 말한다) 가압송수장치의 기동표시등을 설치하지 않을 수 있다. 〈개정 2013.6.10〉

3. 삭 제 〈2015.1.23.〉

④ 옥내소화전설비의 함에는 그 표면에 "소화전"이라는 표시와 그 사용요령을 기재한 표지판(외국어 병기)을 붙여야 한다. 〈개정 2010.12.27〉

제 8 조(전원) ① 옥내소화전설비에는 그 특정소방대상물의 수전방식에 따라 다음 각 호의 기준에 따른 상용전원회로의 배선을 설치하여야 한다. 다만, 가압수조방식으로서 모든 기능이 20분 이상 유효하게 지속될 수 있는 경우에는 그러하지 아니하다. 〈개정 2008.12.15, 2012.2.15, 2013.6.11〉

1. 저압수전인 경우에는 인입개폐기의 직후에서 분기하여 전용배선으로 하여야 하며, 전용의 전선관에 보호 되도록 할 것
2. 특별고압수전 또는 고압수전일 경우에는 전력용 변압기 2차측의 주차단기 1차측에서 분기하여 전용배선으로 하되, 상용전원의 상시공급에 지장이 없을 경우에는 주차단기 2차측에서 분기하여 전용배선으로 할 것. 다만, 가압송수장치의 정격입력전압이 수전전압과 같은 경우에는 제1호의 기준에 따른다.

암기방법 저압수전, 고압수전   중요도 ★★

② 다음 각 호의 어느 하나에 해당하는 특정소방대상물의 옥내소화전설비에는 비상전원을 설치하여야 한다. 다만, 2 이상의 변전소(「전기사업법」 제67조에 따른 변전소를 말한다. 이하 같다)에서 전력을 동시에 공급받을 수 있거나 하나의 변전소로부터 전력의 공급이 중단되는 때에는 자동으로 다른 변전소로부터 전원을 공급받을 수 있도록 상용전원을 설치한 경우와 가압수조방식에는 그러하지 아니하다. 〈개정 2008.12.15, 2013.6.10〉

1. 층수가 7층 이상으로서 연면적이 2,000m² 이상인 것 〈개정 2013.6.10〉
2. 제1호에 해당하지 아니하는 특정소방대상물로서 지하층의 바닥면적의 합계가 3,000m² 이상인 것. 〈개정 2013.6.10.〉

암기방법 2동하자가, 7 2 지 3   중요도 ★★★★★

③ 제2항에 따른 비상전원은 자가발전설비, 축전지설비(내연기관에 따른 펌프를 사용하는 경우에는 내연기관의 기동 및 제어용 축전지를 말한다) 또는 전기

저장장치(외부 전기에너지를 저장해 두었다가 필요한 때 전기를 공급하는 장치)로서 다음 각 호의 기준에 따라 설치하여야 한다. 〈개정 2016.7.25.〉

1. 점검에 편리하고 화재 및 침수 등의 재해로 인한 피해를 받을 우려가 없는 곳에 설치할 것
2. 옥내소화전설비를 유효하게 20분 이상 작동할 수 있어야 할 것 〈개정 2012.2.15, 2013.6.11〉
3. 상용전원으로부터 전력의 공급이 중단된 때에는 자동으로 비상전원으로부터 전력을 공급받을 수 있도록 할 것
4. 비상전원(내연기관의 기동 및 제어용 축전기를 제외한다)의 설치장소는 다른 장소와 방화구획 할 것. 이 경우 그 장소에는 비상전원의 공급에 필요한 기구나 설비외의 것(열병합발전설비에 필요한 기구나 설비는 제외한다)을 두어서는 아니 된다. 〈개정 2008.12.15〉
5. 비상전원을 실내에 설치하는 때에는 그 실내에 비상조명등을 설치할 것

암기방법 자축저, 점유자방비   중요도 ★★★★★

제 9 조(제어반) ① 옥내소화전설비에는 제어반을 설치하되, 감시제어반과 동력제어반으로 구분하여 설치하여야 한다. 다만, 다음 각 호의 어느 하나에 해당하는 옥내소화전설비의 경우에는 감시제어반과 동력제어반으로 구분하여 설치하지 아니할 수 있다. 〈개정 2013.6.10〉

1. 제8조제2항에 해당하지 아니하는 특정소방대상물에 설치되는 옥내소화전설비

참고 비상전원설치대상이 아닌 특정소방대상물 (７ ２,지3 에 해당하지 않는)

2. 내연기관에 따른 가압송수장치를 사용하는 옥내소화전설비
3. 고가수조에 따른 가압송수장치를 사용하는 옥내소화전설비
4. 가압수조에 따른 가압송수장치를 사용하는 옥내소화전설비
〈신설 2008.12.15.〉

암기방법 비내고가   중요도 ★★★★★

② 감시제어반의 기능은 다음 각호의 기준에 적합하여야 한다. 〈개정 2013.6.10〉
1. 각 펌프의 작동여부를 확인할 수 있는 표시등 및 음향경보기능이 있어야 할 것

2. 각 펌프를 자동 및 수동으로 작동시키거나 중단시킬 수 있어야 할 것〈개정 2008.12.15, 2013.6.10〉
3. 비상전원을 설치한 경우에는 상용전원 및 비상전원의 공급여부를 확인할 수 있어야할 것〈개정 2008.12.15〉
4. 수조 또는 물올림탱크가 저수위로 될 때 표시등 및 음향으로 경보할 것
5. 각 확인회로(기동용수압개폐장치의 압력스위치회로·수조 또는 물올림탱크의 감시회로를 말한다)마다 도통시험 및 작동시험을 할 수 있어야 할 것

암기방법 기수   중요도 ★★

6. 예비전원이 확보되고 예비전원의 적합여부를 시험할 수 있어야 할 것

암기방법 각각비수도예   중요도 ★★★★★

③ 감시제어반은 다음 각 호의 기준에 따라 설치하여야 한다.
1. 화재 및 침수 등의 재해로 인한 피해를 받을 우려가 없는 곳에 설치할 것
2. 감시제어반은 옥내소화전설비의 전용으로 할 것. 다만, 옥내소화전설비의 제어에 지장이 없는 경우에는 다른 설비와 겸용할 수 있다.
3. 감시제어반은 다음 각 목의 기준에 따른 전용실안에 설치할 것. 다만 제1항 각 호의 어느 하나에 해당하는 경우와 공장, 발전소 등에서 설비를 집중 제어·운전할 목적으로 설치하는 중앙제어실내에 감시제어반을 설치하는 경우에는 그러하지 아니하다.〈개정 2013.6.10.〉

참고 1항 각호 : 감시제어반, 동력제어반 구분하지 않아도 되는 경우

   가. 다른 부분과 방화구획을 할 것. 이 경우 전용실의 벽에는 기계실 또는 전기실 등의 감시를 위하여 두께 7mm 이상의 망입유리(두께 16.3mm 이상의 접합유리 또는 두께 28mm 이상의 복층유리를 포함한다)로 된 $4m^2$ 미만의 붙박이창을 설치할 수 있다.
   나. 피난층 또는 지하 1층에 설치할 것. 다만, 다음 각 세목의 어느 하나에 해당하는 경우에는 지상 2층에 설치하거나 지하 1층 외의 지하층에 설치할 수 있다.〈개정 2013.6.10〉
      (1) 「건축법시행령」제35조에 따라 특별피난계단이 설치되고 그 계단(부속실을 포함한다)출입구로부터 보행거리 5m이내에 전용실의 출입구가 있는 경우

(2) 아파트의 관리동(관리동이 없는 경우에는 경비실)에 설치하는 경우
　다. 비상조명등 및 급·배기설비를 설치할 것
　라. 「무선통신보조설비의 화재안전기준(NFSC 505)」 제5조제3항에 따라 유효하게 통신이 가능할 것(영 별표 5의 제5호마목에 따른 무선통신보조설비가 설치된 특정소방대상물에 한한다.) 〈개정 2013. 6. 10., 2021. 3. 25.〉
　마. 바닥면적은 감시제어반의 설치에 필요한 면적 외에 화재 시 소방대원이 그 감시제어반의 조작에 필요한 최소면적 이상으로 할 것
4. 제3호에 따른 전용실에는 특정소방대상물의 기계·기구 또는 시설 등의 제어 및 감시설비외의 것을 두지 아니할 것

> **암기방법** 　화 전 전 외
> 　　　　　전용실 : 구 중, 방피비급무면 – 중요　　중요도 ★★★★★

④ 동력제어반은 다음 각 호의 기준에 따라 설치하여야 한다.
1. 앞면은 적색으로 하고 "옥내소화전설비용 동력제어반"이라고 표시한 표지를 설치할 것
2. 외함은 두께 1.5mm 이상의 강판 또는 이와 동등 이상의 강도 및 내열성능이 있는 것으로 할 것
3. 그 밖의 동력제어반의 설치에 관하여는 제3항제1호 및 제2호의 기준을 준용할 것

제10조(배선 등) ① 옥내소화전설비의 배선은 「전기사업법」 제67조에 따른 기술기준에서 정한 것 외에 다음 각 호의 기준에 따라 설치하여야 한다.
1. 비상전원으로부터 동력제어반 및 가압송수장치에 이르는 전원회로의 배선은 내화배선으로 할 것. 다만, 자가발전설비와 동력제어반이 동일한 실에 설치된 경우에는 자가발전기로부터 그 제어반에 이르는 전원회로의 배선은 그러하지 아니하다.
2. 상용전원으로부터 동력제어반에 이르는 배선, 그 밖의 옥내소화전설비의 감시·조작 또는 표시등회로의 배선은 내화배선 또는 내열배선으로 할 것. 다만, 감시제어반 또는 동력제어반 안의 감시·조작 또는 표시등회로의 배선은 그러하지 아니하다.

> **암기방법** 　비동가　　중요도 ★★★

② 제1항에 따른 내화배선 및 내열배선에 사용되는 전선 및 설치방법은 별표 1의 기준에 따른다.

③ 옥내소화전설비의 과전류차단기 및 개폐기에는 "옥내소화전설비용"이라고 표시한 표지를 하여야 한다.

④ 옥내소화전설비용 전기배선의 양단 및 접속단자에는 다음 각 호의 기준에 따라 표지하여야 한다.

1. 단자에는 "옥내소화전단자"라고 표시한 표지를 부착할 것
2. 옥내소화전설비용 전기배선의 양단에는 다른 배선과 식별이 용이하도록 표시할 것

제11조(방수구의 설치제외) 불연재료로 된 특정소방대상물 또는 그 부분으로서 다음 각 호의 어느 하나에 해당하는 곳에는 옥내소화전 방수구를 설치하지 아니할 수 있다. 〈개정 2013.6.10〉

1. 냉장창고 중 온도가 영하인 냉장실 또는 냉동창고의 냉동실 〈개정 2013.6.10〉
2. 고온의 노가 설치된 장소 또는 물과 격렬하게 반응하는 물품의 저장 또는 취급 장소
3. 발전소·변전소 등으로서 전기시설이 설치된 장소
4. 식물원·수족관·목욕실·수영장(관람석 부분을 제외한다) 또는 그 밖의 이와 비슷한 장소
5. 야외음악당·야외극장 또는 그 밖의 이와 비슷한 장소

암기방법 불, 냉고발식야   중요도 ★★★

제12조(수원 및 가압송수장치의 펌프 등의 겸용) ① 옥내소화전설비의 수원을 스프링클러설비·간이스프링클러설비·화재조기진압용 스프링클러설비·물분무소화설비·포소화설비 및 옥외소화전설비의 수원과 겸용하여 설치하는 경우의 저수량은 각 소화설비에 필요한 저수량을 합한 양 이상이 되도록 하여야 한다. 다만, 이들 소화설비 중 고정식 소화설비(펌프·배관과 소화수 또는 소화약제를 최종 방출하는 방출구가 고정된 설비를 말한다. 이하 같다)가 2 이상 설치되어 있고, 그 소화설비가 설치된 부분이 방화벽과 방화문으로 구획되어 있는 경우에는 각 고정식 소화설비에 필요한 저수량 중 최대의 것 이상으로 할 수 있다.

② 옥내소화전설비의 가압송수장치로 사용하는 펌프를 스프링클러설비·간

이스프링클러설비·화재조기진압용 스프링클러설비·물분무소화설비·포소화설비 및 옥외소화전설비의 가압송수장치와 겸용하여 설치하는 경우의 펌프의 토출량은 각 소화설비에 해당하는 토출량을 합한 양 이상이 되도록 하여야 한다. 다만, 이들 소화설비 중 고정식 소화설비가 2 이상 설치되어 있고, 그 소화설비가 설치된 부분이 방화벽과 방화문으로 구획되어 있으며 각 소화설비에 지장이 없는 경우에는 펌프의 토출량 중 최대의 것 이상으로 할 수 있다.

③ 옥내소화전설비·스프링클러설비·간이스프링클러설비·화재조기진압용 스프링클러설비·물분무소화설비·포소화설비 및 옥외소화전설비의 가압송수장치에 있어서 각 토출측배관과 일반급수용의 가압송수장치의 토출측배관을 상호 연결하여 화재시 사용할 수 있다. 이 경우 연결배관에는 개폐표시형밸브를 설치하여야 하며, 각 소화설비의 성능에 지장이 없도록 하여야 한다.

④ 옥내소화전설비의 송수구를 스프링클러설비·간이스프링클러설비·화재조기진압용 스프링클러설비·물분무소화설비·포소화설비 또는 연결송수관비의 송수구와 겸용으로 설치하는 경우에는 스프링클러설비의 송수구의 설치기준에 따르고, 연결살수설비의 송수구와 겸용으로 설치하는 경우에는 옥내소화전설비의 송수구의 설치기준에 따르되 각각의 소화설비의 기능에 지장이 없도록 하여야 한다.

[별표 1]
배선에 사용되는 전선의 종류 및 공사방법(제10조제2항관련)

1. 내화배선 〈개정 2009.10.22, 2010.12.27, 2013.6.10, 2015.1.23, 2017.7.26.〉

사용전선의 종류	공 사 방 법
1. 450/750V 저독성 난연 가교 폴리올레핀 절연 전선 2. 0.6/1KV 가교 폴리에틸렌 절연 저독성 난연 폴리올레핀 시스 전력 케이블 3. 6/10kV 가교 폴리에틸렌 절연 저독성 난연 폴리올레핀 시스 전력용 케이블 4. 가교 폴리에틸렌 절연 비닐시스 트레이용 난연 전력 케이블 5. 0.6/1kV EP 고무절연 클로로프렌 시스 케이블 6. 300/500V 내열성 실리콘 고무 절연전선(180℃) 7. 내열성 에틸렌-비닐 아세테이트 고무 절연 케이블 8. 버스덕트(Bus Duct) 9. 기타 전기용품안전관리법 및 전기설비기술기준에 따라 동등 이상의 내화성능이 있다고 주무부장관이 인정하는 것	금속관·2종 금속제 가요전선관 또는 합성수지관에 수납하여 내화구조로 된 벽 또는 바닥 등에 벽 또는 바닥의 표면으로부터 25mm 이상의 깊이로 매설하여야 한다. 다만 다음 각목의 기준에 적합하게 설치하는 경우에는 그러하지 아니하다. 가. 배선을 내화성능을 갖는 배선전용실 또는 배선용 샤프트·피트·덕트 등에 설치하는 경우 나. 배선전용실 또는 배선용 샤프트·피트·덕트 등에 다른 설비의 배선이 있는 경우에는 이로 부터 15cm 이상 떨어지게 하거나 소화설비의 배선과 이웃하는 다른 설비의 배선사이에 배선지름(배선의 지름이 다른 경우에는 가장 큰 것을 기준으로 한다)의 1.5배 이상의 높이의 불연성 격벽을 설치하는 경우
내화전선	케이블공사의 방법에 따라 설치하여야 한다.

[비고] 내화전선의 내화성능은 버어너의 노즐에서 75mm의 거리에서 온도가 750±5℃인 불꽃으로 3시간동안 가열한 다음 12시간 경과 후 전선 간에 허용전류용량 3A의 퓨우즈를 연결하여 내화시험 전압을 가한 경우 퓨우즈가 단선되지 아니하는 것. 또는 소방청장이 정하여 고시한 「소방용전선의 성능인증 및 제품검사의 기술기준」에 적합할 것

암기방법 저가가가 고내내 버기 내 ★★★★★

(전선의 종류 최근 전면개정됨, 반드시 암기필요)
(전선의 종류는 내화, 내열 같은 것임)

암기방법 금2합-수납매립, 전샤피덕 15, 1.5 ★★★★★

2. 내열배선 〈개정 2009.10.22, 2010.12.27, 2013.6.10, 2015.1.23, 2017.7.26.〉

사용전선의 종류	공 사 방 법
1. 450/750V 저독성 난연 가교 폴리올레핀 절연 전선 2. 0.6/1KV 가교 폴리에틸렌 절연 저독성 난연 폴리올레핀 시스 전력 케이블 3. 6/10kV 가교 폴리에틸렌 절연 저독성 난연 폴리올레핀 시스 전력용 케이블 4. 가교 폴리에틸렌 절연 비닐시스 트레이용 난연 전력 케이블 5. 0.6/1kV EP 고무절연 클로로프렌 시스 케이블 6. 300/500V 내열성 실리콘 고무 절연전선(180℃) 7. 내열성 에틸렌-비닐 아세테이트 고무 절연 케이블 8. 버스덕트(Bus Duct) 9. 기타 전기용품안전관리법 및 전기설비기술기준에 따라 동등 이상의 내열성능이 있다고 주무부장관이 인정하는 것	금속관·금속제 가요전선관·금속덕트 또는 케이블(불연성덕트에 설치하는 경우에 한한다.) 공사방법에 따라야 한다. 다만, 다음 각목의 기준에 적합하게 설치하는 경우에는 그러하지 아니하다. 가. 배선을 내화성능을 갖는 배선전용실 또는 배선용 샤프트·피트·덕트 등에 설치하는 경우 나. 배선전용실 또는 배선용 샤프트·피트·덕트 등에 다른 설비의 배선이 있는 경우에는 이로부터 15cm 이상 떨어지게 하거나 소화설비의 배선과 이웃하는 다른 설비의 배선사이에 배선지름(배선의 지름이 다른 경우에는 지름이 가장 큰 것을 기준으로 한다)의 1.5배 이상의 높이의 불연성 격벽을 설치하는 경우
내화전선·내열전선	케이블공사의 방법에 따라 설치하여야 한다.

[비고] 내열전선의 내열성능은 온도가 816±10℃ 인 불꽃을 20분간 가한 후 불꽃을 제거하였을 때 10초 이내에 자연소화가 되고, 전선의 연소된 길이가 180mm 이하이거나 가열온도의 값을 한국산업표준(KS F 2257-1)에서 정한 건축구조부분의 내화시험방법으로 15분 동안 380℃까지 가열한 후 전선의 연소된 길이가 가열로의 벽으로부터 150mm 이하일 것. 또는 소방청장이 정하여 고시한 「소방용전선의 성능인증 및 제품검사의 기술기준」에 적합할 것

암기방법 저가가 고내내 버기 내내 중요도 ★★★★★

(전선의 종류 최근 전면개정됨, 반드시 암기필요)
(전선의 종류는 내화, 내열 같은 것임

암기방법 금가덕케 - 공사, 전샤피덕 15, 1.5 중요도 ★★★★★

스프링클러설비의 화재안전기준(NFSC 103)

[시행 2021. 3. 25.] [소방청고시 제2021-16호, 2021. 3. 25., 타법개정]

제 3 조(정의) 이 기준에서 사용하는 용어의 정의는 다음과 같다.
1. "고가수조"란 구조물 또는 지형지물 등에 설치하여 자연낙차 압력으로 급수하는 수조를 말한다.
2. "압력수조"란 소화용수와 공기를 채우고 일정압력 이상으로 가압하여 그 압력으로 급수하는 수조를 말한다.
3. "충압펌프"란 배관 내 압력손실에 따른 주펌프의 빈번한 기동을 방지하기 위하여 충압역할을 하는 펌프를 말한다.
4. "정격토출량"이란 정격토출압력에서의 펌프의 토출량을 말한다.
5. "정격토출압력"이란 정격토출량에서의 펌프의 토출측 압력을 말한다.
6. "진공계"란 대기압 이하의 압력을 측정하는 계측기를 말한다.
7. "연성계"란 대기압 이상의 압력과 대기압 이하의 압력을 측정할 수 있는 계측기를 말한다.
8. "체절운전"이란 펌프의 성능시험을 목적으로 펌프토출측의 개폐밸브를 닫은 상태에서 펌프를 운전하는 것을 말한다.
9. "기동용수압개폐장치"란 소화설비의 배관내 압력변동을 검지하여 자동적으로 펌프를 기동 및 정지시키는 것으로서 압력챔버 또는 기동용압력스위치 등을 말한다.
10. "개방형스프링클러헤드"란 감열체 없이 방수구가 항상 열려져 있는 스프링클러헤드를 말한다.
11. "폐쇄형스프링클러헤드"란 정상상태에서 방수구를 막고 있는 감열체가 일정온도에서 자동적으로 파괴·용해 또는 이탈됨으로써 방수구가 개방되는 스프링클러헤드를 말한다.
12. "조기반응형헤드"란 표준형스프링클러헤드 보다 기류온도 및 기류속도에 조기에 반응하는 것을 말한다.
13. "측벽형스프링클러헤드"란 가압된 물이 분사될 때 헤드의 축심을 중심으로 한 반원상에 균일하게 분산시키는 헤드를 말한다.
14. "건식스프링클러헤드"란 물과 오리피스가 분리되어 동파를 방지할 수 있는

스프링클러헤드를 말한다.
15. "유수검지장치"란 습식유수검지장치(패들형을 포함한다), 건식유수검지장치, 준비작동식유수검지장치를 말하며 본체내의 유수현상을 자동적으로 검지하여 신호 또는 경보를 발하는 장치를 말한다.〈개정 2008.12.15〉
16. "일제개방밸브"란 개방형스프링클러헤드를 사용하는 일제살수식 스프링클러설비에 설치하는 밸브로서 화재발생시 자동 또는 수동식 기동장치에 따라 밸브가 열려지는 것을 말한다.〈개정 2008.12.15〉
17. "가지배관"이란 스프링클러헤드가 설치되어 있는 배관을 말한다.
18. "교차배관"이란 직접 또는 수직배관을 통하여 가지배관에 급수하는 배관을 말한다.
19. "주배관"이란 각 층을 수직으로 관통하는 수직배관을 말한다.
20. "신축배관"이란 가지배관과 스프링클러헤드를 연결하는 구부림이 용이하고 유연성을 가진 배관을 말한다.
21. "급수배관"이란 수원 및 옥외송수구로부터 스프링클러헤드에 급수하는 배관을 말한다.
22. "습식스프링클러설비"란 가압송수장치에서 폐쇄형스프링클러헤드까지 배관 내에 항상 물이 가압되어 있다가 화재로 인한 열로 폐쇄형스프링클러헤드가 개방되면 배관 내에 유수가 발생하여 습식유수검지장치가 작동하게 되는 스프링클러설비를 말한다.
22의2. "부압식스프링클러설비"란 가압송수장치에서 준비작동식유수검지장치의 1차측까지는 항상 정압의 물이 가압되고, 2차측 폐쇄형 스프링클러헤드까지는 소화수가 부압으로 되어 있다가 화재 시 감지기의 작동에 의해 정압으로 변하여 유수가 발생하면 작동하는 스프링클러설비를 말한다.〈신설 2011.11.24.〉

필수사항 (개념 출제가능, 신설로 숙지 필요)　　　　　중요도 ★★★

23. "준비작동식스프링클러설비"란 가압송수장치에서 준비작동식유수검지장치 1차 측까지 배관 내에 항상 물이 가압되어 있고 2차 측에서 폐쇄형스프링클러헤드까지 대기압 또는 저압으로 있다가 화재발생시 감지기의 작동으로 준비작동식유수검지장치가 작동하여 폐쇄형스프링클러헤드까지 소화용수가 송수되어 폐쇄형스프링클러헤드가 열에 따라 개방되는 방식의 스프링클러설비를 말한다.

필수사항 (개념 출제가능, 정리필요)　　　　　중요도 ★★

24. "건식스프링클러설비"란 건식유수검지장치 2차 측에 압축공기 또는 질소 등의 기체로 충전된 배관에 폐쇄형스프링클러헤드가 부착된 스프링클러설비로서, 폐쇄형스프링클러헤드가 개방되어 배관내의 압축공기 등이 방출되면 건식유수검지장치 1차 측의 수압에 의하여 건식유수검지장치가 작동하게 되는 스프링클러설비를 말한다. 〈신설 2008.12.15〉
25. "일제살수식스프링클러설비"란 가압송수장치에서 일제개방밸브 1차 측까지 배관 내에 항상 물이 가압되어 있고 2차 측에서 개방형스프링클러헤드까지 대기압으로 있다가 화재발생시 자동감지장치 또는 수동식 기동장치의 작동으로 일제개방밸브가 개방되면 스프링클러헤드까지 소화용수가 송수되는 방식의 스프링클러설비를 말한다. 〈신설 2008.12.15〉
26. "반사판(디프렉타)"이란 스프링클러헤드의 방수구에서 유출되는 물을 세분시키는 작용을 하는 것을 말한다. 〈개정 2008.12.15〉
27. "개폐표시형밸브"란 밸브의 개폐여부를 외부에서 식별이 가능한 밸브를 말한다. 〈개정 2008.12.15〉
28. "연소할 우려가 있는 개구부"란 각 방화구획을 관통하는 컨베이어·에스컬레이터 또는 이와 유사한 시설의 주위로서 방화구획을 할 수 없는 부분을 말한다. 〈개정 2008.12.15.〉

암기방법 컨에방 ★★★

(개념 중요)

29. "가압수조"란 가압원인 압축공기 또는 불연성 고압기체에 따라 소방용수를 가압시키는 수조를 말한다. 〈신설 2008.12.15〉
30. "소방부하"란 법 제2조제1항제1호에 따른 소방시설 및 방화·피난·소화 활동을 위한 시설의 전력부하를 말한다. 〈신설 2011.11.24.〉

필수사항 (개념 중요, 정리필요) ★★★

31. "소방전원 보존형 발전기"란 소방부하 및 소방부하 이외의 부하(이하 비상부하라 한다)겸용의 비상발전기로서, 상용전원 중단 시에는 소방부하 및 비상부하에 비상전원이 동시에 공급되고, 화재 시 과부하에 접근될 경우 비상부하의 일부 또는 전부를 자동적으로 차단하는 제어장치를 구비하여, 소방부하에 비상전원을 연속 공급하는 자가발전설비를 말한다. 〈신설 2011.11.24, 개정 2013.6.10.〉

필수사항 (개념 출제가능, 신설로 숙지 필요) ★★★★★

제 4 조(수원) ① 스프링클러설비의 수원은 그 저수량이 다음 각 호의 기준에 적합하도록 하여야 한다.

1. 폐쇄형스프링클러헤드를 사용하는 경우에는 다음 표의 스프링클러설비 설치장소별 스프링클러헤드의 기준개수[스프링클러헤드의 설치개수가 가장 많은 층(아파트의 경우에는 설치개수가 가장 많은 세대)에 설치된 스프링클러헤드의 개수가 기준개수보다 작은 경우에는 그 설치개수를 말한다. 이하 같다]에 1.6m³를 곱한 양 이상이 되도록 할 것 〈개정 2013.6.10〉

스프링클러설비 설치장소			기준개수
지하층을 제외한 층수가 10층 이하인 특정소방대상물	공장 또는 창고(랙크식 창고를 포함한다)	특수가연물을 저장·취급하는 것	30
		그 밖의 것	20
	근린생활시설·판매시설·운수시설 또는 복합건축물	판매시설 또는 복합건축물(판매시설이 설치되는 복합건축물을 말한다)	30
		그 밖의 것	20
	그 밖의 것	헤드의 부착높이가 8m 이상인 것	20
		헤드의 부착높이가 8m 미만인 것	10
아파트			10
지하층을 제외한 층수가 11층 이상인 소방대상물(아파트를 제외한다)·지하가 또는 지하역사			30

[비 고]
하나의 소방대상물이 2 이상의 "스프링클러헤드의 기준개수"란에 해당하는 때에는 기준개수가 많은 난을 기준으로 한다. 다만, 각 기준개수에 해당하는 수원을 별도로 설치하는 경우에는 그러하지 아니하다.

필수사항 (기준개수 개념)(80×20, 29층 이하에만 적용되는 개념임) 중요도 ★★★
(30층 이상은 별도 고층 화재기준에서 규정하고 있음)

필수사항 (아주 중요)(필수 암기내용) (그 밖의 것 : 근린, 운수) 중요도 ★★★★★

2. 개방형스프링클러헤드를 사용하는 스프링클러설비의 수원은 최대 방수구역에 설치된 스프링클러헤드의 개수가 30개 이하일 경우에는 설치헤드수에 1.6m³를 곱한 양 이상으로 하고, 30개를 초과하는 경우에는 제5조제1항제9호 및 제10호에 따라 산출된 가압송수장치의 1분당 송수량에 20을 곱한 양 이상이 되도록 할 것

필수사항 (개방형 : 30개 이상은 수리계산 의미) 중요도 ★★★

② 스프링클러설비의 수원은 제1항에 따라 산출된 유효수량 외에 유효수량의 3분의 1 이상을 옥상(스프링클러설비가 설치된 건축물의 주된 옥상을 말한다. 이하 같다)에 설치하여야 한다. 다만, 다음 각 호의 어느 하나에 해당하는 경우에는 그러하지 아니하다.
2. 지하층만 있는 건축물
3. 제5조제2항에 따라 고가수조를 가압송수장치로 설치한 스프링클러설비
4. 수원이 건축물의 최상층에 설치된 헤드보다 높은 위치에 설치된 경우 〈개정 2015.1.23.〉
5. 건축물의 높이가 지표면으로부터 10m 이하인 경우
6. 주펌프와 동등 이상의 성능이 있는 별도의 펌프로서 내연기관의 기동과 연동하여 작동되거나 비상전원을 연결하여 설치한 경우
7. 제5조제4항에 따라 가압수조를 가압송수장치로 설치한 스프링클러설비 〈신설 2009.10.22〉

암기방법 지고수10별가 중요도 ★★★

③ 삭제 〈2013.6.11〉
④ 옥상수조(제1항에 따라 산출된 유효수량의 3분의 1 이상을 옥상에 설치한 설비를 말한다)는 이와 연결된 배관을 통하여 상시 소화수를 공급할 수 있는 구조인 특정소방대상물인 경우에는 둘 이상의 특정소방대상물이 있더라도 하나의 특정소방대상물에만 이를 설치할 수 있다. [종전의 제3항에서 이동 2012.2.15]
⑤ 스프링클러설비의 수원을 수조로 설치하는 경우에는 소방설비의 전용수조로 하여야 한다. 다만, 다음 각 호의 어느 하나에 해당하는 경우에는 그러하지 아니하다. [종전의 제4항에서 이동 2012.2.15]
1. 스프링클러펌프의 후드밸브 또는 흡수배관의 흡수구(수직회전축펌프의 흡수구를 포함한다. 이하 같다)를 다른 설비(소방용 설비 외의 것을 말한다. 이하 같다)의 후드밸브 또는 흡수구보다 낮은 위치에 설치한 때
2. 제5조제2항에 따른 고가수조로부터 스프링클러설비의 수직배관에 물을 공급하는 급수구를 다른 설비의 급수구보다 낮은 위치에 설치한 때
⑥ 제1항 및 제2항에 따른 저수량을 산정함에 있어서 다른 설비와 겸용하여 스프링클러설비용 수조를 설치하는 경우에는 스프링클러설비의 후드밸브·흡수구 또는 수직배관의 급수구와 다른 설비의 후드밸브·흡수구 또는 수직배관

의 급수구와의 사이의 수량을 그 유효수량으로 한다. [종전의 제5항에서 이동 2012.2.15]

⑦ 스프링클러설비용 수조는 다음 각 호의 기준에 따라 설치하여야 한다. [종전의 제6항에서 이동 2012.2.15]

1. 점검에 편리한 곳에 설치할 것
2. 동결방지조치를 하거나 동결의 우려가 없는 장소에 설치할 것
3. 수조의 외측에 수위계를 설치할 것. 다만, 구조상 불가피한 경우에는 수조의 맨홀 등을 통하여 수조 안의 물의 양을 쉽게 확인할 수 있도록 하여야 한다.
4. 수조의 상단이 바닥보다 높은 때에는 수조의 외측에 고정식 사다리를 설치할 것
5. 수조가 실내에 설치된 때에는 그 실내에 조명설비를 설치할 것
6. 수조의 밑부분에는 청소용 배수밸브 또는 배수관을 설치할 것
7. 수조의 외측의 보기 쉬운 곳에 "스프링클러설비용 수조"라고 표시한 표지를 할 것. 이 경우 그 수조를 다른 설비와 겸용하는 때에는 그 겸용되는 설비의 이름을 표시한 표지를 함께 하여야 한다.
8. 스프링클러펌프의 흡수배관 또는 스프링클러설비의 수직배관과 수조의 접속부분에는 "스프링클러설비용 배관"이라고 표시한 표지를 할 것. 다만, 수조와 가까운 장소에 스프링클러펌프가 설치되고 스프링클러펌프에 제5조제1항제15호에 따른 표지를 설치한 때에는 그러하지 아니하다.

제 5 조(가압송수장치) ① 전동기 또는 내연기관에 따른 펌프를 이용하는 가압송수장치는 다음 각 호의 기준에 따라 설치하여야 한다. 다만, 가압송수장치의 주펌프는 전동기에 따른 펌프로 설치하여야 한다. 〈개정 2015.1.23.〉

1. 쉽게 접근할 수 있고 점검하기에 충분한 공간이 있는 장소로서 화재 및 침수 등의 재해로 인한 피해를 받을 우려가 없는 곳에 설치할 것
2. 동결방지조치를 하거나 동결의 우려가 없는 장소에 설치할 것
3. 펌프는 전용으로 할 것. 다만, 다른 소화설비와 겸용하는 경우 각각의 소화설비의 성능에 지장이 없을 때에는 그러하지 아니하다.

3의2. 삭제〈2013.6.11〉

4. 펌프의 토출측에는 압력계를 체크밸브 이전에 펌프토출측 플랜지에서 가까운 곳에 설치하고, 흡입측에는 연성계 또는 진공계를 설치할 것. 다만, 수원의 수위가 펌프의 위치보다 높거나 수직회전축 펌프의 경우에는 연성계 또는 진공계를 설치하지 아니할 수 있다.

5. 가압송수장치에는 정격부하 운전 시 펌프의 성능을 시험하기 위한 배관을 설치할 것. 다만, 충압펌프의 경우에는 그러하지 아니하다.
6. 가압송수장치에는 체절운전 시 수온의 상승을 방지하기 위한 순환배관을 설치할 것. 다만, 충압펌프의 경우에는 그러하지 아니하다.
7. 기동장치로는 기동용수압개폐장치 또는 이와 동등 이상의 성능이 있는 것으로 설치할 것. 다만, 기동용수압개폐장치 중 압력챔버를 사용할 경우 그 용적은 100 L 이상의 것으로 할 것 〈개정 2013.6.10〉
8. 수원의 수위가 펌프보다 낮은 위치에 있는 가압송수장치에는 다음 각 목의 기준에 따른 물올림장치를 설치할 것
   가. 물올림장치에는 전용의 수조를 설치할 것
   나. 수조의 유효수량은 $100l$ 이상으로 하되, 구경 15mm 이상의 급수배관에 따라 해당 수조에 물이 계속 보급되도록 할 것
9. 가압송수장치의 정격토출압력은 하나의 헤드선단에 0.1MPa 이상 1.2MPa 이하의 방수압력이 될 수 있게 하는 크기일 것
10. 가압송수장치의 송수량은 0.1MPa의 방수압력 기준으로 $80l/min$ 이상의 방수성능을 가진 기준개수의 모든 헤드로부터의 방수량을 충족시킬 수 있는 양 이상의 것으로 할 것. 이 경우 속도수두는 계산에 포함하지 아니할 수 있다.

필수사항 (계산문제 중요, 기본수치) 중요도 ★★★

11. 제10호의 기준에 불구하고 가압송수장치의 1분당 송수량은 폐쇄형스프링클러헤드를 사용하는 설비의 경우 제4조제1항제1호에 따른 기준개수에 $80l$를 곱한 양 이상으로도 할 수 있다.

필수사항 (계산문제 중요, 기본수치) 중요도 ★★★

12. 제10호의 기준에 불구하고 가압송수장치의 1분당 송수량은 제4조제1항제2호의 개방형스프링클러 헤드수가 30개 이하의 경우에는 그 개수에 $80l$를 곱한 양 이상으로 할 수 있으나 30개를 초과하는 경우에는 제9호 및 제10호에 따른 기준에 적합하게 할 것
13. 기동용수압개폐장치를 기동장치로 사용하는 경우에는 다음의 각 목의 기준에 따른 충압펌프를 설치할 것
    가. 펌프의 토출압력은 그 설비의 최고위 살수장치(일제 개방밸브의 경우는 그 밸브)의 자연압보다 적어도 0.2MPa이 더 크도록 하거나 가압송수장

치의 정격토출압력과 같게 할 것
나. 펌프의 정격토출량은 정상적인 누설량보다 적어서는 아니되며 스프링클러설비가 자동적으로 작동할 수 있도록 충분한 토출량을 유지할 것
14. 내연기관을 사용하는 경우에는 다음 각 목의 기준에 적합하게 설치할 것 〈개정 2013.6.10〉
  가. 제어반에 따라 내연기관의 자동기동 및 수동기동이 가능하고, 상시 충전되어 있는 축전지설비를 갖출 것
  나. 내연기관의 연료량은 펌프를 20분(층수가 30층 이상 49층 이하는 40분, 50층이 이상은 60분) 이상 운전할 수 있는 용량일 것
15. 가압송수장치에는 "스프링클러펌프"라고 표시한 표지를 할 것. 이 경우 그 가압송수장치를 다른 설비와 겸용하는 때에는 그 겸용되는 설비의 이름을 표시한 표지를 함께 하여야 한다.
16. 가압송수장치가 기동되는 경우에는 자동으로 정지되지 아니하도록 하여야 한다. 다만, 충압펌프의 경우에는 그러하지 아니하다. 〈개정 2008.12.15〉
17. 가압송수장치는 부식 등으로 인한 펌프의 고착을 방지할 수 있도록 다음 각 목의 기준에 적합한 것으로 할 것. 다만, 충압펌프는 제외한다. 〈신설 2021. 1. 29.〉
  가. 임펠러는 청동 또는 스테인리스 등 부식에 강한 재질을 사용할 것
  나. 펌프축은 스테인리스 등 부식에 강한 재질을 사용할 것

② 고가수조의 자연낙차를 이용한 가압송수장치는 다음 각 호의 기준에 따라 설치하여야 한다.
1. 고가수조의 자연낙차수두(수조의 하단으로부터 최고층에 설치된 헤드까지의 수직거리를 말한다)는 다음의 식에 따라 산출한 수치 이상이 되도록 할 것

$$H = h_1 + 10$$

  H : 필요한 낙차(m)
  h_1 : 배관의 마찰손실 수두(m)

필수사항 (SP 호스마찰손실이 없음) 중요도 ★★★

2. 고가수조에는 수위계 · 배수관 · 급수관 · 오버플로우관 및 맨홀을 설치할 것
③ 압력수조를 이용한 가압송수장치는 다음 각 호의 기준에 따라 설치하여야 한다.

1. 압력수조의 압력은 다음의 식에 따라 산출한 수치 이상으로 할 것

   $P = p_1 + p_2 + 0.1$

   P : 필요한 압력(MPa)
   p_1 : 낙차의 환산 수두압(MPa)
   p_2 : 배관의 마찰손실 수두압(MPa)

2. 압력수조에는 수위계·급수관·배수관·급기관·맨홀·압력계·안전장치 및 압력저하방지를 위한 자동식 공기압축기를 설치할 것

④ 가압수조를 이용한 가압송수장치는 다음 각 호의 기준에 따라 설치하여야 한다. 〈신설 2008.12.15〉

1. 가압수조의 압력은 제1항제10호에 따른 방수량 및 방수압이 20분 이상 유지되도록 할 것〈개정 2012.2.15, 2013.6.11〉
2. 삭 제〈2015.1.23.〉
3. 가압수조 및 가압원은「건축법 시행령」제46조에 따른 방화구획 된 장소에 설치할 것
4. 삭 제〈2015.1.23.〉
5. 가압수조를 이용한 가압송수장치는 소방청장이 정하여 고시한「가압수조식가압송수장치의 성능인증 및 제품검사의 기술기준」에 적합한 것으로 설치할 것〈개정 2013. 6. 10., 2015. 1. 23., 2017. 7. 26.〉

제 6 조(폐쇄형스프링클러설비의 방호구역·유수검지장치) 폐쇄형스프링클러헤드를 사용하는 설비의 방호구역(스프링클러설비의 소화범위에 포함된 영역을 말한다. 이하 같다)·유수검지장치는 다음 각 호의 기준에 적합하여야 한다. 〈개정 2008.12.15〉

1. 하나의 방호구역의 바닥면적은 3,000m²를 초과하지 아니할 것. 다만, 폐쇄형스프링클러설비에 격자형배관방식(2이상의 수평주행배관 사이를 가지배관으로 연결하는 방식을 말한다)을 채택하는 때에는 3,700m² 범위 내에서 펌프용량, 배관의 구경 등을 수리학적으로 계산한 결과 헤드의 방수압 및 방수량이 방호구역 범위 내에서 소화목적을 달성하는 데 충분할 것〈개정 2011.11.24〉
2. 하나의 방호구역에는 1개 이상의 유수검지장치를 설치하되, 화재발생시 접근이 쉽고 점검하기 편리한 장소에 설치할 것〈개정 2008.12.15〉
3. 하나의 방호구역은 2개 층에 미치지 아니하도록 할 것. 다만, 1개 층에 설치되는 스프링클러헤드의 수가 10개 이하인 경우와 복층형구조의 공동주택에

는 3개 층 이내로 할 수 있다. 〈개정 2009.10.22〉

4. 유수검지장치를 실내에 설치하거나 보호용 철망 등으로 구획하여 바닥으로부터 0.8m 이상 1.5m 이하의 위치에 설치하되, 그 실 등에는 개구부가 가로 0.5m 이상 세로 1m 이상의 출입문을 설치하고 그 출입문 상단에 "유수검지장치실" 이라고 표시한 표지를 설치할 것. 다만, 유수검지장치를 기계실(공조용기계실을 포함한다)안에 설치하는 경우에는 별도의 실 또는 보호용 철망을 설치하지 아니하고 기계실 출입문 상단에 "유수검지장치실"이라고 표시한 표지를 설치할 수 있다. 〈개정 2008. 12. 15., 2021. 1. 29.〉

5. 스프링클러헤드에 공급되는 물은 유수검지장치를 지나도록 할 것. 다만, 송수구를 통하여 공급되는 물은 그러하지 아니하다.

6. 자연낙차에 따른 압력수가 흐르는 배관 상에 설치된 유수검지장치는 화재시 물의 흐름을 검지할 수 있는 최소한의 압력이 얻어질 수 있도록 수조의 하단으로부터 낙차를 두어 설치할 것〈개정 2008.12.15〉

7. 조기반응형 스프링클러헤드를 설치하는 경우에는 습식유수검지장치 또는 부압식스프링클러설비를 설치할 것〈개정 2011.11.24.〉

암기방법 하하하공실자습   중요도 ★★★★★

(13회 기출)

제 7 조(개방형스프링클러설비의 방수구역 및 일제개방밸브) 개방형스프링클러설비의 방수구역 및 일제개방밸브는 다음 각 호의 기준에 적합하여야 한다.

1. 하나의 방수구역은 2개 층에 미치지 아니 할 것
2. 방수구역마다 일제개방밸브를 설치할 것
3. 하나의 방수구역을 담당하는 헤드의 개수는 50개 이하로 할 것. 다만, 2개 이상의 방수구역으로 나눌 경우에는 하나의 방수구역을 담당하는 헤드의 개수는 25개 이상으로 할 것
4. 일제개방밸브의 설치위치는 제6조제4호의 기준에 따르고, 표지는 "일제개방밸브실"이라고 표시할 것〈개정 2008.12.15.〉

암기방법 하방 50 실   중요도 ★★★

제 8 조(배관) ① 배관과 배관이음쇠는 다음 각 호의 어느 하나에 해당하는 것 또는 동등 이상의 강도·내식성 및 내열성을 국내·외 공인기관으로부터 인정받은 것

을 사용하여야 하고, 배관용 스테인리스강관(KS D 3576)의 이음을 용접으로 할 경우에는 알곤용접방식에 따른다. 다만, 본 조에서 정하지 않은 사항은 건설기술 진흥법 제44조제1항의 규정에 따른 건축기계설비공사 표준설명서에 따른다.〈개정 2013.6.10., 2016.7.13.〉

1. 배관 내 사용압력이 1.2MPa 미만일 경우에는 다음 각 목의 어느 하나에 해당하는 것〈신설 2013.6.10., 개정 2016.7.13.〉
   가. 배관용 탄소강관(KS D 3507)
   나. 이음매 없는 구리 및 구리합금관(KS D 5301). 다만, 습식의 배관에 한한다.
   다. 배관용 스테인리스강관(KS D 3576) 또는 일반배관용 스테인리스강관(KS D 3595)
   라. 덕타일 주철관(KS D 4311)〈신설 2016.7.13.〉
2. 배관 내 사용압력이 1.2MPa 이상일 경우에는 다음 각 목의 어느 하나에 해당하는 것〈신설 2013.6.10., 개정 2016.7.13.〉
   가. 압력배관용탄소강관〈신설 2016.7.13.〉
   나. 배관용 아크용접 탄소강강관(KS D 3583)〈신설 2016.7.13.〉

암기방법 1.2, 탄구스덕, 압배   중요도 ★★★

② 제1항에도 불구하고 다음 각 호의 어느 하나에 해당하는 장소에는 소방청장이 정하여 고시한 「소방용합성수지배관의 성능인증 및 제품검사의 기술기준」에 적합한 소방용 합성수지배관으로 설치할 수 있다.〈개정 2013. 6. 10., 2015. 1. 23., 2017. 7. 26.〉

1. 배관을 지하에 매설하는 경우
2. 다른 부분과 내화구조로 구획된 덕트 또는 피트의 내부에 설치하는 경우
3. 천장(상층이 있는 경우에는 상층바닥의 하단을 포함한다. 이하 같다)과 반자를 불연재료 또는 준불연재료로 설치하고 소화배관 내부에 항상 소화수가 채워진 상태로 설치하는 경우〈개정 2011.11.24〉

③ 급수배관은 다음 각 호의 기준에 따라 설치하여야 한다.

1. 전용으로 할 것. 다만, 스프링클러설비의 기동장치의 조작과 동시에 다른 설비의 용도에 사용하는 배관의 송수를 차단할 수 있거나, 스프링클러설비의 성능에 지장이 없는 경우에는 다른 설비와 겸용할수 있다.
2. 급수를 차단할 수 있는 개폐밸브는 개폐표시형으로 할 것. 이 경우 펌프의 흡입측배관에는 버터플라이밸브외의 개폐표시형밸브를 설치하여야 한다.

3. 배관의 구경은 제5조제1항제10호에 적합하도록 수리계산에 의하거나 별표 1의 기준에 따라 설치할 것. 다만, 수리계산에 따르는 경우 가지배관의 유속은 6m/s, 그 밖의 배관의 유속은 10m/s를 초과할 수 없다.

④ 펌프의 흡입측 배관은 다음 각 호의 기준에 따라 설치하여야 한다.
1. 공기고임이 생기지 아니하는 구조로 하고 여과장치를 설치할 것
2. 수조가 펌프보다 낮게 설치된 경우에는 각 펌프(충압펌프를 포함한다)마다 수조로부터 별도로 설치할 것

⑤ 연결송수관설비의 배관과 겸용할 경우의 주배관은 구경 100mm 이상, 방수구로 연결되는 배관의 구경은 65mm 이상의 것으로 하여야 한다.

⑥ 펌프의 성능은 체절운전 시 정격토출압력의 140%를 초과하지 아니하고, 정격토출량의 150%로 운전 시 정격토출압력의 65% 이상이 되어야 하며, 펌프의 성능시험배관은 다음 각 호의 기준에 적합하여야 한다.
1. 성능시험배관은 펌프의 토출측에 설치된 개폐밸브 이전에서 분기하여 설치하고, 유량측정장치를 기준으로 전단 직관부에 개폐밸브를 후단 직관부에는 유량조절밸브를 설치할 것
2. 유량측정장치는 성능시험배관의 직관부에 설치하되, 펌프의 정격토출량의 175% 이상 측정할 수 있는 성능이 있을 것

⑦ 가압송수장치의 체절운전 시 수온의 상승을 방지하기 위하여 체크밸브와 펌프사이에서 분기한 구경 20mm 이상의 배관에 체절압력 미만에서 개방되는 릴리프밸브를 설치하여야 한다.

⑧ 동결방지조치를 하거나 동결의 우려가 없는 장소에 설치하여야 한다. 다만, 보온재를 사용할 경우에는 난연재료 성능 이상의 것으로 하여야 한다. 〈개정 2015.1.23.〉

⑨ 가지배관의 배열은 다음 각 호의 기준에 따른다.
1. 토너먼트(tournament)방식이 아닐 것
2. 교차배관에서 분기되는 지점을 기점으로 한쪽 가지배관에 설치되는 헤드의 개수(반자 아래와 반자속의 헤드를 하나의 가지배관 상에 병설하는 경우에는 반자 아래에 설치하는 헤드의 개수)는 8개 이하로 할 것. 다만, 다음 각 목의 어느 하나에 해당하는 경우에는 그러하지 아니하다.
   가. 기존의 방호구역안에서 칸막이 등으로 구획하여 1개의 헤드를 증설하는 경우
   나. 습식스프링클러설비 또는 부압식스프링클러설비에 격자형 배관방식(2 이상의 수평주행배관 사이를 가지배관으로 연결하는 방식을 말한다)을

채택하는 때에는 펌프의 용량, 배관의 구경 등을 수리학적으로 계산한 결과 헤드의 방수압 및 방수량이 소화목적을 달성하는 데 충분하다고 인정되는 경우〈개정 2011.11.24.〉

암기방법 8, 1격 ★★

3. 가지배관과 스프링클러헤드 사이의 배관을 신축배관으로 하는 경우에는 소방청장이 정하여 고시한「스프링클러설비신축배관 성능인증 및 제품검사의 기술기준」에 적합한 것으로 설치할 것. 이 경우 신축배관의 설치길이는 제10조제3항의 거리를 초과하지 아니할 것
[본호 전문개정 2015.1.23.]

⑩ 교차배관의 위치·청소구 및 가지배관의 헤드설치는 다음 각 호의 기준에 따른다.

1. 교차배관은 가지배관과 수평으로 설치하거나 또는 가지배관 밑에 설치하고, 그 구경은 제3항제3호에 따르되 최소구경이 40mm 이상이 되도록 할 것. 다만, 패들형유수검지장치를 사용하는 경우에는 교차배관의 구경과 동일하게 설치할 수 있다.

2. 청소구는 교차배관 끝에 개폐밸브를 설치하고, 호스접결이 가능한 나사식 또는 고정배수 배관식으로 할 것. 이 경우 나사식의 개폐밸브는 옥내소화전 호스접결용의 것으로 하고, 나사보호용의 캡으로 마감하여야 한다.

3. 하향식헤드를 설치하는 경우에 가지배관으로부터 헤드에 이르는 헤드접속배관은 가지관상부에서 분기할 것. 다만, 소화설비용 수원의 수질이「먹는물관리법」제5조에 따라 먹는물의 수질기준에 적합하고 덮개가 있는 저수조로부터 물을 공급받는 경우에는 가지배관의 측면 또는 하부에서 분기할 수 있다.

⑪ 준비작동식유수검지장치 또는 일제개방밸브를 사용하는 스프링클러설비에 있어서 동밸브 2차 측 배관의 부대설비는 다음 각 호의 기준에 따른다.〈개정 2008.12.15〉

1. 개폐표시형밸브를 설치할 것

2. 제1호에 따른 밸브와 준비자동식유수검지장치 또는 일제개방밸브 사이의 배관은 다음 각 목과 같은 구조로 할 것〈개정 2008.12.15〉
   가. 수직배수배관과 연결하고 동 연결배관상에는 개폐밸브를 설치할 것
   나. 자동배수장치 및 압력스위치를 설치할 것
   다. 나목에 따른 압력스위치는 수신부에서 준비작동식유수검지장치 또는 일

제개방밸브의 개방여부를 확인할 수 있게 설치할 것 〈개정 2008.12.15.〉

암기방법 수자압 중요도 ★★★

⑫ 습식유수검지장치 또는 건식유수검지장치를 사용하는 스프링클러설비와 부압식스프링클러설비에는 동장치를 시험할 수 있는 시험 장치를 다음 각 호의 기준에 따라 설치하여야 한다. 〈개정 2008.12.15, 2011.11.24〉

1. 습식스프링클러설비 및 부압식스프링클러설비에 있어서는 유수검지장치 2차측 배관에 연결하여 설치하고 건식스프링클러설비인 경우 유수검지장치에서 가장 먼 거리에 위치한 가지배관의 끝으로부터 연결하여 설치할 것. 유수검지장치 2차측 설비의 내용적이 2,840L를 초과하는 건식스프링클러설비의 경우 시험장치 개폐밸브를 완전 개방 후 1분 이내에 물이 방사되어야 한다. 〈개정 2021. 1. 29.〉
2. 시험장치 배관의 구경은 25mm 이상으로 하고, 그 끝에 개폐밸브 및 개방형 헤드 또는 스프링클러헤드와 동등한 방수성능을 가진 오리피스를 설치할 것. 이 경우 개방형헤드는 반사판 및 프레임을 제거한 오리피스만으로 설치할 수 있다. 〈개정 2008. 12. 15., 2021. 1. 29.〉
3. 시험배관의 끝에는 물받이 통 및 배수관을 설치하여 시험 중 방사된 물이 바닥에 흘러내리지 아니하도록 할 것. 다만, 목욕실·화장실 또는 그 밖의 곳으로서 배수처리가 쉬운 장소에 시험배관을 설치한 경우에는 그러하지 아니하다.

암기방법 습건부, 먼구물 중요도 ★★★

⑬ 배관에 설치되는 행가는 다음 각 호의 기준에 따라 설치하여야 한다.

1. 가지배관에는 헤드의 설치지점 사이마다 1개 이상의 행가를 설치하되, 헤드 간의 거리가 3.5m를 초과하는 경우에는 3.5m 이내마다 1개 이상 설치할 것. 이 경우 상향식헤드와 행가 사이에는 8cm 이상의 간격을 두어야 한다.
2. 교차배관에는 가지배관과 가지배관 사이마다 1개 이상의 행가를 설치하되, 가지배관 사이의 거리가 4.5m를 초과하는 경우에는 4.5m이내마다 1개 이상 설치할 것
3. 제1호 및 제2호의 수평주행배관에는 4.5m 이내마다 1개 이상 설치할 것

암기방법 3.5, 4.5, 4.5 중요도 ★★

⑭ 수직배수배관의 구경은 50mm 이상으로 하여야 한다. 다만, 수직배관의 구경이 50mm 미만인 경우에는 수직배관과 동일한 구경으로 할 수 있다.
⑮ 주차장의 스프링클러설비는 습식외의 방식으로 하여야 한다. 다만, 다음 각 호의 어느 하나에 해당하는 경우에는 그러하지 아니하다. 〈개정 2008.12.15〉
1. 동절기에 상시 난방이 되는 곳이거나 그 밖에 동결의 염려가 없는 곳
2. 스프링클러설비의 동결을 방지할 수 있는 구조 또는 장치가 된 것

암기방법 습외, 상동 중요도 ★★

⑯ 급수배관에 설치되어 급수를 차단할 수 있는 개폐밸브에는 그 밸브의 개폐상태를 감시제어반에서 확인할 수 있도록 급수개폐밸브 작동표시 스위치를 다음 각 호의 기준에 따라 설치하여야 한다.
1. 급수개폐밸브가 잠길 경우 탬퍼 스위치의 동작으로 인하여 감시제어반 또는 수신기에 표시되어야 하며 경보음을 발할 것
2. 탬퍼 스위치는 감시제어반 또는 수신기에서 동작의 유무확인과 동작시험, 도통시험을 할 수 있을 것
3. 급수개폐밸브의 작동표시 스위치에 사용되는 전기배선은 내화전선 또는 내열전선으로 설치할 것

암기방법 표동배 중요도 ★★★★

⑰ 스프링클러설비 배관의 배수를 위한 기울기는 다음 각 호의 기준에 따른다. 〈개정 2011.11.24〉
1. 습식스프링클러설비 또는 부압식 스프링클러설비의 배관을 수평으로 할 것. 다만, 배관의 구조상 소화수가 남아 있는 곳에는 배수밸브를 설치하여야 한다.
2. 습식스프링클러설비 또는 부압식 스프링클러설비 외의 설비에는 헤드를 향하여 상향으로 수평주행배관의 기울기를 500분의 1 이상, 가지배관의 기울기를 250분의 1 이상으로 할 것. 다만, 배관의 구조상 기울기를 줄 수 없는 경우에는 배수를 원활하게 할 수 있도록 배수밸브를 설치하여야 한다.
⑱ 배관은 다른 설비의 배관과 쉽게 구분이 될 수 있는 위치에 설치하거나, 그 배관표면 또는 배관 보온재표면의 색상은 「한국산업표준(배관계의 식별 표시, KS A 0503)」 또는 적색으로 식별이 가능하도록 소방용설비의 배관임을 표시하여야 한다. 〈개정 2008.12.15, 2013.6.10〉
⑲ 분기배관을 사용할 경우에는 소방청장이 정하여 고시한 「분기배관의 성능

인증 및 제품검사의 기술기준」에 적합한 것으로 설치하여야 한다. 〈개정 2013. 6. 10., 2015. 1. 23., 2017. 7. 26.〉

제 9 조(음향장치 및 기동장치) ① 스프링클러설비의 음향장치 및 기동장치는 다음 각 호의 기준에 따라 설치하여야 한다.
1. 습식유수검지장치 또는 건식유수검지장치를 사용하는 설비에 있어서는 헤드가 개방되면 유수검지장치가 화재신호를 발신하고 그에 따라 음향장치가 경보되도록 할 것〈개정 2008.12.15〉
2. 준비작동식유수검지장치 또는 일제개방밸브를 사용하는 설비에는 화재감지기의 감지에 따라 음향장치가 경보되도록 할 것. 이 경우 화재감지기회로를 교차회로방식(하나의 준비작동식유수검지장치 또는 일제개방밸브의 담당구역 내에 2 이상의 화재감지기회로를 설치하고 인접한 2 이상의 화재감지기가 동시에 감지되는 때에 준비작동식유수검지장치 또는 일제개방밸브가 개방·작동되는 방식을 말한다)으로 하는 때에는 하나의 화재감지기회로가 화재를 감지하는 때에도 음향장치가 경보되도록 하여야 한다. 〈개정 2008.12.15〉
3. 음향장치는 유수검지장치 및 일제개방밸브 등의 담당구역마다 설치하되 그 구역의 각 부분으로부터 하나의 음향장치까지의 수평거리는 25m 이하가 되도록 할 것〈개정 2008.12.15〉
4. 음향장치는 경종 또는 사이렌(전자식 사이렌을 포함한다)으로 하되, 주위의 소음 및 다른 용도의 경보와 구별이 가능한 음색으로 할 것. 이 경우 경종 또는 사이렌은 자동화재탐지설비·비상벨설비 또는 자동식사이렌설비의 음향장치와 겸용할 수 있다.
5. 주 음향장치는 수신기의 내부 또는 그 직근에 설치할 것.
6. 층수가 5층 이상으로서 연면적이 3,000m²를 초과하는 특정소방대상물은 다음 각목에 따라 경보를 발할 수 있도록 하여야 한다.〈개정 2012.2.15〉
   가. 2층 이상의 층에서 발화한 때에는 발화층 및 그 직상층에 경보를 발할 것
   나. 1층에서 발화한 때에는 발화층·그 직상층 및 지하층에 경보를 발할 것
   다. 지하층에서 발화한 때에는 발화층·그 직상층 및 기타의 지하층에 경보를 발할 것

필수사항 (개념 중요, 우선경보 정리필요) 중요도 ★★★
(30층 이상은 고층 화재기준에서 별도 규정하고 있음)

7. 음향장치는 다음 각 목의 기준에 따른 구조 및 성능의 것으로 할 것
   가. 정격전압의 80% 전압에서 음향을 발할 수 있는 것으로 할 것
   나. 음량은 부착된 음향장치의 중심으로부터 1m 떨어진 위치에서 90dB 이상이 되는 것으로 할〈개정 2008.12.15.〉

암기방법 8음 중요도 ★★

(대부분 공통)

② 스프링클러설비의 가압송수장치로서 펌프가 설치되는 경우에는 그 펌프의 작동은 다음 각 호의 어느 하나의 기준에 적합하여야 한다.
1. 습식유수검지장치 또는 건식유수검지장치를 사용하는 설비에 있어서는 유수검지장치의 발신이나 기동용수압개폐장치에 의하여 작동되거나 또는 이 두 가지의 혼용에 따라 작동 될 수 있도록 할 것〈개정 2008.12.15, 2013.6.10〉
2. 준비작동식유수검지장치 또는 일제개방밸브를 사용하는 설비에 있어서는 화재감지기의 화재감지나 기동용수압개폐장치에 따라 작동되거나 또는 이 두 가지의 혼용에 따라 작동할 수 있도록 할 것〈개정 2009.10.22〉

③ 준비작동식유수검지장치 또는 일제개방밸브의 작동은 다음 각 호의 기준에 적합하여야 한다.〈개정 2008.12.15〉
1. 담당구역내의 화재감지기의 동작에 따라 개방 및 작동될 것
2. 화재감지회로는 교차회로방식으로 할 것. 다만, 다음 각 목의 어느 하나에 해당하는 경우에는 그러하지 아니하다.
   가. 스프링클러설비의 배관 또는 헤드에 누설경보용 물 또는 압축공기가 채워지거나부압식스프링클러설비의 경우〈개정 2011.11.24〉
   나. 화재감지기를「자동화재탐지설비의 화재안전기준(NFSC 203)」제7조 제1항 단서의 각 호의 감지기로 설치한 때〈개정 2013.6.10.〉

참고 불복정분 아다광축

암기방법 누단 중요도 ★★★

3. 준비작동식유수검지장치 또는 일제개방밸브의 인근에서 수동기동(전기식 및 배수식)에 따라서도 개방 및 작동될 수 있게 할 것〈개정 2008.12.15〉
4. 제1호 및 제2호에 따른 화재감지기의 설치기준에 관하여는「자동화재탐지설비의 화재안전기준(NFSC 203)」제7조 및 제11조를 준용할 것. 이 경우 교

차회로방식에 있어서의 화재감지기의 설치는 각 화재감지기 회로별로 설치하되, 각 화재감지기회로별 화재감지기 1개가 담당하는 바닥면적은 「자동화재탐지설비의 화재안전기준(NFSC 203)」 제7조제3항제5호·제8호부터 제10호까지에 따른 바닥면적으로 한다. 〈개정 2013.6.10〉

5. 화재감지기 회로에는 다음 각 목의 기준에 따른 발신기를 설치할 것. 다만, 자동화재탐지설비의 발신기가 설치된 경우에는 그러하지 아니하다. 〈개정 2008.12.15〉

   가. 조작이 쉬운 장소에 설치하고, 스위치는 바닥으로부터 0.8m 이상 1.5m 이하의 높이에 설치할 것

   나. 특정소방대상물의 층마다 설치하되, 해당 특정소방대상물의 각 부분으로부터 하나의 발신기까지의 수평거리가 25m 이하가 되도록 할 것. 다만, 복도 또는 별도로 구획된 실로서 보행거리가 40m 이상일 경우에는 추가로 설치하여야 한다.

   다. 발신기의 위치를 표시하는 표시등은 함의 상부에 설치하되, 그 불빛은 부착 면으로부터 15° 이상의 범위 안에서 부착지점으로부터 10m 이내의 어느 곳에서도 쉽게 식별할 수 있는 적색등으로 할 것

암기방법 조스층수 40 표   중요도 ★★★

제10조(헤드) ① 스프링클러헤드는 특정소방대상물의 천장·반자·천장과 반자사이·덕트·선반 기타 이와 유사한 부분(폭이 1.2m를 초과하는 것에 한한다)에 설치하여야 한다. 다만, 폭이 9m 이하인 실내에 있어서는 측벽에 설치할 수 있다.
② 랙크식창고의 경우로서 「소방기본법시행령」 별표 2의 특수가연물을 저장 또는 취급하는 것에 있어서는 랙크높이 4m 이하마다, 그 밖의 것을 취급하는 것에 있어서는 랙크높이 6m 이하마다 스프링클러헤드를 설치하여야 한다. 다만, 랙크식창고의 천장높이가 13.7m 이하로서 「화재조기진압용 스프링클러설비의 화재안전기준(NFSC 103B)」에 따라 설치하는 경우에는 천장에만 스프링클러헤드를 설치할 수 있다. 〈개정 2013.6.10.〉

암기방법 4, 6   중요도 ★★★
(계산문제 주요 수치임)

③ 스프링클러헤드를 설치하는 천장·반자·천장과 반자사이·덕트·선반

등의 각 부분으로부터 하나의 스프링클러헤드까지의 수평거리는 다음 각 호와 같이 하여야 한다. 다만, 성능이 별도로 인정된 스프링클러헤드를 수리계산에 따라 설치하는 경우에는 그러하지 아니하다.

1. 무대부「소방기본법시행령」별표 2의 특수가연물을 저장 또는 취급하는 장소에 있어서는 1.7m 이하
2. 랙크식 창고에 있어서는 2.5m 이하 다만, 특수가연물을 저장 또는 취급하는 랙크식 창고의 경우에는 1.7 m 이하
3. 공동주택(아파트) 세대 내의 거실에 있어서는 3.2m 이하(「스프링클러헤드의 형식승인 및 제품검사의 기술기준」 유효반경의 것으로 한다)〈개정 2008.12.15, 2013.6.10.〉

필수사항 (계산문제 주요수치임, 수평거리 r) 중요도 ★★

4. 제1호부터 제3호까지 규정 외의 특정소방대상물에 있어서는 2.1m 이하(내화구조로 된 경우에는 2.3m 이하)

④ 영 별표 4 소화설비의 소방시설 적용기준란 제3호가목에 따른 무대부 또는 연소할 우려가 있는 개구부에 있어서는 개방형스프링클러헤드를 설치하여야 한다.

암기방법 무 연
(개방형헤드 설치장소)

⑤ 다음 각 호의 어느 하나에 해당하는 장소에는 조기반응형 스프링클러헤드를 설치하여야 한다.
1. 공동주택·노유자시설의 거실
2. 오피스텔·숙박시설의 침실, 병원의 입원실

암기방법 공노오숙병 중요도 ★★★★

⑥ 폐쇄형스프링클러헤드는 그 설치장소의 평상시 최고 주위온도에 따라 다음 표에 따른 표시온도의 것으로 설치하여야 한다. 다만, 높이가 4m 이상인 공장 및 창고(랙크식창고를 포함한다)에 설치하는 스프링클러헤드는 그 설치장소의 평상시 최고 주위온도에 관계없이 표시온도 121℃ 이상의 것으로 할 수 있다.

설치장소의 최고 주위온도	표 시 온 도
39℃ 미만	79℃ 미만
39℃ 이상 64℃ 미만	79℃ 이상 121℃ 미만
64℃ 이상 106℃ 미만	121℃ 이상 162℃ 미만
106℃ 이상	162℃ 이상

암기방법 **(4,121) (39, 64, 106, 79, 121, 162)**　　중요도 ★★★★

⑦ 스프링클러헤드는 다음 각 호의 방법에 따라 설치하여야 한다.
1. 살수가 방해되지 아니하도록 스프링클러헤드로부터 반경 60cm 이상의 공간을 보유할 것. 다만, 벽과 스프링클러헤드간의 공간은 10cm 이상으로 한다.
2. 스프링클러헤드와 그 부착면(상향식헤드의 경우에는 그 헤드의 직상부의 천장·반자 또는 이와 비슷한 것을 말한다. 이하 같다)과의 거리는 30cm 이하로 할 것.
3. 배관·행가 및 조명기구 등 살수를 방해하는 것이 있는 경우에는 제1호 및 제2호에도 불구하고 그로부터 아래에 설치하여 살수에 장애가 없도록 할 것. 다만, 스프링클러헤드와 장애물과의 이격거리를 장애물 폭의 3배 이상 확보한 경우에는 그러하지 아니하다. 〈개정 2008.12.15〉
4. 스프링클러헤드의 반사판은 그 부착 면과 평행하게 설치할 것. 다만, 측벽형 헤드 또는 제6호에 따른 연소할 우려가 있는 개구부에 설치하는 스프링클러헤드의 경우에는 그러하지 아니하다.
5. 천장의 기울기가 10분의 1을 초과하는 경우에는 가지관을 천장의 마루와 평행하게 설치하고, 스프링클러헤드는 다음 각 목의 어느 하나의 기준에 적합하게 설치할 것
    가. 천장의 최상부에 스프링클러헤드를 설치하는 경우에는 최상부에 설치하는 스프링클러헤드의 반사판을 수평으로 설치할 것
    나. 천장의 최상부를 중심으로 가지관을 서로 마주보게 설치하는 경우에는 최상부의 가지관 상호간의 거리가 가지관상의 스프링클러헤드 상호간의 거리의 2분의 1이하(최소 1m 이상이 되어야 한다)가 되게 스프링클러헤드를 설치하고, 가지관의 최상부에 설치하는 스프링클러헤드는 천장의 최상부로부터의 수직거리가 90cm 이하가 되도록 할 것. 톱날지붕, 둥근지붕 기타 이와 유사한 지붕의 경우에도 이에 준한다.

필수사항 **(개념 중요, 정리 숙지 필요)**　　중요도 ★★

6. 연소할 우려가 있는 개구부에는 그 상하좌우에 2.5m 간격으로(개구부의 폭이 2.5m 이하인 경우에는 그 중앙에) 스프링클러헤드를 설치하되, 스프링클러헤드와 개구부의 내측 면으로부터 직선거리는 15cm 이하가 되도록 할 것. 이 경우 사람이 상시 출입하는 개구부로서 통행에 지장이 있는 때에는 개구부의 상부 또는 측면(개구부의 폭이 9m 이하인 경우에 한한다)에 설치하되, 헤드 상호간의 간격은 1.2m 이하로 설치하여야 한다.

필수사항 (개념 중요, 정리 숙지 필요, 2.5, 15) 중요도 ★★★

7. 습식스프링클러설비 및 부압식스프링클러설비 외의 설비에는 상향식스프링클러헤드를 설치할 것. 다만, 다음 각 목의 어느 하나에 해당하는 경우에는 그러하지 아니하다. 〈개정 2011.11.24〉
   가. 드라이펜던트스프링클러헤드를 사용하는 경우
   나. 스프링클러헤드의 설치장소가 동파의 우려가 없는 곳인 경우
   다. 개방형스프링클러헤드를 사용하는 경우

암기방법 드동개 중요도 ★★★

8. 측벽형스프링클러헤드를 설치하는 경우 긴 변의 한쪽 벽에 일렬로 설치(폭이 4.5m 이상 9m 이하인 실에 있어서는 긴변의 양쪽에 각각 일렬로 설치하되 마주보는 스프링클러헤드가 나란히꼴이 되도록 설치)하고 3.6m 이내마다 설치할 것

필수사항 (계산문제 주요수치임) 중요도 ★★

9. 상부에 설치된 헤드의 방출수에 따라 감열부에 영향을 받을 우려가 있는 헤드에는 방출수를 차단할 수 있는 유효한 차폐판을 설치할 것
⑧ 제7항제2호에도 불구하고 특정소방대상물의 보와 가장 가까운 스프링클러헤드는 다음 표의 기준에 따라 설치하여야 한다. 다만, 천장 면에서 보의 하단까지의 길이가 55cm를 초과하고 보의 하단 측면 끝부분으로부터 스프링클러헤드까지의 거리가 스프링클러헤드 상호간 거리의 2분의 1 이하가 되는 경우에는 스프링클러헤드와 그 부착 면과의 거리를 55cm 이하로 할 수 있다. 〈개정 2013.6.10〉

스프링클러헤드의 반사판 중심과 보의 수평거리	스프링클러헤드의 반사판 높이와 보의 하단 높이의 수직거리
0.75m 미만	보의 하단보다 낮을 것
0.75m 이상 1m 미만	0.1m 미만일 것
1m 이상 1.5m 미만	0.15m 미만일 것
1.5m 이상	0.3m 미만일 것

암기방법 **(55) (0.75, 1, 1.5, 3, 낮, 0.1, 0.15, 0.3)** 중요도 ★★★★★

제11조(송수구) 스프링클러설비에는 소방차로부터 그 설비에 송수할 수 있는 송수구를 다음 각 호의 기준에 따라 설치하여야 한다.

1. 송수구는 소방차가 쉽게 접근할 수 있는 잘 보이는 장소에 설치하되 화재 층으로부터 지면으로 떨어지는 유리창 등이 송수 및 그 밖의 소화작업에 지장을 주지 아니하는 장소에 설치할 것〈개정 2013.6.10〉
2. 송수구로부터 스프링클러설비의 주배관에 이르는 연결배관에 개폐밸브를 설치한 때에는 그 개폐상태를 쉽게 확인 및 조작할 수 있는 옥외 또는 기계실 등의 장소에 설치할 것
3. 구경 65mm의 쌍구형으로 할 것
4. 송수구에는 그 가까운 곳의 보기 쉬운 곳에 송수압력범위를 표시한 표지를 할 것
5. 폐쇄형스프링클러헤드를 사용하는 스프링클러설비의 송수구는 하나의 층의 바닥면적이 3,000m²를 넘을 때마다 1개 이상(5개를 넘을 경우에는 5개로 한다)을 설치할 것
6. 지면으로부터 높이가 0.5m 이상 1m 이하의 위치에 설치할 것
7. 송수구의 가까운 부분에 자동배수밸브(또는 직경 5mm의 배수공) 및 체크밸브를 설치할 것. 이 경우 자동배수밸브는 배관안의 물이 잘 빠질 수 있는 위치에 설치하되, 배수로 인하여 다른 물건 또는 장소에 피해를 주지 아니하여야 한다.
8. 송수구에는 이물질을 막기 위한 마개를 씌워야 한다.〈개정 2008.12.15.〉

암기방법 **소개높구자마, 3송** 중요도 ★★

제12조(전원) ① 스프링클러설비에는 다음 각 호의 기준에 따른 상용전원회로의 배선을 설치하여야 한다. 다만, 가압수조방식으로서 모든 기능이 20분 이상 유효하

게 지속될 수 있는 경우에는 그러하지 아니하다. 〈개정 2008.12.15, 2012.2.15, 2013.6.11〉

1. 저압수전인 경우에는 인입개폐기의 직후에서 분기하여 전용배선으로 하여야 하며, 전용의 전선관에 보호 되도록 할 것
2. 특별고압수전 또는 고압수전일 경우에는 전력용 변압기 2차측의 주차단기 1차측에서 분기하여 전용배선으로 하되, 상용전원의 상시공급에 지장이 없을 경우에는 주차단기 2차측에서 분기하여 전용배선으로 할 것. 다만, 가압송수장치의 정격입력전압이 수전전압과 같은 경우에는 제1호의 기준에 따른다.

② 스프링클러설비에는 자가발전설비, 축전지설비 또는 전기저장장치에 따른 비상전원을 설치하여야 한다. 다만, 차고·주차장으로서 스프링클러설비가 설치된 부분의 바닥면적(「포소화설비의 화재안전기준(NFSC 105)」 제13조제2항제2호에 따른 차고·주차장의 바닥면적을 포함한다)의 합계가 1,000m² 미만인 경우에는 비상전원수전설비로 설치할 수 있으며, 2이상의 변전소(「전기사업법」 제67조에 따른 변전소를 말한다. 이하 같다)에서 전력을 동시에 공급받을 수 있거나 하나의 변전소로부터 전력의 공급이 중단되는 때에는 자동으로 다른 변전소로부터 전력을 공급받을 수 있도록 상용전원을 설치한 경우와 가압수조방식에는 비상전원을 설치하지 아니할 수 있다. 〈개정 2008.12.15., 2013.6.10., 2016.7.13.〉

③ 제2항에 따른 비상전원 중 자가발전설비, 축전기설비(내연기관에 따른 펌프를 설치한 경우에는 내연기관의 기동 및 제어용축전지를 말한다)또는 전기저장장치(외부 전기에너지를 저장해 두었다가 필요한 때 전기를 공급하는 장치)는 다음 각 호의 기준을, 비상전원수전설비는 「소방시설용비상전원수전설비의 화재안전기준(NFSC 602)」에 따라 설치하여야 한다. 〈개정 2013.6.10., 2016.7.13.〉

1. 점검에 편리하고 화재 및 침수 등의 재해로 인한 피해를 받을 우려가 없는 곳에 설치할 것
2. 스프링클러설비를 유효하게 20분 이상 작동할 수 있어야 할 것〈개정 2013.6.11〉
3. 상용전원으로부터 전력의 공급이 중단된 때에는 자동으로 비상전원으로부터 전력을 공급받을 수 있도록 할 것
4. 비상전원(내연기관의 기동 및 제어용 축전기를 제외한다)의 설치장소는 다른 장소와 방화구획 할 것. 이 경우 그 장소에는 비상전원의 공급에 필요한 기구나 설비외의 것(열병합발전설비에 필요한 기구나 설비는 제외한다)을

두어서는 아니 된다.〈개정 2008.12.15〉
5. 비상전원을 실내에 설치하는 때에는 그 실내에 비상조명등을 설치할 것
6. 옥내에 설치하는 비상전원실에는 옥외로 직접 통하는 충분한 용량의 급배기설비를 설치할 것〈개정 2011.11.24〉
7. 비상전원의 출력용량은 다음 각 목의 기준을 충족할 것〈신설 2011.11.24〉
    가. 비상전원 설비에 설치되어 동시에 운전될 수 있는 모든 부하의 합계 입력용량을 기준으로 정격출력을 선정할 것. 다만, 소방전원 보존형발전기를 사용할 경우에는 그러하지 아니하다.
    나. 기동전류가 가장 큰 부하가 기동될 때에도 부하의 허용 최저입력전압이상의 출력전압을 유지할 것
    다. 단시간 과전류에 견디는 내력은 입력용량이 가장 큰 부하가 최종 기동할 경우에도 견딜 수 있을 것

암기방법 합큰단   중요도 ★★★★★

8. 자가발전설비는 부하의 용도와 조건에 따라 다음 각 목 중의 하나를 설치하고 그 부하용도별 표지를 부착하여야 한다. 다만, 자가발전설비의 정격출력용량은 하나의 건축물에 있어서 소방부하의 설비용량을 기준으로 하고, 나목의 경우 비상부하는 국토교통부장관이 정한 건축전기설비설계기준의 수용률 범위 중 최대값 이상을 적용한다.〈신설 2011.11.24, 개정 2013.6.10〉
    가. 소방전용 발전기 : 소방부하용량을 기준으로 정격출력용량을 산정하여 사용하는 발전기〈개정 2013.6.10〉
    나. 소방부하 겸용 발전기 : 소방 및 비상부하 겸용으로서 소방부하와 비상부하의 전원용량을 합산하여 정격출력용량을 산정하여 사용하는 발전기〈개정 2013.6.10〉
    다. 소방전원 보존형 발전기 : 소방 및 비상부하 겸용으로서 소방부하의 전원용량을 기준으로 정격출력용량을 산정하여 사용하는 발전기〈신설 2013.6.10.〉

암기방법 전겸보   중요도 ★★★★★

9. 비상전원실의 출입구 외부에는 실의 위치와 비상전원의 종류를 식별할 수 있도록 표지판을 부착할 것〈신설 2011.11.24.〉

> 암기방법 **자축전비, 점유자방비옥 출(합큰단) 자(전겸보) 표** 중요도 ★★★★★
> (최근 개정으로 숙지필요) (아주 중요)

제13조(제어반) ① 스프링클러설비에는 제어반을 설치하되, 감시제어반과 동력제어반으로 구분하여 설치하여야 한다. 다만, 다음 각 호의 어느 하나에 해당하는 경우에는 감시제어반과 동력제어반으로 구분하여 설치하지 아니할 수 있다.

1. 다음 각 목의 어느 하나에 해당하지 아니하는 특정소방대상물에 설치되는 스프링클러설비
   가. 지하층을 제외한 층수가 7층 이상으로서 연면적이 2,000㎡ 이상인 것
   나. 가목에 해당하지 아니하는 특정소방대상물로서 지하층의 바닥면적의 합계가 3,000㎡ 이상인 것 〈개정 2013.6.10, 2015.1.23.〉
2. 내연기관에 따른 가압송수장치를 사용하는 스프링클러설비
3. 고가수조에 따른 가압송수장치를 사용하는 스프링클러설비
4. 가압수조에 따른 가압송수장치를 사용하는 스프링클러설비
   〈신설 2008.12.15〉

② 감시제어반의 기능은 다음 각 호의 기준에 적합하여야 한다. 〈개정 2013.6.10〉

1. 각 펌프의 작동여부를 확인할 수 있는 표시등 및 음향경보기능이 있어야 할 것
2. 각 펌프를 자동 및 수동으로 작동시키거나 중단시킬 수 있어야 한다. 〈개정 2008.12.15, 2013.6.10〉
3. 비상전원을 설치한 경우에는 상용전원 및 비상전원의 공급여부를 확인할 수 있어야 할 것 〈신설 2008.12.15〉
4. 수조 또는 물올림탱크가 저수위로 될 때 표시등 및 음향으로 경보할 것
5. 예비전원이 확보되고 예비전원의 적합여부를 시험할 수 있어야 할 것

> 암기방법 **각각비수예** 중요도 ★★★★★
> (옥내소화전과 비슷, 도통...이 아래 설치기준으로 내려감)

③ 감시제어반은 다음 각 호의 기준에 따라 설치하여야 한다.
1. 화재 및 침수 등의 재해로 인한 피해를 받을 우려가 없는 곳에 설치할 것
2. 감시제어반은 스프링클러설비의 전용으로 할 것. 다만, 스프링클러설비의

제어에 지장이 없는 경우에는 다른 설비와 겸용할 수 있다.
3. 감시제어반은 다음 각 목의 기준에 따른 전용실안에 설치할 것. 다만, 제1항 각 호의 어느 하나에 해당하는 경우와 공장, 발전소 등에서 설비를 집중 제어·운전할 목적으로 설치하는 중앙제어실내에 감시제어반을 설치하는 경우에는 그러하지 아니하다.
   가. 다른 부분과 방화구획을 할 것. 이 경우 전용실의 벽에는 기계실 또는 전기실 등의 감시를 위하여 두께 7mm 이상의 망입유리(두께 16.3mm 이상의 접합유리 또는 두께 28mm 이상의 복층유리를 포함한다)로 된 4m² 미만의 붙박이창을 설치할 수 있다.
   나. 피난층 또는 지하 1층에 설치할 것. 다만, 다음 각 세목의 어느 하나에 해당하는 경우에는 지상 2층에 설치하거나 지하 1층 외의 지하층에 설치할 수 있다.〈개정 2013.6.10〉
      (1)「건축법시행령」제35조에 따라 특별피난계단이 설치되고 그 계단(부속실을 포함한다)출입구로부터 보행거리 5m이내에 전용실의 출입구가 있는 경우
      (2) 아파트의 관리동(관리동이 없는 경우에는 경비실)에 설치하는 경우
   다. 비상조명등 및 급·배기설비를 설치할 것
   라.「무선통신보조설비의 화재안전기준(NFSC 505)」제5조제3항에 따라 유효하게 통신이 가능할 것(영 별표 5의 제5호마목에 따른 무선통신보조설비가 설치된 특정소방대상물에 한한다.)〈개정 2013. 6. 10., 2021. 3. 25.〉
   마. 바닥면적은 감시제어반의 설치에 필요한 면적 외에 화재 시 소방대원이 그 감시제어반의 조작에 필요한 최소면적 이상으로 할 것
4. 제3호에 따른 전용실에는 특정소방대상물의 기계·기구 또는 시설 등의 제어 및 감시설비외의 것을 두지 아니할 것
5. 각 유수검지장치 또는 일제개방밸브의 작동여부를 확인할 수 있는 표시 및 경보기능이 있도록 할 것
6. 일제개방밸브를 개방시킬 수 있는 수동조작스위치를 설치할 것
7. 일제개방밸브를 사용하는 설비의 화재감지는 각 경계회로별로 화재표시가 되도록 할 것
8. 다음의 각 확인회로마다 도통시험 및 작동시험을 할 수 있도록 할 것
   가. 기동용수압개폐장치의 압력스위치회로
   나. 수조 또는 물올림탱크의 저수위감시회로
   다. 유수검지장치 또는 일제개방밸브의 압력스위치회로

라. 일제개방밸브를 사용하는 설비의 화재감지기회로
마. 제8조제16항에 따른 개폐밸브의 폐쇄상태 확인회로
바. 그 밖의 이와 비슷한 회로

암기방법 기수유일개그   중요도 ★★★★★

9. 감시제어반과 자동화재탐지설비의 수신기를 별도의 장소에 설치하는 경우에는 이들 상호간 연동하여 화재발생 및 제2항제1호·제3호와 제4호의 기능을 확인할 수 있도록 할 것〈개정 2013.6.10〉

④ 동력제어반은 다음 각 호의 기준에 따라 설치하여야 한다.
1. 앞면은 적색으로 하고 "스프링클러설비용 동력제어반"이라고 표시한 표지를 설치할 것
2. 외함은 두께 1.5mm 이상의 강판 또는 이와 동등 이상의 강도 및 내열성능이 있는 것으로 할 것
3. 그 밖의 동력제어반의 설치에 관하여는 제3항제1호 및 제2호의 기준을 준용할 것

⑤ 자가발전설비 제어반의 제어장치는 비영리 공인기관의 시험을 필한 것으로 설치하여야 한다. 다만, 소방전원 보존형 발전기의 제어장치는 다음 각 호의 기준이 포함되어야 한다.〈신설 2011.11.24, 개정 2013.6.10〉
1. 소방전원 보존형임을 식별할 수 있도록 표기할 것〈개정 2013.6.10〉
2. 발전기 운전 시 소방부하 및 비상부하에 전원이 동시 공급되고, 그 상태를 확인할 수 있는 표시가 되도록 할 것〈개정 2013.6.10〉
3. 발전기가 정격용량을 초과할 경우 비상부하는 자동적으로 차단되고, 소방부하만 공급되는 상태를 확인할 수 있는 표시가 되도록 할 것〈개정 2013.6.10〉

제14조(배선 등) ① 스프링클러설비의 배선은 「전기사업법」 제67조에 따른 기술기준에서 정한 것 외에 다음 각 호의 기준에 따라 설치하여야 한다.
1. 비상전원으로부터 동력제어반 및 가압송수장치에 이르는 전원회로배선은 내화배선으로 할 것. 다만, 자가발전설비와 동력제어반이 동일한 실에 설치된 경우에는 자가발전기로부터 그 제어반에 이르는 전원회로배선은 그러하지 아니하다.
2. 상용전원으로부터 동력제어반에 이르는 배선, 그 밖의 스프링클러설비의

감시·조작 또는 표시등회로의 배선은 내화배선 또는 내열배선으로 할 것. 다만, 감시제어반 또는 동력제어반 안의 감시·조작 또는 표시등회로의 배선은 그러하지 아니하다.

② 제1항에 따른 내화배선 및 내열배선에 사용되는 전선 및 설치방법은 「옥내소화전설비의 화재안전기준(NFSC 102)」의 별표 1의 기준에 따른다. 〈개정 2013.6.10〉

③ 스프링클러설비의 과전류차단기 및 개폐기에는 "스프링클러설비용"이라고 표시한 표지를 하여야 한다.

④ 스프링클러설비용 전기배선의 양단 및 접속단자에는 다음 각 호의 기준에 따라 표지하여야 한다.

1. 단자에는 "스프링클러설비단자"라고 표시한 표지를 부착할 것
2. 스프링클러설비용 전기배선의 양단에는 다른 배선과 식별이 용이하도록 표시할 것

제15조(헤드의 설치제외) ① 스프링클러설비를 설치하여야 할 특정소방대상물에 있어서 다음 각 호의 어느 하나에 해당하는 장소에는 스프링클러헤드를 설치하지 아니할 수 있다.

1. 계단실(특별피난계단의 부속실을 포함한다)·경사로·승강기의 승강로·비상용승강기의 승강장·파이프덕트 및 덕트피트(파이프·덕트를 통과시키기 위한 구획된 구멍에 한한다)·목욕실·수영장(관람석부분을 제외한다)·화장실·직접 외기에 개방되어 있는 복도·기타 이와 유사한 장소〈개정 2008.12.15, 2011.11.24〉
2. 통신기기실·전자기기실·기타 이와 유사한 장소
3. 발전실·변전실·변압기·기타 이와 유사한 전기설비가 설치되어 있는 장소
4. 병원의 수술실·응급처치실·기타 이와 유사한 장소
5. 천장과 반자 양쪽이 불연재료로 되어 있는 경우로서 그 사이의 거리 및 구조가 다음 각 목의 어느 하나에 해당하는 부분
    가. 천장과 반자사이의 거리가 2m 미만인 부분
    나. 천장과 반자사이의 벽이 불연재료이고 천장과 반자사이의 거리가 2m 이상으로서 그 사이에 가연물이 존재하지 아니하는 부분
6. 천장·반자중 한쪽이 불연재료로 되어있고 천장과 반자사이의 거리가 1m 미만인 부분

7. 천장 및 반자가 불연재료 외의 것으로 되어 있고 천장과 반자사이의 거리가 0.5m 미만인 부분

암기방법 2, 2, 1, 0.5　　중요도 ★★★

8. 펌프실·물탱크실 엘리베이터 권상기실 그 밖의 이와 비슷한 장소〈신설 2008.12.15〉
9. 삭제〈2013.6.10〉
10. 현관 또는 로비 등으로서 바닥으로부터 높이가 20m 이상인 장소
11. 영하의 냉장창고의 냉장실 또는 냉동창고의 냉동실〈신설 2008.12.15〉
12. 고온의 노가 설치된 장소 또는 물과 격렬하게 반응하는 물품의 저장 또는 취급장소
13. 불연재료로 된 특정소방대상물 또는 그 부분으로서 다음 각 목의 어느 하나에 해당하는 장소
    가. 정수장·오물처리장 그 밖의 이와 비슷한 장소
    나. 펄프공장의 작업장·음료수공장의 세정 또는 충전하는 작업장그 밖의 이와 비슷한 장소
    다. 불연성의 금속·석재 등의 가공공장으로서 가연성물질을 저장또는 취급하지 아니하는 장소
14. 실내에 설치된 테니스장·게이트볼장·정구장 또는 이와 비슷한 장소로서 실내 바닥·벽·천장이 불연재료 또는 준불연재료로 구성되어 있고 가연물이 존재하지 않는 장소로서 관람석이 없는 운동시설(지하층은 제외한다)
15. 「건축법 시행령」 제46조제4항에 따른 공동주택 중 아파트의 대피공간〈신설 2013.6.10.〉

암기방법　계통발병천펌현 냉고불실대　　중요도 ★★★★★

② 제10조제7항제6호의 연소할 우려가 있는 개구부에 다음 각 호의 기준에 따른 드렌처설비를 설치한 경우에는 해당 개구부에 한하여 스프링클러헤드를 설치하지 아니할 수 있다.
1. 드렌처헤드는 개구부 위 측에 2.5m 이내마다 1개를 설치할 것
2. 제어밸브(일제개방밸브·개폐표시형밸브 및 수동조작부를 합한 것을 말한

다. 이하 같다)는 특정소방대상물 층마다에 바닥 면으로부터 0.8m 이상 1.5m 이하의 위치에 설치할 것
3. 수원의 수량은 드렌처헤드가 가장 많이 설치된 제어밸브의 드렌처헤드의 설치개수에 1.6m³를 곱하여 얻은 수치 이상이 되도록 할 것
4. 드렌처설비는 드렌처헤드가 가장 많이 설치된 제어밸브에 설치된 드렌처헤드를 동시에 사용하는 경우에 각각의 헤드선단에 방수압력이 0.1MPa 이상, 방수량이 80*l*/min 이상이 되도록 할 것
5. 수원에 연결하는 가압송수장치는 점검이 쉽고 화재 등의 재해로 인한 피해 우려가 없는 장소에 설치할 것

암기방법 위제수방가   중요도 ★★★

[별표 1]

스프링클러헤드 수별 급수관의 구경(제8조제3항제3호관련)

(단위 : mm)

구분 \ 급수관의 구경	25	32	40	50	65	80	90	100	125	150
가	2	3	5	10	30	60	80	100	160	161 이상
나	2	4	7	15	30	60	65	100	160	161 이상
다	1	2	5	8	15	27	40	55	90	91 이상

[주] 1. 폐쇄형스프링클러헤드를 사용하는 설비의 경우로서 1개층에 하나의 급수배관(또는 밸브 등)이 담당하는 구역의 최대면적은 3,000m²를 초과하지 아니할 것
2. 폐쇄형스프링클러헤드를 설치하는 경우에는 "가"란의 헤드 수에 따를 것. 다만, 100개 이상의 헤드를 담당하는 급수배관(또는 밸브)의 구경을 100mm로 할 경우에는 수리계산을 통하여 제8조제3항제3호에서 규정한 배관의 유속에 적합하도록 할 것
3. 폐쇄형스프링클러헤드를 설치하고 반자 아래의 헤드와 반자속의 헤드를 동일 급수관의 가지관상에 병설하는 경우에는 "나"란의 헤드 수에 따를 것
4. 제10조제3항제1호의 경우로서 폐쇄형스프링클러헤드를 설치하는 설비의 배관구경은 "다"란에 따를 것

참고 무대부, 특수가연물 저장취급장소

5. 개방형스프링클러헤드를 설치하는 경우 하나의 방수구역이 담당하는 헤드의 개수가 30개 이하일 때는 "다"란의 헤드수에 의하고, 30개를 초과할 때는 수리계산 방법에 따를 것

필수사항 (아주 중요)(필수 암기사항임)   중요도 ★★★★★

04 간이스프링클러설비의 화재안전기준 (NFSC 103A)

[시행 2021. 7. 22.] [소방청고시 제2021-24호, 2021. 7. 22., 일부개정]

제 3 조(정의) 이 기준에서 사용하는 용어의 정의는 다음과 같다.
1. "간이헤드"란 폐쇄형헤드의 일종으로 간이스프링클러설비를 설치하여야 하는 특정소방대상물의 화재에 적합한 감도·방수량 및 살수분포를 갖는 헤드를 말한다. 〈개정 2011.11.24〉
19. "캐비닛형 간이스프링클러설비"란 가압송수장치, 수조(「캐비닛형 간이스프링클러설비 성능인증 및 제품검사의 기술기준」에서 정하는 바에 따라 분리형으로 할 수 있다) 및 유수검지장치 등을 집적화하여 캐비닛 형태로 구성시킨 간이 형태의 스프링클러설비를 말한다. 〈신설 2011.11.24, 개정 2013.6.10〉
20. "상수도직결형 간이스프링클러설비"란 수조를 사용하지 아니하고 상수도에 직접 연결하여 항상 기준 압력 및 방수량 이상을 확보할 수 있는 설비를 말한다. 〈신설 2011.11.24〉

제 4 조(수원) ① 간이스프링클러설비의 수원은 다음 각 호와 같다.
1. 상수도직결형의 경우에는 수돗물 〈개정 2011.11.24〉
2. 수조("캐비닛형"을 포함한다)를 사용하고자 하는 경우에는 적어도 1개 이상의 자동급수장치를 갖추어야 하며, 2개의 간이헤드에서 최소 10분[영 별표 5 제1호마목1)가 또는 6)과 7)에 해당하는 경우에는 5개의 간이헤드에서 최소 20분] 이상 방수할 수 있는 양 이상을 수조에 확보할 것 〈개정 2011. 11. 24., 2013. 6. 10., 2015. 1. 23., 2021. 1. 12.〉

> **필수사항** (계산문제 기본 수치임. 2개, 10분) 중요도 ★★★★★
> (근린1000, 의원 등, 생활형숙박 600, 복합 1000 이상은 5개, 20분임)

참고 시행령 별표 5 제1호 마목
 1) 근린생활시설 중 다음의 어느 하나에 해당하는 것

가) 근린생활시설로 사용하는 부분의 바닥면적 합계가 1천㎡ 이상인 것은 모든 층
  나) 의원, 치과의원 및 한의원으로서 입원실이 있는 시설
 6) 숙박시설 중 생활형숙박시설로서 해당 용도로 사용되는 바닥면적의 합계가 600㎡ 이상인 것
 7) 복합건축물(별표 2 제30호나목의 복합건축물만 해당한다)로서 연면적 1천㎡ 이상인 것은 모든 층

② 간이스프링클러설비의 수원을 수조로 설치하는 경우에는 소방설비의 전용 수조로 하여야 한다. 다만, 다음 각 호의 어느 하나에 해당하는 경우에는 그러하지 아니하다.
1. 간이스프링클러펌프의 후드밸브 또는 흡수배관의 흡수구(수직회전축펌프의 흡수구를 포함한다. 이하 같다)를 다른 설비(소방용 설비 외의 것을 말한다. 이하 같다)의 후드밸브 또는 흡수구보다 낮은 위치에 설치한 때
2. 제5조제3항에 따른 고가수조로부터 간이스프링클러설비의 수직배관에 물을 공급하는 급수구를 다른 설비의 급수구보다 낮은 위치에 설치한 때

③ 제1항제2호에 따른 저수량을 산정함에 있어서 다른 설비와 겸용하여 간이스프링클러설비용 수조를 설치하는 경우에는 간이스프링클러설비의 후드밸브·흡수구 또는 수직배관의 급수구와 다른 설비의 후드밸브·흡수구 또는 수직배관의 급수구와의 사이의 수량을 그 유효수량으로 한다.

④ 간이스프링클러설비용 수조는 다음 각 호의 기준에 따라 설치하여야 한다.
1. 점검에 편리한 곳에 설치할 것
2. 동결방지조치를 하거나 동결의 우려가 없는 장소에 설치할 것
3. 수조의 외측에 수위계를 설치할 것. 다만, 구조상 불가피한 경우에는 수조의 맨홀 등을 통하여 수조 안의 물의 양을 쉽게 확인할 수 있도록 하여야 한다.
4. 수조의 상단이 바닥보다 높은 때에는 수조의 외측에 고정식 사다리를 설치할 것
5. 수조가 실내에 설치된 때에는 그 실내에 조명설비를 설치할 것
6. 수조의 밑부분에는 청소용 배수밸브 또는 배수관을 설치할 것
7. 수조의 외측의 보기 쉬운 곳에 "간이스프링클러설비용 수조"라고 표시한 표지를 할 것. 이 경우 그 수조를 다른 설비와 겸용하는 때에는 그 겸용되는 설비의 이름을 표시한 표지를 함께 하여야 한다.
8. 간이스프링클러펌프의 흡수배관 또는 간이스프링클러설비의 수직배관과 수조의 접속 부분에는 "간이스프링클러설비용 배관"이라고 표시한 표지를

할 것. 다만, 수조와 가까운 장소에 간이스프링클러펌프가 설치되고 "간이스프링클러설비펌프"라고 표지를 설치한 때에는 그러하지 아니하다.

제 5 조(가압송수장치) ① 방수압력(상수도직결형의 상수도압력)은 가장 먼 가지배관에서 2개[영 별표 5 제1호마목1)가 또는 6)과 7)에 해당하는 경우에는 5개]의 간이헤드를 동시에 개방할 경우 각각의 간이헤드 선단 방수압력은 0.1MPa 이상, 방수량은 50L/min 이상이어야 한다. 다만, 제6조제7호에 따른 주차장에 표준반응형스프링클러헤드를 사용할 경우 헤드 1개의 방수량은 80L/min 이상이어야 한다. 〈개정 2011. 11. 24., 2013. 6. 10., 2015. 1. 23., 2021. 1. 12.〉

필수사항 (계산문제 필수 암기사항, 0.1,50 (80))   중요도 ★★★

② 전동기 또는 내연기관에 따른 펌프를 이용하는 가압송수장치는 다음 각 호의 기준에 따라 설치하여야 한다.
1. 쉽게 접근할 수 있고 점검하기에 충분한 공간이 있는 장소로서 화재 및 침수 등의 재해로 인한 피해를 받을 우려가 없는 곳에 설치할 것
2. 동결방지조치를 하거나 동결의 우려가 없는 장소에 설치할 것
3. 펌프는 전용으로 할 것. 다만, 다른 소화설비와 겸용하는 경우 각각의 소화설비의 성능에 지장이 없을 때에는 그러하지 아니하다.
4. 펌프의 토출측에는 압력계를 체크밸브 이전에 펌프토출측 플랜지에서 가까운 곳에 설치하고, 흡입측에는 연성계 또는 진공계를 설치할 것. 다만, 수원의 수위가 펌프의 위치보다 높거나 수직회전축 펌프의 경우에는 연성계 또는 진공계를 설치하지 아니할 수 있다.
5. 가압송수장치에는 정격부하운전 시 펌프의 성능을 시험하기 위한 배관을 설치할 것 〈개정 2011.11.24〉
6. 가압송수장치에는 체절운전시 수온의 상승을 방지하기 위한 순환배관을 설치할 것 〈개정 2011.11.24〉
7. 기동장치로는 기동용수압개폐장치 또는 이와 동등 이상의 성능이 있는 것을 설치하고 다음 각 목의 기준에 따른 충압펌프를 설치할 것. 다만, 캐비닛형의 경우에는 그러하지 아니하다. 〈개정 2013.6.10〉
    가. 펌프의 토출압력은 그 설비의 최고위 살수장치의 자연압보다 적어도 0.2MPa이 더 크도록 하거나 가압송수장치의 정격토출압력과 같게 할 것 〈신설 2013.6.10〉
    나. 펌프의 정격토출량은 정상적인 누설량보다 적어서는 아니되며 간이스

프링클러설비가 자동적으로 작동할 수 있도록 충분한 토출량을 유지할 것〈신설 2013.6.10〉

8. 수원의 수위가 펌프보다 낮은 위치에 있는 가압송수장치에는 다음 각 목의 기준에 따른 물올림장치를 설치할 것 다만, 캐비닛형일 경우에는 그러하지 아니하다. 〈개정 2011.11.24〉

   가. 물올림장치에는 전용의 탱크를 설치할 것

   나. 탱크의 유효수량은 100 L 이상으로 하되, 구경 15mm 이상의 급수배관에 따라 당해탱크에 물이 계속 보급되도록 할 것

9. 내연기관을 사용하는 경우에는 제어반에 따라 내연기관의 자동기동 및 수동기동이 가능하고, 상시 충전되어 있는 축전지설비를 갖출 것

11. 가압송수장치에는 "간이스프링클러펌프"라고 표시한 표지를 할 것. 이 경우 그 가압송수장치를 다른 설비와 겸용하는 때에는 그 겸용되는 설비의 이름을 함께 표시한 표지를 하여야 한다.

12. 가압송수장치는 부식 등으로 인한 펌프의 고착을 방지할 수 있도록 다음 각 목의 기준에 적합한 것으로 할 것. 다만, 충압펌프는 제외한다. 〈신설 2021. 7. 22.〉

    가. 임펠러는 청동 또는 스테인리스 등 부식에 강한 재질을 사용할 것

    나. 펌프축은 스테인리스 등 부식에 강한 재질을 사용할 것

③ 고가수조의 자연낙차를 이용한 가압송수장치는 다음 각 호의 기준에 따라 설치하여야 한다.

1. 고가수조의 자연낙차수두(수조의 하단으로부터 최고층에 설치된 헤드까지의 수직거리를 말한다)는 다음의 식에 따라 산출한 수치 이상이 되도록 할 것

   $H = h_1 + 10$

   H : 필요한 낙차(m)

   h_1 : 배관의 마찰손실수두(m)

2. 고가수조에는 수위계 · 배수관 · 급수관 · 오버플로우관 및 맨홀을 설치할 것

④ 압력수조를 이용한 가압송수장치는 다음 각 호의 기준에 따라 설치하여야 한다.

1. 압력수조의 압력은 다음의 식에 따라 산출한 수치 이상으로 할 것

   $P = p_1 + p_2 + 0.1$

   P : 필요한 압력(MPa)

   p_1 : 낙차의 환산수두압(MPa)

p_2 : 배관의 마찰손실수두압(MPa)

2. 압력수조에는 수위계·급수관·배수관·급기관·맨홀·압력계·안전장치 및 압력저하 방지를 위한 자동식 공기압축기를 설치할 것

암기방법 수급배급맨 압안자   중요도 ★★★

⑤ 가압수조를 이용한 가압송수장치는 다음 각 호의 기준에 따라 설치하여야 한다.

1. 가압수조의 압력은 간이헤드 2개를 동시에 개방할 때 적정방수량 및 방수압이 10분[영 별표 5 제1호마목1)가 또는 6)과 7)에 해당하는 경우에는 5개의 간이헤드에서 최소 20분] 이상 유지되도록 할 것 〈개정 2011. 11. 24., 2015. 1. 23., 2021. 1. 12.〉

필수사항 (계산문제 필수 암기사항)   중요도 ★★★

2. 삭 제 〈2015.1.23.〉
3. 삭 제 〈2015.1.23.〉

암기방법 수급배급 압안   중요도 ★★★

4. 소방청장이 정하여 고시한 「가압수조식가압송수장치의 성능인증 및 제품검사의 기술기준」에 적합한 것으로 설치할 것 〈신설 2011. 11. 24., 2013. 6. 10., 2015. 1. 23., 2017. 7. 26.〉

⑥ 캐비닛형 간이스프링클러설비를 사용할 경우 소방청장이 정하여 고시한 「캐비닛형간이스프링클러설비 성능인증 및 제품검사의 기술기준」에 적합한 것으로 설치하여야 한다.〈신설 2011.11.24, 개정 2013.6.10, 2015.1.23.〉

⑦ 영 별표 5 제1호마목1)가 또는 6)과 7)에 해당하는 특정소방대상물의 경우에는 상수도직결형 및 캐비닛형 간이스프링클러설비를 제외한 가압송수장치를 설치하여야 한다.〈신설 2013.6.10., 개정 2015.1.23., 2021. 1. 12.〉

참고 영 별표 5 제1호 라목 1)근린 1000, 6)숙박 600, 7)복합 1000 이상

제 6 조(간이스프링클러설비의 방호구역·유수검지장치) 간이스프링클러설비의 방호구역(간이스프링클러설비의 소화범위에 포함된 영역을 말한다. 이하 같

다) 유수검지장치는 다음 각 호의 기준에 적합하여야 한다. 다만, 캐비닛형의 경우에는 제3호의 기준에 적합하여야 한다. 〈개정 2008.12.15, 2011.11.24〉

1. 하나의 방호구역의 바닥면적은 1,000m²를 초과하지 아니할 것 〈개정 2013.6.10〉
2. 하나의 방호구역에는 1개 이상의 유수검지장치를 설치하되, 화재발생시 접근이 쉽고 점검하기 편리한 장소에 설치할 것 〈개정 2008.12.15〉
3. 하나의 방호구역은 2개층에 미치지 아니하도록 할 것. 다만, 1개층에 설치되는 간이헤드의 수가 10개 이하인 경우에는 3개층 이내로 할 수 있다.
4. 유수검지장치는 실내에 설치하거나 보호용 철망 등으로 구획하여 바닥으로부터 0.8m 이상 1.5m 이하의 위치에 설치하되, 그 실 등에는 개구부가 가로 0.5m 이상 세로 1m 이상의 출입문을 설치하고 그 출입문 상단에 "유수검지장치실"이라고 표시한 표지를 설치할 것. 다만, 유수검지장치를 기계실(공조용 기계실을 포함한다)안에 설치하는 경우에는 별도의 실 또는 보호용 철망을 설치하지 아니하고 기계실 출입문 상단에 "유수검지장치실"이라고 표시한 표지를 설치할 수 있다. 〈개정 2008. 12. 15., 2013. 6. 10., 2021. 7. 22.〉
5. 간이헤드에 공급되는 물은 유수검지장치를 지나도록 할 것. 다만, 송수구를 통하여 공급되는 물은 그러하지 아니하다. 〈개정 2008.12.15〉
6. 자연낙차에 따른 압력수가 흐르는 배관 상에 설치된 유수검지장치는 화재시 물의 흐름을 검지할 수 있는 최소한의 압력이 얻어질 수 있도록 수조의 하단으로부터 낙차를 두어 설치할 것 〈개정 2008.12.15〉
7. 간이스프링클러설비가 설치되는 특정소방대상물에 부설된 주차장부분(영 별표 5 제1호마목에 해당하지 아니하는 부분에 한한다)에는 습식 외의 방식으로 하여야 한다. 다만, 동결의 우려가 없거나 동결을 방지할 수 있는 구조 또는 장치가 된 곳은 그러하지 아니하다. 〈신설 2013.6.10.〉

암기방법 하하하 공실자습 ★★

(SP와 거의 같음, 방호구역 1000 이 상이함)

제 7 조(제어반) 간이스프링클러설비에는 다음 각 호의 어느 하나의 기준에 따른 제어반을 설치하여야 한다. 다만, 캐비닛형 간이스프링클러설비의 경우에는 그러하지 아니하다. 〈신설 2013.6.10〉

1. 상수도 직결형의 경우에는 급수배관에 설치되어 급수를 차단할 수 있는 개폐밸브(제8조제16항제1호나목의 급수차단장치를 포함한다) 및 유수검지장

치의 작동상태를 확인할 수 있어야 하며, 예비전원이 확보되고 예비전원의 적합여부를 시험할 수 있어야 한다. 〈신설 2013.6.10〉

2. 상수도 직결형을 제외한 방식의 것에 있어서는 「스프링클러설비의 화재안전기준(NFSC 103)」 제13조를 준용한다. 〈신설 2013.6.10〉

제 8 조(배관 및 밸브) ① 배관과 배관이음쇠는 다음 각 호의 어느 하나에 해당하는 것 또는 동등 이상의 강도·내식성 및 내열성을 국내·외 공인기관으로부터 인정받은 것을 사용하여야 하고, 배관용 스테인리스강관(KS D 3576)의 이음을 용접으로 할 경우에는 알곤용접방식에 따른다. 다만, 상수도직결형에 사용하는 배관 및 밸브는 「수도법」 제14조(수도용 자재와 제품의 인증 등)에 적합한 제품을 사용하여야 한다. 또한, 본 조에서 정하지 않은 사항은 건설기술 진흥법 제44조제1항의 규정에 따른 건축기계설비공사 표준설명서에 따른다. 〈개정 2011.11.24., 2013.6.10., 2016.7.13.〉

1. 배관 내 사용압력이 1.2MPa 미만일 경우에는 다음 각 목의 어느 하나에 해당하는 것〈신설 2013.6.10., 개정 2016.7.13.〉
   가. 배관용 탄소강관(KS D 3507)
   나. 이음매 없는 구리 및 구리합금관(KS D 5301). 다만, 습식의 배관에 한한다.
   다. 배관용 스테인리스강관(KS D 3576) 또는 일반배관용 스테인리스강관(KS D 3595)
   라. 덕타일 주철관(KS D 4311)〈신설 2016.7.13.〉

2. 배관 내 사용압력이 1.2MPa 이상일 경우에는 다음 가 목의 어느 하나에 해당하는 것〈신설 2013.6.10., 개정 2016.7.13.〉
   가. 압력배관용탄소강관(KS D 3562)〈신설 2016.7.13.〉
   나. 배관용 아크용접 탄소강 강관(KS D 3583)배관〈신설 2016.7.13.〉

② 제1항에도 불구하고 다음 각 호의 어느 하나에 해당하는 장소에는 소방청장이 정하여 고시한 「소방용합성수지배관의 성능인증 및 제품검사의 기술기준」에 적합한 소방용 합성수지배관으로 설치할 수 있다. 〈개정 2013. 6. 10., 2015. 1. 23., 2017. 7. 26.〉

1. 배관을 지하에 매설하는 경우
2. 다른 부분과 내화구조로 구획된 덕트 또는 피트의 내부에 설치하는 경우
3. 천장(상층이 있는 경우에는 상층바닥의 하단을 포함한다. 이하 같다)과 반자를 불연재료 또는 준불연재료로 설치하고 그 내부에 습식으로 배관을 설치하는 경우

③ 급수배관은 다음 각 호의 기준에 따라 설치하여야 한다.
1. 전용으로 할 것. 다만, 상수도직결형의 경우에는 수도배관 호칭지름 32mm 이상의 배관이어야 하고, 간이헤드가 개방될 경우에는 유수신호 작동과 동시에 다른 용도로 사용하는 배관의 송수를 자동 차단할 수 있도록 하여야 하며, 배관과 연결되는 이음쇠 등의 부속품은 물이 고이는 현상을 방지하는 조치를 하여야 한다. 〈개정 2011.11.24〉
2. 급수를 차단할 수 있는 개폐밸브는 개폐표시형으로 할 것. 이 경우 펌프의 흡입측배관에는 버터플라이밸브외의 개폐표시형밸브를 설치하여야 한다.
3. 배관의 구경은 제5조제1항에 적합하도록 수리계산에 의하거나 별표 1의 기준에 따라 설치할 것. 다만, 수리계산에 의하는 경우 가지배관의 유속은 6m/s, 그 밖의 배관의 유속은 10m/s를 초과할 수 없다.

④ 펌프의 흡입측배관은 다음 각 호의 기준에 따라 설치하여야 한다.
1. 공기고임이 생기지 아니하는 구조로 하고 여과장치를 설치할 것
2. 수조가 펌프보다 낮게 설치된 경우에는 각 펌프(충압펌프를 포함한다)마다 수조로부터 별도로 설치할 것

⑤ 연결송수관설비의 배관과 겸용할 경우의 주배관은 구경 100mm 이상, 방수구로 연결되는 배관의 구경은 65mm 이상의 것으로 하여야 한다.

⑥ 펌프의 성능은 체절운전 시 정격토출압력의 140%를 초과하지 아니하고, 정격토출량의 150%로 운전 시 정격토출압력의 65% 이상이 되어야 하며, 펌프의 성능시험배관은 다음 각호의 기준에 적합하여야 한다.
1. 성능시험배관은 펌프의 토출측에 설치된 개폐밸브 이전에서 분기하여 설치하고, 유량측정장치를 기준으로 전단 직관부에 개폐밸브를 후단 직관부에는 유량조절밸브를 설치할 것
2. 유량측정장치는 성능시험배관의 직관부에 설치하되, 펌프의 정격토출량의 175% 이상 측정할 수 있는 성능이 있을 것

⑦ 가압송수장치의 체절운전 시 수온의 상승을 방지하기 위하여 체크밸브와 펌프사이에서 분기한 구경 20mm 이상의 배관에 체절압력 미만에서 개방되는 릴리프밸브를 설치하여야 한다.

⑧ 동결방지조치를 하거나 동결의 우려가 없는 장소에 설치하여야 한다. 다만, 보온재를 사용할 경우에는 난연재료 성능 이상의 것으로 하여야 한다. 〈개정 2015.1.23.〉

⑨ 가지배관의 배열은 다음 각 호의 기준에 따른다.
1. 토너먼트(tournament)방식이 아닐 것

2. 교차배관에서 분기되는 지점을 기점으로 한쪽 가지배관에 설치되는 간이헤드의 개수(반자 아래와 반자속의 헤드를 하나의 가지배관 상에 병설하는 경우에는 반자 아래에 설치하는 헤드의 개수)는 8개 이하로 할 것. 다만, 다음 각 목의 어느 하나에 해당하는 경우에는 그러하지 아니하다.
   가. 기존의 방호구역 안에서 칸막이 등으로 구획하여 1개의 간이헤드를 증설하는 경우
   나. 격자형 배관방식(2 이상의 수평주행배관 사이를 가지배관으로 연결하는 방식을 말한다)을 채택하는 때에는 펌프의 용량, 배관의 구경 등을 수리학적으로 계산한 결과 간이헤드의 방수압 및 방수량이 소화목적을 달성하는 데 충분하다고 인정되는 경우 〈개정 2011.11.24〉
3. 가지배관과 간이헤드 사이의 배관을 신축배관으로 하는 경우에는 소방청장이 정하여 고시한 「스프링클러설비신축배관 성능인증 및 제품검사의 기술기준」에 적합한 것으로 설치할 것. 이 경우 신축배관의 설치길이는 소방청장이 정하여 고시한 「스프링클러설비의 화재안전기준」제10조제3항의 거리를 초과하지 아니할 것 〈전문개정 2015. 1. 23., 2017. 7. 26.〉

⑩ 가지배관에 하향식간이헤드를 설치하는 경우에 가지배관으로부터 간이헤드에 이르는 헤드접속배관은 가지관상부에서 분기할 것. 다만, 소화설비용 수원의 수질이 「먹는물관리법」 제5조에 따라 먹는물의 수질기준에 적합하고 덮개가 있는 저수조로부터 물을 공급받는 경우에는 가지배관의 측면 또는 하부에서 분기할 수 있다. 〈개정 2011.11.24〉

⑪ 준비작동식유수검지장치를 사용하는 간이스프링클러설비에 있어서 유수검지장치 2차측 배관의 부대설비는 다음 각 호의 기준에 따른다.〈신설 2013.6.10〉
1. 개폐표시형밸브를 설치할 것
2. 제1호에 따른 밸브와 준비작동식유수검지장치 사이의 배관은 다음 각 목과 같은 구조로 할 것
   가. 수직배수배관과 연결하고 동 연결배관상에는 개폐밸브를 설치할 것
   나. 자동배수장치 및 압력스위치를 설치할 것
   다. 나목에 따른 압력스위치는 수신부에서 준비작동식유수검지장치의 개방여부를 확인할 수 있게 설치할 것

⑫ 간이스프링클러설비에는 유수검지장치를 시험할 수 있는 시험 장치를 다음 각 호의 기준에 따라 설치하여야 한다. 다만, 준비작동식유수검지장치를 설치하는 부분은 그러하지 아니하다. 〈개정 2008. 12. 15., 2011. 11. 24., 2013. 6.

10., 2021. 7. 22.〉
1. 펌프(캐비닛형 제외)를 가압송수장치로 사용하는 경우 유수검지장치 2차측 배관에 연결하여 설치하고, 펌프 외의 가압송수장치를 사용하는 경우 유수검지장치에서 가장 먼 거리에 위치한 가지배관의 끝으로부터 연결하여 설치할 것
2. 시험장치배관의 구경은 25 mm 이상으로 하고, 그 끝에 개폐밸브 및 개방형 간이헤드 또는 간이스프링클러헤드와 동등한 방수성능을 가진 오리피스를 설치할 것. 이 경우 개방형간이헤드는 반사판 및 프레임을 제거한 오리피스만으로 설치할 수 있다.
3. 시험배관의 끝에는 물받이 통 및 배수관을 설치하여 시험 중 방사된 물이 바닥에 흘러내리지 아니하도록 하여야 한다. 다만, 목욕실·화장실 또는 그 밖의 곳으로서 배수처리가 쉬운 장소에 시험배관을 설치한 경우에는 그러하지 아니하다.

⑬ 배관에 설치되는 행가는 다음 각 호의 기준에 따라 설치하여야 한다.
1. 가지배관에는 간이헤드의 설치지점 사이마다 1개 이상의 행가를 설치하되, 간이헤드간의 거리가 3.5m를 초과하는 경우에는 3.5m 이내마다 1개 이상 설치할 것. 이 경우 상향식간이헤드와 행가 사이에는 8cm 이상의 간격을 두어야 한다.
2. 교차배관에는 가지배관과 가지배관 사이마다 1개 이상의 행가를 설치하되, 가지배관 사이의 거리가 4.5m를 초과하는 경우에는 4.5m이내마다 1개 이상 설치할 것
3. 제1호 및 제2호의 수평주행배관에는 4.5m 이내마다 1개 이상 설치할 것

⑭ 급수배관에 설치되어 급수를 차단할 수 있는 개폐밸브에는 그 밸브의 개폐상태를 감시제어반에서 확인할 수 있도록 급수개폐밸브 작동표시 스위치를 다음 각 호의 기준에 따라 설치하여야 한다.
1. 급수개폐밸브가 잠길 경우 탬퍼스위치의 동작으로 인하여 감시제어반 또는 수신기에 표시 되어야 하며 경보음을 발할 것
2. 탬퍼스위치는 감시제어반 또는 수신기에서 동작의 유무확인과 동작시험, 도통시험을 할 수 있을 것
3. 급수개폐밸브의 작동표시 스위치에 사용되는 전기배선은 내화전선 또는 내열전선으로 설치할 것

⑮ 간이스프링클러설비 배관의 배수를 위한 기울기는 다음 각 호의 기준에 따른다.

1. 간이스프링클러설비의 배관을 수평으로 할 것. 다만, 배관의 구조상 소화수가 남아 있는 곳에는 배수밸브를 설치하여야 한다. 〈개정 2011.11.24〉

⑯ 간이스프링클러설비의 배관 및 밸브 등의 순서는 다음 각 호의 기준에 따라 설치하여야 한다.
1. 상수도직결형은 다음 각 목의 기준에 따라 설치할 것〈개정 2011.11.24〉
   가. 수도용계량기, 급수차단장치, 개폐표시형밸브, 체크밸브, 압력계, 유수검지장치(압력스위치 등 유수검지장치와 동등 이상의 기능과 성능이 있는 것을 포함한다. 이하 같다), 2개의 시험밸브의 순으로 설치할 것 〈개정 2011.11.24.〉

암기방법 수급개체압유시 중요도 ★★★

   나. 간이스프링클러설비 이외의 배관에는 화재시 배관을 차단할 수 있는 급수차단장치를 설치할 것 〈개정 2011.11.24〉
2. 펌프 등의 가압송수장치를 이용하여 배관 및 밸브 등을 설치하는 경우에는 수원, 연성계 또는 진공계(수원이 펌프보다 높은 경우를 제외한다. 이하 같다), 펌프 또는 압력수조, 압력계, 체크밸브, 성능시험배관, 개폐표시형밸브, 유수검지장치, 시험밸브의 순으로 설치할 것 〈개정 2011.11.24.〉

암기방법 수연펌 압체성 개유시 중요도 ★★★

3. 가압수조를 가압송수장치로 이용하여 배관 및 밸브등을 설치하는 경우에는 수원, 가압수조, 압력계, 체크밸브, 성능시험배관, 개폐표시형밸브, 유수검지장치, 2개의 시험밸브의 순으로 설치할 것 〈개정 2011.11.24.〉

암기방법 수가 압체성 개유시 중요도 ★★★

4. 캐비닛형의 가압송수장치에 배관 및 밸브 등을 설치하는 경우에는 수원, 연성계 또는 진공계(수원이 펌프보다 높은 경우를 제외한다. 이하 같다), 펌프 또는 압력수조, 압력계, 체크밸브, 개폐표시형밸브, 2개의 시험밸브의 순으로 설치할 것. 다만, 소화용수의 공급은 상수도와 직결된 바이패스관 또는 펌프에서 공급받아야 한다. 〈신설 2011.11.24, 개정 2013.6.10.〉

암기방법 수연펌 압체 개시 중요도 ★★★

⑰ 배관은 다른 설비의 배관과 쉽게 구분이 될 수 있는 위치에 설치하거나 그 배관표면 또는 배관 보온재표면은 「한국산업표준(배관계의 식별 표시, KS A 0503)」 또는 적색으로 식별이 가능하도록 소방용설비의 배관임을 표시하여야 한다. 〈개정 2008.12.15, 2013.6.10〉

⑱ 분기배관을 사용할 경우에는 소방청장이 정하여 고시한 「분기배관의 성능인증 및 제품검사의 기술기준」에 적합한 것으로 설치하여야 한다. 〈개정 2013. 6. 10., 2015. 1. 23., 2017. 7. 26.〉

제 9 조(간이헤드) 간이헤드는 다음 각 호의 기준에 적합한 것을 사용하여야 한다.

1. 폐쇄형간이헤드를 사용할 것〈개정 2011.11.24〉
2. 간이헤드의 작동온도는 실내의 최대 주위천장온도가 0℃ 이상 38℃ 이하인 경우 공칭작동온도가 57℃에서 77℃의 것을 사용하고, 39℃ 이상 66℃ 이하인 경우에는 공칭작동온도가 79℃에서 109℃의 것을 사용할 것
3. 간이헤드를 설치하는 천장·반자·천장과 반자사이·덕트·선반 등의 각 부분으로부터 간이헤드까지의 수평거리는 2.3m(「스프링클러헤드의 형식승인 및 제품검사의 기술기준」 유효반경의 것으로 한다.) 이하가 되도록 하여야 한다. 다만, 성능이 별도로 인정된 간이헤드를 수리계산에 따라 설치하는 경우에는 그러하지 아니하다. 〈개정 2011.11.24, 2013.6.10.〉

필수사항 (기본수치들 정리 필요)　　중요도 ★★★

4. 상향식간이헤드 또는 하향식간이헤드의 경우에는 간이헤드의 디플렉터에서 천장 또는 반자까지의 거리는 25mm에서 102mm 이내가 되도록 설치하여야 하며, 측벽형간이헤드의 경우에는 102mm에서 152mm사이에 설치할 것 다만, 플러쉬 스프링클러헤드의 경우에는 천장 또는 반자까지의 거리를 102 mm 이하가 되도록 설치할 수 있다.
5. 간이헤드는 천장 또는 반자의 경사·보·조명장치 등에 따라 살수장애의 영향을 받지 아니하도록 설치할 것
6. 제4호의 규정에도 불구하고 소방대상물의 보와 가장 가까운 간이헤드는 다음 표의 기준에 따라 설치할 것. 다만, 천장면에서 보의 하단까지의 길이가 55cm를 초과하고 보의 하단 측면 끝부분으로부터 간이헤드까지의 거리가 간이헤드 상호간 거리의 2분의 1 이하가 되는 경우에는 간이헤드와 그 부착면과의 거리를 55cm 이하로 할 수 있다. 〈개정 2013.6.10〉

간이헤드의 반사판 중심과 보의 수평거리	간이헤드의 반사판 높이와 보의 하단 높이의 수직거리
0.75m 미만	보의 하단보다 낮을 것
0.75m 이상 1m 미만	0.1m 미만일 것
1m 이상 1.5m 미만	0.15m 미만일 것
1.5m 이상	0.3m 미만일 것

7. 상향식간이헤드 아래에 설치되는 하향식간이헤드에는 상향식 헤드의 방출수를 차단할 수 있는 유효한 차폐판을 설치할 것
8. 간이스프링클러설비를 설치하여야 할 소방대상물에 있어서는 간이헤드 설치 제외에 관한 사항은「스프링클러설비의 화재안전기준」제15조제1항을 준용한다.
9. 제6조제7호에 따른 주차장에는 표준반응형스프링클러헤드를 설치하여야 하며 설치기준은「스프링클러설비의 화재안전기준(NFSC 103)」제10조를 준용한다.〈신설 2013.6.10〉

제10조(음향장치 및 기동장치) ① 간이스프링클러설비의 음향장치 및 기동장치는 다음 각 호의 기준에 따라 설치하여야 한다.
1. 습식유수검지장치를 사용하는 설비에 있어서는 간이헤드가 개방되면 유수검지장치가 화재신호를 발신하고 그에 따라 음향장치가 경보되도록 할 것 〈개정 2008.12.15, 2011.11.24〉
2. 음향장치는 습식유수검지장치의 담당구역마다 설치하되 그 구역의 각 부분으로부터 하나의 음향장치까지의 수평거리는 25m 이하가 되도록 할 것 〈개정 2008.12.15, 2011.11.24〉
3. 음향장치는 경종 또는 사이렌(전자식 사이렌을 포함한다)으로 하되, 주위의 소음 및 다른 용도의 경보와 구별이 가능한 음색으로 할 것. 이 경우 경종 또는 사이렌은 자동화재탐지설비·비상벨설비 또는 자동식사이렌설비의 음향장치와 겸용할 수 있다.
4. 주음향장치는 수신기의 내부 또는 그 직근에 설치할 것.
5. 5층(지하층을 제외한다) 이상으로서 연면적이 3,000m^2를 초과하는 소방대상물 또는 그 부분에 있어서는 2층 이상의 층에서 발화한 때에는 발화층 및 그 직상층에 한하여, 1층에서 발화한 때에는 발화층·그 직상층 및 지하층에 한하여, 지하층에서 발화한 때에는 발화층·그 직상층 및 기타의 지하층에 한하여 경보를 발할 수 있도록 할 것

6. 음향장치는 다음 각 목의 기준에 따른 구조 및 성능의 것으로 할 것
   가. 정격전압의 80% 전압에서 음향을 발할 수 있는 것으로 할 것
   나. 음량은 부착된 음향장치의 중심으로부터 1m 떨어진 위치에서 90dB 이상이 되는 것으로 할 것 〈개정 2008.12.15〉

② 간이스프링클러설비의 가압송수장치로서 펌프가 설치되는 경우에는 그 펌프의 작동은 다음 각 호의 어느 하나의 기준에 적합하여야 한다.

1. 습식유수검지장치를 사용하는 설비에 있어서는 동장치의 발신이나 기동용수압개폐장치에 따라 작동되거나 또는 이 두 가지의 혼용에 따라 작동될 수 있도록 할 것 〈개정 2008.12.15, 2011.11.24〉
2. 준비작동식유수검지장치를 사용하는 설비에 있어서는 화재감지기의 화재감지나 기동용수압개폐장치에 따라 작동되거나 또는 이 두 가지의 혼용에 따라 작동될 수 있도록 할 것〈신설 2013.6.10〉

③ 준비작동식유수검지장치의 작동 기준은「스프링클러설비의 화재안전기준(NFSC 103)」제9조제3항을 준용한다. 〈신설 2013.6.10〉

④ 제1항부터 제3항의 배선(감지기 상호간의 배선은 제외한다)은「옥내소화전설비의 화재안전기준(NFSC 102)」별표 1에 따라 내화 또는 내열성능이 있는 배선을 사용하되, 다른 배선과 공유하는 회로방식이 되지 아니하도록 하여야 한다. 다만, 음향장치의 작동에 지장을 주지 아니하는 회로방식의 경우에는 그러하지 아니하다. 〈개정 2011.11.24, 2013.6.10〉

제11조(송수구) 간이스프링클러설비에는 소방차로부터 그 설비에 송수할 수 있는 송수구를 다음 각 호의 기준에 따라 설치하여야 한다. 다만, 「다중이용업소의 안전관리에 관한 특별법」제9조제1항 및 같은 법 시행령 제9조에 해당하는 영업장(건축물 전체가 하나의 영업장일 경우는 제외)에 설치되는 상수도직결형 또는 캐비닛형의 경우에는 송수구를 설치하지 아니할 수 있다. 〈개정 2011.11.24, 2013.6.10〉

1. 송수구는 소방차가 쉽게 접근할 수 있는 잘 보이는 장소에 설치하되 화재층으로부터 지면으로 떨어지는 유리창 등이 송수 및 그 밖의 소화작업에 지장을 주지 아니하는 장소에 설치할 것 〈개정 2013.6.10〉
2. 송수구로부터 간이스프링클러설비의 주배관에 이르는 연결배관에 개폐밸브를 설치한 때에는 그 개폐상태를 쉽게 확인 및 조작할 수 있는 옥외 또는 기계실 등의 장소에 설치할 것
3. 구경 65mm의 단구형 또는 쌍구형으로 하여야 하며, 송수배관의 안지름은

40mm 이상으로 할 것
4. 지면으로부터 높이가 0.5m 이상 1m 이하의 위치에 설치할 것
5. 송수구의 가까운 부분에 자동배수밸브(또는 직경 5mm의 배수공) 및 체크밸브를 설치할 것. 이 경우 자동배수밸브는 배관안의 물이 잘 빠질 수 있는 위치에 설치하되, 배수로 인하여 다른 물건 또는 장소에 피해를 주지 아니하여야 한다.
6. 송수구에는 이물질을 막기 위한 마개를 씌울 것〈신설 2008.12.15〉

제12조(비상전원) 간이스프링클러설비에는 다음 각 호의 기준에 적합한 비상전원 또는 「소방시설용비상전원수전설비의 화재안전기준(NFSC 602)」의 규정에 따른 비상전원수전설비를 설치하여야 한다. 다만, 무전원으로 작동되는 간이스프링클러설비의 경우에는 모든 기능이 10분[영 별표 5 제1호마목1)가 또는 6)과 7)에 해당하는 경우에는 20분] 이상 유효하게 지속될 수 있는 구조를 갖추어야 한다. 〈개정 2013. 6. 10., 2015. 1. 23., 2021. 1. 12.〉

1. 간이스프링클러설비를 유효하게 10분[영 별표 5 제1호마목1)가 또는 6)과 7)에 해당하는 경우에는 20분]이상 작동할 수 있도록 할 것〈개정 2015. 1. 23., 2021. 1. 12.〉
2. 상용전원으로부터 전력의 공급이 중단된 때에는 자동으로 비상전원으로부터 전원을 공급받을 수 있는 구조로 할 것

[별표 1] 〈개정 2015.1.23〉

간이헤드 수별 급수관의 구경(제8조제3항제3호관련)

(단위 : mm)

구분 \ 급수관의 구경	25	32	40	50	65	80	100	125	150
가	2	3	5	10	30	60	100	160	161 이상
나	2	4	7	15	30	60	100	160	161 이상
다	〈삭제 2011.11.24〉								

[주]
1. 폐쇄형간이헤드를 사용하는 설비의 경우로서 1개층에 하나의 급수배관(또는 밸브 등)이 담당하는 구역의 최대면적은 1,000m²를 초과하지 아니할 것〈개정 2015.1.23〉
2. 폐쇄형간이헤드를 설치하는 경우에는 "가" 란의 헤드수에 따를 것〈개정 2011.11.24〉
3. 폐쇄형간이헤드를 설치하고 반자 아래의 헤드와 반자속의 헤드를 동일 급수관의 가지관상에 병설하는 경우에는 "나"란의 헤드수에 따를 것
4. "캐비닛형" 및 "상수도직결형"을 사용하는 경우 주배관은 32, 수평주행배관은 32, 가지배관은 25 이상으로 할 것. 이 경우 최장배관은 제5조제6항에 따라 인정받은 길이로 하며 하나의 가지배관에는 간이헤드를 3개 이내로 설치하여야 한다.〈개정 2011.11.24.〉

필수사항 (개정 내용으로 숙지 필요)(90 없음, 다 없음) 중요도 ★★

05 화재조기진압용 스프링클러설비의 화재안전기준(NFSC 103B)

[시행 2021. 7. 22.] [소방청고시 제2021-25호, 2021. 7. 22., 일부개정]

제 3 조(정의) 이 기준에서 사용하는 용어의 정의는 다음과 같다 〈개정 2012.8.20〉
1. "화재조기진압용 스프링클러헤드"란 특정 높은장소의 화재위험에 대하여 조기에 진화할 수 있도록 설계된 스프링클러헤드를 말한다.

제 4 조(설치장소의 구조) 화재조기진압용 스프링클러설비를 설치할 장소의 구조는 다음 각 호에 적합하여야 한다. 〈개정 2012.8.20〉
1. 해당층의 높이가 13.7m 이하일 것. 다만, 2층 이상일 경우에는 해당층의 바닥을 내화구조로 하고 다른 부분과 방화구획 할 것
2. 천장의 기울기가 1,000분의 168을 초과하지 않아야 하고, 이를 초과하는 경우에는 반자를 지면과 수평으로 설치할 것
3. 천장은 평평하여야 하며 철재나 목재트러스 구조인 경우, 철재나 목재의 돌출부분이 102mm를 초과하지 아니할 것
4. 보로 사용되는 목재·콘크리트 및 철재사이의 간격이 0.9m 이상 2.3m 이하일 것. 다만, 보의 간격이 2.3m 이상인 경우에는 화재조기진압용 스프링클러헤드의 동작을 원활히 하기 위하여 보로 구획된 부분의 천장 및 반자의 넓이가 $28m^2$를 초과하지 아니할 것
5. 창고내의 선반의 형태는 하부로 물이 침투되는 구조로 할 것

암기방법 높기구보선 중요도 ★★★★★
　　　　　(아주 중요)

제 5 조(수원) ①화재조기진압용 스프링클러설비의 수원은 수리학적으로 가장 먼가지배관 3개에 각각 4개의 스프링클러헤드가 동시에 개방되었을 때 헤드선단의 압력이 별표3에 의한 값 이상으로 60분간 방사할 수 있는 양으로 계산식은 다음과 같다.

$Q = 12 \times 60 \times K\sqrt{10p}$

  Q : 수원의 양(l)

  K : 상수[l/min/(MPa)1/2]

  p : 헤드선단의 압력(MPa)

필수사항 (아주 중요)(계산문제 중요사항)   중요도

②화재조기진압용 스프링클러설비의 수원은 제1항에 따라 산출된 유효수량 외 유효수량의 3분의 1 이상을 옥상(화재조기진압용 스프링클러설비가 설치된 건축물의 주된 옥상을 말한다)에 설치하여야 한다. 다만, 다음 각 호의 어느 하나에 해당하는 경우에는 그러하지 아니하다. 〈개정 2012.8.20〉

1. 옥상이 없는 건축물 또는 공작물
2. 지하층만 있는 건축물
3. 제6조제2항에 따라 고가수조를 가압송수장치로 설치한 화재조기진압용 스프링클러설비
4. 수원이 건축물의 지붕보다 높은 위치에 설치된 경우
5. 건축물의 높이가 지표면으로부터 10m 이하인 경우
6. 주펌프와 동등 이상의 성능이 있는 별도의 펌프로서 내연기관의 기동과 연동하여 작동되거나 비상전원을 연결하여 설치한 경우
7. 제6조제4항에 따라 가압수조를 가압송수장치로 설치한 화재조기진압용 스프링클러설비〈신설 2009.10.22〉

③옥상수조(제1항에 따라 산출된 유효수량의 3분의 1 이상을 옥상에 설치한 설비를 말한다. 이하 같다)는 이와 연결된 배관을 통하여 상시 소화수를 공급할 수 있는 구조인 특정소방대상물인 경우에는 둘 이상의 특정소방대상물이 있더라도 하나의 특정소방대상물에만 이를 설치할 수 있다. 〈개정 2012.8.20〉

④화재조기진압용 스프링클러설비의 수원을 수조로 설치하는 경우에는 소방설비의 전용수조로 하여야 한다. 다만, 다음 각 호의 어느 하나에 해당하는 경우에는 그러하지 아니하다. 〈개정 2012.8.20〉

1. 화재조기진압용스프링클러펌프의 후드밸브 또는 흡수배관의 흡수구(수직회전축펌프의 흡수구를 포함한다. 이하 같다)를 다른 설비(소방용 설비 외의 것을 말한다. 이하 같다)의 후드밸브 또는 흡수구보다 낮은 위치에 설치한 때
2. 제6조제2항에 따른 고가수조로부터 화재조기진압용 스프링클러설비의 수

직배관에 물을 공급하는 급수구를 다른 설비의 급수구보다 낮은 위치에 설치한 때

⑤제1항과 제2항에 따른 저수량을 산정함에 있어서 다른 설비와 겸용하여 화재조기진압용 스프링클러설비용 수조를 설치하는 경우에는 화재조기진압용 스프링클러설비의 후드밸브·흡수구 또는 수직배관의 급수구와 다른 설비의 후드밸브·흡수구 또는 수직배관의 급수구와의 사이의 수량을 그 유효수량으로 한다. 〈개정 2012.8.20〉

⑥화재조기진압용 스프링클러설비용 수조는 다음 각 호의 기준에 따라 설치하여야 한다. 〈개정 2012.8.20〉

1. 점검에 편리한 곳에 설치할 것
2. 동결방지조치를 하거나 동결의 우려가 없는 장소에 설치할 것
3. 수조의 외측에 수위계를 설치할 것. 다만, 구조상 불가피한 경우에는 수조의 맨홀 등을 통하여 수조 안의 물의 양을 쉽게 확인할 수 있도록 하여야 한다.
4. 수조의 상단이 바닥보다 높은 때에는 수조의 외측에 고정식 사다리를 설치할 것
5. 수조가 실내에 설치된 때에는 그 실내에 조명설비를 설치할 것
6. 수조의 밑 부분에는 청소용 배수밸브 또는 배수관을 설치할 것
7. 수조의 외측의 보기 쉬운 곳에 "화재조기진압용 스프링클러설비용 수조"라고 표시한 표지를 할 것. 이 경우 그 수조를 다른 설비와 겸용하는 때에는 그 겸용되는 설비의 이름을 표시한 표지를 함께 하여야 한다.
8. 화재조기진압용 스프링클러펌프의 흡수배관 또는 화재조기진압용 스프링클러설비의 수직배관과 수조의 접속 부분에는 "화재조기진압용 스프링클러설비용 배관"이라고 표시한 표지를 할 것. 다만, 수조와 가까운 장소에 화재조기진압용 스프링클러펌프가 설치되고 화재조기진압용 스프링클러펌프에 제6조제1항제12호에 따른 표지를 설치한 때에는 그러하지 아니하다.

제 6 조(가압송수장치) ①전동기 또는 내연기관에 따라 펌프를 이용하는 가압송수장치는 다음 각 호의 기준에 따라 설치하여야 한다. 〈개정 2012.8.20〉

1. 쉽게 접근할 수 있고 점검하기에 충분한 공간이 있는 장소로서 화재 및 침수 등의 재해로 인한 피해를 받을 우려가 없는 곳에 설치할 것
2. 동결방지조치를 하거나 동결의 우려가 없는 장소에 설치할 것
3. 펌프는 전용으로 할 것. 다만, 다른 소화설비와 겸용하는 경우 각각의 소화설비의 성능에 지장이 없을 때에는 그러하지 아니하다.

4. 펌프의 토출측에는 압력계를 체크밸브 이전에 펌프토출측 플랜지에서 가까운 곳에 설치하고, 흡입측에는 연성계 또는 진공계를 설치할 것. 다만, 수원의 수위가 펌프의 위치보다 높거나 수직회전축 펌프의 경우에는 연성계 또는 진공계를 설치하지 아니할 수 있다.
5. 가압송수장치에는 정격부하 운전 시 펌프의 성능을 시험하기 위한 배관을 설치할 것. 다만, 충압펌프의 경우에는 그러하지 아니하다.
6. 가압송수장치에는 체절운전 시 수온의 상승을 방지하기 위한 순환배관을 설치할 것. 다만, 충압펌프의 경우에는 그러하지 아니하다.
7. 기동용수압개폐장치(압력챔버)를 사용할 경우 그 용적은 100ℓ 이상의 것으로 할 것
8. 수원의 수위가 펌프보다 낮은 위치에 있는 가압송수장치에는 다음 각 목의 기준에 따른 물올림장치를 설치할 것
    가. 물올림장치에는 전용의 수조를 설치할 것
    나. 수조의 유효수량은 100ℓ 이상으로 하되, 구경 15mm 이상의 급수배관에 따라 당해 수조에 물이 계속 보급되도록 할 것
9. 제5조의 방사량 및 헤드선단의 압력을 충족할 것
10. 기동용수압개폐장치를 기동장치로 사용하는 경우에는 다음 각 목의 기준에 따른 충압펌프를 설치할 것
    가. 펌프의 토출압력은 그 설비의 최고위 살수장치의 자연압보다 적어도 0.2MPa이 더 크도록 하거나 가압송수장치의 정격토출압력과 같게 할 것
    나. 펌프의 정격토출량은 정상적인 누설량 보다 적어서는 아니 되며 화재조기진압용 스프링클러설비가 자동적으로 작동할 수 있도록 충분한 토출량을 유지할 것
11. 내연기관을 사용하는 경우에는 제어반에 따라 내연기관의 자동기동 및 수동기동이 가능하고, 상시 충전되어 있는 축전지설비를 갖출 것
12. 가압송수상지에는 "화재조기진압용 스프링클러펌프"라고 표시한 표지를 할 것. 이 경우 그 가압송수장치를 다른 설비와 겸용하는 때에는 그 겸용되는 설비의 이름을 표시한 표지를 함께 하여야 한다.
13. 가압송수장치가 기동이 된 경우에는 자동으로 정지되지 아니하도록 하여야 한다. 다만, 충압펌프의 경우에는 그러하지 아니하다. 〈개정 2008.12.15〉
14. 가압송수장치는 부식 등으로 인한 펌프의 고착을 방지할 수 있도록 다음 각 목의 기준에 적합한 것으로 할 것. 다만, 충압펌프는 제외한다. 〈신설 2021. 7. 22.〉

가. 임펠러는 청동 또는 스테인리스 등 부식에 강한 재질을 사용할 것
나. 펌프축은 스테인리스 등 부식에 강한 재질을 사용할 것

②고가수조의 자연낙차를 이용한 가압송수장치는 다음 각 호의 기준에 따라 설치하여야 한다. 〈개정 2012.8.20〉

1. 고가수조의 자연낙차수두(수조의 하단으로부터 최고층에 설치된 헤드까지의 수직거리를 말한다)는 다음의 식에 따라 산출한 수치 이상이 되도록 할 것

$$H = h_1 + h_2$$

  H : 필요한 낙차(m)
  h_1 : 배관의 마찰손실 수두(m)
  h_2 : 별표3에 의한 최소방사압력의 환산수두(m)

2. 고가수조에는 수위계·배수관·급수관·오버플로우관 및 맨홀을 설치할 것

③압력수조를 이용한 가압송수장치는 다음 각 호의 기준에 따라 설치하여야 한다. 〈개정 2012.8.20〉

1. 압력수조의 압력은 다음의 식에 따라 산출한 수치 이상으로 할 것

$$P = p_1 + p_2 + p_3$$

  P : 필요한 압력(MPa)
  p_1 : 낙차의 환산수두압(MPa)
  p_2 : 배관의 마찰손실수두압(MPa)
  p_3 : 별표3에 의한 최소방사압력(MPa)

2. 압력수조에는 수위계·급수관·배수관·급기관·맨홀·압력계·안전장치 및 압력저하 방지를 위한 자동식 공기압축기를 설치할 것

④가압수조를 이용한 가압송수장치는 다음 각 호의 기준에 따라 설치하여야 한다. 〈신설 2008.12.15, 2012.8.20〉

1. 가압수조의 압력은 제1항제9호에 따른 방수량 및 방수압이 20분 이상 유지되도록 할 것 〈개정 2012.8.20〉
2. 삭 제 〈2015.1.23.〉
3. 가압수조 및 가압원은 「건축법 시행령」제46조에 따른 방화구획 된 장소에 설치할 것
4. 삭 제 〈2015.1.23.〉
5. 소방청장이 정하여 고시한 「가압수조식 가압송수장치의 성능인증 및 제품

검사의 기술기준」에 적합한 것으로 설치할 것 〈개정 2012. 8. 20., 2015. 1. 23., 2017. 7. 26.〉

제 7 조(방호구역 · 유수검지장치) 화재조기진압용 스프링클러설비의 방호구역(화재조기진압용 스프링클러설비의 소화범위에 포함된 영역을 말한다. 이하 같다) · 유수검지장치는 다음 각 호의 기준에 적합하여야 한다. 〈개정 2012.8.20〉
1. 하나의 방호구역의 바닥면적은 3,000m^2를 초과하지 아니할 것
2. 하나의 방호구역에는 1개 이상의 유수검지장치를 설치하되, 화재발생시 접근이 쉽고 점검하기 편리한 장소에 설치할 것.
3. 하나의 방호구역은 2개층에 미치지 아니하도록 할 것. 다만, 1개층에 설치되는 화재조기진압용 스프링클러헤드의 수가 10개 이하인 경우에는 3개층 이내로 할 수 있다.
4. 유수검지장치를 실내에 설치하거나 보호용 철망 등으로 구획하여 바닥으로부터 0.8m 이상 1.5m 이하의 위치에 설치하되, 그 실 등에는 개구부가 가로 0.5m 이상 세로 1m 이상의 출입문을 설치하고 그 출입문 상단에 "유수검지장치실"이라고 표시한 표지를 설치할 것. 다만, 유수검지장치를 기계실(공조용기계실을 포함한다)안에 설치하는 경우에는 별도의 실 또는 보호용 철망을 설치하지 아니하고 기계실 출입문 상단에 "유수검지장치실"이라고 표시한 표지를 설치할 수 있다. 〈신설 2008. 12. 15.〉〈개정 2021. 7. 22.〉
5. 화재조기진압용 스프링클러헤드에 공급되는 물은 유수검지장치를 지나도록 할 것. 다만, 송수구를 통하여 공급되는 물은 그러하지 아니하다.
6. 자연낙차에 따른 압력수가 흐르는 배관 상에 설치된 유수검지장치는 화재시 물의 흐름을 검지할 수 있는 최소한의 압력이 얻어질 수 있도록 수조의 하단으로부터 낙차를 두어 설치할 것

제 8 조(배관) ①화재조기진압용 스프링클러설비의 배관은 습식으로 하여야 한다
②배관은 배관용탄소강관(KS D 3507) 또는 배관내 사용압력이 1.2MPa 이상일 경우에는 압력배관용탄소강관(KS D 3562) 또는 이음매 없는 동 및 동합금(KS D 5301)의 배관용 동관이나 이와 동등 이상의 강도 · 내식성 및 내열성을 가진 것으로 하여야 한다.
③제2항에도 불구하고 다음 각 호의 어느 하나에 해당하는 장소에는 법 제39조에 따라 제품검사에 합격한 소방용 합성수지배관으로 설치할 수 있다. 〈개정 2012.8.20〉

1. 배관을 지하에 매설하는 경우
2. 다른 부분과 내화구조로 구획된 덕트 또는 피트의 내부에 설치하는 경우
3. 천장(상층이 있는 경우에는 상층바닥의 하단을 포함한다. 이하 같다)과 반자를 불연재료 또는 준불연재료로 설치하고 그 내부에 습식으로 배관을 설치하는 경우

④급수배관은 다음 각 호의 기준에 따라 설치하여야 한다. 〈개정 2012.8.20〉
1. 전용으로 할 것. 다만, 화재조기진압용 스프링클러설비의 기동장치의 조작과 동시에 다른 설비의 용도에 사용하는 배관의 송수를 차단할 수 있거나, 화재조기진압용 스프링클러의 성능에 지장이 없는 경우에는 다른 설비와 겸용할수 있다.
2. 급수를 차단할 수 있는 개폐밸브는 개폐표시형으로 할 것. 이 경우 펌프의 흡입측 배관에는 버터플라이밸브외의 개폐표시형밸브를 설치하여야 한다.
3. 배관의 구경은 제5조제1항에 적합하도록 수리계산에 따라 설치할 것. 다만, 이 경우 가지배관의 유속은 6m/s, 그 밖의 배관의 유속은 10m/s를 초과할 수 없다.

⑤펌프의 흡입측배관은 다음 각 호의 기준에 따라 설치하여야 한다. 〈개정 2012.8.20〉
1. 공기고임이 생기지 아니하는 구조로 하고 여과장치를 설치할 것
2. 수조가 펌프보다 낮게 설치된 경우에는 각 펌프(충압펌프를 포함한다)마다 수조로부터 별도로 설치할 것

⑥연결송수관설비의 배관과 겸용할 경우의 주배관은 구경 100mm 이상, 방수구로 연결되는 배관의 구경은 65mm 이상의 것으로 하여야 한다.

⑦펌프의 성능은 체절운전 시 정격토출압력의 140%를 초과하지 아니하고, 정격토출량의 150%로 운전 시 정격토출압력의 65% 이상이 되어야 하며, 펌프의 성능시험배관은 다음 각 호의 기준에 적합하여야 한다. 〈개정 2012.8.20〉
1. 성능시험배관은 펌프의 토출측에 설치된 개폐밸브 이전에서 분기하여 설치하고, 유량측정장치를 기준으로 전단 직관부에 개폐밸브를 후단 직관부에는 유량조절밸브를 설치할 것
2. 유량측정장치는 성능시험배관의 직관부에 설치하되, 펌프의 정격토출량의 175% 이상 측정할 수 있는 성능이 있을 것

⑧가압송수장치의 체절운전 시 수온의 상승을 방지하기 위하여 체크밸브와 펌프사이에서 분기한 구경 20mm 이상의 배관에 체절압력 미만에서 개방되는 릴리프밸브를 설치하여야 한다.

⑨동결방지조치를 하거나 동결의 우려가 없는 장소에 설치하여야 한다. 다만, 보온재를 사용할 경우에는 난연재료 성능 이상의 것으로 하여야 한다. 〈개정 2015.1.23.〉

⑩가지배관의 배열은 다음 각 호의 기준에 따른다. 〈개정 2012.8.20〉

1. 토너먼트(tournament)방식이 아닐 것
2. 가지배관 사이의 거리는 2.4m 이상 3.7m 이하로 할 것. 다만, 천장의 높이가 9.1m 이상 13.7m 이하인 경우에는 2.4m 이상 3.1m 이하로 한다.
3. 교차배관에서 분기되는 지점을 기점으로 한쪽 가지배관에 설치되는 헤드의 개수(반자 아래와 반자속의 헤드를 하나의 가지배관 상에 병설하는 경우에는 반자 아래에 설치하는 헤드의 개수)는 8개 이하로 할 것. 다만, 다음 각 목의 어느 하나에 해당하는 경우에는 그러하지 아니하다.
    가. 기존의 방호구역 안에서 칸막이 등으로 구획하여 1개의 헤드를 증설하는 경우
    나. 격자형 배관방식(2 이상의 수평주행배관 사이를 가지배관으로 연결하는 방식을 말한다)을 채택하는 때에는 펌프의 용량, 배관의 구경 등을 수리학적으로 계산한 결과 헤드의 방수압 및 방수량이 소화목적을 달성하는 데 충분하다고 인정되는 경우. 다만, 중앙소방기술심의위원회 또는 지방소방기술심의위원회의 심의를 거친 경우에 한한다.
4. 가지배관과 화재조기진압용 스프링클러헤드 사이의 배관을 신축배관으로 하는 경우에는 소방청장이 정하여 고시한 「스프링클러설비신축배관 성능인증 및 제품검사의 기술기준」에 적합한 것으로 설치할 것. 이 경우 신축배관의 설치길이는 소방청장이 정하여 고시한 「스프링클러설비의 화재안전기준」제10조제3항의 거리를 초과하지 아니할 것

[본호 전문개정 2015.1.23.]

⑪교차배관의 위치·청소구 및 가지배관의 헤드설치는 다음 각 호의 기준에 따른다. 〈개정 2012.8.20〉

1. 교차배관은 가지배관과 수평으로 설치하거나 또는 가지배관 밑에 설치하고, 그 구경은 제4항제3호에 따르되, 최소구경이 40mm 이상이 되도록 할 것
2. 청소구는 교차배관 끝에 40mm 이상 크기의 개폐밸브를 설치하고, 호스접결이 가능한 나사식 또는 고정배수 배관식으로 할 것. 이 경우 나사식의 개폐밸브는 옥내소화전 호스접결용의 것으로 하고, 나사보호용의 캡으로 마감하여야 한다.
3. 하향식헤드를 설치하는 경우에 가지배관으로부터 헤드에 이르는 헤드접속배

관은 가지관상부에서 분기할 것. 다만, 소화설비용 수원의 수질이 「먹는물관리법」 제5조에 따라 먹는물의 수질기준에 적합하고 덮개가 있는 저수조로부터 물을 공급받는 경우에는 가지배관의 측면 또는 하부에서 분기할 수 있다.

⑫ 유수검지장치를 시험할 수 있는 시험장치를 다음 각 호의 기준에 따라 설치하여야 한다. 〈개정 2012. 8. 20., 2021. 7. 22.〉

1. 유수검지장치 2차측 배관에 연결하여 설치할 것
2. 시험장치 배관의 구경은 32 mm 이상으로 하고, 그 끝에 개방형헤드 또는 화재조기진압용스프링클러헤드와 동등한 방수성능을 가진 오리피스를 설치할 것. 이 경우 개방형헤드는 반사판 및 프레임을 제거한 오리피스만으로 설치할 수 있다.
3. 시험배관의 끝에는 물받이통 및 배수관을 설치하여 시험 중 방사된 물이 바닥에 흘러내리지 아니하도록 할 것. 다만, 목욕실·화장실 또는 그 밖의 곳으로서 배수처리가 쉬운 장소에 시험배관을 설치한 경우에는 그러하지 아니하다.

⑬ 배관에 설치되는 행가는 다음 각 호의 기준에 따라 설치하여야 한다. 〈개정 2012.8.20〉

1. 가지배관에는 헤드의 설치지점 사이마다 1개 이상의 행가를 설치하되, 헤드 간의 거리가 3.5m를 초과하는 경우에는 3.5m 이내마다 1개 이상 설치할 것. 이 경우 상향식헤드와 행가 사이에는 8cm 이상의 간격을 두어야 한다.
2. 교차배관에는 가지배관과 가지배관 사이마다 1개 이상의 행가를 설치하되, 가지배관 사이의 거리가 4.5m를 초과하는 경우에는 4.5m이내마다 1개 이상 설치할 것
3. 제1호와 제2호의 수평주행배관에는 4.5m 이내마다 1개 이상 설치할 것

⑭ 수직배수배관의 구경은 50mm 이상으로 하여야 한다.

⑮ 급수배관에 설치되어 급수를 차단할 수 있는 개폐밸브에는 그 밸브의 개폐상태를 감시제어반에서 확인할 수 있도록 급수개폐밸브 작동표시 스위치를 다음 각 호의 기준에 따라 설치하여야 한다. 〈개정 2012.8.20〉

1. 급수개폐밸브가 잠길 경우 탬퍼스위치의 동작으로 인하여 감시제어반 또는 수신기에 표시 되어야 하며 경보음을 발할 것
2. 탬퍼스위치는 감시제어반 또는 수신기에서 동작의 유무확인과 동작시험, 도통시험을 할 수 있을 것
3. 급수개폐밸브의 작동표시 스위치에 사용되는 전기배선은 내화전선 또는 내열전선으로 설치할 것

⑯ 화재조기진압용 스프링클러설비 배관을 수평으로 하여야 한다. 다만, 배관

의 구조상 소화수가 남아 있는 곳에는 배수밸브를 설치할 수 있다.

⑰ 배관은 다른 설비의 배관과 쉽게 구분이 될 수 있는 위치에 설치하거나 그 배관표면 또는 배관 보온재표면의 색상을 달리하는 방법 등으로 소방용설비의 배관임을 표시하여야 한다. 〈개정 2008.12.15〉

⑱ 분기배관을 사용할 경우에는 소방청장이 정하여 고시한 「분기배관 성능인증 및 제품검사의 기술기준」에 적합한 것으로 설치하여야 한다. 〈개정 2012. 8. 20., 2015. 1. 23., 2017. 7. 26.〉

제 9 조(음향장치 및 기동장치) ①화재조기진압용 스프링클러설비의 음향장치 및 기동장치는 다음 각 호의 기준에 따라 설치하여야 한다. 〈개정 2012.8.20〉

1. 유수검지장치를 사용하는 설비는 헤드가 개방되면 유수검지장치가 화재신호를 발신하고 그에 따라 음향장치가 경보되도록 할 것
2. 음향장치는 유수검지장치의 담당구역마다 설치하되 그 구역의 각 부분으로부터 하나의 음향장치까지의 수평거리는 25m 이하가 되도록 할 것
3. 음향장치는 경종 또는 사이렌(전자식 사이렌을 포함한다)으로 하되, 주위의 소음 및 다른 용도의 경보와 구별이 가능한 음색으로 할 것. 이 경우 경종 또는 사이렌은 자동화재탐지설비·비상벨설비 또는 자동식사이렌설비의 음향장치와 겸용할 수 있다.
4. 주음향장치는 수신기의 내부 또는 그 직근에 설치할 것
5. 층수가 5층 이상으로서 연면적이 3,000m^2를 초과하는 특정소방대상물은 다음 각 목에 따라 경보를 발할 수 있도록 하여야 한다.
    가. 2층 이상의 층에서 발화한 때에는 발화층 및 그 직상층에 경보를 발할 수 있도록 할 것
    나. 1층에서 발화한 때에는 발화층·그 직상층 및 지하층에 경보를 발할 수 있도록 할 것
    다. 지하층에서 발화한 때에는 발화층·그 직상층 및 기타의 지하층에 경보를 발할 수 있도록 할 것
6. 음향장치는 다음 각 목의 기준에 따른 구조 및 성능의 것으로 할 것
    가. 정격전압의 80% 전압에서 음향을 발할 수 있는 것으로 할 것
    나. 음량은 부착된 음향장치의 중심으로부터 1m 떨어진 위치에서 90폰 이상이 되는 것으로 할 것

②화재조기진압용 스프링클러설비의 가압송수장치로서 펌프가 설치되는 경우에는 그 펌프의 작동은 유수검지장치의 발신이나 기동용수압개폐장치에 따

라 작동되거나 또는 이 두 가지의 혼용에 따라 작동될 수 있도록 하여야 한다.

제10조(헤드) 화재조기진압용 스프링클러설비의 헤드는 다음 각 호에 적합하여야 한다. 〈개정 2012.8.20〉
1. 헤드 하나의 방호면적은 $6.0m^2$ 이상 $9.3m^2$ 이하로 할 것
2. 가지배관의 헤드 사이의 거리는 천장의 높이가 9.1m 미만인 경우에는 2.4m 이상 3.7m 이하로, 9.1m 이상 13.7m 이하인 경우에는 3.1m 이하으로 할 것
3. 헤드의 반사판은 천장 또는 반자와 평행하게 설치하고 저장물의 최상부와 914mm 이상 확보되도록 할 것
4. 하향식 헤드의 반사판의 위치는 천장이나 반자 아래 125mm 이상 355mm 이하일 것
5. 상향식 헤드의 감지부 중앙은 천장 또는 반자와 101mm 이상 152mm 이하이어야 하며, 반사판의 위치는 스프링클러배관의 윗부분에서 최소 178mm 상부에 설치되도록 할 것
6. 헤드와 벽과의 거리는 헤드 상호간 거리의 2분의 1을 초과하지 않아야 하며 최소 102mm 이상일 것
7. 헤드의 작동온도는 74℃ 이하일 것. 다만, 헤드 주위의 온도가 38℃ 이상의 경우에는 그 온도에서의 화재시험 등에서 헤드작동에 관하여 공인기관의 시험을 거친 것을 사용할 것
8. 헤드의 살수분포에 장애를 주는 장애물이 있는 경우에는 다음 각 목의 어느 하나에 적합할 것
    가. 천장 또는 천장근처에 있는 장애물과 반사판의 위치는 별도 1 또는 별도 2와 같이 하며, 천장 또는 천장근처에 보·덕트·기둥·난방기구·조명기구·전선관 및 배관 등의 기타 장애물이 있는 경우에는 장애물과 헤드 사이의 수평거리에 따른 장애물의 하단과 그 보다 윗부분에 설치되는 헤드 반사판 사이의 수직거리는 별표 1 또는 별도 3에 따를 것.
    나. 헤드 아래에 덕트·전선관·난방용배관 등이 설치되어 헤드의 살수를 방해하는 경우에 는 별표 1 또는 별도 3에 따를 것. 다만, 2개 이상의 헤드의 살수를 방해하는 경우에는 별표 2를 참고로 한다.
9. 상부에 설치된 헤드의 방출수에 따라 감열부에 영향을 받을 우려가 있는 헤드에는 방출수를 차단할 수 있는 유효한 차폐판을 설치할 것

필수사항 (기본수치들 괄호넣기 가능)   중요도 ★★★★★

제11조(저장물의 간격) 저장물품 사이의 간격은 모든 방향에서 152mm 이상의 간격을 유지하여야 한다.

> **필수사항** (괄호넣기 가능) 　　　중요도 ★★★

제12조(환기구) 화재조기진압용 스프링클러설비의 환기구는 다음 각 호에 적합하여야 한다.
1. 공기의 유동으로 인하여 헤드의 작동온도에 영향을 주지 않는 구조일 것
2. 화재감지기와 연동하여 동작하는 자동식 환기장치를 설치하지 아니할 것. 다만, 자동식 환기장치를 설치할 경우에는 최소작동온도가 180℃ 이상일 것

> **암기방법 공자180** 　　　중요도 ★★★
> (특이한 내용으로 기술사 출제됨)

제13조(송수구) 화재조기진압용 스프링클러설비에는 소방차로부터 그 설비에 송수할 수 있는 송수구를 다음 각 호의 기준에 따라 설치하여야 한다. 〈개정 2012.8.20〉
1. 송수구는 화재층으로부터 지면으로 떨어지는 유리창 등이 송수 및 그 밖의 소화작업에 지장을 주지 아니하는 장소에 설치할 것
2. 송수구로부터 주배관에 이르는 연결배관에 개폐밸브를 설치한 때에는 그 개폐상태를 쉽게 확인 및 조작할 수 있는 옥외 또는 기계실 등의 장소에 설치할 것
3. 구경 65mm의 쌍구형으로 할 것
4. 송수구에는 그 가까운 곳의 보기 쉬운 곳에 송수압력범위를 표시한 표지를 할 것
5. 송수구는 하나의 층의 바닥면적이 3,000m^{2}를 넘을 때마다 1개(5개를 넘을 경우에는 5개로 한다) 이상을 설치할 것
6. 지면으로부터 높이가 0.5m 이상 1m 이하의 위치에 설치할 것
7. 송수구의 가까운 부분에 자동배수밸브(또는 직경 5mm의 배수공) 및 체크밸브를 설치할 것. 이 경우 자동배수밸브는 배관안의 물이 잘 빠질 수 있는 위치에 설치하되, 배수로 인하여 다른 물건 또는 장소에 피해를 주지 아니하여야 한다.
8. 송수구에는 이물질을 막기 위한 마개를 씌어야 한다. 〈신설 2008.12.15〉

제14조(전원) ①화재조기진압용 스프링클러설비에는 다음 각 호의 기준에 따른 상용전원회로의 배선을 설치하여야 한다. 다만, 가압수조방식으로서 모든 기능이 20분 이상 유효하게 지속될 수 있는 경우에는 그러하지 아니하다. 〈개정 2012.8.20〉

1. 저압수전인 경우에는 인입개폐기의 직후에서 분기하여 전용배선으로 하여야 하며, 전용의 전선관에 보호 되도록 할 것
2. 특별고압수전 또는 고압수전일 경우에는 전력용 변압기 2차측의 주차단기 1차측에서 분기하여 전용배선으로 하되, 상용전원의 상시공급에 지장이 없을 경우에는 주차단기 2차측에서 분기하여 전용배선으로 할 것. 다만, 가압송수장치의 정격입력전압이 수전전압과 같은 경우에는 제1호의 기준에 따른다.

②화재조기진압용 스프링클러설비에는 자가발전설비, 축전지설비 또는 전기저장장치에 따른 비상전원을 설치하여야 한다. 다만, 2 이상의 변전소(「전기사업법」 제67조에 따른 변전소를 말한다. 이하 같다)에서 전력을 동시에 공급받을 수 있거나 하나의 변전소로부터 전력의 공급이 중단되는 때에는 자동으로 다른 변전소로부터 전력을 공급받을 수 있도록 상용전원을 설치한 경우와 가압수조방식에는 비상전원을 설치하지 아니할 수 있다. 〈개정 2008.12.15., 2012.8.20., 2016.7.13.〉

③제2항에 따라 비상전원 중 자가발전설비, 축전지설비(내연기관에 따른 펌프를 설치한 경우에는 내연기관의 기동 및 제어용축전지를 말한다) 또는 전기저장장치(외부 전기에너지를 저장해 두었다가 필요한 때 전기를 공급하는 장치)는 다음 각 호의 기준에 따라 설치하여야 한다. 〈개정 2012.8.20., 2016.7.13.〉

1. 점검에 편리하고 화재 및 침수 등의 재해로 인한 피해를 받을 우려가 없는 곳에 설치할 것
2. 화재조기진압용 스프링클러설비를 유효하게 20분 이상 작동할 수 있어야 할 것
3. 상용전원으로부터 전력의 공급이 중단된 때에는 자동으로 비상전원으로부터 전력을 공급받을 수 있도록 할 것
4. 비상전원(내연기관의 기동 및 제어용 축전기를 제외한다)의 설치장소는 다른 장소와 방화구획 할 것. 이 경우 그 장소에는 비상전원의 공급에 필요한 기구나 설비외의 것(열병합발전설비에 필요한 기구나 설비는 제외한다)을 두어서는 아니 된다. 〈개정 2008.12.15〉
5. 비상전원을 실내에 설치하는 때에는 그 실내에 비상조명등을 설치할 것

제15조(제어반) ①화재조기진압용 스프링클러설비에는 제어반을 설치하되, 감시제어반과 동력제어반으로 구분하여 설치하여야 한다. 다만, 다음 각 호의 어느 하나에 해당하는 경우에는 감시제어반과 동력제어반으로 구분하여 설치하지 아니할 수 있다. 〈개정 2012.8.20〉

1. 다음 각 목의 어느 하나에 해당하지 아니하는 특정소방대상물에 설치되는 화재조기진압용 스프링클러설비
   가. 지하층을 제외한 층수가 7층 이상으로서 연면적이 2,000㎡ 이상인 것
   나. 제1호에 해당하지 아니하는 특정소방대상물로서 지하층의 바닥면적의 합계가 3,000㎡ 이상인 것. 다만, 차고·주차장 또는 보일러실·기계실·전기실 등 이와 유사한 장소의 면적은 제외한다.
2. 내연기관에 따른 가압송수장치를 사용하는 화재조기진압용 스프링클러설비
3. 고가수조에 따른 가압송수장치를 사용하는 화재조기진압용 스프링클러설비
4. 가압수조에 따른 가압송수장치를 사용하는 화재조기진압용 스프링클러설비 〈신설 2008.12.15〉

②감시제어반의 기능은 다음 각 호의 기준에 적합하여야 한다. 다만, 제1항 각 호의 어느 하나에 해당하는 경우에는 제3호 및 제5호의 규정을 적용하지 아니한다. 〈개정 2012.8.20〉

1. 각 펌프의 작동여부를 확인할 수 있는 표시등 및 음향경보기능이 있어야 할 것
2. 각 펌프를 자동 및 수동으로 작동시키거나 중단시킬 수 있어야 한다. 〈개정 2008.12.15〉
3. 비상전원을 설치한 경우에는 상용전원 및 비상전원의 공급여부를 확인할 수 있어야 할 것 〈개정 2008.12.15〉
4. 수조 또는 물올림탱크가 저수위로 될 때 표시등 및 음향으로 경보할 것
5. 예비전원이 확보되고 예비전원의 적합여부를 시험할 수 있어야 할 것

③감시제어반은 다음 각 호의 기준에 따라 설치하여야 한다. 〈개정 2012.8.20〉

1. 화재 및 침수 등의 재해로 인한 피해를 받을 우려가 없는 곳에 설치할 것
2. 감시제어반은 스프링클러설비의 전용으로 할 것. 다만, 스프링클러설비의 제어에 지장이 없는 경우에는 다른 설비와 겸용할 수 있다.
3. 감시제어반은 다음 각 목의 기준에 따른 전용실안에 설치할 것. 다만 제1항 각호의 어느 하나에 해당하는 경우와 공장, 발전소 등에서 설비를 집중 제어·운전할 목적으로 설치하는 중앙제어실내에 감시제어반을 설치하는 경우에는 그러하지 아니하다.

가. 다른 부분과 방화구획을 할 것. 이 경우 전용실의 벽에는 기계실 또는 전기실 등의 감시를 위하여 두께 7mm 이상의 망입유리(두께 16.3mm 이상의 접합유리 또는 두께 28mm 이상의 복층유리를 포함한다)로 된 4m² 미만의 붙박이창을 설치할 수 있다.

나. 피난층 또는 지하 1층에 설치할 것. 다만, 「건축법 시행령」 제35조에 따라 특별피난계단이 설치되고 그 계단(부속실을 포함한다)출입구로부터 보행거리 5m이내에 전용실의 출입구가 있는 경우에는 지상 2층에 설치하거나 지하 1층 외의 지하층에 설치할 수 있다.

다. 비상조명등 및 급·배기설비를 설치할 것

라. 「무선통신보조설비의 화재안전기준(NFSC 505)」 제6조에 따른 무선기기 접속단자(영 별표 4 소화활동설비의 소방시설 적용기준 란 제5호에 따른 무선통신보조설비가 설치된 특정소방대상물에 한한다)를 설치할 것

마. 바닥면적은 감시제어반의 설치에 필요한 면적 외에 화재 시 소방대원이 그 감시제어반의 조작에 필요한 최소면적 이상으로 할 것

4. 제3호에 따른 전용실에는 특정소방대상물의 기계·기구 또는 시설 등의 제어 및 감시설비외의 것을 두지 아니할 것

5. 각 유수검지장치의 작동여부를 확인할 수 있는 표시 및 경보기능이 있도록 할 것

6. 다음 각 목의 확인회로마다 도통시험 및 작동시험을 할 수 있도록 할 것
    가. 기동용수압개폐장치의 압력스위치회로
    나. 수조 또는 물올림탱크의 저수위감시회로
    다. 유수검지장치 또는 압력스위치회로
    라. 제8조제15항에 따른 개폐밸브의 폐쇄상태 확인회로
    마. 그 밖의 이와 비슷한 회로

7. 감시제어반과 자동화재탐지설비의 수신기를 별도의 장소에 설치하는 경우에는 이들 상호간에 동시 통화가 가능하도록 할 것

④동력제어반은 다음 각 호의 기준에 따라 설치하여야 한다. 〈개정 2012.8.20〉

1. 앞면은 적색으로 하고 "화재조기진압용 스프링클러설비용 동력제어반"이라고 표시한 표지를 설치할 것

2. 외함은 두께 1.5mm 이상의 강판 또는 이와 동등 이상의 강도 및 내열성능이 있는 것으로 할 것

3. 그 밖의 동력제어반의 설치에 관하여는 제3항제1호 및 제2호의 기준을 준용할 것

제16조(배선 등) ①화재조기진압용 스프링클러설비 배선은「전기사업법」제67조에 따른 기술기준에서 정한 것 외에 다음 각 호의 기준에 따라 설치하여야 한다. 〈개정 2012.8.20〉

1. 비상전원으로부터 동력제어반 및 가압송수장치에 이르는 전원회로배선은 내화배선으로 할 것. 다만, 자가발전설비와 동력제어반이 동일한 실에 설치된 경우에는 자가발전기로부터 그 제어반에 이르는 전원회로 배선은 그러하지 아니하다.
2. 상용전원으로부터 동력제어반에 이르는 배선, 그 밖의 스프링클러설비의 감시·조작 또는 표시등회로의 배선은 내화배선 또는 내열배선으로 할 것. 다만, 감시제어반 또는 동력제어반 안의 감시·조작 또는 표시등회로의 배선은 그러하지 아니하다.

②제1항에 따른 내화배선 및 내열배선에 사용되는 전선 및 설치방법은「옥내소화전설비의 화재안전기준(NFSC 102)」별표 1의 기준에 따른다. 〈개정 2012.8.20〉

③화재조기진압용 스프링클러설비의 과전류차단기 및 개폐기에는 "화재조기진압용 스프링클러설비용"이라고 표시한 표지를 하여야 한다.

④화재조기진압용 스프링클러설비용 전기배선의 양단 및 접속단자에는 다음 각 호의 기준에 따라 표지하여야 한다. 〈개정 2012.8.20〉

1. 단자에는 "화재조기진압용 스프링클러설비단자"라고 표시한 표지를 부착할 것
2. 화재조기진압용 스프링클러설비용 전기배선의 양단에는 다른 배선과 식별이 용이하도록 표시할 것

제17조(설치제외) 다음 각 호에 해당하는 물품의 경우에는 화재조기진압용 스프링클러를 설치하여서는 아니 된다. 다만, 물품에 대한 화재시험등 공인기관의 시험을 받은 것은 제외한다. 〈개정 2012.8.20〉

1. 제4류 위험물
2. 타이어, 두루마리 종이 및 섬유류, 섬유제품 등 연소 시 화염의 속도가 빠르고 방사된 물이 하부까지에 도달하지 못하는 것

암기방법 **4타**   중요도 ★★★★★

[별표 1]

보 또는 기타 장애물 아래에 헤드가 설치된 경우의 반사판 위치(제10조제8호관련)

장애물과 헤드 사이의 수평거리	장애물의 하단과 헤드의 반사판 사이의 수직거리	장애물과 헤드사이의 수평거리	장애물의 하단과 헤드의 반사판 사이의 수직거리
0.3m 미만	0mm	1.1m 이상~1.2m 미만	300mm
0.3m 이상~0.5m 미만	40mm	1.2m 이상~1.4m 미만	380mm
0.5m 이상~0.7m 미만	75mm	1.4m 이상~1.5m 미만	460mm
0.7m 이상~0.8m 미만	140mm	1.5m 이상~1.7m 미만	560mm
0.8m 이상~0.9m 미만	200mm	1.7m 이상~1.8m 미만	660mm
1.0m 이상~1.1m 미만	250mm	1.8m 이상	790mm

[별표 2]

저장물 위에 장애물이 있는 경우의 헤드설치 기준(제10조제8호관련)

장애물의 류(폭)		조 건
돌출 장애물	0.6m 이하	1. 별표 1 또는 별도 2에 적합하거나 2. 장애물의 끝부근에서 헤드 반사판까지의 수평거리가 0.3m 이하로 설치할 것
	0.6m 초과	별표 1 또는 별도 3에 적합할 것
연속 장애물	5cm 이하	1. 별표 1 또는 별도 3에 적합하거나 2. 장애물이 헤드 반사판 아래 0.6m 이하로 설치된 경우는 허용한다.
	5cm 초과~0.3m 이하	1. 별표 1 또는 별도 3에 적합하거나 2. 장애물의 끝부근에서 헤드 반사판까지의 수평거리가 0.3m 이하로 설치할 것
	0.3m 초과~0.6m 이하	1. 별표 1 또는 별도 3에 적합하거나 2. 장애물이 끝부근에서 헤드 반사판까지의 수평거리가 0.6m 이하로 설치할 것
	0.6m 초과	1. 별표 1 또는 별도 3에 적합하거나 2. 장애물이 평편하고 견고하며 수평적인 경우에 는 저장물의 최상단과 헤드반사판의 간격이 0.9m 이하로 설치할 것 3. 장애물이 평편하지 않거나 비연속적인 경우에 는 저장물 아래에 평편한 판을 설치한 후 헤드를 설치할 것

[별표 3]

화재조기진압용 스프링클러헤드의 최소방사압력(MPa)(제5조제1항 관련)

최대층고	최대저장높이	화재조기진압용 스프링클러헤드				
		K = 360 하향식	K = 320 하향식	K = 240 하향식	K= 240 상향식	K = 200 하향식
13.7m	12.2m	0.28	0.28	—	—	—
13.7m	10.7m	0.28	0.28	—	—	—
12.2m	10.7m	0.17	0.28	0.36	0.36	0.52
10.7m	9.1m	0.14	0.24	0.36	0.36	0.52
9.1m	7.6m	0.10	0.17	0.24	0.24	0.34

[별도 1]

보 또는 기타 장애물 위에 헤드가 설치된 경우의 반사판 위치
(별도 3 또는 별표 1을 함께 사용할 것)

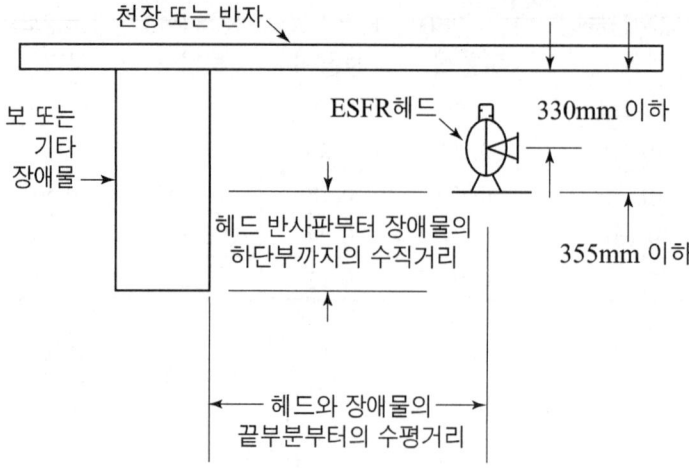

[별도 2]

장애물이 헤드 아래에 연속적으로 설치된 경우의 반사판 위치
(별도 3 또는 별표 1을 함께 사용할 것)

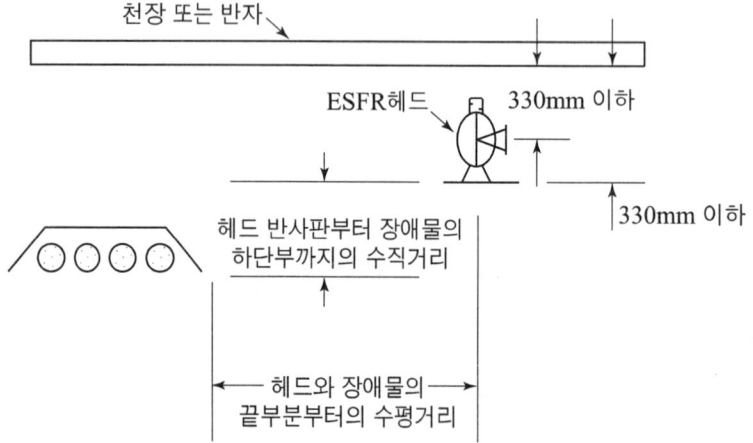

[별도 3]

장애물 아래에 설치되는 헤드 반사판의 위치

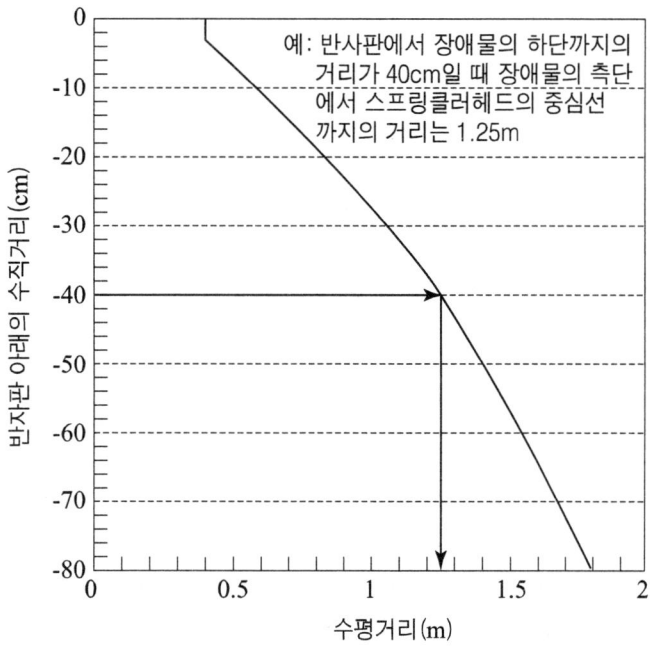

물분무소화설비의 화재안전기준(NFSC 104)

[시행 2021. 7. 22.] [소방청고시 제2021-26호, 2021. 7. 22., 일부개정]

제 3 조(정의) 이 기준에서 사용하는 용어의 정의는 다음과 같다. 〈개정 2012.8.20〉
1. "물분무헤드"란 화재 시 직선류 또는 나선류의 물을 충돌·확산시켜 미립상태로 분무함으로서 소화하는 헤드를 말한다.

제 4 조(수원) ①물분무소화설비의 수원은 그 저수량이 다음 각 호의 기준에 적합하도록 하여야 한다. 〈개정 2012.8.20〉
1. 「소방기본법 시행령」 별표 2의 특수가연물을 저장 또는 취급하는 특정소방대상물 또는 그 부분에 있어서 그 바닥면적(최대 방수구역의 바닥면적을 기준으로 하며, 50m^2 이하인 경우에는 50m^2) 1m^{2}에 대하여 10l/min로 20분간 방수할 수 있는 양 이상으로 할 것〈개정 2008.12.15〉
2. 차고 또는 주차장은 그 바닥면적(최대 방수구역의 바닥면적을 기준으로 하며, 50m^2 이하인 경우에는 50m^2) 1m^{2}에 대하여 20l/min로 20분간 방수할 수 있는 양 이상으로 할 것〈개정 2008.12.15〉
3. 절연유 봉입 변압기는 바닥부분을 제외한 표면적을 합한 면적 1m^{2}에 대하여 10l/min로 20분간 방수할 수 있는 양 이상으로 할 것
4. 케이블트레이, 케이블덕트 등은 투영된 바닥면적 1m^{2}에 대하여 12l/min로 20분간 방수할 수 있는 양 이상으로 할 것
5. 콘베이어 벨트 등은 벨트부분의 바닥면적 1m^{2}에 대하여 10l/min로 20분간 방수할 수 있는 양 이상으로 할 것

> **암기방법** 기본10. 차주20, 케12, 모두 20분, 특차주 최소 50 ★★★★★
> (계산문제 자주 출제)(아주 중요)

②물분무소화설비의 수원을 수조로 설치하는 경우에는 소방설비의 전용수조로 하여야 한다. 다만, 다음 각 호의 어느 하나에 해당하는 경우에는 그러하지 아니하다. 〈개정 2012.8.20〉
1. 물분무소화설비 펌프의 후드밸브 또는 흡수배관의 흡수구(수직회전축펌프

의 흡수구를 포함한다. 이하 같다)를 다른 설비(소방용 설비 외의 것을 말한다. 이하 같다)의 후드밸브 또는 흡수구보다 낮은 위치에 설치한 때
2. 제5조제2항에 따른 고가수조로부터 물분무소화설비의 수직배관에 물을 공급하는 급수구를 다른 설비의 급수구보다 낮은 위치에 설치한 때

③제1항에 따른 저수량을 산정함에 있어서 다른 설비와 겸용하여 물분무소화설비용 수조를 설치하는 경우에는 물분무소화설비의 후드밸브·흡수구 또는 수직배관의 급수구와 다른 설비의 후드밸브·흡수구 또는 수직배관의 급수구와의 사이의 수량을 그 유효수량으로 한다. 〈개정 2012.8.20〉

④물분무소화설비용 수조는 다음 각 호의 기준에 따라 설치하여야 한다. 〈개정 2012.8.20〉
1. 점검에 편리한 곳에 설치할 것
2. 동결방지조치를 하거나 동결의 우려가 없는 장소에 설치할 것
3. 수조의 외측에 수위계를 설치할 것. 다만, 구조상 불가피한 경우에는 수조의 맨홀 등을 통하여 수조 안의 물의 양을 쉽게 확인할 수 있도록 하여야 한다.
4. 수조의 상단이 바닥보다 높은 때에는 수조의 외측에 고정식 사다리를 설치할 것
5. 수조가 실내에 설치된 때에는 그 실내에 조명설비를 설치할 것
6. 수조의 밑부분에는 청소용 배수밸브 또는 배수관을 설치할 것
7. 수조의 외측의 보기 쉬운 곳에 "물분무소화설비용 수조"라고 표시한 표지를 할 것. 이 경우 그 수조를 다른 설비와 겸용하는 때에는 그 겸용되는 설비의 이름을 표시한 표지를 함께 하여야 한다.
8. 물분무소화설비의 흡수배관 또는 물분무소화설비의 수직배관과 수조의 접속 부분에는 "물분무소화설비용 배관"이라고 표시한 표지를 할 것. 다만, 수조와 가까운 장소에 물분무소화설비펌프가 설치되고 물분무소화설비에 제5조제1항제13호에 따른 표지를 설치한 때에는 그러하지 아니하다.

제 5 조(가압송수장치) ①전동기 또는 내연기관에 따른 펌프를 이용하는 가압송수장치는 다음 각 호의 기준에 따라 설치하여야 한다. 〈개정 2012.8.20〉
1. 점검에 편리하고 화재 등의 재해로 인한 피해를 받을 우려가 없는 곳에 설치할 것
2. 펌프의 1분당 토출량은 다음 각 목의 기준에 따라 설치할 것
  가. 「소방기본법 시행령」 별표 2의 특수가연물을 저장·취급하는 특정소방대상물 또는 그 부분은 그 바닥면적(최대 방수구역의 바닥면적을 기준

으로 하며, 50m² 이하인 경우에는 50m²) 1m²에 대하여 10l를 곱한 양 이상이 되도록 할 것〈개정 2008.12.15〉

나. 차고 또는 주차장은 그 바닥면적(최대 방수구역의 바닥면적을 기준으로 하며, 50m² 이하인 경우에는 50m²) 1m²에 대하여 20l를 곱한 양 이상이 되도록 할 것〈개정 2008.12.15〉

다. 절연유 봉입 변압기는 바닥면적을 제외한 표면적을 합한 면적 1m²당 10l를 곱한 양 이상이 되도록 할 것

라. 케이블트레이, 케이블덕트 등은 투영된 바닥면적 1m²당 12l를 곱한 양 이상이 되도록 할 것

마. 콘베이어 벨트 등은 벨트부분의 바닥면적 1m²당 10l를 곱한 양 이상이 되도록 할 것

3. 펌프의 양정은 다음의 식에 따라 산출한 수치 이상이 되도록 할 것

$H = h_1 + h_2$

H : 펌프의 양정(m)

h_1 : 물분무헤드의 설계압력 환산수두(m)

h_2 : 배관의 마찰손실 수두(m)

4. 동결방지조치를 하거나 동결의 우려가 없는 장소에 설치할 것

5. 펌프는 전용으로 할 것. 다만, 다른 소화설비와 겸용하는 경우 각각의 소화설비의 성능에 지장이 없을 때에는 그러하지 아니하다.

6. 펌프의 토출측에는 압력계를 체크밸브이전에 펌프토출측 플랜지에서 가까운 곳에 설치하고, 흡입측에는 연성계 또는 진공계를 설치할 것. 다만, 수원의 수위가 펌프의 위치보다 높거나 수직회전축 펌프의 경우에는 연성계 또는 진공계를 설치하지 아니할 수 있다.

7. 가압송수장치에는 정격부하운전 시 펌프의 성능을 시험하기 위한 배관을 설치할 것. 다만, 충압펌프의 경우에는 그러하지 아니하다.

8. 가압송수장치에는 체절운전 시 수온의 상승을 방지하기 위한 순환배관을 설치할 것. 다만, 충압펌프의 경우에는 그러하지 아니하다.

9. 기동용수압개폐장치(압력챔버)를 사용할 경우 그 용적은 100l이상의 것으로 할 것

10. 수원의 수위가 펌프보다 낮은 위치에 있는 가압송수장치에는 다음 각 목의 기준에 따른 물올림장치를 설치할 것

가. 물올림장치에는 전용의 수조를 설치할 것

나. 수조의 유효수량은 100l 이상으로 하되, 구경 15mm 이상의 급수배관에

따라 해당수조에 물이 계속 보급되도록 할 것
11. 기동용수압개폐장치를 기동장치로 사용할 경우에는 다음의 각 목의 기준에 따른 충압펌프를 설치할 것
    가. 펌프의 토출압력은 그 설비의 최고위 물분무헤드의 자연압 보다 적어도 0.2MPa이 더 크도록 하거나 가압송수장치의 정격토출압력과 같게 할 것〈개정 2008.12.15〉
    나. 펌프의 정격토출량은 정상적인 누설량 보다 적어서는 아니 되며, 물분무소화설비가 자동적으로 작동할 수 있도록 충분한 토출량을 유지할 것
12. 내연기관을 사용하는 경우에는 제어반에 따라 내연기관의 자동기동 및 수동기동이 가능하고, 상시 충전되어 있는 축전지설비를 갖출 것
13. 가압송수장치에는 "물분무소화설비펌프"라고 표시한 표지를 할 것. 이 경우 그 가압송수장치를 다른 설비와 겸용하는 때에는 그 겸용되는 설비의 이름을 표시한 표지를 함께 하여야 한다.
14. 가압송수장치가 기동이 된 경우에는 자동으로 정지되지 아니하도록 하여야 한다. 다만, 충압펌프의 경우에는 그러하지 아니하다.〈개정 2008.12.15〉
15. 가압송수장치는 부식 등으로 인한 펌프의 고착을 방지할 수 있도록 다음 각 목의 기준에 적합한 것으로 할 것. 다만, 충압펌프는 제외한다.〈신설 2021. 7. 22.〉
    가. 임펠러는 청동 또는 스테인리스 등 부식에 강한 재질을 사용할 것
    나. 펌프축은 스테인리스 등 부식에 강한 재질을 사용할 것

②고가수조의 자연낙차를 이용한 가압송수장치는 다음 각 호의 기준에 따라 설치하여야 한다.〈개정 2012.8.20〉

1. 고가수조의 자연낙차수두(수조의 하단으로부터 최고층에 설치된 물분무헤드까지의 수직거리를 말한다)는 다음의 식에 따라 산출한 수치 이상이 되도록 할 것

    $H = h_1 + h_2$

    H : 필요한 낙차(m)
    h_1 : 물분무헤드의 설계압력 환산수두(m)
    h_2 : 배관의 마찰손실 수두(m)

2. 고가수조에는 수위계·배수관·급수관·오버플로우관 및 맨홀을 설치할 것

③압력수조를 이용한 가압송수장치는 다음 각 호의 기준에 따라 설치하여야 한다.〈개정 2012.8.20〉

1. 압력수조의 압력은 다음의 식에 따라 산출한 수치 이상이 되도록 할 것

$$P = p_1 + p_2 + p_3$$

P : 필요한 압력(MPa)

p_1 : 물분무헤드의 설계압력(MPa)

p_2 : 배관의 마찰손실 수두압(MPa)

p_3 : 낙차의 환산 수두압(MPa)

2. 압력수조에는 수위계·급수관·배수관·급기관·맨홀·압력계·안전장치 및 압력저하방지를 위한 자동식 공기압축기를 설치할 것

④ 가압수조를 이용한 가압송수장치는 다음 각 호의 기준에 따라 설치하여야 한다. 〈신설 2008.12.15, 2012.8.20〉

1. 가압수조의 압력은 제1항제10호에 따른 방수량 및 방수압이 20분 이상 유지되도록 할 것
2. 삭 제 〈2015.1.23.〉
3. 가압수조 및 가압원은 「건축법 시행령」제46조에 따른 방화구획 된 장소에 설치할 것
4. 삭 제 〈2015.1.23.〉
5. 소방청장이 정하여 고시한 「가압수조식 가압송수장치의 성능인증 및 제품검사의 기술기준」에 적합한 것으로 설치할 것 〈개정 2012. 8. 20., 2015. 1. 23., 2017. 7. 26.〉

제 6 조(배관 등) ① 배관은 배관용탄소강관(KS D 3507) 또는 배관 내 사용압력이 1.2MPa 이상일 경우에는 압력배관용탄소강관(KS D 3562) 또는 이음매 없는 동 및 동합금(KS D5301)의 배관용동관이나 이와 동등 이상의 강도·내식성 및 내열성을 가진 것으로 하여야 한다. 다만, 다음 각 호의 어느 하나에 해당하는 장소에는 법 제39조에 따라 제품검사에 합격한 소방용 합성수지배관으로 설치할 수 있다. 〈개정 2008.12.15, 2012.8.20〉

1. 배관을 지하에 매설하는 경우
2. 다른 부분과 내화구조로 구획된 덕트 또는 피트의 내부에 설치하는 경우
3. 천장(상층이 있는 경우에는 상층바닥의 하단을 포함한다. 이하 같다)과 반자를 불연재료 또는 준불연재료로 설치하고 그 내부에 습식으로 배관을 설치하는 경우

② 급수배관은 전용으로 하여야 한다. 다만, 물분무소화설비의 기동장치의 조작과 동시에 다른 설비의 용도에 사용하는 배관의 송수를 차단할 수 있거나, 물분무소화설비의 성능에 지장이 없는 경우에는 다른 설비와 겸용할 수 있다.

③펌프의 흡입측배관은 다음 각 호의 기준에 따라 설치하여야 한다. 〈개정 2012.8.20〉
1. 공기고임이 생기지 아니하는 구조로 하고 여과장치를 설치할 것
2. 수조가 펌프보다 낮게 설치된 경우에는 각 펌프(충압펌프를 포함한다)마다 수조로부터 별도로 설치할 것

④연결송수관설비의 배관과 겸용할 경우의 주배관은 구경 100mm 이상, 방수구로 연결되는 배관의 구경은 65mm 이상의 것으로 하여야 한다.

⑥펌프의 성능은 체절운전 시 정격토출압력의 140%를 초과하지 아니하고, 정격토출량의 150%로 운전 시 정격토출압력의 65% 이상이 되어야 하며, 펌프의 성능시험배관은 다음 각 호의 기준에 적합하여야 한다. 〈개정 2012.8.20〉
1. 성능시험배관은 펌프의 토출측에 설치된 개폐밸브 이전에서 분기하여 설치하고, 유량측정장치를 기준으로 전단 직관부에 개폐밸브를 후단 직관부에는 유량조절밸브를 설치할 것
2. 유량측정장치는 성능시험배관의 직관부에 설치하되, 펌프의 정격토출량의 175% 이상 측정할 수 있는 성능이 있을 것

⑦가압송수장치의 체절운전 시 수온의 상승을 방지하기 위하여 체크밸브와 펌프사이에서 분기한 구경 20mm 이상의 배관에 체절압력 미만에서 개방되는 릴리프밸브를 설치하여야 한다.

⑧동결방지조치를 하거나 동결의 우려가 없는 장소에 설치하여야 한다. 다만, 보온재를 사용할 경우에는 난연재료 성능 이상의 것으로 하여야 한다. 〈개정 2015.1.23.〉

⑨급수배관에 설치되어 급수를 차단할 수 있는 개폐밸브는 개폐표시형으로 하여야 한다. 이 경우 펌프의 흡입측배관에는 버터플라이밸브외의 개폐표시형 밸브를 설치하여야 한다.

⑩급수배관에 설치되어 급수를 차단할 수 있는 개폐밸브에는 그 밸브의 개폐상태를 감시제어반에서 확인할 수 있도록 급수개폐밸브 작동표시 스위치를 다음 각 호의 기준에 따라 설치하여야 한다. 〈개정 2012.8.20〉
1. 급수개폐밸브가 잠길 경우 탬퍼스위치의 동작으로 인하여 감시제어반 또는 수신기에 표시 되어야 하며 경보음을 발할 것
2. 탬퍼스위치는 감시제어반에서 동작의 유무확인과 동작시험, 도통시험을 할 수 있을 것
3. 급수개폐밸브의 작동표시 스위치에 사용되는 전기배선은 내화전선 또는 내열전선으로 설치할 것

⑪배관은 다른 설비의 배관과 쉽게 구분이 될 수 있는 위치에 설치하거나 그 배관표면 또는 배관 보온재표면의 색상을 달리하는 방법 등으로 소방용설비의 배관임을 표시하여야 한다 〈개정 2008.12.15〉
⑫분기배관을 사용할 경우에는 법 제39조에 따라 제품검사에 합격한 것으로 설치하여야 한다. 〈개정 2012.8.20〉

제 7 조(송수구) 물분무소화설비에는 소방펌프자동차로부터 그 설비에 송수할 수 있는 송수구를 다음 각 호의 기준에 따라 설치하여야 한다. 〈개정 2012.8.20〉
1. 송수구는 화재층으로부터 지면으로 떨어지는 유리창 등이 송수 및 그 밖의 소화작업에 지장을 주지 아니하는 장소에 설치할 것. 이 경우 가연성가스의 저장·취급시설에 설치하는 송수구는 그 방호대상물로부터 20m 이상의 거리를 두거나 방호대상물에 면하는 부분이 높이 1.5m 이상 폭 2.5m 이상의 철근콘크리트 벽으로 가려진 장소에 설치하여야 한다. 〈개정 2015.1.23.〉
2. 송수구로부터 물분무소화설비의 주배관에 이르는 연결배관에 개폐밸브를 설치한 때에는 그 개폐상태를 쉽게 확인 및 조작할 수 있는 옥외 또는 기계실 등의 장소에 설치할 것
3. 구경 65mm의 쌍구형으로 할 것
4. 송수구에는 그 가까운 곳의 보기 쉬운 곳에 송수압력범위를 표시한 표지를 할 것
5. 송수구는 하나의 층의 바닥면적이 3,000m^2를 넘을 때마다 1개(5개를 넘을 경우에는 5개로 한다) 이상을 설치할 것
6. 지면으로부터 높이가 0.5m 이상 1m 이하의 위치에 설치할 것
7. 송수구의 가까운 부분에 자동배수밸브(또는 직경 5mm의 배수공) 및 체크밸브를 설치할 것. 이 경우 자동배수밸브는 배관안의 물이 잘 빠질 수 있는 위치에 설치하되, 배수로 인하여 다른 물건 또는 장소에 피해를 주지 아니하여야 한다.
8. 송수구에는 이물질을 막기 위한 마개를 씌울 것 〈신설 2008.12.15〉

제 8 조(기동장치) ①물분무소화설비의 수동식기동장치는 다음 각 호의 기준에 따라 설치하여야 한다. 〈개정 2012.8.20〉
1. 직접 조작 또는 원격조작에 따라 각각의 가압송수장치 및 수동식 개방밸브 또는 가압송수장치 및 자동개방밸브를 개방할 수 있도록 설치할 것
2. 기동장치의 가까운 곳의 보기 쉬운 곳에 "기동장치"라고 표시한 표지를 할 것

②자동식 기동장치는 자동화재탐지설비의 감지기의 작동 또는 폐쇄형스프링 클러헤드의 개방과 연동하여 경보를 발하고, 가압송수장치 및 자동개방밸브를 기동할 수 있는 것으로 하여야 한다. 다만, 자동화재탐지설비의 수신기가 설치되어 있는 장소에 상시 사람이 근무하고 있고, 화재 시 물분무소화설비를 즉시 작동시킬 수 있는 경우에는 그러하지 아니하다.

제 9 조(제어밸브 등) ①물분무소화설비의 제어밸브 기타 밸브는 다음 각 호의 기준에 따라 설치하여야 한다. 〈개정 2012.8.20〉
1. 제어밸브는 바닥으로부터 0.8m 이상 1.5m 이하의 위치에 설치할 것
2. 제어밸브의 가까운 곳의 보기 쉬운 곳에 "제어밸브"라고 표시한 표지를 할 것

암기방법 0.8표 중요도 ★★
(제어밸브 용어 사용)

②자동 개방밸브 및 수동식 개방밸브는 다음 각 호의 기준에 따라 설치하여야 한다. 〈개정 2012.8.20〉
1. 자동개방밸브의 기동조작부 및 수동식개방밸브는 화재시 용이하게 접근할 수 있는 곳의 바닥으로부터 0.8m 이상 1.5m 이하의 위치에 설치할 것
2. 자동개방밸브 및 수동식개방밸브의 2차측 배관부분에는 해당 방수구역 외에 밸브의 작동을 시험할 수 있는 장치를 설치할 것. 다만, 방수구역에서 직접 방사시험을 할 수 있는 경우에는 그러하지 아니하다.

제10조(물분무헤드) ①물분무헤드는 표준방사량으로 해당 방호대상물의 화재를 유효하게 소화하는데 필요한 수를 적정한 위치에 설치하여야 한다. 〈개정 2012.8.20〉
②고압의 전기기기가 있는 장소는 전기의 절연을 위하여 전기기기와 물분무헤드 사이에 다음표에 따른 거리를 누어야 한다. 〈개정 2012.8.20〉

전압(kV)	거리(cm)	전압(kV)	거리(cm)
66 이하	70 이상	154 초과 181 이하	180 이상
66 초과 77 이하	80 이상	181 초과 220 이하	210 이상
77 초과 110 이하	110 이상	220 초과 275 이하	260 이상
110 초과 154 이하	150 이상		

암기방법 대부분 전압을 반올림하면 이격거리임 중요도 ★★★
(괄호넣기로 기출문제)

제11조(배수설비) 물분무소화설비를 설치하는 차고 또는 주차장에는 다음 각 호의 기준에 따라 배수설비를 하여야 한다. 〈개정 2012.8.20〉

1. 차량이 주차하는 장소의 적당한 곳에 높이 10cm 이상의 경계턱으로 배수구를 설치할 것
2. 배수구에는 새어나온 기름을 모아 소화할 수 있도록 길이 40m 이하마다 집수관·소화핏트 등 기름분리장치를 설치할 것
3. 차량이 주차하는 바닥은 배수구를 향하여 100분의 2 이상의 기울기를 유지할 것
4. 배수설비는 가압송수장치의 최대송수능력의 수량을 유효하게 배수할 수 있는 크기 및 기울기로 할 것

암기방법 **배기크기, 10. 40. 배2**   중요도 ★★★★

제12조(전원) ①물분무소화설비에는 그 특정소방대상물의 수전방식에 따라 다음 각 호의 기준에 따른 상용전원회로의 배선을 설치하여야 한다. 다만, 가압수조방식으로서 모든 기능이 20분 이상 유효하게 지속될 수 있는 경우에는 그러하지 아니하다. 〈개정 2008.12.15, 2012.8.20〉

1. 저압수전인 경우에는 인입개폐기의 직후에서 분기하여 전용배선으로 하여야 하며, 전용의 전선관에 보호 되도록 할 것
2. 특별고압수전 또는 고압수전일 경우에는 전력용 변압기 2차측의 주차단기 1차측에서 분기하여 전용배선으로 하되, 상용전원의 상시공급에 지장이 없을 경우에는 주차단기 2차측에서 분기하여 전용배선으로 할 것. 다만, 가압송수장치의 정격입력전압이 수전전압과 같은 경우에는 제1호의 기준에 따른다.

②물분무소화설비의 비상전원은 자가발전설비, 축전지설비(내연기관에 따른 펌프를 사용하는 경우에는 내연기관의 기동 및 제어용 축전지를 말한다) 또는 전기저장장치(외부 전기에너지를 저장해 두었다가 필요한 때 전기를 공급하는 장치)로서 다음 각 호의 기준에 따라 설치하여야 한다. 다만, 2 이상의 변전소(「전기사업법」 제67조에 따른 변전소를 말한다. 이하 같다)에서 전력을 동시에 공급받을 수 있거나 하나의 변전소로부터 전력의 공급이 중단되는 때에는 자동으로 다른 변전소로부터 전원을 공급받을 수 있도록 상용전원을 설치한 경우와 가압수조방식에는 비상전원을 설치하지 아니할 수 있다. 〈개정 2008.12.15., 2012.8.20., 2016.7.13.〉

1. 점검에 편리하고 화재 및 침수 등의 재해로 인한 피해를 받을 우려가 없는 곳

에 설치할 것
2. 물분무소화설비를 유효하게 20분 이상 작동할 수 있도록 할 것
3. 상용전원으로부터 전력의 공급이 중단된 때에는 자동으로 비상전원으로부터 전력을 공급받을 수 있도록 할 것
4. 비상전원(내연기관의 기동 및 제어용 축전기를 제외한다)의 설치장소는 다른 장소와 방화구획 할 것. 이 경우 그 장소에는 비상전원의 공급에 필요한 기구나 설비외의 것(열병합발전설비에 필요한 기구나 설비는 제외한다)을 두어서는 아니된다. 〈개정 2008.12.15〉
5. 비상전원을 실내에 설치하는 때에는 그 실내에 비상조명등을 설치할 것

제13조(제어반) ①물분무소화설비에는 제어반을 설치하되, 감시제어반과 동력제어반으로 구분하여 설치하여야 한다. 다만, 다음 각 호의 어느 하나에 해당하는 경우에는 감시제어반과 동력제어반으로 구분하여 설치하지 아니할 수 있다. 〈개정 2012.8.20〉

1. 다음 각 목의 어느 하나에 해당하지 아니하는 특정소방대상물에 설치되는 물분무소화설비
   가. 지하층을 제외한 층수가 7층 이상으로서 연면적이 2,000㎡ 이상인 것
   나. 제1호에 해당하지 아니하는 특정소방대상물로서 지하층의 바닥면적의 합계가 3,000㎡ 이상인 것. 다만, 차고·주차장 또는 보일러실·기계실·전기실 등 이와 유사한 장소의 면적은 제외한다.
2. 내연기관에 따른 가압송수장치를 사용하는 물분무소화설비
3. 고가수조에 따른 가압송수장치를 사용하는 물분무소화설비
4. 가압수조에 따른 가압송수장치를 사용하는 물분무소화설비
〈신설 2008.12.15〉

②감시제어반의 기능은 다음 각 호의 기준에 적합하여야 한다. 다만, 제1항 각 호의 어느 하나에 해당하는 경우에는 제3호 및 제6호의 규정을 적용하지 아니한다. 〈개정 2012.8.20〉

1. 각 펌프의 작동여부를 확인할 수 있는 표시등 및 음향경보기능이 있어야 할 것
2. 각 펌프를 자동 및 수동으로 작동시키거나 중단시킬 수 있어야 한다. 〈개정 2008.12.15〉
3. 비상전원을 설치한 경우에는 상용전원 및 비상전원의 공급여부를 확인할 수 있어야 할 것〈개정 2008.12.15〉

4. 수조 또는 물올림탱크가 저수위로 될 때 표시등 및 음향으로 경보할 것
5. 각 확인회로(기동용수압개폐장치의 압력스위치회로·수조 또는 물올림탱크의 감시회로를 말한다)마다 도통시험 및 작동시험을 할 수 있어야 할 것
6. 예비전원이 확보되고 예비전원의 적합여부를 시험할 수 있어야 할 것

③감시제어반은 다음 각 호의 기준에 따라 설치하여야 한다. 〈개정 2012.8.20〉
1. 화재 및 침수 등의 재해로 인한 피해를 받을 우려가 없는 곳에 설치할 것
2. 감시제어반은 물분무소화설비의 전용으로 할 것. 다만, 물분무소화설비의 제어에 지장이 없는 경우에는 다른 설비와 겸용할 수 있다.
3. 감시제어반은 다음 각 목의 기준에 따른 전용실안에 설치할 것. 다만 제1항 각 호의 어느 하나에 해당하는 경우와 공장, 발전소 등에서 설비를 집중 제어·운전할 목적으로 설치하는 중앙제어실내에 감시제어반을 설치하는 경우에는 그러하지 아니하다.
    가. 다른 부분과 방화구획을 할 것. 이 경우 전용실의 벽에는 기계실 또는 전기실 등의 감시를 위하여 두께 7mm 이상의 망입유리(두께 16.3mm 이상의 접합유리 또는 두께 28mm 이상의 복층유리를 포함한다)로 된 4m² 미만의 붙박이창을 설치할 수 있다.
    나. 피난층 또는 지하 1층에 설치할 것. 다만, 다음의 어느 하나에 해당하는 경우에는 지상 2층에 설치하거나 지하 1층외의 지하층에 설치할 수 있다.
        (1) 「건축법 시행령」 제35조에 따라 특별피난계단이 설치되고 그 계단(부속실을 포함한다)출입구로부터 보행거리 5m이내에 전용실의 출입구가 있는 경우
        (2) 아파트의 관리동(관리동이 없는 경우에는 경비실)에 설치하는 경우
    다. 비상조명등 및 급·배기설비를 설치할 것
    라. 「무선통신보조설비의 화재안전기준(NFSC 505)」 제5조제3항에 따라 유효하게 통신이 가능할 것(영 별표 5의 제5호마목에 따른 무선통신보조설비가 설치된 특정소방대상물에 한한다.) 〈개정 2012. 8. 20., 2021. 3. 25.〉
    마. 바닥면적은 감시제어반의 설치에 필요한 면적 외에 화재 시 소방대원이 그 감시제어반의 조작에 필요한 최소면적 이상으로 할 것
4. 제3호에 따른 전용실에는 특정소방대상물의 기계·기구 또는 시설 등의 제어 및 감시설비외의 것을 두지 아니할 것

④동력제어반은 다음 각 호의 기준에 따라 설치하여야 한다. 〈개정 2012.8.20〉
1. 앞면은 적색으로 하고 "물분무소화설비용 동력제어반"이라고 표시한 표지를 설치할 것

2. 외함은 두께 1.5mm 이상의 강판 또는 이와 동등 이상의 강도 및 내열성능이 있는 것으로 할 것
3. 그 밖의 동력제어반의 설치에 관하여는 제3항제1호 및 제2호의 기준을 준용할 것

제14조 (배선 등) ①물분무소화설비의 배선은 「전기사업법」 제67조에 따른 기술기준에서 정한 것외에 다음 각 호의 기준에 따라 설치하여야 한다. 〈개정 2012.8.20〉

1. 비상전원으로부터 동력제어반 및 가압송수장치에 이르는 전원회로배선은 내화배선으로 할 것. 다만, 자가발전설비와 동력제어반이 동일한 실에 설치된 경우에는 자가발전기로부터 그 제어반에 이르는 전원회로배선은 그러하지 아니하다.
2. 상용전원으로부터 동력제어반에 이르는 배선, 그 밖의 물분무소화설비의 감시·조작 또는 표시등회로의 배선은 내화배선 또는 내열배선으로 할 것. 다만, 감시제어반 또는 동력제어반 안의 감시·조작 또는 표시등회로의 배선은 그러하지 아니하다.

②제1항에 따른 내화배선 및 내열배선에 사용되는 전선 및 설치방법은 「옥내소화전설비의 화재안전기준(NFSC 102)」 별표1의 기준에 따른다. 〈개정 2012.8.20〉

③물분무소화설비의 과전류차단기 및 개폐기에는 "물분무소화설비용"이라고 표시한 표지를 하여야 한다.

④물분무소화설비용 전기배선의 양단 및 접속단자에는 다음 각 호의 기준에 따라 표지하여야 한다. 〈개정 2012.8.20〉

1. 단자에는 "물분무소화설비단자"라고 표시한 표지를 부착할 것
2. 물분무소화설비용 전기배선의 양단에는 다른 배선과 식별이 용이하도록 표시할 것

제15조(물분무헤드의 설치제외) 다음 각 호의 장소에는 물분무헤드를 설치하지 아니할 수 있다. 〈개정 2012.8.20〉

1. 물에 심하게 반응하는 물질 또는 물과 반응하여 위험한 물질을 생성하는 물질을 저장 또는 취급하는 장소
2. 고온의 물질 및 증류범위가 넓어 끓어 넘치는 위험이 있는 물질을 저장 또는 취급하는 장소

3. 운전시에 표면의 온도가 260℃ 이상으로 되는 등 직접 분무를 하는 경우 그 부분에 손상을 입힐 우려가 있는 기계장치 등이 있는 장소

암기방법 **물고온**　　　　　　　　　　　　　　　중요도 ★★★★

미분무소화설비의 화재안전기준
(NFSC 104A)

[시행 2021. 3. 25.] [소방청고시 제2021-16호, 2021. 3. 25., 타법개정]

제 3 조(정의) 이 기준에서 사용하는 용어의 정의는 다음과 같다.
1. "미분무소화설비"란 가압된 물이 헤드 통과 후 미세한 입자로 분무됨으로써 소화성능을 가지는 설비를 말하며, 소화력을 증가시키기 위해 강화액 등을 첨가할 수 있다.
2. "미분무"란 물만을 사용하여 소화하는 방식으로 최소설계압력에서 헤드로부터 방출되는 물입자 중 99%의 누적체적분포가 $400\mu m$ 이하로 분무되고 A,B,C급화재에 적응성을 갖는 것을 말한다.

필수사항 (개념 숙지필요) 중요도 ★★★★★

3. "미분무헤드"란 하나 이상의 오리피스를 가지고 미분무소화설비에 사용되는 헤드를 말한다.
4. "개방형 미분무헤드"란 감열체 없이 방수구가 항상 열려져 있는 헤드를 말한다.
5. "폐쇄형 미분무헤드"란 정상상태에서 방수구를 막고 있는 감열체가 일정온도에서 자동적으로 파괴·용융 또는 이탈됨으로써 방수구가 개방되는 헤드를 말한다.
6. "저압 미분무 소화설비"란 최고사용압력이 1.2MPa 이하인 미분무소화설비를 말한다.
7. "중압 미분무 소화설비"란 사용압력이 1.2MPa을 초과하고 3.5MPa 이하인 미분무소화설비를 말한다.
8. "고압 미분무 소화설비"란 최저사용압력이 3.5MPa을 초과하는 미분무소화설비를 말한다.

암기방법 1.2, 3.5 중요도 ★★★★★

9. "폐쇄형 미분무소화설비"란 배관 내에 항상 물 또는 공기 등이 가압되어 있

다가 화재로 인한 열로 폐쇄형 미분무헤드가 개방되면서 소화수를 방출하는 방식의 미분무소화설비를 말한다.

10. "개방형 미분무소화설비"란 화재감지기의 신호를 받아 가압송수장치를 동작시켜 미분무수를 방출하는 방식의 미분무소화설비를 말한다.
11. "유수검지장치(패들형을 포함한다.)"란 본체내의 유수현상을 자동적으로 검지하여 신호 또는 경보를 발하는 장치를 말한다.
12. "전역방출방식"이란 고정식 미분무소화설비에 배관 및 헤드를 고정 설치하여 구획된 방호구역 전체에 소화수를 방출하는 설비를 말한다.
13. "국소방출방식"이란 고정식 미분무소화설비에 배관 및 헤드를 설치하여 직접 화점에 소화수를 방출하는 설비로서 화재발생 부분에 집중적으로 소화수를 방출하도록 설치하는 방식을 말한다.
14. "호스릴방식"이란 미분무건을 소화수 저장용기 등에 연결하여 사람이 직접 화점에 소화수를 방출하는 소화설비를 말한다.
15. "교차회로방식"이란 하나의 방호구역 내에 2 이상의 화재감지기회로를 설치하고 인접한 2 이상의 화재감지기가 동시에 감지되는 때에는 미분무 소화설비가 작동하여 소화수가 방출되는 방식을 말한다.
16. "가압수조"란 가압원인 압축공기 또는 불연성 고압기체에 의해 소방용수를 가압시키는 수조를 말한다.
17. "개폐표시형밸브"란 밸브의 개폐여부를 외부에서 식별이 가능한 밸브를 말한다.
18. "연소할 우려가 있는 개구부"란 각 방화구획을 관통하는 컨베이어·에스컬레이터 또는 이와 유사한 시설의 주위로서 방화구획을 할 수 없는 부분을 말한다.
19. "설계도서"란 특정소방대상물의 점화원, 연료의 특성과 형태 등에 따라서 발생할 수 있는 화재의 유형이 고려되어 작성된 것을 말한다.

필수사항 (개념 숙지 필요) 중요도 ★★★

제 4 조(설계도서 작성) ① 미분무소화설비의 성능을 확인하기 위하여 하나의 발화원을 가정한 설계도서는 다음 각 호 및 별표 1을 고려하여 작성되어야 하며, 설계도서는 일반설계도서와 특별설계도서로 구분한다.
  1. 점화원의 형태
  2. 초기 점화되는 연료 유형
  3. 화재 위치

4. 문과 창문의 초기상태(열림, 닫힘) 및 시간에 따른 변화상태

5. 공기조화설비, 자연형(문, 창문) 및, 기계형 여부

6. 시공 유형과 내장재 유형

② 일반설계도서는 유사한 특정소방대상물의 화재사례 등을 이용하여 작성하고, 특별설계도서는 일반설계도서에서 발화 장소 등을 변경하여 위험도를 높게 만들어 작성하여야 한다.

③ 제1항 및 제2항에도 불구하고 검증된 기준에서 정하고 있는 것을 사용할 경우에는 적합한 도서로 인정할 수 있다.

> **필수사항** (설계도서 개념도입, 최근내용으로 숙지 필요)   중요도 ★★★★★

제 5 조(설계도서의 검증) ① 소방관서에 허가동의를 받기 전에 법 제42조제1항에 따라 성능시험기관으로 지정받은 기관에서 그 성능을 검증받아야 한다.

② 설계도서의 변경이 필요한 경우 제1항에 의해 재검증을 받아야 한다.

제 6 조(수원) ① 미분무수 소화설비에 사용되는 용수는 「먹는물관리법」 제5조에 적합하고, 저수조 등에 충수할 경우 필터 또는 스트레이너를 통하여야 하며, 사용되는 물에는 입자·용해고체 또는 염분이 없어야 한다.

② 배관의 연결부(용접부 제외) 또는 주배관의 유입측에는 필터 또는 스트레이너를 설치하여야 하고, 사용되는 스트레이너에는 청소구가 있어야 하며, 검사·유지관리 및 보수 시에 배치위치를 변경하지 아니하여야 한다. 다만, 노즐이 막힐 우려가 없는 경우에는 설치하지 아니할 수 있다.

③ 사용되는 필터 또는 스트레이너의 메쉬는 헤드 오리피스 지름의 80% 이하가 되어야 한다.

④ 수원의 양은 다음의 식을 이용하여 계산한 양 이상으로 하여야 한다.

$$Q = N \times D \times T \times S + V$$

Q : 수원의 양(m^3)
N : 방호구역(방수구역)내 헤드의 개수
D : 설계유량(m^3/min)
T : 설계방수시간(min)
S : 안전율(1.2이상)
V : 배관의 총체적(m^3)

> **필수사항** (계산문제에 필수 암기사항, 단위 주의, 13회 기출)   중요도 ★★★★★

⑤ 첨가제의 양은 설계방수시간 내에 충분히 사용될 수 있는 양 이상으로 산정한다. 이 경우 첨가제가 소화약제인 경우 소방청장이 정하여 고시한 「소화약제 형식승인 및 제품검사의 기술기준」에 적합한 것으로 사용하여야 한다. 〈개정 2014. 8. 18., 2015. 1. 23., 2017. 7. 26.〉

제 7 조(수조) ① 수조의 재료는 냉간 압연 스테인리스 강판 및 강대(KS D 3698)의 STS 304 또는 이와 동등 이상의 강도·내식성·내열성이 있는 것으로 하여야 한다.
② 수조를 용접할 경우 용접찌꺼기 등이 남아 있지 아니하여야 하며, 부식의 우려가 없는 용접방식으로 하여야 한다.
③ 미분무 소화설비용 수조는 다음 각 호의 기준에 따라 설치하여야 한다.
1. 전용으로 하며 점검에 편리한 곳에 설치할 것
2. 동결방지조치를 하거나 동결의 우려가 없는 장소에 설치할 것
3. 수조의 외측에 수위계를 설치할 것. 다만, 구조상 불가피한 경우에는 수조의 맨홀 등을 통하여 수조 내 물의 양을 쉽게 확인할 수 있도록 하여야 한다.
4. 수조의 상단이 바닥보다 높은 때에는 수조의 외측에 고정식 사다리를 설치할 것
5. 수조가 실내에 설치된 때에는 그 실내에 조명 설비를 설치할 것
6. 수조의 밑 부분에는 청소용 배수밸브 또는 배수관을 설치할 것
7. 수조 외측의 보기 쉬운 곳에 "미분무설비용 수조"라고 표시한 표지를 할 것
8. 미분무펌프의 흡수배관 또는 수직배관과 수조의 접속부분에는 "미분무설비용 배관"이라고 표시한 표지를 할 것. 다만, 수조와 가까운 장소에 미분무펌프가 설치되고 미분무펌프에 제7호에 따른 표지를 설치한 때에는 그러하지 아니하다.

제 8 조(가압송수장치) ① 전동기 또는 내연기관에 따른 펌프를 이용하는 가압송수장치는 다음 각 호의 기준에 따라 설치하여야 한다.
1. 쉽게 접근할 수 있고 점검하기에 충분한 공간이 있는 장소로서 화재 및 침수 등의 재해로 인한 피해를 받을 우려가 없는 곳에 설치할 것
2. 동결방지조치를 하거나 동결의 우려가 없는 장소에 설치할 것
3. 펌프는 전용으로 할 것
4. 펌프의 토출 측에는 압력계를 체크밸브 이전에 펌프토출 측 가까운 곳에 설치할 것
5. 가압송수장치에는 정격부하 운전시 펌프의 성능을 시험하기 위한 배관을 설

치할 것
6. 가압송수장치의 송수량은 최저설계압력에서 설계유량(L/min) 이상의 방수성능을 가진 기준개수의 모든 헤드로부터의 방수량을 충족시킬 수 있는 양 이상의 것으로 할 것
7. 내연기관을 사용하는 경우에는 제어반에 따라 내연기관의 자동기동 및 수동기동이 가능하고, 상시 충전되어 있는 축전지설비를 갖출 것
8. 가압송수장치에는 "미분무펌프"라고 표시한 표지를 할 것. 다만, 호스릴방식의 경우 "호스릴방식 미분무펌프"라고 표시한 표지를 할 것
9. 가압송수장치가 기동되는 경우에는 자동으로 정지되지 아니하도록 할 것

② 압력수조를 이용하는 가압송수장치는 다음 각 호의 기준에 따라 설치하여야 한다.
1. 압력수조는 배관용 스테인리스 강관(KS D 3676) 또는 이와 동등이상의 강도·내식성, 내열성을 갖는 재료를 사용할 것
2. 용접한 압력수조를 사용할 경우 용접찌꺼기 등이 남아 있지 아니하여야 하며, 부식의 우려가 없는 용접방식으로 하여야 한다.
3. 쉽게 접근할 수 있고 점검하기에 충분한 공간이 있는 장소로서 화재 및 침수 등의 재해로 인한 피해를 받을 우려가 없는 곳에 설치할 것
4. 동결방지조치를 하거나 동결의 우려가 없는 장소에 설치할 것
5. 압력수조는 전용으로 할 것
6. 압력수조에는 수위계·급수관·배수관·급기관·맨홀·압력계·안전장치 및 압력저하방지를 위한 자동식 공기압축기를 설치할 것
7. 압력수조의 토출 측에는 사용압력의 1.5배 범위를 초과하는 압력계를 설치하여야 한다.
8. 작동장치의 구조 및 기능은 다음 각 목의 기준에 적합하여야 한다.
    가. 화재감지기의 신호에 의하여 자동적으로 밸브를 개방하고 소화수를 배관으로 송출할 것
    나. 수동으로 작동할 수 있게 하는 장치를 설치할 경우에는 부주의로 인한 작동을 방지하기 위한 보호 장치를 강구할 것

③ 가압수조를 이용하는 가압송수장치는 다음 각 호의 기준에 따라 설치하여야 한다.
1. 가압수조의 압력은 설계 방수량 및 방수압이 설계방수시간 이상 유지되도록 할 것
2. 삭제 〈2014.8.18〉

3. 가압수조 및 가압원은 「건축법 시행령」제46조에 따른 방화구획 된 장소에 설치할 것
4. 삭제〈2014.8.18〉
5. 가압수조를 이용한 가압송수장치는 소방청장이 정하여 고시한 「가압수조식 가압송수장치의 성능인증 및 제품검사의 기술기준」에 적합한 것으로 설치할 것〈개정 2014. 8. 18., 2015. 1. 23., 2017. 7. 26.〉
6. 가압수조는 전용으로 설치할 것

제 9 조(폐쇄형 미분무소화설비의 방호구역) 폐쇄형 미분무헤드를 사용하는 설비의 방호구역(미분무소화설비의 소화범위에 포함된 영역을 말한다. 이하 같다)은 다음 각 호의 기준에 적합하여야 한다.
1. 하나의 방호구역의 바닥면적은 펌프용량, 배관의 구경 등을 수리학적으로 계산한 결과 헤드의 방수압 및 방수량이 방호구역 범위 내에서 소화목적을 달성할 수 있도록 산정하여야 한다.
2. 하나의 방호구역은 2개 층에 미치지 아니하도록 할 것

제10조(개방형 미분무소화설비의 방수구역) 개방형 미분무 소화설비의 방수구역은 다음 각 호의 기준에 적합하여야 한다.
1. 하나의 방수구역은 2개 층에 미치지 아니 할 것
2. 하나의 방수구역을 담당하는 헤드의 개수는 최대 설계개수 이하로 할 것. 다만, 2개 이상의 방수구역으로 나눌 경우에는 하나의 방수구역을 담당하는 헤드의 개수는 최대설계개수의 1/2 이상으로 할 것
3. 터널, 지하가 등에 설치할 경우 동시에 방수되어야 하는 방수구역은 화재가 발생된 방수구역 및 접한 방수구역으로 할 것〈개정 2021. 1. 15.〉

제11조(배관 등) ① 설비에 사용되는 구성요소는 STS 304 이상의 재료를 사용하여야 한다.
② 배관은 배관용 스테인리스 강관(KS D 3576)이나 이와 동등 이상의 강도·내식성 및 내열성을 가진 것으로 하여야 하고, 용접할 경우 용접찌꺼기 등이 남아 있지 아니하여야 하며, 부식의 우려가 없는 용접방식으로 하여야 한다.
③ 급수배관은 다음 각 호의 기준에 따라 설치하여야 한다.
1. 전용으로 할 것.
2. 급수를 차단할 수 있는 개폐밸브는 개폐표시형으로 할 것.

④ 펌프를 이용하는 가압송수장치에는 펌프의 성능이 체절운전 시 정격토출압력의 140 %를 초과하지 아니하고, 정격토출량의 150 %로 운전 시 정격토출압력의 65 % 이상이 되어야 하며 다음 각 호의 기준에 적합하도록 설치하여야 한다. 다만, 공인된 방법에 의한 별도의 성능을 제시할 경우에는 그러하지 아니하며 그 성능을 별도의 기준에 따라 확인하여야 한다.

1. 성능시험배관은 펌프의 토출 측에 설치된 개폐밸브 이전에서 분기하여 직선으로 설치하고, 유량측정장치를 기준으로 전단 직관부에는 개폐밸브를 후단 직관부에는 유량조절밸브를 설치할 것
2. 유입구에는 개폐밸브를 둘 것
3. 개폐밸브와 유량측정장치 사이의 직관부 거리 및 유량측정장치와 유량조절밸브 사이의 직관부 거리는 해당 유량측정장치 제조사의 설치사양에 따른다. 〈개정 2014.8.18〉
4. 유량측정장치는 펌프의 정격토출량의 175 % 이상까지 측정할 수 있는 성능이 있을 것
5. 삭제〈2014.8.18〉
6. 성능시험배관의 호칭은 유량계 호칭에 따를 것

⑤ 동결방지조치를 하거나 동결의 우려가 없는 장소에 설치하여야 한다. 다만, 보온재를 사용할 경우에는 난연재료 성능 이상의 것으로 하여야 한다. 〈개정 2015.1.23.〉

⑥ 교차배관의 위치·청소구 및 가지배관의 헤드설치는 다음 각 호의 기준에 따른다.

1. 교차배관은 가지배관과 수평으로 설치하거나 또는 가지배관 밑에 설치할 것
2. 청소구는 교차배관 끝에 개폐밸브를 설치하고, 호스접결이 가능한 나사식 또는 고정배수 배관식으로 할 것. 이 경우 나사식의 개폐밸브는 나사보호용의 캡으로 마감할 것

⑦ 미분무설비에는 그 성능을 확인하기 위한 시험장치를 다음 각 호의 기준에 따라 설치하여야 한다. 다만, 개방형헤드를 설치한 경우에는 그러하지 아니하다.

1. 가압장치에서 가장 먼 가지배관의 끝으로부터 연결하여 설치할 것
2. 시험장치 배관의 구경은 가압장치에서 가장 먼 가지배관의 구경과 동일한 구경으로 하고, 그 끝에 개방형헤드를 설치할 것. 이 경우 개방형헤드는 동일 형태의 오리피스만으로 설치할 수 있다.
3. 시험배관의 끝에는 물받이 통 및 배수관을 설치하여 시험 중 방사된 물이 바

닥에 흘러내리지 아니하도록 할 것. 다만, 목욕실·화장실 또는 그 밖의 곳으로서 배수처리가 쉬운 장소에 시험배관을 설치한 경우에는 그러하지 아니하다.

⑧ 배관에 설치되는 행가는 다음 각 호의 기준에 따라 설치하여야 한다.
1. 가지배관에는 헤드의 설치지점 사이마다, 교차배관에는 가지배관과 가지배관 사이마다 1개 이상의 행가를 설치할 것
2. 제1호의 수평주행배관에는 4.5 m 이내마다 1개 이상 설치할 것

⑨ 수직배수배관의 구경은 50 mm 이상으로 하여야 한다. 다만, 수직배관의 구경이 50 mm 미만인 경우에는 수직배관과 동일한 구경으로 할 수 있다.

⑩ 주차장의 미분무 소화설비는 습식외의 방식으로 하여야 한다. 다만, 주차장이 벽 등으로 차단되어 있고 출입구가 자동으로 열리고 닫히는 구조인 것으로서 다음 각 호의 어느 하나에 해당하는 경우에는 그러하지 아니하다.
1. 동절기에 상시 난방이 되는 곳이거나 그 밖에 동결의 염려가 없는 곳
2. 미분무 소화설비의 동결을 방지할 수 있는 구조 또는 장치가 된 것

⑪ 급수배관에 설치되어 급수를 차단할 수 있는 개폐밸브에는 그 밸브의 개폐상태를 감시제어반에서 확인할 수 있도록 급수개폐밸브 작동표시 스위치를 다음 각 호의 기준에 따라 설치하여야 한다.
1. 급수개폐밸브가 잠길 경우 탬퍼스위치의 동작으로 인하여 감시제어반 또는 수신기에 표시되어야 하며 경보음을 발할 것
2. 탬퍼스위치는 감시제어반 또는 수신기에서 동작의 유무확인과 동작시험, 도통시험을 할 수 있을 것
3. 급수개폐밸브의 작동표시 스위치에 사용되는 전기배선은 내화전선 및 내열전선으로 설치할 것

⑫ 미분무설비 배관의 배수를 위한 기울기는 다음 각 호의 기준에 따른다.
1. 폐쇄형 미분무 소화설비의 배관을 수평으로 할 것. 다만, 배관의 구조상 소화수가 남아 있는 곳에는 배수밸브를 설치하여야 한다.
2. 개방형 미분무 소화설비에는 헤드를 향하여 상향으로 수평주행배관의 기울기를 500분의 1 이상, 가지배관의 기울기를 250분의 1 이상으로 할 것. 다만, 배관의 구조상 기울기를 줄 수 없는 경우에는 배수를 원활하게 할 수 있도록 배수밸브를 설치하여야 한다.

⑬ 배관은 다른 설비의 배관과 쉽게 구분이 될 수 있는 위치에 설치하거나, 그 배관표면 또는 배관 보온재표면의 색상은 「한국산업표준(배관계의 식별 표시, KS A 0503)」 또는 적색으로 식별이 가능하도록 소방용설비의 배관임을 표시하

여야 한다. 〈개정 2014.8.18〉

⑭ 호스릴방식의 설치는 다음 각 호에 따라 설치하여야 한다.
1. 방호대상물의 각 부분으로부터 하나의 호스 접결구까지의 수평거리가 25 m 이하가 되도록 할 것
2. 소화약제 저장용기의 개방밸브는 호스의 설치 장소에서 수동으로 개폐할 수 있는 것으로 할 것
3. 소화약제 저장용기의 가장 가까운 곳의 보기 쉬운 곳에 표시등을 설치하고 호스릴 미분무 소화설비가 있다는 뜻을 표시한 표지를 할 것
4. 그 밖의 사항은 「옥내소화전설비의 화재안전기준」 제7조(함 및 방수구 등)에 적합할 것

제12조(음향장치 및 기동장치) ① 미분무 소화설비의 음향장치 및 기동장치는 다음 각호의 기준에 따라 설치하여야 한다.
1. 폐쇄형 미분무헤드가 개방되면 화재신호를 발신하고 그에 따라 음향장치가 경보되도록 할 것
2. 개방형 미분무설비는 화재감지기의 감지에 따라 음향장치가 경보되도록 할 것. 이 경우 화재감지기 회로를 교차회로방식으로 하는 때에는 하나의 화재감지기 회로가 화재를 감지하는 때에도 음향장치가 경보되도록 하여야 한다.
3. 음향장치는 방호구역 또는 방수구역마다 설치하되 그 구역의 각 부분으로부터 하나의 음향장치까지의 수평거리는 25m 이하가 되도록 할 것
4. 음향장치는 경종 또는 사이렌(전자식 사이렌을 포함한다)으로 하되, 주위의 소음 및 다른 용도의 경보와 구별이 가능한 음색으로 할 것. 이 경우 경종 또는 사이렌은 자동화재탐지설비ㆍ비상벨설비 또는 자동식사이렌설비의 음향장치와 겸용할 수 있다.
5. 주음향장치는 수신기의 내부 또는 그 직근에 설치할 것
6. 5층(지하층을 제외한다) 이상의 소방대상물 또는 그 부분에 있어서는 2층 이상의 층에서 발화한 때에는 발화층 및 그 직상층에 한하여, 1층에서 발화한 때에는 발화층과 그 직상층 및 지하층에 한하여, 지하층에서 발화한 때에는 발화층ㆍ그 직상층 및 기타의 지하층에 한하여 경보를 발할 수 있도록 할 것

필수사항 (우선경보 대상이 상이함) 중요도 ★★

7. 음향장치는 다음 각 목의 기준에 따른 구조 및 성능의 것으로 할 것

가. 정격전압의 80% 전압에서 음향을 발할 수 있는 것으로 할 것
나. 음량은 부착된 음향장치의 중심으로부터 1 m 떨어진 위치에서 90 dB 이상이 되는 것으로 할 것

8. 화재감지기 회로에는 다음 각 목의 기준에 따른 발신기를 설치할 것. 다만, 자동화재탐지설비의 발신기가 설치된 경우에는 그러하지 아니하다.

   가. 조작이 쉬운 장소에 설치하고, 스위치는 바닥으로부터 0.8 m 이상 1.5 m 이하의 높이에 설치할 것
   나. 소방대상물의 층마다 설치하되, 당해 소방대상물의 각 부분으로부터 하나의 발신기까지의 수평거리가 25 m 이하가 되도록 할 것. 다만, 복도 또는 별도로 구획된 실로서 보행거리가 40 m 이상일 경우에는 추가로 설치하여야 한다.
   다. 발신기의 위치를 표시하는 표시등은 함의 상부에 설치하되, 그 불빛은 부착면으로부터 15° 이상의 범위안에서 부착지점으로부터 10m 이내의 어느 곳에서도 쉽게 식별할 수 있는 적색등으로 할 것

제13조(헤드) ① 미분무헤드는 소방대상물의 천장·반자·천장과 반자사이·덕트·선반 기타 이와 유사한 부분에 설계자의 의도에 적합하도록 설치하여야 한다.
② 하나의 헤드까지의 수평거리 산정은 설계자가 제시하여야 한다.
③ 미분무 설비에 사용되는 헤드는 조기반응형 헤드를 설치하여야 한다.
④ 폐쇄형 미분무헤드는 그 설치장소의 평상시 최고주위온도에 따라 다음 식에 따른 표시온도의 것으로 설치하여야 한다.

$$Ta = 0.9\,Tm - 27.3℃$$

Ta : 최고주위온도
Tm : 헤드의 표시온도

암기방법 9.3.27 중요도 ★★★★★
(처음 기준에 도입된 내용, 전체적으로 숙지 필요, 13회기출)

⑤ 미분무 헤드는 배관, 행거 등으로부터 살수가 방해되지 아니하도록 설치하여야 한다.
⑥ 미분무 헤드는 설계도면과 동일하게 설치하여야 한다.
⑦ 미분무 헤드는 '한국소방산업기술원' 또는 법 제42조제1항의 규정에 따라 성능시험기관으로 지정받은 기관에서 검증받아야 한다.

제14조(전원) 미분무소화설비의 전원은 「스프링클러설비의 화재안전기준」 제12조를 준용한다.

제15조(제어반) ① 미분무 소화설비에는 제어반을 설치하되, 감시제어반과 동력제어반으로 구분하여 설치하여야 한다. 다만, 가압수조에 따른 가압송수장치를 사용하는 미분무 소화설비의 경우와 별도의 시방서를 제시할 경우에는 그러하지 아니할 수 있다.
② 감시제어반의 기능은 다음 각 호의 기준에 적합하여야 한다.
1. 각 펌프의 작동여부를 확인할 수 있는 표시등 및 음향경보기능이 있어야 할 것
2. 각 펌프를 자동 및 수동으로 작동시키거나 작동을 중단시킬 수 있어야 할 것
3. 비상전원을 설치한 경우에는 상용전원 및 비상전원의 공급여부를 확인할 수 있어야 할 것
4. 수조가 저수위로 될 때 표시등 및 음향으로 경보할 것
5. 예비전원이 확보되고 예비전원의 적합여부를 시험할 수 있어야 할 것
③ 감시제어반은 다음 각 호의 기준에 따라 설치하여야 한다.
1. 화재 및 침수 등의 재해로 인한 피해를 받을 우려가 없는 곳에 설치할 것
2. 감시제어반은 미분무 소화설비의 전용으로 할 것
3. 감시제어반은 다음 각 목의 기준에 따른 전용실안에 설치할 것
   가. 다른 부분과 방화구획을 할 것. 이 경우 전용실의 벽에는 기계실 또는 전기실 등의 감시를 위하여 두께 7mm 이상의 망입유리(두께 16.3mm 이상의 접합유리 또는 두께 28mm 이상의 복층유리를 포함한다)로 된 4m² 미만의 붙박이창을 설치할 수 있다.
   나. 피난층 또는 지하 1층에 설치할 것
   다. 무선통신보조설비의 화재안전기준(NFSC 505) 제6조의 규정에 따른 무선기기 접속단자(영 별표 5의 제5호마목에 따른 무선통신보조설비가 설치된 특정소방대상물에 한한다)를 설치할 것〈개정 2014.8.18.〉
   라. 바닥면적은 감시제어반의 설치에 필요한 면적 외에 화재시 소방대원이 그 감시제어반의 조작에 필요한 최소면적 이상으로 할 것
4. 제3호에 따른 전용실에는 소방대상물의 기계·기구 또는 시설 등의 제어 및 감시설비외의 것을 두지 아니할 것
5. 다음의 각 확인회로마다 도통시험 및 작동시험을 할 수 있도록 할 것
   가. 수조의 저수위감시회로

나. 개방식 미분무 소화설비의 화재감지기회로
　　　다. 개폐밸브의 폐쇄상태 확인회로
　　　라. 그 밖의 이와 비슷한 회로
　6. 감시제어반과 자동화재탐지설비의 수신기를 별도의 장소에 설치하는 경우에는 이들 상호간에 동시 통화가 가능하도록 할 것
④ 동력제어반은 다음 각 호의 기준에 따라 설치하여야 한다.
1. 앞면은 적색으로 하고 "미분무 소화설비용 동력제어반"이라고 표시한 표지를 설치할 것
2. 외함은 두께 1.5 mm 이상의 강판 또는 이와 동등 이상의 강도 및 내열성능이 있는 것으로 할 것
3. 그 밖의 동력제어반의 설치에 관하여는 제3항제1호 및 제2호의 기준을 준용할 것
⑤ 발전기 제어반은 「스프링클러설비의 화재안전기준」 제13조를 준용한다.

제16조(배선 등) ① 미분무 소화설비의 배선은 「전기사업법」 제67조에 따른 기술기준에서 정한 것 외에 다음 각 호의 기준에 따라 설치하여야 한다.
1. 비상전원으로부터 동력제어반 및 가압송수장치에 이르는 전원회로배선은 내화배선으로 할 것. 다만, 자가발전설비와 동력제어반이 동일한 실에 설치된 경우에는 자가발전기로부터 그 제어반에 이르는 전원회로배선은 그러하지 아니하다.
2. 상용전원으로부터 동력제어반에 이르는 배선, 그 밖의 미분무 소화설비의 감시·조작 또는 표시등회로의 배선은 내화배선 또는 내열배선으로 할 것. 다만, 감시제어반 또는 동력제어반 안의 감시·조작 또는 표시등회로의 배선은 그러하지 아니하다.
② 제1항에 따른 내화배선 및 내열배선에 사용되는 전선 및 설치방법은 「옥내소화전설비의 화재안전기준」의 별표 1의 기준에 따른다.
③ 미분무 소화설비의 과전류차단기 및 개폐기에는 "미분무 소화설비용"이라고 표시한 표지를 하여야 한다.
④ 미분무 소화설비용 전기배선의 양단 및 접속단자에는 다음 각 호의 기준에 따라 표지하여야 한다.
1. 단자에는 "미분무 소화설비단자"라고 표시한 표지를 부착할 것
2. 미분무 소화설비용 전기배선의 양단에는 다른 배선과 식별이 용이하도록 표시할 것

제17조(청소·시험·유지 및 관리 등) ① 미분무 소화설비의 청소·유지 및 관리 등은 건축물의 모든 부분(건축설비를 포함한다.)을 완성한 시점부터 최소 연 1회 이상 실시하여 그 성능 등을 확인하여야 한다.

② 미분무 소화설비의 배관 등의 청소는 배관의 수리계산 시 설계된 최대방출량으로 방출하여 배관 내 이물질이 제거될 수 있는 충분한 시간동안 실시하여야 한다.

③ 미분무 소화설비의 성능시험은 제8조에서 정한 기준에 따라 실시한다.

[별표 1] 설계도서 작성 기준(제4조 관련)

1. 공통사항
설계도서는 건축물에서 발생 가능한 상황을 선정하되, 건축물의 특성에 따라 제2호의 설계도서 유형 중 가목의 일반설계도서와 나목부터 사목까지의 특별설계도서 중 1개 이상을 작성한다.

2. 설계도서 유형
    가. 일반설계도서
        1) 건물용도, 사용자 중심의 일반적인 화재를 가상한다.
        2) 설계도서에는 다음 사항이 필수적으로 명확히 설명되어야 한다.
            가) 건물사용자 특성
            나) 사용자의 수와 장소
            다) 실 크기
            라) 가구와 실내 내용물
            마) 연소 가능한 물질들과 그 특성 및 발화원
            바) 환기조건
            사) 최초 발화물과 발화물의 위치
        3) 설계자가 필요한 경우 기타 설계도서에 필요한 사항을 추가할 수 있다.
    나. 특별설계도서 1
        1) 내부 문들이 개방되어 있는 상황에서 피난로에 화재가 발생하여 급격한 화재 연소가 이루어지는 상황을 가상한다.
        2) 화재시 가능한 피난방법의 수에 중심을 두고 작성한다.
    다. 특별설계도서 2
        1) 사람이 상주하지 않는 실에서 화재가 발생하지만, 잠재적으로 많은 재실자에게 위험이 되는 상황을 가상한다.
        2) 건축물 내의 재실자가 없는 곳에서 화재가 발생하여 많은 재실자가 있는 공간으로 연소 확대되는 상황에 중심을 두고 작성한다.
    라. 특별설계도서 3
        1) 많은 사람들이 있는 실에 인접한 벽이나 덕트 공간 등에서 화재가 발생한 상황을 가상한다.
        2) 화재감지기가 없는 곳이나 자동으로 작동하는 소화설비가 없는 장소에서 화

재가 발생하여 많은 재실자가 있는 곳으로의 연소 확대가 가능한 상황에 중심을 두고 작성한다.

마. 특별설계도서 4

1) 많은 거주자가 있는 아주 인접한 장소 중 소방시설의 작동범위에 들어가지 않는 장소에서 아주 천천히 성장하는 화재를 가상한다.
2) 작은 화재에서 시작하지만 큰 대형화재를 일으킬 수 있는 화재에 중심을 두고 작성한다.

바. 특별설계도서 5

1) 건축물의 일반적인 사용 특성과 관련, 화재하중이 가장 큰 장소에서 발생한 아주 심각한 화재를 가상한다.
2) 재실자가 있는 공간에서 급격하게 연소 확대되는 화재를 중심으로 작성한다.

사. 특별설계도서 6

1) 외부에서 발생하여 본 건물로 화재가 확대되는 경우를 가상한다.
2) 본 건물에서 떨어진 장소에서 화재가 발생하여 본 건물로 화재가 확대되거나 피난로를 막거나 거주가 불가능한 조건을 만드는 화재에 중심을 두고 작성한다.

필수사항 (설계도서 개념 처음으로 도입됨) 중요도 ★★★
(주지 및 암기 필요, 성능설계개념)

08 포소화설비의 화재안전기준(NFSC 105)

[시행 2021. 12. 16.] [소방청고시 제2021-48호, 2021. 12. 16., 일부개정]

제 3 조(정의) 이 기준에서 사용하는 용어의 정의는 다음과 같다. 〈개정 2012.8.20〉

1. "고가수조"란 구조물 또는 지형지물 등에 설치하여 자연낙차 압력으로 급수하는 수조를 말한다. 〈개정 2012.8.20〉
2. "압력수조"란 소화용수와 공기를 채우고 일정압력 이상으로 가압하여 그 압력으로 급수하는 수조를 말한다. 〈개정 2012.8.20〉
3. "충압펌프"란 배관내 압력손실에 따른 주펌프의 빈번한 기동을 방지하기 위하여 충압역할을 하는 펌프를 말한다. 〈개정 2012.8.20〉
4. "연성계"란 대기압 이상의 압력과 대기압 이하의 압력을 측정할 수 있는 계측기를 말한다. 〈개정 2012.8.20〉
5. "진공계"란 대기압 이하의 압력을 측정하는 계측기를 말한다. 〈개정 2012.8.20〉
6. "정격토출량"이란 정격토출압력에서의 펌프의 토출량을 말한다. 〈개정 2012.8.20〉
7. "정격토출압력"이란 정격토출량에서의 펌프의 토출측 압력을 말한다. 〈개정 2012.8.20.〉
8. "전역방출방식"이란 고정식 포 발생장치로 구성되어 포 수용액이 방호대상물 주위가 막혀진 공간이나 밀폐 공간 속으로 방출되도록 된 설비방식을 말한다.
9. "국소방출방식"이란 고정된 포 발생장치로 구성되어 화점이나 연소 유출물 위에 직접 포를 방출하도록 설치된 설비방식을 말한다.
10. "팽창비"란 최종 발생한 포 체적을 원래 포 수용액 체적으로 나눈 값을 말한다.

필수사항 (개념 숙지 필요)　　　　　　　　　　중요도 ★★★

11. "개폐표시형밸브"란 밸브의 개폐여부를 외부에서 식별이 가능한 밸브를 말한다. 〈개정 2012.8.20〉
12. "기동용수압개폐장치"란 소화설비의 배관내 압력변동을 검지하여 자동적

으로 펌프를 기동 및 정지시키는 것으로서 압력챔버 또는 기동용압력스위치 등을 말한다. 〈개정 2012.8.20〉
13. "포워터스프링클러설비"란 포워터스프링클러헤드를 사용하는 포소화설비를 말한다.
14. "포헤드설비"란 포헤드를 사용하는 포소화설비를 말한다.
15. "고정포방출설비"란 고정포방출구를 사용하는 설비를 말한다.
16. "호스릴포소화설비"란 호스릴포방수구·호스릴 및 이동식 포노즐을 사용하는 설비를 말한다.
17. "포소화전설비"란 포소화전방수구·호스 및 이동식포노즐을 사용하는 설비를 말한다.
18. "송액관"이란 수원으로부터 포헤드·고정포방출구 또는 이동식포노즐에 급수하는 배관을 말한다.
19. "급수배관"이란 수원 및 옥외송수구로부터 포소화설비의 헤드 또는 방출구에 급수하는 배관을 말한다.
20. "펌프 푸로포셔너방식"이란 펌프의 토출관과 흡입관 사이의 배관도중에 설치한 흡입기에 펌프에서 토출된 물의 일부를 보내고, 농도 조정밸브에서 조정된 포 소화약제의 필요량을 포 소화약제 탱크에서 펌프 흡입측으로 보내어 이를 혼합하는 방식을 말한다.
21. "프레져 푸로포셔너방식"이란 펌프와 발포기의 중간에 설치된 벤추리관의 벤추리작용과 펌프 가압수의 포 소화약제 저장탱크에 대한 압력에 따라 포 소화약제를 흡입·혼합하는 방식을 말한다.
22. "라인 푸로포셔너방식"이란 펌프와 발포기의 중간에 설치된 벤추리관의 벤추리작용에 따라 포 소화약제를 흡입·혼합하는 방식을 말한다.
23. "프레져사이드 푸로포셔너방식"이란 펌프의 토출관에 압입기를 설치하여 포 소화약제 압입용펌프로 포 소화약제를 압입시켜 혼합하는 방식을 말한다.
24. "가압수조"란 가압원인 압축공기 또는 불연성 고압기체에 따라 소방용수를 가압시키는 수조를 말한다. 〈신설 2008.12.15, 개정 2012.8.20.〉
25. "압축공기포소화설비"란 압축공기 또는 압축질소를 일정비율로 포수용액에 강제 주입 혼합하는 방식을 말한다. 〈신설 2015.10.28.〉

필수사항 (아주 중요)(프로포셔너 종류 및 개념 암기 필요)　　중요도 ★★★★★

제 4 조(종류 및 적응성) 특정소방대상물에 따라 적응하는 포소화설비는 다음 각 호와

같다. 〈개정 2012.8.20〉
1. 「소방기본법 시행령」별표 2의 특수가연물을 저장·취급하는 공장 또는 창고 : 포워터스프링클러설비·포헤드설비 또는 고정포방출설비,압축공기포소화설비〈개정 2012.8.20.〉〈전문개정 2015.10.28.〉
2. 차고 또는 주차장 : 포워터스프링클러설비·포헤드설비 또는 고정포방출설비, 압축공기포소화설비. 다만, 다음 각 목의 어느 하나에 해당하는 차고·주차장의 부분에는 호스릴포소화설비 또는 포소화전설비를 설치할 수 있다.〈개정 2012.8.20〉〈전문개정 2015.10.28.〉
    가. 완전 개방된 옥상주차장 또는 고가 밑의 주차장으로서 주된 벽이 없고 기둥뿐이거나 주위가 위해방지용 철주 등으로 둘러쌓인 부분〈개정 2019. 8. 13.〉
    나. 삭제〈2019. 8. 13.〉
    다. 지상 1층으로서 지붕이 없는 부분〈개정 2019. 8. 13.〉
    라. 삭제〈2019. 8. 13.〉

암기방법 **완 1** 중요도 ★★

3. 항공기격납고 : 포워터스프링클러설비·포헤드설비 또는 고정포방출설비, 압축공기포소화설비. 다만, 바닥면적의 합계가 1,000m2 이상이고 항공기의 격납위치가 한정되어 있는 경우에는 그 한정된 장소외의 부분에 대하여는 호스릴포소화설비를 설치할 수 있다.〈전문개정 2015.10.28.〉
4. 발전기실, 엔진펌프실, 변압기, 전기케이블실, 유압설비, : 바닥면적의 합계가 $300m^2$ 미만의 장소에는 고정식 압축공기포소화설비를 설치할 수 있다. 〈신 설 2015.10.28.〉

암기방법 **포포고, 호소압** 중요도 ★★

(대상물별 적응설비 종류 숙지)

제 5 조(수원) ①포소화설비의 수원은 그 저수량이 특정소방대상물에 따라 다음 각 호의 기준에 적합하도록 하여야 한다. 〈개정 2012.8.20〉
1. 「소방기본법 시행령」별표 2의 특수가연물을 저장·취급하는 공장 또는 창고 : 포워터스프링클러설비 또는 포헤드설비의 경우에는 포워터스프링클러헤드 또는 포헤드(이하 "포헤드"라 한다)가 가장 많이 설치된 층의 포헤드

(바닥면적이 200m²를 초과한 층은 바닥면적 200m² 이내에 설치된 포헤드를 말한다)에서 동시에 표준방사량으로 10분간 방사할 수 있는 양 이상으로, 고정포방출설비의 경우에는 고정포방출구가 가장 많이 설치된 방호구역안의 고정포방출구에서 표준방사량으로 10분간 방사할 수 있는 양 이상으로 한다. 이 경우 하나의 공장 또는 창고에 포워터스프링클러설비·포헤드설비 또는 고정포방출설비가 함께 설치된 때에는 각 설비별로 산출된 저수량중 최대의 것을 그 특정소방대상물에 설치하여야 할 수원의양으로 한다.

필수사항 (계산문제 필수사항, 200 한도, 10분) 중요도 ★★★

2. 차고 또는 주차장 : 호스릴포소화설비 또는 포소화전설비의 경우에는 방수구가 가장 많은 층의 설치개수(호스릴포방수구 또는 포소화전방수구가 5개 이상 설치된 경우에는 5개)에 6m³를 곱한 양 이상으로 포워터스프링클러설비·포헤드설비 또는 고정포방출설비의 경우에는 제1호의 기준을 준용한다. 이 경우 하나의 차고 또는 주차장에 호스릴포소화설비·포소화전설비·포워터스프링클러설비·포헤드설비 또는 고정포방출설비가 함께 설치된 때에는 각 설비별로 산출된 저수량중 최대의 것을 그 차고 또는 주차장에 설치하여야 할 수원의 양으로 한다.

필수사항 (특수가연물과 동일, 호소일 경우 : 5개, 6(300×20분)) 중요도 ★★★

3. 항공기격납고 : 포워터스프링클러설비·포헤드설비 또는 고정포방출설비의 경우에는 포헤드 또는 고정포방출구가 가장 많이 설치된 항공기격납고의 포헤드 또는 고정포방출구에서 동시에 표준방사량으로 10분간 방사할 수 있는 양 이상으로 하되, 호스릴포소화설비를 함께 설치한 경우에는 호스릴포방수구가 가장 많이 설치된 격납고의 호스릴방수구수(호스릴포방수구가 5개 이상 설치된 경우에는 5개)에 6m³를 곱한 양을 합한 양 이상으로 하여야 한다.
4. 압축공기포소화설비를 설치하는 경우 방수량은 설계 사양에 따라 방호구역에 최소 10분간 방사할수 있어야 한다. 〈신설 2015.10.28.〉
5. 압축공기포소화설비의 설계방출밀도(L/min·m²)는 설계사양에 따라 정하여야 하며 일반가연물, 탄화수소류는 1.63L/min·m² 이상, 특수가연물, 알코올류와 케톤류는 2.3L/min·m² 이상으로 하여야 한다. 〈신설 2015.10.28.〉

필수사항 (일탄 1.63 , 특알케 2.3) 중요도 ★★★

②포소화설비의 수원을 수조로 설치하는 경우에는 소방설비의 전용수조로 하여야 한다. 다만, 다음 각 호의 어느 하나에 해당하는 경우에는 그러하지 아니하다. 〈개정 2012.8.20〉
1. 포소화설비 펌프의 후드밸브 또는 흡수배관의 흡수구(수직회전축펌프의 흡수구를 포함한다. 이하 같다)를 다른 설비(소방용설비 외의 것을 말한다. 이하 같다)의 후드밸브 또는 흡수구보다 낮은 위치에 설치한 때
2. 제6조제2항에 따라 고가수조로부터 포소화설비의 수직배관에 물을 공급하는 급수구를 다른 설비의 급수구보다 낮은 위치에 설치한 때

③제1항에 따른 저수량을 산정함에 있어서 다른 설비와 겸용하여 포소화설비용 수조를 설치하는 경우에는 포소화설비의 후드밸브·흡수구 또는 수직배관의 급수구와의 다른 설비의 후드밸브·흡수구 또는 수직배관의 급수구와의 사이의 수량을 그 유효수량으로 한다. 〈개정 2012.8.20〉

④포소화설비용 수조는 다음 각 호의 기준에 따라 설치하여야 한다. 〈개정 2012.8.20〉
1. 점검에 편리한 곳에 설치할 것
2. 동결방지조치를 하거나 동결의 우려가 없는 장소에 설치할 것
3. 수조의 외측에 수위계를 설치할 것. 다만, 구조상 불가피한 경우에는 수조의 맨홀 등을 통하여 수조 안의 물의 양을 쉽게 확인할 수 있도록 하여야 한다.
4. 수조의 상단이 바닥보다 높은 때에는 수조의 외측에 고정식 사다리를 설치할 것
5. 수조가 실내에 설치된 때에는 그 실내에 조명설비를 설치할 것
6. 수조의 밑 부분에는 청소용 배수밸브 또는 배수관을 설치할 것
7. 수조의 외측의 보기 쉬운 곳에 "포소화설비용 수조"라고 표시한 표지를 할 것. 이 경우 그 수조를 다른 설비와 겸용하는 때에는 그 겸용되는 설비의 이름을 표시한 표지를 함께 하여야 한다.
8. 포소화설비 펌프의 흡수배관 또는 포소화설비의 수직배관과 수조의 접속부분에는 "포소화설비용 배관"이라고 표시한 표지를 할 것. 다만, 수조와 가까운 장소에 포소화설비 펌프가 설치되고 포소화설비 펌프에 제6조제1항제14호에 따른 표지를 설치한 때에는 그러하지 아니하다.

제 6 조(가압송수장치) ①전동기 또는 내연기관에 따른 펌프를 이용하는 가압송수장치는 다음 각 호의 기준에 따라 설치하여야 한다. 다만, 가압송수장치의 주펌프는 전동기에 따른 펌프를 설치하여야 한다. 〈개정 2012.8.20〉〈단서신설

2015.10.28.〉
1. 쉽게 접근할 수 있고 점검하기에 충분한 공간이 있는 장소로서 화재 및 침수 등의 재해로 인한 피해를 받을 우려가 없는 곳에 설치할 것
2. 동결방지조치를 하거나 동결의 우려가 없는 장소에 설치 하여야 한다. 다만, 보온재를 사용할 경우에는 난연재료 성능이상의 것으로 하여야 한다. 〈단서 신설 2015.10.28.〉
3. 소화약제가 변질될 우려가 없는 곳에 설치할 것
4. 펌프의 토출량은 포헤드·고정포방출구 또는 이동식 포노즐의 설계압력 또는 노즐의 방사압력의 허용범위 안에서 포수용액을 방출 또는 방사할 수 있는 양 이상이 되도록 할 것
5. 펌프는 전용으로 할 것. 다만, 다른 소화설비와 겸용하는 경우 각각의 소화설비의 성능에 지장이 없을 때에는 그러하지 아니하다.
6. 펌프의 양정은 다음의 식에 따라 산출한 수치 이상이 되도록 할 것

$H = h_1 + h_2 + h_3 + h_4$

H : 펌프의 양정(m)

h_1 : 방출구의 설계압력 환산수두 또는 노즐 선단의 방사압력 환산수두(m)

h_2 : 배관의 마찰손실수두(m)

h_3 : 낙차(m)

h_4 : 소방용 호스의 마찰손실수두(m)

7. 펌프의 토출측에는 압력계를 체크밸브 이전에 펌프토출측 플랜지에서 가까운 곳에 설치하고, 흡입측에는 연성계 또는 진공계를 설치할 것. 다만, 수원의 수위가 펌프의 위치보다 높거나 수직 회전축 펌프의 경우에는 연성계 또는 진공계를 설치하지 아니할 수 있다.
8. 가압송수장치에는 정격부하운전 시 펌프의 성능을 시험하기 위한 배관을 설치할 것. 다만, 충압펌프의 경우에는 그러하지 아니하다
9. 가압송수장치에는 체절운전 시 수온의 상승을 방지하기 위한 순환배관을 설치할 것. 다만, 충압펌프의 경우에는 그러하지 아니하다.
10. 기동용수압개폐장치(압력챔버)를 사용할 경우 그 용적은 $100l$ 이상의 것으로 할 것
11. 수원의 수위가 펌프보다 낮은 위치에 있는 가압송수장치에는 다음 각 목의 기준에 따른 물올림장치를 설치할 것

가. 물올림장치에는 전용의 수조를 설치할 것

나. 수조의 유효수량은 $100l$ 이상으로 하되, 구경 15mm 이상의 급수배관에

따라 해당 수조에 물이 계속 보급되도록 할 것
12. 기동용수압개폐장치를 기동장치로 사용하는 경우에는 다음 각 목의 기준에 따른 충압펌프를 설치할 것. 다만, 호스릴포소화설비 또는 포소화전설비를 설치한 경우 소화용 급수펌프로 상시충압이 가능하고 1개의 호스릴포방수구 또는 포소화전방수구를 개방할 때에 급수펌프가 정지되는 시간 없이 지속적으로 작동될 수 있고 다음 가목의 성능을 갖춘 경우에는 충압펌프를 별도로 설치하지 아니할 수 있다.
   가. 펌프의 토출압력은 그 설비의 최고위 일제개방밸브·포소화전 또는 호스릴포방수구의 자연압 보다 적어도 0.2MPa이 더 크도록 하거나 가압송수장치의 정격토출압력과 같게 할 것
   나. 펌프의 정격토출량은 정상적인 누설량 보다 적어서는 아니 되며, 포소화설비가 자동적으로 작동할 수 있도록 충분한 토출량을 유지할 것
13. 내연기관을 사용하는 경우에는 제어반에 따라 내연기관의 자동기동 및 수동기동이 가능하고, 상시 충전되어 있는 축전지설비를 갖출 것
14. 가압송수장치에는 "포소화설비펌프"라고 표시한 표지를 할 것. 이 경우 그 가압송수장치를 다른 설비와 겸용하는 때에는 그 겸용되는 설비의 이름을 표시한 표지를 함께 하여야 한다.
15. 가압송수장치가 기동이 된 경우에는 자동으로 정지되지 아니하도록 하여야 한다. 다만, 충압펌프의 경우에는 그러하지 아니하다. 〈개정 2008.12.15〉
16. 압축공기포소화설비에 설치되는 펌프의 양정은 0.4MPa 이상이 되어야 한다. 다만, 자동으로 급수장치를 설치한 때에는 전용펌프를 설치하지 아니할 수 있다. 〈신설 2015.10.28.〉
17. 가압송수장치는 부식 등으로 인한 펌프의 고착을 방지할 수 있도록 다음 각 목의 기준에 적합한 것으로 할 것. 다만, 충압펌프는 제외한다. 〈신설 2021.8.5.〉
   가. 임펠러는 청동 또는 스테인리스 등 부식에 강한 재질을 사용할 것
   나. 펌프축은 스테인리스 등 부식에 강한 재질을 사용할 것
② 고가수조의 자연낙차를 이용한 가압송수장치는 다음 각 호의 기준에 따라 설치하여야 한다. 〈개정 2012.8.20〉
1. 고가수조의 자연낙차수두(수조의 하단으로부터 최고층에 설치된 포헤드까지의 수직거리를 말한다)는 다음의 식에 따라 산출한 수치 이상이 되도록 할 것
$$H = h_1 + h_2 + h_3$$

H : 필요한 낙차(m)

h_1 : 방출구의 설계압력 환산수두 또는 노즐선단의 방사압력 환산수두(m)

h_2 : 배관의 마찰손실수두(m)

h_3 : 소방용 호스의 마찰손실수두(m)

2. 고가수조에는 수위계·배수관·급수관·오버플로우관 및 맨홀을 설치할 것

③압력수조를 이용한 가압송수장치는 다음 각 호의 기준에 따라 설치하여야 한다. 〈개정 2012.8.20〉

1. 압력수조의 압력은 다음의 식에 따라 산출한 수치 이상이 되도록 할 것

$P = p_1 + p_2 + p_3 + p_4$

P : 필요한 압력(MPa)

p_1 : 방출구의 설계압력 또는 노즐선단의 방사압력(MPa)

p_2 : 배관의 마찰손실수두압(MPa)

p_3 : 낙차의 환산수두압(MPa)

p_4 : 소방용호스의 마찰손실수두압 (MPa)

2. 압력수조에는 수위계·급수관·배수관·급기관·맨홀·압력계·안전장치 및 압력저하방지를 위한 자동식 공기압축기를 설치할 것

④가압송수장치에는 포헤드·고정방출구 또는 이동식 포노즐의 방사압력이 설계압력 또는 방사압력의 허용범위를 넘지 아니하도록 감압장치를 설치하여야 한다.

⑤가압송수장치는 다음 표에 따른 표준방사량을 방사할 수 있도록 하여야 한다. 〈단서신설 2015.10.28.〉

구 분	표 준 방 사 량
• 포워터스프링클러헤드	75l/min 이상
• 포헤드·고정포방출구 또는 이동식포노즐 • 압축공기포헤드	각 포헤드·고정포방출구 또는 이동식포노즐의 설계압력에 따라 방출되는 소화약제의 양

필수사항 (계산문제 필수 암기사항, 75) 중요도 ★★★

⑥가압수조를 이용한 가압송수장치는 다음 각 호의 기준에 따라 설치하여야 한다. 〈신설 2008.12.15, 2012.8.20〉

1. 가압수조의 압력은 제5항에 따른 방수량 및 방수압이 20분 이상 유지되도록 할 것
2. 삭제 〈2015.1.23.〉
3. 가압수조 및 가압원은 「건축법 시행령」 제46조에 따른 방화구획 된 장소에 설치할 것
4. 삭제 〈2015.1.23.〉
5. 소방청장이 정하여 고시한 「가압수조식 가압송수장치의 성능인증 및 제품검사의 기술기준」에 적합한 것으로 설치할 것 〈개정 2012. 8. 20., 2015. 1. 23., 2017. 7. 26.〉

제 7 조(배관 등) ①배관은 배관용탄소강관(KS D 3507) 또는 배관 내 사용압력이 1.2MPa 이상일 경우에는 압력배관용탄소강관(KS D 3562) 또는 이음매 없는 동 및 동합금(KS D5301)의 배관용동관이거나 이와 동등 이상의 강도·내식성 및 내열성을 가진 것으로 하여야 한다. 다만, 다음 각 호의 어느 하나에 해당하는 장소에는 법 제39조에 따라 제품검사에 합격한 소방용 합성수지배관으로 설치할 수 있다. 〈개정 2008.12.15, 2012.8.20〉
1. 배관을 지하에 매설하는 경우
2. 다른 부분과 내화구조로 구획된 덕트 또는 피트의 내부에 설치하는 경우
3. 천장(상층이 있는 경우에는 상층바닥의 하단을 포함한다. 이하 같다)과 반자를 불연재료 또는 준불연재료로 설치하고 그 내부에 습식으로 배관을 설치하는 경우

②송액관은 포의 방출 종료후 배관안의 액을 배출하기 위하여 적당한 기울기를 유지하도록 하고 그 낮은 부분에 배액밸브를 설치하여야 한다.
③포워터스프링클러설비 또는 포헤드설비의 가지배관의 배열은 토너먼트방식이 아니어야 하며, 교차배관에서 분기하는 지점을 기점으로 한쪽 가지배관에 설치하는 헤드의 수는 8개 이하로 한다.
④송액관은 전용으로 하여야 한다. 다만, 포소화전의 기동장치의 조작과 동시에 다른 설비의 용도에 사용하는 배관의 송수를 차단할 수 있거나, 포소화설비의 성능에 지장이 없는 경우에는 다른 설비와 겸용할 수 있다.
⑤펌프의 흡입측배관은 다음 각 호의 기준에 따라 설치하여야 한다. 〈개정 2012.8.20〉
1. 공기고임이 생기지 아니하는 구조로 하고 여과장치를 설치할 것
2. 수조가 펌프보다 낮게 설치된 경우에는 각 펌프(충압펌프를 포함한다)마다

수조로부터 별도로 설치할 것.

⑥연결송수관설비의 배관과 겸용할 경우의 주배관은 구경 100mm 이상, 방수구로 연결되는 배관의 구경은 65mm 이상의 것으로 하여야 한다.

⑦펌프의 성능은 체절운전시 정격토출압력의 140%를 초과하지 아니하고, 정격토출량의 150%로 운전시 정격토출압력의 65% 이상이 되어야 하며, 펌프의 성능시험배관은 다음 각 호의 기준에 적합하여야 한다. 〈개정 2012.8.20〉

1. 성능시험배관은 펌프의 토출측에 설치된 개폐밸브 이전에서 분기하여 설치하고, 유량측정장치를 기준으로 전단 직관부에 개폐밸브를 후단 직관부에는 유량조절밸브를 설치할 것
2. 유량측정장치는 성능시험배관의 직관부에 설치하되, 펌프의 정격토출량의 175% 이상 측정할 수 있는 성능이 있을 것

⑧가압송수장치의 체절운전시 수온의 상승을 방지하기 위하여 체크밸브와 펌프사이에서 분기한 구경 20mm 이상의 배관에 체절압력 미만에서 개방되는 릴리프밸브를 설치하여야 한다.

⑨동결방지조치를 하거나 동결의 우려가 없는 장소에 설치하여야 한다. 다만, 보온재를 사용할 경우에는 난연재료 성능 이상의 것으로 하여야 한다. 〈개정 2015.1.23〉

⑩급수배관에 설치되어 급수를 차단할 수 있는 개폐밸브(포헤드·고정포방출구 또는 이동식 포노즐은 제외한다)는 개폐표시형으로 하여야 한다. 이 경우 펌프의 흡입측배관에는 버터플라이밸브외의 개폐표시형밸브를 설치하여야 한다.

⑪제10항의 개폐밸브에는 그 밸브의 개폐상태를 감시제어반에서 확인할 수 있는 급수개폐밸브 작동표시 스위치를 다음 각 호의 기준에 따라 설치하여야 한다. 〈개정 2012.8.20〉

1. 급수개폐밸브가 잠길 경우 탬퍼스위치의 동작으로 인하여 감시제어반 또는 수신기에 표시 되어야 하며 경보음을 발할 것
2. 탬퍼스위치는 감시제어반에서 동작의 유무확인과 동작시험, 도통시험을 할 수 있을 것
3. 급수개폐밸브의 작동표시 스위치에 사용되는 전기배선은 내화전선 또는 내열전선으로 설치할 것

⑫배관은 다른 설비의 배관과 쉽게 구분이 될 수 있는 위치에 설치하거나 그 배관표면 또는 배관 보온재표면의 색상은 적색 등으로 소방용 설비의 배관임을 표시하여야 한다. 〈개정 2008.12.15, 2012.8.20〉

⑬포소화설비에는 소방차로부터 그 설비에 송수할 수 있는 송수구를 다음 각 호의 기준에 따라 설치하여야 한다. 〈개정 2012.8.20〉
1. 송수구는 화재층으로부터 지면으로 떨어지는 유리창 등이 송수 및 그 밖의 소화작업에 지장을 주지 아니하는 장소에 설치할 것
2. 송수구로부터 포소화설비의 주배관에 이르는 연결배관에 개폐밸브를 설치한 때에는 그 개폐상태를 쉽게 확인 및 조작할 수 있는 옥외 또는 기계실 등의 장소에 설치할 것
3. 구경 65mm의 쌍구형으로 할 것
4. 송수구에는 그 가까운 곳의 보기 쉬운 곳에 송수압력범위를 표시한 표지를 할 것
5. 포소화설비의 송수구는 하나의 층의 바닥면적이 3,000m^2를 넘을 때마다 1개 이상을 설치할 것(5개를 넘을 경우에는 5개로 한다)
6. 지면으로부터 높이가 0.5m 이상 1m 이하의 위치에 설치할 것
7. 송수구의 가까운 부분에 자동배수밸브(또는 직경 5mm의 배수공) 및 체크밸브를 설치할 것. 이 경우 자동배수밸브는 배관안의 물이 잘 빠질 수 있는 위치에 설치하되, 배수로 인하여 다른 물건 또는 장소에 피해를 주지 아니하여야 한다.
8. 송수구에는 이물질을 막기 위한 마개를 씌울 것〈신설 2008.12.15〉
9. 압축공기포소화설비를 스프링클러 보조설비로 설치하거나 압축공기포 소화설비에 자동으로 급수되는 장치를 설치한때에는 송수구 설치를 아니할 수 있다.〈신설 2015.10.28.〉
⑭압축공기포소화설비의 배관은 토너먼트방식으로 하여야 하고 소화약제가 균일하게 방출되는 등거리 배관구조로 설치하여야 한다.〈신설 2015.10.28.〉
⑮분기배관을 사용할 경우에는 소방청장이 정하여 고시한 「분기배관 성능인증 및 제품검사의 기술기준」에 적합한 것으로 설치하여야 한다.〈개정 2012. 8. 20., 2015. 1. 23., 2015. 10. 28., 2017. 7. 26.〉

제 8 조(저장탱크 등) ①포 소화약제의 저장탱크(용기를 포함한다. 이하 같다)는 다음 각 호의 기준에 따라 설치하고 제9조에 따른 혼합장치와 배관 등으로 연결하여 두어야 한다. 〈개정 2012.8.20〉
1. 화재 등의 재해로 인한 피해를 받을 우려가 없는 장소에 설치할 것
2. 기온의 변동으로 포의 발생에 장애를 주지 아니하는 장소에 설치할 것. 다만, 기온의 변동에 영향을 받지 아니하는 포 소화약제의 경우에는 그러하지 아

니하다.
3. 포 소화약제가 변질될 우려가 없고 점검에 편리한 장소에 설치할 것
4. 가압송수장치 또는 포 소화약제 혼합장치의 기동에 따라 압력이 가해지는 것 또는 상시 가압된 상태로 사용되는 것은 압력계를 설치할 것
5. 포 소화약제 저장량의 확인이 쉽도록 액면계 또는 계량봉 등을 설치할 것
6. 가압식이 아닌 저장탱크는 그라스게이지를 설치하여 액량을 측정할 수 있는 구조로 할 것

암기방법 연. 화기변압액그 중요도 ★★★

②포 소화약제의 저장량은 다음 각 호의 기준에 따른다. 〈개정 2012.8.20〉
1. 고정포방출구 방식은 다음 각 목의 양을 합한 양 이상으로 할 것
   가. 고정포방출구에서 방출하기 위하여 필요한 양
   $$Q = A \times Q_1 \times T \times S$$
   Q : 포 소화약제의 양(l)
   A : 탱크의 액표면적(m^2)
   Q_1 : 단위 포소화수용액의 양 ($l/m^2 \cdot min$)
   T : 방출시간(min)
   S : 포 소화약제의 사용농도(%)

   나. 보조 소화전에서 방출하기 위하여 필요한 양
   $$Q = N \times S \times 8,000l$$
   Q : 포 소화약제의 양(l)
   N : 호스 접결구수(3개 이상인 경우는 3)
   S : 포 소화약제의 사용농도(%)

참고 8000= 400×20임

   다. 가장 먼 탱크까지의 송액관(내경 75mm 이하의 송액관을 제외한다)에 충전하기 위하여 필요한 양

참고 송액관 체적개념임

필수사항 (아주 중요) 중요도 ★★★★★
(계산문제 필수사항, 암기 및 계산문제 반복연습 필요)

2. 옥내포소화전방식 또는 호스릴방식에 있어서는 다음의 식에 따라 산출한 양 이상으로 할 것. 다만, 바닥면적이 200m² 미만인 건축물에 있어서는 그 75%로 할 수 있다.

$Q = N \times S \times 6{,}000l$

Q : 포 소화약제의 양(l)
N : 호스 접결구수(5개 이상인 경우는 5)
S : 포 소화약제의 사용농도(%)

참고 6000 = 300×20

필수사항 (아주 중요) 중요도 ★★★★★
(계산문제 필수사항, 암기 및 계산문제 반복연습 필요)

3. 포헤드방식 및 압축공기포소화설비에 있어서는 하나의 방사구역안에 설치된 포헤드를 동시에 개방하여 표준방사량으로 10분간 방사할 수 있는 양 이상으로 할 것 〈개정 2012.8.20〉〈개정 2015.10.28.〉

필수사항 (포는 대부분 10분임) 중요도 ★★★

제 9 조(혼합장치) 포 소화약제의 혼합장치는 포 소화약제의 사용농도에 적합한 수용액으로 혼합할 수 있도록 다음 각 호의 어느 하나에 해당하는 방식에 따르되, 법 제39조에 따라 제품검사에 합격한 것으로 설치하여야 한다. 〈개정 2012.8.20〉
1. 펌프 푸로포셔너방식
2. 프레져 푸로포셔너방식
3. 라인 푸로포셔너방식
4. 프레져 사이드 푸로포셔너방식
5. 압축공기포 믹싱챔버방식 〈신설 2015.10.28.〉

암기방법 펌프라프압, 압축공기포 도입으로 중요함 중요도 ★★★

제10조(개방밸브) 포소화설비의 개방밸브는 다음 각 호의 기준에 따라 설치하여야 한다. 〈개정 2012.8.20〉
1. 자동 개방밸브는 화재감지장치의 작동에 따라 자동으로 개방되는 것으로 할 것

2. 수동식 개방밸브는 화재 시 쉽게 접근할 수 있는 곳에 설치할 것

제11조(기동장치) ①포소화설비의 수동식 기동장치는 다음 각 호의 기준에 따라 설치하여야 한다. 〈개정 2012.8.20〉

1. 직접조작 또는 원격조작에 따라 가압송수장치·수동식개방밸브 및 소화약제 혼합장치를 기동할 수 있는 것으로 할 것
2. 2 이상의 방사구역을 가진 포소화설비에는 방사구역을 선택할 수 있는 구조로 할 것
3. 기동장치의 조작부는 화재 시 쉽게 접근할 수 있는 곳에 설치하되, 바닥으로부터 0.8m 이상 1.5m 이하의 위치에 설치하고, 유효한 보호장치를 설치할 것
4. 기동장치의 조작부 및 호스 접결구에는 가까운 곳의 보기 쉬운 곳에 각각 "기동장치의 조작부" 및 "접결구"라고 표시한 표지를 설치할 것
5. 차고 또는 주차장에 설치하는 포소화설비의 수동식 기동장치는 방사구역마다 1개 이상 설치할 것
6. 항공기격납고에 설치하는 포소화설비의 수동식 기동장치는 각 방사구역마다 2개 이상을 설치하되, 그 중 1개는 각 방사구역으로부터 가장 가까운 곳 또는 조작에 편리한 장소에 설치하고, 1개는 화재감지수신기를 설치한 감시실 등에 설치할 것

암기방법 직선조표 1.2
(아주 중요)
중요도 ★★★★★

②포소화설비의 자동식 기동장치는 자동화재탐지설비의 감지기의 작동 또는 폐쇄형스프링클러헤드의 개방과 연동하여 가압송수장치·일제개방밸브 및 포 소화약제 혼합장치를 기동시킬 수 있도록 다음 각 호의 기준에 따라 설치하여야 한다. 다만, 자동화재탐지설비의 수신기가 설치된 장소에 상시 사람이 근무하고 있고, 화재시 즉시 해당 조작부를 작동시킬 수 있는 경우에는 그러하지 아니하다. 〈개정 2012.8.20〉

1. 폐쇄형스프링클러헤드를 사용하는 경우에는 다음 각 목의 기준에 따를 것
   가. 표시온도가 79℃ 미만인 것을 사용하고, 1개의 스프링클러헤드의 경계면적은 20m² 이하로 할 것
   나. 부착면의 높이는 바닥으로부터 5m 이하로 하고, 화재를 유효하게 감지할 수 있도록 할 것

다. 하나의 감지장치 경계구역은 하나의 층이 되도록 할 것
2. 화재감지기를 사용하는 경우에는 다음 각 목의 기준에 따를 것
   가. 화재감지기는 「자동화재탐지설비의 화재안전기준(NFSC 203)」 제7조의 기준에 따라 설치할 것
   나. 화재감지기 회로에는 다음 각 세목의 기준에 따른 발신기를 설치할 것
      (1) 조작이 쉬운 장소에 설치하고, 스위치는 바닥으로부터 0.8m 이상 1.5m 이하의 높이에 설치할 것
      (2) 특정소방대상물의 층마다 설치하되, 해당 특정소방대상물의 각 부분으로부터 수평거리가 25m 이하가 되도록 할 것. 다만, 복도 또는 별도로 구획된 실로서 보행거리가 40m 이상일 경우에는 추가로 설치하여야 한다.
      (3) 발신기의 위치를 표시하는 표시등은 함의 상부에 설치하되, 그 불빛은 부착 면으로부터 15° 이상의 범위 안에서 부착지점으로부터 10m 이내의 어느 곳에서도 쉽게 식별할 수 있는 적색등으로 할 것
3. 동결우려가 있는 장소의 포소화설비의 자동식 기동장치는 자동화재탐지설비와 연동으로 할 것

암기방법 연폐감동,
폐 : 79, 20, 5, 하, 감 : 자 발(조스층수 40등)
중요도 ★★★★★

③포소화설비의 기동장치에 설치하는 자동경보장치는 다음 각 호의 기준에 따라 설치하여야 한다. 다만, 자동화재탐지설비에 따라 경보를 발할 수 있는 경우에는 음향경보장치를 설치하지 아니할 수 있다. 〈개정 2012.8.20〉
1. 방사구역마다 일제개방밸브와 그 일제개방밸브의 작동여부를 발신하는 발신부를 설치할 것. 이 경우 각 일제개방밸브에 설치되는 발신부 대신 1개층에 1개의 유수검지장치를 설치할 수 있다.
2. 상시 사람이 근무하고 있는 장소에 수신기를 설치하되, 수신기에는 폐쇄형 스프링클러헤드의 개방 또는 감지기의 작동여부를 알 수 있는 표시장치를 설치할 것
3. 하나의 소방대상물에 2 이상의 수신기를 설치하는 경우에는 수신기가 설치된 장소 상호간에 동시 통화가 가능한 설비를 할 것

암기방법 발수2
중요도 ★★★

제12조(포헤드 및 고정포방출구) ①포헤드 및 고정포방출구는 포의 팽창비율에 따라 다음 표에 따른 것으로 하여야 한다. 〈개정 2015.10.28.〉

팽창비율에 따른 포의 종류	포방출구의 종류
팽창비가 20 이하인 것(저발포)	포헤드, 압축공기포헤드
팽창비가 80 이상 1,000 미만인 것(고발포)	고발포용 고정포방출구

암기방법 20. 80. 1000   중요도 ★★★

②포헤드는 다음 각 호의 기준에 따라 설치하여야 한다. 〈개정 2012.8.20〉
1. 포워터스프링클러헤드는 특정소방대상물의 천장 또는 반자에 설치하되, 바닥면적 $8m^2$마다 1개 이상으로 하여 해당 방호대상물의 화재를 유효하게 소화할 수 있도록 할 것
2. 포헤드는 특정소방대상물의 천장 또는 반자에 설치하되, 바닥면적 $9m^2$마다 1개 이상으로 하여 해당 방호대상물의 화재를 유효하게 소화할 수 있도록 할 것

암기방법 8, 9포워터가 먼저임   중요도 ★★★★★

(계산문제 필수 암기사항) (아주 중요)

3. 포헤드는 특정소방대상물별로 그에 사용되는 포 소화약제에 따라 1분당 방사량이 다음 표에 따른 양 이상이 되는 것으로 할 것

소 방 대 상 물	포 소화약제의 종류	바닥면적 $1m^2$당 방사량
차고 · 주차장 및 항공기격납고	단백포 소화약제	$6.5l$ 이상
	합성계면활성제포 소화약제	$8.0l$ 이상
	수성막포 소화약제	$3.7l$ 이상
소방기본법시행령 별표 2의 특수가연물을 저장 · 취급하는 소방대상물	단백포 소화약제	$6.5l$ 이상
	합성계면활성제포 소화약제	$6.5l$ 이상
	수성막포 소화약제	$6.5l$ 이상

암기방법 6.5, 8, 3.7   중요도 ★★★★★

(계산문제 필수 암기사항) (아주 중요)

4. 특정소방대상물의 보가 있는 부분의 포헤드는 다음 표의 기준에 따라 설치할 것

포헤드와 보의 하단의 수직거리	포헤드와 보의 수평거리
0	0.75m 미만
0.1m 미만	0.75m 이상 1m 미만
0.1m 이상 0.15m 미만	1m 이상 1.5m 미만
0.15m 이상 0.30m 미만	1.5m 이상

5. 포헤드 상호간에는 다음 각 목의 기준에 따른 거리를 두도록 할 것
   가. 정방형으로 배치한 경우에는 다음의 식에 따라 산정한 수치 이하가 되도록 할 것
   $S = 2r \times \cos 45°$
   S : 포헤드 상호간의 거리(m)
   r : 유효반경(2.1m)

필수사항 (포의 헤드 유효반경은 모두 2.1임) 중요도 ★★★

   나. 장방형으로 배치한 경우에는 그 대각선의 길이가 다음의 식에 따라 산정한 수치 이하가 되도록 할 것
   $pt = 2r$
   pt : 대각선의 길이(m)
   r : 유효반경(2.1m)

6. 포헤드와 벽 방호구역의 경계선과는 제5호에 따른 거리의 2분의 1 이하의 거리를 둘 것
7. 압축공기포소화설비의 분사헤드는 천장 또는 반자에 설치하되 방호대상물에 따라 측벽에 설치할 수 있으며 유류탱크주위에는 바닥면적 13.9m2마다 1개 이상, 특수가연물저장소에는 바닥면적 9.3m2마다 1개이상으로 당해 방호대상물의 화재를 유효하게 소화할 수 있도록 할 것 〈신설 2015.10.28.〉

방호대상물	방호면적 1m^{2}에 대한 1분당 방출량
특수가연물	2.3L
기타의 것	1.63L

③차고·주차장에 설치하는 호스릴포소화설비 또는 포소화전설비는 다음 각 호의 기준에 따라야 한다. 〈개정 2012.8.20〉
1. 특정소방대상물의 어느 층에 있어서도 그 층에 설치된 호스릴포방수구 또는

포소화전방수구(호스릴포방수구 또는 포소화전방수구가 5개 이상 설치된 경우에는 5개)를 동시에 사용할 경우 각 이동식 포노즐 선단의 포수용액 방사압력이 0.35MPa 이상이고 300l/min 이상(1개층의 바닥면적이 200m^2 이하인 경우에는 230l/min 이상)의 포수용액을 수평거리 15m 이상으로 방사할 수 있도록 할 것

> **암기방법** **5개, 300 (230)**   중요도 ★★★
> (계산문제)

2. 저발포의 포소화약제를 사용할 수 있는 것으로 할 것
3. 호스릴 또는 호스를 호스릴포방수구 또는 포소화전방수구로 분리하여 비치하는 때에는 그로부터 3m 이내의 거리에 호스릴함 또는 호스함을 설치할 것
4. 호스릴함 또는 호스함은 바닥으로부터 높이 1.5m 이하의 위치에 설치하고 그 표면에는 "포호스릴함(또는 포소화전함)"이라고 표시한 표지와 적색의 위치표시등을 설치할 것
5. 방호대상물의 각 부분으로부터 하나의 호스릴포방수구까지의 수평거리는 15m 이하(포소화전방수구의 경우에는 25m 이하)가 되도록 하고 호스릴 또는 호스의 길이는 방호대상물의 각 부분에 포가 유효하게 뿌려질 수 있도록 할 것

④ 고발포용포방출구는 다음 각 호의 기준에 따라 설치하여야 한다.
〈개정 2012.8.20.〉

1. 전역방출방식의 고발포용고정포방출구는 다음 각 목의 기준에 따를 것
  가. 개구부에 자동폐쇄장치(갑종방화문·을종방화문 또는 불연재료로된 문으로 포수용액이 방출되기 직전에 개구부가 자동적으로 폐쇄될 수 있는 장치를 말한다)를 설치할 것. 다만, 해당 방호구역에서 외부로 새는 양 이상의 포수용액을 유효하게 추가하여 방출하는 설비가 있는 경우에는 그러하지 아니하다.
  나. 고정포방출구(포발생기가 분리되어 있는 것은 해당 포 발생기를 포함한다)는 특정소방대상물 및 포의 팽창비에 따른 종별에 따라 해당 방호구역의 관포체적(해당 바닥 면으로부터 방호대상물의 높이보다 0.5m 높은 위치까지의 체적을 말한다) 1m^{3}에 대하여 1분당 방출량이 다음 표에 따른 양 이상이 되도록 할 것

소방대상물	포의 팽창비	1m³에 대한 분당 포수용액 방출량
항공기격납고	팽창비 80 이상 250 미만의 것	2.00*l*
	팽창비 250 이상 500 미만의 것	0.50*l*
	팽창비 500 이상 1,000 미만의 것	0.29*l*
차고 또는 주차장	팽창비 80 이상 250 미만의 것	1.11*l*
	팽창비 250 이상 500 미만의 것	0.28*l*
	팽창비 500 이상 1,000 미만의 것	0.16*l*
특수가연물을 저장 또는 취급하는 소방 대상물	팽창비 80 이상 250 미만의 것	1.25*l*
	팽창비 250 이상 500 미만의 것	0.31*l*
	팽창비 500 이상 1,000 미만의 것	0.18*l*

　다. 고정포방출구는 바닥면적 500m²마다 1개 이상으로 하여 방호대상물의 화재를 유효하게 소화할 수 있도록 할 것
　라. 고정포방출구는 방호대상물의 최고부분보다 높은 위치에 설치할 것. 다만, 밀어올리는 능력을 가진 것은 방호대상물과 같은 높이로 할 수 있다.

> **암기방법** **자관500높 , 관포체적개념**　　　　　　　중요도 ★★★★★
> (서술형 및 계산문제 모두 가능) (아주 중요)

2. 국소방출방식의 고발포용고정포방출구는 다음 각 목의 기준에 따를 것
　가. 방호대상물이 서로 인접하여 불이 쉽게 붙을 우려가 있는 경우에는 불이 옮겨 붙을 우려가 있는 범위내의 방호대상물을 하나의 방호대상물로 하여 설치할 것
　나. 고정포방출구(포발생기가 분리되어 있는 것에 있어서는 해당 포발생기를 포함한다)는 방호대상물의 구분에 따라 당해 방호대상물의 높이의 3배(1m 미만의 경우에는 1m)의 거리를 수평으로 연장한 선으로 둘러쌓인 부분의 면적 1m²에 대하여 1분당 방출량이 다음 표에 따른 양 이상이 되도록 할 것

방호대상물	방호면적 1m²에 대한 1분당 방출량
특수가연물	3*l*
기타의 것	2*l*

> **필수사항** (방호면적(외주선) 개념 중요)　　　　　　　중요도 ★★★

제13조(전원) ①포소화설비에는 다음 각 호의 기준에 따라 상용전원회로의 배선을 설치하여야 한다. 다만, 가압수조방식으로서 모든 기능이 20분 이상 유효하게 지속될 수 있는 경우에는 그러하지 아니하다. 〈개정 2008.12.15, 2012.8.20〉
1. 저압수전인 경우에는 인입개폐기의 직후에서 분기하여 전용배선으로 하여야 하며, 전용의 전선관에 보호 되도록 할 것
2. 특별고압수전 또는 고압수전일 경우에는 전력용 변압기 2차측의 주차단기 1차측에서 분기하여 전용배선으로 하되, 상용전원의 상시공급에 지장이 없을 경우에는 주차단기 2차측에서 분기하여 전용배선으로 할 것. 다만, 가압송수장치의 정격입력전압이 수전전압과 같은 경우에는 제1호의 기준에 따른다.

②포소화설비에는 자가발전설비, 축전지설비 또는 전기저장장치에 따른 비상전원을 설치하되, 다음 각 호의 어느 하나에 해당하는 경우에는 비상전원수전설비로 설치할 수 있다. 다만, 2 이상의 변전소(「전기사업법」 제67조에 따른 변전소를 말한다. 이하 같다)로부터 동시에 전력을 공급받을 수 있거나 하나의 변전소로부터 전력의 공급이 중단되는 때에는 자동으로 다른 변전소로부터 전력을 공급받을 수 있도록 상용전원을 설치한 경우와 가압수조방식에는 비상전원을 설치하지 아니할 수 있다. 〈개정 2008.12.15., 2012.8.20., 2016.7.13.〉
1. 제4조제2호단서에 따라 호스릴포소화설비 또는 포소화전만을 설치한 차고 · 주차장
2. 포헤드설비 또는 고정포방출설비가 설치된 부분의 바닥면적(스프링클러설비가 설치된 차고 · 주차장의 바닥면적을 포함한다)의 합계가 1,000m² 미만인 것

암기방법 **호포, 주1000** 중요도 ★★★

③제2항에 따른 비상전원 중 자가발전설비, 축전지설비(내연기관에 따른 펌프를 사용하는 경우에는 내연기관의 기동 및 제어용 축전지를 말한다)또는 전기저장장치(외부 전기에너지를 저장해 두었다가 필요한 때 전기를 공급하는 장치)는 다음 각 호의 기준에 따르고, 비상전원수전설비는 「소방시설용비상전원수전설비의 화재안전기준(NFSC 602)」에 따라 설치하여야 한다. 〈개정 2012.8.20., 2016.7.13.〉
1. 점검에 편리하고 화재 및 침수 등의 재해로 인한 피해를 받을 우려가 없는 곳에 설치할 것

2. 포소화설비를 유효하게 20분 이상 작동할 수 있도록 할 것
3. 상용전원으로부터 전력의 공급이 중단된 때에는 자동으로 비상전원으로부터 전력을 공급받을 수 있도록 할 것
4. 비상전원(내연기관의 기동 및 제어용 축전기를 제외한다)의 설치장소는 다른 장소와 방화구획 할 것. 이 경우 그 장소에는 비상전원의 공급에 필요한 기구나 설비외의 것(열병합발전설비에 필요한 기구나 설비는 제외한다)을 두어서는 아니된다.〈개정 2008.12.15〉
5. 비상전원을 실내에 설치하는 때에는 그 실내에 비상조명등을 설치할 것

제14조(제어반) ①포소화설비에는 제어반을 설치하되, 감시제어반과 동력제어반으로 구분하여 설치하여야 한다.다만, 다음 각 호의 어느 하나에 해당하는 경우에는 감시제어반과 동력제어반으로 구분하여 설치하지 아니할 수 있다. 〈개정 2012.8.20〉

1. 다음 각 목의 어느 하나에 해당하지 아니하는 특정소방대상물에 설치되는 포소화설비
   가. 지하층을 제외한 층수가 7층 이상으로서 연면적이 2,000m^2 이상인 것
   나. 제1호에 해당하지 아니하는 특정소방대상물로서 지하층의 바닥면적의 합계가 3,000m^2 이상인 것. 다만, 차고·주차장 또는 보일러실·기계실·전기실 등 이와 유사한 장소의 면적은 제외한다.
2. 내연기관에 따른 가압송수장치를 사용하는 포소화설비
3. 고가수조에 따른 가압송수장치를 사용하는 포소화설비
4. 가압수조에 따른 가압송수장치를 사용하는 포소화설비〈신설 2008.12.15〉

②감시제어반의 기능은 다음 각 호의 기준에 적합하여야 한다. 다만, 제1항 각 호의 어느 하나에 해당하는 경우에는 제3호 및 제6호의 규정을 적용하지 아니한다. 〈개정 2012.8.20〉

1. 각 펌프의 작동여부를 확인할 수 있는 표시등 및 음향경보기능이 있어야 할 것
2. 각 펌프를 자동 및 수동으로 작동시키거나 중단시킬 수 있어야 할 것 〈개정 2008.12.15〉
3. 비상전원을 설치한 경우에는 상용전원 및 비상전원의 공급여부를 확인할 수 있어야 할 것〈개정 2008.12.15〉
4. 수조 또는 물올림탱크가 저수위로 될 때 표시등 및 음향으로 경보할 것
5. 각 확인회로(기동용수압개폐장치의 압력스위치회로·수조 또는 물올림탱

크의 감시회로를 말한다)마다 도통시험 및 작동시험을 할 수 있어야 할 것
6. 예비전원이 확보되고 예비전원의 적합여부를 시험할 수 있어야 할 것

③감시제어반은 다음 각 호의 기준에 따라 설치하여야 한다. 〈개정 2012.8.20〉
1. 화재 및 침수 등의 재해로 인한 피해를 받을 우려가 없는 곳에 설치할 것
2. 감시제어반은 포소화설비의 전용으로 할 것. 다만, 포소화설비의 제어에 지장이 없는 경우에는 다른 설비와 겸용할 수 있다.
3. 감시제어반은 다음 각 목의 기준에 따른 전용실안에 설치할 것. 다만 제1항 각 호의 어느 하나에 해당하는 경우와 공장, 발전소 등에서 설비를 집중 제어·운전할 목적으로 설치하는 중앙제어실내에 감시제어반을 설치하는 경우에는 그러하지 아니하다.
   가. 다른 부분과 방화구획을 할 것. 이 경우 전용실의 벽에는 기계실 또는 전기실 등의 감시를 위하여 두께 7mm 이상의 망입유리(두께 16.3mm 이상의 접합유리 또는 두께 28mm 이상의 복층유리를 포함한다)로 된 $4m^2$ 미만의 붙박이창을 설치할 수 있다.
   나. 피난층 또는 지하 1층에 설치할 것. 다만, 다음 각 세목의 어느 하나에 해당하는 경우에는 지상 2층에 설치하거나 지하 1층 외의 지하층에 설치할 수 있다.
     (1) 「건축법 시행령」 제35조에 따라 특별피난계단이 설치되고 그 계단(부속실을 포함한다)출입구로부터 보행거리 5m이내에 전용실의 출입구가 있는 경우
     (2) 아파트의 관리동(관리동이 없는 경우에는 경비실)에 설치하는 경우
   다. 비상조명등 및 급·배기설비를 설치할 것
   라. 「무선통신보조설비의 화재안전기준(NFSC 505)」 제6조에 따른 무선기기 접속단자(영 별표1 제5호 마목의 규정에 따른 무선통신보조설비가 설치된 특정소방대상물에 한한다)를 설치할 것
   마. 바닥면적은 감시제어반의 설치에 필요한 면적외에 화재시 소방대원이 그 감시제어반의 조작에 필요한 최소면적 이상으로 할 것
4. 제3호에 따른 전용실에는 특정소방대상물의 기계·기구 또는 시설등의 제어 및 감시설비외의 것을 두지 아니할 것

④동력제어반은 다음 각 호의 기준에 따라 설치하여야 한다. 〈개정 2012.8.20〉
1. 앞면은 적색으로 하고 "포소화설비용 동력제어반"이라고 표시한 표지를 설치할 것
2. 외함은 두께 1.5mm 이상의 강판 또는 이와 동등 이상의 강도 및 내열성능이

있는 것으로 할 것
3. 그 밖의 동력제어반의 설치에 관하여는 제3항제1호 및 제2호의 기준을 준용할 것

제15조(배선 등) ①포소화설비의 배선은 「전기사업법」 제67조에 따른 기술기준에서 정한 것 외에 다음 각 호의 기준에 따라 설치하여야 한다. 〈개정 2012.8.20〉
1. 비상전원으로부터 동력제어반 및 가압송수장치에 이르는 전원회로배선은 내화배선으로 할 것. 다만, 자가발전설비와 동력제어반이 동일한 실에 설치된 경우에는 자가발전기로부터 그 제어반에 이르는 전원회로배선은 그러하지 아니하다.
2. 상용전원으로부터 동력제어반에 이르는 배선, 그 밖의 포소화설비의 감시·조작 또는 표시등회로의 배선은 내화배선 또는 내열배선으로 할 것. 다만, 감시제어반 또는 동력제어반 안의 감시·조작 또는 표시등회로의 배선은 그러하지 아니하다.

②제1항에 따른 내화배선 및 내열배선에 사용되는 전선 및 설치방법은 「옥내소화전설비의 화재안전기준(NFSC 102)」 별표 1의 기준에 따른다. 〈개정 2012.8.20〉

③포소화설비의 과전류차단기 및 개폐기에는 "포소화설비용"이라고 표시한 표지를 하여야 한다.

④포소화설비용 전기배선의 양단 및 접속단자에는 다음 각 호의 기준에 따라 표지하여야 한다. 〈개정 2012.8.20〉
1. 단자에는 "포소화설비단자"라고 표시한 표지를 부착할 것
2. 포소화설비용 전기배선의 양단에는 다른 배선과 식별이 용이하도록 표시할 것

이산화탄소소화설비의 화재안전기준 (NFSC 106)

[시행 2019. 8. 13.] [소방청고시 제2019-46호, 2019. 8. 13., 일부개정]

제 3 조(정의) 이 기준에서 사용하는 용어의 정의는 다음과 같다.
1. "전역방출방식"이란 고정식 이산화탄소 공급장치에 배관 및 분사헤드를 고정 설치하여 밀폐 방호구역 내에 이산화탄소를 방출하는 설비를 말한다. 〈개정 2012.8.20〉
2. "국소방출방식"이란 고정식 이산화탄소 공급장치에 배관 및 분사헤드를 설치하여 직접 화점에 이산화탄소를 방출하는 설비로 화재발생부분에만 집중적으로 소화약제를 방출하도록 설치하는 방식을 말한다. 〈개정 2012.8.20〉
3. "호스릴방식"이란 분사헤드가 배관에 고정되어 있지 않고 소화약제 저장용기에 호스를 연결하여 사람이 직접 화점에 소화약제를 방출하는 이동식 소화설비를 말한다. 〈개정 2012.8.20〉
4. "충전비"란 용기의 용적과 소화약제의 중량과의 비율을 말한다. 〈개정 2012.8.20.〉

> **참고** 충전비 단위 : l/kg

5. "심부화재"란 목재 또는 섬유류와 같은 고체가연물에서 발생하는 화재형태로서 가연물 내부에서 연소하는 화재를 말한다. 〈개정 2012.8.20〉
6. "표면화재"란 가연성물질의 표면에서 연소하는 화재를 말한다. 〈개정 2012.8.20〉
7. "교차회로방식"이란 하나의 방호구역내에 2 이상의 화재감지기회로를 설치하고 인접한 2 이상의 화재감지기가 동시에 감지되는 때에는 이산화탄소소화설비가 작동하여 소화약제가 방출되는 방식을 말한다. 〈개정 2012.8.20〉
8. "방화문"이란 「건축법 시행령」 제64조에 따른 갑종방화문 또는 을종방화문으로써 언제나 닫힌 상태를 유지하거나 화재로 인한 연기의 발생 또는 온도의 상승에 따라 자동적으로 닫히는 구조를 말한다. 〈개정 2012.8.20〉

제 4 조(소화약제의 저장용기등) ①이산화탄소 소화약제의 저장용기는 다음 각 호의

기준에 적합한 장소에 설치하여야 한다.〈개정 2012.8.20〉
1. 방호구역외의 장소에 설치할 것. 다만, 방호구역내에 설치할 경우에는 피난 및 조작이 용이하도록 피난구부근에 설치하여야 한다.
2. 온도가 40℃ 이하이고, 온도변화가 적은 곳에 설치할 것
3. 직사광선 및 빗물이 침투할 우려가 없는 곳에 설치할 것
4. 방화문으로 구획된 실에 설치할 것
5. 용기의 설치장소에는 해당 용기가 설치된 곳임을 표시하는 표지를 할 것〈개정 2012.8.20〉
6. 용기간의 간격은 점검에 지장이 없도록 3cm 이상의 간격을 유지할 것
7. 저장용기와 집합관을 연결하는 연결배관에는 체크밸브를 설치할 것. 다만, 저장용기가 하나의 방호구역만을 담당하는 경우에는 그러하지 아니하다.

암기방법 방온직방용용저 중요도 ★★★★★
(장소 기준임에 유의)

②이산화탄소 소화약제의 저장용기는 다음 각 호의 기준에 따라 설치하여야 한다.〈개정 2012.8.20〉
1. 저장용기의 충전비는 고압식은 1.5 이상 1.9 이하, 저압식은 1.1 이상 1.4 이하로 할 것〈개정 2012.8.20〉
2. 저압식 저장용기에는 내압시험압력의 0.64배부터 0.8배의 압력에서 작동하는 안전밸브와 내압시험압력의 0.8배부터 내압시험압력에서 작동하는 봉판을 설치할 것〈개정 2012.8.20〉
3. 저압식 저장용기에는 액면계 및 압력계와 2.3MPa 이상 1.9MPa 이하의 압력에서 작동하는 압력경보장치를 설치할 것
4. 저압식 저장용기에는 용기내부의 온도가 섭씨 영하 18℃ 이하에서 2.1MPa의 압력을 유지할 수 있는 자동냉동장치를 설치할 것
5. 저장용기는 고압식은 25MPa 이상, 저압식은 3.5MPa 이상의 내압시험압력에 합격한 것으로 할 것

③이산화탄소 소화약제 저장용기의 개방밸브는 전기식·가스압력식 또는 기계식에 따라 자동으로 개방되고 수동으로도 개방되는 것으로서 안전장치가 부착된 것으로 하여야 한다.

암기방법 전가기 중요도 ★★★

④이산화탄소 소화약제 저장용기와 선택밸브 또는 개폐밸브 사이에는 내압시험압력 0.8배에서 작동하는 안전장치를 설치하여야 한다. 〈개정 2012.8.20.〉

> **암기방법** **충저저저내개안** 중요도 ★★★★★
> (저장용기 기준임에 유의)

제 5 조(소화약제) 이산화탄소 소화약제 저장량은 다음 각 호의 기준에 따른 양으로 한다. 이 경우 동일한 특정소방대상물 또는 그 부분에 2 이상의 방호구역이나 방호대상물이 있는 경우에는 각 방호구역 또는 방호대상물에 대하여 다음 각 호의 기준에 따라 산출한 저장량 중 최대의 것으로 할 수 있다. 〈개정 2012.8.20〉

1. 전역방출방식에 있어서 가연성액체 또는 가연성가스등 표면화재 방호대상물의 경우에는 다음 각 목의 기준에 따른다. 〈개정 2012.8.20〉

   가. 방호구역의 체적(불연재료나 내열성의 재료로 밀폐된 구조물이 있는 경우에는 그 체적을 감한 체적) $1m^3$에 대하여 다음 표에 따른 양. 다만, 다음 표에 따라 산출한 양이 동표에 따른 저장량의 최저한도의 양 미만이 될 경우에는 그 최저한도의 양으로 한다.

방호구역 체적	방호구역의 체적 $1m^3$에 대한 소화약제의 양	소화약제 저장량의 최저한도의 양
$45m^3$ 미만	1.00kg	45kg
$45m^3$ 이상 $150m^3$ 미만	0.90kg	
$150m^3$ 이상 $1,450m^3$ 미만	0.80kg	135kg
$1,450m^3$ 이상	0.75kg	1,125kg

> **필수사항** (계산문제 필수 기본수치임, 최저한도 유의) 중요도 ★★★★★

   나. 별표1에 따른 설계농도가 34% 이상인 방호대상물의 소화약제량은 가목의 기준에 따라 산출한 기본소화약제량에 다음 표에 따른 보정계수를 곱하여 산출한다.

> **필수사항** (아주 중요)(기본약제량에 곱하는 것임에 유의)(13회기출) 중요도 ★★★★★
> (보정계수는 표면화재에만 있음) (표면, 심부 구분은 CO_2 설비에만 있음)

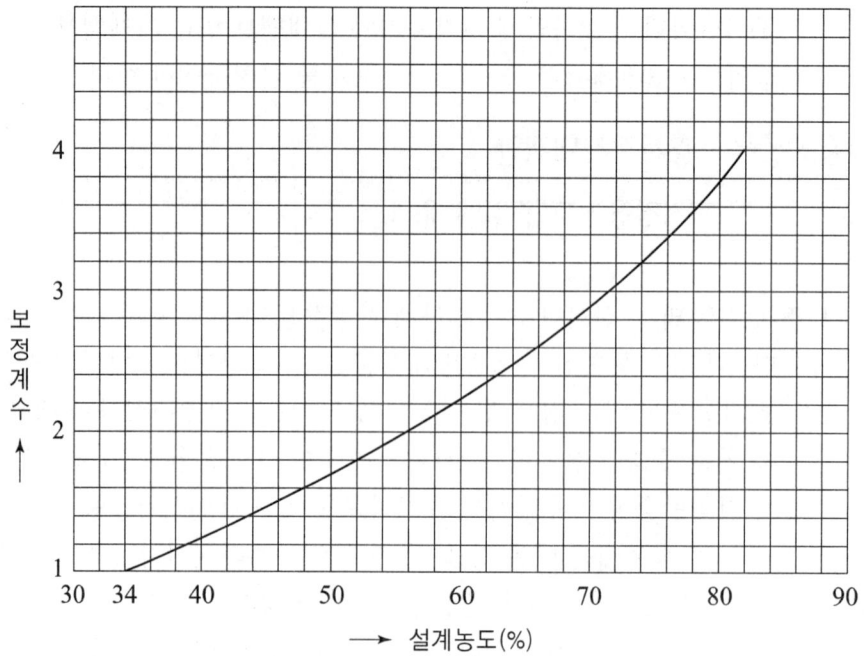

다. 방호구역의 개구부에 자동폐쇄장치를 설치하지 아니한 경우에는 가목 및 나목의 기준에 따라 산출한 양에 개구부면적 $1m^2$당 5kg을 가산하여야 한다. 이 경우 개구부의 면적은 방호구역 전체 표면적의 3% 이하로 하여야 한다.

> **필수사항** 5 (계산문제 필수 기본수치임)
> (보정계수 적용후 가산함에 유의)   중요도 ★★★★★

2. 전역방출방식에 있어서 종이·목재·석탄·섬유류·합성수지류 등 심부화재 방호대상물의 경우에는 다음 각 목의 기준에 따른다. 〈개정 2012.8.20〉
   가. 방호구역의 체적(불연재료나 내열성의 재료로 밀폐된 구조물이 있는 경우에는 그 체적을 감한 체적) $1m^3$에 대하여 다음 표에 따른 양 이상으로 하여야 한다.

방 호 대 상 물	방호구역의 체적 $1m^3$에 대한 소화약제의 양	설계농도 (%)
유압기기를 제외한 전기설비, 케이블실	1.3kg	50
체적 $55m^3$ 미만의 전기설비	1.6kg	50
서고, 전자제품창고, 목재가공품창고, 박물관	2.0kg	65
고무류·면화류창고, 모피창고, 석탄창고, 집진설비	2.7kg	75

암기방법 **전케55, 서전목박, 고면모석집**
(계산문제 필수 기본수치임) (매우 중요) (13회기출)

나. 방호구역의 개구부에 자동폐쇄장치를 설치하지 아니한 경우에는 가목의 기준에 따라 산출한 양에 개구부 면적 1m²당 10kg을 가산하여야 한다. 이 경우 개구부의 면적은 방호구역 전체 표면적의 3% 이하로 하여야 한다.

필수사항 10 (계산문제 필수 기본수치임)

3. 국소방출방식은 다음 각 목의 기준에 따라 산출한 양에 고압식은 1.4, 저압식은 1.1을 각각 곱하여 얻은 양 이상으로 할 것 〈개정 2012.8.20〉
   가. 윗면이 개방된 용기에 저장하는 경우와 화재시 연소면이 한정되고 가연물이 비산할 우려가 없는 경우에는 방호대상물의 표면적 1m²에 대하여 13kg
   나. 가목외의 경우에는 방호공간(방호대상물의 각부분으로부터 0.6m의 거리에 따라 둘러싸인 공간을 말한다. 이하 같다)의 체적 1m³에 대하여 다음의 식에 따라 산출한 양

   $$Q = 8 - 6\frac{a}{A}$$

   Q : 방호공간 1m³에 대한 이산화탄소 소화약제의 양(kg/m³)
   a : 방호 대상물 주위에 설치된 벽의 면적의 합계(m²)
   A : 방호공간의 벽면적(벽이 없는 경우에는 벽이 있는 것으로 가정한 해당 부분의 면적)의 합계(m²)

필수사항 (계산문제 필수 기본공식과 수치임)
(1.4와 1.1 은 공통적으로 적용, 방호-공간 개념 숙지)

4. 호스릴이산화탄소소화설비는 하나의 노즐에 대하여 90kg 이상으로 할 것 〈개정 2012.8.20〉

제 6 조(기동장치) ①이산화탄소소화설비의 수동식 기동장치는 다음 각 호의 기준에 따라 설치하여야 한다. 이 경우 수동식 기동장치의 부근에는 소화약제의 방출을 지연시킬 수 있는 비상스위치(자동복귀형 스위치로서 수동식 기동장치의

타이머를 순간정지시키는 기능의 스위치를 말한다)를 설치하여야 한다. 〈개정 2012.8.20〉

1. 전역방출방식은 방호구역마다, 국소방출방식은 방호대상물마다 설치할 것 〈개정 2012.8.20〉
2. 해당방호구역의 출입구부분 등 조작을 하는 자가 쉽게 피난할 수 있는 장소에 설치할 것〈개정 2012.8.20〉
3. 기동장치의 조작부는 바닥으로부터 높이 0.8m 이상 1.5m 이하의 위치에 설치하고, 보호판 등에 따른 보호장치를 설치할 것
4. 기동장치에는 그 가까운 곳의 보기쉬운 곳에 "이산화탄소소화설비 기동장치"라고 표시한 표지를 할 것
5. 전기를 사용하는 기동장치에는 전원표시등을 설치할 것
6. 기동장치의 방출용 스위치는 음향경보장치와 연동하여 조작될 수 있는 것으로 할 것

암기방법 비, 방출조표전방   중요도 ★★★★★
(매우 중요)

②이산화탄소소화설비의 자동식 기동장치는 자동화재탐지설비의 감지기의 작동과 연동하는 것으로서 다음 각 호의 기준에 따라 설치하여야 한다. 〈개정 2012.8.20〉

1. 자동식 기동장치에는 수동으로도 기동할 수 있는 구조로 할 것
2. 전기식 기동장치로서 7병 이상의 저장용기를 동시에 개방하는 설비는 2병 이상의 저장용기에 전자 개방밸브를 부착할 것〈개정 2012.8.20〉
3. 가스압력식 기동장치는 다음 각 목의 기준에 따를 것〈개정 2012.8.20〉
    가. 기동용가스용기 및 해당 용기에 사용하는 밸브는 25MPa 이상의 압력에 견딜 수 있는 것으로 할 것〈개정 2012.8.20〉
    나. 기동용가스용기에는 내압시험압력의 0.8배부터 내압시험압력 이하에서 작동하는 안전장치를 설치할 것〈개정 2012.8.20〉
    다. 기동용가스용기의 용적은 5L 이상으로 하고, 해당 용기에 저장하는 질소 등의 비활성기체는 6.0MPa 이상(21℃ 기준)의 압력으로 충전 할 것〈개정 2012.8.20., 2015.1.23.〉
    라. 기동용가스용기에는 충전여부를 확인할 수 있는 압력게이지를 설치할 것〈신설 2015.1.23〉

4. 기계식 기동장치는 저장용기를 쉽게 개방할 수 있는 구조로 할 것 〈개정 2012.8.20.〉

암기방법 **연수전가기** 중요도 ★★★★★

(매우 중요)

③ 이산화탄소소화설비가 설치된 부분의 출입구 등의 보기 쉬운 곳에 소화약제의 방사를 표시하는 표시등을 설치하여야 한다.

제 7 조(제어반등) 이산화탄소소화설비의 제어반 및 화재표시반은 다음 각 호의 기준에 따라 설치하여야 한다. 다만, 자동화재탐지설비의 수신기의 제어반이 화재표시반의 기능을 가지고 있는 것은 화재표시반을 설치하지 아니할 수 있다.〈개정 2012.8.20.〉

필수사항 (가스계 : 제어반과 화재표시반) 중요도 ★★★

1. 제어반은 수동기동장치 또는 감지기에서의 신호를 수신하여 음향경보장치의 작동, 소화약제의 방출 또는 지연 기타의 제어기능을 가진 것으로 하고, 제어반에는 전원표시등을 설치할 것
2. 화재표시반은 제어반에서의 신호를 수신하여 작동하는 기능을 가진 것으로 하되, 다음 각 목의 기준에 따라 설치할 것〈개정 2012.8.20〉
   가. 각 방호구역마다 음향경보장치의 조작 및 감지기의 작동을 명시하는 표시등과 이와 연동하여 작동하는 벨·부자 등의 경보기를 설치할 것. 이 경우 음향경보장치의 조작 및 감지기의 작동을 명시하는 표시등을 겸용할 수 있다.
   나. 수동식 기동장치는 그 방출용스위치의 작동을 명시하는 표시등을 설치할 것〈개정 2012.8.20〉
   다. 소화약제의 방출을 명시하는 표시등을 설치할 것
   라. 자동식 기동장치는 자동·수동의 절환을 명시하는 표시등을 설치할 것 〈개정 2012.8.20.〉

암기방법 **각수소자** 중요도 ★★★★★

(매우 중요)

3. 제어반 및 화재표시반의 설치장소는 화재에 따른 영향, 진동 및 충격에 따른 영향 및 부식의 우려가 없고 점검에 편리한 장소에 설치할 것
4. 제어반 및 화재표시반에는 해당 회로도 및 취급설명서를 비치할 것〈개정 2012.8.20〉
5. 수동잠금밸브의 개폐여부를 확인할 수 있는 표시등을 설치할 것〈신설 2015.1.23.〉〈개정 2015.1.23.〉〈전문개정 2015.10.28.〉

제 8 조(배관 등) ①이산화탄소소화설비의 배관은 다음 각 호의 기준에 따라 설치하여야 한다.〈개정 2012.8.20〉
1. 배관은 전용으로 할 것
2. 강관을 사용하는 경우의 배관은 압력배관용탄소강관(KS D 3562)중 스케줄 80(저압식은 스케줄 40) 이상의 것 또는 이와 동등 이상의 강도를 가진 것으로 아연도금 등으로 방식처리된 것을 사용할 것. 다만, 배관의 호칭구경이 20mm 이하인 경우에는 스케줄 40 이상인 것을 사용할 수 있다.〈개정 2012.8.20〉
3. 동관을 사용하는 경우의 배관은 이음이 없는 동 및 동합금관(KS D 5301)으로서 고압식은 16.5MPa 이상, 저압식은 3.75MPa 이상의 압력에 견딜 수 있는 것을 사용할 것
4. 고압식의 경우 개폐밸브 또는 선택밸브의 2차측 배관부속은 호칭압력 2.0MPa 이상의 것을 사용하여야 하며, 1차측 배관부속은 호칭압력 4.0MPa 이상의 것을 사용하여야 하고, 저압식의 경우에는 2.0MPa의 압력에 견딜 수 있는 배관부속을 사용할 것

암기방법 전강동부 중요도 ★★★★★

②배관의 구경은 이산화탄소의 소요량이 다음 각 호의 기준에 따른 시간 내에 방사될 수 있는 것으로 하여야 한다.〈개정 2012.8.20〉
1. 전역방출방식에 있어서 가연성액체 또는 가연성가스등 표면화재 방호대상물의 경우에는 1분
2. 전역방출방식에 있어서 종이, 목재, 석탄, 섬유류, 합성수지류 등 심부화재 방호대상물의 경우에는 7분. 이 경우 설계농도가 2분 이내에 30%에 도달하여야 한다.
3. 국소방출방식의 경우에는 30초

> 암기방법 1, 7(2분 30%), 30
> (계산문제 필수 기본수치임)   중요도 ★★★★★

③ 소화약제의 저장용기와 선택밸브 사이의 집합배관에는 수동잠금밸브를 설치하되 선택밸브 직전에 설치할 것. 다만, 선택밸브가 없는 설비의 경우에는 저장용기실 내에 설치하되 조작 및 점검이 쉬운 위치에 설치하여야 한다. 〈신설 2015.1.23.〉

제 9 조(선택밸브) 하나의 특정소방대상물 또는 그 부분에 2 이상의 방호구역 또는 방호대상물이 있어 이산화탄소 저장용기를 공용하는 경우에는 다음 각 호의 기준에 따라 선택밸브를 설치하여야 한다. 〈개정 2012.8.20〉
1. 방호구역 또는 방호대상물마다 설치할 것
2. 각 선택밸브에는 그 담당방호구역 또는 방호대상물을 표시할 것

제10조(분사헤드) ①전역방출방식의 이산화탄소소화설비의 분사헤드는 다음 각 호의 기준에 따라 설치하여야 한다. 〈개정 2012.8.20〉
1. 방사된 소화약제가 방호구역의 전역에 균일하게 신속히 확산할 수 있도록 할 것
2. 분사헤드의 방사압력이 2.1MPa(저압식은 1.05MPa) 이상의 것으로 할 것 〈개정 2012.8.20.〉

> 암기방법 2.1, 1.05 중요 수치임   중요도 ★★★

3. 특정소방대상물 또는 그 부분에 설치된 이산화탄소소화설비의 소화약제의 저장량은 제8조제2항제1호 및 제2호의 기준에서 정한 시간이내에 방사할 수 있는 것으로 할 것 〈개정 2008.12.15, 2012.8.20〉

②국소방출방식의 이산화탄소소화설비의 분사헤드는 다음 각 호의 기준에 따라 설치하여야 한다. 〈개정 2012.8.20〉
1. 소화약제의 방사에 따라 가연물이 비산하지 아니하는 장소에 설치할 것
2. 이산화탄소 소화약제의 저장량은 30초 이내에 방사할 수 있는 것으로 할 것
3. 성능 및 방사압력이 제1항제1호 및 제2호의 기준에 적합한 것으로 할 것

③화재 시 현저하게 연기가 찰 우려가 없는 장소로서 다음 각 호의 어느 하나에

해당하는 장소(차고 또는 주차의 용도로 사용되는 부분 제외)에는 호스릴이산화탄소소화설비를 설치할 수 있다. 〈개정 2012. 8. 20., 2019. 8. 13.〉
1. 지상 1층 및 피난층에 있는 부분으로서 지상에서 수동 또는 원격조작에 따라 개방할 수 있는 개구부의 유효면적의 합계가 바닥면적의 15% 이상이 되는 부분
2. 전기설비가 설치되어 있는 부분 또는 다량의 화기를 사용하는 부분(해당 설비의 주위 5m 이내의 부분을 포함한다)의 바닥면적이 해당 설비가 설치되어 있는 구획의 바닥면적의 5분의 1 미만이 되는 부분 〈개정 2012.8.20.〉

암기방법 연,1피 15,전화 1/5　　　　　　　　　　중요도 ★★★

④호스릴이산화탄소소화설비는 다음 각 호의 기준에 따라 설치하여야 한다. 〈개정 2012.8.20〉
1. 방호대상물의 각 부분으로부터 하나의 호스접결구까지의 수평거리가 15m 이하가 되도록 할 것
2. 노즐은 20℃에서 하나의 노즐마다 60kg/min 이상의 소화약제를 방사할 수 있는 것으로 할 것
3. 소화약제 저장용기는 호스릴을 설치하는 장소마다 설치할 것
4. 소화약제 저장용기의 개방밸브는 호스의 설치장소에서 수동으로 개폐할 수 있는 것으로 할 것
5. 소화약제 저장용기의 가장 가까운 곳의 보기 쉬운 곳에 표시등을 설치하고, 호스릴이산화탄소소화설비가 있다는 뜻을 표시한 표지를 할 것

암기방법 수6저개표　　　　　　　　　　중요도 ★★★★

⑤이산화탄소소화설비의 분사헤드의 오리피스구경 등은 다음 각 호의 기준에 적합하여야 한다. 〈개정 2012.8.20〉
1. 분사헤드에는 부식방지조치를 하여야 하며 오리피스의 크기, 제조일자, 제조업체가 표시 되도록 할 것
2. 분사헤드의 개수는 방호구역에 방사시간이 충족되도록 설치할 것
3. 분사헤드의 방출율 및 방출압력은 제조업체에서 정한 값으로 할 것
4. 분사헤드의 오리피스의 면적은 분사헤드가 연결되는 배관구경면적의 70%를 초과하지 아니할 것

| 암기방법 | **부개방오** | 중요도 ★★★★★ |

(70% : 계산문제 필수 수치임)

제11조(분사헤드 설치제외) 이산화탄소소화설비의 분사헤드는 다음 각 호의 장소에 설치하여서는 아니 된다. 〈개정 2012.8.20〉
1. 방재실·제어실 등 사람이 상시 근무하는 장소
2. 니트로셀룰로스·셀룰로이드제품 등 자기연소성물질을 저장·취급하는 장소
3. 나트륨·칼륨·칼슘 등 활성금속물질을 저장·취급하는 장소
4. 전시장 등의 관람을 위하여 다수인이 출입·통행하는 통로 및 전시실 등

| 암기방법 | **방니나전** | 중요도 ★★★★★ |

(13회 기출)

제12조(자동식 기동장치의 화재감지기) 이산화탄소소화설비의 자동식 기동장치는 다음 각 호의 기준에 따른 화재감지기를 설치하여야 한다. 〈개정 2012.8.20〉
1. 각 방호구역내의 화재감지기의 감지에 따라 작동되도록 할 것
2. 화재감지기의 회로는 교차회로방식으로 설치할 것. 다만, 화재감지기를 「자동화재탐지설비의 화재안전기준(NFSC 203)」 제7조제1항 단서의 각 호의 감지기로 설치하는 경우에는 그러하지 아니하다. 〈개정 2012.8.20.〉

참고 ▶ 불복정분아다광축

| 필수사항 | (감지기 교차회로임, 감지기수 2배 필요) | 중요도 ★★★ |

3. 교차회로내의 각 화재감지기회로별로 설치된 화재감지기 1개가 담당하는 바닥면적은 「자동화재탐지설비의 화재안전기준(NFSC 203)」 제7조제3항 제5호·제8호부터 제10호까지의 규정에 따른 바닥면적으로 할 것 〈개정 2012.8.20〉

제13조(음향경보장치) ①이산화탄소소화설비의 음향경보장치는 다음 각 호의 기준에 따라 설치하여야 한다. 〈개정 2012.8.20〉
1. 수동식 기동장치를 설치한 것은 그 기동장치의 조작과정에서, 자동식 기동

장치를 설치한 것은 화재감지기와 연동하여 자동으로 경보를 발하는 것으로 할 것〈개정 2012.8.20〉

2. 소화약제의 방사개시 후 1분 이상 경보를 계속할 수 있는 것으로 할 것
3. 방호구역 또는 방호대상물이 있는 구획 안에 있는 자에게 유효하게 경보할 수 있는 것으로 할 것

②방송에 따른 경보장치를 설치할 경우에는 다음 각 호의 기준에 따라야 한다.〈개정 2012.8.20〉

1. 증폭기 재생장치는 화재시 연소의 우려가 없고, 유지관리가 쉬운 장소에 설치할 것
2. 방호구역 또는 방호대상물이 있는 구획의 각 부분으로부터 하나의 확성기까지의 수평거리는 25m 이하가 되도록 할 것
3. 제어반의 복구스위치를 조작하여도 경보를 계속 발할 수 있는 것으로 할 것

제14조(자동폐쇄장치) 전역방출방식의 이산화탄소소화설비를 설치한 특정소방대상물 또는 그 부분에 대하여는 다음 각 호의 기준에 따라 자동폐쇄장치를 설치하여야 한다.〈개정 2012.8.20〉

1. 환기장치를 설치한 것은 이산화탄소가 방사되기 전에 해당 환기장치가 정지할 수 있도록 할 것〈개정 2012.8.20〉
2. 개구부가 있거나 천장으로부터 1m 이상의 아래부분 또는 바닥으로부터 해당층의 높이의 3분의 2 이내의 부분에 통기구가 있어 이산화탄소의 유출에 따라 소화효과를 감소시킬 우려가 있는 것은 이산화탄소가 방사되기 전에 해당 개구부 및 통기구를 폐쇄할 수 있도록 할 것〈개정 2012.8.20〉
3. 자동폐쇄장치는 방호구역 또는 방호대상물이 있는 구획의 밖에서 복구할 수 있는 구조로 하고, 그 위치를 표시하는 표지를 할 것

암기방법 환정, 개통폐 복 중요도 ★★★

제15조(비상전원) 이산화탄소소화설비(호스릴이산화탄소소화설비를 제외한다)의 비상전원은 자가발전설비, 축전지설비(제어반에 내장하는 경우를 포함한다) 또는 전기저장장치(외부 전기에너지를 저장해 두었다가 필요한 때 전기를 공급하는 장치)로서 다음 각 호의 기준에 따라 설치하여야 한다. 다만, 2 이상의 변전소(「전기사업법」 제67조에 따른 변전소를 말한다. 이하 같다)에서 전력을 동시에 공급받을 수 있거나 하나의 변전소로부터 전력의 공급이 중단되는 때

에는 자동으로 다른 변전소로부터 전력을 공급받을 수 있도록 상용전원을 설치한 경우에는 비상전원을 설치하지 아니할 수 있다. 〈개정 2012.8.20, 2016.7.13.〉

1. 점검에 편리하고 화재 및 침수 등의 재해로 인한 피해를 받을 우려가 없는 곳에 설치할 것
2. 이산화탄소소화설비를 유효하게 20분 이상 작동할 수 있어야 할 것
3. 상용전원으로부터 전력의 공급이 중단된 때에는 자동으로 비상전원으로부터 전력을 공급받을 수 있도록 할 것
4. 비상전원의 설치장소는 다른 장소와 방화구획 할 것. 이 경우 그 장소에는 비상전원의 공급에 필요한 기구나 설비외의 것(열병합발전설비에 필요한 기구나 설비는 제외한다)을 두어서는 아니 된다.
5. 비상전원을 실내에 설치하는 때에는 그 실내에 비상조명등을 설치할 것

제16조(배출설비) 지하층, 무창층 및 밀폐된 거실 등에 이산화탄소소화설비를 설치한 경우에는 소화약제의 농도를 희석시키기 위한 배출설비를 갖추어야 한다.

암기방법 **지무밀** 중요도 ★★

제17조(과압배출구) 이산화탄소소화설비의 방호구역에 소화약제가 방출시 과압으로 인하여 구조물 등에 손상이 생길 우려가 있는 장소에는 과압배출구를 설치하여야 한다. 〈개정 2012.8.20〉

제18조(설계프로그램) 이산화탄소소화설비를 컴퓨터프로그램을 이용하여 설계할 경우에는 「가스계소화설비의 설계프로그램 성능인증 및 제품검사의 기술기준」에 적합한 설계프로그램을 사용하여야 한다. 〈개정 2012.8.20, 2013.9.3.〉

제19조(안전시설 등) 이산화탄소소화설비가 설치된 장소에는 다음 각 호의 기준에 따른 안전시설을 설치하여야 한다.
1. 소화약제 방출시 방호구역 내와 부근에 가스방출시 영향을 미칠 수 있는 장소에 시각경보장치를 설치하여 소화약제가 방출되었음을 알도록 할 것.
2. 방호구역의 출입구 부근 잘 보이는 장소에 약제방출에 따른 위험경고표지를 부착할 것.

암기방법 **시 위** 중요도 ★★★

[별표 1]

가연성 액체 또는 가연성 가스의 소화에 필요한 설계농도
(제5조제1호 나목관련)

방호대상물	설계농도(%)
수소(Hydrogen)	75
아세틸렌(Acetylene)	66
일산화탄소(Carbon Monoxide)	64
산화에틸렌(Ethylene Oxide)	53
에틸렌(Ethylene)	49
에탄(Ethane)	40
석탄가스, 천연가스(Coal, Natural gas)	37
사이크로 프로판(Cyclo Propane)	37
이소부탄(Iso Butane)	36
프로판(Propane)	36
부탄(Butane)	34
메탄(Methane)	34

필수사항 (수소 75, 메탄 34) 　　　중요도 ★★

할론소화설비의 화재안전기준 (NFSC 107)

[시행 2018. 11. 19.] [소방청고시 제2018-16호, 2018. 11. 19., 일부개정]

제 3 조(정의) 이 기준에서 사용하는 용어의 정의는 다음과 같다.
1. "전역방출방식"이란 고정식 할론 공급장치에 배관 및 분사헤드를 고정 설치하여 밀폐 방호구역 내에 할론을 방출하는 설비를 말한다. 〈개정 2012. 8. 20., 2018. 11. 19.〉
2. "국소방출방식"이란 고정식 할론 공급장치에 배관 및 분사헤드를 설치하여 직접 화점에 할론을 방출하는 설비로 화재발생부분에만 집중적으로 소화약제를 방출하도록 설치하는 방식을 말한다. 〈개정 2012. 8. 20., 2018. 11. 19.〉
3. "호스릴방식"이란 분사헤드가 배관에 고정되어 있지 않고 소화약제 저장용기에 호스를 연결하여 사람이 직접 화점에 소화약제를 방출하는 이동식소화설비를 말한다. 〈개정 2012.8.20〉
4. "충전비"란 용기의 체적과 소화약제의 중량과의 비를 말한다. 〈개정 2012.8.20〉
5. "교차회로방식"이란 하나의 방호구역 내에 2 이상의 화재감지기회로를 설치하고 인접한 2 이상의 화재감지기가 동시에 감지되는 때에는 할론소화설비가 작동하여 소화약제가 방출되는 방식을 말한다. 〈개정 2012. 8. 20., 2018. 11. 19.〉
6. "방화문"이란 「건축법 시행령」 제64조의 규정에 따른 갑종방화문 또는 을종방화문으로써 언제나 닫힌 상태를 유지하거나 화재로 인한 연기의 발생 또는 온도의 상승에 따라 자동적으로 닫히는 구조를 말한다. 〈개정 2012.8.20〉

제 4 조(소화약제의 저장용기등) ①할론소화약제의 저장용기는 다음 각 호의 기준에 적합한 장소에 설치하여야 한다. 〈개정 2012. 8. 20., 2018. 11. 19.〉
1. 방호구역외의 장소에 설치할 것. 다만, 방호구역 내에 설치할 경우에는 피난 및 조작이 용이하도록 피난구 부근에 설치하여야 한다.
2. 온도가 40℃ 이하이고, 온도변화가 적은 곳에 설치할 것
3. 직사광선 및 빗물이 침투할 우려가 없는 곳에 설치할 것

4. 방화문으로 구획된 실에 설치할 것
5. 용기의 설치장소에는 해당 용기가 설치된 곳임을 표시하는 표지를 할 것 〈개정 2012.8.20〉
6. 용기간의 간격은 점검에 지장이 없도록 3cm 이상의 간격을 유지할 것
7. 저장용기와 집합관을 연결하는 연결배관에는 체크밸브를 설치할 것. 다만, 저장용기가 하나의 방호구역만을 담당하는 경우에는 그러하지 아니하다.

②할론소화약제의 저장용기는 다음 각 호의 기준에 따라 설치하여야 한다. 〈개정 2012. 8. 20., 2018. 11. 19.〉

1. 축압식 저장용기의 압력은 온도 20℃에서 할론 1211을 저장하는 것은 1.1MPa 또는 2.5MPa, 할론 1301을 저장하는 것은 2.5MPa 또는 4.2MPa이 되도록 질소가스로 축압할 것 〈개정 2012.8.20〉
2. 저장용기의 충전비는 할론 2402를 저장하는 것중 가압식 저장용기는 0.51 이상 0.67 미만, 축압식 저장용기는 0.67 이상 2.75 이하, 할론 1211은 0.7 이상 1.4 이하, 할론 1301은 0.9 이상 1.6 이하로 할 것 〈개정 2012.8.20〉
3. 동일 집합관에 접속되는 용기의 소화약제 충전량은 동일충전비의 것이어야 할 것

③가압용 가스용기는 질소가스가 충전된 것으로 하고, 그 압력은 21℃에서 2.5MPa 또는 4.2MPa이 되도록 하여야 한다.

④할론소화약제 저장용기의 개방밸브는 전기식·가스압력식 또는 기계식에 따라 자동으로 개방되고 수동으로도 개방되는 것으로서 안전장치가 부착된 것으로 하여야 한다. 〈개정 2018. 11. 19.〉

⑤가압식 저장용기에는 2.0MPa 이하의 압력으로 조정할 수 있는 압력조정장치를 설치하여야 한다.

⑥하나의 구역을 담당하는 소화약제 저장용기의 소화약제량의 체적합계보다 그 소화약제 방출시 방출경로가 되는 배관(집합관 포함)의 내용적이 1.5배 이상일 경우에는 해당 방호구역에 대한 설비는 별도 독립방식으로 하여야 한다. 〈개정 2012.8.20.〉

필수사항 1.5 (계산문제 필수 기본수치임, 개념 숙지 필요)   중요도 ★★★★★

제 5 조(소화약제) 할론소화약제의 저장량은 다음 각 호의 기준에 따라야 한다. 이 경우 동일한 특정소방대상물 또는 그 부분에 2 이상의 방호구역 또는 방호대상물이 있는 경우에는 각 방호구역 또는 방호대상물에 대하여 다음 각 호의 기준에 따라

산출한 저장량 중 최대의 것으로 할 수 있다. 〈개정 2012. 8. 20., 2018. 11. 19.〉
1. 전역방출방식은 다음 각 목의 기준에 따라 산출한 양 이상으로 할 것 〈개정 2012.8.20〉

   가. 방호구역의 체적(불연재료나 내열성의 재료로 밀폐된 구조물이 있는 경우에는 그 체적을 제외한다) $1m^3$에 대하여 다음 표에 따른 양

소방대상물 또는 그 부분		소화약제의 종별	방호구역의 체적 $1m^3$ 당 소화약제의 양
차고 · 주차장 · 전기실 · 통신기기실 · 전산실 기타 이와 유사한 전기설비가 설치되어 있는 부분		할론 1301	0.32kg이상 0.64kg이하
소방기본법 시행령 별표 2의 특수 가연물을 저장 · 취급 하는 소방 대상물 또는 그 부분	가연성고체류 · 가연성액체류	할론 2402 할론 1211 할론 1301	0.40kg이상 1.1kg이하 0.36kg이상 0.71kg이하 0.32kg이상 0.64kg이하
	면화류 · 나무껍질 및 대팻밥 · 넝마 및 종이부스러기 · 사류 · 볏짚류 · 목재가공품 및 나무부스러기를 저장 · 취급하는 것	할론 1211 할론 1301	0.60kg이상 0.71kg이하 0.52kg이상 0.64kg이하
	합성수지류를 저장 · 취급하는 것	할론 1211 할론 1301	0.36kg이상 0.71kg이하 0.32kg이상 0.64kg이하

필수사항 (계산문제 필수 기본수치임) 중요도 ★★★★★
(할론 1301 : 0.32 - 0.64 , 면화류 : 0.52 - 0.64)

   나. 방호구역의 개구부에 자동폐쇄장치를 설치하지 아니한 경우에는 "가"목에 따라 산출한 양에 다음 표에 따라 산출한 양을 가산한 양

소방대상물 또는 그 부분		소화약제의 종별	가산량(개구부의 면적 $1m^2$당 소화약제의 양)
차고 · 주차장 · 전기실 · 통신기기실 · 전산실 · 기타 이와 유사한 전기설비가 설치되어 있는 부분		할론 1301	2.4kg
소방기본법 시행령 별표 2의 특수가연물을 저장 · 취급하는 소방대상물 또는 그 부분	가연성고체류 · 가연성액체류	할론 2402 할론 1211 할론 1301	3.0kg 2.7kg 2.4kg
	면화류 · 나무껍질 및 대팻밥 · 넝마 및 종이부스러기 · 사류 · 볏짚류 · 목재가공품 및 나무부스러기를 저장 · 취급하는 것	할론 1211 할론 1301	4.5kg 3.9kg
	합성수지류를 저장 · 취급하는 것	할론 1211 할론 1301	2.7kg 2.4kg

필수사항 (계산문제 필수 기본수치임, 할론 1301 2.4, 면화류 3.9) 중요도 ★★★★★

2. 국소방출방식은 다음 각 목의 기준에 따라 산출한 양에 할론 2402 또는 할론 1211은 1.1을, 할론 1301은 1.25를 각각 곱하여 얻은 양 이상으로 할 것〈개정 2012.8.20〉

   가. 윗면이 개방된 용기에 저장하는 경우와 화재시 연소면이 1면에 한정되고 가연물이 비산할 우려가 없는 경우에는 다음 표에 따른 양

소화약제의 종별	방호대상물의 표면적 1m²에 대한 소화약제의 양
할론 2402	8.8kg
할론 1211	7.6kg
할론 1301	6.8kg

   나. 가목외의 경우에는 방호공간(방호대상물의 각부분으로부터 0.6m의 거리에 따라 둘러싸인 공간을 말한다. 이하 같다)의 체적 1m³에 대하여 다음의 식에 따라 산출한 양

   $$Q = X - Y\frac{a}{A}$$

   Q : 방호공간 1m³에 대한 할로겐화합물 소화약제의 양(kg/m³)
   a : 방호대상물의 주위에 설치된 벽의 면적의 합계(m²)
   A : 방호공간의 벽면적(벽이 없는 경우에는 벽이 있는 것으로 가정한 해당 부분의 면적)의 합계(m²)
   X 및 Y : 다음표의 수치

소화약제의 종별	X의 수치	Y의 수치
할론 2402	5.2	3.9
할론 1211	4.4	3.3
할론 1301	4.0	3.0

3. 호스릴할론소화설비는 하나의 노즐에 대하여 다음 표에 따른 양 이상으로 할 것 〈개정 2012. 8. 20., 2018. 11. 19.〉

소화약제의 종별	소화약제의 양
할론 2402 또는 1211	50kg
할론 1301	45kg

제 6 조(기동장치) ①할론소화설비의 수동식기동장치는 다음 각 호의 기준에 따라 설치하여야 한다. 이 경우 수동식 기동장치의 부근에는 소화약제의 방출을 지연시킬 수 있는 비상스위치(자동복귀형 스위치로서 수동식 기동장치의 타이머를 순간정지 시키는 기능의 스위치를 말한다)를 설치하여야 한다. 〈개정 2012. 8. 20., 2018. 11. 19.〉

1. 전역방출방식은 방호구역마다, 국소방출방식은 방호대상물마다 설치할 것 〈개정 2012.8.20〉
2. 해당 방호구역의 출입구부분 등 조작을 하는 자가 쉽게 피난할 수 있는 장소에 설치할 것 〈개정 2012.8.20〉
3. 기동장치의 조작부는 바닥으로부터 높이 0.8m 이상 1.5m 이하의 위치에 설치하고, 보호판 등에 따른 보호장치를 설치할 것
4. 기동장치에는 그 가까운 곳의 보기 쉬운 곳에 "할론소화설비 기동장치"라고 표시한 표지를 할 것 〈개정 2018. 11. 19.〉
5. 전기를 사용하는 기동장치에는 전원표시등을 설치할 것
6. 기동장치의 방출용스위치는 음향경보장치와 연동하여 조작될 수 있는 것으로 할 것

②할론소화설비의 자동식 기동장치는 자동화재탐지설비의 감지기의 작동과 연동 하는 것으로서 다음 각 호의 기준에 따라 설치하여야 한다. 〈개정 2012. 8. 20., 2018. 11. 19.〉

1. 자동식 기동장치에는 수동으로도 기동할 수 있는 구조로 할 것
2. 전기식 기동장치로서 7병 이상의 저장용기를 동시에 개방하는 설비는 2병 이상의 저장용기에 전자개방밸브를 부착할 것〈개정 2012.8.20〉
3. 가스압력식 기동장치는 다음 각 목의 기준에 따를 것〈개정 2012.8.20〉
    가. 기동용가스용기 및 해당 용기에 사용하는 밸브는 25MPa 이상의 압력에 견딜 수 있는 것으로 할 것〈개정 2012.8.20〉
    나. 기동용가스용기에는 내압시험압력 0.8배부터 내압시험압력 이하에서 작동하는 안전장치를 설치할 것〈개정 2012.8.20〉
    다. 기동용가스용기의 용적은 1l 이상으로 하고, 해당 용기에 저장하는 이산화탄소의 양은 0.6kg 이상으로하며, 충전비는 1.5 이상으로 할 것〈개정 2012.8.20〉
4. 기계식 기동장치는 저장용기를 쉽게 개방할 수 있는 구소도 할 것〈개정 2012.8.20〉

③할론소화설비가 설치된 부분의 출입구 등의 보기 쉬운 곳에 소화약제의 방사를 표시하는 표시등을 설치하여야 한다. 〈개정 2018. 11. 19.〉

제 7 조(제어반 등) 할론소화설비의 제어반 및 화재표시반은 다음 각 호의 기준에 따라 설치하여야 한다. 다만, 자동화재탐지설비의 수신기의 제어반이 화재표시반의 기능을 가지고 있는 것은 화재표시반을 설치하지 아니할 수 있다. 〈개정

2012. 8. 20., 2018. 11. 19.〉
1. 제어반은 수동기동장치 또는 감지기에서의 신호를 수신하여 음향경보장치의 작동, 소화약제의 방출 또는 지연 기타의 제어기능을 가진 것으로 하고, 제어반에는 전원표시등을 설치할 것
2. 화재표시반은 제어반에서의 신호를 수신하여 작동하는 기능을 가진 것으로 하되, 다음 각 목의 기준에 따라 설치할 것〈개정 2012.8.20〉
   가. 각 방호구역마다 음향경보장치의 조작 및 감지기의 작동을 명시하는 표시등과 이와 연동하여 작동하는 벨・부저 등의 경보기를 설치할 것. 이 경우 음향경보장치의 조작 및 감지기의 작동을 명시하는 표시등을 겸용할 수 있다.
   나. 수동식 기동장치는 그 방출용스위치의 작동을 명시하는 표시등을 설치할 것〈개정 2012.8.20〉
   다. 소화약제의 방출을 명시하는 표시등을 설치할 것
   라. 자동식 기동장치는 자동・수동의 절환을 명시하는 표시등을 설치할 것 〈개정 2012.8.20〉
3. 제어반 및 화재표시반의 설치장소는 화재에 따른 영향, 진동 및 충격에 따른 영향 및 부식의 우려가 없고 점검에 편리한 장소에 설치할 것
4. 제어반 및 화재표시반에는 해당회로도 및 취급설명서를 비치할 것〈개정 2012.8.20〉

제 8 조(배관) 할론소화설비의 배관은 다음 각 호의 기준에 따라 설치하여야 한다. 〈개정 2012. 8. 20., 2018. 11. 19.〉
1. 배관은 전용으로 할 것
2. 강관을 사용하는 경우의 배관은 압력배관용탄소강관(KS D 3562)중 스케줄 40 이상의 것 또는 이와 동등 이상의 강도를 가진 것으로서 아연도금 등에 따라 방식처리된 것을 사용할 것
3. 동관을 사용하는 경우에는 이음이 없는 동 및 동합금관(KS D 5301)의 것으로서 고압식은 16.5MPa 이상, 저압식은 3.75MPa 이상의 압력에 견딜 수 있는 것을 사용할 것
4. 배관부속 및 밸브류는 강관 또는 동관과 동등 이상의 강도 및 내식성이 있는 것으로 할 것

제 9 조(선택밸브) 하나의 특정소방대상물 또는 그 부분에 2 이상의 방호구역 또는 방

호대상물이 있어 할론 저장용기를 공용하는 경우에는 다음 각 호의 기준에 따라 선택밸브를 설치하여야 한다. 〈개정 2012. 8. 20., 2018. 11. 19.〉
1. 방호구역 또는 방호대상물마다 설치할 것
2. 각 선택밸브에는 그 담당방호구역 또는 방호대상물을 표시할 것

제10조(분사헤드) ①전역방출방식의 할론소화설비의 분사헤드는 다음 각 호의 기준에 따라 설치하여야 한다. 〈개정 2012. 8. 20., 2018. 11. 19.〉
1. 방사된 소화약제가 방호구역의 전역에 균일하게 신속히 확산할 수 있도록 할 것
2. 할론 2402를 방출하는 분사헤드는 해당 소화약제가 무상으로 분무되는 것으로 할 것〈개정 2012.8.20〉
3. 분사헤드의 방사압력은 할론 2402를 방사하는 것은 0.1MPa 이상, 할론 1211을 방사하는 것은 0.2MPa 이상, 할론1301을 방사하는 것은 0.9MPa 이상으로 할 것〈개정 2012.8.20〉
4. 제5조에 따른 기준저장량의 소화약제를 10초 이내에 방사할 수 있는 것으로 할 것〈개정 2012.8.20.〉

필수사항 (계산문제 필수 기본수치임) 중요도 ★★★
(할론 모두 10초, 1301 방사압 0.9)

②국소방출방식의 할론소화설비의 분사헤드는 다음 각 호의 기준에 따라 설치하여야 한다. 〈개정 2012. 8. 20., 2018. 11. 19.〉
1. 소화약제의 방사에 따라 가연물이 비산하지 아니하는 장소에 설치할 것
2. 할론 2402를 방사하는 분사헤드는 해당 소화약제가 무상으로 분무되는 것으로 할 것〈개정 2012.8.20〉
3. 분사헤드의 방사압력은 할론 2402를 방사하는 것은 0.1MPa 이상, 할론 1211을 방사하는 것은 0.2MPa 이상, 할론1301을 방사하는 것은 0.9MPa 이상으로 할 것〈개정 2012.8.20〉
4. 제5조에 따른 기준저장량의 소화약제를 10초 이내에 방사할 수 있는 것으로 할 것〈개정 2012.8.20〉

③화재 시 현저하게 연기가 찰 우려가 없는 장소로서 다음 각 호의 어느 하나에 해당하는 장소는 호스릴할론소화설비를 설치할 수 있다. 〈개정 2012. 8. 20., 2018. 11. 19.〉
1. 지상 1층 및 피난층에 있는 부분으로서 지상에서 수동 또는 원격조작에 따라

개방할 수 있는 개구부의 유효면적의 합계가 바닥면적의 15% 이상이 되는 부분

2. 전기설비가 설치되어 있는 부분 또는 다량의 화기를 사용하는 부분(해당 설비의 주위 5m 이내의 부분을 포함한다)의 바닥면적이 해당 설비가 설치되어 있는 구획의 바닥면적의 5분의 1 미만이 되는 부분〈개정 2012.8.20〉

④호스릴할론소화설비는 다음 각 호의 기준에 따라 설치하여야 한다. 〈개정 2012. 8. 20., 2018. 11. 19.〉

1. 방호대상물의 각 부분으로부터 하나의 호스접결구까지의 수평거리가 20m 이하가 되도록 할 것
2. 소화약제의 저장용기의 개방밸브는 호스릴의 설치장소에서 수동으로 개폐할 수 있는 것으로 할 것
3. 소화약제의 저장용기는 호스릴을 설치하는 장소마다 설치할 것
4. 노즐은 20℃에서 하나의 노즐마다 1분당 다음 표에 따른 소화약제를 방사할 수 있는 것으로 할 것

소화약제의 종별	1분당 방사하는 소화약제의 양
할론 2402	45kg
할론 1211	40kg
할론 1301	35kg

5. 소화약제 저장용기의 가까운 곳의 보기 쉬운 곳에 적색의 표시등을 설치하고, 호스릴할론소화설비가 있다는 뜻을 표시한 표지를 할 것 〈개정 2018. 11. 19.〉

⑤할론소화설비의 분사헤드의 오리피스구경·방출율·크기 등에 관하여는 다음 각 호의 기준에 따라야 한다. 〈개정 2012. 8. 20., 2018. 11. 19.〉

1. 분사헤드에는 부식방지조치를 하여야 하며 오리피스의 크기, 제조일자, 제조업체가 표시되도록 할 것
2. 분사헤드의 개수는 방호구역에 방사시간이 충족되도록 설치할 것
3. 분사헤드의 방출율 및 방출압력은 제조업체에서 정한 값으로 할 것
4. 분사헤드의 오리피스의 면적은 분사헤드가 연결되는 배관구경 면적의 70%를 초과하지 아니할 것

제11조(자동식 기동장치의 화재감지기) 할론소화설비의 자동식 기동장치는 다음 각 호의 기준에 따른 화재감지기를 설치하여야 한다. 〈개정 2012. 8. 20., 2018. 11. 19.〉

1. 각 방호구역내의 화재감지기의 감지에 따라 작동되도록 할 것

2. 화재감지기의 회로는 교차회로방식으로 설치할 것. 다만, 화재감지기를 「자동화재탐지설비의 화재안전기준(NFSC 203)」 제7조제1항 단서의 각 호의 감지기로 설치하는 경우에는 그러하지 아니하다. 〈개정 2012.8.20〉
3. 교차회로내의 각 화재감지기회로별로 설치된 화재감지기 1개가 담당하는 바닥면적은 「자동화재탐지설비의 화재안전기준(NFSC 203)」 제7조제3항 제5호·제8호부터 제10호까지의 기준에 따른 바닥면적으로 할 것 〈개정 2012.8.20〉

제12조(음향경보장치) ①할론소화설비의 음향경보장치는 다음 각 호의 기준에 따라 설치하여야 한다. 〈개정 2012. 8. 20., 2018. 11. 19.〉
1. 수동식 기동장치를 설치한 것은 그 기동장치의 조작과정에서, 자동식 기동장치를 설치한 것은 화재감지기와 연동하여 자동으로 경보를 발하는 것으로 할 것 〈개정 2012.8.20〉
2. 소화약제의 방사개시 후 1분 이상 경보를 계속할 수 있는 것으로 할 것
3. 방호구역 또는 방호대상물이 있는 구획 안에 있는 자에게 유효하게 경보할 수 있는 것으로 할 것

②방송에 따른 경보장치를 설치할 경우에는 다음 각 호의 기준에 따라야 한다. 〈개정 2012.8.20〉
1. 증폭기 재생장치는 화재시 연소의 우려가 없고, 유지관리가 쉬운 장소에 설치할 것
2. 방호구역 또는 방호대상물이 있는 구획의 각 부분으로부터 하나의 확성기까지의 수평거리는 25m 이하가 되도록 할 것
3. 제어반의 복구스위치를 조작하여도 경보를 계속 발할 수 있는 것으로 할 것

제13조(자동폐쇄장치) 전역방출방식의 할론소화설비를 설치한 특정소방대상물 또는 그 부분에 대하여는 다음 각 호의 기준에 따라 자동폐쇄장치를 설치하여야 한다. 〈개정 2012. 8. 20., 2018. 11. 19.〉
1. 환기장치를 설치한 것은 할론이 방사되기 전에 해당 환기장치가 정지할 수 있도록 할 것 〈개정 2012. 8. 20., 2018. 11. 19.〉
2. 개구부가 있거나 천장으로부터 1m 이상의 아래부분 또는 바닥으로부터 해당층의 높이의 3분의 2 이내의 부분에 통기구가 있어 할론의 유출에 따라 소화효과를 감소시킬 우려가 있는 것은 할론이 방사되기 전에 당해 개구부 및 통기구를 폐쇄할 수 있도록 할 것 〈개정 2012. 8. 20., 2018. 11. 19.〉

3. 자동폐쇄장치는 방호구역 또는 방호대상물이 있는 구획의 밖에서 복구할 수 있는 구조로 하고, 그 위치를 표시하는 표지를 할 것

제14조(비상전원) 할론소화설비(호스릴할론소화설비를 제외한다)의 비상전원은 자가발전설비, 축전지설비(제어반에 내장하는 경우를 포함한다)또는 전기저장장치(외부 전기에너지를 저장해 두었다가 필요한 때 전기를 공급하는 장치)로서 다음 각 호의 기준에 따라 설치하여야 한다. 다만, 2 이상의 변전소(「전기사업법」제67조에 따른 변전소를 말한다. 이하 같다)에서 전력을 동시에 공급받을 수 있거나 하나의 변전소로부터 전력의 공급이 중단되는 때에는 자동으로 다른 변전소로부터 전력을 공급받을 수 있도록 상용전원을 설치한 경우에는 비상전원을 설치하지 아니할 수 있다. 〈개정 2012. 8. 20., 2016. 7. 13., 2018. 11. 19.〉
1. 점검에 편리하고 화재 및 침수 등의 재해로 인한 피해를 받을 우려가 없는 곳에 설치할 것
2. 할론소화설비를 유효하게 20분 이상 작동할 수 있어야 할 것 〈개정 2018. 11. 19.〉
3. 상용전원으로부터 전력의 공급이 중단된 때에는 자동으로 비상전원으로부터 전력을 공급받을 수 있도록 할 것
4. 비상전원의 설치장소는 다른 장소와 방화구획 할 것. 이 경우 그 장소에는 비상전원의 공급에 필요한 기구나 설비외의 것(열병합발전설비에 필요한 기구나 설비는 제외한다)을 두어서는 아니된다.
5. 비상전원을 실내에 설치하는 때에는 그 실내에 비상조명등을 설치할 것

제15조(설계프로그램) 할론소화설비를 컴퓨터프로그램을 이용하여 설계할 경우에는 「가스계소화설비의 설계프로그램 성능인증 및 제품검사의 기술기준」에 적합한 설계프로그램을 사용하여야 한다. 〈개정 2012. 8. 20., 2013. 9. 3., 2018. 11. 19.〉

제16조(설치·유지기준의 특례) 소방본부장 또는 소방서장은 기존건축물이 증축·개축·대수선되거나 용도변경 되는 경우에 있어서 이 기준이 정하는 기준에 따라 해당 건축물에 설치하여야 할 할론소화설비의 배관·배선 등의 공사가 현저하게 곤란하다고 인정되는 경우에는 해당 설비의 기능 및 사용에 지장이 없는 범위 안에서 할론소화설비의 설치·유지기준의 일부를 적용하지 아니할 수 있다. 〈개정 2012. 8. 20., 2018. 11. 19.〉

할로겐화합물 및 불활성기체소화설비의 화재안전기준(NFSC 107A)

[시행 2018. 11. 19.] [소방청고시 제2018-17호, 2018. 11. 19., 일부개정]

제 3 조(정의) 이 기준에서 사용하는 용어의 정의는 다음과 같다.

1. "할로겐화합물 및 불활성기체소화약제"란 할로겐화합물(할론 1301, 할론 2402, 할론 1211 제외) 및 불활성기체로서 전기적으로 비전도성이며 휘발성이 있거나 증발 후 잔여물을 남기지 않는 소화약제를 말한다. 〈개정 2012. 8. 20., 2018. 11. 19.〉
2. "할로겐화합물소화약제"란 불소, 염소, 브롬 또는 요오드 중 하나 이상의 원소를 포함하고 있는 유기화합물을 기본성분으로 하는 소화약제를 말한다. 〈개정 2012. 8. 20., 2018. 11. 19.〉
3. "불활성기체소화약제"란 헬륨, 네온, 아르곤 또는 질소가스 중 하나 이상의 원소를 기본성분으로 하는 소화약제를 말한다. 〈개정 2012. 8. 20., 2018. 11. 19.〉
4. "충전밀도"란 용기의 단위용적당 소화약제의 중량의 비율을 말한다. 〈개정 2012. 8. 20.〉

> **필수사항** (충전밀도 단위 : kg/m^3) 중요도 ★★★

5. "방화문"이란 「건축법 시행령」 제64조에 따른 갑종방화문 또는 을종방화문으로써 언제나 닫힌 상태를 유지하거나 화재로 인한 연기의 발생 또는 온도의 상승에 따라 자동적으로 닫히는 구조를 말한다. 〈개정 2012. 8. 20〉

제 4 조(종류) 소화설비에 적용되는 할로겐화합물 및 불활성기체소화약제는 다음 표에서 정하는 것에 한한다. 〈개정 2018. 11. 19.〉

소 화 약 제	화 학 식
퍼플루오로부탄(이하 "FC-3-1-10"이라 한다)	C_4F_{10}
하이드로클로로플루오로카본혼화제 (이하 "HCFC BLEND A"라 한다)	HCFC-123($CHCl_2CF_3$) : 4.75%

소 화 약 제	화 학 식
	HCFC-22(CHClF$_2$) : 82% HCFC-124(CHClFCF$_3$) : 9.5% C$_{10}$H$_{16}$: 3.75%
클로로테트라플루오르에탄(이하 "HCFC-124"라 한다)	CHClFCF$_3$
펜타플루오로에탄(이하 "HFC-125"라 한다)	CHF$_2$CF$_3$
헵타플루오로프로판(이하 "HFC-227ea"라 한다)	CF$_3$CHFCF$_3$
트리플루오로메탄(이하 "HFC-23"라 한다)	CHF$_3$
헥사플루오로프로판(이하 "HFC-236fa"라 한다)	CF$_3$CH$_2$CF$_3$
트리플루오로이오다이드(이하 "FIC-13I1"라 한다)	CF$_3$I
불연성·불활성기체혼합가스(이하 "IG-01"이라 한다)	Ar
불연성·불활성기체혼합가스(이하 "IG-100"이라 한다)	N$_2$
불연성·불활성기체혼합가스(이하 "IG-541"이라 한다)	N$_2$: 52%, Ar : 40%, CO$_2$: 8%
불연성·불활성기체혼합가스(이하 "IG-55"이라 한다)	N$_2$: 50%, Ar : 50%
도데카플루오로-2-메틸펜탄-3-원(이하 "FK-5-1-12"이라 한다)	CF$_3$CF$_2$C(O)CF(CF$_3$)$_2$

필수사항 (명명법 : C H F, 질알C)
+1 -1 O (종류 : 각각 5개 정도 암기 필요) 중요도 ★★★★★

제 5 조(설치제외) 할로겐화합물 및 불활성기체소화설비는 다음 각 호에서 정한 장소에는 설치할 수 없다. 〈개정 2012. 8. 20., 2018. 11. 19.〉
1. 사람이 상주하는 곳으로써 제7조제2항의 최대허용설계농도를 초과하는 장소
2. 「위험물안전기본법 시행령」 별표 1의 제3류위험물 및 제5류위험물을 사용하는 장소. 다만, 소화성능이 인정되는 위험물은 제외한다. 〈개정 2012.8.20.〉

암기방법 상 3 5 중요도 ★★★★★

제 6 조(저장용기) ①할로겐화합물 및 불활성기체소화약제의 저장용기는 다음 각 호의 기준에 적합한 장소에 설치하여야 한다. 〈개정 2018. 11. 19.〉
1. 방호구역외의 장소에 설치할 것. 다만, 방호구역 내에 설치할 경우에는 피난 및 조작이 용이하도록 피난구 부근에 설치하여야 한다.
2. 온도가 55℃ 이하이고 온도의 변화가 작은 곳에 설치할 것
3. 직사광선 및 빗물이 침투할 우려가 없는 곳에 설치할 것
4. 저장용기를 방호구역 외에 설치한 경우에는 방화문으로 구획된 실에 설치할

것〈개정 2009.10.22〉
5. 용기의 설치장소에는 해당 용기가 설치된 곳임을 표시하는 표지를 할 것〈개정 2012.8.20〉
6. 용기간의 간격은 점검에 지장이 없도록 3cm 이상의 간격을 유지할 것
7. 저장용기와 집합관을 연결하는 연결배관에는 체크밸브를 설치할 것. 다만, 저장용기가 하나의 방호구역만을 담당하는 경우에는 그러하지 아니하다.

> **암기방법** **방온직방용용저, 온도 55 만 틀림**   중요도 ★★★★★

② 할로겐화합물 및 불활성기체소화약제의 저장용기는 다음 각 호의 기준에 적합하여야 한다. 〈개정 2012. 8. 20., 2018. 11. 19.〉
1. 저장용기의 충전밀도 및 충전압력은 별표 1에 따를 것〈개정 2012.8.20〉
2. 저장용기는 약제명·저장용기의 자체중량과 총중량·충전일시·충전압력 및 약제의 체적을 표시할 것
3. 집합관에 접속되는 저장용기는 동일한 내용적을 가진 것으로 충전량 및 충전압력이 같도록 할 것
4. 저장용기에 충전량 및 충전압력을 확인할 수 있는 장치를 하는 경우에는 해당 소화약제에 적합한 구조로 할 것
5. 저장용기의 약제량 손실이 5%를 초과하거나 압력손실이 10%를 초과할 경우에는 재충전하거나 저장용기를 교체할 것. 다만, 불활성기체 소화약제 저장용기의 경우에는 압력손실이 5%를 초과할 경우 재충전하거나 저장용기를 교체하여야 한다. 〈개정 2018. 11. 19.〉

> **암기방법** **충동확약5 (재충전. 교체 기준 양5압10, 압5)**   중요도 ★★★★★
> (매우 중요)

③ 하나의 방호구역을 담당하는 저장용기의 소화약제의 체적합계보다 소화약제의 방출시 방출경로가 되는 배관(집합관을 포함한다)의 내용적의 비율이 할로겐화합물 및 불활성기체소화약제 제조업체(이하 "제조업체"라 한다)의 설계기준에서 정한 값 이상일 경우에는 해당 방호구역에 대한 설비는 별도 독립방식으로 하여야 한다. 〈개정 2012. 8. 20., 2018. 11. 19.〉

> **필수사항** (별도독립배관 : 제조업체에서 정한값 이상)   중요도 ★★★

제 7 조(소화약제량의 산정) ① 소화약제의 저장량은 다음 각 호의 기준에 따른다. 〈개정 2012.8.20〉

1. 할로겐화합물소화약제는 다음 공식에 따라 산출한 양 이상으로 할 것 〈개정 2018. 11. 19.〉

$$W = V/S \times [C/(100-C)]$$

W : 소화약제의 무게(kg)

V : 방호구역의 체적(m^3)

S : 소화약제별 선형상수($K_1 + K_2 \times t$)(m^3/kg)

소 화 약 제	K_1	K_2
〈삭제〉	〈삭제〉	〈삭제〉
FC-3-1-10	0.094104	0.00034455
HCFC BLEND A	0.2413	0.00088
HCFC-124	0.1575	0.0006
HFC-125	0.1825	0.0007
HFC-227ea	0.1269	0.0005
HFC-23	0.3164	0.0012
HFC-236fa	0.1413	0.0006
FIC-1311	0.1138	0.0005
FK-5-1-12	0.0664	0.0002741

C : 체적에 따른 소화약제의 설계농도(%)

t : 방호구역의 최소예상온도(℃)

필수사항 (가장 중요한 약제량 산출공식임) 중요도 ★★★★★
(계산문제 출제 예상문제)

2. 불활성기체소화약제는 다음 공식에 따라 산출한 양 이상으로 할 것 〈개정 2018. 11. 19.〉

$$X = 2.303(Vs/S) \times \log_{10}[100/(100-C)]$$

X : 공간체적당 더해진 소화약제의 부피(m^3/m^3)

S : 소화약제별 선형상수($K_1 + K_2 \times t$)(m^3/kg)

소 화 약 제	K_1	K_2
IG-01	0.5685	0.00208
IG-100	0.7997	0.00293
IG-541	0.65799	0.00239
IG-55	0.6598	0.00242

C : 체적에 따른 소화약제의 설계농도(%)

Vs : 20℃에서 소화약제의 비체적(m³/kg)

t : 방호구역의 최소예상온도(℃)

3. 체적에 따른 소화약제의 설계농도(%)는 상온에서 제조업체의 설계기준에서 정한 실험수치를 적용한다. 이 경우 설계농도는 소화농도(%)에 안전계수(A·C급화재 1.2, B급화재 1.3)를 곱한 값으로 할 것

필수사항 (가장 중요한 약제량 산출공식임)
(계산문제 출제 예상문제) 중요도 ★★★★★

② 제1항의 기준에 의해 산출한 소화약제량은 사람이 상주하는 곳에서는 별표 2에 따른 최대허용설계농도를 초과할 수 없다. 〈개정 2008.12.15〉

③ 방호구역이 둘 이상인 장소의 소화설비가 제6조제3항의 기준에 해당하지 않는 경우에 한하여 가장 큰 방호구역에 대하여 제1항의 기준에 의해 산출한 양 이상이 되도록 하여야 한다.

제 8 조(기동장치) 할로겐화합물 및 불활성기체소화설비는 다음 각 호의 기준에 따라 설치하여야 한다. 〈개정 2012. 8. 20., 2018. 11. 19.〉

1. 수동식 기동장치는 다음 각 목의 기준에 따라 설치할 것 이 경우 수동식 기동장치의 부근에는 소화약제의 방출을 지연시킬 수 있는 비상스위치(자동복귀형 스위치로서 수동식 기동장치의 타이머를 순간 정치시키는 기능의 스위치를 말한다)를 설치하여야 한다.

   가. 방호구역마다 설치
   나. 해당 방호구역의 출입구부근 등 조작을 하는 자가 쉽게 피난할 수 있는 장소에 설치할 것 〈개정 2012.8.20〉
   다. 기동장치의 조작부는 바닥으로부터 0.8m 이상 1.5m 이하의 위치에 설치하고, 보호판 등에 따른 보호장치를 설치할 것
   라. 기동장치에는 가깝고 보기 쉬운 곳에 "할로겐화합물 및 불활성기체소화설비 기동장치"라는 표지를 할 것 〈개정 2018. 11. 19.〉
   마. 전기를 사용하는 기동장치에는 전원표시등을 설치할 것
   바. 기동장치의 방출용스위치는 음향경보장치와 연동하여 조작될 수 있는 것으로 할 것
   사. 5kg 이하의 힘을 가하여 기동할 수 있는 구조로 설치

암기방법 비, 방출조표전방 5 중요도 ★★★★★

2. 자동식 기동장치는 자동화재탐지설비의 감지기의 작동과 연동하는 것으로서 다음 각 목의 기준에 따라 설치할 것.
  가. 자동식 기동장치에는 제1호의 기준에 따른 수동식 기동장치를 함께 설치할 것
  나. 기계식, 전기식 또는 가스압력식에 따른 방법으로 기동하는 구조로 설치할 것
3. 할로겐화합물 및 불활성기체소화설비가 설치된 구역의 출입구에는 소화약제가 방출되고 있음을 나타내는 표시등을 설치할 것 〈개정 2018. 11. 19.〉

제 9 조(제어반등) 할로겐화합물 및 불활성기체소화설비의 제어반 및 화재표시반은 다음 각 호의 기준에 따라 설치하여야 한다. 다만, 자동화재탐지설비의 수신기의 제어반이 화재표시반의 기능을 가지고 있는 것은 화재표시반을 설치하지 아니할 수 있다. 〈개정 2012. 8. 20., 2018. 11. 19.〉

1. 제어반은 수동기동장치 또는 감지기에서의 신호를 수신하여 음향경보장치의 작동, 소화약제의 방출 또는 지연 기타의 제어기능을 가진 것으로 하고, 제어반에는 전원표시등을 설치할 것
2. 화재표시반은 제어반에서의 신호를 수신하여 작동하는 기능을 가진 것으로 하되, 다음 각 목의 기준에 따라 설치할 것〈개정 2012.8.20〉
  가. 각 방호구역마다 음향경보장치의 조작 및 감지기의 작동을 명시하는 표시등과 이와 연동하여 작동하는 벨·부저 등의 경보기를 설치할 것. 이 경우 음향경보장치의 조작 및 감지기의 작동을 명시하는 표시등을 겸용할 수 있다.
  나. 수동식 기동장치는 그 방출용스위치의 작동을 명시하는 표시등을 설치할 것〈개정 2012.8.20〉
  다. 소화약제의 방출을 명시하는 표시등을 설치할 것
  라. 자동식 기동장치는 자동·수동의 절환을 명시하는 표시등을 설치할 것〈개정 2012.8.20〉
3. 제어반 및 화재표시반의 설치장소는 화재에 따른 영향, 진동 및 충격에 따른 영향 및 부식의 우려가 없고 점검에 편리한 장소에 설치할 것
4. 제어반 및 화재표시반에는 해당 회로도 및 취급설명서를 비치할 것〈개정 2012.8.20〉

제10조(배관) ①할로겐화합물 및 불활성기체소화설비의 배관은 다음 각 호의 기준에

따라 설치하여야 한다. 〈개정 2012. 8. 20., 2018. 11. 19.〉
1. 배관은 전용으로 할 것
2. 배관·배관부속 및 밸브류는 저장용기의 방출내압을 견딜 수 있어야 하며 다음 각 목의 기준에 적합할 것. 이 경우 설계내압은 별표 1에서 정한 최소사용설계압력 이상으로 하여야 한다. 〈개정 2012.8.20〉
    가. 강관을 사용하는 경우의 배관은 압력배관용탄소강관(KS D 3562) 또는 이와 동등 이상의 강도를 가진 것으로서 아연도금 등에 따라 방식처리된 것을 사용할 것
    나. 동관을 사용하는 경우의 배관은 이음이 없는 동 및 동합금관(KS D 5301)의 것을 사용할 것
    다. 배관의 두께는 다음의 계산식에서 구한 값(t) 이상일 것 다만, 방출헤드 설치부는 제외한다.

    $$관의 두께\ (t) = \frac{PD}{2SE} + A$$

    P : 최대허용압력(KPa)
    D : 배관의 바깥지름(mm)
    SE : 최대허용응력(KPa)(배관재질 인장강도의 1/4값과 항복점의 2/3 값중 적은 값×배관이음효율×1.2)
    A : 나사이음, 홈이음등의허용값(mm)(헤드설치부분은 제외한다)
    - 나사이음 : 나사의 높이
    - 절단홈이음 : 홈의 깊이
    - 용접이음 : 0
    ※ 배관이음효율
    - 이음매 없는 배관 : 1.0
    - 전기저항 용접배관 : 0.85
    - 가열맞대기 용접배관 : 0.60
3. 배관부속 및 밸브류는 강관 또는 동관과 동등 이상의 강도 및 내식성이 있는 것으로 할 것

②배관과 배관, 배관과 배관부속 및 밸브류의 접속은 나사접합, 용접접합, 압축접합 또는 플랜지접합 등의 방법을 사용하여야 한다.

③배관의 구경은 해당 방호구역에 할로겐화합물소화약제는 10초 이내에, 불활성기체소화약제는 A·C급 화재 2분, B급 화재 1분 이내에 방호구역 각 부분에 최소설계농도의 95% 이상 해당하는 약제량이 방출되도록 하여야 한다. 〈개

정 2012. 8. 20., 2018. 11. 19.〉

| 암기방법 | **전방강동두부접구** | 중요도 ★★★★★ |

(배관두께공식 매우중요 : 인항, 나절용, 이전가) (출제 예상)

제11조(분사헤드) ① 분사헤드는 다음 각 호의 기준에 따라야 한다.
  1. 분사헤드의 설치높이는 방호구역의 바닥으로부터 최소 0.2m 이상 최대 3.7m 이하로 하여야 하며 천장높이가 3.7m를 초과할 경우에는 추가로 다른 열의 분사헤드를 설치할 것. 다만, 분사헤드의 성능인정 범위내에서 설치하는 경우에는 그러하지 아니하다.
  2. 분사헤드의 갯수는 방호구역에 제10조제3항을 충족되도록 설치할 것〈개정 2012.8.20〉
  3. 분사헤드에는 부식방지조치를 하여야 하며 오리피스의 크기, 제조일자, 제조업체가 표시 되도록 할 것
② 분사헤드의 방출율 및 방출압력은 제조업체에서 정한 값으로 한다.
③ 분사헤드의 오리피스의 면적은 분사헤드가 연결되는 배관구경면적의 70%를 초과하여서는 아니 된다.

| 암기방법 | **높 부개방오** | 중요도 ★★★★★ |

(헤드설치높이 3.7 중요, 계산문제 필요)

제12조(선택밸브) 하나의 특정소방대상물 또는 그 부분에 2 이상의 방호구역이 있어 소화약제의 저장용기를 공용하는 경우에 있어서 방호구역마다 선택밸브를 설치하고 선택밸브에는 각각의 방호구역을 표시하여야 한다. 〈개정 2012.8.20〉

제13조(자동식기동장치의 화재감지기) 할로겐화합물 및 불활성기체소화설비의 자동식 기동장치는 다음 각 호의 기준에 따른 화재감지기를 설치하여야 한다. 〈개정 2012. 8. 20., 2018. 11. 19.〉
  1. 각 방호구역내의 화재감지기의 감지에 따라 작동되도록 할 것
  2. 화재감지기의 회로는 교차회로방식으로 설치할 것. 다만, 화재감지기를 「자동화재탐지설비의 화재안전기준(NFSC 203)」 제7조제1항 단서의 각 호의 감지기로 설치하는 경우에는 그러하지 아니하다. 〈개정 2012.8.20〉
  3. 교차회로내의 각 화재감지기회로별로 설치된 화재감지기 1개가 담당하는

바닥면적은 「자동화재탐지설비의 화재안전기준(NFSC 203)」 제7조제3항 제5호 · 제8호부터 제10호까지의 규정에 따른 바닥면적으로 할 것 〈개정 2012.8.20〉

제14조(음향경보장치) ①할로겐화합물 및 불활성기체소화설비의 음향경보장치는 다음 각 호의 기준에 따라 설치하여야 한다. 〈개정 2012. 8. 20., 2018. 11. 19.〉
1. 수동식 기동장치를 설치한 것은 그 기동장치의 조작과정에서, 자동식 기동장치를 설치한 것은 화재감지기와 연동하여 자동으로 경보를 발하는 것으로 할 것 〈개정 2012.8.20〉
2. 소화약제의 방사개시 후 1분 이상 경보를 계속할 수 있는 것으로 할 것
3. 방호구역 또는 방호대상물이 있는 구획 안에 있는 자에게 유효하게 경보할 수 있는 것으로 할 것

②방송에 따른 경보장치를 설치할 경우에는 다음 각 호의 기준에 따라야 한다. 〈개정 2012.8.20〉
1. 증폭기 재생장치는 화재시 연소의 우려가 없고, 유지관리가 쉬운 장소에 설치할 것
2. 방호구역 또는 방호대상물이 있는 구획의 각 부분으로부터 하나의 확성기까지의 수평거리는 25m 이하가 되도록 할 것
3. 제어반의 복구스위치를 조작하여도 경보를 계속 발할 수 있는 것으로 할 것

제15조(자동폐쇄장치) 할로겐화합물 및 불활성기체소화설비를 설치한 특정소방대상물 또는 그 부분에 대하여는 다음 각 호의 기준에 따라 자동폐쇄장치를 설치하여야 한다. 〈개정 2012. 8. 20., 2018. 11. 19.〉
1. 환기장치를 설치한 것은 할로겐화합물 및 불활성기체소화약제가 방사되기 전에 해당 환기장치가 정지할 수 있도록 할 것 〈개정 2012. 8. 20., 2018. 11. 19.〉
2. 개구부가 있거나 천장으로부터 1m 이상의 아래 부분 또는 바닥으로부터 해당층의 높이의 3분의 2 이내의 부분에 통기구가 있어 할로겐화합물 및 불활성기체소화약제의 유출에 따라 소화효과를 감소시킬 우려가 있는 것은 할로겐화합물 및 불활성기체소화약제가 방사되기 전에 당해 개구부 및 통기구를 폐쇄할 수 있도록 할 것 〈개정 2012. 8. 20., 2018. 11. 19.〉
3. 자동폐쇄장치는 방호구역 또는 방호대상물이 있는 구획의 밖에서 복구할 수 있는 구조로 하고, 그 위치를 표시하는 표지를 할 것

제16조(비상전원) 할로겐화합물 및 불활성기체소화설비의 비상전원은 자가발전설비, 축전지설비(제어반에 내장하는 경우를 포함한다) 또는 전기저장장치(외부 전기에너지를 저장해 두었다가 필요한 때 전기를 공급하는 장치)로서 다음 각 호의 기준에 따라 설치하여야 한다. 다만, 2 이상의 변전소(「전기사업법」제67조에 따른 변전소를 말한다. 이하 같다)에서 전력을 동시에 공급받을 수 있거나 하나의 변전소로부터 전력의 공급이 중단되는 때에는 자동으로 다른 변전소로부터 전력을 공급받을 수 있도록 상용전원을 설치한 경우에는 비상전원을 설치하지 아니할 수 있다. 〈개정 2012. 8. 20., 2016. 7. 13., 2018. 11. 19.〉

1. 점검에 편리하고 화재 및 침수 등의 재해로 인한 피해를 받을 우려가 없는 곳에 설치할 것
2. 할로겐화합물 및 불활성기체소화설비를 유효하게 20분 이상 작동할 수 있어야 할 것 〈개정 2018. 11. 19.〉
3. 상용전원으로부터 전력의 공급이 중단된 때에는 자동으로 비상전원으로부터 전력을 공급받을 수 있도록 할 것
4. 비상전원의 설치장소는 다른 장소와 방화구획 할 것. 이 경우 그 장소에는 비상전원의 공급에 필요한 기구나 설비외의 것(열병합발전설비에 필요한 기구나 설비는 제외한다)을 두어서는 아니 된다.
5. 비상전원을 실내에 설치하는 때에는 그 실내에 비상조명등을 설치할 것

제17조(과압배출구) 할로겐화합물 및 불활성기체소화설비의 방호구역에 소화약제가 방출시 과압으로 인하여 구조물 등에 손상이 생길 우려가 있는 장소에는 과압배출구를 설치하여야한다. 〈개정 2018. 11. 19.〉

제18조(설계프로그램) 할로겐화합물 및 불활성기체소화설비를 컴퓨터프로그램을 이용하여 설계할 경우에는 「가스계소화설비의 설계프로그램 성능인증 및 제품검사의 기술기준」에 적합한 설계프로그램을 사용하여야 한다. 〈개정 2012. 8. 20., 2013. 9. 3., 2018. 11. 19.〉

[별표 1]

할로겐화합물 및 불활성기체소화약제 저장용기의 충전밀도·충전압력 및 배관의 최소사용설계압력(제6조제2항제1호 및 제10조제1항제2호관련)

1. 할로겐화합물소화약제 〈개정 2017.4.11., 2018.11.19.〉

(나)항목 \ (가)소화약제	(다)HFC-227ea			(라)FC-3-1-10	(마)HCFC BLEND A	
최대충전밀도(kg/m³)	1,201.4	1,153.3	1,153.3	1,281.4	900.2	900.2
21℃ 충전압력(KPa)	1,034*	2,482*	4,137*	2,482*	4,137*	2,482*
최소사용 설계압력(KPa)	1,379	2,868	5,654	2,482	4,689	2,979

(사)항목 \ (바)소화약제	(아)HFC-23				
최대충전밀도(kg/m³)	768.9	720.8	640.7	560.6	480.6
21℃ 충전압력(KPa)	4,198**	4,198**	4,198**	4,198**	4,198**
최소사용 설계압력(KPa)	9,453	8,605	7,626	6,943	6,392

(차)항목 \ (자)소화약제	(카)HCFC-124		(타)HFC-125		(파)HFC-236fa			(하)FK-5-1-12
최대충전밀도(kg/m³)	1,185.4	1,185.4	865	897	1,185.4	1,201.4	1,185.4	1,441.7
21℃ 충전압력(KPa)	1,655*	2,482*	2,482*	4,137*	1,655*	2,482*	4,137*	2,482** 4,206*
최소사용 설계압력(KPa)	1,951	3,199	3,392	5,764	1,931	3,310	6,068	2,482 4,206

[비 고]
1. "*" 표시는 질소로 축압한 경우를 표시한다.
2. "**" 표시는 질소로 축압하지 아니한 경우를 표시한다.

2. 불활성기체소화약제 〈개정 2009.10.22., 2018.11.19.〉

(너)항목 \ (거)소화약제		(더)IG-01		(러)IG-541			(머)IG-55			(버)IG-100		
21℃ 충전압력(KPa)		16,341	20,436	14,997	19,996	31,125	15,320	20,423	30,634	16,575	22,312	28,000
최소사용 설계압력 (KPa)	1차측	16,341	20,436	14,997	19,996	31,125	15,320	20,423	30,634	16,575	22,312	227.4
	2차측	비고2 참조										

[비 고]
1. 1차측과 2차측은 감압장치를 기준으로 한다.
2. 2차측 최소사용설계압력은 제조사의 설계프로그램에 의한 압력값에 따른다.

[별표 2] 〈개정 2008.12.15., 2017.4.11., 2018.11.19.〉

할로겐화합물 및 불활성기체소화약제 최대허용설계농도(제7조제2항 관련)

소 화 약 제	최대허용 설계농도(%)
〈삭제〉	〈삭제〉
FC-3-1-10	40
HCFC BLEND A	10
HCFC-124	1.0
HFC-125	11.5
HFC-227ea	10.5
HFC-23	30
HFC-236fa	12.5
FIC-13I1	0.3
FK-5-1-12	10
IG-01	43
IG-100	43
IG-541	43
IG-55	43

필수사항 (40 0.3 43 암기필요)   중요도 ★★★

분말소화설비의 화재안전기준(NFSC 108)

[시행 2017. 7. 26.] [소방청고시 제2017-1호, 2017. 7. 26., 타법개정]

제 4 조(저장용기) ①분말소화약제의 저장용기는 다음 각 호의 기준에 적합한 장소에 설치하여야 한다. 〈개정 2012.8.20〉
 1. 방호구역외의 장소에 설치할 것. 다만, 방호구역 내에 설치할 경우에는 피난 및 조작이 용이하도록 피난구 부근에 설치하여야 한다.
 2. 온도가 40℃ 이하이고, 온도변화가 적은 곳에 설치할 것
 3. 직사광선 및 빗물이 침투할 우려가 없는 곳에 설치할 것
 4. 방화문으로 구획된 실에 설치할 것
 5. 용기의 설치장소에는 해당용기가 설치된 곳임을 표시하는 표지를 할 것
 6. 용기간의 간격은 점검에 지장이 없도록 3cm 이상의 간격을 유지할 것
 7. 저장용기와 집합관을 연결하는 연결배관에는 체크밸브를 설치할 것. 다만, 저장용기가 하나의 방호구역만을 담당하는 경우에는 그러하지 아니하다.

②분말소화약제의 저장용기는 다음 각 호의 기준에 따라 설치하여야 한다. 〈개정 2012.8.20〉
 1. 저장용기의 내용적은 다음 표에 따를 것

소화약제의 종별	소화약제 1kg당 저장용기의 내용적
제1종 분말(탄산수소나트륨을 주성분으로 한 분말)	0.8l
제2종 분말(탄산수소칼륨을 주성분으로 한 분말)	1l
제3종 분말(인산염을 주성분으로 한 분말)	1l
제4종 분말(탄산수소칼륨과 요소가 화합된 분말)	1.25l

 2. 저장용기에는 가압식은 최고사용압력의 1.8배 이하, 축압식은 용기의 내압시험압력의 0.8배 이하의 압력에서 작동하는 안전밸브를 설치할 것
 3. 저장용기에는 저장용기의 내부압력이 설정압력으로 되었을 때 주밸브를 개방하는 정압작동장치를 설치할 것
 4. 저장용기의 충전비는 0.8 이상으로 할 것
 5. 저장용기 및 배관에는 잔류 소화약제를 처리할 수 있는 청소장치를 설치할 것
 6. 축압식의 분말소화설비는 사용압력의 범위를 표시한 지시압력계를 설치할 것

제 5 조(가압용가스용기) ①분말소화약제의 가스용기는 분말소화약제의 저장용기에 접속하여 설치하여야 한다.

②분말소화약제의 가압용가스 용기를 3병 이상 설치한 경우에는 2개 이상의 용기에 전자개방밸브를 부착하여야 한다. 〈개정 2012.8.20〉

③분말소화약제의 가압용가스 용기에는 2.5MPa 이하의 압력에서 조정이 가능한 압력조정기를 설치하여야 한다.

④가압용가스 또는 축압용가스는 다음 각 호의 기준에 따라 설치하여야 한다. 〈개정 2012.8.20〉

1. 가압용가스 또는 축압용가스는 질소가스 또는 이산화탄소로 할 것
2. 가압용가스에 질소가스를 사용하는 것의 질소가스는 소화약제 1kg마다 40l(35℃에서 1기압의 압력상태로 환산한 것) 이상, 이산화탄소를 사용하는 것의 이산화탄소는 소화약제 1kg에 대하여 20g에 배관의 청소에 필요한 양을 가산한 양 이상으로 할 것
3. 축압용가스에 질소가스를 사용하는 것의 질소가스는 소화약제 1kg에 대하여 10l(35℃에서 1기압의 압력상태로 환산한 것) 이상, 이산화탄소를 사용하는 것의 이산화탄소는 소화약제 1kg에 대하여 20g에 배관의 청소에 필요한 양을 가산한 양 이상으로 할 것
4. 배관의 청소에 필요한 양의 가스는 별도의 용기에 저장할 것

제 6 조(소화약제) ①분말소화설비에 사용하는 소화약제는 제1종분말·제2종분말·제3종분말 또는 제4종분말로 하여야 한다. 다만, 차고 또는 주차장에 설치하는 분말소화설비의 소화약제는 제3종분말로 하여야 한다.

②분말소화약제의 저장량은 다음 각 호의 기준에 따라야 한다. 이 경우 동일한 특정소방대상물 또는 그 부분에 2 이상의 방호구역 또는 방호대상물이 있는 경우에는 각 방호구역 또는 방호대상물에 대하여 다음 각 호의 기준에 따라 산출한 저장량중 최대의 것으로 할 수 있다. 〈개정 2012.8.20〉

1. 전역방출방식은 다음 각 목의 기준에 따라 산출한 양 이상으로 할 것
   가. 방호구역의 체적 1m³에 대하여 다음 표에 따른 양

소화약제의 종별	방호구역의 체적 1m³에 대한 소화약제의 양
제1종 분말	0.60kg
제2종 분말 또는 제3종 분말	0.36kg
제4종 분말	0.24kg

필수사항 (계산문제 필수 기본수치임)   중요도 ★★★★★

나. 방호구역의 개구부에 자동폐쇄장치를 설치하지 아니한 경우에는 가목에 따라 산출한 양에 다음 표에 따라 산출한 양을 가산한 양

소화약제의 종별	가산량(개구부의 면적 1m²에 대한 소화약제의 양)
제1종 분말	4.5kg
제2종 분말 또는 제3종 분말	2.7kg
제4종 분말	1.8kg

필수사항 (계산문제 필수 기본수치임)   중요도 ★★★★★

2. 국소방출방식은 다음의 기준에 따라 산출한 양에 1.1을 곱하여 얻은 양 이상으로 할 것

$$Q = X - Y\frac{a}{A}$$

Q : 방호공간(방호대상물의 각 부분으로부터 0.6m의 거리에 따라 둘러싸인 공간을 말한다. 이하 같다) 1m³에 대한 분말소화약제의 양 (kg/m³)

a : 방호대상물의 주변에 설치된 벽면적의 합계(m²)

A : 방호공간의 벽면적(벽이 없는 경우에는 벽이 있는 것으로 가정한 해당 부분의 면적)의 합계(m²)

X 및 Y : 다음표의 수치

소화약제의 종별	X의 수치	Y의 수치
제1종 분말	5.2	3.9
제2종 분말 또는 제3종분말	3.2	2.4
제4종 분말	2.0	1.5

3. 호스릴분말소화설비는 하나의 노즐에 대하여 다음 표에 따른 양 이상으로 할 것

소화약제의 종별	소화약제의 양
제1종 분말	50kg
제2종 분말 또는 제3종 분말	30kg
제4종 분말	20kg

제 7 조(기동장치) ①분말소화설비의 수동식 기동장치는 다음 각 호의 기준에 따라 설치하여야 한다. 이 경우 수동식 기동장치의 부근에는 소화약제의 방출을 지연시킬 수 있는 비상스위치(자동복귀형 스위치로서 수동식 기동장치의 타이머

를 순간정지 시키는 기능의 스위치를 말한다)를 설치하여야 한다. 〈개정 2012.8.20〉
1. 전역방출방식은 방호구역마다, 국소방출방식은 방호대상물마다 설치할 것
2. 해당 방호구역의 출입구부분 등 조작을 하는 자가 쉽게 피난할 수 있는 장소에 설치할 것
3. 기동장치의 조작부는 바닥으로부터 높이 0.8m 이상 1.5m 이하의 위치에 설치하고, 보호판 등에 따른 보호장치를 설치할 것
4. 기동장치에는 그 가까운 곳의 보기 쉬운 곳에 "분말소화설비 기동장치"라고 표시한 표지를 할 것
5. 전기를 사용하는 기동장치에는 전원표시등을 설치할 것
6. 기동장치의 방출용스위치는 음향경보장치와 연동하여 조작될 수 있는 것으로 할 것

②분말소화설비의 자동식 기동장치는 자동화재탐지설비의 감지기의 작동과 연동하는 것으로서 다음 각 호의 기준에 따라 설치하여야 한다. 〈개정 2012.8.20〉
1. 자동식 기동장치에는 수동으로도 기동할 수 있는 구조로 할 것
2. 전기식 기동장치로서 7병 이상의 저장용기를 동시에 개방하는 설비는 2병 이상의 저장용기에 전자 개방밸브를 부착할 것
3. 가스압력식 기동장치는 다음 각 목의 기준에 따를 것
   가. 기동용 가스용기 및 해당 용기에 사용하는 밸브는 25MPa 이상의 압력에 견딜 수 있는 것으로 할 것
   나. 기동용가스용기에는 내압시험압력의 0.8배 내지 내압시험압력 이하에서 작동하는 안전장치를 설치할 것
   다. 기동용 가스용기의 용적은 1l 이상으로 하고, 해당 용기에 저장하는 이산화탄소의 양은 0.6kg 이상으로 하며, 충전비는 1.5 이상으로 할 것
4. 기계식 기동장치는 저장용기를 쉽게 개방할 수 있는 구조로 할 것

③분말소화설비가 설치된 부분의 출입구 등의 보기쉬운 곳에 소화약제의 방사를 표시하는 표시등을 설치하여야 한다.

제 8 조(제어반등) 분말소화설비의 제어반 및 화재표시반은 다음 각 호의 기준에 따라 설치하여야 한다. 다만, 자동화재탐지설비의 수신기의 제어반이 화재표시반의 기능을 가지고 있는 것은 화재표시반을 설치하지 아니할 수 있다. 〈개정 2012.8.20〉

1. 제어반은 수동기동장치 또는 감지기에서의 신호를 수신하여 음향경보장치의 작동, 소화약제의 방출 또는 지연 기타의 제어기능을 가진 것으로 하고, 제어반에는 전원표시등을 설치할 것
2. 화재표시반은 제어반에서의 신호를 수신하여 작동하는 기능을 가진 것으로 하되, 다음 각 목의 기준에 따라 설치할 것
    가. 각 방호구역마다 음향경보장치의 조작 및 감지기의 작동을 명시하는 표시등과 이와 연동하여 작동하는 벨·부자 등의 경보기를 설치할 것. 이 경우 음향경보장치의 조작 및 감지기의 작동을 명시하는 표시등을 겸용할 수 있다.
    나. 수동식 기동장치는 그 방출용스위치의 작동을 명시하는 표시등을 설치할 것
    다. 소화약제의 방출을 명시하는 표시등을 설치할 것
    라. 자동식 기동장치는 자동·수동의 절환을 명시하는 표시등을 설치할 것
3. 제어반 및 화재표시반의 설치장소는 화재에 따른 영향, 진동 및 충격에 따른 영향 및 부식의 우려가 없고 점검에 편리한 장소에 설치할 것
4. 제어반 및 화재표시반에는 해당 회로도 및 취급설명서를 비치할 것

제 9 조(배관) 분말소화설비의 배관은 다음 각 호의 기준에 따라 설치하여야 한다. 〈개정 2012.8.20〉
1. 배관은 전용으로 할 것
2. 강관을 사용하는 경우의 배관은 아연도금에 따른 배관용탄소강관(KS D 3507)이나 이와 동등 이상의 강도·내식성 및 내열성을 가진 것으로 할 것. 다만, 축압식분말소화설비에 사용하는 것 중 20 ℃에서 압력이 2.5MPa 이상 4.2MPa 이하인 것은 압력배관용탄소강관(KS D 3562)중 이음이 없는 스케줄 40 이상의 것 또는 이와 동등 이상의 강도를 가진 것으로서 아연도금으로 방식처리된 것을 사용하여야 한다.
3. 동관을 사용하는 경우의 배관은 고정압력 또는 최고사용압력의 1.5배 이상의 압력에 견딜 수 있는 것을 사용할 것
4. 밸브류는 개폐위치 또는 개폐방향을 표시한 것으로 할 것
5. 배관의 관부속 및 밸브류는 배관과 동등 이상의 강도 및 내식성이 있는 것으로 할 것
6. 분기배관을 사용할 경우에는 법 제39조에 따라 제품검사에 합격한 것으로 설치하여야 한다.

제10조(선택밸브) 하나의 특정소방대상물 또는 그 부분에 2 이상의 방호구역 또는 방호대상물이 있어 분말소화설비 저장용기를 공용하는 경우에는 다음 각 호의 기준에 따라 선택밸브를 설치하여야 한다. 〈개정 2012.8.20〉

1. 방호구역 또는 방호대상물마다 설치할 것
2. 각 선택밸브에는 그 담당방호구역 또는 방호대상물을 표시할 것

제11조(분사헤드) ①전역방출방식의 분말소화설비의 분사헤드는 다음 각 호의 기준에 따라 설치하여야 한다. 〈개정 2012.8.20〉

1. 방사된 소화약제가 방호구역의 전역에 균일하고 신속하게 확산할 수 있도록 할 것
2. 제6조에 따른 소화약제 저장량을 30초 이내에 방사할 수 있는 것으로 할 것

②국소방출방식의 분말소화설비의 분사헤드는 다음 각 호의 기준에 따라 설치하여야 한다. 〈개정 2012.8.20〉

1. 소화약제의 방사에 따라 가연물이 비산하지 아니하는 장소에 설치할 것
2. 제6조제2항에 따른 기준저장량의 소화약제를 30초 이내에 방사할 수 있는 것으로 할 것

③화재 시 현저하게 연기가 찰 우려가 없는 장소로서 다음 각 호의 어느 하나에 해당하는 장소에는 호스릴분말소화설비를 설치할 수 있다. 〈개정 2012.8.20〉

1. 지상 1층 및 피난층에 있는 부분으로서 지상에서 수동 또는 원격조작에 따라 개방할 수 있는 개구부의 유효면적의 합계가 바닥면적의 15% 이상이 되는 부분
2. 전기설비가 설치되어 있는 부분 또는 다량의 화기를 사용하는 부분(해당 설비의 주위 5m 이내의 부분을 포함한다)의 바닥면적이 해당 설비가 설치되어 있는 구획의 바닥면적의 5분의 1 미만이 되는 부분

④호스릴분말소화설비는 다음 각 호의 기준에 따라 설치하여야 한다. 〈개정 2012.8.20〉

1. 방호대상물의 각 부분으로부터 하나의 호스접결구까지의 수평거리가 15m 이하가 되도록 할 것
2. 소화약제의 저장용기의 개방밸브는 호스릴의 설치장소에서 수동으로 개폐할 수 있는 것으로 할 것
3. 소화약제의 저장용기는 호스릴을 설치하는 장소마다 설치할 것
4. 노즐은 하나의 노즐마다 1분당 다음표에 따른 소화약제를 방사할 수 있는 것으로 할 것

소화약제의 종별	1분당 방사하는 소화약제의 양
제1종 분말	45kg
제2종 분말 또는 제3종 분말	27kg
제4종 분말	18kg

5. 저장용기에는 그 가까운 곳의 보기 쉬운 곳에 적색의 표시등을 설치하고, 이동식분말소화설비가 있다는 뜻을 표시한 표지를 할 것

제12조(자동식기동장치의 화재감지기) 분말소화설비의 자동식 기동장치는 다음 각 호의 기준에 따른 화재감지기를 설치하여야 한다. 〈개정 2012.8.20〉
1. 각 방호구역내의 화재감지기의 감지에 따라 작동되도록 할 것
2. 화재감지기의 회로는 교차회로방식으로 설치할 것. 다만, 화재감지기를「자동화재탐지설비의 화재안전기준(NFSC 203)」제7조제1항 단서의 각 호의 감지기로 설치하는 경우에는 그러하지 아니하다.
3. 교차회로내의 각 화재감지기회로별로 설치된 화재감지기 1개가 담당하는 바닥면적은「자동화재탐지설비의 화재안전기준(NFSC 203)」제7조제3항 제5호·제8호부터 제10호까지의 규정에 따른 바닥면적으로 할 것

제13조(음향경보장치) ①분말소화설비의 음향경보장치는 다음 각 호의 기준에 따라 설치하여야 한다. 〈개정 2012.8.20〉
1. 수동식 기동장치를 설치한 것은 그 기동장치의 조작과정에서, 자동식 기동장치를 설치한 것은 화재감지기와 연동하여 자동으로 경보를 발하는 것으로 할 것
2. 소화약제의 방사개시 후 1분 이상 계속 경보를 계속할 수 있는 것으로 할 것
3. 방호구역 또는 방호대상물이 있는 구획 안에 있는 자에게 유효하게 경보할 수 있는 것으로 할 것

②방송에 따른 경보장치를 설치할 경우에는 다음 각 호의 기준에 따라야 한다. 〈개정 2012.8.20〉
1. 증폭기 재생장치는 화재 시 연소의 우려가 없고, 유지관리가 쉬운 장소에 설치할 것
2. 방호구역 또는 방호대상물이 있는 구획의 각 부분으로부터 하나의 확성기까지의 수평거리는 25m 이하가 되도록 할 것
3. 제어반의 복구스위치를 조작하여도 경보를 계속 발할 수 있는 것으로 할 것

제14조(자동폐쇄장치) 전역방출방식의 분말소화설비를 설치한 특정소방대상물 또는 그 부분에 대하여는 다음 각 호의 기준에 따라 자동폐쇄장치를 설치하여야 한다. 〈개정 2012.8.20〉
1. 환기장치를 설치한 것은 분말이 방사되기 전에 해당 환기장치가 정지할 수 있도록 할 것
2. 개구부가 있거나 천장으로부터 1m 이상의 아래 부분 또는 바닥으로부터 해당층의 높이의 3분의 2이내의 부분에 통기구가 있어 분말의 유출에 따라 소화효과를 감소시킬 우려가 있는 것은 분말이 방사되기 전에 해당 개구부 및 통기구를 폐쇄할 수 있도록 할 것
3. 자동폐쇄장치는 방호구역 또는 방호대상물이 있는 구획의 밖에서 복구할 수 있는 구조로 하고, 그 위치를 표시하는 표지를 할 것

제15조(비상전원) 분말소화설비의 비상전원은 자가발전설비, 축전지설비(제어반에 내장하는 경우를 포함한다) 또는 전기저장장치(외부 전기에너지를 저장해 두었다가 필요한 때 전기를 공급하는 장치)로서 다음 각 호의 기준에 따라 설치하여야 한다. 다만, 2 이상의 변전소(「전기사업법」 제67조에 따른 변전소를 말한다. 이하 같다)에서 전력을 동시에 공급받을 수 있거나 하나의 변전소로부터 전력의 공급이 중단되는 때에는 자동으로 다른 변전소로부터 전력을 공급받을 수 있도록 상용전원을 설치한 경우에는 비상전원을 설치하지 아니할 수 있다. 〈개정 2012.8.20., 2016.7.13.〉
1. 점검에 편리하고 화재 및 침수 등의 재해로 인한 피해를 받을 우려가 없는 곳에 설치할 것
2. 분말소화설비를 유효하게 20분 이상 작동할 수 있어야 할 것
3. 상용전원으로부터 전력의 공급이 중단된 때에는 자동으로 비상전원으로부터 전력을 공급받을 수 있도록 할 것
4. 비상전원의 설치장소는 다른 장소와 방화구획 할 것. 이 경우 그 장소에는 비상전원의 공급에 필요한 기구나 설비외의 것(열병합발전설비에 필요한 기구나 설비는 제외한다)을 두어서는 아니 된다.
5. 비상전원을 실내에 설치하는 때에는 그 실내에 비상조명등을 설치할 것

옥외소화전설비의 화재안전기준(NFSC 109)

[시행 2021. 7. 22.] [소방청고시 제2021-27호, 2021. 7. 22., 일부개정]

제 4 조(수원) ①옥외소화전설비의 수원은 그 저수량이 옥외소화전의 설치개수(옥외소화전이 2개 이상 설치된 경우에는 2개)에 $7m^3$를 곱한 양 이상이 되도록 하여야 한다.

> **필수사항** (계산문제 필수 기본수치임, 외2, 350×20) 중요도 ★★★
> (모두 20분임, 옥외는 1층과 2층의 소화설비임)

②삭 제〈2015.1.23.〉
③삭 제〈2015.1.23.〉

참고 옥외소화전은 옥상수조를 설치하지 않는 것으로 개정함

④옥외소화전설비의 수원을 수조로 설치하는 경우에는 소방설비의 전용수조로 하여야 한다. 다만, 다음 각 호의 어느 하나에 해당하는 경우에는 그러하지 아니하다.〈개정 2012.8.20〉
 1. 옥외소화전펌프의 후드밸브 또는 흡수배관의 흡수구(수직회전축펌프의 흡수구를 포함한다. 이하 같다)를 다른 설비(소방용설비 외의 것을 말한다. 이하 같다)의 후드밸브 또는 흡수구보다 낮은 위치에 설치한 때
 2. 제5조제2항에 따른 고가수조로부터 옥외소화전설비의 수직배관에 물을 공급하는 급수구를 다른 설비의 급수구보다 낮은 위치에 설치한 때

⑤제1항과 제2항에 따른 저수량을 산정함에 있어서 다른 설비와 겸용하여 옥외소화전설비용 수조를 설치하는 경우에는 옥외소화전설비의 후드밸브・흡수구 또는 수직배관의 급수구와 다른 설비의 후드밸브・흡수구 또는 수직배관의 급수구와의 사이의 수량을 그 유효수량으로 한다.〈개정 2012.8.20〉

⑥옥외소화전설비용 수조는 다음 각 호의 기준에 따라 설치하여야 한다〈개정 2012.8.20〉
 1. 점검에 편리한 곳에 설치할 것
 2. 동결방지조치를 하거나 동결의 우려가 없는 장소에 설치할 것
 3. 수조의 외측에 수위계를 설치할 것. 다만, 구조상 불가피한 경우에는 수조의

맨홀 등을 통하여 수조 안의 물의 양을 쉽게 확인할 수 있도록 하여야 한다.
4. 수조의 상단이 바닥보다 높은 때에는 수조의 외측에 고정식 사다리를 설치할 것
5. 수조가 실내에 설치된 때에는 그 실내에 조명설비를 설치할 것
6. 수조의 밑부분에는 청소용 배수밸브 또는 배수관을 설치할 것
7. 수조의 외측의 보기 쉬운 곳에 "옥외소화전설비용 수조"라고 표시한 표지를 할 것. 이 경우 그 수조를 다른 설비와 겸용하는 때에는 그 겸용되는 설비의 이름을 표시한 표지를 함께 하여야 한다.
8. 옥외소화전펌프의 흡수배관 또는 옥외소화전설비의 수직배관과 수조의 접속부분에는 "옥외소화전설비용 배관"이라고 표시한 표지를 할 것. 다만, 수조와 가까운 장소에 옥외소화전펌프가 설치되고 옥내소화전펌프에 제5조 제1항제13호에 따른 표지를 설치한 때에는 그러하지 아니하다. 〈개정 2012.8.20〉

제 5 조(가압송수장치) ①전동기 또는 내연기관에 따른 펌프를 이용하는 가압송수장치는 다음 각 호의 기준에 따라 설치하여야 한다. 〈개정 2012.8.20〉
1. 쉽게 접근할 수 있고 점검하기에 충분한 공간이 있는 장소로서 화재 및 침수 등의 재해로 인한 피해를 받을 우려가 없는 곳에 설치할 것
2. 동결방지조치를 하거나 동결의 우려가 없는 장소에 설치할 것
3. 해당 특정소방대상물에 설치된 옥외소화전(2개 이상 설치된 경우에는 2개의 옥외소화전)을 동시에 사용할 경우 각 옥외소화전의 노즐선단에서의 방수압력이 0.25MPa 이상이고, 방수량이 350l/min 이상이 되는 성능의 것으로 할 것. 이 경우 하나의 옥외소화전을 사용하는 노즐선단에서의 방수압력이 0.7MPa을 초과할 경우에는 호스접결구의 인입측에 감압장치를 설치하여야 한다.

필수사항 **(계산문제 필수 기본수치임)**
(0.25, 350 서로 바뀌지 말아야함)

4. 펌프는 전용으로 할 것. 다만, 다른 소화설비와 겸용하는 경우 각각의 소화설비의 성능에 지장이 없을 때에는 그러하지 아니하다.
5. 펌프의 토출측에는 압력계를 체크밸브 이전에 펌프토출측 플랜지에서 가까운 곳에 설치하고, 흡입측에는 연성계 또는 진공계를 설치할 것. 다만, 수원의 수위가 펌프의 위치보다 높거나 수직회전축 펌프의 경우에는 연성계 또

는 진공계를 설치하지 아니할 수 있다.
6. 가압송수장치에는 정격부하운전 시 펌프의 성능을 시험하기 위한 배관을 설치할 것. 다만, 충압펌프의 경우에는 그러하지 아니하다.
7. 가압송수장치에는 체절운전 시 수온의 상승을 방지하기 위한 순환배관을 설치할 것. 다만, 충압펌프의 경우에는 그러하지 아니하다.
8. 기동장치로는 기동용수압개폐장치 또는 이와 동등 이상의 성능이 있는 것을 설치할 것. 다만, 아파트·업무시설·학교·전시시설·공장·창고시설 또는 종교시설 등으로서 동결의 우려가 있는 장소에 있어서는 기동스위치에 보호판을 부착하여 옥외소화전함 내에 설치할 수 있다.
9. 기동용수압개폐장치(압력챔버)를 사용할 경우 그 용적은 $100l$ 이상의 것으로 할 것
10. 수원의 수위가 펌프보다 낮은 위치에 있는 가압송수장치에는 다음 각 목의 기준에 따른 물올림장치를 설치할 것
    가. 물올림장치에는 전용의 수조를 설치할 것
    나. 수조의 유효수량은 $100l$ 이상으로 하되, 구경 15mm 이상의 급수배관에 따라 당해수조에 물이 계속 보급되도록 할 것
11. 기동용수압개폐장치를 기동장치로 사용할 경우에는 다음 각 목의 기준에 따른 충압펌프를 설치할 것. 다만, 옥외소화전이 1개 설치된 경우로서 소화용 급수펌프로도 상시 충압이 가능하고 다음 가목의 성능을 갖춘 경우에는 충압펌프를 별도로 설치하지 아니할 수 있다.
    가. 펌프의 토출압력은 그 설비의 최고위 호스접결구의 자연압보다 적어도 0.2MPa 이상 더 크도록 하거나 가압송수장치의 정격토출압력과 같게 할 것
    나. 펌프의 정격토출량은 정상적인 누설량보다 적어서는 아니 되며, 옥외소화전설비가 자동적으로 작동할 수 있도록 충분한 토출량을 유지하여야 한나.
12. 내연기관을 사용하는 경우에는 다음 각 목의 기준에 적합한 것으로 할 것.
    가. 내연기관의 기동은 제8호의 기동장치를 설치하거나 또는 소화전함의 위치에서 원격조작으로 가능하고 기동을 명시하는 적색등을 설치할 것
    나. 제어반에 따라 내연기관의 자동기동 및 수동기동이 가능하고, 상시 충전되어 있는 축전지설비를 갖출 것
13. 가압송수장치에는 "옥외소화전펌프"라고 표시한 표지를 할 것. 이 경우 그 가압송수장치를 다른 설비와 겸용하는 때에는 그 겸용되는 설비의 이름을

표시한 표지를 함께 하여야 한다.
14. 가압송수장치가 기동이 된 경우에는 자동으로 정지되지 아니하도록 하여야 한다. 다만, 충압펌프인 경우에는 그러하지 아니하다. 〈개정 2008.12.15〉
15. 가압송수장치는 부식 등으로 인한 펌프의 고착을 방지할 수 있도록 다음 각 목의 기준에 적합한 것으로 할 것. 다만, 충압펌프는 제외한다. 〈신설 2021. 7. 22.〉

　가. 임펠러는 청동 또는 스테인리스 등 부식에 강한 재질을 사용할 것
　나. 펌프축은 스테인리스 등 부식에 강한 재질을 사용할 것

② 고가수조의 자연낙차를 이용한 가압송수장치는 다음 각 호의 기준에 따라 설치하여야 한다. 〈개정 2012.8.20〉

1. 고가수조의 자연낙차수두(수조의 하단으로부터 최고층에 설치된 소화전 호스 접결구까지의 수직거리를 말한다)는 다음의 식에 따라 산출한 수치 이상이 되도록 할 것

$$H = h_1 + h_2 + 25$$

　　H : 필요한 낙차(m)
　　h_1 : 소방용호스 마찰손실수두(m)
　　h_2 : 배관의 마찰손실수두(m)

2. 고가수조에는 수위계·배수관·급수관·오버플로우관 및 맨홀을 설치할 것

③ 압력수조를 이용한 가압송수장치는 다음 각 호의 기준에 따라 설치하여야 한다. 〈개정 2012.8.20〉

1. 압력수조의 압력은 다음의 식에 따라 산출한 수치 이상으로 할 것

$$P = p_1 + p_2 + p_3 + 0.25$$

　　P : 필요한 압력(MPa)
　　p_1 : 소방용호스의 마찰손실수두압(MPa)
　　p_2 : 배관의 마찰손실수두압(MPa)
　　p_3 : 낙차의 환산수두압(MPa)

2. 압력수조에는 수위계·급수관·배수관·급기관·맨홀·압력계·안전장치 및 압력저하 방지를 위한 자동식 공기압축기를 설치할 것.

④ 가압수조를 이용한 가압송수장치는 다음 각 호의 기준에 따라 설치하여야 한다. 〈신설 2008.12.15, 2012.8.20〉

1. 가압수조의 압력은 제1항제3호에 따른 방수량 및 방수압이 20분 이상 유지

되도록 할 것

2. 삭 제 〈2015.1.23.〉

3. 가압수조 및 가압원은 「건축법 시행령」 제46조에 따른 방화구획 된 장소에 설치할 것

4. 삭 제 〈2015.1.23.〉

5. 소방청장이 정하여 고시한 「가압수조식 가압송수장치의 성능인증 및 제품검사의 기술기준」에 적합한 것으로 설치할 것 〈개정 2015.1.23., 2017.7.26.〉

제 6 조(배관 등) ①호스접결구는 지면으로부터 높이가 0.5m 이상 1m 이하의 위치에 설치하고 특정소방대상물의 각 부분으로부터 하나의 호스접결구까지의 수평거리가 40m 이하가 되도록 설치하여야 한다. 〈개정 2008.12.15., 2012.8.20, 2015.1.23.〉

필수사항 (수평거리 40, 옥외소화전 설치개수 = 둘레길이/80임) 중요도 ★★★

② 호스는 구경 65mm의 것으로 하여야 한다 〈개정 2012.8.20〉

③ 배관은 배관용탄소강관(KS D 3507) 또는 배관 내 사용압력이 1.2MPa 이상일 경우에는 압력배관용탄소강관(KS D 3562) 또는 이음매 없는 동 및 동합금(KS D5301)의 배관용동관이나 이와 동등 이상의 강도·내식성 및 내열성을 가진 것으로 하여야 한다. 다만, 다음 각 호의 어느 하나에 해당하는 장소에는 법 제39조에 따라 제품검사에 합격한 소방용 합성수지배관으로 설치할 수 있다. 〈개정 2008.12.15, 2012.8.20〉

1. 배관을 지하에 매설하는 경우
2. 다른 부분과 내화구조로 구획된 덕트 또는 피트의 내부에 설치하는 경우
3. 천장(상층이 있는 경우에는 상층바닥의 하단을 포함한다. 이하 같다)과 반자를 불연재료 또는 준불연재료로 설치하고 그 내부에 습식으로 배관을 설치하는 경우

④ 급수배관은 전용으로 하여야 한다. 다만, 옥외소화전의 기동장치의 조작과 동시에 다른 설비의 용도에 사용하는 배관의 송수를 차단할 수 있거나, 옥외소화전설비의 성능에 지장이 없는 경우에는 다른 설비와 겸용할 수 있다.

⑤ 펌프의 흡입측배관은 다음 각 호의 기준에 따라 설치하여야 한다. 〈개정 2012.8.20〉

1. 공기고임이 생기지 아니하는 구조로 하고 여과장치를 설치할 것
2. 수조가 펌프보다 낮게 설치된 경우에는 각 펌프(충압펌프를 포함한다)마다

수조로부터 별도로 설치할 것

⑥펌프의 성능은 체절운전 시 정격토출압력의 140%를 초과하지 아니하고, 정격토출량의 150%로 운전 시 정격토출압력의 65% 이상이 되어야 하며, 펌프의 성능시험배관은 다음 각 호의 기준에 적합하여야 한다. 〈개정 2012.8.20〉

1. 성능시험배관은 펌프의 토출측에 설치된 개폐밸브 이전에서 분기하여 설치하고, 유량측정장치를 기준으로 전단 직관부에 개폐밸브를 후단 직관부에는 유량조절밸브를 설치할 것
2. 유량측정장치는 성능시험배관의 직관부에 설치하되, 펌프의 정격토출량의 175% 이상 측정할 수 있는 성능이 있을 것

⑦가압송수장치의 체절운전 시 수온의 상승을 방지하기 위하여 체크밸브와 펌프사이에서 분기한 구경 20mm 이상의 배관에 체절압력미만에서 개방되는 릴리프밸브를 설치하여야 한다.

⑧동결방지조치를 하거나 동결의 우려가 없는 장소에 설치하여야 한다. 다만, 보온재를 사용할 경우에는 난연재료 성능 이상의 것으로 하여야 한다. 〈개정 2015.1.23.〉

⑨급수배관에 설치되어 급수를 차단할 수 있는 개폐밸브(옥외소화전방수구를 제외한다)는 개폐표시형으로 하여야 한다. 이 경우 펌프의 흡입측배관에는 버터플라이밸브외의 개폐표시형밸브를 설치하여야 한다.

⑩배관은 다른 설비의 배관과 쉽게 구분이 될 수 있는 위치에 설치하거나 그 배관표면 또는 배관 보온재표면의 색상은 식별이 가능하도록「한국산업표준(배관계의 식별 표시,KS A 0503)」또는 적색으로 소방용설비의 배관임을 표시하여야 한다. 〈개정 2008.12.15, 2015.1.23.〉

⑪분기배관을 사용할 경우에는 소방청장이 정하여 고시한「분기배관 성능인증 및 제품검사의 기술기준」에 적합한 것으로 설치하여야 한다. 〈개정 2012. 8. 20., 2015. 1. 23., 2017. 7. 26.〉

제 7 조(소화전함 등) ①옥외소화전설비에는 옥외소화전마다 그로부터 5m 이내의 장소에 소화전함을 다음 각 호의 기준에 따라 설치하여야 한다. 〈개정 2012.8.20〉

1. 옥외소화전이 10개 이하 설치된 때에는 옥외소화전마다 5m 이내의 장소에 1개 이상의 소화전함을 설치하여야 한다.
2. 옥외소화전이 11개 이상 30개 이하 설치된 때에는 11개 이상의 소화전함을 각각 분산하여 설치하여야 한다.

3. 옥외소화전이 31개 이상 설치된 때에는 옥외소화전 3개마다 1개 이상의 소화전함을 설치하여야 한다.

암기방법 10, 11-30, 31, 1, 11, 3 중요도 ★★★★★
(옥외소화전에서는 가장 중요, 자주 출제)

②옥외소화전설비의 함은 소방청장이 정하여 고시한 「소화전함 성능인증 및 제품검사의 기술기준」에 적합한 것으로 설치하되 밸브의 조작, 호스의 수납 등에 충분한 여유를 가질 수 있도록 할 것. 연결송수관의 방수구를 같이 설치하는 경우에도 또한 같다.
[본항 전문개정 2015.1.23.]
③옥외소화전설비의 소화전함 표면에는 "옥외소화전"이라고 표시한 표지를 하고, 가압송수장치의 조작부 또는 그 부근에는 가압송수장치의 기동을 명시하는 적색등을 설치하여야 한다.
④표시등은 다음 각 호의 기준에 따라 설치하여야 한다. 〈개정 2012.8.20〉
1. 옥외소화전설비의 위치를 표시하는 표시등은 함의 상부에 설치하되, 설치하되, 소방청장이 정하여 고시한 「표시등의 성능인증 및 제품검사의 기술기준」에 적합한 것으로 할 것 〈개정 2015. 1. 23., 2017. 7. 26.〉
2. 가압송수장치의 기동을 표시하는 표시등은 옥외소화전함의 상부 또는 그 직근에 설치하되 적색등으로 할 것. 다만, 자체소방대를 구성하여 운영하는 경우(「위험물안전관리법 시행령」별표 8에서 정한 소방자동차와 자체소방대원의 규모를 말한다) 가압송수장치의 기동표시등을 설치하지 않을 수 있다. 〈개정 2012.8.20, 2015.1.23.〉
3. 삭 제 〈2015.1.23.〉

제8조(전원) 옥외소화전설비에는 그 특정소방대상물의 수전방식에 따라 다음 각 호의 기준에 따른 상용전원회로의 배선을 설치하여야 한다. 다만, 가압수조방식으로서 모든 기능이 20분 이상 유효하게 지속될 수 있는 경우에는 그러하지 아니하다. 〈개정 2008.12.15, 2012.8.20〉
1. 저압수전인 경우에는 인입개폐기의 직후에서 분기하여 전용배선으로 하여야 하며, 전용의 전선관에 보호 되도록 할 것
2. 특별고압수전 또는 고압수전일 경우에는 전력용 변압기 2차측의 주차단기 1차측에서 분기하여 전용배선으로 하되, 상용전원의 상시공급에 지장이 없

을 경우에는 주차단기 2차측에서 분기하여 전용배선으로 할 것. 다만, 가압송수장치의 정격입력전압이 수전전압과 같은 경우에는 제1호의 기준에 따른다.

제 9 조(제어반) ①옥외소화전설비에는 제어반을 설치하되, 감시제어반과 동력제어반으로 구분하여 설치하여야 한다. 다만, 다음 각 호의 어느 하나에 해당하는 경우에는 감시제어반과 동력제어반으로 구분하여 설치하지 아니할 수 있다. 〈개정 2012.8.20〉

1. 다음 각 목의 어느 하나에 해당하지 아니하는 특정소방대상물에 설치되는 옥외소화전설비
   가. 지하층을 제외한 층수가 7층 이상으로서 연면적이 2,000m² 이상인 것
   나. 제1호에 해당하지 않는 특정소방대상물로서 지하층의 바닥면적의 합계가 3,000m² 이상인 것. 다만, 차고·주차장 또는 보일러실·기계실·전기실 등 이와 유사한 장소의 면적은 제외한다.
2. 내연기관에 따른 가압송수장치를 사용하는 옥외소화전설비
3. 고가수조에 따른 가압송수장치를 사용하는 옥외소화전설비
4. 가압수조에 따른 가압송수장치를 사용하는 옥외소화전설비
   신설 2008.12.15〉

②감시제어반의 기능은 다음 각 호의 기준에 적합하여야 한다. 다만, 제1항 각 호의 어느 하나에 해당하는 경우에는 제3호와 제6호를 적용하지 아니한다. 〈개정 2012.8.20〉

1. 각 펌프의 작동여부를 확인할 수 있는 표시등 및 음향경보기능이 있어야 할 것
2. 각 펌프를 자동 및 수동으로 작동시키거나 중단시킬 수 있어야 한다. 〈개정 2008.12.15〉
3. 비상전원을 설치한 경우에는 상용전원 및 비상전원의 공급여부를 확인할 수 있어야 할 것〈개정 2008.12.15〉
4. 수조 또는 물올림탱크가 저수위로 될 때 표시등 및 음향으로 경보할 것
5. 각 확인회로(기동용수압개폐장치의 압력스위치회로·수조 또는 물올림탱크의 감시회로를 말한다)마다 도통시험 및 작동시험을 할 수 있어야 할 것
6. 예비전원이 확보되고 예비전원의 적합여부를 시험할 수 있어야 할 것

③감시제어반은 다음 각 호의 기준에 따라 설치하여야 한다. 〈개정 2012.8.20〉

1. 화재 및 침수 등의 재해로 인한 피해를 받을 우려가 없는 곳에 설치할 것

2. 감시제어반은 옥외소화전설비의 전용으로 할 것. 다만, 옥외소화전설비의 제어에 지장이 없는 경우에는 다른 설비와 겸용할 수 있다.

3. 감시제어반은 다음 각 목의 기준에 따른 전용실안에 설치할 것. 다만 제1항 각 호의 어느 하나에 해당하는 경우와 공장, 발전소 등에서 설비를 집중 제어·운전할 목적으로 설치하는 중앙제어실내에 감시제어반을 설치하는 경우에는 그러하지 아니하다.

    가. 다른 부분과 방화구획을 할 것. 이 경우 전용실의 벽에는 기계실 또는 전기실 등의 감시를 위하여 두께 7mm 이상의 망입유리(두께 16.3mm 이상의 접합유리 또는 두께 28mm 이상의 복층유리를 포함한다)로 된 $4m^2$ 미만의 붙박이창을 설치할 수 있다.

    나. 피난층 또는 지하 1층에 설치할 것. 다만, 다음 각 세목의 어느 하나에 해당하는 경우에는 지상 2층에 설치하거나 지하 1층 외의 지하층에 설치할 수 있다.

        (1) 「건축법 시행령」 제35조에 따라 특별피난계단이 설치되고 그 계단(부속실을 포함한다)출입구로부터 보행거리 5m이내에 전용실의 출입구가 있는 경우

        (2) 아파트의 관리동(관리동이 없는 경우에는 경비실)에 설치하는 경우

    다. 비상조명등 및 급·배기설비를 설치할 것

    라. 「무선통신보조설비의 화재안전기준(NFSC 505)」 제5조제3항에 따라 유효하게 통신이 가능할 것(영 별표 5의 제5호마목에 따른 무선통신보조설비가 설치된 특정소방대상물에 한한다.) 〈개정 2021. 3. 25.〉

    마. 바닥면적은 감시제어반의 설치에 필요한 면적 외에 화재 시 소방대원이 그 감시제어반의 조작에 필요한 최소면적 이상으로 할 것

4. 제3호에 따른 전용실에는 소방대상물의 기계·기구 또는 시설등의 제어 및 감시설비외의 것을 두지 아니할 것

④동력제어반은 다음 각 호의 기준에 따라 설치하여야 한다. 〈개정 2012.8.20〉

1. 앞면은 적색으로 하고 "옥외소화전설비용 동력제어반"이라고 표시한 표지를 설치할 것

2. 외함은 두께 1.5mm 이상의 강판 또는 이와 동등 이상의 강도 및 내열성능이 있는 것으로 할 것

3. 그 밖의 동력제어반의 설치에 관하여는 제3항제1호와 제2호의 기준을 준용할 것

제10조(배선 등) ①옥외소화전설비의 배선은 「전기사업법」 제67조에 따른 기술기준에서 정한 것 외에 다음 각 호의 기준에 따라 설치하여야 한다. 〈개정 2012.8.20〉
1. 비상전원으로부터 동력제어반 및 가압송수장치에 이르는 전원회로배선은 내화배선으로 할 것. 다만, 자가발전설비와 동력제어반이 동일한 실에 설치된 경우에는 자가발전기로부터 그 제어반에 이르는 전원회로배선은 그러하지 아니하다.
2. 상용전원으로부터 동력제어반에 이르는 배선, 그 밖의 옥외소화전설비의 감시·조작 또는 표시등회로의 배선은 내화배선 또는 내열배선으로 할 것. 다만, 감시제어반 또는 동력제어반의 감시·조작 또는 표시등회로의 배선은 그러하지 아니하다.

②제1항에 따른 내화배선 및 내열배선에 사용되는 전선 및 설치방법은 「옥내소화전의 화재안전기준(NFSC 102)」 별표 1의 기준에 따른다. 〈개정 2012.8.20〉

③옥외소화전설비의 과전류차단기 및 개폐기에는 "옥외소화전설비용"이라고 표시한 표지를 하여야 한다. 〈개정 2012.8.20〉

④옥외소화전설비용 전기배선의 양단 및 접속단자에는 다음 각 호의 기준에 따라 표지하여야 한다. 〈개정 2012.8.20〉
1. 단자에는 "옥외소화전단자"라고 표시한 표지를 부착한다.
2. 옥외소화전설비용 전기배선의 양단에는 다른 배선과 식별이 용이하도록 표시하여야 한다.

고체에어로졸소화설비의 화재안전기준
(NFSC 110)

[시행 2021. 9. 30.] [소방청고시 제2021-33호, 2021. 9. 30., 제정]

제 1 조(목적) 이 기준은 「화재예방, 소방시설 설치·유지 및 안전관리에 관한 법률」 제9조제1항에 따라 소방청장에게 위임한 사항 중 고체에어로졸소화설비의 설치 유지 및 안전관리에 관하여 필요한 사항을 규정함을 목적으로 한다.

제 2 조(적용범위) 「화재예방, 소방시설 설치·유지 및 안전관리에 관한 법률 시행령」(이하 "영"이라 한다) 별표 1 제1호 마목에 따른 물분무등소화설비 중 고체에어로졸소화설비는 이 기준에서 정하는 규정에 따라 설비를 설치하고 유지·관리하여야 한다.

제 3 조(정의) 이 기준에서 사용하는 용어는 다음과 같이 정의한다.
1. "고체에어로졸소화설비"란 설계밀도 이상의 고체에어로졸을 방호구역 전체에 균일하게 방출하는 설비로서 분산(Dispersed)방식이 아닌 압축(Condensed)방식을 말한다.
2. "고체에어로졸화합물"이란 과산화물질, 가연성물질 등의 혼합물로서 화재를 소화하는 비전도성의 미세입자인 에어로졸을 만드는 고체화합물을 말한다.
3. "고체에어로졸"이란 고체에어로졸화합물의 연소과정에 의해 생성된 직경 10μm 이하의 고체 입자와 기체 상태의 물질로 구성된 혼합물을 말한다.
4. "고체에어로졸발생기"란 고체에어로졸화합물, 냉각장치, 작동장치, 방출구, 저장용기로 구성되어 에어로졸을 발생시키는 장치를 말한다.
5. "소화밀도"란 방호공간 내 규정된 시험조건의 화재를 소화하는데 필요한 단위체적(m^3)당 고체에어로졸화합물의 질량(g)을 말한다.
6. "안전계수"란 설계밀도를 결정하기 위한 안전율을 말하며 1.3으로 한다.
7. "설계밀도"란 소화설계를 위하여 필요한 것으로 소화밀도에 안전계수를 곱하여 얻어지는 값을 말한다.

8. "상주장소"란 일반적으로 사람들이 거주하는 장소 또는 공간을 말한다.
9. "비상주장소"란 짧은 기간 동안 간헐적으로 사람들이 출입할 수는 있으나 일반적으로 사람들이 거주하지 않는 장소 또는 공간을 말한다.
10. "방호체적"이란 벽 등의 건물 구조 요소들로 구획된 방호구역의 체적에서 기둥 등 고정적인 구조물의 체적을 제외한 것을 말한다.
11. "열 안전이격거리"란 고체에어로졸 방출 시 발생하는 온도에 영향을 받을 수 있는 모든 구조·구성요소와 고체에어로졸 발생기 사이에 안전확보를 위해 필요한 이격거리를 말한다.

제 4 조(일반조건) 고체에어로졸소화설비는 다음 각 호의 기준을 충족하여야 한다.
1. 고체에어로졸은 전기 전도성이 없어야 한다.
2. 약제 방출 후 해당 화재의 재발화 방지를 위하여 최소 10분간 소화밀도를 유지하여야 한다.
3. 고체에어로졸소화설비에 사용되는 주요 구성품은 「화재예방, 소방시설 설치·유지 및 안전관리에 관한 법률」에 따른 형식승인 및 제품검사를 받은 것이어야 한다.
4. 고체에어로졸소화설비는 비상주장소에 한하여 설치한다. 다만, 고체에어로졸소화설비 약제의 성분이 인체에 무해함을 국내·외 국가공인 시험기관에서 인증받고, 과학적으로 입증된 최대허용설계밀도를 초과하지 않는 양으로 설계하는 경우 상주장소에 설치할 수 있다.
5. 고체에어로졸소화설비의 소화성능이 발휘될 수 있도록 방호구역 내부의 밀폐성을 확보하여야 한다.
6. 방호구역 출입구 인근에 고체에어로졸 방출 시 주의사항에 관한 내용의 표지를 설치하여야 한다.
7. 이 기준에서 규정하지 않은 사항은 형식승인 받은 제조업체의 설계 매뉴얼에 따른다.

제 5 조(설치 제외) 고체에어로졸소화설비는 다음 각 목의 물질을 포함한 화재 또는 장소에는 사용할 수 없다. 단, 그 사용에 대한 국가공인 시험기관의 인증이 있는 경우에는 그러하지 아니하다.
1. 니트로셀룰로오스, 화약 등의 산화성 물질
2. 리튬, 나트륨, 칼륨, 마그네슘, 티타늄, 지르코늄, 우라늄 및 플루토늄과 같은 자기반응성 금속

3. 금속 수소화물
4. 유기 과산화수소, 히드라진 등 자동 열분해를 하는 화학물질
5. 가연성 증기 또는 분진 등 폭발성 물질이 대기에 존재할 가능성이 있는 장소

제 6 조(고체에어로졸발생기) 고체에어로졸발생기는 다음 각 호의 기준에 따라 설치한다.
1. 밀폐성이 보장된 방호구역 내에 설치하거나, 밀폐성능을 인정할 수 있는 별도의 조치를 취할 것
2. 천장이나 벽면 상부에 설치하되 고체에어로졸 화합물이 균일하게 방출되도록 설치할 것
3. 직사광선 및 빗물이 침투할 우려가 없는 곳에 설치할 것
4. 고체에어로졸 발생기는 다음 각 목의 열 안전이격거리를 준수하여 설치할 것
   가. 인체와의 최소 이격거리는 고체에어로졸 방출 시 75℃를 초과하는 온도가 인체에 영향을 미치지 아니하는 거리
   나. 가연물과의 최소 이격거리는 고체에어로졸 방출 시 200℃를 초과하는 온도가 가연물에 영향을 미치지 아니하는 거리
5. 하나의 방호구역에는 동일 제품군 및 동일한 크기의 고체에어로졸발생기를 설치할 것
6. 방호구역의 높이는 형식승인 받은 고체에어로졸발생기의 최대 설치높이 이하로 할 것

제 7 조(고체에어로졸화합물의 양) 방호구역 내 소화를 위한 고체에어로졸화합물의 최소 질량은 다음 공식에 따라 산출한 양 이상으로 산정하여야 한다.

제 8 조(기동) ① 고체에어로졸소화설비는 화재감지기 및 수동식 기동장치의 작동과 연동하여 기계적 또는 전기적 방식으로 작동하여야 한다.
② 고체에어로졸소화설비 기동 시에는 1분 이내에 고체에어로졸 설계밀도의 95% 이상을 방호구역에 균일하게 방출하여야 한다.
③ 고체에어로졸소화설비의 수동식 기동장치는 다음 각 호의 기준에 따라 설치하여야 한다.
1. 제어반마다 설치할 것
2. 방호구역의 출입구마다 설치하되 출입구 인근에 사람이 쉽게 조작할 수 있

는 위치에 설치할 것
3. 기동장치의 조작부는 바닥으로부터 0.8m 이상 1.5m 이하의 위치에 설치할 것
4. 기동장치의 조작부에 보호판 등의 보호장치를 부착할 것
5. 기동장치 인근의 보기 쉬운 곳에 "고체에어로졸소화설비 수동식 기동장치"라고 표시한 표지를 부착할 것
6. 전기를 사용하는 기동장치에는 전원표시등을 설치할 것
7. 방출용 스위치의 작동을 명시하는 표시등을 설치할 것
8. 50 N 이하의 힘으로 방출용 스위치를 기동할 수 있도록 할 것

④ 고체에어로졸의 방출을 지연시키기 위해 방출지연스위치를 다음 각 호의 기준에 따라 설치하여야 한다.
1. 수동으로 작동하는 방식으로 설치하되 방출지연스위치를 누르고 있는 동안만 지연되도록 할 것
2. 방호구역의 출입구마다 설치하되 피난이 용이한 출입구 인근에 사람이 쉽게 조작할 수 있는 위치에 설치할 것
3. 방출지연스위치 작동 시에는 음향경보를 발할 것
4. 방출지연스위치 작동 중 수동식 기동장치가 작동되면 수동식 기동장치의 기능이 우선될 것

제 9 조(제어반등) ① 고체에어로졸소화설비의 제어반은 다음 각 호의 기준에 따라 설치하여야 한다.
1. 전원표시등을 설치할 것
2. 화재, 진동 및 충격에 따른 영향과 부식의 우려가 없고 점검에 편리한 장소에 설치할 것
3. 제어반에는 해당 회로도 및 취급설명서를 비치할 것
4. 고체에어로졸소화설비의 작동방식(자동 또는 수동)을 선택할 수 있는 장치를 설치할 것
5. 수동식 기동장치 또는 화재감지기에서 신호를 수신할 경우 다음 각 목의 기능을 수행할 것
   가. 음향경보 장치의 작동
   나. 고체에어로졸의 방출
   다. 기타 제어기능 작동

② 고체에어로졸소화설비의 화재표시반은 다음 각 호의 기준에 따라 설치하여

야 한다. 다만, 자동화재탐지설비 수신기의 제어반이 화재표시반의 기능을 가지고 있는 경우 화재표시반을 설치하지 아니할 수 있다.
1. 전원표시등을 설치할 것
2. 화재, 진동 및 충격에 따른 영향 및 부식의 우려가 없고 점검에 편리한 장소에 설치할 것
3. 화재표시반에는 해당 회로도 및 취급설명서를 비치할 것
4. 고체에어로졸소화설비의 작동방식(자동 또는 수동)을 표시등으로 명시할 것
5. 고체에어로졸소화설비가 기동할 경우 음향장치를 통해 경보를 발할 것
6. 제어반에서 신호를 수신할 경우 방호구역별 경보장치의 작동, 수동식 기동장치의 작동 및 화재감지기의 작동 등을 표시등으로 명시할 것

③ 고체에어로졸소화설비가 설치된 구역의 출입구에는 고체에어로졸의 방출을 명시하는 표시등을 설치하여야 한다.

④ 고체에어로졸소화설비의 오작동을 제어하기 위해 제어반 인근에 설비정지스위치를 설치하여야 한다.

제10조(음향장치) 고체에어로졸소화설비의 음향장치는 다음 각 호의 기준에 따라 설치하여야 한다.
1. 화재감지기가 작동하거나 수동식 기동장치가 작동할 경우 음향장치가 작동할 것
2. 음향장치는 방호구역마다 설치하되 해당 구역의 각 부분으로부터 하나의 음향장치까지의 수평거리는 25m 이하가 되도록 할 것
3. 음향장치는 경종 또는 사이렌(전자식 사이렌을 포함한다)으로 하되, 주위의 소음 및 다른 용도의 경보와 구별이 가능한 음색으로 할 것. 이 경우 경종 또는 사이렌은 자동화재탐지설비·비상벨설비 또는 자동식사이렌설비의 음향장치와 겸용할 수 있다.
4. 주 음향장치는 화재표시반의 내부 또는 그 직근에 설치할 것
5. 음향장치는 다음 각 목의 기준에 따른 구조 및 성능의 것으로 할 것
   가. 정격전압의 80% 전압에서 음향을 발할 수 있는 것으로 할 것
   나. 음량은 부착된 음향장치의 중심으로부터 1m 떨어진 위치에서 90dB 이상이 되는 것으로 할 것
6. 고체에어로졸의 방출 개시 후 1분 이상 경보를 계속 발할 것

제11조(화재감지기) 고체에어로졸소화설비의 화재감지기는 다음 각 호의 기준에 따라 설치하여야 한다.
1. 고체에어로졸소화설비에는 다음 각 목의 감지기 중 하나를 설치할 것
    가. 광전식 공기흡입형 감지기
    나. 아날로그 방식의 광전식 스포트형 감지기
    다. 중앙소방기술심의위원회의 심의를 통해 고체에어로졸소화설비에 적응성이 있다고 인정된 감지기
2. 화재감지기 1개가 담당하는 바닥면적은 「자동화재탐지설비의 화재안전기준(NFSC 203)」제7조제3항의 규정에 따른 바닥면적으로 할 것

제12조(방호구역의 자동폐쇄) 고체에어로졸소화설비의 방호구역은 고체에어로졸소화설비가 기동할 경우 다음 각 호의 기준에 따라 자동적으로 폐쇄되어야 한다.
1. 방호구역 내의 개구부와 통기구는 고체에어로졸이 방출되기 전에 폐쇄되도록 할 것
2. 방호구역 내의 환기장치는 고체에어로졸이 방출되기 전에 정지되도록 할 것
3. 자동폐쇄장치의 복구장치는 제어반 또는 그 직근에 설치하고, 해당 장치를 표시하는 표지를 부착할 것

제13조(비상전원) 고체에어로졸소화설비의 비상전원은 자가발전설비, 축전지설비(제어반에 내장하는 경우를 포함한다) 또는 전기저장장치(외부 전기에너지를 저장해 두었다가 필요한 때 전기를 공급하는 장치)를 다음 각 호의 기준에 따라 설치하여야 한다. 다만, 2 이상의 변전소(「전기사업법」제67조에 따른 변전소를 말한다. 이하 같다)에서 전력을 동시에 공급받을 수 있거나 하나의 변전소로부터 전력의 공급이 중단되는 때에는 자동으로 다른 변전소로부터 전력을 공급받을 수 있도록 상용전원을 설치한 경우에는 비상전원을 설치하지 아니할 수 있다.
1. 점검에 편리하고 화재 및 침수 등의 재해로 인한 피해를 받을 우려가 없는 곳에 설치할 것
2. 고체에어로졸소화설비에 최소 20분 이상 유효하게 전원을 공급할 것
3. 상용전원으로부터 전력의 공급이 중단된 때에는 자동으로 비상전원으로부터 전력을 공급받을 수 있도록 할 것
4. 비상전원의 설치장소는 다른 장소와 방화구획할 것(제어반에 내장하는 경우는 제외한다). 이 경우 그 장소에는 비상전원의 공급에 필요한 기구나 설

비 외의 것(열병합발전설비에 필요한 기구나 설비는 제외한다)을 두어서는 안된다.
5. 비상전원을 실내에 설치하는 때에는 그 실내에 비상조명등을 설치할 것

제14조(배선 등) ① 고체에어로졸소화설비의 배선은 「전기사업법」제67조에 따른 기술기준에서 정한 것 외에 다음 각 호의 기준에 따라 설치하여야 한다.
1. 비상전원으로부터 제어반에 이르는 전원회로배선은 내화배선으로 할 것. 다만, 자가발전설비와 제어반이 동일한 실에 설치된 경우에는 자가발전기로부터 그 제어반에 이르는 전원회로배선은 그러하지 아니하다.
2. 상용전원으로부터 제어반에 이르는 배선, 그 밖의 고체에어로졸소화설비의 감시회로·조작회로 또는 표시등회로의 배선은 내화배선 또는 내열배선으로 할 것. 다만, 제어반 안의 감시회로·조작회로 또는 표시등회로의 배선은 그러하지 아니하다.
3. 화재감지기의 배선은 「자동화재탐지설비 및 시각경보장치의 화재안전기준(NFSC 203)」제11조의 기준에 따른다.

② 제1항에 따른 내화배선 또는 내열배선에 사용되는 전선의 종류 및 설치방법은 「옥내소화전설비의 화재안전기준(NFSC 102)」의 별표 1의 기준에 따른다.

③ 고체에어로졸소화설비의 과전류차단기 및 개폐기에는 "고체에어로졸소화설비용"이라고 표시한 표지를 부착하여야 한다.

④ 고체에어로졸소화설비용 전기배선의 양단 및 접속단자에는 다음 각 호의 기준에 따른 표시를 하여야 한다.
1. 단자에는 "고체에어로졸소화설비단자"라고 표시한 표지를 부착할 것
2. 고체에어로졸소화설비용 전기배선의 양단에는 다른 배선과 식별이 용이하도록 표시할 것

제15조(과압배출구) 고체에이로졸소화설비의 방호구역에는 고체에어로졸 방출 시 과압으로 인한 구조물 등의 손상을 방지하기 위하여 과압배출구를 설치하여야 한다.

비상경보설비 및 단독경보형감지기의 화재안전기준(NFSC 201)

[시행 2021. 1. 15.] [소방청고시 제2021-11호, 2021. 1. 15., 타법개정]

제 3 조(정의) 이 기준에서 사용되는 용어의 정의는 다음과 같다. 〈개정 2012.8.20〉
1. "비상벨설비"란 화재발생 상황을 경종으로 경보하는 설비를 말한다.
2. "자동식사이렌설비"란 화재발생 상황을 사이렌으로 경보하는 설비를 말한다.
3. "단독경보형감지기"란 화재발생 상황을 단독으로 감지하여 자체에 내장된 음향장치로 경보하는 감지기를 말한다.
4. "발신기"란 화재발생 신호를 수신기에 수동으로 발신하는 장치를 말한다.
5. "수신기"란 발신기에서 발하는 화재신호를 직접 수신하여 화재의 발생을 표시 및 경보하여 주는 장치를 말한다.

제3조의2(신호처리방식) 화재신호 및 상태신호 등(이하 "화재신호 등"이라 한다)을 송수신하는 방식은 다음 각 호와 같다. 〈개정 2019. 5. 24.〉
1. "유선식"은 화재신호 등을 배선으로 송·수신하는 방식의 것
2. "무선식"은 화재신호 등을 전파에 의해 송·수신하는 방식의 것
3. "유·무선식"은 유선식과 무선식을 겸용으로 사용하는 방식의 것

제 4 조(비상벨설비 또는 자동식사이렌설비) ①비상벨설비 또는 자동식사이렌설비는 부식성가스 또는 습기 등으로 인하여 부식의 우려가 없는 장소에 설치하여야 한다.

②지구음향장치는 특정소방대상물의 층마다 설치하되, 해당 특정소방대상물의 각 부분으로부터 하나의 음향장치까지의 수평거리가 25m 이하가 되도록 하고, 해당층의 각 부분에 유효하게 경보를 발할 수 있도록 설치하여야 한다. 다만, 「비상방송설비의 화재안전기준(NFSC 202)」에 적합한 방송설비를 비상벨설비 또는 자동식사이렌설비와 연동하여 작동하도록 설치한 경우에는 지구음향장치를 설치하지 아니할 수 있다. 〈개정 2008.12.15, 2012.8.20〉

③음향장치는 정격전압의 80% 전압에서 음향을 발할 수 있도록 하여야 한다. 다만, 건전지를 주전원으로 사용하는 음향장치는 그러하지 아니하다. 〈개정 2019. 5. 24.〉

④음향장치의 음량은 부착된 음향장치의 중심으로부터 1m 떨어진 위치에서 90dB 이상이 되는 것으로 하여야 한다.〈개정 2008.12.15〉

⑤발신기는 다음 각 호의 기준에 따라 설치하여야 한다. 〈개정 2021. 1. 15.〉

1. 조작이 쉬운 장소에 설치하고, 조작스위치는 바닥으로부터 0.8m 이상 1.5m 이하의 높이에 설치할 것
2. 특정소방대상물의 층마다 설치하되, 해당 특정소방대상물의 각 부분으로부터 하나의 발신기까지의 수평거리가 25m 이하가 되도록 할 것. 다만, 복도 또는 별도로 구획된 실로서 보행거리가 40m 이상일 경우에는 추가로 설치하여야 한다.
3. 발신기의 위치표시등은 함의 상부에 설치하되, 그 불빛은 부착 면으로부터 15° 이상의 범위 안에서 부착지점으로부터 10m 이내의 어느 곳에서도 쉽게 식별할 수 있는 적색등으로 할 것

⑥비상벨설비 또는 자동식사이렌설비의 상용전원은 다음 각 호의 기준에 따라 설치하여야 한다.〈개정 2012.8.20.〉

1. 전원은 전기가 정상적으로 공급되는 축전지, 전기저장장치(외부 전기에너지를 저장해 두었다가 필요한 때 전기를 공급하는 장치) 또는 교류전압의 옥내 간선으로 하고, 전원까지의 배선은 전용으로 할 것〈개정 2016.7.13.〉

필수사항 (경보설비 공통) 　　중요도 ★★★

2. 개폐기에는 "비상벨설비 또는 자동식사이렌설비용"이라고 표시한 표지를 할 것

⑦비상벨설비 또는 자동식사이렌설비에는 그 설비에 대한 감시상태를 60분간 지속한 후 유효하게 10분 이상 경보할 수 있는 축전지설비(수신기에 내장하는 경우를 포함한다) 또는 전기저장장치(외부 전기에너지를 저장해 두었다가 필요한 때 전기를 공급하는 장치)를 설치하여야 한다. 다만, 상용전원이 축전지설비인 경우 또는 건전지를 주전원으로 사용하는 무선식 설비인 경우에는 그러하지 아니하다.〈개정 2019. 5. 24.〉

필수사항 (계산문제 필수 기본수치임)(경보시설 공통) 　　중요도 ★★★

⑧비상벨설비 또는 자동식사이렌설비의 배선은「전기사업법」제67조에 따른 기술기준에서 정한 것 외에 다음 각 호의 기준에 따라 설치하여야 한다. 〈개정 2012.8.20〉

1. 전원회로의 배선은「옥내소화전설비의 화재안전기준(NFSC 102)」별표1에 따른 내화배선에 의하고 그 밖의 배선은「옥내소화전설비의 화재안전기준(NFSC 102)」별표1에 따른 내화배선 또는 내열배선에 따를 것
2. 전원회로의 전로와 대지 사이 및 배선상호간의 절연저항은「전기사업법」제67조에 따른 기술기준이 정하는 바에 의하고, 부속회로의 전로와 대지 사이 및 배선 상호간의 절연저항은 1경계구역마다 직류 250V의 절연저항측정기를 사용하여 측정한 절연저항이 0.1MΩ 이상이 되도록 할 것
3. 배선은 다른 전선과 별도의 관·덕트(절연효력이 있는 것으로 구획한 때에는 그 구획된 부분은 별개의 덕트로 본다)·몰드 또는 풀박스 등에 설치할 것. 다만, 60V 미만의 약전류회로에 사용하는 전선으로서 각각의 전압이 같을 때에는 그러하지 아니하다.

필수사항 (자탐과 거의 같음, 자탐의 배선으로 정리) 중요도 ★★★

제 5 조(단독경보형감지기) 단독경보형감지기는 다음 각 호의 기준에 따라 설치하여야 한다. 〈개정 2012.8.20〉

1. 각 실(이웃하는 실내의 바닥면적이 각각 30m² 미만이고 벽체의 상부의 전부 또는 일부가 개방되어 이웃하는 실내와 공기가 상호유통되는 경우에는 이를 1개의 실로 본다)마다 설치하되, 바닥면적이 150m²를 초과하는 경우에는 150m²마다 1개 이상 설치할 것
2. 최상층의 계단실의 천장(외기가 상통하는 계단실의 경우를 제외한다)에 설치할 것
3. 건전지를 주전원으로 사용하는 단독경보형감지기는 정상적인 작동상태를 유지할 수 있도록 건전지를 교환할 것
4. 상용전원을 주전원으로 사용하는 단독경보형감지기의 2차전지는 법 제39조에 따라 제품검사에 합격한 것을 사용할 것

암기방법 각계건2,150 중요도 ★★★★★
(자주 출제)

비상방송설비의 화재안전기준(NFSC 202)

[시행 2017. 7. 26.] [소방청고시 제2017-1호, 2017. 7. 26., 타법개정]

제 3 조(정의) 이 기준에서 사용되는 용어의 정의는 다음과 같다.
1. "확성기"란 소리를 크게 하여 멀리까지 전달될 수 있도록 하는 장치로써 일명 스피커를 말한다.
2. "음량조절기"란 가변저항을 이용하여 전류를 변화시켜 음량을 크게 하거나 작게 조절할 수 있는 장치를 말한다.
3. "증폭기"란 전압전류의 진폭을 늘려 감도를 좋게 하고 미약한 음성전류를 커다란 음성전류로 변화시켜 소리를 크게 하는 장치를 말한다.

제 4 조(음향장치) 비상방송설비는 다음 각 호의 기준에 따라 설치하여야 한다. 이 경우 엘리베이터 내부에는 별도의 음향장치를 설치할 수 있다.
1. 확성기의 음성입력은 3W(실내에 설치하는 것에 있어서는 1W) 이상일 것
2. 확성기는 각층마다 설치하되, 그 층의 각 부분으로부터 하나의 확성기까지의 수평거리가 25m 이하가 되도록 하고, 해당층의 각 부분에 유효하게 경보를 발할 수 있도록 설치할 것
3. 음량조정기를 설치하는 경우 음량조정기의 배선은 3선식으로 할 것
4. 조작부의 조작스위치는 바닥으로부터 0.8m 이상 1.5m 이하의 높이에 설치할 것
5. 조작부는 기동장치의 작동과 연동하여 해당 기동장치가 작동한 층 또는 구역을 표시할 수 있는 것으로 할 것
6. 증폭기 및 조작부는 수위실 등 상시 사람이 근무하는 장소로서 점검이 편리하고 방화상 유효한 곳에 설치할 것
7. 층수가 5층 이상으로서 연면적이 3,000m²를 초과하는 특정소방대상물은 다음 각 목에 따라 경보를 발할 수 있도록 하여야 한다. 〈개정 2008.12.15, 2012.2.15〉
   가. 2층 이상의 층에서 발화한 때에는 발화층 및 그 직상층에 경보를 발할 것
   나. 1층에서 발화한 때에는 발화층·그 직상층 및 지하층에 경보를 발할 것
   다. 지하층에서 발화한 때에는 발화층·그 직상층 및 기타의 지하층에 경보

를 발할 것
8. 다른 방송설비와 공용하는 것에 있어서는 화재 시 비상경보외의 방송을 차단할 수 있는 구조로 할 것
9. 다른 전기회로에 따라 유도장애가 생기지 아니하도록 할 것
10. 하나의 특정소방대상물에 2 이상의 조작부가 설치되어 있는 때에는 각각의 조작부가 있는 장소 상호간에 동시통화가 가능한 설비를 설치하고, 어느 조작부에서도 해당 특정소방대상물의 전 구역에 방송을 할 수 있도록 할 것
11. 기동장치에 따른 화재신고를 수신한 후 필요한 음량으로 화재발생 상황 및 피난에 유효한 방송이 자동으로 개시될 때까지의 소요시간은 10초 이하로 할 것
12. 음향장치는 다음 각 목의 기준에 따른 구조 및 성능의 것으로 하여야 한다.
    가. 정격전압의 80% 전압에서 음향을 발할 수 있는 것을 할 것
    나. 자동화재탐지설비의 작동과 연동하여 작동할 수 있는 것으로 할 것

암기방법: 3각3조증표 우유차 2 10 음 (중요) 중요도 ★★★★★

제 5 조(배선) 비상방송설비의 배선은 「전기사업법」 제67조에 따른 기술기준에서 정한 것외에 다음 각 호의 기준에 따라 설치하여야 한다.
1. 화재로 인하여 하나의 층의 확성기 또는 배선이 단락 또는 단선되어도 다른 층의 화재통보에 지장이 없도록 할 것
2. 전원회로의 배선은 옥내소화전설비의화재안전기준(NFSC 102) 별표 1에 따른 내화배선에 따르고, 그 밖의 배선은 옥내소화전설비의화재안전기준(NFSC 102) 별표 1에 따른 내화배선 또는 내열배선에 따라 설치할 것
3. 전원회로의 전로와 대지 사이 및 배선상호간의 절연저항은 「전기사업법」 제67조에 따른 기술기준이 정하는 바에 따르고, 부속회로의 전로와 대지 사이 및 배선 상호간의 절연저항은 1경계구역마다 직류 250V의 절연저항측정기를 사용하여 측정한 절연저항이 0.1MΩ 이상이 되도록 할 것
4. 비상방송설비의 배선은 다른 전선과 별도의 관·덕트(절연효력이 있는 것으로 구획한 때에는 그 구획된 부분은 별개의 덕트로 본다) 몰드 또는 풀박스 등에 설치할 것. 다만, 60V 미만의 약전류회로에 사용하는 전선으로서 각각의 전압이 같을 때에는 그러하지 아니하다.

제 6 조(전원) ① 비상방송설비의 상용전원은 다음 각 호의 기준에 따라 설치하여야 한다.

1. 전원은 전기가 정상적으로 공급되는 축전지, 전기저장장치(외부 전기에너지를 저장해 두었다가 필요한 때 전기를 공급하는 장치) 또는 교류전압의 옥내 간선으로 하고, 전원까지의 배선은 전용으로 할 것〈개정 2016.7.13.〉
2. 개폐기에는 "비상방송설비용"이라고 표시한 표지를 할 것

② 비상방송설비에는 그 설비에 대한 감시상태를 60분간 지속한 후 유효하게 10분 이상 경보할 수 있는 축전지설비(수신기에 내장하는 경우를 포함한다) 또는 전기저장장치(외부 전기에너지를 저장해 두었다가 필요한 때 전기를 공급하는 장치)를 설치하여야 한다.〈개정 2012.2.15., 2013.6.11., 2016.7.13.〉

자동화재탐지설비 및 시각경보장치의 화재안전기준(NFSC 203)

[시행 2021. 1. 15.] [소방청고시 제2021-11호, 2021. 1. 15., 타법개정]

제 3 조(정의) 이 기준에서 사용하는 용어의 정의는 다음과 같다.
1. "경계구역"이란 특정소방대상물 중 화재신호를 발신하고 그 신호를 수신 및 유효하게 제어할 수 있는 구역을 말한다.

> **암기방법 발수제** 중요도 ★★★

2. "수신기"란 감지기나 발신기에서 발하는 화재신호를 직접 수신하거나 중계기를 통하여 수신하여 화재의 발생을 표시 및 경보하여 주는 장치를 말한다.
3. "중계기"란 감지기·발신기 또는 전기적접점 등의 작동에 따른 신호를 받아 이를 수신기의 제어반에 전송하는 장치를 말한다.
4. "감지기"란 화재시 발생하는 열, 연기, 불꽃 또는 연소생성물을 자동적으로 감지하여 수신기에 발신하는 장치를 말한다.
5. "발신기"란 화재발생 신호를 수신기에 수동으로 발신하는 장치를 말한다.
6. "시각경보장치"란 자동화재탐지설비에서 발하는 화재신호를 시각경보기에 전달하여 청각장애인에게 점멸형태의 시각경보를 하는 것을 말한다.
7. "거실"이란 거주·집무·작업·집회·오락 그 밖에 이와 유사한 목적을 위하여 사용하는 방을 말한다.

제 4 조(경계구역) ① 자동화재탐지설비의 경계구역은 다음 각호의 기준에 따라 설정하여야 한다. 다만, 감지기의 형식승인 시 감지거리, 감지면적 등에 대한 성능을 별도로 인정받은 경우에는 그 성능인정범위를 경계구역으로 할 수 있다.
1. 하나의 경계구역이 2개 이상의 건축물에 미치지 아니하도록 할 것
2. 하나의 경계구역이 2개 이상의 층에 미치지 아니하도록 할 것. 다만, 500m² 이하의 범위안에서는 2개의 층을 하나의 경계구역으로 할 수 있다
3. 하나의 경계구역의 면적은 600m² 이하로 하고 한 변의 길이는 50m 이하로

할 것. 다만, 해당 특정소방대상물의 주된 출입구에서 그 내부 전체가 보이는 것에 있어서는 한 변의 길이가 50m의 범위 내에서 1,000m² 이하로 할 수 있다.〈개정 2008.12.15〉

4. 삭제〈2021. 1. 15.〉

참고 (지 7)

② 계단(직통계단외의 것에 있어서는 떨어져 있는 상하계단의 상호간의 수평거리가 5m 이하로서 서로 간에 구획되지 아니한 것에 한한다. 이하 같다)·경사로(에스컬레이터경사로 포함)·엘리베이터 승강로(권상기실이 있는 경우에는 권상기실)·린넨슈트·파이프 피트 및 덕트 기타 이와 유사한 부분에 대하여는 별도로 경계구역을 설정하되, 하나의 경계구역은 높이 45m 이하(계단 및 경사로에 한한다)로 하고, 지하층의 계단 및 경사로(지하층의 층수가 1일 경우는 제외한다)는 별도로 하나의 경계구역으로 하여야 한다.〈개정 2008.12.15, 2015.1.23.〉

③ 외기에 면하여 상시 개방된 부분이 있는 차고·주차장·창고 등에 있어서는 외기에 면하는 각 부분으로부터 5m 미만의 범위안에 있는 부분은 경계구역의 면적에 산입하지 아니한다.

④ 스프링클러설비·물분무등소화설비 또는 제연설비의 화재감지장치로서 화재감지기를 설치한 경우의 경계구역은 해당 소화설비의 방사구역 또는 제연구역과 동일하게 설정할 수 있다.〈개정 2008.12.15.〉

암기방법 하하하지계상감 600, 50 1000, 700, 45, 5 중요도 ★★★★★
(자탐 가장 중요)

제 5 조(수신기) ① 자동화재탐지설비의 수신기는 다음 각 호의 기준에 적합한 것으로 설치하여야 한다.

1. 해당 특정소방대상물의 경계구역을 각각 표시할 수 있는 회선수 이상의 수신기를 설치할 것

2. 4층 이상의 특정소방대상물에는 발신기와전화통화가 가능한 수신기를 설치할 것

3. 해당 특정소방대상물에 가스누설탐지설비가 설치된 경우에는 가스누설탐지설비로부터 가스누설신호를 수신하여 가스누설경보를 할 수 있는 수신기를 설치할 것(가스누설탐지설비의 수신부를 별도로 설치한 경우에는 제외한다)

> **암기방법** 회4가   중요도 ★★★
> (수신기 적합기준)

② 자동화재탐지설비의 수신기는 특정소방대상물 또는 그 부분이 지하층·무창층 등으로서 환기가 잘되지 아니하거나 실내면적이 40m² 미만인 장소, 감지기의 부착면과 실내바닥과의 거리가 2.3m 이하인 장소로서 일시적으로 발생한 열·연기 또는 먼지 등으로 인하여 감지기가 화재신호를 발신할 우려가 있는 때에는 축적기능 등이 있는 것(축적형감지기가 설치된 장소에는 감지기회로의 감시전류를 단속적으로 차단시켜 화재를 판단하는 방식외의 것을 말한다)으로 설치하여야 한다. 다만, 제7조제1항 단서에 따라 감지기를 설치한 경우에는 그러하지 아니하다.

> **암기방법** 지무환, 40, 2.3, 단   중요도 ★★★★★
> (축적형수신기 설치장소) (아주 중요)

③ 수신기는 다음 각 호의 기준에 따라 설치하여야 한다.
1. 수위실 등 상시 사람이 근무하는 장소에 설치할것. 다만, 사람이 상시 근무하는 장소가 없는 경우에는 관계인이 쉽게 접근할 수 있고 관리가 용이한 장소에 설치할 수 있다.
2. 수신기가 설치된 장소에는 경계구역 일람도를 비치할 것. 다만, 모든 수신기와 연결되어 각 수신기의 상황을 감시하고 제어할 수 있는 수신기(이하 "주수신기"라 한다)를 설치하는 경우에는 주수신기를 제외한 기타 수신기는 그러하지 아니하다.
3. 수신기의 음향기구는 그 음량 및 음색이 다른 기기의 소음 등과 명확히 구별될 수 있는 것으로 할 것
4. 수신기는 감지기·중계기 또는 발신기가 작동하는 경계구역을 표시할 수 있는 것으로 할 것
5. 화재·가스 전기등에 대한 종합방재반을 설치한 경우에는 해당 조작반에 수신기의 작동과 연동하여 감지기·중계기 또는 발신기가 작동하는 경계구역을 표시할 수 있는 것으로 할 것
6. 하나의 경계구역은 하나의 표시등 또는 하나의 문자로 표시되도록 할 것
7. 수신기의 조작 스위치는 바닥으로부터의 높이가 0.8m 이상 1.5m 이하인 장

소에 설치할 것
8. 하나의 특정소방대상물에 2 이상의 수신기를 설치하는 경우에는 수신기를 상호간 연동하여 화재발생 상황을 각 수신기마다 확인할 수 있도록 할 것

암기방법 수경음경 종하높2 ★★★★★
(아주 중요)

제 6 조(중계기) 자동화재탐지설비의 중계기는 다음 각 호의 기준에 따라 설치하여야 한다.
1. 수신기에서 직접 감지기회로의 도통시험을 행하지 아니하는 것에 있어서는 수신기와 감지기 사이에 설치할 것

참고 R형 의미

2. 조작 및 점검에 편리하고 화재 및 침수등의 재해로 인한 피해를 받을 우려가 없는 장소에 설치할 것
3. 수신기에 따라 감시되지 아니하는 배선을 통하여 전력을 공급받는 것에 있어서는 전원입력측의 배선에 과전류 차단기를 설치하고 해당 전원의 정전이 즉시 수신기에 표시되는 것으로 하며, 상용전원 및 예비전원의 시험을 할 수 있도록 할 것

참고 집합형 의미

암기방법 수조감(과정시) ★★★

제 7 조(감지기) ① 자동화재탐지설비의 감지기는 부착높이에 따라 다음 표에 따른 감지기를 설치하여야 한다. 다만, 지하층·무창층 등으로서 환기가 잘되지 아니하거나 실내면적이 40m^2 미만인 장소, 감지기의 부착면과 실내바닥과의 거리가 2.3m 이하인 곳으로서 일시적으로 발생한 열·연기 또는 먼지 등으로 인하여 화재신호를 발신할 우려가 있는 장소(제5조제2항 본문에 따른 수신기를 설치한 장소를 제외한다)에는 다음 각 호에서 정한 감지기중 적응성 있는 감지기를 설치하여야 한다.
1. 불꽃감지기
2. 정온식감지선형감지기
3. 분포형감지기
4. 복합형감지기
5. 광전식분리형감지기
6. 아날로그방식의 감지기
7. 다신호방식의 감지기
8. 축적방식의 감지기

> **참고** 7조 1항 단서 감지기, 신뢰성 있는 감기지, 교차회로 제외 감지기를 의미함.

암기방법 지무환, 4, 2.3 , 축수제외, 불복정분 아다광축 중요도 ★★★★★

(매우 중요)

부착높이	감지기의 종류
4m 미만	차동식 (스포트형, 분포형) 보상식 스포트형 정온식 (스포트형, 감지선형) 이온화식 또는 광전식 (스포트형, 분리형, 공기흡입형) 열복합형 연기복합형 열연기복합형 불꽃감지기
4m 이상 8m 미만	차동식 (스포트형, 분포형) 보상식 스포트형 정온식 (스포트형, 감지선형) 특종 또는 1종 이온화식 1종 또는 2종 광전식(스포트형, 분리형, 공기흡입형) 1종 또는 2종 열복합형 연기복합형 열연기복합형 불꽃감지기
8m 이상 15m 미만	차동식 분포형 이온화식 1종 또는 2종 광전식(스포트형, 분리형, 공기흡입형) 1종 또는 2종 연기복합형 불꽃감지기
15m 이상 20m 미만	이온화식 1종 광전식(스포트형, 분리형, 공기흡입형) 1종 연기복합형 불꽃감지기
20m 이상	불꽃감지기 광전식(분리형, 공기흡입형)중 아나로그방식

[비 고]
1) 감지기별 부착높이 등에 대하여 별도로 형식승인 받은 경우에는 그 성능 인정범위 내에서 사용할 수 있다
2) 부착높이 20m 이상에 설치되는 광전식 중 아나로그방식의 감지기는 공칭감지농도 하한값이 감광율 5%/m 미만인 것으로 한다.

암기방법 아래부터, 불광, 불광이연1, 불광이연차12, 모두에서 3종 빠짐, 모두 중요도 ★★★★★

(비고 암기 필요)

② 다음 각 호의 장소에는 연기감지기를 설치하여야 한다. 다만, 교차회로방식에 따른 감지기가 설치된 장소 또는 제1항 단서에 따른 감지기가 설치된 장소에는 그러하지 아니하다.

1. 계단·경사로 및 에스컬레이터 경사로〈개정 2008.12.15, 2015.1.23.〉
2. 복도(30m 미만의 것을 제외한다)
3. 엘리베이터 승강로(권상기실이 있는 경우에는 권상기실)·린넨슈트·파이프 피트 및 덕트 기타 이와 유사한 장소〈개정 2008.12.15, 2015.1. 23.〉
4. 천장 또는 반자의 높이가 15m 이상 20m 미만의 장소
5. 다음 각 목의 어느 하나에 해당하는 특정소방대상물의 취침·숙박·입원 등 이와 유사한 용도로 사용되는 거실〈신설 2015.1.23.〉
    가. 공동주택·오피스텔·숙박시설·노유자시설·수련시설
    나. 교육연구시설 중 합숙소
    다. 의료시설, 근린생활시설 중 입원실이 있는 의원·조산원
    라. 교정 및 군사시설
    마. 근린생활시설 중 고시원

암기방법 계복엘천취, 교단제외 중요도 ★★★

③ 감지기는 다음 각 호의 기준에 따라 설치하여야 한다. 다만, 교차회로방식에 사용되는 감지기, 급속한 연소 확대가 우려되는 장소에 사용되는 감지기 및 축적기능이 있는 수신기에 연결하여 사용하는 감지기는 축적기능이 없는 것으로 설치하여야 한다.

암기방법 교급축 중요도 ★★★★★
(축적기능 없는 감지기 사용장소)(아주 중요)

1. 감지기(차동식분포형의 것을 제외한다)는 실내로의 공기유입구로부터 1.5m 이상 떨어진 위치에 설치할 것
2. 감지기는 천장 또는 반자의 옥내에 면하는 부분에 설치할 것
3. 보상식스포트형감지기는 정온점이 감지기 주위의 평상시 최고온도보다 20℃ 이상 높은 것으로 설치할 것
4. 정온식감지기는 주방·보일러실 등으로서 다량의 화기를 취급하는 장소에 설치하되, 공칭작동온도가 최고주위온도보다 20℃ 이상 높은 것으로 설치

할 것

5. 차동식스포트형·보상식스포트형 및 정온식스포트형 감지기는 그 부착 높이 및 특정소방대상물에 따라 다음 표에 따른 바닥면적마다 1개 이상을 설치할 것

(단위 : m²)

부착높이 및 소방대상물의 구분		감지기의 종류						
		차동식 스포트형		보상식 스포트형		정온식 스포트형		
		1종	2종	1종	2종	특종	1종	2종
4m 미만	주요구조부를 내화구조로 한 특정소방대상물 또는 그 부분	90	70	90	70	70	60	20
	기타 구조의 특정소방대상물 또는 그 부분	50	40	50	40	40	30	15
4m 이상 8m 미만	주요구조부를 내화구조로 한 특정소방대상물 또는 그 부분	45	35	45	35	35	30	
	기타 구조의 특정소방대상물 또는 그 부분	30	25	30	25	25	15	

암기방법 9 7 5 4 . 절반 +5, 같고, 같고, 6 2 3 15 중요도 ★★★★★

(계산문제 필수 기본수치임) (아주중요)

6. 스포트형감지기는 45° 이상 경사되지 아니하도록 부착할 것
7. 공기관식 차동식분포형감지기는 다음의 기준에 따를 것
   가. 공기관의 노출부분은 감지구역마다 20m 이상이 되도록 할 것
   나. 공기관과 감지구역의 각 변과의 수평거리는 1.5m 이하가 되도록 하고, 공기관 상호간의 거리는 6m(주요구조부를 내화구조로 한 특정소방대상물 또는 그 부분에 있어서는 9m) 이하가 되도록 할 것
   다. 공기관은 도중에서 분기하지 아니하도록 할 것
   라. 하나의 검출부분에 접속하는 공기관의 길이는 100m 이하로 할 것
   마. 검출부는 5° 이상 경사되지 아니하도록 부착할 것
   바. 검출부는 바닥으로부터 0.8m 이상 1.5m 이하의 위치에 설치할 것

암기방법 노수상분길검 중요도 ★★★★★

8. 열전대식 차동식분포형감지기는 다음의 기준에 따를 것
   가. 열전대부는 감지구역의 바닥면적 18m²(주요구조부가 내화구조로 된 특

정소방대상물에 있어서는 22m²)마다 1개 이상으로 할 것. 다만, 바닥면적이 72m²(주요구조부가 내화구조로 된 특정소방대상물에 있어서는 88m²) 이하인 특정소방대상물에 있어서는 4개 이상으로 하여야 한다.
　나. 하나의 검출부에 접속하는 열전대부는 20개 이하로 할 것. 다만, 각각의 열전대부에 대한 작동여부를 검출부에서 표시할 수 있는 것(주소형)은 형식승인 받은 성능인정범위내의 수량으로 설치할 수 있다.
9. 열반도체식 차동식분포형감지기는 다음의 기준에 따를 것
　가. 감지부는 그 부착높이 및 특정소방대상물에 따라 다음 표에 따른 바닥면적마다 1개 이상으로 할 것. 다만, 바닥면적이 다음 표에 따른 면적의 2배 이하인 경우에는 2개(부착높이가 8m 미만이고, 바닥면적이 다음 표에 따른 면적 이하인 경우에는 1개) 이상으로 하여야 한다.

(단위 : m²)

부착높이 및 소방대상물의 구분		감지기의 종류	
		1종	2종
8m 미만	주요구조부가 내화구조로된 소방대상물 또는 그 구분	65	36
	기타 구조의 소방대상물 또는 그 부분	40	23
8m 이상 15m 미만	주요구조부가 내화구조로 된 소방대상물 또는 그 부분	50	36
	기타 구조의 소방대상물 또는 그 부분	30	23

　나. 하나의 검출기에 접속하는 감지부는 2개 이상 15개 이하가 되도록 할 것. 다만, 각각의 감지부에 대한 작동여부를 검출기에서 표시할 수 있는 것(주소형)은 형식승인 받은 성능인정범위내의 수량으로 설치할 수 있다.
10. 연기감지기는 다음의 기준에 따라 설치할 것
　가. 감지기의 부착높이에 따라 다음 표에 따른 바닥면적마다 1개 이상으로 할 것

(단위 : m²)

부 착 높 이	감지기의 종류	
	1종 및 2종	3종
4m 미만	150	50
4m 이상 20m 미만	75	

　나. 감지기는 복도 및 통로에 있어서는 보행거리 30m(3종에 있어서는 20m)마다, 계단 및 경사로에 있어서는 수직거리 15m(3종에 있어서는 10m)마다 1개 이상으로 할 것
　다. 천장 또는 반자가 낮은 실내 또는 좁은 실내에 있어서는 출입구의 가까운 부분에 설치할 것

라. 천장 또는 반자부근에 배기구가 있는 경우에는 그 부근에 설치할 것
마. 감지기는 벽 또는 보로부터 0.6m 이상 떨어진 곳에 설치할 것

> **암기방법** 면보출배6, 150, 75, 50, 30, 15   중요도 ★★★★★

11. 열복합형감지기의 설치에 관하여는 제3호 및 제9호를, 연기복합형감지기의 설치에 관하여는 제10호를, 열연기복합형감지기의 설치에 관하여는 제5호 및 제10호 나목 또는 마목을 준용하여 설치할 것
12. 정온식감지선형감지기는 다음의 기준에 따라 설치할 것
    가. 보조선이나 고정금구를 사용하여 감지선이 늘어지지 않도록 설치할 것
    나. 단자부와 마감 고정금구와의설치간격은 10cm 이내로 설치할 것
    다. 감지선형 감지기의 굴곡반경은 5cm 이상으로 할 것
    라. 감지기와 감지구역의 각부분과의 수평거리가 내화구조의 경우 1종 4.5m 이하, 2종 3m 이하로 할 것. 기타 구조의 경우 1종 3m 이하, 2종 1m 이하로 할 것
    마. 케이블트레이에 감지기를 설치하는 경우에는 케이블트레이 받침대에 마감금구를 사용하여 설치할 것
    바. 지하구나 창고의 천장 등에 지지물이 적당하지 않는 장소에서는 보조선을 설치하고 그 보조선에 설치할 것
    사. 분전반 내부에 설치하는 경우 접착제를 이용하여 돌기를 바닥에 고정시키고 그 곳에 감지기를 설치할 것
    아. 그 밖의 설치방법은 형식승인 내용에 따르며 형식승인 사항이 아닌 것은 제조사의 시방(示方)에 따라 설치할 것

> **암기방법** 보시오 수케보접, 4.5, 3, 3, 1   중요도 ★★★
> (괄호넣기 가능)

13. 불꽃감지기는 다음의 기준에 따라 설치할 것
    가. 공칭감시거리 및 공칭시야각은 형식승인 내용에 따를 것
    나. 감지기는 공칭감시거리와 공칭시야각을 기준으로 감시구역이 모두 포용될 수 있도록 설치할 것
    다. 감지기는 화재감지를 유효하게 감지할 수 있는 모서리 또는 벽 등에 설치할 것

라. 감지기를 천장에 설치하는 경우에는 감지기는 바닥을 향하여 설치할 것
마. 수분이 많이 발생할 우려가 있는 장소에는 방수형으로 설치할 것
바. 그밖의 설치기준은 형식승인 내용에 따르며 형식승인 사항이 아닌 것은 제조사의 시방에 따라 설치할 것

암기방법 공포모방천형   중요도 ★★★★★
(매우 중요)

14. 아날로그방식의 감지기는 공칭감지온도범위 및 공칭감지농도범위에 적합한 장소에, 다신호방식의 감지기는 화재신호를 발신하는 감도에 적합한 장소에 설치할 것. 다만, 이 기준에서 정하지 않는 설치방법에 대하여는 형식승인 사항이나 제조사의 시방에 따라 설치할 수 있다.
15. 광전식분리형감지기는 다음의 기준에 따라 설치할 것
    가. 감지기의 수광면은 햇빛을 직접 받지 않도록 설치할 것
    나. 광축(송광면과 수광면의 중심을 연결한 선)은 나란한 벽으로부터 0.6m 이상 이격하여 설치할 것
    다. 감지기의 송광부와 수광부는 설치된 뒷벽으로부터 1m이내 위치에 설치할 것
    라. 광축의 높이는 천장 등(천장의 실내에 면한 부분 또는 상층의 바닥하부면을 말한다) 높이의 80 % 이상일 것
    마. 감지기의 광축의 길이는 공칭감시거리 범위이내 일 것
    바. 그 밖의 설치기준은 형식승인 내용에 따르며 형식승인 사항이 아닌 것은 제조사의 시방에 따라 설치할 것

암기방법 수 6 1 8 길 형, 광축 뒷벽 높이   중요도 ★★★★★
(매우 중요)

④ 제3항에도 불구하고 다음 각 호의 장소에는 각각 광전식분리형감지기 또는 불꽃감지기를 설치하거나 광전식공기흡입형감지기를 설치할 수 있다.
1. 화학공장·격납고·제련소등 : 광전식분리형감지기 또는 불꽃감지기. 이 경우 각 감지기의 공칭감시거리 및 공칭시야각등 감지기의 성능을 고려하여야 한다.
2. 전산실 또는 반도체 공장등 : 광전식공기흡입형감지기. 이 경우 설치장소·

감지면적 및 공기흡입관의 이격거리등은 형식승인 내용에 따르며 형식승인 사항이 아닌 것은 제조사의 시방에 따라 설치하여야 한다.

암기방법 광불, 광 중요도 ★★★

⑤ 다음 각 호의 장소에는 감지기를 설치하지 아니한다.
1. 천장 또는 반자의 높이가 20m 이상인 장소. 다만, 제1항 단서 각호의 감지기로서 부착높이에 따라 적응성이 있는 장소는 제외한다.
2. 헛간 등 외부와 기류가 통하는 장소로서 감지기에 따라 화재발생을 유효하게 감지할 수 없는 장소
3. 부식성가스가 체류하고 있는 장소
4. 고온도 및 저온도로서 감지기의 기능이 정지되기 쉽거나 감지기의 유지관리가 어려운 장소
5. 목욕실·욕조나 샤워시설이 있는 화장실·기타 이와 유사한 장소
6. 파이프덕트 등 그 밖의 이와 비슷한 것으로서 2개층 마다 방화구획된 것이나 수평단면적이 5m^2 이하인 것
7. 먼지·가루 또는 수증기가 다량으로 체류하는 장소 또는 주방 등 평시에 연기가 발생하는 장소(연기감지기에 한한다)
8. 삭 제〈2015.1.23.〉
9. 프레스공장·주조공장 등 화재발생의 위험이 적은 장소로서 감지기의 유지관리가 어려운 장소

암기방법 천기부고목파가프 중요도 ★★★★★

(매우 중요)

⑥ 지하구에 설치하는 감지기는 제1항 각 호의 감지기로서먼지·습기등의 영향을 받지 아니하고 발화지점을 확인할 수 있는 감지기를 설치하여야 한다.〈개정 2008.12.15.〉

암기방법 먼습발 중요도 ★★★★★

(주의 : 30층 이상은 고층기준에서 추가조건 있음)

⑦ 제1항 단서에도 불구하고 일시적으로 발생한 열·연기 또는 먼지 등으로 인하여 화재신호를 발신할 우려가 있는 장소에는 별표 1 및 별표 2에 따라 그 장소

에 적응성 있는 감지기를 설치할 수 있으며, 연기감지기를 설치할 수 없는 장소에는 별표 1을 적용하여 설치할 수 있다.

제 8 조(음향장치 및 시각경보장치) ① 자동화재탐지설비의 음향장치는 다음 각 호의 기준에 따라 설치하여야 한다.
1. 주음향장치는 수신기의 내부 또는 그 직근에 설치할 것
2. 층수가 5층 이상으로서 연면적이 3,000m²를 초과하는 특정소방대상물은 다음 각목에 따라 경보를 발할 수 있도록 하여야 한다. 〈개정 2012.2.15〉
   가. 2층 이상의 층에서 발화한 때에는 발화층 및 그 직상층에 경보를 발할 것
   나. 1층에서 발화한 때에는 발화층 · 그 직상층 및 지하층에 경보를 발할 것
   다. 지하층에서 발화한 때에는 발화층 · 그 직상층 및 기타의 지하층에 경보를 발할 것

필수사항 (아주 중요) 중요도 ★★★★★
(우선경보 대상, 경보층)(30층 이상 별도 정함)

3. 지구음향장치는 특정소방대상물의 층마다 설치하되, 해당 특정소방대상물의 각 부분으로부터 하나의 음향장치까지의 수평거리가 25m 이하가 되도록 하고, 해당층의 각부분에 유효하게 경보를 발할 수 있도록 설치할 것. 다만, 비상방송설비의화재안전기준(NFSC202)에 적합한 방송설비를 자동화재탐지설비의 감지기와 연동하여 작동하도록 설치한 경우에는 지구음향장치를 설치하지 아니할 수 있다. 〈개정 2008.12.15〉
4. 음향장치는 다음 각 목의 기준에 따른 구조 및 성능의 것으로 하여야 한다. 〈개정 2008.12.15〉
   가. 정격전압의 80% 전압에서 음향을 발할 수 있는 것으로 할 것. 다만, 건전지를 주전원으로 사용하는 음향장치는 그러하지 아니하다. 〈개정 2019. 5. 24.〉
   나. 음량은 부착된 음향장치의 중심으로부터 1m 떨어진 위치에서 90dB 이상이 되는 것으로 할 것
   다. 감지기 및 발신기의 작동과 연동하여 작동할 수 있는 것으로 할 것

암기방법 **8음감** 중요도 ★★★
(음향장치 공통)

5. 제3호에도 불구하고 제3호의 기준을 초과하는 경우로서 기둥 또는 벽이 설치되지 아니한 대형공간의 경우 지구음향장치는 설치 대상 장소의 가장 가까운 장소의 벽 또는 기둥 등에 설치할 것

> **암기방법** **주지5음대**
> (매우 중요) 중요도 ★★★★★

② 청각장애인용 시각경보장치는 소방청장이 정하여 고시한「시각경보장치의 성능인증 및 제품검사의 기술기준」에 적합한 것으로서 다음 각 목의 기준에 따라 설치하여야 한다. 〈개정 2013. 6. 10., 2015. 1. 23., 2017. 7. 26.〉

1. 복도·통로·청각장애인용 객실 및 공용으로 사용하는 거실(로비, 회의실, 강의실, 식당, 휴게실, 오락실, 대기실, 체력단련실, 접객실, 안내실, 전시실, 기타 이와 유사한 장소를 말한다)에 설치하며, 각 부분으로부터 유효하게 경보를 발할 수 있는 위치에 설치할 것〈개정 2013.6.10〉
2. 공연장·집회장·관람장 또는 이와유사한 장소에 설치하는 경우에는 시선이 집중되는 무대부 부분 등에 설치할 것
3. 설치높이는 바닥으로부터 2m 이상 2.5m 이하의 장소에 설치할 것 다만, 천장의 높이가 2 m 이하인 경우에는 천장으로부터 0.15 m 이내의 장소에 설치하여야 한다.
4. 시각경보장치의 광원은 전용의 축전지설비 또는 전기저장장치(외부 전기에너지를 저장해 두었다가 필요한 때 전기를 공급하는 장치)에 의하여 점등되도록 할 것. 다만, 시각경보기에 작동전원을 공급할 수 있도록 형식승인을 얻은 수신기를 설치 한 경우에는 그러하지 아니하다. 〈개정 2016.7.13.〉

> **암기방법** **복무2광**
> (중요) 중요도 ★★★★★

③ 하나의 특정소방대상물에 2 이상의 수신기가 설치된 경우 어느 수신기에서도 지구음향장치 및 시각경보장치를 작동할 수 있도록 할 것

제 9 조(발신기) ① 자동화재탐지설비의 발신기는 다음 각 호의 기준에 따라 설치하여야 한다. 〈개정 2021. 1. 15.〉
  1. 조작이 쉬운 장소에 설치하고, 스위치는 바닥으로부터 0.8m 이상 1.5m 이

하의 높이에 설치할 것.
2. 특정소방대상물의 층마다 설치하되, 해당 특정소방대상물의 각 부분으로부터 하나의 발신기까지의 수평거리가 25m 이하가 되도록 할 것. 다만, 복도 또는 별도로 구획된 실로서 보행거리가 40m 이상일 경우에는 추가로 설치하여야 한다.
3. 제2호에도 불구하고 제2호의 기준을 초과하는 경우로서 기둥 또는 벽이 설치되지 아니한 대형공간의 경우 발신기는 설치 대상 장소의 가장 가까운 장소의 벽 또는 기둥 등에 설치 할 것

② 발신기의 위치를 표시하는 표시등은 함의 상부에 설치하되, 그 불빛은 부착면으로부터 15° 이상의 범위 안에서 부착지점으로부터 10m 이내의 어느 곳에서도 쉽게 식별할 수 있는 적색등으로 하여야 한다.

암기방법 조스층수 대등   중요도 ★★★★★
(매우 중요) (공통 적용됨)

제10조(전원) ① 자동화재탐지설비의 상용전원은 다음 각 호의 기준에 따라 설치하여야 한다.
1. 전원은 전기가 정상적으로 공급되는 축전지, 전기저장장치(외부 전기에너지를 저장해 두었다가 필요한 때 전기를 공급하는 장치) 또는 교류전압의 옥내 간선으로 하고, 전원까지의 배선은 전용으로 할 것〈개정 2016.7.13.〉
2. 개폐기에는 "자동화재탐지설비용"이라고 표시한 표지를 할 것

② 자동화재탐지설비에는 그 설비에 대한 감시상태를 60분간 지속한 후 유효하게 10분 이상 경보할 수 있는 축전지설비(수신기에 내장하는 경우를 포함한다) 또는 전기저장장치(외부 전기에너지를 저장해 두었다가 필요한 때 전기를 공급하는 장치)를 설치하여야 한다. 다만, 상용전원이 축전지설비인 경우 또는 건전지를 수전원으로 사용하는 무선식 설비인 경우에는 그러하지 아니하다. 〈개정 2019. 5. 24.〉

암기방법 축교전, 개, 60, 10   중요도 ★★★★★
(계산문제 필수 기본수치) (경보설비 공통적용)
(30층 이상 별도 정함)

제11조(배선) 배선은 「전기사업법」 제67조에 따른 기술기준에서 정한 것 외에 다음 각

호의 기준에 따라 설치하여야 한다.
1. 전원회로의 배선은 「옥내소화전설비의 화재안전기준(NFSC 102)」 별표1에 따른 내화배선에 따르고, 그 밖의 배선(감지기 상호간 또는 감지기로부터 수신기에 이르는 감지기회로의 배선을 제외한다)은 「옥내소화전설비의 화재안전기준(NFSC 102)」 별표1에 따른 내화배선 또는 내열배선에 따라 설치할 것〈개정 2013.6.10〉
2. 감지기 상호간 또는 감지기로부터 수신기에 이르는 감지기회로의 배선은 다음 각목의 기준에 따라 설치할 것. 〈개정 2015.1.23.〉
    가. 아날로그식, 다신호식 감지기나 R형수신기용으로 사용되는 것은 전자파 방해를 받지 아니하는 쉴드선 등을 사용하여야 하며, 광케이블의 경우에는 전자파 방해를 받지 아니하고 내열성능이 있는 경우 사용할 수 있다. 다만, 전자파 방해를 받지 아니하는 방식의 경우에는 그러하지 아니하다. 〈개정 2015.1.23.〉

암기방법 **아다R**

    나. 가목외의 일반배선을 사용할 때는 「옥내소화전설비의 화재안전기준(NFSC 102)」 별표1에 따른 내화배선 또는 내열배선으로 사용 할 것〈개정 2013.6.10〉
3. 감지기회로의 도통시험을 위한 종단저항은 다음의 기준에 따를 것
    가. 점검 및 관리가 쉬운 장소에 설치할 것
    나. 전용함을 설치하는 경우 그 설치 높이는 바닥으로부터 1.5m 이내로 할 것
    다. 감지기 회로의 끝부분에 설치하며, 종단감지기에 설치할 경우에는 구별이 쉽도록 해당감지기의 기판 및 감지기 외부 등에 별도의 표시를 할 것 〈개정 2013.6.10.〉

암기방법 **점전끝표**

4. 감지기 사이의 회로의 배선은 송배전식으로 할 것
5. 전원회로의 전로와 대지 사이 및 배선 상호간의 절연저항은 「전기사업법」 제67조에 따른 기술기준이 정하는 바에 의하고, 감지기회로 및 부속회로의 전로와 대지 사이 및 배선 상호간의 절연저항은 1경계구역마다 직류 250V의 절연저항측정기를 사용하여 측정한 절연저항이 0.1MΩ 이상이 되도록 할 것

> **암기방법** **자탐배선 절연저항** 　　　　　　　　　중요도 ★★★★★
> (경보설비 공통적용)

6. 자동화재탐지설비의 배선은 다른 전선과 별도의 관·덕트(절연효력이 있는 것으로 구획한 때에는 그 구획된 부분은 별개의 덕트로 본다)·몰드 또는 풀박스 등에 설치할 것. 다만, 60V 미만의 약 전류회로에 사용하는 전선으로서 각각의 전압이 같을 때에는 그러하지 아니하다.
7. 피(P)형 수신기 및 지피(G.P.)형 수신기의 감지기 회로의 배선에 있어서 하나의 공통선에 접속할 수 있는 경계구역은 7개 이하로 할 것
8. 자동화재탐지설비의 감지기회로의 전로저항은 50Ω 이하가 되도록 하여야 하며, 수신기의 각 회로별 종단에 설치되는 감지기에 접속되는 배선의 전압은 감지기 정격전압의 80% 이상이어야 할 것

> **필수사항** (감지기회로 전로저항) 　　　　　　　　　중요도 ★★★

> **암기방법** **전감종별 절전 송7** 　　　　　　　　　중요도 ★★★★★
> (매우 중요)

[별표 1]

설치장소별 감지기 적응성(연기감지기를 설치할 수 없는 경우 적용)
(제7조제7항 관련)

설치장소		적응열감지기								불꽃감지기	비 고
환경상태	적응장소	차동식 스포트형		차동식 분포형		보상식 스포트형		정온식		열아날로그식		
		1종	2종	1종	2종	1종	2종	특종	1종			
먼지 또는 미분 등이 다량으로 체류하는 장소	쓰레기장, 하역장, 도장실, 섬유·목재·석재 등 가공 공장	○	○	○	○	○	○	○	○	○	○	1. 불꽃감지기에 따라 감시가 곤란한 장소는 적응성이 있는 열감지기를 설치할 것. 2. 차동식분포형감지기를 설치하는 경우에는 검출부에 먼지, 미분 등이 침입하지 않도록 조치할 것. 3. 차동식스포트형감지기 또는 보상식스포트형감지기를 설치하는 경우에는 검출부에 먼지, 미분 등이 침입하지 않도록 조치할 것. 4. 정온식감지기를 설치하는 경우에는 특종으로 설치할 것. 5. 섬유, 목재가공 공장 등 화재확대가 급속하게 진행될 우려가 있는 장소에 설치하는 경우 정온식감지기는 특종으로 설치할 것. 공칭작동 온도75℃이하, 열아날로그식스포트형 감지기는 화재표시 설정은 80℃이하가 되도록 할 것.
수증기가 다량으로 머무는 장소	증기세정실, 탕비실, 소독실 등	×	×	○	×	○	○	○	○	○	○	1. 차동식분포형감지기 또는 보상식스포트형감지기는 급격한 온도변화가 없는 장소에 한하여 사용할 것. 2. 차동식분포형감지기를 설치하는 경우에는 검출부에 수증기가 침입하지 않도록 조치할 것. 3. 보상식스포트형감지기, 정온식감지기 또는 열아날로그식감지기를 설치하는 경우에는 방수형으로 설치할 것. 4. 불꽃감지기를 설치할 경우 방수형으로 할 것
부식성가스가 발생할 우려가 있는 장소	도금공장, 축전지실, 오수처리장 등	×	×	○	○	○	○	○	○		○	1. 차동식분포형감지기를 설치하는 경우에는 감지부가 피복되어 있고 검출부가 부식성가스에 영향을 받지 않는것 또는 검출부에 부식성가스가 침입하지 않도록 조치할 것. 2. 보상식스포트형감지기, 정온식감지기 또는 열아날로그식스포트형감지기를 설치하는 경우에는 부식성가스의 성상에 반응하지 않는 내산형 또는 내알칼리형으로 설치할 것 3. 정온식감지기를 설치하는 경우에는 특종으로 설치할 것

설치장소		적응열감지기								열아날로그식	불꽃감지기	비 고
환경상태	적응장소	차동식 스포트형		차동식 분포형		보상식 스포트형		정온식				
		1종	2종	1종	2종	1종	2종	특종	1종			
주방, 기타 평상시에 연기가 체류하는 장소	주방, 조리실, 용접작업장 등	×	×	×	×	×	×	○	○	○	○	1. 주방, 조리실 등 습도가 많은 장소에는 방수형 감지기를 설치할 것. 2. 불꽃감지기는 UV/IR형을 설치할 것
현저하게 고온으로 되는 장소	건조실, 살균실, 보일러실, 주조실, 영사실, 스튜디오	×	×	×	×	×	×	○	○	○	×	
배기가스가 다량으로 체류하는 장소	주차장, 차고, 화물취급소 차로, 자가발전실, 트럭터미널, 엔진시험실	○	○	○	○	○	○	×	×	○	○	1. 불꽃감지기에 따라 감시가 곤란한 장소는 적응성이 있는 열감지기를 설치할 것. 2. 열아날로그식스포트형감지기는 화재표시 설정이 60℃ 이하가 바람직하다.
연기가 다량으로 유입할 우려가 있는 장소	음식물배급실, 주방전실, 주방내 식품저장실, 음식물운반용 엘리베이터, 주방주변의 복도 및 통로, 식당 등	○	○	○	○	○	○	○	○	○	×	1. 고체연료 등 가연물이 수납되어 있는 음식물배급실, 주방전실에 설치하는 정온식감지기는 특종으로 설치할 것 2. 주방주변의 복도 및 통로, 식당 등에는 정온식감지기를 설치하지 말 것 3. 제1호 및 제2호의 장소에 열아날로그식스포트형감지기를 설치하는 경우에는 화재표시 설정을 60℃ 이하로 할 것.
물방울이 발생하는 장소	스레트 또는 철판으로 설치한 지붕 창고·공장, 패키지형냉각기전용수납실, 밀폐된 지하창고, 냉동실 주변 등	×	×	○	○	○	○	○	○	○	○	1. 보상식스포트형감지기, 정온식감지기 또는 열아날로그식 스포트형감지기를 설치하는 경우에는 방수형으로 설치할 것. 2. 보상식스포트형감지기는 급격한 온도변화가 없는 장소에 한하여 설치할 것. 3. 불꽃감지기를 설치하는 경우에는 방수형으로 설치할 것
불을 사용하는	유리공장, 용선로가	×	×	×	×	×	×	○	○	○	×	

설치장소		적응열감지기									비 고
환경상태	적응장소	차동식 스포트형		차동식 분포형		보상식 스포트형		정온식		열아날로그식	불꽃감지기	
		1종	2종	1종	2종	1종	2종	특종	1종			
설비로서 불꽃이 노출되는 장소	있는장소, 용접실, 주방, 작업장, 주방, 주조실 등											

[주]
1. "○"는 당해 설치장소에 적응하는 것을 표시, "×"는 당해 설치장소에 적응하지 않는 것을 표시
2. 차동식스포트형, 차동식분포형 및 보상식스포트형 1종은 감도가 예민하기 때문에 비화재보 발생은 2종에 비해 불리한 조건이라는 것을 유의할 것
3. 차동식분포형 3종 및 정온식 2종은 소화설비와 연동하는 경우에 한해서 사용 할 것.
4. 다신호식감지기는 그 감지기가 가지고 있는 종별, 공칭작동온도별로 따르지 말고 상기 표에 따른 적응성이 있는 감지기로 할 것

[별표 2]
설치장소별 감지기 적응성 (제7조제7항 관련)

설치장소		적응열감지기					적응연기감지기						불꽃감지기	비고
환경상태	적응장소	차동식스포트형	차동식분포형	보상식스포트형	정온식	열아날로그식	이온화식스포트형	광전식스포트형	이온아날로그식스포트형	광전아날로그식스포트형	광전식분리형	광전아날로그식분리형		
1. 흡연에 의해 연기가 체류하며 환기가 되지 않는 장소	회의실, 응접실, 휴게실, 노래연습실, 오락실, 다방, 음식점, 대합실, 카바레 등의 객실, 집회장, 연회장 등	O	O	O				◎		◎	O	O		
2. 취침시설로 사용하는 장소	호텔 객실, 여관, 수면실 등						◎	◎	◎	O	O			
3. 연기이외의 미분이 떠다니는 장소	복도, 통로 등						◎	◎	◎	◎	O	O		
4. 바람에 영향을 받기 쉬운장소	로비, 교회, 관람장, 옥탑에 있는 기계실			O				◎		◎	O	O		
5. 연기가 멀리 이동해서 감지기에 도달하는 장소	계단, 경사로							O		O	O			광전식스포트형감지기 또는 광전아날로그식스포트형감지기를 설치하는 경우에는 당해 감지기회로에 축적기능을 갖지 않는 것으로 할 것.
6. 훈소화재의 우려가 있는 장소	전화기기실, 통신기기실, 전산실, 기계제어실							O		O	O			
7. 넓은 공간으로 천장이 높아 열 및 연기가 확산하는 장소	체육관, 항공기 격납고, 높은 천장의 창고·공장, 관람석 상부 등 감지기 부착 높이가 8m 이상의 장소		O								O	O	O	

[주]
1. "O"는 당해 설치장소에 적응하는 것을 표시
2. "◎" 당해 설치장소에 연감지기를 설치하는 경우에는 당해 감지회로에 축적기능을 갖는 것을 표시
3. 차동식스포트형, 차동식분포형, 보상식스포트형 및 연기식(당해 감지기회로에 축적 기능을 갖지않는 것)1종은 감도가 예민하기 때문에 비화재보 발생은 2종에 비해 불리한 조건이라는 것을 유의하여 따를 것
4. 차동식분포형 3종 및 정온식 2종은 소화설비와 연동하는 경우에 한해서 사용 할 것
5. 광전식분리형감지기는 평상시 연기가 발생하는 장소 또는 공간이 협소한 경우에는 적응성이 없음
6. 넓은 공간으로 천장이 높아 열 및 연기가 확산하는 장소로서 차동식분포형 또는 광전식분리형 2종을 설치하는 경우에는 제조사의 사양에 따를 것
7. 다신호식감지기는 그 감지기가 가지고 있는 종별, 공칭작동온도별로 따르고 표에 따른 적응성이 있는 감지기로 할 것
8. 축적형감지기 또는 축적형중계기 혹은 축적형수신기를 설치하는 경우에는 제7조에 따를 것.

자동화재속보설비의 화재안전기준 (NFSC 204)

[시행 2019. 5. 24.] [소방청고시 제2019-42호, 2019. 5. 24., 일부개정]

제 3 조(정의) 이 기준에서 사용하는 용어의 정의는 다음과 같다. 〈신설 2009.10.22〉
1. '속보기'란 화재신호를 통신망을 통하여 음성 등의 방법으로 소방관서에 통보하는 장치를 말한다.
2. '통신망'이란 유선이나 무선 또는 유무선 겸용 방식을 구성하여 음성 또는 데이터 등을 전송할 수 있는 집합체를 말한다. 〈개정 2015.1.23.〉

제 4 조(설치기준) ① 자동화재속보설비는 다음 각호의 기준에 따라 설치하여야 한다. 〈신설 2009.10.22〉
1. 자동화재탐지설비와 연동으로 작동하여 자동적으로 화재발생 상황을 소방관서에 전달되는 것으로 할 것. 이 경우 부가적으로 특정소방대상물의 관계인에게 화재발생상황을 전달되도록 할 수 있다. 〈개정 2015.1.23.〉
2. 조작스위치는 바닥으로부터 0.8m 이상 1.5m 이하의 높이에 설치할 것 〈개정 2015.1.23.〉
3. 속보기는 소방관서에 통신망으로 통보하도록 하며, 데이터 또는 코드전송방식을 부가적으로 설치할 수 있다. 단, 데이터 및 코드전송방식의 기준은 소방청장이 정하여 고시한 「자동화재속보설비의 속보기의 성능인증 및 제품검사의 기술기준」제5조제12호에 따른다. 〈개정 2015. 1. 23., 2017. 7. 26.〉
4. 문화재에 설치하는 자동화재속보설비는 제1호의 기준에도 불구하고 속보기에 감지기를 직접 연결하는 방식(자동화재탐지설비 1개의 경계구역에 한한다)으로 할 수 있다.
5. 속보기는 소방청장이 정하여 고시한 「자동화재속보설비의 속보기의 성능인증 및 제품검사의 기술기준」에 적합한 것으로 설치하여야 한다. 〈개정 2015. 1. 23., 2017. 7. 26.〉

암기방법 **연8통문적** 중요도 ★★★★★

누전경보기의 화재안전기준(NFSC 205)

[시행 2019. 5. 24.] [소방청고시 제2019-36호, 2019. 5. 24., 일부개정]

제 3 조(정의) 이 기준에서 사용하는 용어의 정의는 다음과 같다. 〈개정 2012.8.20〉

1. "누전경보기"란 내화구조가 아닌 건축물로서 벽, 바닥 또는 천장의 전부나 일부를 불연재료 또는 준불연재료가 아닌 재료에 철망을 넣어 만든 건물의 전기설비로부터 누설전류를 탐지하여 경보를 발하며 변류기와 수신부로 구성된 것을 말한다.
2. "수신부"란 변류기로부터 검출된 신호를 수신하여 누전의 발생을 해당 특정소방대상물의 관계인에게 경보하여 주는것(차단기구를 갖는 것을 포함한다)을 말한다.
3. "변류기"란 경계전로의 누설전류를 자동적으로 검출하여 이를 누전경보기의 수신부에 송신하는 것을 말한다.

제 4 조(설치방법 등) 누전경보기는 다음 각 호의 방법에 따라 설치하여야 한다. 〈개정 2012.8.20〉

1. 경계전로의 정격전류가 60A를 초과하는 전로에 있어서는 1급누전경보기를, 60A 이하의 전로에 있어서는 1급 또는 2급 누전경보기를 설치할 것. 다만, 정격전류가 60A를 초과하는 경계전로가 분기되어 각 분기회로의 정격전류가 60A 이하로 되는 경우 당해 분기회로마다 2급 누전경보기를 설치한 때에는 당해 경계전로에 1급 누전경보기를 설치한 것으로 본다.
2. 변류기는 특정소방대상물의 형태, 인입선의 시설방법 등에 따라 옥외 인입선의 제1지점의 부하측 또는 제2종 접지선측의 점검이 쉬운 위치에 설치할 것. 다만, 인입선의 형태 또는 특정소방대상물의 구조상 부득이한 경우에는 인입구에 근접한 옥내에 설치할 수 있다.
3. 변류기를 옥외의 전로에 설치하는 경우에는 옥외형으로 설치할 것

암기방법 **60 분 1 옥** 중요도 ★★★

제 5 조(수신부) ① 누전경보기의 수신부는 옥내의 점검에 편리한 장소에 설치하되, 가

연성의 증기·먼지 등이 체류할 우려가 있는 장소의 전기회로에는 해당 부분의 전기회로를 차단할 수 있는 차단기구를 가진 수신부를 설치하여야 한다. 이 경우 차단기구의 부분은 해당 장소외의 안전한 장소에 설치하여야 한다. 〈개정 2012.8.20〉

②누전경보기의 수신부는 다음 각 호의 장소외의 장소에 설치하여야 한다. 다만, 해당 누전경보기에 대하여 방폭·방식·방습·방온·방진 및 정전기 차폐 등의 방호조치를 한 것은 그러하지 아니하다. 〈개정 2012.8.20〉

1. 가연성의 증기·먼지·가스 등이나 부식성의 증기·가스 등이 다량으로 체류하는 장소
2. 화약류를 제조하거나 저장 또는 취급하는 장소
3. 습도가 높은 장소
4. 온도의 변화가 급격한 장소
5. 대전류회로·고주파 발생회로 등에 따른 영향을 받을 우려가 있는 장소

암기방법 가화습온대 중요도 ★★★★★

③음향장치는 수위실 등 상시 사람이 근무하는 장소에 설치하여야 하며, 그 음량 및 음색은 다른 기기의 소음 등과 명확히 구별할 수 있는 것으로 하여야 한다.

제 6 조(전원) 누전경보기의 전원은 「전기사업법」 제67조에 따른 기술기준에서 정한 것외에 다음 각 호의 기준에 따라야 한다. 〈개정 2012.8.20〉

1. 전원은 분전반으로부터 전용회로로 하고, 각극에 개폐기 및 15A 이하의 과전류차단기(배선용 차단기에 있어서는 20A 이하의 것으로 각극을 개폐할 수 있는 것)를 설치할 것
2. 전원을 분기할 때에는 다른 차단기에 따라 전원이 차단되지 아니하도록 할 것
3. 전원의 개폐기에는 누전경보기용임을 표시한 표지를 할 것

가스누설경보기의 화재안전기준(NFSC 206)

[시행 2021. 2. 4.] [소방청고시 제2021-13호, 2021. 2. 4., 제정]

제 3 조(정의) 이 기준에서 사용하는 용어의 정의는 다음과 같다.
1. "가연성가스 경보기"란 보일러 등 가스연소기에서 액화석유가스(LPG), 액화천연가스(LNG) 등의 가연성가스가 새는 것을 탐지하여 관계자나 이용자에게 경보하여 주는 것을 말한다. 다만, 탐지소자 외의 방법에 의하여 가스가 새는 것을 탐지하는 것, 점검용으로 만들어진 휴대용탐지기 또는 연동기기에 의하여 경보를 발하는 것은 제외한다.
2. "일산화탄소 경보기"란 일산화탄소가 새는 것을 탐지하여 관계자나 이용자에게 경보하여 주는 것을 말한다. 다만, 탐지소자 외의 방법에 의하여 가스가 새는 것을 탐지하는 것, 점검용으로 만들어진 휴대용탐지기 또는 연동기기에 의하여 경보를 발하는 것은 제외한다.
3. "탐지부"란 가스누설경보기(이하"경보기"라 한다) 중 가스누설을 탐지하여 중계기 또는 수신부에 가스누설의 신호를 발신하는 부분 또는 가스누설을 탐지하여 수신부 등에 가스누설의 신호를 발신하는 부분을 말한다.
4. "수신부"란 경보기 중 탐지부에서 발하여진 가스누설신호를 직접 또는 중계기를 통하여 수신하고 이를 관계자에게 음향으로서 경보하여 주는 것을 말한다.
5. "분리형"이란 탐지부와 수신부가 분리되어 있는 형태의 경보기를 말한다.
6. "단독형"이란 탐지부와 수신부가 일체로 되어있는 형태의 경보기를 말한다.
7. "가스연소기"란 가스레인지 또는 가스보일러 등 가연성가스를 이용하여 불꽃을 발생하는 장치를 말한다.

제 4 조(가연성가스 경보기) ① 가연성가스를 사용하는 가스연소기가 있는 경우에는 가연성가스(액화석유가스(LPG), 액화천연가스(LNG) 등)의 종류에 적합한 경보기를 가스연소기 주변에 설치하여야 한다.
② 분리형 경보기의 수신부는 다음 각 호의 기준에 따라 설치하여야 한다.
1. 가스연소기 주위의 경보기의 상태 확인 및 유지 관리에 용이한 위치에 설치할 것

2. 가스누설 음향의 음량과 음색이 다른 기기의 소음 등과 명확히 구별될 것
3. 가스누설 음향은 수신부로부터 1m 떨어진 위치에서 음압이 70dB 이상일 것
4. 수신부의 조작 스위치는 바닥으로부터의 높이가 0.8m 이상 1.5m 이하인 장소에 설치할 것
5. 수신부가 설치된 장소에는 관계자 등에게 신속히 연락할 수 있도록 비상연락 번호를 기재한 표를 비치할 것

③ 분리형 경보기의 탐지부는 다음 각 호의 기준에 따라 설치하여야 한다.
1. 탐지부는 가스연소기의 중심으로부터 직선거리 8m(공기보다 무거운 가스를 사용하는 경우에는 4m) 이내에 1개 이상 설치하여야 한다.
2. 탐지부는 천정으로부터 탐지부 하단까지의 거리가 0.3m 이하가 되도록 설치한다. 다만, 공기보다 무거운 가스를 사용하는 경우에는 바닥면으로부터 탐지부 상단까지의 거리는 0.3m 이하로 한다.

④ 단독형 경보기는 다음 각 호의 기준에 따라 설치하여야 한다.
1. 가스연소기 주위의 경보기의 상태 확인 및 유지 관리에 용이한 위치에 설치할 것
2. 가스누설 음향의 음량과 음색이 다른 기기의 소음 등과 명확히 구별될 것
3. 가스누설 음향장치는 수신부로부터 1m 떨어진 위치에서 음압이 70dB 이상일 것
4. 단독형 경보기는 가스연소기의 중심으로부터 직선거리 8m(공기보다 무거운 가스를 사용하는 경우에는 4m) 이내에 1개 이상 설치하여야 한다.
5. 단독형 경보기는 천장으로부터 경보기 하단까지의 거리가 0.3m 이하가 되도록 설치한다. 다만, 공기보다 무거운 가스를 사용하는 경우에는 바닥면으로부터 단독형 경보기 상단까지의 거리는 0.3m 이하로 한다.
6. 경보기가 설치된 장소에는 관계자 등에게 신속히 연락할 수 있도록 비상연락 번호를 기재한 표를 비치할 것

제 5 조(일산화탄소 경보기) ① 일산화탄소 경보기를 설치하는 경우(타 법령에 따라 일산화탄소 경보기를 설치하는 경우를 포함한다)에는 가스연소기 주변(타 법령에 따라 설치하는 경우에는 해당 법령에서 지정한 장소)에 설치할 수 있다.
② 분리형 경보기의 수신부는 다음 각 호의 기준에 따라 설치하여야 한다.
1. 가스누설 음향의 음량과 음색이 다른 기기의 소음 등과 명확히 구별될 것
2. 가스누설 음향은 수신부로부터 1m 떨어진 위치에서 음압이 70dB 이상일 것
3. 수신부의 조작 스위치는 바닥으로부터의 높이가 0.8m 이상 1.5m 이하인 장

소에 설치할 것
4. 수신부가 설치된 장소에는 관계자 등에게 신속히 연락할 수 있도록 비상연락 번호를 기재한 표를 비치할 것

③ 분리형 경보기의 탐지부는 천정으로부터 탐지부 하단까지의 거리가 0.3m 이하가 되도록 설치한다.

④ 단독형 경보기는 다음 각 호의 기준에 따라 설치하여야 한다.
1. 가스누설 음향의 음량과 음색이 다른 기기의 소음 등과 명확히 구별될 것
2. 가스누설 음향장치는 수신부로부터 1m 떨어진 위치에서 음압이 70dB 이상일 것
3. 단독형 경보기는 천장으로부터 경보기 하단까지의 거리가 0.3m 이하가 되도록 설치한다.
4. 경보기가 설치된 장소에는 관계자 등에게 신속히 연락할 수 있도록 비상연락 번호를 기재한 표를 비치할 것

⑤ 제2항 내지 제4항에도 불구하고 중앙소방기술심의위원회의 심의를 거쳐 일산화탄소경보기의 성능을 확보할 수 있는 별도의 설치방법을 인정받은 경우에는 해당 설치방법을 반영한 제조사의 시방에 따라 설치할 수 있다.

제 6 조(설치장소) 분리형 경보기의 탐지부 및 단독형 경보기는 다음 각 호의 장소 이외의 장소에 설치한다.
1. 출입구 부근 등으로서 외부의 기류가 통하는 곳
2. 환기구 등 공기가 들어오는 곳으로부터 1.5m 이내인 곳
3. 연소기의 폐가스에 접촉하기 쉬운 곳
4. 가구·보·설비 등에 가려져 누설가스의 유통이 원활하지 못한 곳
5. 수증기, 기름 섞인 연기 등이 직접 접촉될 우려가 있는 곳

제 7 조(전원) 경보기는 건전지 또는 교류전압의 옥내간선을 사용하여 상시 전원이 공급되도록 하여야 한다.

피난기구의 화재안전기준(NFSC 301)

[시행 2017. 7. 26.] [소방청고시 제2017-1호, 2017. 7. 26., 타법개정]

제 2 조의2(피난기구의 종류) 영 제3조에 따른 별표 1 제3호가목4)에서 "소방청장이 정하여 고시하는 화재안전기준으로 정하는 것"이란 미끄럼대·피난교·피난용트랩·간이완강기·공기안전매트·다수인 피난장비·승강식피난기 등을 말한다. [본조 신설, 2015.1.23.]

제 3 조(정의) 이 기준에서 사용하는 용어의 정의는 다음과 같다.
1. "피난사다리"란 화재 시 긴급대피를 위해 사용하는 사다리를 말한다.
2. "완강기"란 사용자의 몸무게에 따라 자동적으로 내려올 수 있는 기구중 사용자가 교대하여 연속적으로 사용할 수 있는 것을 말한다.
3. "간이완강기"란 사용자의 몸무게에 따라 자동적으로 내려올 수 있는 기구중 사용자가 연속적으로 사용할 수 없는 것을 말한다.
4. "구조대"란 포지 등을 사용하여 자루형태로 만든 것으로서 화재시 사용자가 그 내부에 들어가서 내려옴으로써 대피할 수 있는 것을 말한다.
5. "공기안전매트"란 화재 발생시 사람이 건축물 내에서 외부로 긴급히 뛰어 내릴 때 충격을 흡수하여 안전하게 지상에 도달할 수 있도록 포지에 공기 등을 주입하는 구조로 되어 있는 것을 말한다.
6. 삭 제 〈2015.1.23.〉
7. "다수인피난장비"란 화재 시 2인 이상의 피난자가 동시에 해당층에서 지상 또는 피난층으로 하강하는 피난기구를 말한다. 〈신설 2011.11.24〉
8. "승강식 피난기"란 사용자의 몸무게에 의하여 자동으로 하강하고 내려서면 스스로 상승하여 연속적으로 사용할 수 있는 무동력 승강식피난기를 말한다. 〈신설 2011.11.24〉
9. "하향식 피난구용 내림식사다리"란 하향식 피난구 해치에 격납하여 보관하고 사용 시에는 사다리 등이 소방대상물과 접촉되지 아니하는 내림식 사다리를 말한다. 〈신설 2011.11.24.〉

필수사항 (신설된 다승하 숙지 필요)   중요도 ★★★

제 4 조(적응 및 설치개수 등) ① 피난기구는 별표 1에 따라 소방대상물의 설치장소별로 그에 적응하는 종류의 것으로 설치하여야 한다.

② 피난기구는 다음 각 호의 기준에 따른 개수 이상을 설치하여야 한다.

1. 층마다 설치하되, 숙박시설·노유자시설 및 의료시설로 사용되는 층에 있어서는 그 층의 바닥면적 500m^2마다, 위락시설·문화집회 및 운동시설·판매시설로 사용되는 층 또는 복합용도의 층(하나의 층이 「화재예방, 소방시설 설치유지 및 안전관리에 관한 법률 시행령」 별표 2 제1호 내지 제4호 또는 제8호 내지 제18호중 2 이상의 용도로 사용되는 층을 말한다)에 있어서는 그 층의 바닥면적 800m^2마다, 계단실형 아파트에 있어서는 각 세대마다, 그 밖의 용도의 층에 있어서는 그 층의 바닥면적 1,000m^2마다 1개 이상 설치할 것

암기방법 층, 5 8 각 천,숙노의, 위문운판, 계 중요도 ★★★★★
(중요)

2. 제1호에 따라 설치한 피난기구 외에 숙박시설(휴양콘도미니엄을 제외한다)의 경우에는 추가로 객실마다 완강기 또는 둘 이상의 간이완강기를 설치할 것 〈개정 2010.12.27, 2015.1.23.〉
3. 제1호에 따라 설치한 피난기구 외에 아파트(주택법시행령 제48조의 규정에 따른 아파트에 한한다)의 경우에는 하나의 관리주체가 관리하는 아파트 구역마다 공기안전매트 1개 이상을 추가로 설치할 것. 다만, 옥상으로 피난이 가능하거나 인접세대로 피난할 수 있는 구조인 경우에는 추가로 설치하지 아니할 수 있다.

③ 피난기구는 다음 각 호의 기준에 따라 설치하여야 한다.

1. 피난기구는 계단·피난구 기타 피난시설로부터 적당한 거리에 있는 안전한 구조로 된 피난 또는 소화활동상 유효한 개구부(가로 0.5m이상 세로 1m이상인 것을 말한다. 이 경우 개구부 하단이 바닥에서 1.2m 이상이면 발판 등을 설치하여야 하고, 밀폐된 창문은 쉽게 파괴할 수 있는 파괴장치를 비치하여야 한다)에 고정하여 설치하거나 필요한 때에 신속하고 유효하게 설치할 수 있는 상태에 둘 것 〈개정 2008.12.15 2010.12.27〉
2. 피난기구를 설치하는 개구부는 서로 동일직선상이 아닌 위치에 있을 것. 다만, 피난교·피난용트랩·간이완강기·아파트에 설치되는 피난기구(다수인 피난장비는 제외한다) 기타 피난 상 지장이 없는 것에 있어서는 그러하지 아니하다. 〈개정 2011.11.24, 2015.1.23.〉

3. 피난기구는 소방대상물의 기둥·바닥·보 기타 구조상 견고한 부분에 볼트조임·매입·용접 기타의 방법으로 견고하게 부착할 것
4. 4층 이상의 층에 피난사다리(하향식 피난구용 내림식사다리는 제외한다)를 설치하는 경우에는 금속성 고정사다리를 설치하고, 당해 고정사다리에는 쉽게 피난할 수 있는 구조의 노대를 설치할 것 〈개정 2011.11.24〉
5. 완강기는 강하 시 로프가 소방대상물과 접촉하여 손상되지 아니하도록 할 것
6. 완강기로프의 길이는 부착위치에서 지면 기타 피난상 유효한 착지 면까지의 길이로 할 것 〈개정 2015.1.23.〉
7. 미끄럼대는 안전한 강하속도를 유지하도록 하고, 전락방지를 위한 안전조치를 할 것
8. 구조대의 길이는 피난 상 지장이 없고 안정한 강하속도를 유지할 수 있는 길이로 할 것
9. 다수인 피난장비는 다음 각 목에 적합하게 설치할 것 〈신설 2011.11.24〉
    가. 피난에 용이하고 안전하게 하강할 수 있는 장소에 적재 하중을 충분히 견딜 수 있도록 「건축물의 구조기준 등에 관한 규칙」 제3조에서 정하는 구조안전의 확인을 받아 견고하게 설치할 것 〈신설 2011.11.24〉
    나. 다수인피난장비 보관실(이하 "보관실"이라 한다)은 건물 외측보다 돌출되지 아니하고, 빗물·먼지 등으로부터 장비를 보호할 수 있는 구조일 것 〈신설 2011.11.24〉
    다. 사용 시에 보관실 외측 문이 먼저 열리고 탑승기가 외측으로 자동으로 전개될 것 〈신설 2011.11.24〉
    라. 하강 시에 탑승기가 건물 외벽이나 돌출물에 충돌하지 않도록 설치할 것 〈신설 2011.11.24〉
    마. 상·하층에 설치할 경우에는 탑승기의 하강경로가 중첩되지 않도록 할 것 〈신설 2011.11.24〉
    바. 하강 시에는 안전하고 일정한 속도를 유지하도록 하고 전복, 흔들림, 경로이탈 방지를 위한 안전조치를 할 것 〈신설 2011.11.24〉
    사. 보관실의 문에는 오작동 방지조치를 하고, 문 개방 시에는 당해 소방대상물에 설치된 경보설비와 연동하여 유효한 경보음을 발하도록 할 것 〈신설 2011.11.24〉
    아. 피난층에는 해당 층에 설치된 피난기구가 착지에 지장이 없도록 충분한 공간을 확보할 것 〈신설 2011.11.24〉
    자. 한국소방산업기술원 또는 법 제42조제1항에 따라 성능시험기관으로 지

정받은 기관에서 그 성능을 검증받은 것으로 설치할 것 〈신설 2011.11.24.〉

필수사항 (신설 설비로 13회 기출) 　　　중요도 ★★★★★

10. 승강식피난기 및 하향식 피난구용 내림식사다리는 다음 각 목에 적합하게 설치할 것 〈신설 2011.11.24〉
    가. 승강식피난기 및 하향식 피난구용 내림식사다리는 설치경로가 설치층에서 피난층까지 연계될 수 있는 구조로 설치할 것. 다만, 건축물의 구조 및 설치 여건 상 불가피한 경우에는 그러하지 아니 한다.〈신설 2011.11.24., 개정 2017.6.7.〉
    나. 대피실의 면적은 $2m^2$(2세대 이상일 경우에는 $3m^2$) 이상으로 하고, 건축법시행령 제46조제4항의 규정에 적합하여야 하며 하강구(개구부) 규격은 직경60cm 이상일 것. 단, 외기와 개방된 장소에는 그러하지 아니 한다. 〈신설 2011.11.24〉
    다. 하강구 내측에는 기구의 연결 금속구 등이 없어야 하며 전개된 피난기구는 하강구 수평투영면적 공간 내의 범위를 침범하지 않는 구조이어야 할 것. 단, 직경 60cm 크기의 범위를 벗어난 경우이거나, 직하층의 바닥 면으로부터 높이 50cm 이하의 범위는 제외 한다. 〈신설 2011.11.24〉
    라. 대피실의 출입문은 갑종방화문으로 설치하고, 피난방향에서 식별할 수 있는 위치에 "대피실" 표지판을 부착할 것. 단, 외기와 개방된 장소에는 그러하지 아니 한다. 〈신설 2011.11.24〉
    마. 착지점과 하강구는 상호 수평거리 15cm 이상의 간격을 둘 것〈신설 2011.11.24〉
    바. 대피실 내에는 비상조명등을 설치할 것〈신설 2011.11.24〉
    사. 대피실에는 층의 위치표시와 피난기구 사용설명서 및 주의사항 표지판을 부착 할 것 〈신설 2011.11.24〉
    아. 대피실 출입문이 개방되거나, 피난기구 작동 시 해당층 및 직하층 거실에 설치된 표시등 및 경보장치가 작동되고, 감시 제어반에서는 피난기구의 작동을 확인 할 수 있어야 할 것 〈신설 2011.11.24〉
    자. 사용 시 기울거나 흔들리지 않도록 설치할 것 〈신설 2011.11.24〉
    차. 승강식피난기는한국소방산업기술원 또는 법 제42조제1항에 따라 성능시험기관으로 지정받은 기관에서 그 성능을 검증받은 것으로 설치할 것

〈신설 2011.11.24.〉

> **암기방법** 연면내출 수비표표 기검   중요도 ★★★

④ 피난기구를 설치한 장소에는 가까운 곳의 보기 쉬운 곳에 피난기구의 위치를 표시하는 발광식 또는 축광식표지와 그 사용방법을 표시한 표지를 부착하되, 축광식표지는 소방청장이 정하여 고시한 「축광표지의 성능인증 및 제품검사의 기술기준」에 적합하여야 한다. 다만, 방사성물질을 사용하는 위치표지는 쉽게 파괴되지 아니하는 재질로 처리할 것〈전문개정 2015. 1. 23., 2017. 7. 26.〉
[본항 전문개정, 2015.1.23.]

제 5 조(설치제외) 영 별표 6 제7호 피난설비의 설치면제 요건의 규정에 따라 다음 각 호의 어느 하나에 해당하는 소방대상물 또는 그 부분에는 피난기구를 설치하지 아니할 수 있다. 다만, 제4조제2항제2호에 따라 숙박시설(휴양콘도미니엄을 제외한다)에 설치되는 완강기 및 간이완강기의 경우에는 그러하지 아니하다.〈개정 2015.1.23.〉

1. 다음 각 목의 기준에 적합한 층
    가. 주요구조부가 내화구조로 되어 있어야 할 것
    나. 실내의 면하는 부분의 마감이 불연재료·준불연재료 또는 난연재료로 되어 있고 방화구획이 건축법시행령 제46조의 규정에 적합하게 구획되어 있어야 할 것
    다. 거실의 각 부분으로부터 직접 복도로 쉽게 통할 수 있어야 할 것
    라. 복도에 2 이상의 특별피난계단 또는 피난계단이 「건축법시행령」 제35조에 적합하게 설치되어 있어야 할 것
    마. 복도의 어느 부분에서도 2 이상의 방향으로 각각 다른 계단에 도달할 수 있어야 할 것

> **암기방법** 내불방직22   중요도 ★★★

2. 다음 각 목의 기준에 적합한 소방대상물 중 그 옥상의 직하층 또는 최상층(관람집회 및 운동시설 또는 판매시설을 제외한다)
    가. 주요구조부가 내화구조로 되어 있어야 할 것
    나. 옥상의 면적이 1,500m² 이상이어야 할 것

다. 옥상으로 쉽게 통할 수 있는 창 또는 출입구가 설치되어 있어야 할 것
라. 옥상이 소방사다리차가 쉽게 통행할 수 있는 도로(폭 6m 이상의 것을 말한다. 이하 같다) 또는 공지(공원 또는 광장 등을 말한다. 이하 같다) 에 면하여 설치되어 있거나 옥상으로부터 피난층 또는 지상으로 통하는 2 이상의 피난계단 또는 특별피난계단이 건축법시행령 제35조의 규정에 적합하게 설치되어 있어야 할 것

3. 주요구조부가 내화구조이고 지하층을 제외한 층수가 4층 이하이며 소방사다리차가 쉽게 통행할 수 있는 도로 또는 공지에 면하는 부분에 영 제2조제1호 각 목의 기준에 적합한 개구부가 2 이상 설치되어 있는 층(문화집회 및 운동시설·판매시설 및 영업시설 또는 노유자시설의 용도로 사용되는 층으로서 그 층의 바닥면적이 $1,000m^2$ 이상인 것을 제외한다)
4. 편복도형 아파트 또는 발코니 등을 통하여 인접세대로 피난할 수 있는 구조로 되어 있는 계단실형 아파트
5. 주요구조부가 내화구조로서 거실의 각 부분으로 직접 복도로 피난할 수 있는 학교(강의실 용도로 사용되는 층에 한한다)
6. 무인공장 또는 자동창고로서 사람의 출입이 금지된 장소(관리를 위하여 일시적으로 출입하는 장소를 포함한다)
7. 건축물의 옥상부분으로서 거실에 해당하지 아니하고「건축법 시행령」제119조제1항제9호에 해당하여 층수로 산정된 층으로 사람이 근무하거나 거주하지 아니하는 장소〈신설 2015.1.23.〉

제 6 조(피난기구설치의 감소) ① 피난기구를 설치하여야 할 소방대상물중 다음 각 호의 기준에 적합한 층에는 제4조제2항에 따른 피난기구의 2분의 1을 감소할 수 있다. 이 경우 설치하여야 할 피난기구의 수에 있어서 소수점 이하의 수는 1로 한다.
1. 주요구소부가 내화구조로 되어 있을 것
2. 직통계단인 피난계단 또는 특별피난계단이 2 이상 설치되어 있을 것

암기방법 **내 2**   중요도 ★★★★★

② 피난기구를 설치하여야 할 소방대상물 중 주요구조부가 내화구조이고 다음 각 호의 기준에 적합한 건널 복도가 설치되어 있는 층에는 제4조제2항에 따른 피난기구의 수에서 해당 건널 복도의 수의 2배의 수를 뺀 수로 한다.

1. 내화구조 또는 철골조로 되어 있을 것
2. 건널 복도 양단의 출입구에 자동폐쇄장치를 한 갑종방화문(방화셔터를 제외한다)이 설치되어 있을 것
3. 피난·통행 또는 운반의 전용 용도일 것

③ 피난기구를 설치하여야 할 소방대상물 중 다음 각 호에 기준에 적합한 노대가 설치된 거실의 바닥면적은 제4조제2항에 따른 피난기구의 설치개수 산정을 위한 바닥면적에서 이를 제외한다.

1. 노대를 포함한 소방대상물의 주요구조부가 내화구조일 것
2. 노대가 거실의 외기에 면하는 부분에 피난 상 유효하게 설치되어 있어야 할 것
3. 노대가 소방사다리차가 쉽게 통행할 수 있는 도로 또는 공지에 면하여 설치되어 있거나, 또는 거실부분과 방화 구획되어 있거나 또는 노대에 지상으로 통하는 계단 그 밖의 피난기구가 설치되어 있어야 할 것

[별표 1] 〈개정 2017.6.7.〉
소방대상물의 설치장소별 피난기구의 적응성(제4조제1항 관련)

설치장소별 구분 / 층별	지하층	1층	2층	3층	4층 이상 10층 이하
1. 노유자시설	피난용트랩	미끄럼대 구조대 피난교 다수인피난장비 승강식피난기	미끄럼대 구조대 피난교 다수인피난장비 승강식피난기	미끄럼대 구조대 피난교 다수인피난장비 승강식피난기	피난교 다수인피난장비 승강식피난기
2. 의료시설·근린생활시설 중 입원실이 있는 의원·접골원·조산원	피난용트랩			미끄럼대 구조대 피난교 피난용트랩 다수인피난장비 승강식피난기	구조대 피난교 피난용트랩 다수인피난장비 승강식피난기
3. 「다중이용업소의 안전관리에 관한 특별법 시행령」 제2조에 따른 다중이용업소로서 영업장의 위치가 4층 이하인 다중이용업소			미끄럼대 피난사다리 구조대 완강기 다수인피난장비 승강식피난기	미끄럼대 피난사다리 구조대 완강기 다수인피난장비 승강식피난기	미끄럼대 피난사다리 구조대 완강기 다수인피난장비 승강식피난기
4. 그 밖의 것	피난사다리 피난용트랩			미끄럼대 피난사다리 구조대 완강기 피난교 피난용트랩 간이완강기 공기안전매트· 다수인피난장비 승강식피난기	피난사다리 구조대 완강기 피난교 간이완강기 공기안전매트 다수인피난장비 승강식피난기

[비고]
간이완강기의 적응성은 숙박시설의 3층 이상에 있는 객실에, 공기안전매트의 적응성은 아파트(주택법시행령 제48조의 규정에 해당하는 공동주택)에 한한다.

암기방법 의노, 트, 트사, 미구피피다승,
미구피피다승 완밧, 미 빠지고   중요도 ★★★★★

인명구조기구의 화재안전기준(NFSC 302)

[시행 2017. 7. 26.] [소방청고시 제2017-1호, 2017. 7. 26., 타법개정]

제 3 조(정의) 이 기준에서 사용하는 용어의 정의는 다음과 같다.
1. "방열복"이란 고온의 복사열에 가까이 접근하여 소방활동을 수행할 수 있는 내열피복을 말한다. 〈개정 2012.8.20〉
2. "공기호흡기"란 소화활동 시에 화재로 인하여 발생하는 각종 유독가스 중에서 일정시간 사용할 수 있도록 제조된 압축공기식 개인호흡장비(보조마스크를 포함한다)를 말한다. 〈개정 2012.8.20, 2014.8.18〉
3. "인공소생기"란 호흡 부전 상태인 사람에게 인공호흡을 시켜 환자를 보호하거나 구급하는 기구를 말한다. 〈개정 2012.8.20〉
4. "방화복"이란 화재진압 등의 소방활동을 수행할 수 있는 피복을 말한다. 〈신설 2017.6.7.〉

필수사항 (종류 : 방공인복)   중요도 ★★★

제 4 조(설치기준) 인명구조기구는 다음 각 호의 기준에 따라 설치하여야 한다. 〈개정 2012.8.20〉
1. 특정소방대상물의 용도 및 장소별로 설치하여야 할 인명구조기구는 별표 1에 따라 설치하여야 한다. 〈개정 2014.8.18〉
2. 화재시 쉽게 반출 사용할 수 있는 장소에 비치할 것
3. 인명구조기구가 설치된 가까운 장소의 보기 쉬운 곳에 "인명구조기구"라는 축광식표지와 그 사용방법을 표시한 표시를 부착하되, 축광식표지는 소방청장이 고시한「축광표지의 성능인증 및 제품검사의 기술기준」에 적합한 것으로 할 것 〈개정 2014.8.18., 2015.1.6., 2017.7.26.〉
4. 방열복은 소방청장이 고시한「소방용 방열복의 성능인증 및 제품검사의 기술기준」에 적합한 것으로 설치할 것 〈신설 2014.8.18., 2015.1.6., 2017.7.26.〉
5. 방화복(헬멧, 보호장갑 및 안전화를 포함한다)은「소방장비 표준규격 및 내용연수에 관한 규정」제3조에 적합한 것으로 설치할 것 〈신설 2017.6.7., 2017.7.26.〉

[별표 1] 〈개정 2017.6.7.〉
특정소방대상물의 용도 및 장소별로 설치하여야 할 인명구조기구
(제4조제1호 관련)

특정소방대상물	인명구조기구의 종류	설치 수량
○ 지하층을 포함하는 층수가 7층 이상인 관광호텔 및 5층 이상인 병원	○ 방열복 또는 방화복(헬멧, 보호장갑 및 안전화를 포함한다) ○ 공기호흡기 ○ 인공소생기	○ 각 2개 이상 비치할 것. 다만, 병원의 경우에는 인공소생기를 설치하지 않을 수 있다.
○ 문화 및 집회시설 중 수용인원 100명 이상의 영화상영관 ○ 판매시설 중 대규모 점포 ○ 운수시설 중 지하역사 ○ 지하가 중 지하상가	○ 공기호흡기	○ 층마다 2개 이상 비치할 것. 다만, 각 층마다 갖추어 두어야 할 공기호흡기 중 일부를 직원이 상주하는 인근 사무실에 갖추어 둘 수 있다.
○ 물분무등소화설비 중 이산화탄소소화설비를 설치하여야 하는 특정소방대상물	○ 공기호흡기	○ 이산화탄소소화설비가 설치된 장소의 출입구 외부 인근에 1대 이상 비치할 것

유도등 및 유도표지의 화재안전기준 (NFSC 303)

[시행 2021. 7. 8.] [소방청고시 제2021-23호, 2021. 7. 8., 일부개정]

제 3 조(정의) 이 기준에서 사용하는 용어의 정의는 다음과 같다. 〈개정 2012.8.20〉
1. "유도등"이란 화재 시에 피난을 유도하기 위한 등으로서 정상상태에서는 상용전원에 따라 켜지고 상용전원이 정전되는 경우에는 비상전원으로 자동전환되어 켜지는 등을 말한다.
2. "피난구유도등"이란 피난구 또는 피난경로로 사용되는 출입구를 표시하여 피난을 유도하는 등을 말한다.
3. "통로유도등"이란 피난통로를 안내하기 위한 유도등으로 복도통로유도등, 거실통로유도등, 계단통로유도등을 말한다.
4. "복도통로유도등"이란 피난통로가 되는 복도에 설치하는 통로유도등으로서 피난구의 방향을 명시하는 것을 말한다.
5. "거실통로유도등"이란 거주, 집무, 작업, 집회, 오락 그 밖에 이와 유사한 목적을 위하여 계속적으로 사용하는 거실, 주차장 등 개방된 통로에 설치하는 유도등으로 피난의 방향을 명시하는 것을 말한다.
6. "계단통로유도등"이란 피난통로가 되는 계단이나 경사로에 설치하는 통로유도등으로 바닥면 및 디딤 바닥면을 비추는 것을 말한다
7. "객석유도등"이란 객석의 통로, 바닥 또는 벽에 설치하는 유도등을 말한다.
8. "피난구유도표지"란 피난구 또는 피난경로로 사용되는 출입구를 표시하여 피난을 유도하는 표지를 말한다.
9. "통로유도표지"란 피난통로가 되는 복도, 계단등에 설치하는 것으로서 피난구의 방향을 표시하는 유도표지를 말한다.
10. "피난유도선"이란 햇빛이나 전등불에 따라 축광(이하 "축광방식"이라 한다)하거나 전류에 따라 빛을 발하는(이하 "광원점등방식"이라 한다) 유도체로서 어두운 상태에서 피난을 유도할 수 있도록 띠 형태로 설치되는 피난유도시설을 말한다. 〈신설 2009.10.22.〉
11. "입체형"이란 유도등 표시면을 2면 이상으로 하고 각 면마다 피난유도표시

가 있는 것을 말한다. 〈신설 2021. 7. 8.〉

암기방법 축광 중요도 ★★★★★

(신설 설비로 숙지 필요)

제 4 조(유도등 및 유도표지의 종류) 특정소방대상물의 용도별로 설치하여야 할 유도등 및 유도표지는 다음 표에 따라 그에 적응하는 종류의 것으로 설치하여야 한다. 〈개정 2008.12.15., 2012.8.20, 2014.8.18.〉

설 치 장 소	유도등 및 유도표지의 종류
1. 공연장 · 집회장(종교집회장 포함) · 관람장 · 운동시설	• 대형피난구유도등 • 통로유도등 • 객석유도등
2. 유흥주점영업시설(「식품위생법 시행령」 제21조제8호라목의 유흥주점영업중 손님이 춤을 출 수 있는 무대가 설치된 카바레, 나이트클럽 또는 그 밖에 이와 비슷한 영업시설만 해당한다)	
3. 위락시설 · 판매시설 · 운수시설 · 「관광진흥법」제3조제1항제2호에 따른 관광숙박업 · 의료시설 · 장례식장 · 방송통신시설 · 전시장 · 지하상가 · 지하철역사	• 대형피난구유도등 • 통로유도등
4. 숙박시설(제3호의 관광숙박업 외의 것을 말한다) · 오피스텔	• 중형피난구유도등 • 통로유도등
5. 제1호부터 제3호까지 외의 건축물로서 지하층 · 무창층 또는 층수가 11층 이상인 특정소방대상물	
6. 제1호부터 제5호까지 외의 건축물로서 근린생활시설 · 노유자시설 · 업무시설 · 발전시설 · 종교시설(집회장 용도로 사용하는 부분 제외) · 교육연구시설 · 수련시설 · 공장 · 창고시설 · 교정 및 군사시설(국방 · 군사시설 제외) · 기숙사 · 자동차정비공장 · 운전학원 및 정비학원 · 다중이용업소 · 복합건축물 · 아파트	• 소형피난구유도등 • 통로유도등
7. 그 밖의 것	• 피난구유도표지 • 통로유도표지

※ 비고 :
1. 소방서장은 특정소방대상물의 위치 · 구조 및 설비의 상황을 판단하여 대형피난구유도등을 설치하여야 할 장소에 중형피난구유도등 또는 소형피난구유도등을, 중형피난구유도등을 설치하여야 할 장소에 소형피난구유도등을 설치하게 할 수 있다.
2. 복합건축물과 아파트의 경우 주택의 세대 내에는 유도등을 설치하지 아니할 수 있다.

암기방법 대형 : 공집관운 유 위판운관의장방전지지 중요도 ★★★
객석 : 공집관운 유

제 5 조(피난구유도등) ① 피난구유도등은 다음 각 호의 장소에 설치하여야 한다. 〈개정 2012.8.20〉
1. 옥내로부터 직접 지상으로 통하는 출입구 및 그 부속실의 출입구
2. 직통계단·직통계단의 계단실 및 그 부속실의 출입구
3. 제1호와 제2호에 따른 출입구에 이르는 복도 또는 통로로 통하는 출입구 〈개정 2012.8.20〉
4. 안전구획된 거실로 통하는 출입구

암기방법 **옥계이안**
(자주 출제) 중요도 ★★★★★

② 피난구유도등은 피난구의 바닥으로부터 높이 1.5m 이상으로서 출입구에 인접하도록 설치하여야 한다. 〈개정 2014.8.18〉

③ 피난층으로 향하는 피난구의 위치를 안내할 수 있도록 제1항제1호 또는 제2호의 출입구 인근 천장에 제1항제1호 또는 제2호에 따라 설치된 피난구유도등의 면과 수직이 되도록 피난구유도등을 추가로 설치하여야 한다. 다만, 제1항제1호 또는 제2호에 따라 설치된 피난구유도등이 입체형인 경우에는 그러하지 아니하다. 〈신설 2021. 7. 8.〉

제 6 조(통로유도등 설치기준) ① 통로유도등은 특정소방대상물의 각 거실과 그로부터 지상에 이르는 복도 또는 계단의 통로에 다음 각 호의 기준에 따라 설치하여야 한다. 〈개정 2012.8.20〉
1. 복도통로유도등은 다음 각 목의 기준에 따라 설치할 것 〈개정 2012. 8. 20., 2021. 7. 8.〉
   가. 복도에 설치하되 제5조제1항제1호 또는 제2호에 따라 피난구유도등이 설치된 출입구의 맞은편 복도에는 입체형으로 설치하거나, 바닥에 설치할 것
   나. 구부러진 모퉁이 및 가목에 따라 설치된 통로유도등을 기점으로 보행거리 20m 마다 설치할 것
   다. 바닥으로부터 높이 1m 이하의 위치에 설치할 것. 다만, 지하층 또는 무창층의 용도가 도매시장·소매시장·여객자동차터미널·지하역사 또는 지하상가인 경우에는 복도·통로 중앙부분의 바닥에 설치하여야 한다.

암기방법 **바닥 : 지무 도소여지지** 중요도 ★★★

라. 바닥에 설치하는 통로유도등은 하중에 따라 파괴되지 아니하는 강도의 것으로 할 것
2. 거실통로유도등은 다음 각 목의 기준에 따라 설치할 것〈개정 2012.8.20〉
   가. 거실의 통로에 설치할 것. 다만, 거실의 통로가 벽체 등으로 구획된 경우에는 복도통로유도등을 설치하여야 한다.
   나. 구부러진 모퉁이 및 보행거리 20m마다 설치할 것
   다. 바닥으로부터 높이 1.5m 이상의 위치에 설치할 것. 다만, 거실통로에 기둥이 설치된 경우에는 기둥부분의 바닥으로부터 높이 1.5m 이하의 위치에 설치할 수 있다.〈개정 2008.12.15〉
3. 계단통로유도등은 다음 각 목의 기준에 따라 설치할 것〈개정 2012.8.20〉
   가. 각층의 경사로 참 또는 계단참마다(1개층에 경사로 참 또는 계단참이 2 이상 있는 경우에는 2개의 계단참마다)설치할 것
   나. 바닥으로부터 높이 1m 이하의 위치에 설치할 것
4. 통행에 지장이 없도록 설치할 것
5. 주위에 이와 유사한 등화광고물·게시물 등을 설치하지 아니할 것
② 삭제〈2014.8.18〉
③ 삭제〈2014.8.18〉

제 7 조(객석유도등 설치기준) ① 객석유도등은 객석의 통로, 바닥 또는 벽에 설치하여야 한다.

②객석내의 통로가 경사로 또는 수평로로 되어 있는 부분은 다음의 식에 따라 산출한 수(소수점 이하의 수는 1로 본다)의 유도등을 설치하여야 한다.〈개정 2012.8.20., 2014.8.18〉

$$설치개수 = \frac{객석의\ 통로의\ 직선부분의\ 길이(m)}{4} - 1$$

〈개정 2008.12.〉

③객석내의 통로가 옥외 또는 이와 유사한 부분에 있는 경우에는 해당 통로 전체에 미칠 수 있는 수의 유도등을 설치하여야 한다.〈개정 2008.12.15., 2012.8.20., 2014.8.18〉

제 8 조(유도표지 설치기준) ①유도표지는 다음 각 호의 기준에 따라 설치하여야 한다.〈개정 2012.8.20〉
1. 계단에 설치하는 것을 제외하고는 각층마다 복도 및 통로의 각 부분으로부

터 하나의 유도표지까지의 보행거리가 15m 이하가 되는 곳과 구부러진 모퉁이의 벽에 설치할 것
2. 피난구유도표지는 출입구 상단에 설치하고, 통로유도표지는 바닥으로부터 높이 1m 이하의 위치에 설치할 것〈개정 2008.12.15〉
3. 주위에는 이와 유사한 등화·광고물·게시물 등을 설치하지 아니할 것
4. 유도표지는 부착판 등을 사용하여 쉽게 떨어지지 아니하도록 설치할 것
5. 축광방식의 유도표지는 외광 또는 조명장치에 의하여 상시 조명이 제공되거나 비상조명등에 의한 조명이 제공되도록 설치할 것〈신설 2009.10.22〉

②삭제〈2014.8.18〉
③유도표지는 소방청장이 고시한「축광표지의 성능인증 및 제품검사의 기술기준」에 적합한 것이어야 한다. 다만, 방사성물질을 사용하는 위치표지는 쉽게 파괴되지 아니하는 재질로 처리하여야 한다.〈전문개정 2014. 8. 18., 2015. 1. 6., 2017. 7. 26.〉

제 8 조의2(피난유도선 설치기준) ①축광방식의 피난유도선은 다음 각 호의 기준에 따라 설치하여야 한다.〈개정 2012.8.20〉
1. 구획된 각 실로부터 주출입구 또는 비상구까지 설치할 것
2. 바닥으로부터 높이 50cm 이하의 위치 또는 바닥 면에 설치할 것
3. 피난유도 표시부는 50cm 이내의 간격으로 연속되도록 설치
4. 부착대에 의하여 견고하게 설치할 것
5. 외광 또는 조명장치에 의하여 상시 조명이 제공되거나 비상조명등에 의한 조명이 제공되도록 설치할 것

암기방법 주 5 5 부 조 　　　중요도 ★★★★

②광원점등방식의 피난유도선은 다음 각 호의 기준에 따라 설치하여야 한다.
1. 구획된 각 실로부터 주출입구 또는 비상구까지 설치할 것
2. 피난유도 표시부는 바닥으로부터 높이 1m이하의 위치 또는 바닥 면에 설치할 것
3. 피난유도 표시부는 50cm 이내의 간격으로 연속되도록 설치하되 실내장식물 등으로 설치가 곤란할 경우 1m 이내로 설치할 것
4. 수신기로부터의 화재신호 및 수동조작에 의하여 광원이 점등되도록 설치할 것
5. 비상전원이 상시 충전상태를 유지하도록 설치할 것

6. 바닥에 설치되는 피난유도 표시부는 매립하는 방식을 사용할 것
7. 피난유도 제어부는 조작 및 관리가 용이하도록 바닥으로부터 0.8m 이상 1.5m 이하의 높이에 설치할 것

암기방법 주 1 5 수비매제   중요도 ★★★★

③피난유도선은 소방청장이 고시한 「피난유도선의 성능인증 및 제품검사의 기술기준」에 적합한 것으로 설치하여야 한다. 〈개정 2012. 8. 20., 2014. 8. 18., 2015. 1. 6., 2017. 7. 26.〉
[본조신설 2009.10.22]

제 9 조(유도등의 전원) ①유도등의 전원은 축전지, 전기저장장치(외부 전기에너지를 저장해 두었다가 필요한 때 전기를 공급하는 장치) 또는 교류전압의 옥내간선으로 하고, 전원까지의 배선은 전용으로 하여야 한다. 〈개정 2016.7.13.〉
②비상전원은 다음 각 호의 기준에 적합하게 설치하여야 한다. 〈개정 2012.8.20〉
1. 축전지로 할 것
2. 유도등을 20분 이상 유효하게 작동시킬 수 있는 용량으로 할 것. 다만, 다음 각 목의 특정소방대상물의 경우에는 그 부분에서 피난층에 이르는 부분의 유도등을 60분 이상 유효하게 작동시킬 수 있는 용량으로 하여야 한다.
   가. 지하층을 제외한 층수가 11층 이상의 층
   나. 지하층 또는 무창층으로서 용도가 도매시장·소매시장·여객자동차터미널·지하역사 또는 지하상가

암기방법 60분 : 11 : 지무용 도소여지지   중요도 ★★★★★

③배선은 「전기사업법」 제67조에서 정한 것 외에 다음 각 호의 기준에 따라야 한다. 〈개정 2012.8.20〉
1. 유도등의 인입선과 옥내배선은 직접 연결할 것
2. 유도등은 전기회로에 점멸기를 설치하지 아니하고 항상 점등상태를 유지할 것. 다만, 특정소방대상물 또는 그 부분에 사람이 없거나 다음 각 목의 어느 하나에 해당하는 장소로서 3선식 배선에 따라 상시 충전되는 구조인 경우에는 그러하지 아니하다.
   가. 외부광(光)에 따라 피난구 또는 피난방향을 쉽게 식별할 수 있는 장소

나. 공연장, 암실(暗室) 등으로서 어두어야 할 필요가 있는 장소
다. 특정소방대상물의 관계인 또는 종사원이 주로 사용하는 장소

> **암기방법** 사, 외공관   중요도 ★★★★★
> (3선식 가능장소 : 외공관)(아주 중요)

3. 3선식 배선은 「옥내소화전설비의 화재안전기준(NFSC 102)」[별표 1]에 따른 내화배선 또는 내열배선으로 사용할 것 〈신설 2021. 7. 8.〉

④제3항제2에 따라 3선식 배선으로 상시 충전되는 유도등의 전기회로에 점멸기를 설치하는 경우에는 다음 각 호의 어느 하나에 해당되는 경우에 점등되도록 하여야 한다. 〈개정 2012.8.20〉
1. 자동화재탐지설비의 감지기 또는 발신기가 작동되는 때
2. 비상경보설비의 발신기가 작동되는 때
3. 상용전원이 정전되거나 전원선이 단선되는 때
4. 방재업무를 통제하는 곳 또는 전기실의 배전반에서 수동으로 점등하는 때
5. 자동소화설비가 작동되는 때

> **암기방법** 자발정수자   중요도 ★★★★★
> (3선식 점등 경우) (아주 중요)

제10조(유도등 및 유도표지의 제외) ①다음 각 호의 어느 하나에 해당하는 경우에는 피난구유도등을 설치하지 아니한다. 〈개정 2012. 8. 20., 2021. 7. 8.〉
1. 바닥면적이 1,000m^3 미만인 층으로서 옥내로부터 직접 지상으로 통하는 출입구(외부의 식별이 용이한 경우에 한한다)
2. 대각선 길이가 15m 이내인 구획된 실의 출입구 〈개정 2021. 7. 8.〉
3. 거실 각 부분으로부터 하나의 출입구에 이르는 보행거리가 20m 이하이고 비상조명등과 유도표지가 설치된 거실의 출입구 〈개정 2012. 8. 20.〉
4. 출입구가 3 이상 있는 거실로서 그 거실 각 부분으로부터 하나의 출입구에 이르는 보행거리가 30m 이하인 경우에는 주된 출입구 2개소외의 출입구(유도표지가 부착된 출입구를 말한다). 다만, 공연장·집회장·관람장·전시장·판매시설·운수시설·숙박시설·노유자시설·의료시설·장례식장의 경우에는 그러하지 아니하다. 〈개정 2012. 8. 20.〉

> **암기방법** 1000 대 20 3   중요도 ★★★

②다음 각 호의 어느 하나에 해당하는 경우에는 통로유도등을 설치하지 아니한다. 〈개정 2012.8.20〉
1. 구부러지지 아니한 복도 또는 통로로서 길이가 30m 미만인 복도 또는 통로
2. 제1호에 해당되지 않는 복도 또는 통로로서 보행거리가 20m미만이고 그 복도 또는 통로와 연결된 출입구 또는 그 부속실의 출입구에 피난구유도등이 설치된 복도 또는 통로

③다음 각 호의 어느 하나에 해당하는 경우에는 객석유도등을 설치하지 아니한다. 〈개정 2012.8.20〉
1. 주간에만 사용하는 장소로서 채광이 충분한 객석
2. 거실 등의 각 부분으로부터 하나의 거실출입구에 이르는 보행거리가 20m 이하인 객석의 통로로서 그 통로에 통로유도등이 설치된 객석

④다음 각 호의 어느 하나에 해당하는 경우에는 유도표지를 설치하지 아니한다. 〈개정 2012.8.20〉
1. 유도등이 제5조와 제6조에 적합하게 설치된 출입구·복도·계단 및 통로
2. 제1항제1호·제2호와 제2항에 해당하는 출입구·복도·계단 및 통로

비상조명등의 화재안전기준(NFSC 304)

[시행 2017. 7. 26.] [소방청고시 제2017-1호, 2017. 7. 26., 타법개정]

제 3 조(정의) 이 기준에서 사용하는 용어의 정의는 다음과 같다. 〈개정 2012.8.20〉
　1. "비상조명등"이란 화재발생 등에 따른 정전시에 안전하고 원활한 피난활동을 할 수 있도록 거실 및 피난통로 등에 설치되어 자동 점등되는조명등을 말한다.
　2. "휴대용비상조명등"이란 화재발생 등으로 정전시 안전하고 원할 한 피난을 위하여 피난자가 휴대할 수 있는 조명등을 말한다.

제 4 조(설치기준) ①비상조명등은 다음 각 호의 기준에 따라 설치하여야 한다. 〈개정 2012.8.20〉
　1. 특정소방대상물의 각 거실과 그로부터 지상에 이르는 복도·계단 및 그 밖의 통로에 설치할 것
　2. 조도는 비상조명등이 설치된 장소의 각 부분의 바닥에서 1lx 이상이 되도록 할 것
　3. 예비전원을 내장하는 비상조명등에는 평상시 점등여부를 확인할 수 있는 점검스위치를 설치하고 해당 조명등을 유효하게 작동시킬 수 있는 용량의 축전지와 예비전원 충전장치를 내장할 것

암기방법　점축충　　　　　　　　　　　　　　　　　　중요도 ★★★

　4. 예비전원을 내장하지 아니하는 비상조명등의 비상전원은 자가발전설비, 축전지설비 또는 전기저장장치(외부 전기에너지를 저장해 두었다가 필요한 때 전기를 공급하는 장치)를 다음 각 목의 기준에 따라 설치하여야 한다. 〈개정 2012.8.20., 2016.7.13.〉
　　가. 점검에 편리하고 화재 및 침수 등의 재해로 인한 피해를 받을 우려가 없는 곳에 설치할 것
　　나. 상용전원으로부터 전력의 공급이 중단된 때에는 자동으로 비상전원으로부터 전력을 공급받을 수 있도록 할 것

다. 비상전원의 설치장소는 다른 장소와 방화구획 할 것. 이 경우 그 장소에는 비상전원의 공급에 필요한 기구나 설비외의 것(열병합발전설비에 필요한 기구나 설비는 제외한다)을 두어서는 아니 된다.
라. 비상전원을 실내에 설치하는 때에는 그 실내에 비상조명등을 설치할 것

> **암기방법** 자축, 점자방비 중요도 ★★★
> (옥내와 비슷)

5. 제3호와 제4호에 따른 비상전원은 비상조명등을 20분 이상 유효하게 작동시킬 수 있는 용량으로 할 것. 다만, 다음 각 목의 특정소방대상물의 경우에는 그 부분에서 피난층에 이르는 부분의 비상조명등을 60분 이상 유효하게 작동시킬 수 있는 용량으로 하여야 한다.
   가. 지하층을 제외한 층수가 11층 이상의 층
   나. 지하층 또는 무창층으로서 용도가 도매시장·소매시장·여객자동차터미널·지하역사 또는 지하상가
6. 영 별표 5 제10호 비상조명등의 설치면제 요건에서 "그 유도등의 유효범위 안의 부분"이란 유도등의 조도가 바닥에서 1lx 이상이 되는 부분을 말한다.

② 휴대용비상조명등은 다음 각 호의 기준에 적합하여야 한다. 〈개정 2012.8.20〉

1. 다음 각 목의 장소에 설치할 것
   가. 숙박시설 또는 다중이용업소에는 객실 또는 영업장안의 구획된 실마다 잘 보이는 곳(외부에 설치시 출입문 손잡이로부터 1m 이내 부분)에 1개 이상 설치
   나. 「유통산업발전법」 제2조제3호에 따른 대규모점포(지하상가 및 지하역사를 제외한다)와 영화상영관에는 보행거리 50m 이내마다 3개 이상 설치
   다. 지하상가 및 지하역사에는 보행거리 25m 이내마다 3개 이상 설치
2. 설치높이는 바닥으로부터 0.8m 이상 1.5m 이하의 높이에 설치할 것
3. 어둠속에서 위치를 확인할 수 있도록 할 것
4. 사용 시 자동으로 점등되는 구조일 것
5. 외함은 난연성능이 있을 것
6. 건전지를 사용하는 경우에는 방전방지조치를 하여야 하고, 충전식 밧데리의 경우에는 상시 충전되도록 할 것

7. 건전지 및 충전식 밧데리의 용량은 20분 이상 유효하게 사용할 수 있는 것으로 할 것

암기방법 **숙어난자 건건8** 중요도 ★★★★★
숙 : 숙다 대영 지지, 1 3(50) 3(25)

제 5 조(비상조명등의 제외) ①다음 각 호의 어느 하나에 해당하는 경우에는 비상조명등을 설치하지 아니한다. 〈개정 2012.8.20〉
  1. 거실의 각 부분으로부터 하나의 출입구에 이르는 보행거리가 15m이내인 부분
  2. 의원 · 경기장 · 공동주택 · 의료시설 · 학교의 거실

암기방법 **15 의경의학공** 중요도 ★★

②지상1층 또는 피난층으로서 복도 · 통로 또는 창문 등의 개구부를 통하여 피난이 용이한 경우 또는 숙박시설로서 복도에 비상조명등을 설치 한 경우에는 휴대용비상조명등을 설치하지 아니할 수 있다.

암기방법 **1피 숙조** 중요도 ★★

상수도소화용수설비의 화재안전기준 (NFSC 401)

[시행 2019. 5. 24.] [소방청고시 제2019-38호, 2019. 5. 24., 일부개정]

제 3 조(정의) 이 기준에서 사용하는 용어의 정의는 다음과 같다. 〈개정 2012.8.20〉
1. "호칭지름"이란 일반적으로 표기하는 배관의 직경을 말한다.
2. "수평투영면"이란 건축물을 수평으로 투영하였을 경우의 면을 말한다.

제 4 조(설치기준) 상수도소화용수설비는 「수도법」에 따른 기준 외에 다음 각 호의 기준에 따라 설치하여야 한다. 〈개정 2012.8.20〉
1. 호칭지름 75mm 이상의 수도배관에 호칭지름 100mm 이상의 소화전을 접속할 것
2. 제1호에 따른 소화전은 소방자동차 등의 진입이 쉬운 도로변 또는 공지에 설치할 것
3. 제1호에 따른 소화전은 특정소방대상물의 수평투영면의 각 부분으로부터 140m 이하가 되도록 설치할 것

암기방법 7 공 수 ,75, 100, 140   중요도 ★★★★★
(아주 중요)

소화수조 및 저수조의 화재안전기준 (NFSC 402)

[시행 2021. 8. 5.] [소방청고시 제2021-30호, 2021. 8. 5., 일부개정]

제 3 조(정의) 이 기준에서 사용하는 용어의 정의는 다음과 같다 〈개정 2012.8.20〉
1. "소화수조 또는 저수조"란 수조를 설치하고 여기에 소화에 필요한 물을 항시 채워두는 것을 말한다.
2. "채수구"란 소방차의 소방호스와 접결되는 흡입구를 말한다.

제 4 조(소화수조 등) ①소화수조, 저수조의 채수구 또는 흡수관투입구는 소방차가 2m 이내의 지점까지 접근할 수 있는 위치에 설치하여야 한다.
②소화수조 또는 저수조의 저수량은 특정소방대상물의 연면적을 다음 표에 따른 기준면적으로 나누어 얻은 수(소수점이하의 수는 1로 본다)에 20m³를 곱한 양 이상이 되도록 하여야 한다. 〈개정 2012.8.20〉

소방대상물의 구분	면 적
1. 1층 및 2층의 바닥면적 합계가 15,000m² 이상인 특정소방대상물	7,500m²
2. 제1호에 해당되지 아니하는 그 밖의 특정소방대상물	12,500m²

암기방법 20, 15000, 7500, 12500 중요도 ★★★★★
(아주 중요) (계산문제로도 자주 출제)

③소화수조 또는 저수조는 다음 각 호의 기준에 따라 흡수관투입구 또는 채수구를 설치하여야 한다. 〈개정 2012.8.20〉
1. 지하에 설치하는 소화용수설비의 흡수관투입구는 그 한변이 0.6m 이상이거나 직경이 0.6m 이상인 것으로 하고, 소요수량이 80m³ 미만인 것은 1개 이상, 80m³ 이상인 것은 2개 이상을 설치하여야 하며, "흡관투입구"라고 표시한 표지를 할 것

암기방법 0.6, 80 , 이상 미만 주의 중요도 ★★★★★
(아주 중요) (계산문제로도 자주 출제)

2. 소화용수설비에 설치하는 채수구는 다음 각 목의 기준에 따라 설치할 것
   가. 채수구는 다음 표에 따라 소방용호스 또는 소방용흡수관에 사용하는 구경 65mm 이상의 나사식 결합금속구를 설치할 것

소요수량	20m³ 이상 40m³ 미만	40m³ 이상 100m³ 미만	100m³ 이상
채수구의 수	1개	2개	3개

암기방법 **20, 40, 100이상 미만 주의** 중요도 ★★★★★
(아주 중요) (계산문제로도 자주 출제)

　나. 채수구는 지면으로부터의 높이가 0.5m 이상 1m 이하의 위치에 설치하고 "채수구"라고 표시한 표지를 할 것
④소화용수설비를 설치하여야 할 특정소방대상물에 있어서 유수의 양이 0.8m³/min 이상인 유수를 사용할 수 있는 경우에는 소화수조를 설치하지 아니할 수 있다. 〈개정 2012.8.20〉

제 5 조(가압송수장치) ①소화수조 또는 저수조가 지표면으로부터의 깊이(수조 내부 바닥까지의 길이를 말한다)가 4.5m 이상인 지하에 있는 경우에는 다음 표에 따라 가압송수장치를 설치하여야 한다. 다만, 제4조제2항에 따른 저수량을 지표면으로부터 4.5m 이하인 지하에서 확보할 수 있는 경우에는 소화수조 또는 저수조의 지표면으로부터의 깊이에 관계없이 가압송수장치를 설치하지 아니할 수 있다. 〈개정 2012.8.20〉

소요수량	20m³ 이상 40m³ 미만	40m³ 이상 100m³ 미만	100m³ 이상
가압송수장치의 1분당 양수량	1,100*l* 이상	2,200*l* 이상	3,300*l* 이상

암기방법 **11, 22, 33채수구와 연결하여 암기** 중요도 ★★★★★
(아주 중요) (계산문제로도 자주 출제)

②소화수조가 옥상 또는 옥탑의 부분에 설치된 경우에는 지상에 설치된 채수구에서의 압력이 1.5kg/cm² 이상이 되도록 하여야 한다.
③전동기 또는 내연기관에 따른 펌프를 이용하는 가압송수장치는 다음 각 호의 기준에 따라 설치하여야 한다. 〈개정 2012.8.20〉
1. 쉽게 접근할 수 있고 점검하기에 충분한 공간이 있는 장소로서 화재 및 침수

등의 재해로 인한 피해를 받을 우려가 없는 곳에 설치할 것
2. 동결방지조치를 하거나 동결의 우려가 없는 장소에 설치할 것
3. 펌프는 전용으로 할 것. 다만, 다른 소화설비와 겸용하는 경우 각각의 소화설비의 성능에 지장이 없을 때에는 예외로 한다.
4. 펌프의 토출측에는 압력계를 체크밸브 이전에 펌프토출측 플랜지에서 가까운 곳에 설치하고, 흡입측에는 연성계 또는 진공계를 설치할 것. 다만, 수원의 수위가 펌프의 위치보다 높거나 수직회전축 펌프의 경우에는 연성계 또는 진공계를 설치하지 아니할 수 있다.
5. 가압송수장치에는 정격부하운전 시 펌프의 성능을 시험하기 위한 배관을 설치할 것
6. 가압송수장치에는 체절운전 시 수온의 상승을 방지하기 위한 순환배관을 설치할 것
7. 기동장치로는 보호판을 부착한 기동스위치를 채수구 직근에 설치할 것
8. 수원의 수위가 펌프보다 낮은 위치에 있는 가압송수장치에는 다음 각 목의 기준에 따른 물올림장치를 설치할 것
   가. 물올림장치에는 전용의 탱크를 설치할 것
   나. 탱크의 유효수량은 100l 이상으로 하되, 구경 15mm 이상의 급수배관에 따라 해당 탱크에 물이 계속 보급되도록 할 것
9. 내연기관을 사용하는 경우에는 다음 각 목의 기준에 적합한 것으로 할 것.
   가. 내연기관의 기동은 채수구의 위치에서 원격조작으로 가능하고 기동을 명시하는 적색등을 설치할 것
   나. 제어반에 따라 내연기관의 기동이 가능하고 상시 충전되어 있는 축전지 설비를 갖출 것
10. 가압송수장치에는 "소화용수설비펌프"라고 표시한 표지를 할 것. 이 경우 그 가압송수장치를 다른 설비와 겸용하는 때에는 그 겸용되는 설비의 이름을 표시한 표지를 함께 하여야 한다.
11. 가압송수장치는 부식 등으로 인한 펌프의 고착을 방지할 수 있도록 다음 각 목의 기준에 적합한 것으로 할 것. 다만, 충압펌프는 제외한다. 〈신설 2021. 8. 5.〉
    가. 임펠러는 청동 또는 스테인리스 등 부식에 강한 재질을 사용할 것
    나. 펌프축은 스테인리스 등 부식에 강한 재질을 사용할 것

제연설비의 화재안전기준(NFSC 501)

[시행 2017. 7. 26.] [소방청고시 제2017-1호, 2017. 7. 26., 타법개정]

제 3 조(정의) 이 기준에서 사용하는 용어의 정의는 다음과 같다. 〈개정 2012.8.20〉
1. "제연구역"이란 제연경계(제연설비의 일부인 천장을 포함한다)에 의해 구획된 건물 내의 공간을 말한다.
2. "예상제연구역"이란 화재발생시 연기의 제어가 요구되는 제연구역을 말한다.
3. "제연경계의 폭"이란 제연경계의 천장 또는 반자로부터 그 수직하단까지의 거리를 말한다.
4. "수직거리"란 제연경계의 바닥으로부터 그 수직하단까지의 거리를 말한다.

필수사항 (폭과 수직거리의 개념 숙지 필요)   중요도 ★★★★★

5. "공동예상제연구역"이란 2개 이상의 예상제연구역을 말한다.
6. "방화문"이란 「건축법 시행령」 제64조에 따른 갑종방화문 또는 을종방화문으로써 언제나 닫힌 상태를 유지하거나 화재로 인한 연기의 발생 또는 온도의 상승에 따라 자동적으로 닫히는 구조를 말한다.
7. "유입풍도"란 예상제연구역으로 공기를 유입하도록 하는 풍도를 말한다.
8. "배출풍도"란 예상 제연구역의 공기를 외부로 배출하도록 하는 풍도를 말한다.

제 4 조(제연설비) ① 제연설비의 설치장소는 다음 각 호에 따른 제연구역으로 구획하여야 한다. 〈개정 2012.8.20〉
1. 하나의 제연구역의 면적은 1,000m^2 이내로 할 것
2. 거실과 통로(복도를 포함한다. 이하같다)는 상호 제연구획 할 것
3. 통로상의 제연구역은 보행중심선의 길이가 60m를 초과하지 아니할 것
4. 하나의 제연구역은 직경 60m 원내에 들어갈 수 있을 것
5. 하나의 제연구역은 2개 이상 층에 미치지 아니하도록 할 것. 다만, 층의 구분이 불분명한 부분은 그 부분을 다른 부분과 별도로 제연구획 하여야 한다.

> **암기방법** 하하하 상통, 1000, 60　　중요도 ★★★★★
> (아주 중요)

②제연구역의 구획은 보·제연경계벽(이하 "제연경계"라 한다) 및 벽(화재 시 자동으로 구획되는 가동벽·샷다·방화문을 포함한다. 이하 같다)으로 하되, 다음 각 호의 기준에 적합하여야 한다. 〈개정 2012.8.20〉
1. 재질은 내화재료, 불연재료 또는 제연경계벽으로 성능을 인정받은 것으로서 화재시 쉽게 변형·파괴되지 아니하고 연기가 누설되지 않는 기밀성 있는 재료로 할 것
2. 제연경계는 제연경계의 폭이 0.6m 이상이고, 수직거리는 2m 이내이어야 한다. 다만, 구조상 불가피한 경우는 2m를 초과할 수 있다.
3. 제연경계벽은 배연 시 기류에 따라 그 하단이 쉽게 흔들리지 아니하여야 하며, 또한 가동식의 경우에는 급속히 하강하여 인명에 위해를 주지 아니하는 구조일 것

> **암기방법** 재질, 폭, 기류, 하강　　중요도 ★★★★★
> (중요)

제 5 조(제연방식) ①예상제연구역에 대하여는 화재 시 연기배출(이하 "배출"이라 한다)과 동시에 공기유입이 될 수 있게 하고, 배출구역이 거실일 경우에는 통로에 동시에 공기가 유입될 수 있도록 하여야 한다.

②제1항에도 불구하고 통로와 인접하고 있는 거실의 바닥면적이 50m² 미만으로 구획(제연경계에 따른 구획은 제외한다. 다만, 거실과 통로와의 구획은 그러하지 아니하다)되고 그 거실에 통로가 인접하여 있는 경우에는 화재 시 그 거실에서 직접 배출하지 아니하고 인접한 통로의 배출로 갈음할 수 있다. 다만, 그 거실이 다른 거실의 피난을 위한 경유거실인 경우에는 그 거실에서 직접 배출하여야 한다. 〈개정 2008.12.15, 2012.8.20.〉

> **필수사항** (통로배출방식 개념 숙지 필요)　　중요도 ★★★

③통로의 주요 구조부가 내화구조이며 마감이 불연재료 또는 난연재료로 처리되고 가연성 내용물이 없는 경우에 그 통로는 예상제연구역으로 간주하지 아

니할 수 있다. 다만, 화재발생시 연기의 유입이 우려되는 통로는 그러하지 아니하다.

제 6 조(배출량 및 배출방식) ①거실의 바닥면적이 400m² 미만으로 구획(제연경계에 따른 구획을 제외한다. 다만, 거실과 통로와의 구획은 그러하지 아니하다)된 예상제연구역에 대한 배출량은 다음 각 호의 기준에 따른다. 〈개정 2012.8.20〉

1. 바닥면적 1m²당 1m³/min 이상으로 하되, 예상제연구역 전체에 대한 최저 배출량은 5,000m³/hr 이상으로 할 것. 다만, 예상제연구역이 다른 거실의 피난을 위한 경유거실인 경우에는 그 예상제연구역의 배출량은 이 기준량의 1.5배 이상으로 하여야 한다.

> **필수사항** (아주 중요) 중요도 ★★★★★
> (소규모거실 배출량 계산, 최저치 주의)(계산문제로도 자주 출제)

2. 제5조제2항에 따라 바닥면적이 50m² 미만인 예상제연구역을 통로배출방식으로 하는 경우에는 통로보행중심선의 길이 및 수직거리에 따라 다음 표에서 정하는 기준량 이상으로 할 것

통로길이	수직거리	배출량	비고
40m 이하	2m 이하	25,000m³/hr	벽으로 구획된 경우를 포함한다.
	2m 초과 2.5m 이하	30,000m³/hr	
	2.5m 초과 3m 이하	35,000m³/hr	
	3m 초과	45,000m³/hr	
40m 초과 60m 이하	2m 이하	30,000m³/hr	벽으로 구획된 경우를 포함한다.
	2m 초과 2.5m 이하	35,000m³/hr	
	2.5m 초과 3m 이하	40,000m³/hr	
	3m 초과	50,000m³/hr	

> **필수사항** (아주 중요)(통로배출방식 배출량 계산, 중요도 ★★★★★
> 25000 시작, 5000, 5000 10000을 더함)(계산문제로도 자주 출제)

②바닥면적 400m² 이상인 거실의 예상제연구역의 배출량은 다음 각 호의 기준에 적합하여야 한다. 〈개정 2012.8.20〉

1. 예상제연구역이 직경 40m인 원의 범위 안에 있을 경우에는 배출량이

40,000m³/hr 이상으로 할 것. 다만, 예상제연구역이 제연경계로 구획된 경우에는 그 수직거리에 따라 배출량은 다음 표에 따른다.

수 직 거 리	배 출 량
2m 이하	40,000m³/hr 이상
2m 초과 2.5m 이하	45,000m³/hr 이상
2.5m 초과 3m 이하	50,000m³/hr 이상
3m 초과	60,000m³/hr 이상

필수사항 (아주 중요)(대규모거실 중 작은 것, 40000 시작)
(계산문제로도 자주 출제)

2. 예상제연구역이 직경 40m인 원의 범위를 초과할 경우에는 배출량이 45,000m³/hr 이상으로 할 것. 다만, 예상제연구역이 제연경계로 구획된 경우에는 그 수직거리에 따라 배출량은 다음표에 따른다.

수 직 거 리	배 출 량
2m 이하	45,000m³/hr 이상
2m 초과 2.5m 이하	50,000m³/hr 이상
2.5m 초과 3m 이하	55,000m³/hr 이상
3m 초과	65,000m³/hr 이상

필수사항 (아주 중요)(대규모거실 중 큰 것, 45000 시작)
(13회 기출문제)

③예상제연구역이 통로인 경우의 배출량은 45,000m³/hr 이상으로 할 것. 다만, 예상제연구역이 제연경계로 구획된 경우에는 그 수직거리에 따라 배출량은 제2항제2호의 표에 따른다.

필수사항 (통로의 배출량 계산, 대규모거실 중 큰 것과 동일)
(계산문제로도 자주 출제)

④배출은 각 예상제연구역별로 제1항부터 제3항에 따른 배출량 이상을 배출하되, 2개 이상의 예상제연구역이 설치된 특정소방대상물에서 배출을 각 예상지역별로 구분하지 아니하고 공동예상제연구역을 동시에 배출하고자 할 때의 배출량은 다음 각 호에 따라야 한다. 다만, 거실과 통로는 공동예상제연구역으로

할 수 없다. 〈개정 2012.8.20〉
1. 공동예상제연구역안에 설치된 예상제연구역이 각각 벽으로 구획된 경우(제연구역의 구획중 출입구만을 제연경계로 구획한 경우를 포함한다)에는 각 예상제연구역의 배출량을 합한 것 이상으로 할 것
2. 공동예상제연구역 안에 설치된 예상제연구역이 각각 제연경계로 구획된 경우(예상제연구역의 구획 중 일부가 제연경계로 구획된 경우를 포함하나 출입구부분만을 제연경계로 구획한 경우를 제외한다)에 배출량은 각 예상제연구역의 배출량 중 최대의 것으로 할 것. 이 경우 공동제연예상구역이 거실일 때에는 그 바닥면적이 1,000m² 이하이며, 직경 40m 원 안에 들어가야 하고, 공동제연예상구역이 통로일 때에는 보행중심선의 길이를 40m 이하로 하여야 한다.

필수사항 (아주 중요)
(공동예상제연구역의 개념과 배출량 계산, 합, 최대, 1000, 40) 중요도 ★★★★★

⑤수직거리가 구획부분에 따라 다른 경우는 수직거리가 긴 것을 기준으로 한다.

제 7 조(배출구) ①예상제연구역에 대한 배출구의 설치는 다음 각 호의 기준에 따라야 한다. 〈개정 2012.8.20〉
1. 바닥면적이 400m² 미만인 예상제연구역(통로인 예상제연구역을 제외한다)에 대한 배출구의 설치는 다음 각 목의 기준에 적합할 것
    가. 예상제연구역이 벽으로 구획되어 있는 경우의 배출구는 천장 또는 반자와 바닥사이의 중간 윗부분에 설치할 것
    나. 예상제연구역 중 어느 한부분이 제연경계로 구획되어 있는 경우에는 천장·반자 또는 이에 가까운 벽의 부분에 설치할 것. 다만, 배출구를 벽에 설치하는 경우에는 배출구의 하단이 해당 예상제연구역에서 제연경계의 폭이 가장 짧은 제연경계의 하단보다 높이 되도록 하여야 한다.
2. 통로인 예상제연구역과 바닥면적이 400m² 이상인 통로외의 예상제연구역에 대한 배출구의 위치는 다음 각 목의 기준에 적합하여야 한다.
    가. 예상제연구역이 벽으로 구획되어 있는 경우의 배출구는 천장·반자 또는 이에 가까운 벽의 부분에 설치할 것. 다만, 배출구를 벽에 설치한 경우에는 배출구의 하단과 바닥간의 최단거리가 2m 이상이어야 한다.

나. 예상제연구역 중 어느 한부분이 제연경계로 구획되어 있을 경우에는 천장·반자 또는 이에 가까운 벽의 부분(제연경계를 포함한다)에 설치할 것. 다만, 배출구를 벽 또는 제연경계에 설치하는 경우에는 배출구의 하단이 해당 예상제연구역에서 제연경계의 폭이 가장 짧은 제연경계의 하단보다 높이 되도록 설치하여야 한다.

②예상제연구역의 각 부분으로부터 하나의 배출구까지의 수평거리는 10m 이내가 되도록 하여야 한다.

필수사항　10 (설치개수 계산에 필요)　　중요도 ★★★

제 8 조(공기유입방식 및 유입구) ①예상제연구역에 대한 공기유입은 유입풍도를 경유한 강제유입 또는 자연유입방식으로 하거나, 인접한 제연구역 또는 통로에 유입되는 공기(가압의 결과를 일으키는 경우를 포함한다. 이하 같다)가 해당구역으로 유입되는 방식으로 할 수 있다. 〈개정 2012.8.20〉

②예상제연구역에 설치되는 공기유입구는 다음 각 호의 기준에 적합하여야 한다. 〈개정 2012.8.20〉

1. 바닥면적 400m² 미만의 거실인 예상제연구역(제연경계에 따른 구획을 제외한다. 다만, 거실과 통로와의 구획은 그러하지 아니하다)에 대하여서는 바닥외의 장소에 설치하고 공기유입구와 배출구간의 직선거리는 5m 이상으로 할 것. 다만, 공연장·집회장·위락시설의 용도로 사용되는 부분의 바닥면적이 200m²를 초과하는 경우의 공기유입구는 제2호의 기준에 따른다.

2. 바닥면적이 400m² 이상의 거실인 예상제연구역(제연경계에 따른 구획을 제외한다. 다만, 거실과 통로와의 구획은 그러하지 아니하다)에 대하여는 바닥으로부터 1.5m 이하의 높이에 설치하고 그 주변 2m 이내에는 가연성 내용물이 없도록 할 것

3. 제1호와 제2호에 해당하는 것 외의 예상제연구역(통로인 예상제연구역을 포함한다)에 대한 유입구는 다음 각 목에 따를 것. 다만, 제연경계로 인접하는 구역의 유입공기가 당해예상제연구역으로 유입되게 한 때에는 그러하지 아니하다.

　　가. 유입구를 벽에 설치할 경우에는 제2호의 기준에 따를 것

　　나. 유입구를 벽외의 장소에 설치할 경우에는 유입구 상단이 천장 또는 반자와 바닥사이의 중간 아랫부분보다 낮게 되도록 하고, 수직거리가 가장 짧은 제연경계 하단보다 낮게 되도록 설치할 것

③공동예상제연구역에 설치되는 공기 유입구는 다음 각 호의 기준에 적합하게 설치하여야 한다. 〈개정 2012.8.20〉
1. 공동예상 제연구역안에 설치된 각 예상제연구역이 벽으로 구획되어 있을 때에는 제2항제2호에 따라 설치할 것
2. 공동예상제연구역안에 설치된 각 예상제연구역의 일부 또는 전부가 제연경계로 구획되어 있을 때에는 공동예상제연구역안의 1개 이상의 장소에 제2항제3호에 따라 설치할 것

④인접한 제연구역 또는 통로에 유입되는 공기를 해당 예상제연구역에 대한 공기유입으로 하는 경우에는 그 인접한 제연구역 또는 통로의 유입구가 제연경계 하단보다 높은 경우에는 그 인접한 제연구역 또는 통로의 화재시 그 유입구는 다음 각 호의 어느 하나의 기준에 적합할 것 〈개정 2012.8.20〉
1. 각 유입구는 자동폐쇄 될 것
2. 해당구역 내에 설치된 유입풍도가 해당 제연구획부분을 지나는 곳에 설치된 댐퍼는 자동폐쇄될 것

⑤예상제연구역에 공기가 유입되는 순간의 풍속은 5m/s 이하가 되도록 하고, 제2항부터 제4항까지의 유입구의 구조는 유입공기를 하향 60° 이내로 분출할 수 있도록 하여야 한다. 〈개정 2012.8.20.〉

암기방법 5, 60 중요도 ★★★

⑥예상제연구역에 대한 공기유입구의 크기는 해당 예상제연구역 배출량 $1m^3/min$에 대하여 $35cm^2$ 이상으로 하여야 한다. 〈개정 2012.8.20.〉

필수사항 (아주 중요)(계산문제 기본수치임) 중요도 ★★★★★

⑦예상제연구역에 대한 공기유입량은 제6조제1항부터 제4항까지에 따른 배출량 이상이 되도록 하여야 한다. 〈개정 2012.8.20〉

제 9 조(배출기 및 배출풍도) ①배출기는 다음 각 호의 기준에 따라 설치하여야 한다. 〈개정 2012.8.20〉
1. 배출기의 배출능력은 제6조제1항부터 제4항까지의 배출량 이상이 되도록 할 것
2. 배출기와 배출풍도의 접속부분에 사용하는 캔버스는 내열성(석면재료는 제

외한다)이 있는 것으로 할 것

3. 배출기의 전동기부분과 배풍기 부분은 분리하여 설치하여야 하며, 배풍기 부분은 유효한 내열처리를 할 것

②배출풍도는 다음 각 호의 기준에 따라야 한다. 〈개정 2012.8.20〉

1. 배출풍도는 아연도금강판 또는 이와 동등 이상의 내식성·내열성이 있는 것으로 하며, 내열성(석면재료를 제외한다)의 단열재로 유효한 단열 처리를 하고, 강판의 두께는 배출풍도의 크기에 따라 다음 표에 따른 기준 이상으로 할 것

풍도단면의 긴변 또는 직경의 크기	450mm 이하	450mm 초과 750mm 이하	750mm 초과 1,500mm 이하	1,500mm 초과 2,250mm 이하	2,250mm 초과
강판두께	0.5mm	0.6mm	0.8mm	1.0mm	1.2mm

필수사항 (풍도의 강판두께 산정) (13회 기출) 중요도 ★★★

2. 배출기의 흡입측 풍도안의 풍속은 15m/s 이하로 하고 배출측 풍속은 20m/s 이하로 할 것

암기방법 15, 20 중요도 ★★★★★
(아주 중요) (계산문제로도 자주 출제)

제10조(유입풍도등) ①유입풍도안의 풍속은 20m/s 이하로 하고 풍도의 강판두께는 제9조제2항제1호의 기준으로 설치하여야 한다. 〈개정 2008.12.15.〉

암기방법 20 중요도 ★★★★★
(아주 중요) (계산문제로도 자주 출제)

②옥외에 면하는 배출구 및 공기유입구는 비 또는 눈 등이 들어가지 아니하도록 하고, 배출된 연기가 공기유입구로 순환유입 되지 아니하도록 하여야 한다.

제11조(제연설비의 전원 및 기동) ①비상전원은 자가발전설비, 축전지설비 또는 전기저장장치(외부 전기에너지를 저장해 두었다가 필요한 때 전기를 공급하는 장치)는 다음 각 호의 기준에 따라 설치하여야 한다. 다만, 2 이상의 변전소(「전

기사업법」제67조에 따른 변전소를 말한다)에서 전력을 동시에 공급받을 수 있거나 하나의 변전소로부터 전력의 공급이 중단되는 때에는 자동으로 다른 변전소로부터 전원을 공급받을 수 있도록 상용전원을 설치한 경우에는 그러하지 아니하다. 〈개정 2012.8.20., 2016.7.13.〉

1. 점검에 편리하고 화재 및 침수 등의 재해로 인한 피해를 받을 우려가 없는 곳에 설치할 것
2. 제연설비를 유효하게 20분 이상 작동할 수 있도록 할 것
3. 상용전원으로부터 전력의 공급이 중단된 때에는 자동으로 비상전원으로부터 전력을 공급받을 수 있도록 할 것
4. 비상전원의 설치장소는 다른 장소와 방화구획 할 것. 이 경우 그 장소에는 비상전원의 공급에 필요한 기구나 설비외의 것(열병합발전설비에 필요한 기구나 설비는 제외한다)을 두어서는 아니 된다.
5. 비상전원을 실내에 설치하는 때에는 그 실내에 비상조명등을 설치할 것

②가동식의 벽·제연경계벽·댐퍼 및 배출기의 작동은 자동화재감지기와 연동되어야 하며, 예상제연구역(또는 인접장소) 및 제어반에서 수동으로 기동이 가능하도록 하여야 한다.

특별피난계단의 계단실 및 부속실 제연설비의 화재안전기준(NFSC 501A)

[시행 2017. 7. 26.] [소방청고시 제2017-1호, 2017. 7. 26., 타법개정]

제 3 조(정의) 이 기준에서 사용하는 용어의 정의는 다음과 같다.
1. "제연구역"이란 제연 하고자 하는 계단실, 부속실 또는 비상용승강기의 승강장을 말한다. 〈개정 2013.9.3〉
2. "방연풍속"이란 옥내로부터 제연구역내로 연기의 유입을 유효하게 방지할 수 있는 풍속을 말한다. 〈개정 2013.9.3〉
3. "급기량"이란 제연구역에 공급하여야 할 공기의 양을 말한다. 〈개정 2013.9.3〉
4. "누설량"이란 틈새를 통하여 제연구역으로부터 흘러나가는 공기량을 말한다. 〈개정 2013.9.3〉
5. "보충량"이란 방연풍속을 유지하기 위하여 제연구역에 보충하여야 할 공기량을 말한다. 〈개정 2013.9.3.〉

필수사항 **(급기량 = 누설량 + 보충량, 각각 개념 숙지 필요)** 중요도 ★★★

6. "플랩댐퍼"란 부속실의 설정압력범위를 초과하는 경우 압력을 배출하여 설정압 범위를 유지하게 하는 과압방지장치를 말한다. 〈개정 2013.9.3〉
7. "유입공기"란 제연구역으로부터 옥내로 유입하는 공기로서 차압에 따라 누설하는 것과 출입문의 개방에 따라 유입하는 것을 말한다. 〈개정 2013.9.3〉
8. "거실제연설비"란 「제연설비의 화재안전기준(NFSC 501)」의 기준에 따른 옥내의 제연설비를 말한다. 〈개정 2013.9.3〉
9. "자동차압·과압조절형 급기댐퍼"란 제연구역과 옥내사이의 차압을 압력센서 등으로 감지하여 제연구역에 공급되는 풍량의 조절로 제연구역의 차압유지 및 과압방지를 자동으로 제어할 수 있는 댐퍼를 말한다. 〈개정 2013.9.3〉
10. "자동폐쇄장치"란 제연구역의 출입문 등에 설치하는 것으로서 화재발생시

옥내에 설치된 감지기 작동과 연동하여 출입문을 자동적으로 닫게하는 장치를 말한다. 〈개정 2010.12.27, 2013.9.3〉

제 4 조(제연방식) 이 기준에 따른 제연설비는 다음 각 호의 기준에 적합하여야 한다.
1. 제연구역에 옥외의 신선한 공기를 공급하여 제연구역의 기압을 제연구역 이외의 옥내(이하 "옥내"라 한다)보다 높게 하되 일정한 기압의 차이(이하 "차압"이하 한다)를 유지하게 함으로써 옥내로부터 제연구역내로 연기가 침투하지 못하도록 할 것
2. 피난을 위하여 제연구역의 출입문이 일시적으로 개방되는 경우 방연풍속을 유지하도록 옥외의 공기를 제연구역내로 보충 공급하도록 할 것
3. 출입문이 닫히는 경우 제연구역의 과압을 방지할 수 있는 유효한 조치를 하여 차압을 유지할 것 〈개정 2013.9.3.〉

암기방법 차압, 방연풍속, 과압방지, 제연방식 개념 숙지 필요 중요도 ★★★★★
(아주 중요) (10회 기출)

제 5 조(제연구역의 선정) 제연구역은 다음 각 호의 1에 따라야 한다.
1. 계단실 및 그 부속실을 동시에 제연 하는 것
2. 부속실만을 단독으로 제연 하는 것 〈개정 2008.12.15〉
3. 계단실 단독제연하는 것
4. 비상용승강기 승강장 단독 제연 하는 것

암기방법 계부동, 부단, 계단, 비단 중요도 ★★★★★
(아주 중요) (10회 기출)

제 6 조(차압 등) ①제4조제1호의 기준에 따라 제연구역과 옥내와의 사이에 유지하여야 하는 최소차압은 40Pa(옥내에 스프링클러설비가 설치된 경우에는 12.5Pa) 이상으로 하여야 한다.

암기방법 최소차압 40, 12.5 중요도 ★★★★★
(아주 중요) (계산문제로도 자주 출제)

②제연설비가 가동되었을 경우 출입문의 개방에 필요한 힘은 110N 이하로 하여야 한다.

암기방법 | 최대차압 개념, 110 N　　중요도 ★★★★★
(아주 중요) (계산문제로도 자주 출제)

③제4조제2호의 기준에 따라 출입문이 일시적으로 개방되는 경우 개방되지 아니하는 제연구역과 옥내와의 차압은 제1항의 기준에 불구하고 제1항의 기준에 따른 차압의 70% 미만이 되어서는 아니 된다.

④계단실과 부속실을 동시에 제연 하는 경우 부속실의 기압은 계단실과 같게 하거나 계단실의 기압보다 낮게 할 경우에는 부속실과 계단실의 압력차이는 5Pa 이하가 되도록 하여야 한다.

제 7 조(급기량) 급기량은 다음 각 호의 양을 합한 양 이상이 되어야 한다.
1. 제4조제1호의 기준에 따른 차압을 유지하기 위하여 제연구역에 공급하여야 할 공기량. 이 경우 제연구역에 설치된 출입문(창문을 포함한다. 이하 "출입문등"이라 한다)의 누설량과 같아야 한다.
2. 제4조제2호의 기준에 따른 보충량

필수사항 | (아주 중요)(급기량, 누설량, 보충량 개념 숙지 필요)　중요도 ★★★★★

제 8 조(누설량) 제7조제1호의 기준에 따른 누설량은 제연구역의 누설량을 합한 양으로 한다. 이 경우 출입문이 2개소 이상인 경우에는 각 출입문의 누설틈새면적을 합한 것으로 한다.

제 9 조(보충량) 제7조제2호의 기준에 따른 보충량은 부속실(또는 승강장)의 수가 20 이하는 1개층 이상, 20을 초과하는 경우에는 2개층 이상의 보충량으로 한다. 〈개정 2013.9.3〉

제10조(방연풍속) 방연풍속은 제연구역의 선정방식에 따라 다음 표의기준에 따라야 한다.

제 연 구 역		방연풍속
계단실 및 그 부속실을 동시에 제연하는 것 또는 계단실만 단독으로 제연하는 것		0.5m/s 이상
부속실만 단독으로 제연하는 것 또는 비상용 승강기의 승강장만 단독으로 제연하는 것	부속실 또는 승강장이 면하는 옥내가 거실인 경우	0.7m/s 이상
	부속실 또는 승강장이 면하는 옥내가 복도로서 그 구조가 방화구조(내화시간이 30분 이상인 구조를 포함한다)인 것	0.5m/s 이상

암기방법 계부동 계단 부단 비단 0.5, 0.7, 0.5 중요도 ★★★★★

(아주 중요)

제11조(과압방지조치) 제4조제3호의 기준에 따른 제연구역에 과압의 우려가 있는 경우에는 과압방지를 위하여 해당 제연구역에 자동차압·과압조절형댐퍼 또는 과압방지장치를 다음 각 호의 기준에 따라 설치하여야 한다. 〈개정 2013.9.3〉

암기방법 자차, 플 중요도 ★★★★★

1. 과압방지장치는 제연구역의 압력을 자동으로 조절하는 성능이 있는 것으로 할 것〈개정 2013.9.3〉
2. 과압방지를 위한 과압방지장치는 제6조와 제10조의 해당 조건을 만족하여야 한다.〈개정 2013.9.3〉
3. 플랩댐퍼는 소방청장이 고시하는 성능인증 및 제품검사의 기술기준에 적합한 것으로 설치하여야 한다.〈개정 2013. 9. 3., 2015. 1. 6., 2017. 7. 26.〉
4. 삭제〈2013.9.3〉
5. 플랩댐퍼에 사용하는 철판은 두께 1.5mm 이상의 열간압연 연강판(KS D 3501) 또는 이와 동등 이상의 내식성 및 내열성이 있는 것으로 할 것〈개정 2013.9.3〉
6. 자동차압·과압조절형댐퍼를 설치하는 경우에는 제17조제3호나목부터 마목의 기준에 적합할 것〈신설 2013.9.3〉

제12조(누설틈새의 면적 등) 제연구역으로부터 공기가 누설하는 틈새면적은 다음 각 호의 기준에 따라야 한다.
1. 출입문의 틈새면적은 다음의 식에 따라 산출하는 수치를 기준으로 할 것. 다만, 방화문의 경우에는 「한국산업표준」에서 정하는 「문세트(KS F 3109)」에

따른 기준을 고려하여 산출할 수 있다. 〈개정 2013.9.3〉

$A = (L/l) \times A_d$

A : 출입문의 틈새(m^2)

L : 출입문 틈새의 길이(m). 다만, L의 수치가 l의 수치 이하인 경우에는 l의 수치로 할 것

l : 외여닫이문이 설치되어 있는 경우에는 5.6, 쌍여닫이문이 설치되어 있는 경우에는 9.2, 승강기의 출입문이 설치되어 있는 경우에는 8.0으로 할 것

A_d : 외여닫이문으로 제연구역의 실내 쪽으로 열리도록 설치하는 경우에는 0.01, 제연구역의 실외 쪽으로 열리도록 설치하는 경우에는 0.02, 쌍여닫이문의 경우에는 0.03, 승강기의 출입문에 대하여는 0.06으로 할 것

필수사항 (계산문제 기본수치임)(계산문제로도 간혹 출제) 중요도 ★★★

2. 창문의 틈새면적은 다음의 식에 따라 산출하는 수치를 기준으로 할 것. 다만, 「한국산업표준」에서 정하는 「창세트(KS F 3117)」에 따른 기준을 고려하여 산출할 수 있다. 〈개정 2013.9.3〉

  가. 여닫이식 창문으로서 창틀에 방수팩킹이 없는 경우
    틈새면적(m^2) = $2.55 \times 10^{-4} \times$ 틈새의 길이(m)

  나. 여닫이식 창문으로서 창틀에 방수팩킹이 있는 경우
    틈새면적(m^2) = $3.61 \times 10^{-5} \times$ 틈새의 길이(m)

  다. 미닫이식 창문이 설치되어 있는 경우
    틈새면적(m^2) = $1.00 \times 10^{-4} \times$ 틈새의 길이(m)

필수사항 (계산문제 기본수치임)(계산문제로도 간혹 출제) 중요도 ★★★

3. 제연구역으로부터 누설하는 공기가 승강기의 승강로를 경유하여 승강로의 외부로 유출하는 유출면적은 승강로 상부의 승강로와 기계실 사이의 개구부 면적을 합한 것을 기준으로 할 것 〈개정 2013.9.3〉

4. 제연구역을 구성하는 벽체(반자속의 벽체를 포함한다)가 벽돌 또는 시멘트 블록 등의 조적구조이거나 석고판 등의 조립구조인 경우에는 불연재료를 사용하여 틈새를 조정할 것. 다만, 제연구역의 내부 또는 외부면을 시멘트모

르터로 마감하거나 철근콘크리트 구조의 벽체로 하는 경우에는 그 벽체의 공기누설은 무시할 수 있다.

5. 제연설비의 완공 시 제연구역의 출입문등은 크기 및 개방방식이 해당 설비의 설계 시와 같아야 한다. 〈개정 2013.9.3〉

제13조(유입공기의 배출) ①유입공기는 화재층의 제연구역과 면하는 옥내로부터 옥외로 배출되도록 하여야 한다. 다만, 직통계단식 공동주택의 경우에는 그러하지 아니하다.

②유입공기의 배출은 다음 각 호의 어느 하나의 기준에 따른 배출방식으로 하여야 한다. 〈개정 2013.9.3〉

1. 수직풍도에 따른 배출 : 옥상으로 직통하는 전용의 배출용 수직풍도를 설치하여 배출하는 것으로서 다음 각 목의 어느 하나에 해당하는 것〈개정 2013.9.3〉

   가. 자연배출식 : 굴뚝효과에 따라 배출하는 것

   나. 기계배출식 : 수직풍도의 상부에 전용의 배출용 송풍기를 설치하여 강제로 배출하는 것. 다만, 지하층만을 제연하는 경우 배출용 송풍기의 설치위치는 배출된 공기로 인하여 피난 및 소화활동에 지장을 주지 아니하는 곳에 설치할 수 있다. 〈개정 2013.9.3〉

2. 배출구에 따른 배출 : 건물의 옥내와 면하는 외벽마다 옥외와 통하는 배출구를 설치하여 배출하는 것

3. 제연설비에 따른 배출 : 거실제연설비가 설치되어 있고 당해 옥내로부터 옥외로 배출하여야 하는 유입공기의 양을 거실제연설비의 배출량에 합하여 배출하는 경우 유입공기의 배출은 당해 거실제연설비에 따른 배출로 갈음할 수 있다.

암기방법 수 배 제, 수(자기) ★★★★★

(아주 중요)

제14조(수직풍도에 따른 배출) 수직풍도에 따른 배출은 다음 각 호의 기준에 적합하여야 한다.

1. 수직풍도는 내화구조로 하되 「건축물의 피난·방화구조 등의 기준에 관한 규칙」 제3조제1호 또는 제2호의 기준 이상의 성능으로 할 것〈개정 2013.9.3〉

2. 수직풍도의 내부면은 두께 0.5mm 이상의 아연도금강판 또는 동등이상의 내식성·내열성이 있는 것으로 마감되는 접합부에 대하여는 통기성이 없도록 조치할 것 〈개정 2008.12.15〉

3. 각층의 옥내와 면하는 수직풍도의 관통부에는 다음 각목의 기준에 적합한 댐퍼 (이하 "배출댐퍼"라 한다)를 설치하여야 한다.
   가. 배출댐퍼는 두께 1.5mm 이상의 강판 또는 이와 동등 이상의 성능이 있는 것으로 설치하여야 하며 비 내식성 재료의 경우에는 부식방지 조치를 할 것
   나. 평상시 닫힌 구조로 기밀상태를 유지할 것
   다. 개폐여부를 당해 장치 및 제어반에서 확인할 수 있는 감지기능을 내장하고 있을 것
   라. 구동부의 작동상태와 닫혀 있을 때의 기밀상태를 수시로 점검할 수 있는 구조일 것
   마. 풍도의 내부마감상태에 대한 점검 및 댐퍼의 정비가 가능한 이·탈착구조로 할 것
   바. 화재층의 옥내에 설치된 화재감지기의 동작에 따라 당해층의 댐퍼가 개방될 것. 〈개정 2008.12.15〉

참고 화재층 배출 개념

전실제연 : 전층동시 급기. 화재층 배출 방식임

   사. 개방 시의 실제개구부(개구율을 감안한 것을 말한다)의 크기는 수직풍도의 내부단면적과 같도록 할 것
   아. 댐퍼는 풍도내의 공기흐름에 지장을 주지 않도록 수직풍도의 내부로 돌출하지 않게 설치할 것

암기방법 두부감기 이점 당실돌   중요도 ★★★★★
(중요)

4. 수직풍도의 내부단면적은 다음 각 목의 기준에 적합할 것
   가. 자연배출식의 경우 다음 식에 따라 산출하는 수치 이상으로 할 것. 다만, 수직풍도의 길이가 100m를 초과하는 경우에는 산출수치의 1.2배 이상의 수치를 기준으로 하여야 한다. 〈개정 2013.9.3〉

   $A_P = Q_N/2$

   A_P : 수직풍도의 내부단면적 (m²)

Q_N : 수직풍도가 담당하는 1개층의 제연구역의 출입문(옥내와 면하는 출입문을 말한다) 1개의 면적(m²)과 방연풍속(m/s)를 곱한 값(m³/s)

나. 송풍기를 이용한 기계배출식의 경우 풍속 15m/s 이하로 할 것 〈개정 2013.9.3.〉

필수사항 (계산문제로 간혹 출제)(최근 개정 내용으로 숙지 필요) 중요도 ★★★

5. 기계배출식에 따라 배출하는 경우 배출용 송풍기는 다음 각 목의 기준에 적합할 것
   가. 열기류에 노출되는 송풍기 및 그 부품들은 250℃의 온도에서 1시간 이상 가동상태를 유지할 것
   나. 송풍기의 풍량은 제4호가목의 기준에 따른 Q_N에 여유량을 더한 양을 기준으로 할 것 〈개정 2013.9.3〉
   다. 송풍기는 옥내의 화재감지기의 동작에 따라 연동하도록 할 것
6. 수직풍도의 상부의 말단(기계배출식의 송풍기도 포함한다)은 빗물이 흘러 들지 아니하는 구조로 하고, 옥외의 풍압에 따라 배출성능이 감소하지 아니하도록 유효한 조치를 할 것

제15조(배출구에 따른 배출) 배출구에 따른 배출은 다음 각 호의 기준에 적합하여야 한다.
1. 배출구에는 다음 각 목의 기준에 적합한 장치(이하 "개폐기"라 한다)를 설치할 것
   가. 빗물과 이물질이 유입하지 아니하는 구조로 할 것
   나. 옥 외쪽으로만 열리도록 하고 옥외의 풍압에 따라 자동으로 닫히도록 할 것
   다. 그 밖의 설치기준은 제14조제3호가목 내지 사목의 기준을 준용할 것
2. 개폐기의 개구면적은 다음식에 따라 산출한 수치 이상으로 할 것

   $A_O = Q_N/2.5$

   A_O : 개폐기의 개구면적(m²)

   Q_N : 수직풍도가 담당하는 1개 층의 제연구역의 출입문(옥내와 면하는 출입문을 말한다) 1개의 면적(m²)과 방연풍속(m/s)를 곱한 값(m³/s)

제16조(급기) 제연구역에 대한 급기는 다음 각 호의 기준에 따라야 한다.
1. 부속실을 제연하는 경우 동일수직선상의 모든 부속실은 하나의 전용수직풍도를 통해 동시에 급기할 것. 다만, 동일수직선상에 2대 이상의 급기송풍기가 설치되는 경우에는 수직풍도를 분리하여 설치할 수 있다.〈개정 2013.9.3〉
2. 계단실 및 부속실을 동시에 제연하는 경우 계단실에 대하여는 그 부속실의 수직풍도를 통해 급기할 수 있다.〈개정 2013.9.3〉
3. 계단실만 제연하는 경우에는 전용수직풍도를 설치하거나 계단실에 급기풍도 또는 급기송풍기를 직접 연결하여 급기하는 방식으로 할 것
4. 하나의 수직풍도마다 전용의 송풍기로 급기할 것
5. 비상용승강기의 승강장을 제연하는 경우에는 비상용승강기의 승강로를 급기풍도로 사용할 수 있다. 〈신설 2013.9.3〉〈단서 삭제 2015.10.28.〉

암기방법: 부, 계부동, 계단, 비, 하
(아주 중요) (13회 기출)
중요도 ★★★★★

제17조(급기구) 제연구역에 설치하는 급기구는 다음 각 호의 기준에 적합하여야 한다.
1. 급기용 수직풍도와 직접 면하는 벽체 또는 천장(당해 수직풍도와 천장급기구 사이의 풍도를 포함한다)에 고정하되, 급기되는 기류 흐름이 출입문으로 인하여 차단되거나 방해받지 아니하도록 옥내와 면하는 출입문으로부터 가능한 먼 위치에 설치할 것〈개정 2013.9.3〉
2. 계단실과 그 부속실을 동시에 제연하거나 또는 계단실만을 제연하는 경우 급기구는 계단실 매 3개층 이하의 높이마다 설치할 것. 다만, 계단실의 높이가 31m 이하로서 계단실만을 제연하는 경우에는 하나의 계단실에 하나의 급기구만을 설치할 수 있다.
3. 급기구의 댐퍼설치는 다음 각 목의 기준에 적합할 것
   가. 급기댐퍼는 두께 1.5mm 이상의 강판 또는 이와 동등 이상의 강도가 있는 것으로 설치하여야 하며, 비 내식성 재료의 경우에는 부식방지조치를 할 것
   나. 자동차압·과압조절형 댐퍼를 설치하는 경우 차압범위의 수동설정기능과 설정범위의 차압이 유지되도록 개구율을 자동조절하는 기능이 있을 것
   다. 자동차압·과압조절형 댐퍼는 옥내와 면하는 개방된 출입문이 완전히

닫히기 전에 개구율을 자동감소시켜 과압을 방지하는 기능이 있을 것
라. 자동차압·과압조절형 댐퍼는 주위온도 및 습도의 변화에 의해 기능이 영향을 받지 아니하는 구조일 것
마. 자동차압·과압조절형댐퍼는 「자동차압·과압조절형댐퍼의 성능인증 및 제품검사의 기술기준」에 적합한 것으로 설치할 것 〈개정 2013.9.3〉
바. 자동차압·과압조절형이 아닌 댐퍼는 개구율을 수동으로 조절할 수 있는 구조로 할 것
사. 옥내에 설치된 화재감지기에 따라 모든 제연구역의 댐퍼가 개방되도록 할 것. 다만, 둘 이상의 특정소방대상물이 지하에 설치된 주차장으로 연결되어 있는 경우에는 주차장에서 하나의 특정소방대상물의 제연구역으로 들어가는 입구에 설치된 제연용 연기감지기의 작동에 따라 특정소방대상물의 해당 수직풍도에 연결된 모든 제연구역의 댐퍼가 개방되도록 할 것 〈개정 2013.9.3〉

참고 전층 동시급기 개념

아. 댐퍼의 작동이 전기적 방식에 의하는 경우 제14조제3호의 나목 내지 마목의 기준을, 기계적 방식에 따른 경우 제14조제3호의 다목, 라목 및 마목 기준을 준용할 것
자. 그 밖의 설치기준은 제14조제3호 가목 및 아목의 기준을 준용할 것

암기방법 배출댐퍼 기준 + 자차   중요도 ★★★★★
(중요)

제18조(급기풍도) 급기풍도(이하 "풍도"라 한다)의 설치는 다음 각 호의 기준에 적합하여야 한다.
1. 수직풍도는 제14조제1호 및 제2호의 기준을 준용할 것
2. 수직풍도 이외의 풍도로서 금속판으로 설치하는 풍도는 다음 각 목의 기준에 적합할 것
   가. 풍도는 아연도금강판 또는 이와 동등 이상의 내식성·내열성이 있는 것으로 하며, 불연재료(석면재료를 제외한다)인 단열재로 유효한 단열처리를 하고, 강판의 두께는 풍도의 크기에 따라 다음표에 따른 기준 이상으로 할 것. 다만, 방화구획이 되는 전용실에 급기송풍기와 연결되는 닥트는 단열이 필요 없다. 〈개정 2008.12.15, 2013.9.3〉

풍도단면의 긴변 또는 직경의 크기	450mm 이하	450mm 초과 750mm 이하	750mm 초과 1,500mm 이하	1,500mm 초과 2,250mm 이하	2,250mm 초과
강판두께	0.5mm	0.6mm	0.8mm	1.0mm	1.2mm

    나. 풍도에서의 누설량은 급기량의 10%를 초과하지 아니할 것
  3. 풍도는 정기적으로 풍도내부를 청소할 수 있는 구조로 설치할 것

제19조(급기송풍기) 급기송풍기의 설치는 다음 각 호의 기준에 적합하여야 한다.
  1. 송풍기의 송풍능력은 송풍기가 담당하는 제연구역에 대한 급기량의 1.15배 이상으로 할 것. 다만, 풍도에서의 누설을 실측하여 조정하는 경우에는 그러하지 아니한다.
  2. 송풍기에는 풍량조절장치를 설치하여 풍량조절을 할 수 있도록 할 것〈개정 2013.9.3〉
  3. 송풍기에는 풍량을 실측할 수 있는 유효한 조치를 할 것〈개정 2013.9.3〉
  4. 송풍기는 인접장소의 화재로부터 영향을 받지 아니하고 접근 및 점검이 용이한 곳에 설치할 것〈개정 2013.9.3〉
  5. 송풍기는 옥내의 화재감지기의 동작에 따라 작동하도록 할 것
  6. 송풍기와 연결되는 캔버스는 내열성(석면재료를 제외한다)이 있는 것으로 할 것

암기방법   송풀실 영감캔   중요도 ★★★★★
(아주 중요)

제20조(외기취입구) 외기취입구(이하 "취입구"라 한다)는 다음 각 호의 기준에 적합하여야 한다.
  1. 외기를 옥외로부터 취입하는 경우 취입구는 연기 또는 공해물질 등으로 오염된 공기를 취입하지 아니하는 위치에 설치하여야 하며, 배기구 등(유입공기, 주방의 조리대의 배출공기 또는 화장실의 배출공기 등을 배출하는 배기구를 말한다)으로부터 수평거리 5m 이상, 수직거리 1m 이상 낮은 위치에 설치할 것〈개정 2013.9.3〉
  2. 취입구를 옥상에 설치하는 경우에는 옥상의 외곽 면으로부터 수평거리 5m 이상, 외곽면의 상단으로부터 하부로 수직거리 1m 이하의 위치에 설치할 것〈개정 2013.9.3〉

3. 취입구는 빗물과 이물질이 유입하지 아니하는 구조로 할 것
4. 취입구는 취입공기가 옥외의 바람의 속도와 방향에 따라 영향을 받지 아니하는 구조로 할 것

> **암기방법** 연배 옥빗바 , 5, 1 　중요도 ★★★★★
> (중요)

제21조(제연구역 및 옥내의 출입문) ①제연구역의 출입문은 다음 각 호의 기준에 적합하여야 한다.
1. 제연구역의 출입문(창문을 포함 한다)은 언제나 닫힌 상태를 유지하거나 자동폐쇄장치에 의해 자동으로 닫히는 구조로 할 것. 다만, 아파트인 경우 제연구역과 계단실 사이의 출입문은 자동폐쇄장치에 의하여 자동으로 닫히는 구조로 하여야 한다.
2. 제연구역의 출입문에 설치하는 자동폐쇄장치는 제연구역의 기압에도 불구하고 출입문을 용이하게 닫을 수 있는 충분한 폐쇄력이 있을 것
3. 제연구역의 출입문등에 자동폐쇄장치를 사용하는 경우에는「자동폐쇄장치의 성능인증 및 제품검사의 기술기준」에 적합한 것으로 설치하여야 한다. 〈개정 2013.9.3〉

②옥내의 출입문(제10조의 기준에 따른 방화구조의 복도가 있는 경우로서 복도와 거실사이의 출입문에 한한다)은 다음 각 호의 기준에 적합하도록 할 것
1. 출입문은 언제나 닫힌 상태를 유지하거나 자동폐쇄장치에 의해 자동으로 닫히는 구조로 할 것
2. 거실 쪽으로 열리는 구조의 출입문에 자동폐쇄장치를 설치하는 경우에는 출입문의 개방 시 유입공기의 압력에도 불구하고 출입문을 용이하게 닫을 수 있는 충분한 폐쇄력이 있는 것으로 할 것

제22조(수동기동장치) ①배출댐퍼 및 개폐기의 직근과 제연구역에는 다음 각 호의 기준에 따른 장치의 작동을 위하여 전용의 수동기동장치를 설치하여야 한다. 다만, 계단실 및 그 부속실을 동시에 제연하는 제연구역에는 그 부속실에만 설치할 수 있다.
1. 전층의 제연구역에 설치된 급기댐퍼의 개방
2. 당해층의 배출댐퍼 또는 개폐기의 개방
3. 급기송풍기 및 유입공기의 배출용 송풍기(설치한 경우에 한한다)의 작동

4. 개방·고정된 모든 출입문(제연구역과 옥내사이의 출입문에 한한다)의 개폐장치의 작동 〈개정 2008.12.15〉

②제1항 각 호의 기준에 따른 장치는 옥내에 설치된 수동발신기의 조작에 따라서도 작동할 수 있도록 하여야 한다.

> **암기방법** **급배송출, 발** ★★★★★
> (아주 중요)

제23조(제어반) 제연설비의 제어반은 다음 각 호의 기준에 적합하도록 설치하여야 한다.
1. 제어반에는 제어반의 기능을 1시간 이상 유지할 수 있는 용량의 비상용 축전지를 내장할 것. 다만, 당해 제어반이 종합방재제어반에 함께 설치되어 종합방재제어반으로부터 이 기준에 따른 용량의 전원을 공급 받을 수 있는 경우에는 그러하지 아니한다.
2. 제어반은 다음 각 목의 기능을 보유할 것
   가. 급기용 댐퍼의 개폐에 대한 감시 및 원격조작기능
   나. 배출댐퍼 또는 개폐기의 작동여부에 대한 감시 및 원격조작기능
   다. 급기송풍기와 유입공기의 배출용 송풍기(설치한 경우에 한한다)의 작동여부에 대한 감시 및 원격조작기능
   라. 제연구역의 출입문의 일시적인 고정개방 및 해정에 대한 감시 및 원격조작기능
   마. 수동기동장치의 작동여부에 대한 감시기능
   바. 급기구 개구율의 자동조절장치(설치하는 경우에 한한다)의 작동여부에 대한 감시기능. 다만, 급기구에 차압표시계를 고정부착한 자동차압·과압조절형 댐퍼를 설치하고 당해 제어반에도 차압표시계를 설치한 경우에는 그러하지 아니하다.
   사. 감시선로의 단선에 대한 감시기능
   아. 예비전원이 확보되고 예비전원의 적합여부를 시험할 수 있어야 할 것 〈신설 2013.9.3.〉

> **암기방법** **급배송출 수급단 예** ★★★★★
> (아주 중요)

제24조(비상전원) 비상전원은 자가발전설비, 축전지설비 또는 전기저장장치(외부 전기에너지를 저장해 두었다가 필요한 때 전기를 공급하는 장치)로서 다음 각호의 기준에 따라 설치하여야 한다. 다만, 둘 이상의 변전소(전기사업법 제67조의 규정에 따른 변전소를 말한다)에서 전력을 동시에 공급받을 수 있거나 하나의 변전소로부터 전력의 공급이 중단되는 때에는 자동으로 다른 변전소로부터 전원을 공급받을 수 있도록 상용전원을 설치한 경우에는 그러하지 아니하다. 〈개정 2013.9.3., 2016.7.13.〉

1. 점검에 편리하고 화재 및 침수 등의 재해로 인한 피해를 받을 우려가 없는 곳에 설치할 것
2. 제연설비를 유효하게 20분(층수가 30층 이상 49층 이하는 40분, 50층 이상은 60분) 이상 작동할 수 있도록 할 것 〈개정 2013.9.3〉
3. 상용전원으로부터 전력의 공급이 중단된 때에는 자동으로 비상전원으로부터 전력을 공급받을 수 있도록 할 것
4. 비상전원의 설치장소는 다른 장소와 방화구획 할 것. 이 경우 그 장소에는 비상전원의 공급에 필요한 기구나 설비외의 것(열병합발전설비에 필요한 기구나 설비는 제외한다)을 두어서는 아니 된다.
5. 비상전원을 실내에 설치하는 때에는 그 실내에 비상조명등을 설치할 것

제25조(시험, 측정 및 조정 등) ①제연설비는 설계목적에 적합한지 사전에 검토하고 건물의 모든 부분(건축설비를 포함한다)을 완성하는 시점부터 시험 등(확인, 측정 및 조정을 포함한다)을 하여야 한다.

②제연설비의 시험 등은 다음 각 호의 기준에 따라 실시하여야 한다.

1. 제연구역의 모든 출입문등의 크기와 열리는 방향이 설계 시와 동일한지 여부를 확인하고, 동일하지 아니한 경우 급기량과 보충량 등을 다시 산출하여 조정가능여부 또는 재설계·개수의 여부를 결정할 것
2. 제1호의 기준에 따른 확인결과 출입문 등이 설계 시와 동일한 경우에는 출입문마다 그 바닥사이의 틈새가 평균적으로 균일한지 여부를 확인하고, 큰 편차가 있는 출입문 등에 대하여는 그 바닥의 마감을 재시공하거나, 출입문 등에 불연재료를 사용하여 틈새를 조정할 것
3. 제연구역의 출입문 및 복도와 거실(옥내가 복도와 거실로 되어 있는 경우에 한한다) 사이의 출입문마다 제연설비가 작동하고 있지 아니한 상태에서 그 폐쇄력을 측정할 것 〈개정 2013.9.3〉
4. 옥내의 층별로 화재감지기(수동기동장치를 포함한다)를 동작시켜 제연설

비가 작동하는지 여부를 확인할 것. 다만, 둘 이상의 특정소방대상물이 지하에 설치된 주차장으로 연결되어 있는 경우에는 주차장에서 하나의 특정소방대상물의 제연구역으로 들어가는 입구에 설치된 제연용 연기감지기의 작동에 따라 특정소방대상물의 해당 수직풍도에 연결된 모든 제연구역의 댐퍼가 개방되도록 하고 비상전원을 작동시켜 급기 및 배기용 송풍기의 성능이 정상인지 확인할 것〈개정 2013.9.3〉

5. 제4호의 기준에 따라 제연설비가 작동하는 경우 다음 각 목의 기준에 따른 시험 등을 실시 할 것

   가. 부속실과 면하는 옥내 및 계단실의 출입문을 동시에 개방할 경우, 유입공기의 풍속이 제10조의 규정에 따른 방연풍속에 적합한지 여부를 확인하고, 적합하지 아니한 경우에는 급기구의 개구율과 송풍기의 풍량조절댐퍼 등을 조정하여 적합하게 할 것. 이 경우 유입공기의 풍속은 출입문의 개방에 따른 개구부를 대칭적으로 균등 분할하는 10 이상의 지점에서 측정하는 풍속의 평균치로 할 것〈개정 2008.12.15〉

   나. 가목의 기준에 따른 시험등의 과정에서 출입문을 개방하지 아니하는 제연구역의 실제 차압이 제6조3항의 기준에 적합한지 여부를 출입문 등에 차압측정공을 설치하고 이를 통하여 차압측정기구로 실측하여 확인·조정할 것.

   다. 제연구역의 출입문이 모두 닫혀 있는 상태에서 제연설비를 가동시킨 후 출입문의 개방에 필요한 힘을 측정하여 제6조제2항의 규정에 따른 개방력에 적합한지 여부를 확인하고, 적합하지 아니한 경우에는 급기구의 개구율 조정 및 플랩댐퍼(설치하는 경우에 한한다)와 풍량조절용댐퍼 등의 조정에 따라 적합하도록 조치할 것.〈개정 2008.12.15〉

   라. 가목의 기준에 따른 시험 등의 과정에서 부속실의 개방된 출입문이 자동으로 완전히 닫히는지 여부를 확인하고, 닫힌 상태를 유지할 수 있도록 조정할 것

필수사항 (아주 중요)(TAB 절차 완전히 숙지 필요) 중요도 ★★★★★
(출입문, 제연설비작동여부, 방연풍속, 차압, 개방력, 닫힘상태)

연결송수관설비의 화재안전기준(NFSC 502)

[시행 2021. 7. 22.] [소방청고시 제2021-28호, 2021. 7. 22., 일부개정]

제 3 조(정의) 이 기준에서 사용하는 용어의 정의는 다음과 같다.
1. "주배관"이란 각 층을 수직으로 관통하는 수직배관을 말한다.
2. "송수구"란 소화설비에 소화용수를 보급하기 위하여 건물 외벽 또는 구조물의 외벽에 설치하는 관을 말한다.
3. "방수구"란 소화설비로부터 소화용수를 방수하기 위하여 건물내벽 또는 구조물의 외벽에 설치하는 관을 말한다.

제 4 조(송수구) 연결송수관설비의 송수구는 다음 각 호의 기준에 따라 설치하여야 한다.

암기방법 소화개높구자마, 송수표   중요도 ★★★★

1. 소방차가 쉽게 접근할 수 있고 잘 보이는 장소에 설치하되 화재층으로부터 지면으로 떨어지는 유리창 등이 송수 및 그 밖의 소화작업에 지장을 주지 아니하는 장소에 설치할 것〈개정 2014.8.18〉
2. 지면으로부터 높이가 0.5m 이상 1m 이하의 위치에 설치할 것
3. 송수구는 화재층으로부터 지면으로 떨어지는 유리창 등이 송수 및 그 밖의 소화작업에 지장을 주지 아니하는 장소에 설치할 것
4. 송수구로부터 연결송수관설비의 주배관에 이르는 연결배관에 개폐밸브를 설치한 때에는 그 개폐상태를 쉽게 확인 및 조작할 수 있는 옥외 또는 기계실 등의 장소에 설치할 것. 이 경우 개폐밸브에는 그 밸브의 개폐상태를 감시제어반에서 확인할 수 있도록 급수개폐밸브 작동표시 스위치를 다음 각 목의 기준에 따라 설치하여야 한다.〈개정 2014.8.18〉
   가. 급수개폐밸브가 잠길 경우 탬퍼 스위치의 동작으로 인하여 감시제어반 또는 수신기에 표시되어야 하며 경보음을 발할 것〈신설 2014.8.18〉
   나. 탬퍼 스위치는 감시제어반 또는 수신기에서 동작의 유무확인과 동작시험, 도통시험을 할 수 있을 것〈신설 2014.8.18〉

다. 급수개폐밸브의 작동표시 스위치에 사용되는 전기배선은 내화전선 또는 내열전선으로 설치할 것 〈신설 2014.8.18〉
5. 구경 65mm의 쌍구형으로 할 것
6. 송수구에는 그 가까운 곳의 보기 쉬운 곳에 송수압력범위를 표시한 표지를 할 것
7. 송수구는 연결송수관의 수직배관마다 1개 이상을 설치할 것. 다만, 하나의 건축물에 설치된 각 수직배관이 중간에 개폐밸브가 설치되지 아니한 배관으로 상호 연결되어 있는 경우에는 건축물마다 1개씩 설치할 수 있다.
8. 송수구의 부근에는 자동배수밸브 및 체크밸브를 다음 각목의 기준에 따라 설치할 것. 이 경우 자동배수밸브는 배관안의 물이 잘빠질 수 있는 위치에 설치하되, 배수로 인하여 다른 물건이나 장소에 피해를 주지 아니하여야 한다.
    가. 습식의 경우에는 송수구·자동배수밸브·체크밸브의 순으로 설치할 것
    나. 건식의 경우에는 송수구·자동배수밸브·체크밸브·자동배수밸브의 순으로 설치할 것

암기방법 송자체, 송자체자   중요도 ★★★★

9. 송수구에는 가까운 곳 보기쉬운 곳에 "연결송수관설비송수구"라고 표시한 표지를 설치할 것
10. 송수구에는 이물질을 막기 위한 마개를 씌울 것 〈신설 2008.12.15.〉

제 5 조(배관 등) ① 연결송수관설비의 배관은 다음 각 호의 기준에 따라 설치하여야 한다.
1. 주배관의 구경은 100mm 이상의 것으로 할 것
2. 지면으로부터의 높이가 31m 이상인 특정소방대상물 또는 지상 11층 이상인 특정소방대상물에 있어서는 습식설비로 할 것

암기방법 31, 11   중요도 ★★★★

② 배관과 배관이음쇠는 다음 각 호의 어느 하나에 해당하는 것 또는 동등 이상의 강도·내식성 및 내열성을 국내·외 공인기관으로부터 인정 받은 것을 사용하여야 하고, 배관용 스테인리스강관(KS D 3576)의 이음을 용접으로 할 경

우에는 알곤용접방식에 따른다. 다만, 본 조에서 정하지 않은 사항은 건설기술진흥법 제44조제1항의 규정에 따른 건축기계설비공사 표준설명서에 따른다.〈신설 2014.8.18., 개정 2016.7.13.〉

1. 배관 내 사용압력이 1.2MPa 미만일 경우에는 다음 각 목의 어느 하나에 해당하는 것〈개정 2016.7.13.〉

   가. 배관용 탄소강관(KS D 3507)

   나. 이음매 없는 구리 및 구리합금관(KS D 5301). 다만, 습식의 배관에 한한다.

   다. 배관용 스테인리스강관(KS D 3576) 또는 일반배관용 스테인리스강관(KS D 3595)

   라. 덕타일 주철관(KS D 4311)〈신설 2016.7.13.〉

2. 배관 내 사용압력이 1.2MPa 이상일 경우에는 다음 각 목의 어느 하나에 해당하는 것〈개정 2016.7.13.〉

   가. 압력배관용 탄소강관(KS D 3562)〈신설 2016.7.13.〉

   나. 배관용 아크용접 탄소강강관(KS D 3583)〈신설 2016.7.13.〉

③ 제2항에도 불구하고 다음 각 호의 어느 하나에 해당하는 장소에는 소방청장이 정하여 고시한 「소방용합성수지배관의 성능인증 및 제품검사의 기술기준」에 적합한 소방용 합성수지배관으로 설치할 수 있다.〈신설 2014. 8. 18., 개정 2015. 1. 6., 2017. 7. 26.〉

1. 배관을 지하에 매설하는 경우
2. 다른 부분과 내화구조로 구획된 덕트 또는 피트의 내부에 설치하는 경우
3. 천장(상층이 있는 경우에는 상층바닥의 하단을 포함한다. 이하 같다)과 반자를 불연재료 또는 준불연재료로 설치하고 소화배관 내부에 항상 소화수가 채워진 상태로 설치하는 경우

④ 연결송수관설비의 배관은 주배관의 구경이 100mm 이상인 옥내소화전설비·스프링클러설비 또는 물분무등소화설비의 배관과 겸용할 수 있다.

[종전의 제2항에서 이동 2014.8.18]

⑤ 연결송수관설비의 수직배관은 내화구조로 구획된 계단실(부속실을 포함한다) 또는 파이프덕트 등 화재의 우려가 없는 장소에 설치하여야 한다. 다만, 학교 또는 공장이거나 배관주위를 1시간 이상의 내화성능이 있는 재료로 보호하는 경우에는 그러하지 아니하다.

[종전의 제3항에서 이동 2014.8.18]

⑥ 분기배관을 사용할 경우에는 소방청장이 정하여 고시한 「분기배관의 성능

인증 및 제품검사의 기술기준」에 적합한 것으로 설치하여야 한다.[종전의 제4항에서 이동·개정 2014. 8. 18., 개정 2015. 1. 6., 2017. 7. 26.]

⑦ 배관은 다른 설비의 배관과 쉽게 구분이 될 수 있는 위치에 설치하거나, 그 배관표면 또는 배관 보온재표면의 색상은 「한국산업표준(배관계의 식별 표시,KS A 0503)」 또는 적색으로 식별이 가능하도록 소방용설비의 배관임을 표시하여야 한다. 〈신설 2014.8.18.〉

제 6 조(방수구) 연결송수관설비의 방수구는 다음 각 호의 기준에 따라 설치하여야 한다.
1. 연결송수관설비의 방수구는 그 특정소방대상물의 층마다 설치할 것. 다만, 다음 각목의 어느 하나에 해당하는 층에는 설치하지 아니할 수 있다.
    가. 아파트의 1층 및 2층
    나. 소방차의 접근이 가능하고 소방대원이 소방차로부터 각 부분에 쉽게 도달할 수 있는 피난층
    다. 송수구가 부설된 옥내소화전을 설치한 특정소방대상물(집회장·관람장·백화점·도매시장·소매시장·판매시설·공장·창고시설 또는 지하가를 제외한다)로서 다음의 어느 하나에 해당하는 층
        (1) 지하층을 제외한 층수가 4층 이하이고 연면적이 6,000m^2 미만인 특정소방대상물의 지상층
        (2) 지하층의 층수가 2 이하인 특정소방대상물의 지하층
2. 방수구는 아파트 또는 바닥면적이 1,000m^2 미만인 층에 있어서는 계단(계단의 부속실을 포함하며 계단이 2 이상 있는 경우에는 그 중 1개의 계단을 말한다)으로부터 5m 이내에, 바닥면적 1,000m^2 이상인 층(아파트를 제외한다)에 있어서는 각 계단(계단의 부속실을 포함하며 계단이 3 이상 있는 층의 경우에는 그 중 2개의 계단을 말한다)으로부터 5m 이내에 설치하되, 그 방수구로부터 그 층의 각 부분까지의 거리가 다음 각목의 기준을 초과하는 경우에는 그 기준 이하가 되도록 방수구를 추가하여 설치할 것
    가. 지하가(터널은 제외한다) 또는 지하층의 바닥면적의 합계가 3,000m^2 이상인 것은 수평거리 25m
    나. 가목에 해당하지 아니하는 것은 수평거리 50m
    다. 〈삭제 2008.12.15.〉

암기방법 아천 지지3천, 25,50   **중요도** ★★★★★

(숙지필요)

3. 11층 이상의 부분에 설치하는 방수구는 쌍구형으로 할 것. 다만, 다음 각목의 어느 하나에 해당하는 층에는 단구형으로 설치할 수 있다.
   가. 아파트의 용도로 사용되는 층
   나. 스프링클러설비가 유효하게 설치되어 있고 방수구가 2개소 이상 설치된 층
4. 방수구의 호스접결구는 바닥으로부터 높이 0.5m 이상 1m 이하의 위치에 설치할 것
5. 방수구는 연결송수관설비의 전용방수구 또는 옥내소화전방수구로서 구경 65mm의 것으로 설치할 것
6. 방수구의 위치표시는 표시등 또는 축광식표지로 하되 다음 각 목의 기준에 따라 설치할 것〈개정 2014.8.18〉
   가. 표시등을 설치하는 경우에는 함의 상부에 설치하되, 소방청장이 고시한 「표시등의 성능인증 및 제품검사의 기술기준」에 적합한 것으로 설치하여야 한다. 〈개정 2014. 8. 18., 2015. 1. 6., 2017. 7. 26.〉
   나. 삭제〈2014.8.18〉
   다. 축광식표지를 설치하는 경우에는 소방청장이 고시한「축광표지의 성능인증 및 제품검사의 기술기준」에 적합한 것으로 설치하여야 한다. 〈개정 2014. 8. 18., 2015. 1. 6., 2017. 7. 26.〉
7. 방수구는 개폐기능을 가진 것으로 설치하여야 하며, 평상 시 닫힌 상태를 유지할 것〈개정 2008.12.15.〉

제 7 조(방수기구함) 연결송수관설비의 방수용기구함을 다음 각 호의 기준에 따라 설치하여야 한다.
1. 방수기구함은 피난층과 가장 가까운 층을 기준으로 3개층마다 설치하되, 그 층의 방수구마다 보행거리 5m 이내에 설치할 것〈개정 2014.8.18.〉

필수사항 (최근 개정됨, 계산문제로 출제) 중요도 ★★★★

2. 방수기구함에는 길이 15m의 호스와 방사형 관창을 다음 각목의 기준에 따라 비치할 것
   가. 호스는 방수구에 연결하였을 때 그 방수구가 담당하는 구역의 각 부분에 유효하게 물이 뿌려질 수 있는 개수 이상을 비치할 것. 이 경우 쌍구형 방수구는 단구형 방수구의 2배 이상의 개수를 설치하여야 한다.

나. 방사형 관창은 단구형 방수구의 경우에는 1개, 쌍구형 방수구의 경우에는 2개 이상 비치할 것
3. 방수기구함에는 "방수기구함"이라고 표시한 축광식 표지를 할 것. 이 경우 축광식 표지는 소방청장이 고시한 「축광표지의 성능인증 및 제품검사의 기술기준」에 적합한 것으로 설치하여야 한다. 〈개정 2014. 8. 18., 2015. 1. 6., 2017. 7. 26.〉

제 8 조(가압송수장치) 지표면에서 최상층 방수구의 높이가 70m 이상의 특정소방대상물에는 다음 각 호의 기준에 따라 연결송수관설비의 가압송수장치를 설치하여야 한다.

필수사항 (70 가압송수장치) 중요도 ★★★★

1. 쉽게 접근할 수 있고 점검하기에 충분한 공간이 있는 장소로서 화재 및 침수 등의 재해로 인한 피해를 받을 우려가 없는 곳에 설치할 것
2. 동결방지조치를 하거나 동결의 우려가 없는 장소에 설치할 것
3. 펌프는 전용으로 할 것. 다만, 다른 소화설비와 겸용하는 경우 각각의 소화설비의 성능에 지장이 없을 때에는 예외로 한다.
4. 펌프의 토출측에는 압력계를 체크밸브 이전에 펌프토출측 플랜지에서 가까운 곳에 설치하고, 흡입측에는 연성계 또는 진공계를 설치할 것. 다만, 수원의 수위가 펌프의 위치보다 높거나 수직회전축 펌프의 경우에는 연성계 또는 진공계를 설치하지 아니할 수 있다.
5. 가압송수장치에는 정격부하운전 시 펌프의 성능을 시험하기 위한 배관을 설치할 것. 다만, 충압펌프의 경우에는 그러하지 아니하다.
6. 가압송수장치에는 체절운전시 수온의 상승을 방지하기 위한 순환배관을 설치할 것. 다만, 충압펌프의 경우에는 그러하지 아니하다.
7. 펌프의 토출량은 2,400l/min(계단식 아파트의 경우에는 1,200l/min) 이상이 되는 것으로 할 것. 다만, 해당 층에 설치된 방수구가 3개를 초과(방수구가 5개 이상인 경우에는 5개)하는 것에 있어서는 1개마다 800l/min(계단식 아파트의 경우에는 400l/min)를 가산한 양이 되는 것으로 할 것〈개정 2008.12.15.〉

필수사항 (중요수치임, 암기 필요) 중요도 ★★★

8. 펌프의 양정은 최상층에 설치된 노즐선단의 압력이 0.35MPa 이상의 압력이 되도록 할 것
9. 가압송수장치는 방수구가 개방될 때 자동으로 기동되거나 또는 수동스위치의 조작에 따라 기동되도록 할 것. 이 경우 수동스위치는 2개 이상을 설치하되, 그 중 1개는 다음 각목의 기준에 따라 송수구의 부근에 설치하여야 한다.

필수사항 (수동스위치 2개 설치, 숙지 필요) 중요도 ★★★

  가. 송수구로부터 5m이내의 보기 쉬운 장소에 바닥으로부터 높이 0.8m 이상 1.5m 이하로 설치할 것
  나. 1.5mm 이상의 강판함에 수납하여 설치하고 "연결송수관설비 수동스위치"라고 표시한 표지를 부착할 것. 이경우 문짝은 불연재료로 설치할 수 있다.〈개정 2014.8.18〉
  다. 「전기사업법」제67조에 따른 기술기준에 따라 접지하고 빗물등이 들어가지 아니하는 구조로 할 것

10. 기동장치로는 기동용수압개폐장치 또는 이와 동등 이상의 성능이 있는 것으로 설치할 것. 다만, 기동용수압개폐장치 중 압력챔버를 사용할 경우 그 용적은 100 L 이상의 것으로 할 것 〈개정 2014.8.18〉
11. 수원의 수위가 펌프보다 낮은 위치에 있는 가압송수장치에는 다음의 기준에 따른 물올림장치를 설치할 것
  가. 물올림장치에는 전용의 탱크를 설치할 것
  나. 탱크의 유효수량은 100l 이상으로 하되, 구경 15mm 이상의 급수배관에 따라 해당 탱크에 물이 계속 보급되도록 할 것
12. 기동용 수압개폐장치를 기동장치로 사용할 경우에는 다음의 기준에 따른 충압펌프를 설치할 것. 다만, 소화용 급수펌프로도 상시 충압이 가능하고 다음 기목의 성능을 갖춘 경우에는 충압펌프를 별도로 설치하지 아니할 수 있다.
  가. 펌프의 토출압력은 그 설비의 최고위 호스접결구의 자연압보다 적어도 0.2MPa이 더 크도록 하거나 가압송수장치의 정격토출압력과 같게 할 것
  나. 펌프의 정격토출량은 정상적인 누설량 보다 적어서는 아니 되며, 연결송수관설비가 자동적으로 작동할 수 있도록 충분한 토출량을 유지할 것
13. 내연기관을 사용하는 경우에는 다음의 기준에 적합한 것으로 할 것

가. 내연기관의 기동은 제9호의 기동장치의 기동을 명시하는 적색등을 설치할 것
나. 제어반에 따라 내연기관의 자동기동 및 수동기동이 가능하고, 상시 충전되어 있는 축전지설비를 갖출 것
다. 내연기관의 연료량은 펌프를 20분(층수가 30층 이상 49층 이하는 40분, 50층이 이상은 60분) 이상 운전할 수 있는 용량일 것 〈신설 2014.8.18〉
14. 가압송수장치에는 "연결송수관펌프"라고 표시한 표지를 할 것. 이 경우 그 가압송수장치를 다른 설비와 겸용하는 때에는 그 겸용되는 설비의 이름을 표시한 표지를 함께 하여야 한다.
15. 가압송수장치가 기동이 된 경우에는 자동으로 정지되지 아니하도록 하여야 한다. 다만, 충압펌프의 경우에는 그러하지 아니하다. 〈개정 2008.12.15.〉
16. 가압송수장치는 부식 등으로 인한 펌프의 고착을 방지할 수 있도록 다음 각 목의 기준에 적합한 것으로 할 것. 다만, 충압펌프는 제외한다. 〈신설 2021. 7. 22.〉
가. 임펠러는 청동 또는 스테인리스 등 부식에 강한 재질을 사용할 것
나. 펌프축은 스테인리스 등 부식에 강한 재질을 사용할 것

제 9 조(전원 등) ① 가압송수장치의 상용전원회로의 배선 및 비상전원은 다음 각 호의 기준에 따라 설치하여야 한다.
1. 저압수전인 경우에는 인입개폐기의 직후에서 분기하여 전용배선으로 할 것
2. 특별고압수전 또는 고압수전일 경우에는 전력용 변압기 2차측의 주차단기 1차측에서 분기하여 전용배선으로 하되, 상용전원회로의 배선기능에 지장이 없을 경우에는 주차단기 2차측에서 분기하여 전용배선으로 할 것. 다만, 가압송수장치의 정격입력전압이 수전전압과 같은 경우에는 제1호의 기준에 따른다.

② 비상전원은 자가발전설비, 축전지설비(내연기관에 따른 펌프를 사용하는 경우에는 내연기관의 기동 및 제어용 축전지를 말한다) 또는 전기저장장치(외부 전기에너지를 저장해 두었다가 필요한 때 전기를 공급하는 장치)로서 다음 각 호의 기준에 따라 설치하여야 한다. 〈개정 2016.7.13.〉
1. 점검에 편리하고 화재 및 침수 등의 재해로 인한 피해를 받을 우려가 없는 곳에 설치할 것
2. 연결송수관설비를 유효하게 20분 이상 작동할 수 있어야 할 것 〈개정 2008.12.15, 2012.2.15, 2013.6.11〉

3. 상용전원으로부터 전력의 공급이 중단된 때에는 자동으로 비상전원으로부터 전력을 공급받을 수 있도록 할 것
4. 비상전원의 설치장소는 다른 장소와 방화구획 할 것. 이 경우 그 장소에는 비상전원의 공급에 필요한 기구나 설비외의 것(열병합발전설비에 필요한 기구나 설비는 제외한다)을 두어서는 아니 된다.
5. 비상전원을 실내에 설치하는 때에는 그 실내에 비상조명등을 설치할 것

제10조(배선 등) ① 연결송수관설비의 배선은 「전기사업법」제67조에 따른 기술기준에서 정한 것 외에 다음 각 호의 기준에 따라 설치하여야 한다.
1. 비상전원으로부터 동력제어반 및 가압송수장치에 이르는 전원회로배선은 내화배선으로 할 것. 다만, 자가발전설비와 동력제어반이 동일한 실에 설치된 경우에는 자가발전기로부터 그 제어반에 이르는 전원회로배선은 그러하지 아니하다.
2. 상용전원으로부터 동력제어반에 이르는 배선, 그 밖의 연결송수관설비의 감시·조작 또는 표시등회로의 배선은 「옥내소화전설비의 화재안전기준(NFSC 102)」별표 1의 내화배선 또는 내열배선으로 할 것. 다만, 감시제어반 또는 동력제어반 안의 감시·조작 또는 표시등회로의 배선은 그러하지 아니하다. 〈개정 2014.8.18〉

② 연결송수관설비의 과전류차단기 및 개폐기에는 "연결송수관설비용"이라고 표시한 표지를 하여야 한다.

③ 연결송수관설비용 전기배선의 양단 및 접속단자에는 다음 각호의 기준에 따라 표지하여야 한다.
1. 단자에는 "연결송수관설비단자"라고 표지한 표지를 부착할 것
2. 연결송수관설비용 전기배선의 양단에는 다른 배선과 식별이 용이하도록 표시할 것

제11조(송수구의 겸용) 연결송수관설비의 송수구를 옥내소화전설비·스프링클러설비·간이스프링클러설비·화재조기진압용 스프링클러설비·물분무소화설비·포소화설비 또는 연결살수설비와 겸용으로 설치하는 경우에는 스프링클러설비의 송수구 설치기준에 따르되 각각의 소화설비의 기능에 지장이 없도록 하여야 한다.

연결살수설비의 화재안전기준(NFSC 503)

[시행 2020. 8. 26.] [소방청고시 제2020-15호, 2020. 8. 26., 일부개정]

제 3 조(정의) 이 기준에서 사용하는 용어의 정의는 다음과 같다. 〈개정 2012.8.20〉
1. "호스접결구"란 호스를 연결하는데 사용되는 장비일체를 말한다.
3. "주배관"란 수직배관을 통해 교차배관에 급수하는 배관을 말한다.
6. "송수구"란 소화설비에 소화용수를 보급하기 위하여 건물 외벽 또는 구조물에 설치하는 관을 말한다.
7. "연소할 우려가 있는 개구부"란 각 방화구획을 관통하는 컨베이어·에스컬레이터 또는 이와 유사한 시설의 주위로서 방화구획을 할 수 없는 부분을 말한다.

제 4 조(송수구 등) ①연결살수설비의 송수구는 다음 각 호의 기준에 따라 설치하여야 한다. 〈개정 2012.8.20〉
1. 소방차가 쉽게 접근할 수 있고 노출된 장소에 설치할 것. 이 경우 가연성가스의 저장·취급시설에 설치하는 연결살수설비의 송수구는 그 방호대상물로부터 20m 이상의 거리를 두거나 방호대상물에 면하는 부분이 높이 1.5m 이상 폭 2.5m 이상의 철근콘크리트 벽으로 가려진 장소에 설치하여야 한다.

암기방법 20, 1.5, 2.5   중요도 ★★★
(특이사항임)

2. 송수구는 구경 65mm의 쌍구형으로 설치할 것. 다만, 하나의 송수구역에 부착하는 살수헤드의 수가 10개 이하인 것은 단구형의 것으로 할 수 있다.
3. 개방형헤드를 사용하는 송수구의 호스접결구는 각 송수구역마다 설치할 것. 다만, 송수구역을 선택할 수 있는 선택밸브가 설치되어 있고 각 송수구역의 주요구조부가 내화구조로 되어 있는 경우에는 그러하지 아니하다.
4. 지면으로부터 높이가 0.5m 이상 1m 이하의 위치에 설치할 것
5. 송수구로부터 주배관에 이르는 연결배관에는 개폐밸브를 설치하지 아니 할 것. 다만, 스프링클러설비·물분무소화설비·포소화설비 또는 연결송수관

설비의 배관과 겸용하는 경우에는 그러하지 아니하다.
6. 송수구의 부근에는 "연결살수설비 송수구"라고 표시한 표지와 송수구역 일람표를 설치할 것. 다만, 제2항에 따른 선택밸브를 설치한 경우에는 그러하지 아니하다. 〈개정 2008.12.15〉
7. 송수구에는 이물질을 막기 위한 마개를 씌워야 한다. 〈신설 2008.12.15.〉

② 연결살수설비의 선택밸브는 다음 각 호의 기준에 따라 설치하여야 한다. 다만, 송수구를 송수구역마다 설치한 때에는 그러하지 아니하다. 〈개정 2012.8.20〉
1. 화재 시 연소의 우려가 없는 장소로서 조작 및 점검이 쉬운 위치에 설치할 것
2. 자동개방밸브에 따른 선택밸브를 사용하는 경우에는 송수구역에 방수하지 아니하고 자동밸브의 작동시험이 가능하도록 할 것
3. 선택밸브의 부근에는 송수구역 일람표를 설치할 것

③ 연결살수설비에는 송수구의 가까운 부분에 자동배수밸브와 체크밸브를 다음 각 목의 기준에 따라 설치하여야 한다. 〈개정 2012.8.20〉
1. 폐쇄형헤드를 사용하는 설비의 경우에는 송수구·자동배수밸브·체크밸브의 순으로 설치할 것
2. 개방형헤드를 사용하는 설비의 경우에는 송수구·자동배수밸브의 순으로 설치할 것

암기방법 송자체, 송자 중요도 ★★★

3. 자동배수밸브는 배관안의 물이 잘 빠질 수 있는 위치에 설치하되, 배수로 인하여 다른 물건 또는 장소에 피해를 주지 아니할 것

④ 개방형헤드를 사용하는 연결살수설비에 있어서 하나의 송수구역에 설치하는 살수헤드의 수는 10개 이하가 되도록 하여야 한다.

암기방법 소개높구자마, 호송선10 중요도 ★★★★★
(아주 중요)

제 5 조(배관 등) ① 배관과 배관이음쇠는 다음 각 호의 어느 하나에 해당하는 것 또는 동등 이상의 강도·내식성 및 내열성을 국내·외 공인기관으로부터 인정 받은 것을 사용하여야 하고, 배관용 스테인리스강관(KS D 3576)의 이음을 용접으로 할 경우에는 알곤용접방식에 따른다. 다만, 본 조에서 정하지 않은 사항은 건설기술 진흥법 제44조제1항의 규정에 따른 건축기계설비공사 표준설명서

에 따른다.
1. 배관 내 사용압력이 1.2MPa 미만일 경우에는 다음 각 목의 어느 하나에 해당하는 것
   가. 배관용 탄소강관(KS D 3507)
   나. 이음매 없는 구리 및 구리합금관(KS D 5301). 다만, 습식의 배관에 한한다.
   다. 배관용 스테인리스강관(KS D 3576) 또는 일반배관용 스테인리스강관(KS D 3595)
   라. 덕타일 주철관(KS D 4311)
2. 배관 내 사용압력이 1.2MPa 이상일 경우에는 다음 각 목의 어느 하나에 해당하는 것
   가. 압력배관용탄소강관(KS D 3553)
   나. 배관용 아크용접 탄소강강관(KS D 3583)
3. 제1호와 제2호에도 불구하고 다음 각 목의 어느 하나에 해당하는 장소에는 소방청장이 정하여 고시한 「소방용합성수지배관의 성능인증 및 제품검사의 기술기준」에 적합한 소방용 합성수지배관으로 설치할 수 있다.
   가. 배관을 지하에 매설하는 경우
   나. 다른 부분과 내화구조로 구획된 덕트 또는 피트의 내부에 설치하는 경우
   다. 천장(상층이 있는 경우에는 상층바닥의 하단을 포함한다. 이하 같다)과 반자를 불연재료 또는 준불연재료로 설치하고 소화배관 내부에 항상 소화수가 채워진 상태로 설치하는 경우

[본항 전문개정 2015. 1. 23., 2017. 7. 26.]

②연결살수설비의 배관의 구경은 다음 각 호의 기준에 따라 설치하여야 한다. 〈개정 2012.8.20〉

1. 연결살수설비 전용헤드를 사용하는 경우에는 다음 표에 따른 구경 이상으로 할 것

하나의 배관에 부착하는 살수헤드의 개수	1개	2개	3개	4개 또는 5개	6개 이상 10개 이하
배관의 구경(mm)	32	40	50	65	80

암기방법 32 시작, 1, 2, 3, 4-5, 6-10개 이하   중요도 ★★★★★

(중요)

2. 스프링클러헤드를 사용하는 경우에는 「스프링클러설비의 화재안전기준 (NFSC 103)」 별표 1의 기준에 따를 것

③폐쇄형헤드를 사용하는 연결살수설비의 주배관은 다음 각 호의 어느 하나에 해당 하는 배관 또는 수조에 접속하여야 한다. 이 경우 접속부분에는 체크밸브를 설치하되 점검하기 쉽게 하여야 한다.

1. 옥내소화전설비의 주배관(옥내소화전설비가 설치된 경우에 한한다)
2. 수도배관(연결살수설비가 설치된 건축물 안에 설치된 수도배관 중 구경이 가장 큰 배관을 말한다)
3. 옥상에 설치된 수조(다른 설비의 수조를 포함한다)

[본항 전문개정 2015.1.23.]

암기방법 주수옥, 체   중요도 ★★★
(폐쇄형헤드 사용가능 조건임)

④폐쇄형헤드를 사용하는 연결살수설비에는 다음 각 호의 기준에 따른 시험배관을 설치하여야 한다.

1. 송수구에서 가장 먼 거리에 위치한 가지배관의 끝으로부터 연결하여 설치할 것
2. 시험장치 배관의 구경은 25mm 이상으로 하고, 그 끝에는 물받이 통 및 배수관을 설치하여 시험 중 방사된 물이 바닥으로 흘러내리지 아니하도록 할 것. 다만, 목욕실·화장실 또는 그 밖의 배수처리가 쉬운 장소의 경우에는 물받이 통 또는 배수관을 설치하지 아니할 수 있다.

⑤개방형헤드를 사용하는 연결살수설비의 수평주행배관은 헤드를 향하여 상향으로 100분의 1 이상의 기울기로 설치하고 주배관중 낮은 부분에는 자동배수밸브를 제4조제3항제3호의 기준에 따라 설치하여야 한다. 〈개정 2012.8.20〉

⑥가지배관 또는 교차배관을 설치하는 경우에는 가지배관의 배열은 토너멘트 방식이 아니어야 하며, 가지배관은 교차배관 또는 주배관에서 분기되는 지점을 기점으로 한 쪽 가지배관에 설치되는 헤드의 개수는 8개 이하로 하여야 한다.

⑦습식 연결살수설비의 배관은 동결방지조치를 하거나 동결의 우려가 없는 장소에 설치하여야 한다. 다만, 보온재를 사용할 경우에는 난연재료 성능 이상의 것으로 하여야 한다. 〈개정 2015.1.23.〉

⑧급수배관에 설치되어 급수를 차단할 수 있는 개폐밸브는 개폐표시형으로 하여야 한다. 이 경우 펌프의 흡입측배관에는 버터플라이밸브(볼형식의 것을 제외한다)외의 개폐표시형밸브를 설치하여야 한다.
⑨연결살수설비 교차배관의 위치·청소구 및 가지배관의 헤드설치는 다음 각 호의 기준에 따른다. 〈개정 2012.8.20〉
1. 교차배관은 가지배관과 수평으로 설치하거나 또는 가지배관 밑에 설치하고, 그 구경은 제2항에 따르되, 최소구경이 40mm 이상이 되도록 할 것
2. 폐쇄형헤드를 사용하는 연결살수설비의 청소구는 주배관 또는 교차배관(교차배관을 설치하는 경우에 한한다) 끝에 40mm 이상 크기의 개폐밸브를 설치하고, 호스접결이 가능한 나사식 또는 고정배수 배관식으로 할 것. 이 경우 나사식의 개폐밸브는 옥내소화전 호스접결용의 것으로 하고, 나사보호용의 캡으로 마감하여야 한다.
3. 폐쇄형헤드를 사용하는 연결살수설비에 하향식헤드를 설치하는 경우에는 가지배관으로부터 헤드에 이르는 헤드접속배관은 가지관상부에서 분기할 것. 다만, 소화설비용 수원의 수질이 「먹는물관리법」 제5조에 따라 먹는물의 수질기준에 적합하고 덮개가 있는 저수조로부터 물을 공급받는 경우에는 가지배관의 측면 또는 하부에서 분기할 수 있다.
⑩배관에 설치되는 행가는 다음 각 호의 기준에 따라 설치하여야 한다. 〈개정 2012.8.20〉
1. 가지배관에는 헤드의 설치지점 사이마다 1개 이상의 행가를 설치하되, 헤드 간의 거리가 3.5 m를 초과하는 경우에는 3.5m 이내마다 1개 이상 설치할 것. 이 경우 상향식헤드와 행가 사이에는 8cm 이상의 간격을 두어야 한다.
2. 교차배관에는 가지배관과 가지배관사이마다 1개 이상의 행가를 설치하되, 가지배관 사이의 거리가 4.5 m를 초과하는 경우에는 4.5 m 이내마다 1개 이상 설치할 것
3. 제1호와 제2호의 수평주행배관에는 4.5 m 이내마다 1개 이상 설치할 것
⑪배관은 다른 설비의 배관과 쉽게 구분이 될 수 있는 위치에 설치하거나, 그 배관표면 또는 배관 보온재표면의 색상은 식별이 가능하도록 「한국산업표준(배관계의 식별 표시, KS A 0503)」 또는 적색으로 소방용설비의 배관임을 표시하여야 한다. 〈개정 2015.1.23.〉
⑫분기배관을 사용할 경우에는 소방청장이 정하여 고시한 「분기배관 성능인증 및 제품검사의 기술기준」에 적합한 것으로 설치하여야 한다. 〈개정 2012.8.20., 2015.1.23., 2017.7.26.〉

제 6 조(연결살수설비의 헤드) ①연결살수설비의 헤드는 연결살수설비전용헤드 또는 스프링클러헤드로 설치하여야 한다.

②건축물에 설치하는 연결살수설비의 헤드는 다음 각 호의 기준에 따라 설치하여야 한다. 〈개정 2012.8.20〉
1. 천장 또는 반자의 실내에 면하는 부분에 설치할 것
2. 천장 또는 반자의 각 부분으로부터 하나의 살수헤드까지의 수평거리가 연결살수설비전용헤드의 경우은 3.7m 이하, 스프링클러헤드의 경우는 2.3m 이하로 할 것. 다만, 살수헤드의 부착면과 바닥과의 높이가 2.1m 이하인 부분은 살수헤드의 살수분포에 따른 거리로 할 수 있다.

암기방법 3.7, 2.3   중요도 ★★★

③폐쇄형스프링클러헤드를 설치하는 경우에는 제2항의 규정 외에 다음 각 호의 기준에 따라 설치하여야 한다. 〈개정 2012.8.20〉
1. 그 설치장소의 평상시 최고 주위온도에 따라 다음 표에 따른 표시온도의 것으로 설치할 것. 다만, 높이가 4m 이상인 공장 및 창고(랙크식창고를 포함한다)에 설치하는 스프링클러헤드는 그 설치장소의 평상시 최고 주위온도에 관계없이 표시온도 121℃ 이상의 것으로 할 수 있다.

설치장소의 최고 주위온도	표 시 온 도
39℃ 미만	79℃ 미만
39℃ 이상 64℃ 미만	79℃ 이상 121℃ 미만
64℃ 이상 106℃ 미만	121℃ 이상 162℃ 미만
106℃ 이상	162℃ 이상

2. 살수가 방해되지 아니하도록 스프링클러헤드로부터 반경 60cm 이상의 공간을 보유할 것. 다만, 벽과 스프링클러헤드간의 공간은 10cm 이상으로 한다.
3. 스프링클러헤드와 그 부착면(상향식헤드의 경우에는 그 헤드의 직상부의 천장·반자 또는 이와 비슷한 것을 말한다. 이하 같다)과의 거리는 30cm 이하로 할 것
4. 배관·행가 및 조명기구등 살수를 방해하는 것이 있는 경우에는 세2호에도 불구하고 그로부터 아래에 설치하여 살수에 장애가 없도록 할 것. 다만, 연결살수헤드와 장애물과의 이격거리를 장애물 폭의 3배 이상 확보한 경우에는 그러하지 아니하다.

5. 스프링클러헤드의 반사판은 그 부착면과 평행하게 설치할 것. 다만, 측벽형 헤드 또는 제7호에 따라 연소할 우려가 있는 개구부에 설치하는 스프링클러헤드의 경우에는 그러하지 아니하다.
6. 천장의 기울기가 10분의 1을 초과하는 경우에는 가지관을 천장의 마루와 평행하게 설치하고, 스프링클러헤드는 다음 각 목의 어느 하나의 기준에 적합하게 설치할 것
   가. 천장의 최상부에 스프링클러헤드를 설치하는 경우에는 최상부에 설치하는 스프링클러헤드의 반사판을 수평으로 설치할 것
   나. 천장의 최상부를 중심으로 가지관을 서로 마주보게 설치하는 경우에는 최상부의 가지관 상호간의 거리가 가지관상의 스프링클러헤드 상호간의 거리의 2분의 1이하(최소 1m 이상이 되어야 한다)가 되게 스프링클러헤드를 설치하고, 가지관의 최상부에 설치하는 스프링클러헤드는 천장의 최상부로부터의 수직거리가 90cm 이하가 되도록 할 것. 톱날지붕, 둥근지붕 기타 이와 유사한 지붕의 경우에도 이에 준한다.
7. 연소할 우려가 있는 개구부에는 그 상하좌우에 2.5m 간격으로(개구부의 폭이 2.5m 이하인 경우에는 그 중앙에) 스프링클러헤드를 설치하되, 스프링클러헤드와 개구부의 내측면으로부터의 직선거리는 15cm 이하가 되도록 할 것. 이 경우 사람이 상시 출입하는 개구부로서 통행에 지장이 있는 때에는 개구부의 상부 또는 측면(개구부의 폭이 9m 이하인 경우에 한한다)에 설치하되, 헤드 상호간의 간격은 1.2m 이하로 설치하여야 한다.
8. 습식 연결살수설비외의 설비에는 상향식스프링클러헤드를 설치할 것. 다만, 다음 각 목의 어느 하나에 해당하는 경우에는 그러하지 아니하다.
   가. 드라이펜던트스프링클러헤드를 사용하는 경우
   나. 스프링클러헤드의 설치장소가 동파의 우려가 없는 곳인 경우
   다. 개방형스프링클러헤드를 사용하는 경우
9. 측벽형스프링클러헤드를 설치하는 경우 긴변의 한쪽벽에 일렬로 설치(폭이 4.5m 이상 9m 이하인 실은 긴변의 양쪽에 각각 일렬로 설치하되 마주보는 스프링클러헤드가 나란히꼴이 되도록 설치)하고 3.6m 이내마다 설치할 것
④가연성 가스의 저장·취급시설에 설치하는 연결살수설비의 헤드는 다음 각 호의 기준에 따라 설치하여야 한다. 다만, 지하에 설치된 가연성가스의 저장·취급시설로서 지상에 노출된 부분이 없는 경우에는 그러하지 아니하다. 〈개정 2012.8.20〉
1. 연결살수설비 전용의 개방형헤드를 설치할 것

2. 가스저장탱크·가스홀더 및 가스발생기의 주위에 설치하되, 헤드상호간의 거리는 3.7m 이하로 할 것
3. 헤드의 살수범위는 가스저장탱크·가스홀더 및 가스발생기의 몸체의 중간 윗부분의 모든 부분이 포함되도록 하여야 하고 살수된 물이 흘러내리면서 살수범위에 포함되지 아니한 부분에도 모두 적셔질 수 있도록 할 것

암기방법 개 주3.7 살 중요도 ★★★★★
(중요) (특이사항으로 자주 출제)

제 7 조(헤드의 설치제외) 연결살수설비를 설치하여야 할 특정소방대상물 또는 그 부분으로서 다음 각 호의 어느 하나에 해당하는 장소에는 연결살수설비의 헤드를 설치하지 아니할 수 있다. 〈개정 2012.8.20〉

1. 상점(영 별표 2 제5호와 제6호의 판매시설과 운수시설을 말하며, 바닥면적이 150m² 이상인 지하층에 설치된 것을 제외한다)으로서 주요구조부가 내화구조 또는 방화구조로 되어 있고 바닥면적이 500m² 미만으로 방화구획되어 있는 특정소방대상물 또는 그 부분
2. 계단실(특별피난계단의 부속실을 포함한다)·경사로·승강기의 승강로·파이프덕트·목욕실·수영장(관람석부분을 제외한다)·화장실·직접 외기에 개방되어 있는 복도 기타 이와 유사한 장소
3. 통신기기실·전자기기실·기타 이와 유사한 장소
4. 발전실·변전실·변압기·기타 이와 유사한 전기설비가 설치되어 있는 장소
5. 병원의 수술실·응급처치실·기타 이와 유사한 장소
6. 천장과 반자 양쪽이 불연재료로 되어 있는 경우로서 그 사이의 거리 및 구조가 다음 각 목의 어느 하나에 해당하는 부분
   가. 천장과 반자사이의 거리가 2m 미만인 부분
   나. 천장과 반자사이의 벽이 불연재료이고 천장과 반자사이의 거리가 2m 이상으로서 그 사이에 가연물이 존재하지 아니하는 부분
7. 천장·반자중 한쪽이 불연재료로 되어있고 천장과 반자사이의 거리가 1m 미만인 부분
8. 천장 및 반자가 불연재료외의 것으로 되어 있고 천장과 반자사이의 거리가 0.5m 미만인 부분
9. 펌프실·물탱크실 그 밖의 이와 비슷한 장소

10. 현관 또는 로비등으로서 바닥으로부터 높이가 20m 이상인 장소
11. 냉장창고의 영하의 냉장실 또는 냉동창고의 냉동실 〈개정 2015.1.23.〉
12. 고온의 노가 설치된 장소 또는 물과 격렬하게 반응하는 물품의 저장 또는 취급장소
13. 불연재료로 된 특정소방대상물 또는 그 부분으로서 다음 각 목의 어느 하나에 해당하는 장소
    가. 정수장·오물처리장 그 밖의 이와 비슷한 장소
    나. 펄프공장의 작업장·음료수공장의 세정 또는 충전하는 작업장 그 밖의 이와 비슷한 장소
    다. 불연성의 금속·석재 등의 가공공장으로서 가연성물질을 저장 또는 취급하지 아니하는 장소
14. 실내에 설치된 테니스장·게이트볼장·정구장 또는 이와 비슷한 장소로서 실내바닥·벽·천장이 불연재료 또는 준불연재료로 구성되어 있고 가연물이 존재하지 않는 장소로서 관람석이 없는 운동시설 부분(지하층은 제외한다)

제 8 조(소화설비의 겸용) 연결살수설비의 송수구를 스프링클러설비·간이스프링클러설비·화재조기진압용 스프링클러설비·물분무소화설비·포소화설비 또는 연결송수관설비와 겸용으로 설치하는 경우에는 스프링클러설비의 송수구 설치기준에 따르고, 옥내소화전설비의 송수구와 겸용으로 설치하는 경우에는 옥내소화전설비의 송수구의 설치기준에 따르되 각각의 소화설비의 기능에 지장이 없도록 하여야 한다. 〈개정 2012.8.20〉

비상콘센트설비의 화재안전기준(NFSC 504)

[시행 2017. 7. 26.] [소방청고시 제2017-1호, 2017. 7. 26., 타법개정]

제 3 조(정의) 이 기준에서 사용하는 용어의 정의는 다음과 같다.
  1. "인입개폐기"란 「전기설비기술기준의 판단기준」 제169조에 따른 것을 말한다. 〈개정 2012.8.20〉
  2. "저압"이란 직류는 750V 이하, 교류는 600V 이하인 것을 말한다. 〈개정 2012.8.20〉
  3. "고압"이란 직류는 750V를, 교류는 600V를 초과하고, 7 kV 이하인 것을 말한다. 〈개정 2012.8.20, 2013.9.3.〉
  4. "특고압"이란 7 kV를 초과하는 것을 말한다. 〈개정 2012.8.20, 2013.9.3.〉
  5. "변전소"란 「전기설비기술기준」 제3조제1항제2호에 따른 것을 말한다. 〈개정 2012.8.20〉

제 4 조(전원 및 콘센트 등) ①비상콘센트설비에는 다음 각 호의 기준에 따른 전원을 설치하여야 한다. 〈개정 2012.8.20〉
  1. 상용전원회로의 배선은 저압수전인 경우에는 인입개폐기의 직후에서, 고압수전 또는 특고압수전인 경우에는 전력용변압기 2차측의 주차단기 1차측 또는 2차측에서 분기하여 전용배선으로 할 것 〈개정 2013.9.3.〉
  2. 지하층을 제외한 층수가 7층 이상으로서 연면적이 2,000m^2 이상이거나 지하층의 바닥면적의 합계가 3,000m^2 이상인 특정소방대상물의 비상콘센트설비에는 자가발전설비, 비상전원수전설비 또는 전기저장장치(외부 전기에너지를 저장해 두었다가 필요한 때 전기를 공급하는 장치)를 비상전원으로 설치할 것. 다만, 둘 이상의 변전소에서 전력을 동시에 공급받을 수 있거나 하나의 변전소로부터 전력의 공급이 중단되는 때에는 자동으로 다른 변전소로부터 전력을 공급받을 수 있도록 상용전원을 설치한 경우에는 비상전원을 설치하지 아니할 수 있다. 〈개정 2012.8.20., 2013.9.3., 2016.7.13.〉
  3. 제2호에 따른 비상전원 중 자가발전설비는 다음 각 목의 기준에 따라 설치하고, 비상전원수전설비는 「소방시설용비상전원수전설비의 화재안전기준(NFSC 602)」에 따라 설치할 것 〈개정 2012.8.20〉

가. 점검에 편리하고 화재 및 침수 등의 재해로 인한 피해를 받을 우려가 없는 곳에 설치할 것
나. 비상콘센트설비를 유효하게 20분 이상 작동시킬 수 있는 용량으로 할 것
다. 상용전원으로부터 전력의 공급이 중단된 때에는 자동으로 비상전원으로부터 전력을 공급받을 수 있도록 할 것
라. 비상전원의 설치장소는 다른 장소와 방화구획 할 것. 이 경우 그 장소에는 비상전원의 공급에 필요한 기구나 설비외의 것(열병합발전설비에 필요한 기구나 설비는 제외한다)을 두어서는 아니 된다.
마. 비상전원을 실내에 설치하는 때에는 그 실내에 비상조명등을 설치할 것

② 비상콘센트설비의 전원회로(비상콘센트에 전력을 공급하는 회로를 말한다)는 다음 각 호의 기준에 따라 설치하여야 한다. 〈개정 2012.8.20〉

1. 비상콘센트설비의 전원회로는 단상교류 220 V인 것으로서, 그 공급용량은 1.5 kVA 이상인 것으로 할 것. 〈개정 2008.12.15, 2013.9.3.〉
2. 전원회로는 각 층에 2 이상이 되도록 설치할 것. 다만, 설치하여야 할 층의 비상콘센트가 1개인 때에는 하나의 회로로 할 수 있다. 〈개정 2012.8.20.〉
3. 전원회로는 주배전반에서 전용회로로 할 것. 다만, 다른 설비의 회로의 사고에 따른 영향을 받지 아니하도록 되어 있는 것은 그러하지 아니하다. 〈개정 2012.8.20〉
4. 전원으로부터 각 층의 비상콘센트에 분기되는 경우에는 분기배선용 차단기를 보호함안에 설치할 것 〈개정 2013.9.3.〉
5. 콘센트마다 배선용 차단기(KS C 8321)를 설치하여야 하며, 충전부가 노출되지 아니하도록 할 것
6. 개폐기에는 "비상콘센트"라고 표시한 표지를 할 것
7. 비상콘센트용의 풀박스 등은 방청도장을 한 것으로서, 두께 1.6mm 이상의 철판으로 할 것
8. 하나의 전용회로에 설치하는 비상콘센트는 10개 이하로 할 것. 이 경우 전선의 용량은 각 비상콘센트(비상콘센트가 3개 이상인 경우에는 3개)의 공급용량을 합한 용량 이상의 것으로 하여야 한다.

암기방법 단2전 분배표 풀10합   중요도 ★★★

③ 비상콘센트의 플러그접속기는 접지형2극 플러그접속기(KS C 8305)를 사용하여야 한다. 〈개정 2008.12.15, 2012.8.20, 2013.9.3.〉

④비상콘센트의 플러그접속기의 칼받이의 접지극에는 접지공사를 하여야 한다.

⑤비상콘센트는 다음 각 호의 기준에 따라 설치하여야 한다. 〈개정 2012.8.20〉

2. 바닥으로부터 높이 0.8m 이상 1.5m 이하의 위치에 설치할 것〈개정 2008.12.15〉

3. 비상콘센트의 배치는 아파트 또는 바닥면적이 1,000m² 미만인 층은 계단의 출입구(계단의 부속실을 포함하며 계단이 2 이상 있는 경우에는 그중 1개의 계단을 말한다)로부터 5m이내에, 바닥면적 1,000m² 이상인 층(아파트를 제외한다)은 각 계단의 출입구 또는 계단부속실의 출입구(계단의 부속실을 포함하며 계단이 3 이상 있는 층의 경우에는 그중 2개의 계단을 말한다)로부터 5m이내에 설치하되, 그 비상콘센트로부터 그 층의 각 부분까지의 거리가 다음 각 목의 기준을 초과하는 경우에는 그 기준 이하가 되도록 비상콘센트를 추가하여 설치할 것〈개정 2012.8.20〉

가. 지하상가 또는 지하층의 바닥면적의 합계가 3,000m² 이상인 것은 수평거리 25m

나. 가목에 해당하지 아니하는 것은 수평거리 50m

암기방법 **아1000 지지3000, 25, 50** 중요도 ★★★★★
(아주 중요)

⑥비상콘센트설비의 전원부와 외함 사이의 절연저항 및 절연내력은 다음 각 호의 기준에 적합하여야 한다. 〈개정 2012.8.20〉

1. 절연저항은 전원부와 외함 사이를 500V 절연저항계로 측정할 때 20㏁ 이상일 것〈개정 2012.8.20〉

2. 절연내력은 전원부와 외함 사이에 정격전압이 150V 이하인 경우에는 1,000V의 실효전압을, 정격전압이 150V 이상인 경우에는 그 정격전압에 2를 곱하여 1,000을 더한 실효전압을 가하는 시험에서 1분 이상 견디는 것으로 할 것

암기방법 **20, 1000, 1분** 중요도 ★★★★★
(절연저항, 절연내력) (아주 중요)

제 5 조(보호함) 비상콘센트를 보호하기 위하여 비상콘센트보호함은 다음 각 호의 기

준에 따라 설치하여야 한다. 〈개정 2012.8.20〉
1. 보호함에는 쉽게 개폐할 수 있는 문을 설치할 것
2. 보호함 표면에 "비상콘센트"라고 표시한 표지를 할 것
3. 보호함 상부에 적색의 표시등을 설치할 것. 다만, 비상콘센트의 보호함을 옥내소화전함 등과 접속하여 설치하는 경우에는 옥내소화전함 등의 표시등과 겸용할 수 있다.

제 6 조(배선) 비상콘센트설비의 배선은 「전기사업법」 제67조에 따른 기술기준에서 정하는 것 외에 다음 각 호의 기준에 따라 설치하여야 한다. 〈개정 2012.8.20〉
1. 전원회로의 배선은 내화배선으로, 그 밖의 배선은 내화배선 또는 내열배선으로 할 것
2. 제1호에 따른 내화배선 및 내열배선에 사용하는 전선 및 설치방법은 「옥내소화전설비의 화재안전기준(NFSC 102)」 별표 1의 기준에 따를 것 〈개정 2012.8.20〉

무선통신보조설비의 화재안전기준 (NFSC 505)

[시행 2021. 3. 25.] [소방청고시 제2021-16호, 2021. 3. 25., 일부개정]

제 3 조(정의) 이 기준에서 사용하는 용어의 정의는 다음과 같다..
1. "누설동축케이블"이란 동축케이블의 외부도체에 가느다란 홈을 만들어서 전파가 외부로 새어나갈 수 있도록 한 케이블을 말한다.
2. "분배기"란 신호의 전송로가 분기되는 장소에 설치하는 것으로 임피던스 매칭(Matching)과 신호 균등분배를 위해 사용하는 장치를 말한다.
3. "분파기"란 서로 다른 주파수의 합성된 신호를 분리하기 위해서 사용하는 장치를 말한다.
4. "혼합기"란 두개 이상의 입력신호를 원하는 비율로 조합한 출력이 발생하도록 하는 장치를 말한다.
5. "증폭기"란 신호 전송 시 신호가 약해져 수신이 불가능해지는 것을 방지하기 위해서 증폭하는 장치를 말한다.
6. "무선중계기"란 안테나를 통하여 수신된 무전기 신호를 증폭한 후 음영지역에 재방사하여 무전기 상호 간 송수신이 가능하도록 하는 장치를 말한다. 〈신설 2021. 3. 25.〉
7. "옥외안테나"란 감시제어반 등에 설치된 무선중계기의 입력과 출력포트에 연결되어 송수신 신호를 원활하게 방사·수신하기 위해 옥외에 설치하는 장치를 말한다. 〈신설 2021. 3. 25.〉

필수사항 (모든 용어 중요함) 중요도 ★★★

제 4 조(설치제외) 지하층으로서 특정소방대상물의 바닥부분 2면 이상이 지표면과 동일하거나 지표면으로부터의 깊이가 1m 이하인 경우에는 해당층에 한하여 무선통신보조설비를 설치하지 아니할 수 있다.

암기방법 **2동1** 중요도 ★★★

제 5 조(누설동축케이블 등) ① 무선통신보조설비의 누설동축케이블 등은 다음 각 호의 기준에 따라 설치하여야 한다.

1. 소방전용주파수대에서 전파의 전송 또는 복사에 적합한 것으로서 소방전용의 것으로 할 것. 다만, 소방대 상호간의 무선연락에 지장이 없는 경우에는 다른 용도와 겸용할 수 있다.
2. 누설동축케이블과 이에 접속하는 안테나 또는 동축케이블과 이에 접속하는 안테나로 구성 할 것 〈개정 2017.6.7.〉
3. 누설동축케이블 및 동축케이블은 불연 또는 난연성의 것으로서 습기에 따라 전기의 특성이 변질되지 아니하는 것으로 하고, 노출하여 설치한 경우에는 피난 및 통행에 장애가 없도록 할 것 〈개정 2021. 3. 25.〉
4. 누설동축케이블 및 동축케이블은 화재에 따라 해당 케이블의 피복이 소실된 경우에 케이블 본체가 떨어지지 아니하도록 4m 이내마다 금속제 또는 자기제등의 지지금구로 벽·천장·기둥 등에 견고하게 고정시킬 것. 다만, 불연재료로 구획된 반자 안에 설치하는 경우에는 그러하지 아니하다. 〈개정 2021. 3. 25.〉
5. 누설동축케이블 및 안테나는 금속판 등에 따라 전파의 복사 또는 특성이 현저하게 저하되지 아니하는 위치에 설치할 것 〈개정 2017.6.7.〉
6. 누설동축케이블 및 안테나는 고압의 전로로부터 1.5m 이상 떨어진 위치에 설치할 것. 다만, 해당 전로에 정전기 차폐장치를 유효하게 설치한 경우에는 그러하지 아니하다. 〈개정 2017.6.7.〉
7. 누설동축케이블의 끝부분에는 무반사 종단저항을 견고하게 설치할 것

② 누설동축케이블 또는 동축케이블의 임피던스는 50Ω으로 하고, 이에 접속하는 안테나·분배기 기타의 장치는 해당 임피던스에 적합한 것으로 하여야 한다. 〈개정 2017.6.7.〉

암기방법 주접변4 복고종임   중요도 ★★★★★
(중요)

③ 무선통신보조설비는 다음 각 호의 기준에 따라 설치하여야 한다. 〈신설 2021. 3. 25.〉

1. 누설동축케이블 또는 동축케이블과 이에 접속하는 안테나가 설치된 층은 모든 부분(계단실, 승강기, 별도 구획된 실 포함)에서 유효하게 통신이 가능할 것
2. 옥외 안테나와 연결된 무전기와 건축물 내부에 존재하는 무전기 간의 상호

통신, 건축물 내부에 존재하는 무전기 간의 상호통신, 옥외 안테나와 연결된 무전기와 방재실 또는 건축물 내부에 존재하는 무전기와 방재실 간의 상호통신이 가능할 것

제 6 조(옥외안테나) 옥외안테나는 다음 각 호의 기준에 따라 설치하여야 한다. 〈개정 2021. 3. 25.〉

1. 건축물, 지하가, 터널 또는 공동구의 출입구(「건축법 시행령」제39조에 따른 출구 또는 이와 유사한 출입구를 말한다) 및 출입구 인근에서 통신이 가능한 장소에 설치할 것
2. 다른 용도로 사용되는 안테나로 인한 통신장애가 발생하지 않도록 설치할 것
3. 옥외안테나는 견고하게 설치하며 파손의 우려가 없는 곳에 설치하고 그 가까운 곳의 보기 쉬운 곳에 "무선통신보조설비 안테나"라는 표시와 함께 통신가능거리를 표시한 표지를 설치할 것
4. 수신기가 설치된 장소 등 사람이 상시 근무하는 장소에는 옥외 안테나의 위치가 모두 표시된 옥외안테나 위치표시도를 비치할 것

암기방법 출 장 견 수 중요도 ★★★

제 7 조(분배기 등) 분배기·분파기 및 혼합기 등은 다음 각호의 기준에 따라 설치하여야 한다.

1. 먼지·습기 및 부식 등에 따라 기능에 이상을 가져오지 아니하도록 할 것
2. 임피던스는 50Ω의 것으로 할 것
3. 점검에 편리하고 화재 등의 재해로 인한 피해의 우려가 없는 장소에 설치할 것

제 8 조(증폭기 등) 증폭기 및 무선중계기를 설치하는 경우에는 다음 각호의 기준에 따라 설치하여야 한다. 〈개정 2021. 3. 25.〉

1. 전원은 전기가 정상적으로 공급되는 축전지, 전기저장장치(외부 전기에너지를 저장해 두었다가 필요한 때 전기를 공급하는 장치) 또는 교류전압 옥내간선으로 하고, 전원까지의 배선은 전용으로 할 것 〈개정 2016.7.13.〉
2. 증폭기의 전면에는 주 회로의 전원이 정상인지의 여부를 표시할 수 있는 표시등 및 전압계를 설치할 것

3. 증폭기에는 비상전원이 부착된 것으로 하고 해당 비상전원 용량은 무선통신보조설비를 유효하게 30분 이상 작동시킬 수 있는 것으로 할 것
4. 증폭기 및 무선중계기를 설치하는 경우에는 「전파법」제58조의2에 따른 적합성평가를 받은 제품으로 설치하고 임의로 변경하지 않도록 할 것 〈개정 2015. 1. 23., 2021. 3. 25.〉
5. 디지털 방식의 무전기를 사용하는데 지장이 없도록 설치할 것 〈신설 2021. 3. 25.〉

지하구의 화재안전기준(NFSC 605)

[시행 2021. 1. 15.] [소방청고시 제2021-11호, 2021. 1. 15., 전부개정]

제 1 조(목적) 이 기준은 「화재예방, 소방시설 설치·유지 및 안전관리에 관한 법률」 제9조제1항에 따라 소방청장에게 위임한 사항 중 지하구에 설치하여야 하는 소방시설 등의 설치·유지 및 안전관리에 관하여 필요한 사항을 규정함을 목적으로 한다.

제 2 조(적용범위) 「화재예방, 소방시설 설치·유지 및 안전관리에 관한 법률 시행령」 (이하 "영"이라 한다) 제15조에 의한 지하구에 설치하는 소방시설 등은 이 기준에서 정하는 규정에 따라 설비를 설치하고 유지·관리하여야 한다.

제 3 조(정의) 이 기준에서 사용하는 용어의 정의는 다음과 같다.
1. "지하구"란 영 [별표2] 제28호에서 규정한 지하구를 말한다.
2. "제어반"이란 설비, 장치 등의 조작과 확인을 위해 제어용 계기류, 스위치 등을 금속제 외함에 수납한 것을 말한다.
3. "분전반"이란 분기개폐기·분기과전류차단기 그밖에 배선용기기 및 배선을 금속제 외함에 수납한 것을 말한다.
4. "방화벽"이란 화재 시 발생한 열, 연기 등의 확산을 방지하기 위하여 설치하는 벽을 말한다.
5. "분기구"란 전기, 통신, 상하수도, 난방 등의 공급시설의 일부를 분기하기 위하여 지하구의 단면 또는 형태를 변화시키는 부분을 말한다.
6. "환기구"란 지하구의 온도, 습도의 조절 및 유해가스를 배출하기 위해 설치되는 것으로 자연환기구와 강제환기구로 구분된다.
7. "작업구"란 지하구의 유지관리를 위하여 자재, 기계기구의 반·출입 및 작업자의 출입을 위하여 만들어진 출입구를 말한다.
8. "케이블접속부"란 케이블이 지하구 내에 포설되면서 발생하는 직선 접속 부분을 전용의 접속재로 접속한 부분을 말한다.
9. "특고압 케이블"이란 사용전압이 7,000V를 초과하는 전로에 사용하는 케이블을 말한다.

제 4 조(소화기구 및 자동소화장치) ① 소화기구는 다음 각 호의 기준에 따라 설치하여야 한다.

1. 소화기의 능력단위(「소화기구 및 자동소화장치의 화재안전기준(NFSC 101)」제3조제6호에 따른 수치를 말한다. 이하 같다)는 A급 화재는 개당 3단위 이상, B급 화재는 개당 5단위 이상 및 C급 화재에 적응성이 있는 것으로 할 것
2. 소화기 한대의 총중량은 사용 및 운반의 편리성을 고려하여 7kg 이하로 할 것
3. 소화기는 사람이 출입할 수 있는 출입구(환기구, 작업구를 포함한다) 부근에 5개 이상 설치할 것
4. 소화기는 바닥면으로부터 1.5m 이하의 높이에 설치할 것
5. 소화기의 상부에 "소화기"라고 표시한 조명식 또는 반사식의 표지판을 부착하여 사용자가 쉽게 인지할 수 있도록 할 것

② 지하구 내 발전실·변전실·송전실·변압기실·배전반실·통신기기실·전산기기실·기타 이와 유사한 시설이 있는 장소 중 바닥면적이 300m^2 미만인 곳에는 유효설치 방호체적 이내의 가스·분말·고체에어로졸·캐비닛형 자동소화장치를 설치하여야 한다. 다만 해당 장소에 물분무등소화설비를 설치한 경우에는 설치하지 않을 수 있다.

③ 제어반 또는 분전반마다 가스·분말·고체에어로졸 자동소화장치 또는 유효설치 방호체적 이내의 소공간용 소화용구를 설치하여야 한다.

④ 케이블접속부(절연유를 포함한 접속부에 한한다.)마다 다음 각 호의 자동소화장치를 설치하되 소화성능이 확보될 수 있도록 방호공간을 구획하는 등 유효한 조치를 하여야 한다.

1. 가스·분말·고체에어로졸 자동소화장치
2. 중앙소방기술심의위원회의 심의를 거쳐 소방청장이 인정하는 자동소화장치

제 5 조(자동화재탐지설비) ① 감지기는 다음 각 호에 따라 설치하여야 한다.

1. 「자동화재탐지설비 및 시각경보장치의 화재안전기준(NFSC 203)」제7조제1항 각 호의 감지기 중 먼지·습기 등의 영향을 받지 아니하고 발화지점(1m 단위)과 온도를 확인할 수 있는 것을 설치할 것.
2. 지하구 천장의 중심부에 설치하되 감지기와 천장 중심부 하단과의 수직거리는 30cm 이내로 할 것. 다만, 형식승인 내용에 설치방법이 규정되어 있거나,

중앙기술심의위원회의 심의를 거쳐 제조사 시방서에 따른 설치방법이 지하구 화재에 적합하다고 인정되는 경우에는 형식승인 내용 또는 심의결과에 의한 제조사 시방서에 따라 설치할 수 있다.
3. 발화지점이 지하구의 실제거리와 일치하도록 수신기 등에 표시할 것.
4. 공동구 내부에 상수도용 또는 냉·난방용 설비만 존재하는 부분은 감지기를 설치하지 않을 수 있다.
② 발신기, 지구음향장치 및 시각경보기는 설치하지 않을 수 있다.

제 6 조(유도등) 사람이 출입할 수 있는 출입구(환기구, 작업구를 포함한다.)에는 해당 지하구 환경에 적합한 크기의 피난구유도등을 설치하여야 한다.

제 7 조(연소방지설비) ① 연소방지설비의 배관은 다음 각 호의 기준에 따라 설치하여야 한다.
1. 배관용 탄소강관(KS D 3507) 또는 압력배관용 탄소강관(KS D 3562)이나 이와 동등 이상의 강도·내식성 및 내열성을 가진 것으로 하여야 한다.
2. 급수배관(송수구로부터 연소방지설비 헤드에 급수하는 배관을 말한다. 이하 같다)은 전용으로 하여야 한다.
3. 배관의 구경은 다음 각 목의 기준에 적합한 것이어야 한다.
    가. 연소방지설비전용헤드를 사용하는 경우에는 다음 표에 따른 구경 이상으로 할 것

하나의 배관에 부착하는 살수헤드의 개수	1개	2개	3개	4개 또는 5개	6개 이상
배관의 구경(mm)	32	40	50	65	80

    나. 개방형 스프링클러헤드를 사용하는 경우에는 「스프링클러설비의 화재안전기준(NFSC 103)」[별표 1]의 기준에 따를 것
4. 교차배관은 가지배관과 수평으로 설치하거나 또는 가시배관 밑에 설치하고, 그 구경은 제3호에 따르되, 최소구경이 40mm 이상이 되도록 할 것
5. 배관에 설치되는 행가는 다음 각 목의 기준에 따라 설치하여야 한다.
    가. 가지배관에는 헤드의 설치지점 사이마다 1개 이상의 행가를 설치하되, 헤드간의 거리가 3.5m을 초과하는 경우에는 3.5m 이내마다 1개 이상 설치할 것. 이 경우 상향식헤드와 행가 사이에는 8cm 이상의 간격을 두어야 한다.
    나. 교차배관에는 가지배관과 가지배관 사이마다 1개 이상의 행가를 설치하

되, 가지배관 사이의 거리가 4.5m을 초과하는 경우에는 4.5m 이내마다 1개 이상 설치할 것
다. 제1호와 제2호의 수평주행배관에는 4.5m 이내마다 1개 이상 설치할 것
6. 분기배관을 사용할 경우에는 「분기배관의 성능인증 및 제품검사의 기술기준」에 적합한 것으로 설치하여야 한다.

② 연소방지설비의 헤드는 다음 각 호의 기준에 따라 설치하여야 한다.
1. 천장 또는 벽면에 설치할 것
2. 헤드간의 수평거리는 연소방지설비 전용헤드의 경우에는 2m 이하, 스프링클러헤드의 경우에는 1.5m 이하로 할 것
3. 소방대원의 출입이 가능한 환기구·작업구마다 지하구의 양쪽방향으로 살수헤드를 4설정하되, 한쪽 방향의 살수구역의 길이는 3m 이상으로 할 것. 다만, 환기구 사이의 간격이 700m를 초과할 경우에는 700m 이내마다 살수구역을 설정하되, 지하구의 구조를 고려하여 방화벽을 설치한 경우에는 그러하지 아니하다.
4. 연소방지설비 전용헤드를 설치할 경우에는 「소화설비용헤드의 성능인증 및 제품검사 기술기준」에 적합한 '살수헤드'를 설치할 것

③ 송수구는 다음 각 호의 기준에 따라 설치하여야 한다.
1. 소방차가 쉽게 접근할 수 있는 노출된 장소에 설치하되, 눈에 띄기 쉬운 보도 또는 차도에 설치할 것
2. 송수구는 구경 65mm의 쌍구형으로 할 것
3. 송수구로부터 1m 이내에 살수구역 안내표지를 설치할 것
4. 지면으로부터 높이가 0.5m 이상 1m 이하의 위치에 설치할 것
5. 송수구의 가까운 부분에 자동배수밸브(또는 직경 5mm의 배수공)를 설치할 것. 이 경우 자동배수밸브는 배관안의 물이 잘 빠질 수 있는 위치에 설치하되, 배수로 인하여 다른 물건 또는 장소에 피해를 주지 아니하여야 한다.
6. 송수구로부터 주배관에 이르는 연결배관에는 개폐밸브를 설치하지 아니할 것
7. 송수구에는 이물질을 막기 위한 마개를 씌어야 한다.

제 8 조(연소방지재) 지하구 내에 설치하는 케이블·전선 등에는 다음 각 호의 기준에 따라 연소방지재를 설치하여야 한다. 다만, 케이블·전선 등을 다음 제1호의 난연성능 이상을 충족하는 것으로 설치한 경우에는 연소방지재를 설치하지 않을 수 있다.

1. 연소방지재는 한국산업표준(KS C IEC 60332-3-24)에서 정한 난연성능 이상의 제품을 사용하되 다음 각 목의 기준을 충족하여야 한다.
   가. 시험에 사용되는 연소방지재는 시료(케이블 등)의 아래쪽(점화원으로부터 가까운 쪽)으로부터 30cm 지점부터 부착 또는 설치되어야 한다.
   나. 시험에 사용되는 시료(케이블 등)의 단면적은 325mm^{2}로 한다.
   다. 시험성적서의 유효기간은 발급 후 3년으로 한다.
2. 연소방지재는 다음 각 목에 해당하는 부분에 제1호와 관련된 시험성적서에 명시된 방식으로 시험성적서에 명시된 길이 이상으로 설치하되, 연소방지재 간의 설치 간격은 350m를 넘지 않도록 하여야 한다.
   가. 분기구
   나. 지하구의 인입부 또는 인출부
   다. 절연유 순환펌프 등이 설치된 부분
   라. 기타 화재발생 위험이 우려되는 부분

제 9 조(방화벽) 방화벽은 다음 각 호에 따라 설치하고 항상 닫힌 상태를 유지하거나 자동폐쇄장치에 의하여 화재 신호를 받으면 자동으로 닫히는 구조로 하여야 한다.
1. 내화구조로서 홀로 설 수 있는 구조일 것
2. 방화벽의 출입문은 갑종방화문으로 설치할 것
3. 방화벽을 관통하는 케이블·전선 등에는 국토교통부 고시(내화구조의 인정 및 관리기준)에 따라 내화충전 구조로 마감할 것
4. 방화벽은 분기구 및 국사·변전소 등의 건축물과 지하구가 연결되는 부위(건축물로부터 20m 이내)에 설치할 것
5. 자동폐쇄장치를 사용하는 경우에는 「자동폐쇄장치의 성능인증 및 제품검사의 기술기준」에 적합한 것으로 설치할 것

제10조(무선통신보조설비) 무선통신보조설비의 무전기접속단자는 방재실과 공동구의 입구 및 연소방지설비 송수구가 설치된 장소(지상)에 설치하여야 한다.

제11조(통합감시시설) 통합감시시설은 다음 각 호의 기준에 따라 설치한다.
1. 소방관서와 지하구의 통제실 간에 화재 등 소방활동과 관련된 정보를 상시 교환할 수 있는 정보통신망을 구축할 것
2. 제1호의 정보통신망(무선통신망을 포함한다)은 광케이블 또는 이와 유사한

성능을 가진 선로일 것
3. 수신기는 지하구의 통제실에 설치하되 화재신호, 경보, 발화지점 등 수신기에 표시되는 정보가 [별표1]에 적합한 방식으로 119상황실이 있는 관할 소방관서의 정보통신장치에 표시되도록 할 것

제12조(다른 화재안전기준과의 관계) 지하구에 설치하는 소방시설 등의 설치기준 중 이 기준에서 규정하지 아니한 소방시설 등의 설치기준은 개별 화재안전기준에 따라 설치하여야 한다.

제13조(기존 지하구에 대한 특례)「화재예방, 소방시설 설치·유지 및 안전관리에 관한 법률」제11조에 따라 기존 지하구에 설치하는 소방시설 등에 대해 강화된 기준을 적용하는 경우에는 다음 각 호의 설치·유지 관련 특례를 적용한다.
1. 특고압 케이블이 포설된 송·배전 전용의 지하구(공동구를 제외한다)에는 온도 확인 기능 없이 최대 700m의 경계구역을 설정하여 발화지점(1m 단위)을 확인할 수 있는 감지기를 설치할 수 있다.
2. 소방본부장 또는 소방서장은 이 기준이 정하는 기준에 따라 해당 건축물에 설치하여야 할 소방시설 등의 공사가 현저하게 곤란하다고 인정되는 경우에는 해당 설비의 기능 및 사용에 지장이 없는 범위 안에서 소방시설 등의 설치·유지기준의 일부를 적용하지 아니할 수 있다.

제14조(재검토기한) 소방청장은 「훈령·예규 등의 발령 및 관리에 관한 규정」에 따라 이 고시에 대하여 2021년 1월 1일을 기준으로 매3년이 되는 시점(매 3년째의 12월 31일까지를 말한다)마다 그 타당성을 검토하여 개선 등의 조치를 하여야 한다.

부 칙 〈제2021-11호, 2021.1.15〉

제 1 조(시행일) 이 고시는 발령한 날부터 시행한다.

제 2 조(다른 고시의 폐지)「연소방지설비의 화재안전기준(NFSC 506)」을 폐지하고 「지하구의 화재안전기준(NFSC 605)」으로 전부 개정한다.

제 3 조(다른 고시의 개정) ① 「소화기구 및 자동소화장치의 화재안전기준(NFSC 101)」일부를 다음과 같이 개정한다.

제4조제1항제4호가목 중 단서 조항을 "다만, 가연성물질이 없는 작업장의 경우에는 작업장의 실정에 맞게 보행거리를 완화하여 배치할 수 있다."로 개정한다.

[별표 4] 부속용도별로 추가하여야 할 소화기구 및 자동소화장치 중 용도별 제1호라목을 삭제하고 소화기구의 능력단위 제1호 단서 조항 "다만, 지하구의 제어반 또는 분전반의 경우에는 제어반 또는 분전반마다 그 내부에 가스·분말·고체에어로졸자동소화장치를 설치하여야 한다."를 삭제한다.

② 「미분무소화설비의 화재안전기준(NFSC 104A)」일부를 다음과 같이 개정한다.

제10조제3호 중 "지하구"를 삭제한다.

③ 「비상경보설비 및 단독경보형감지기의 화재안전기준(NFSC 201)」일부를 다음과 같이 개정한다.

제4조제5항 중 단서 조항 "다만, 지하구의 경우에는 발신기를 설치하지 아니할 수 있다."를 삭제한다.

④ 「자동화재탐지설비 및 시각경보장치의 화재안전기준(NFSC 203)」일부를 다음과 같이 개정한다.

제4조제1항제4호 "지하구의 경우 하나의 경계구역의 길이는 700m 이하로 할 것"을 삭제한다.

제7조제3항제12호바목 중 "지하구나"를 삭제한다.

제7조제6항을 삭제한다.

제9조제1항 중 단서 조항 "다만, 지하구의 경우에는 발신기를 설치하지 아니할 수 있다."를 삭제한다.

[별표1]

통합감시시설 구성 표준 프로토콜 정의서(제12조 제3호 관련)

1. 적용

지하구의 화재안전기준 제12조(통합감시시설)3호 지하구의 수신기 정보를 관한 소방관서의 정보통신장치에 표시하기 위하여 적용하는 Modbus-TCP/IP 프로토콜 방식에 대한 규정이다.

1.1 Ethernet은 현장에서 할당된 IP와 고정PORT로 TCP접속한다.
1.2 IP : 현장에서 할당된 IP
1.3 PORT : 502(고정)

2. Modbus/TCP 구성

2.1 Modbus/TCP 구성은 MBAP(Modbus Application Protocol)를 선두로 Function Code, Data순으로 이루어져 있다.

MBAP Header	Function Code	Data

2.2 MBAP Header는 총 7 Bytes이다.

항목	길이	설명
Transaction Identifier	2 bytes	Client의 요청 값을 Server가 동일하게 사용
Protocol Identifier	2 bytes	0x0000의 고정 값을 사용
Length	2 bytes	Length 이후의 Byte 수
Unit Identifier	1byte	Tcp port는 0x01로 고정

2.3 Function Code는 Modbus프로토콜에서 제공하는 명령어 집합코드이다.

Code	Function	Register Number	Description
01H	Read Coils	000001~065536	Read 1 bit
02H	Read Discrete Inputs	100001~165536	Read 1 bit
03H	Read Holding Registers	400001~465536	Read 16 bit
04H	Read Input Registers	300001~365536	Read 16 bit
05H	Force Single Coil	000001~065536	Write 1 bit
65H	Read Temp. Registers	600001~665536	Read 16 bit

2.4 Data

Data는 Function Code에 따라 구조가 달라지며 기본적으로 Start Address, Length, Byte Count, Data의 구성한다.

Start Address (2 bytes)	Length (2 bytes)	Byte Count (1 byte)	Data (N byte)

3. Client/Server Model

TCP/IP 통신 개요

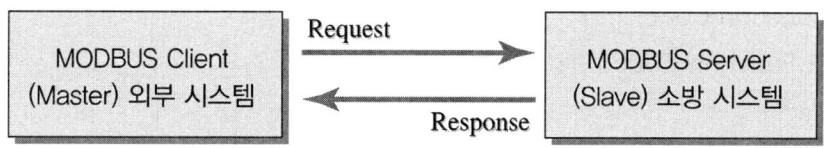

- Port : 502
- IP : Server IP

4. Request

외부 시스템에서 소방시스템으로 정보를 요청하는 Packet이다.

4.1 Function Code

- Function Code : 04H

4.2 Packet

MBAP Header				Function Code	Data	
Transaction ID	Protocol ID	Length	Unit ID		Start Address	Length
00H00H	00H00H	00H00H	01H	04H	00H00H	00H00H

4.3 Sample

MBAP Header				Function Code	Data	
Transaction ID	Protocol ID	Length	Unit ID		Start Address	Length
00H 01H	00H00H	00H 06H	01H	04H	00H00H	FFHFFH

- Transaction Code : 00H00H (고정)또는 00H 01H ~FFHFFH (1씩 증가)
- Protocol ID : 00H00H (고정)
- Length : 00H 06H (고정)
- Unit ID : 01H (고정)
- Function Code : 04H (고정)
- Start Address : 00H00H(고정)
- Length : FFHFFH(고정)

5. Response

소방 시스템에서 외부 시스템의 정보 요청에 대한 응답이다.

5.1 Function Code

- Function Code : 04H

5.2 Packet

MBAP Header				Function Code	Data	
Transaction ID	Protocol ID	Length	Unit ID		Start Address	Data
00H00H	00H00H	00H00H	01H	04H	00H00H	00H00H

5.3 Data : 이벤트 정보 값 상세 구성

5.3.1 Start Address (16 bit)

구분	Address Number	Device Number
01유닛 001 ~ 100디바이스	301001 ~ 301100	01-001 ~ 01-100
02유닛 001 ~ 100디바이스	302001 ~ 302100	02-001 ~ 02-100
⋮	⋮	⋮
64유닛 001 ~ 100디바이스	364001 ~ 364100	64-001 ~ 64-100

5.3.2 Data (16 bit)

Alarm Flag	Alarm Type	I/O Type	I/O Number
0000 bit	0000 bit	0 0 0 0 bit	0 0 0 0 bit

(1) Alarm Flag

정보	Bit
정상	0 0 0 0
발생	0 0 0 1

(2) Alarm Type

정보	Bit
화재	0 0 0 1
감시	0 0 1 0
고장	0 1 0 0
제어	1 0 0 0
미정	0 0 0 0

(3) I/O Type

정보	Bit
감시	0 0 0 1
제어	1 0 1 0

(4) I/O Number

정보	Bit
No 1	0 0 0 1
No 2	0 0 1 0
No 3	0 1 0 0
No 4	1 0 0 0

5.4 Sample -Event

MBAP Header				Function Code	Data	
Transaction ID	Protocol ID	Length	Unit ID		Start Address	Data
00H 01H	00H 00H	00H 06H	01H	04H	03H E9H	01H 01H

- Transaction Code : Request 패킷의 Transaction ID와 동일
- Protocol ID : 00H 00H (고정)
- Length : 00H 06H (고정)
- Unit ID : 01H (고정)
- Function Code : 04H (고정)
- Start Address : Device Number 01-001 (0x03E9)
- Data 이벤트 : I/O No 1 -감시 /Alarm 발생

5.5 Sample -System Reset

MBAP Header				Function Code	Data	
Transaction ID	Protocol ID	Length	Unit ID		Start Address	Data
00H 01H	00H 00H	00H 06H	01H	04H	00H 00H	00H 00H

- Transaction Code : Request 패킷의 Transaction ID와 동일
- Protocol ID : 00H 00H (고정)
- Length : 00H 06H (고정)
- Unit ID : 01H (고정)
- Function Code : 04H (고정)
- Start Address : 00H(고정)
- Data 이벤트 : 00H(고정)

소방시설용비상전원수전설비의 화재안전기준(NFSC 602)

[시행 2019. 5. 24.] [소방청고시 제2019-39호, 2019. 5. 24., 일부개정]

제 3 조(정의) 이 기준에서 사용되는 용어의 정의는 다음과 같다. 〈개정 2012.8.20〉
1. "전기사업자"란 「전기사업법」 제2조제2호에 따른 자를 말한다.
2. "인입선"이란 「전기설비기술기준」 제3조제1항제9호에 따른 것을 말한다.
3. "인입구배선"이란 인입선 연결점으로부터 특정소방대상물내에 시설하는 인입개폐기에 이르는 배선을 말한다
4. "인입개폐기"란 「전기설비기술기준의 판단기준」 제169조에 따른 것을 말한다.
5. "과전류차단기"란 「전기설비기술기준의 판단기준」 제38조와 제39조에 따른 것을 말한다.
6. "소방회로"란 소방부하에 전원을 공급하는 전기회로를 말한다.
7. "일반회로"란 소방회로 이외의 전기회로를 말한다.
8. "수전설비"란 전력수급용 계기용변성기·주차단장치 및 그 부속기기를 말한다.
9. "변전설비"란 전력용변압기 및 그 부속장치를 말한다.
10. "전용큐비클식"이란 소방회로용의 것으로 수전설비, 변전설비 그 밖의 기기 및 배선을 금속제 외함에 수납한 것을 말한다.
11. "공용큐비클식"이란 소방회로 및 일반회로 겸용의 것으로서 수전설비, 변전설비 그 밖의 기기 및 배선을 금속제 외함에 수납한 것을 말한다.
12. "전용배전반"이란 소방회로 전용의 것으로서 개폐기, 과전류차단기, 계기 그 밖의 배선용기기 및 배손을 금속제 외함에 수납한 것을 말한다.
13. "공용배전반"이란 소방회로 및 일반회로 겸용의 것으로서 개폐기, 과전류차단기, 계기 그 밖의 배선용기기 및 배선을 금속제 외함에 수납한 것을 말한다.
14. "전용분전반"이란 소방회로 전용의 것으로서 분기 개폐기, 분기과전류차단기 그 밖의 배선용기기 및 배선을 금속제 외함에 수납한 것을 말한다.

15. "공용분전반"이란 소방회로 및 일반회로 겸용의 것으로서 분기개폐기, 분기과전류차단기 그 밖의 배선용기기 및 배선을 금속제 외함에 수납한 것을 말한다.

제 4 조(인입선 및 인입구 배선의 시설) ①인입선은 특정소방대상물에 화재가 발생할 경우에도 화재로 인한 손상을 받지 않도록 설치하여야 한다.

②인입구배선은 「옥내소화전설비의 화재안전기준(NFSC 102)」 별표 1에 따른 내화배선으로 하여야 한다. 〈개정 2012.8.20〉

제 5 조(특별고압 또는 고압으로 수전하는 경우) ①일반전기사업자로부터 특별고압 또는 고압으로 수전하는 비상전원 수전설비는 방화구획형, 옥외개방형 또는 큐비클(Cubicle)형으로 하여야 한다.
1. 전용의 방화구획 내에 설치할 것
2. 소방회로배선은 일반회로배선과 불연성 벽으로 구획할 것. 다만, 소방회로배선과 일반회로배선을 15cm 이상 떨어져 설치한 경우는 그러하지 아니한다.
3. 일반회로에서 과부하, 지락사고 또는 단락사고가 발생한 경우에도 이에 영향을 받지 아니하고 계속하여 소방회로에 전원을 공급시켜 줄 수 있어야 할 것
4. 소방회로용 개폐기 및 과전류차단기에는 "소방시설용"이라 표시할 것
5. 전기회로는 별표 1 같이 결선할 것

암기방법 방옥큐, 방불영표회 ★★★

②옥외개방형은 다음 각 호에 적합하게 설치하여야 한다. 〈개정 2012.8.20〉
1. 건축물의 옥상에 설치하는 경우에는 그 건축물에 화재가 발생할 경우에도 화재로 인한 손상을 받지 않도록 설치할 것
2. 공지에 설치하는 경우에는 인접 건축물에 화재가 발생한 경우에도 화재로 인한 손상을 받지 않도록 설치할 것
3. 그 밖의 옥외개방형의 설치에 관하여는 제1항제2호부터 제5호까지의 규정에 적합하게 설치할 것

③큐비클형은 다음 각 호에 적합하게 설치하여야 한다. 〈개정 2012.8.20〉
1. 전용큐비클 또는 공용큐비클식으로 설치할 것

2. 외함은 두께 2.3mm 이상의 강판과 이와 동등 이상의 강도와 내화성능이 있는 것으로 제작하여야 하며, 개구부(제3호에 게기하는 것은 제외한다)에는 갑종방화문 또는 을종방화문을 설치할 것
3. 다음 각 목(옥외에 설치하는 것은 가목부터 다목까지)에 해당하는 것은 외함에 노출하여 설치할 수 있다.
   가. 표시등(불연성 또는 난연성재료로 덮개를 설치한 것에 한한다)
   나. 전선의 인입구 및 인출구
   다. 환기장치
   라. 전압계(퓨즈 등으로 보호한 것에 한한다)
   마. 전류계(변류기의 2차측에 접속된 것에 한한다)
   바. 계기용 전환스위치(불연성 또는 난연성재료로 제작된 것에 한한다)
4. 외함은 건축물의 바닥 등에 견고하게 고정할 것
5. 외함에 수납하는 수전설비, 변전설비 그 밖의 기기 및 배선은 다음 각 목에 적합하게 설치할 것
   가. 외함 또는 프레임(Frame) 등에 견고하게 고정할 것
   나. 외함의 바닥에서 10cm(시험단자, 단자대 등의 충전부는 15cm) 이상의 높이에 설치할 것
6. 전선 인입구 및 인출구에는 금속관 또는 금속제 가요전선관을 쉽게 접속할 수 있도록 할 것
7. 환기장치는 다음 각 목에 적합하게 설치할 것
   가. 내부의 온도가 상승하지 않도록 환기장치를 할 것
   나. 자연환기구의 개부구 면적의 합계는 외함의 한 면에 대하여 해당 면적의 3분의 1 이하로 할 것. 이 경우 하나의 통기구의 크기는 직경 10mm 이상의 둥근 막대가 들어가서는 아니 된다.
   다. 자연환기구에 따라 충분히 환기할 수 없는 경우에는 환기설비를 설치할 것.
   라. 환기구에는 금속망, 방화댐퍼 등으로 방화조치를 하고, 옥외에 설치하는 것은 빗물 등이 들어가지 않도록 할 것
8. 공용큐비클식의 소방회로와 일반회로에 사용되는 배선 및 배선용기기는 불연재료로 구획할 것
9. 그 밖의 큐비클형의 설치에 관하여는 제1항제2호부터 제5호까지의 규정 및 한국산업표준에 적합할 것

제 6 조(저압으로 수전하는 경우) 전기사업자로부터 저압으로 수전하는 비상전원설비는 전용배전반 (1·2종)·전용분전반(1·2종)또는 공용분전반(1·2종)으로 하여야 한다. ①제1종 배전반 및 제1종 분전반은 다음 각 호에 적합하게 설치하여야 한다. 〈개정 2012.8.20〉

1. 외함은 두께 1.6mm(전면판 및 문은 2.3mm) 이상의 강판과 이와 동등 이상의 강도와 내화성능이 있는 것으로 제작할 것
2. 외함의 내부는 외부의 열에 의해 영향을 받지 많도록 내열성 및 단열성이 있는 재료를 사용하여 단열할 것. 이 경우 단열부분은 열 또는 진동에 따라 쉽게 변형되지 아니하여야 한다.
3. 다음 각 목에 해당하는 것은 외함에 노출하여 설치할 수 있다.
   가. 표시등(불연성 또는 난연성재료로 덮개를 설치한 것에 한한다)
   나. 전선의 인입구 및 입출구
4. 외함은 금속관 또는 금속제 가요전선관을 쉽게 접속할 수 있도록 하고, 당해 접속부분에는 단열조치를 할 것
5. 공용배전판 및 공용분전판의 경우 소방회로와 일반회로에 사용하는 배선 및 배선용 기기는 불연재료로 구획되어야 할 것

②제2종 배전반 및 제2종 분전반은 다음 각 호에 적합하게 설치하여야 한다. 〈개정 2012.8.20〉

1. 외함은 두께 1mm(함전면의 면적이 1,000cm^{2}를 초과하고 2,000cm^2 이하인 경우에는 1.2mm, 2,000cm^{2}를 초과하는 경우에는 1.6mm) 이상의 강판과 이와 동등 이상의 강도와 내화성능이 있는 것으로 제작할 것
2. 제1항 제3호 각목에 정한 것과 120℃의 온도를 가했을 때 이상이 없는 전압계 및 전류계는 외함에 노출하여 설치할 것
3. 단열을 위해 배선용 불연전용실내에 설치할 것
4. 그 밖의 제2종 배전반 및 제2종 분전반의 설치에 관하여는 제1항 제4호 및 제5호의 규정에 적합할 것

③그 밖의 배전반 및 분전반의 설치에 관하여는 다음 각 호에 적합하여야 한다. 〈개정 2012.8.20〉

1. 일반회로에서 과부하·지락사고 또는 단락사고가 발생한 경우에도 이에 영향을 받지 아니하고 계속하여 소방회로에 전원을 공급시켜 줄 수 있어야 할 것
2. 소방회로용 개폐기 및 과전류차단기에는 "소방시설용"이라는 표시를 할 것
3. 전기회로는 별표 2와 같이 결선할 것

[별표1]

고압 또는 특별고압 수전의 경우(제5조제1항제5호 관련)

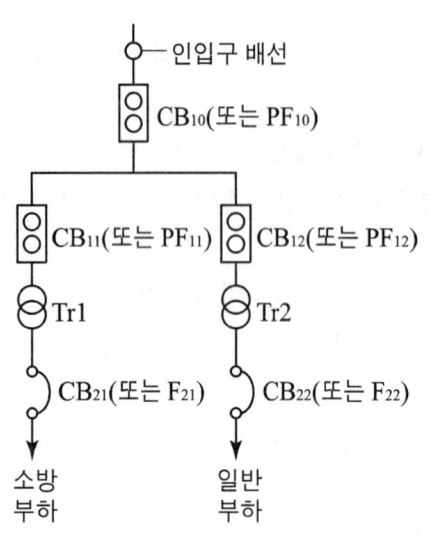

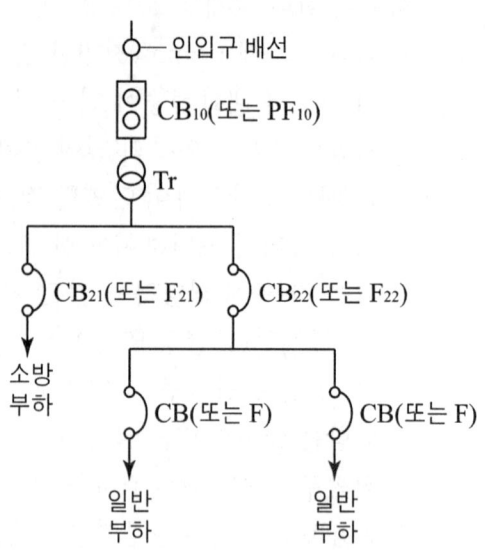

(가) 전용의 전력용변압기에서 소방부하에 전원을 공급하는 경우

[주]
1. 일반회로의 과부하 또는 단락사고시에 CB_{10}(또는 PF_{10})이 CB_{12}(또는 PF_{12}) 및 CB_{22}(또는 F_{22})보다 먼저 차단되어서는 아니된다.
2. CB_{11}(또는 PF_{11})은 CB_{12}(또는 PF_{12})와 동등이상의 차단용량일 것.

약호	명칭
CB	전력차단기
PF	전력퓨즈(고압 또는 특별고압용)
F	퓨즈(저압용)
Tr	전력용변압기

(나) 공용의 전력용변압기에서 소방부하에 전원을 공급하는 경우

[주]
1. 일반회로의 과부하 또는 단락사고시에 CB_{10}(또는 PF_{10})이 CB_{22}(또는 F_{22}) 및 CB(또는 F)보다 먼저 차단되어서는 아니된다.
2. CB_{21}(또는 F_{21})은 CB_{22}(또는 F_{22})와 동등이상의 차단용량일 것.

약호	명칭
CB	전력차단기
PF	전력퓨즈(고압 또는 특별고압용)
F	퓨즈(저압용)
Tr	전력용변압기

[별표 2]

저압수전의 경우(제6조제3항제3호관련)

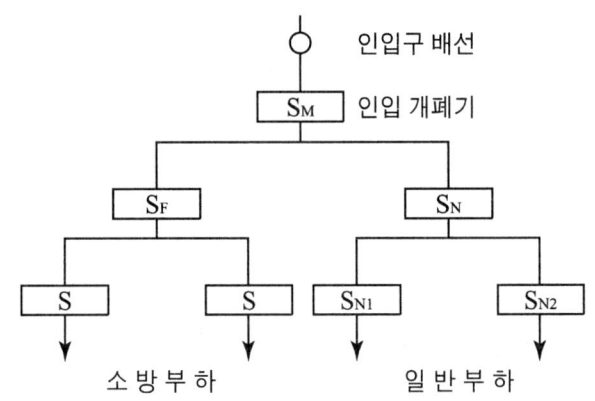

[주]
1. 일반회로의 과부하 또는 단락사고시 S_M이 S_N, S_{N1} 및 S_{N2}보다 먼저차단 되어서는 아니된다.
2. S_F는 S_N과 동등 이상의 차단용량일 것

약호	명칭
〈삭제〉	〈삭 제〉
〈삭제〉	〈삭 제〉
〈삭제〉	〈삭 제〉
〈삭제〉	〈삭 제〉
S	저압용개폐기 및 과전류차단기

필수사항 (아주 중요)(별표 1, 별표 2 결선도 반드시 암기해야 함) 중요도 ★★★★★
(자주 출제)

도로터널의 화재안전기준(NFSC 603)

[시행 2017. 7. 26.] [소방청고시 제2017-1호, 2017. 7. 26., 타법개정]

제 3 조(정의) 이 기준에서 사용하는 용어의 정의는 다음과 같다.
1. "도로터널"이란 「도로법」 제8조에서 규정한 도로의 일부로서 자동차의 통행을 위해 지붕이 있는 지하 구조물을 말한다. 〈개정 2012.8.20〉
2. "설계화재강도"란 터널 화재시 소화설비 및 제연설비 등의 용량산정을 위해 적용하는 차종별 최대열방출률(MW)을 말한다. 〈개정 2012.8.20〉
3. "종류환기방식"이란 터널 안의 배기가스와 연기 등을 배출하는 환기설비로서 기류를 종방향(출입구 방향)으로 흐르게 하여 환기하는 방식을 말한다. 〈개정 2012.8.20〉
4. "횡류환기방식"이란 터널 안의 배기가스와 연기 등을 배출하는 환기설비로서 기류를 횡방향(바닥에서 천장)으로 흐르게 하여 환기하는 방식을 말한다. 〈개정 2012.8.20〉
5. "반횡류환기방식"이란 터널 안의 배기가스와 연기 등을 배출하는 환기설비로서 터널에 수직배기구를 설치해서 횡방향과 종방향으로 기류를 흐르게 하여 환기하는 방식을 말한다. 〈개정 2012.8.20〉
6. "양방향터널"이란 하나의 터널 안에서 차량의 흐름이 서로 마주보게 되는 터널을 말한다. 〈개정 2012.8.20〉
7. "일방향터널"이란 하나의 터널 안에서 차량의 흐름이 하나의 방향으로만 진행되는 터널을 말한다. 〈개정 2012.8.20〉
8. "연기발생률"이란 일정한 설계화재강도의 차량에서 단위 시간당 발생하는 연기량을 말한다. 〈개정 2012.8.20〉
9. "피난연결통로"란 본선터널과 병설된 상대터널이나 본선터널과 평행한 피난통로를 연결하기 위한 연결통로를 말한다. 〈개정 2012.8.20〉
10. "배기구"란 터널 안의 오염공기를 배출하거나 화재발생시 연기를 배출하기 위한 개구부를 말한다. 〈개정 2012.8.20.〉

필수사항 (용어 암기 및 숙지 필요)   중요도 ★★★

제 4 조(소화기) 소화기는 다음 각 호의 기준에 따라 설치하여야 한다. 〈개정 2012.8.20〉

1. 소화기의 능력단위(「소화기구의 화재안전기준(NFSC 101)」 제3조제6호에 따른 수치를 말한다. 이하 같다)는 A급 화재는 3단위 이상, B급 화재는 5단위 이상 및 C급 화재에 적응성이 있는 것으로 할 것〈개정 2012.8.20〉
2. 소화기의 총중량은 사용 및 운반의 편리성을 고려하여 7kg 이하로 할 것〈개정 2012.8.20〉
3. 소화기는 주행차로의 우측 측벽에 50m 이내의 간격으로 2개 이상을 설치하며, 편도2차선 이상의 양방향 터널과 4차로 이상의 일방향 터널의 경우에는 양쪽 측벽에 각각 50m 이내의 간격으로 엇갈리게 2개 이상을 설치할 것〈개정 2012.8.20〉
4. 바닥면(차로 또는 보행로를 말한다. 이하 같다)으로부터 1.5m 이하의 높이에 설치할 것〈개정 2012.8.20〉
5. 소화기구함의 상부에 "소화기"라고 조명식 또는 반사식의 표지판을 부착하여 사용자가 쉽게 인지할 수 있도록 할 것

암기방법 **3, 5, 7,50, 1.5, 표** 중요도 ★★★

제 5 조(옥내소화전설비) 옥내소화전설비는 다음 각 호의 기준에 따라 설치하여야 한다. 〈개정 2012.8.20〉

1. 소화전함과 방수구는 주행차로 우측 측벽을 따라 50m 이내의 간격으로 설치하며, 편도 2차선 이상의 양방향 터널이나 4차로 이상의 일방향 터널의 경우에는 양쪽 측벽에 각각 50m 이내의 간격으로 엇갈리게 설치할 것
2. 수원은 그 저수량이 옥내소화전의 설치개수 2개(4차로 이상의 터널의 경우 3개)를 동시에 40분 이상 사용할 수 있는 충분한 양 이상을 확보할 것
3. 가압송수장치는 옥내소화전 2개(4차로 이상의 터널인 경우 3개)를 동시에 사용할 경우 각 옥내소화전의 노즐선단에서의 방수압력은 0.35MPa 이상이고 방수량은 190*l*/min 이상이 되는 성능의 것으로 할 것. 다만, 하나의 옥내소화전을 사용하는 노즐선단에서의 방수압력이 0.7MPa을 초과할 경우에는 호스접결구의 인입측에 감압장치를 설치하여야 한다.
4. 압력수조나 고가수조가 아닌 전동기 및 내연기관에 의한 펌프를 이용하는 가압송수장치는 주펌프와 동등 이상인 별도의 예비펌프를 설치할 것
5. 방수구는 40mm 구경의 단구형을 옥내소화전이 설치된 벽면의 바닥면으로

부터 1.5m 이하의 높이에 설치할 것
6. 소화전함에는 옥내소화전 방수구 1개, 15m 이상의 소방호스 3본 이상 및 방수노즐을 비치할 것
7. 옥내소화전설비의 비상전원은 40분 이상 작동할 수 있을 것

암기방법 2개(3개), 190, 40, 0.35 중요도 ★★★★★
(계산문제 많이 출제) (아주 중요)

제 5 조의2(물분무소화설비) 물분무소화설비는 다음 각 호의 기준에 따라 설치하여야 한다. 〈신설 2009.10.22, 개정 2012.8.20〉
1. 물분무 헤드는 도로면에 $1m^2$당 $6l/min$ 이상의 수량을 균일하게 방수할 수 있도록 할 것
2. 물분무설비의 하나의 방수구역은 25m 이상으로 하며, 3개 방수구역을 동시에 40분 이상 방수할 수 있는 수량을 확보 할 것
3. 물분무설비의 비상전원은 40분 이상 기능을 유지할 수 있도록 할 것

암기방법 6, 25, 3, 40 중요도 ★★★★★
(계산문제 출제 가능) (아주중요)

제 6 조(비상경보설비) 비상경보설비는 다음 각 호의 기준에 따라 설치하여야 한다. 〈개정 2012.8.20〉
1. 발신기는 주행차로 한쪽 측벽에 50m 이내의 간격으로 설치하며, 편도 2차선 이상의 양방향 터널이나 4차로 이상의 일방향 터널의 경우에는 양쪽의 측벽에 각각 50m 이내의 간격으로 엇갈리게 설치할 것. 〈개정 2012.8.20〉
2. 발신기는 바닥면으로부터 0.8m 이상 1.5m 이하의 높이에 설치할 것
3. 음향장치는 발신기 설치위치와 동일하게 설치할 것. 다만, 「비상방송설비의 화재안전기준(NFSC 202)」에 적합하게 설치된 방송설비를 비상경보설비와 연동하여 작동하도록 설치한 경우에는 비상경보설비의 지구음향장치를 설치하지 아니할 수 있다. 〈개정 2012.8.20〉
4. 음량장치의 음량은 부착된 음향장치의 중심으로부터 1m 떨어진 위치에서 90dB 이상이 되도록 할 것
5. 음향장치는 터널내부 전체에 동시에 경보를 발하도록 설치할 것
6. 시각경보기는 주행차로 한쪽 측벽에 50m 이내의 간격으로 비상경보설비 상

부 직근에 설치하고, 전체 시각경보기는 동기방식에 의해 작동될 수 있도록 할 것

제 7 조(자동화재탐지설비) ①터널에 설치할 수 있는 감지기의 종류는 다음 각 호의 어느 하나와 같다. 〈개정 2012.8.20〉
1. 차동식분포형감지기
2. 정온식감지선형감지기(아날로그식에 한한다. 이하 같다.)
3. 중앙기술심의위원회의 심의를 거쳐 터널화재에 적응성이 있다고 인정된 감지기

> **암기방법** **차정심** ★★★★★ 중요도
> (아주 중요)

②하나의 경계구역의 길이는 100m 이하로 하여야 한다.

> **암기방법** **100** ★★★ 중요도

③제1항에 의한 감지기의 설치기준은 다음 각 호와 같다. 다만, 중앙기술심의위원회의 심의를 거쳐 제조사 시방서에 따른 설치방법이 터널화재에 적합하다고 인정되는 경우에는 다음 각 호의 기준에 의하지 아니하고 심의결과에 의한 제조사 시방서에 따라 설치할 수 있다. 〈개정 2012.8.20〉
1. 감지기의 감열부(열을 감지하는 기능을 갖는 부분을 말한다. 이하 같다)와 감열부 사이의 이격거리는 10m 이하로, 감지기와 터널 좌·우측 벽면과의 이격거리는 6.5m 이하로 설치할 것
2. 제1호에도 불구하고 터널 천장의 구조가 아치형의 터널에 감지기를 터널 진행방향으로 설치하고자 하는 경우에는 감열부와 감열부 사이의 이격거리를 10m 이하로 하여 아치형 천장의 중앙 최상부에 1열로 감지기를 설치하여야 하며, 감지기를 2열 이상으로 설치하고자 하는 경우에는 감열부와 감열부 사이의 이격거리는 10m 이하로 감지기 간의 이격거리는 6.5m 이하로 설치할 것〈개정 2012.8.20〉
3. 감지기를 천장면(터널 안 도로 등에 면한 부분 또는 상층의 바닥 하부면을 말한다. 이하 같다)에 설치하는 경우에는 감기기가 천장면에 밀착되지 않도록 고정금구 등을 사용하여 설치할 것

4. 형식승인 내용에 설치방법이 규정된 경우에는 형식승인 내용에 따라 설치할 것. 다만, 감지기와 천장면과의 이격거리에 대해 제조사의 시방서에 규정되어 있는 경우에는 시방서의 규정에 따라 설치할 수 있다.

④제2항에도 불구하고 감지기의 작동에 의하여 다른 소방시설 등이 연동되는 경우로서 해당 소방시설 등의 작동을 위한 정확한 발화위치를 확인할 필요가 있는 경우에는 경계구역의 길이가 해당 설비의 방호구역 등에 포함되도록 설치하여야 한다. 〈개정 2012.8.20〉

⑤발신기 및 지구음향장치는 제6조를 준용하여 설치하여야 한다. 〈개정 2012.8.20〉

제 8 조(비상조명등) 비상조명등은 다음 각 호의 기준에 따라 설치하여야 한다. 〈개정 2012.8.20〉

1. 상시 조명이 소등된 상태에서 비상조명등이 점등되는 경우 터널안의 차도 및 보도의 바닥면의 조도는 10lx 이상, 그 외 모든 지점의 조도는 1lx 이상이 될 수 있도록 설치할 것
2. 비상조명등은 상용전원이 차단되는 경우 자동으로 비상전원으로 60분 이상 점등되도록 설치할 것
3. 비상조명등에 내장된 예비전원이나 축전지설비는 상용전원의 공급에 의하여 상시 충전상태를 유지할 수 있도록 설치할 것

암기방법 **10, 1, 60분** 　　　　　　　　　　중요도 ★★★

제 9 조(제연설비) ①제연설비는 다음 각 호의 사양을 만족하도록 설계하여야 한다. 〈개정 2012.8.20〉

1. 설계화재강도 20MW를 기준으로 하고, 이 때 연기발생률은 80m³/s로 하며, 배출량은 발생된 연기와 혼합된 공기를 충분히 배출할 수 있는 용량 이상을 확보할 것

암기방법 **20, 80 배** 　　　　　　　　　　중요도 ★★★

2. 제1호에도 불구하고 화재강도가 설계화재강도 보다 높을 것으로 예상될 경우 위험도분석을 통하여 설계화재강도를 설정하도록 할 것 〈개정 2012.8.20〉

②제연설비는 다음 각 호의 기준에 따라 설치하여야 한다. 〈개정 2012.8.20〉

1. 종류환기방식의 경우 제트팬의 소손을 고려하여 예비용 제트팬을 설치하도

록 할 것
  2. 횡류환기방식(또는 반횡류환기방식) 및 대배기구 방식의 배연용 팬은 덕트의 길이에 따라서 노출온도가 달라질 수 있으므로 수치해석 등을 통해서 내열온도 등을 검토한 후에 적용하도록 할 것
  3. 대배기구의 개폐용 전동모터는 정전 등 전원이 차단되는 경우에도 조작상태를 유지할 수 있도록 할 것
  4. 화재에 노출이 우려되는 제연설비와 전원공급선 및 제트팬 사이의 전원공급장치 등은 250℃의 온도에서 60분 이상 운전상태를 유지할 수 있도록 할 것

③제연설비의 기동은 다음 각 호의 어느 하나에 의하여 자동 또는 수동으로 기동될 수 있도록 하여야 한다. 〈개정 2012.8.20〉
  1. 화재감지기가 동작되는 경우
  2. 발신기의 스위치 조작 또는 자동소화설비의 기동장치를 동작시키는 경우
  3. 화재수신기 또는 감시제어반의 수동조작스위치를 동작시키는 경우

암기방법 감발자수   중요도 ★★★★★

  (아주 중요)

④비상전원은 60분 이상 작동할 수 있도록 하여야 한다.

암기방법 60분   중요도 ★★★

제10조(연결송수관설비) 연결송수관설비는 다음 각 호의 기준에 따라 설치하여야 한다. 〈개정 2012.8.20〉
  1. 방수압력은 0.35MPa 이상, 방수량은 400L/min 이상을 유지할 수 있도록 할 것
  2. 방수구는 50m 이내의 간격으로 옥내소화전함에 병설하거나 독립적으로 터널출입구 부근과 피난연결통로에 설치할 것
  3. 방수기구함은 50m 이내의 간격으로 옥내소화전함 안에 설치하거나 독립적으로 설치하고, 하나의 방수기구함에는 65mm 방수노즐 1개와 15m 이상의 호스 3본을 설치하도록 할 것

암기방법 400, 50 한쪽에만 설치   중요도 ★★★

제11조(무선통신보조설비) ①무선통신보조설비의 무전기접속단자는 방재실과 터널의 입구 및 출구, 피난연결통로에 설치하여야 한다.
②라디오 재방송설비가 설치되는 터널의 경우에는 무선통신보조설비와 겸용으로 설치할 수 있다.

제12조(비상콘센트설비) 비상콘센트설비는 다음 각 호의 기준에 따라 설치하여야 한다.〈개정 2012.8.20〉
1. 비상콘센트설비의 전원회로는 단상교류 220V인 것으로서 그 공급용량은 1.5KVA 이상인 것으로 할 것.〈개정 2013.9.3〉
2. 전원회로는 주배전반에서 전용회로로 할 것. 다만, 다른 설비의 회로의 사고에 따른 영향을 받지 아니하도록 되어 있는 것은 그러하지 아니하다.〈개정 2012.8.20〉
3. 콘센트마다 배선용 차단기(KS C 8321)를 설치하여야 하며, 충전부가 노출되지 아니하도록 할 것
4. 주행차로의 우측 측벽에 50m 이내의 간격으로 바닥으로부터 0.8m 이상 1.5m 이하의 높이에 설치할 것

암기방법 **단전배 50 우측에만 설치**   중요도 ★★★

고층건축물의 화재안전기준(NFSC 604)

★ 신규제정으로 매우 중요함 : 철저히 준비요망 ★

[시행 2017. 7. 26.] [소방청고시 제2017-1호, 2017. 7. 26., 타법개정]

제 2 조(적용범위) 고층건축물에 설치하는 소방시설과 「초고층 및 지하연계 복합건축물 재난관리에 관한 특별법시행령」 제14조제2항에 따라 피난안전구역에 설치하는 소방시설은 이 기준에서 정하는 규정에 적합하게 설비를 설치하고 유지·관리하여야 한다.

제 3 조(정의) ① 이 기준에서 사용하는 용어의 정의는 다음과 같다.
  1. "고층건축물"이란 건축법 제2조제1항제19호 규정에 따른 건축물을 말한다.

  참고 19. "고층건축물"이란 층수가 30층 이상이거나 높이가 120미터 이상인 건축물을 말한다.

  2. "급수배관"이란 수원 및 옥외송수구로부터 옥내소화전 방수구 또는 스프링클러헤드, 연결송수관 방수구에 급수하는 배관을 말한다.
  ② 이 기준에서 사용하는 용어는 제1항에서 규정한 것을 제외하고는 관계법령 및 개별 화재안전기준에서 정하는 바에 따른다.

제 4 조(다른 화재안전기준과의 관계) 고층건축물에 설치하는 소방시설 등의 설치기준 중 이 기준에서 규정하지 아니한 설치기준은 개별 화재안전기준에 따라 설치하여야 한다.

제 5 조(옥내소화전설비) ① 수원은 그 저수량이 옥내소화전의 설치개수가 가장 많은 층의 설치개수(5개 이상 설치된 경우에는 5개)에 $5.2m^3$(호스릴옥내소화전설비를 포함한다)를 곱한 양 이상이 되도록 하여야 한다. 다만, 층수가 50층 이상인 건축물의 경우에는 $7.8m^3$를 곱한 양 이상이 되도록 하여야 한다.

암기방법
준초고층 30층~49층 : 40분
초고층 50층 이상 : 60분
(아주 중요)

중요도 ★★★★★

② 수원은 제1호에 따라 산출된 유효수량 외에 유효수량의 3분의 1이상을 옥상(옥내소화전설비가 설치된 건축물의 주된 옥상을 말한다.이하 같다)에 설치하여야 한다. 다만, 옥내소화전설비의 화재안전기준(NFSC 102) 제4조제2항제3호 또는 제4호에 해당하는 경우에는 그러하지 아니하다.

③ 전동기 또는 내연기관을 이용한 펌프방식의 가압송수장치는 옥내소화전설비 전용으로 설치하여야 하며, 옥내소화전설비 주펌프 이외에 동등 이상인 별도의 예비펌프를 설치하여야 한다.

④ 급수배관은 전용으로 하여야 한다. 다만, 옥내소화전설비의 성능에 지장이 없는 경우에는 연결송수관설비의 배관과 겸용할 수 있다.

⑤ 50층 이상인 건축물의 옥내소화전 주배관 중 수직배관은 2개 이상(주배관 성능을 갖는 동일호칭배관)으로 설치하여야 하며, 하나의 수직배관의 파손 등 작동 불능 시에도 다른 수직배관으로부터 소화용수가 공급되도록 구성하여야 한다.

필수사항 (50층 이상 : 수직배관 2개 이상) 중요도 ★★★

⑥ 비상전원은 자가발전설비, 축전지설비(내연기관에 따른 펌프를 사용하는 경우에는 내연기관의 기동 및 제어용 축전지를 말한다) 또는 전기저장장치(외부 전기에너지를 저장해 두었다가 필요할 때 전기를 공급하는 장치)로서 옥내소화전설비를 40분 이상 작동할 수 있을 것. 다만, 50층 이상인 건축물의 경우에는 60분 이상 작동할 수 있어야 한다. 〈개정 2016.7.13.〉

필수사항 (비상전원 : 40분, 60분)(공통 적용) 중요도 ★★★

제 6 조(스프링클러설비) 스프링클러설비는 다음 각 항의 기준에 따라 설치하여야 한다. ① 수원은 스프링클러설비 설치장소별 스프링클러헤드의 기준개수에 $3.2m^3$를 곱한 양 이상이 되도록 하여야 한다. 다만, 50층 이상인 건축물의 경우에는 $4.8m^3$를 곱한 양 이상이 되도록 하여야 한다.

② 스프링클러설비의 수원은 제1호에 따라 산출된 유효수량 외에 유효수량의 3분의 1이상을 옥상(스프링클러설비가 설치된 건축물의 주된 옥상을 말한다. 이하 같다)에 설치하여야 한다. 다만, 스프링클러설비의 화재안전기준(NFSC103) 제4조제2항제3호 또는 제4호에 해당하는 경우에는 그러하지 아니하다.

③ 전동기 또는 내연기관을 이용한 펌프방식의 가압송수장치는 스프링클러설

비 전용으로 설치하여야 하며, 스프링클러설비 주펌프 이외에 동등 이상인 별도의 예비펌프를 설치하여야 한다.

④ 급수배관은 전용으로 설치하여야 한다.

⑤ 50층 이상인 건축물의 스프링클러설비 주배관 중 수직배관은 2개 이상(주배관 성능을 갖는 동일호칭배관)으로 설치하고, 하나의 수직배관이 파손 등 작동 불능 시에도 다른 수직배관으로부터 소화용수가 공급되도록 구성하여야 하며, 각 각의 수직배관에 유수검지장치를 설치하여야 한다.

⑥ 50층 이상인 건축물의 스프링클러 헤드에는 2개 이상의 가지배관 양방향에서 소화용수가 공급되도록 하고, 수리계산에 의한 설계를 하여야 한다.

필수사항 (50층 이상 : 2개 이상 가지배관, 수리계산) 중요도 ★★★

⑦ 스프링클러설비의 음향장치는 스프링클러설비의 화재안전기준(NFSC 103) 제9조에 따라 설치하되, 다음 각 호의 기준에 따라 경보를 발할 수 있도록 하여야 한다

1. 2층 이상의 층에서 발화한 때에는 발화층 및 그 직상 4개층에 경보를 발할 것
2. 1층에서 발화한 때에는 발화층·그 직상 4개층 및 지하층에 경보를 발할 것
3. 지하층에서 발화한 때에는 발화층·그 직상층 및 기타의 지하층에 경보를 발할 것

필수사항 (아주 중요)(30층 이상 우선경보 : 그 직상 4개층) 중요도 ★★★★★

⑧ 비상전원을 설치할 경우 자가발전설비, 축전지설비(내연기관에 따른 펌프를 사용하는 경우에는 내연기관의 기동 및 제어용 축전지를 말한다) 또는 전기저장장치(외부 전기에너지를 저장해 두었다가 필요한 때 전기를 공급하는 장치)로서 스프링클러설비를 40분 이상 작동할 수 있을 것. 다만, 50층 이상인 건축물의 경우에는 60분 이상 작동할 수 있어야 한다. 〈개정 2016.7.13.〉

제 7 조(비상방송설비) ① 비상방송설비의 음향장치는 다음 각 호의 기준에 따라 경보를 발할 수 있도록 하여야 한다.

1. 2층 이상의 층에서 발화한 때에는 발화층 및 그 직상 4개층에 경보를 발할 것
2. 1층에서 발화한 때에는 발화층·그 직상 4개층 및 지하층에 경보를 발할 것

3. 지하층에서 발화한 때에는 발화층·그 직상층 및 기타의 지하층에 경보를 발할 것

② 비상방송설비에는 그 설비에 대한 감시상태를 60분간 지속한 후 유효하게 30분 이상 경보할 수 있는 축전지설비(수신기에 내장하는 경우를 포함한다) 또는 전기저장장치(외부 전기에너지를 저장해 두었다가 필요한 때 전기를 공급하는 장치)를 설치할 것〈개정 2016.7.13.〉

암기방법 60분, 30분   중요도 ★★★

제 8 조(자동화재탐지설비) ① 감지기는 아날로그방식의 감지기로서 감지기의 작동 및 설치지점을 수신기에서 확인할 수 있는 것으로 설치하여야 한다. 다만, 공동주택의 경우에는 감지기별로 작동 및 설치지점을 수신기에서 확인할 수 있는 아날로그방식 외의 감지기로 설치할 수 있다.

암기방법 아 확   중요도 ★★★

② 자동화재탐지설비에는 그 설비에 대한 감시상태를 60분간 지속한 후 유효하게 30분 이상 경보할 수 있는 축전지설비(수신기에 내장하는 경우를 포함한다) 또는 전기저장장치(외부 전기에너지를 저장해 두었다가 필요한 때 전기를 공급하는 장치)를 설치하여야한다. 다만, 상용전원이 축전지설비인 경우에는 그러하지 아니하다. 〈개정 2016.7.13.〉

1. 2층 이상의 층에서 발화한 때에는 발화층 및 그 직상 4개층에 경보를 발할 것
2. 1층에서 발화한 때에는 발화층·그 직상 4개층 및 지하층에 경보를 발할 것
3. 지하층에서 발화한 때에는 발화층·그 직상층 및 기타의 지하층에 경보를 발할 것

③ 50층 이상인 건축물에 설치하는 통신·신호배선은 이중배선을 설치하도록 하고 단선(斷線) 시에도 고장표시가 되며 정상 작동할 수 있는 성능을 갖도록 설비를 하여야 한다.

1. 수신기와 수신기 사이의 통신배선
2. 수신기와 중계기 사이의 신호배선
3. 수신기와 감지기 사이의 신호배선

필수사항 (50층 이상 : 이중배선, 단고정, 수중감)   중요도 ★★★

④ 자동화재탐지설비에는 그 설비에 대한 감시상태를 60분간 지속한 후 유효하게 30분 이상 경보할 수 있는 축전지설비(수신기에 내장하는 경우를 포함한다) 또는 전기저장장치(외부 전기에너지를 저장해 두었다가 필요한 때 전기를 공급하는 장치)를 설치하여야한다. 다만, 상용전원이 축전지설비인 경우에는 그러하지 아니하다. 〈개정 2016.7.13.〉

제 9 조(특별피난계단의 계단실 및 부속실 제연설비) 특별피난계단의 계단실 및 그 부속실 제연설비의 화재안전기준(NFSC 501A)에 따라 설치하되, 비상전원은 자가발전설비 등으로 하고 제연설비를 유효하게 40분 이상 작동할 수 있도록 할 것. 다만, 50층 이상인 건축물의 경우에는 60분 이상 작동할 수 있어야 한다.

제10조(피난안전구역의 소방시설) 「초고층 및 지하연계 복합건축물 재난관리에 관한 특별법시행령」 제14조제2항에 따라 피난안전구역에 설치하는 소방시설은 별표 1과 같이 설치하여야 하며, 이 기준에서 정하지 아니한 것은 개별 화재안전기준에 따라 설치하여야 한다.

제11조(연결송수관설비) ① 연결송수관설비의 배관은 전용으로 한다. 다만, 주배관의 구경이 100mm 이상인 옥내소화전설비와 겸용할 수 있다.
② 연결송수관설비의 비상전원은 자가발전설비, 축전지설비(내연기관에 따른 펌프를 사용하는 경우에는 내연기관의 기동 및 제어용 축전지를 말한다) 또는 전기저장장치(외부 전기에너지를 저장해 두었다가 필요한 때 전기를 공급하는 장치)로서 연결송수관설비를 유효하게 40분 이상 작동할 수 있어야 할 것. 다만, 50층 이상인 건축물의 경우에는 60분 이상 작동할 수 있어야 한다. 〈개정 2016.7.13.〉

부　칙 〈제2012-139호, 2012. 8.20.〉

제 3 조(다른 화재안전기준의 개정) ① 옥내소화전의 화재안전기준 일부를 다음과 같이 개정한다.
제4조제1항의 "단서"를 삭제한다.
제4조제3항 및 제5조제1항제5의2호를 삭제한다.
제5조제4항제1호를 "가압수조의 압력은 제1항제3호에 따른 방수량 및 방수압

이 20분 이상 유지되도록 할 것"
제6조제4항을 삭제한다.
제8조제1항을 "옥내소화전설비에는 그 특정소방대상물의 수전방식에 따라 다음 각 호의 기준에 따른 상용전원회로의 배선을 설치하여야 한다. 다만, 가압수조방식으로서 모든 기능이 20분 이상 유효하게 지속될 수 있는 경우에는 그러하지 아니하다."
제8조제3항제2호를 "옥내소화전설비를 유효하게 20분 이상 작동할 수 있어야 할 것"

② 스프링클러설비의 화재안전기준 일부를 다음과 같이 개정한다.
제4조제1항제3호, 제4조제3항 및 제5조제1항제3의2를 삭제한다.
제5조제4항제1호를 "가압수조의 압력은 제1항제10호에 따른 방수량 및 방수압이 20분 이상 유지되도록 할 것"
제8조제3항제1의2 및 제9조제1항제6의2를 삭제한다.
제12조제1항을 "스프링클러설비에는 다음 각 호의 기준에 따른 상용전원회로의 배선을 설치하여야 한다. 다만, 가압수조방식으로서 모든 기능이 20분 이상 유효하게 지속될 수 있는 경우에는 그러하지 아니하다."
제12조제3항제2호를 "스프링클러설비를 유효하게 20분 이상 작동할 수 있어야 할 것"

③ 비상방송설비의 화재안전기준 일부를 다음과 같이 개정한다.
제4조제7의2를 삭제한다.
제6조제2항을 "비상방송설비에는 그 설비에 대한 감시상태를 60분간 지속한 후 유효하게 10분 이상 경보할 수 있는 축전지설비(수신기에 내장하는 경우를 포함한다)를 설치하여야 한다."

④ 자동화재탐지설비의 화재안전기준 일부를 다음과 같이 개정한다.
제7조제8항 및 제8조제1항제2의2를 삭제한다.
제10조제2항을 "자동화재탐지설비에는 그 설비에 대한 감시상태를 60분간 지속한 후 유효하게 10분 이상 경보할 수 있는 축전지설비(수신기에 내장하는 경우를 포함한다)를 설치하여야 한다. 다만, 상용전원이 축전지설비인 경우에는 그러하지 아니하다."

⑤ 연결송수관설비의 화재안전기준 일부를 다음과 같이 개정한다.
제5조제2항의 "단서"를 삭제한다.
제9조제2항제2호를 "연결송수관설비를 유효하게 20분 이상 작동할 수 있어야 할 것"

[별표 1] (매우 중요함 : 전체 암기 요망)
피난안전구역에 설치하는 소방시설 설치기준(제10조관련)

구 분	설치기준
1. 제연설비	피난안전구역과 비 제연구역간의 차압은 50pa(옥내에 스프링클러설비가 설치된 경우에는 12.5Pa) 이상으로 하여야 한다. 다만 피난안전구역의 한쪽 면 이상이 외기에 개방된 구조의 경우에는 설치하지 아니할 수 있다.

암기방법 50, 12.5 중요도 ★★★

2. 피난유도선	피난유도선은 다음 각호의 기준에 따라 설치하여야 한다. 가. 피난안전구역이 설치된 층의 계단실 출입구에서 피난안전구역 주 출입구 또는 비상구까지 설치할 것 나. 계단실에 설치하는 경우 계단 및 계단참에 설치할 것 다. 피난유도 표시부의 너비는 최소 25mm 이상으로 설치할 것 라. 광원점등방식(전류에 의하여 빛을 내는 방식)으로 설치하되, 60분 이상 유효하게 작동할 것

암기방법 출계25광 60 중요도 ★★★

3. 비상조명등	피난안전구역의 비상조명등은 상시 조명이 소등된 상태에서 그 비상조명등이 점등되는 경우 각 부분의 바닥에서 조도는 10lx 이상이 될 수 있도록 설치할 것
4. 휴대용 비상조명등	가. 피난안전구역에는 휴대용비상조명등을 다음 각호의 기준에 따라 설치하여야 한다. 　1) 초고층 건축물에 설치된 피난안전구역 : 피난안전구역 위층의 재실자수(「건축물의 피난·방화구조 등의 기준에 관한 규칙」별표 1의2에 따라 산정된 재실자 수를 말한다)의 10분의 1 이상 　2) 지하연계 복합건축물에 설치된 피난안전구역 : 피난안전구역이 설치된 층의 수용인원(영 별표 2에 따라 산정된 수용인원을 말한다)의 10분의 1 이상 나. 건전지 및 충전식 건전지의 용량은 40분 이상 유효 하게 사용할 수 있는 것으로 한다. 다만, 피난안전구역이 50층 이상에 설치되어 있을 경우의 용량은 60분 이상으로 할 것

암기방법 초지 40(60) 중요도 ★★★

5. 인명구조기구	가. 방열복, 인공소생기를 각 2개 이상 비치할 것 나. 45분 이상 사용할 수 있는 성능의 공기호흡기(보조마스크를 포함한다)를 2개 이상 비치하여야 한다. 다만, 피난안전구역이 50층 이상에 설치되어 있을 경우에는 동일한 성능의 예비용기를 10개 이상 비치할 것 다. 화재시 쉽게 반출할 수 있는 곳에 비치할 것 라. 인명구조기구가 설치된 장소의 보기 쉬운 곳에 "인명구조기구"라는 표지판 등을 설치할 것

암기방법 2, 45, 2 (10) 반표 중요도 ★★★

37 임시소방시설의 화재안전기준(NFSC 606)

★ 신규제정 ★

[시행 2017. 7. 26.] [소방청고시 제2017-1호, 2017. 7. 26., 타법개정]

제 1 조(목적) 이 기준은 「화재예방, 소방시설 설치·유지 및 안전관리에 관한 법률」 제10조의2제4항에서 소방청장에게 위임한 임시소방시설의 설치 및 유지·관리 기준과 「화재예방, 소방시설 설치·유지 및 안전관리에 관한 법률 시행령」 제15조의3제2항 별표5의2 제1호에서 소방청장에게 위임한 임시소방시설의 성능을 정함을 목적으로 한다.

제 2 조(정의) 이 기준에서 사용하는 용어의 정의는 다음과 같다.
1. "소화기"란 「소화기구의 화재안전기준(NFSC101)」 제3조제2호에서 정의하는 소화기를 말한다.
2. "간이소화장치"란 공사현장에서 화재위험작업 시 신속한 화재 진압이 가능하도록 물을 방수하는 이동식 또는 고정식 형태의 소화장치를 말한다.
3. "비상경보장치"란 화재위험작업 공간 등에서 수동조작에 의해서 화재경보 상황을 알려줄 수 있는 설비(비상벨, 사이렌, 휴대용확성기 등)를 말한다.
4. "간이피난유도선"이란 화재위험작업 시 작업자의 피난을 유도할 수 있는 케이블형태의 장치를 말한다.

제 3 조(다른 화재안전기준과의 관계) 임시소방시설 설치와 관련하여 이 기준에서 정하지 아니한 사항은 개별 화재안전기준 따른다.

제 4 조(소화기의 성능 및 설치기준) 소화기의 성능 및 설치기준은 다음 각 호와 같다.
1. 소화기의 소화약제는 「소화기구의 화재안전기준(NFSC101)」의 별표 1에 따른 적응성이 있는 것을 설치하여야 한다.
2. 소화기는 각층마다 능력단위 3단위 이상인 소화기 2개 이상을 설치하고, 「화재예방, 소방시설 설치·유지 및 안전관리에 관한 법률 시행령」(이하 "영"이라 한다) 제15조의4제1항에 해당하는 경우 작업종료 시까지 작업지점으로부터 5m이내 쉽게 보이는 장소에 능력단위 3단위이상인 소화기 2

개 이상과 대형소화기 1개를 추가 배치하여야 한다. 〈개정 2016.7.18.〉

제 5 조(간이소화장치 성능 및 설치기준) 간이소화장치의 성능 및 설치기준은 다음 각 호와 같다.
1. 수원은 20분이상의 소화수를 공급할 수 있는 양을 확보하여야 하며, 소화수의 방수압력은 최소 0.1MPa 이상, 방수량은 65L/min이상 이어야 한다.
2. 영 제15조의4제1항에 해당하는 작업을 하는 경우 작업종료 시까지 작업지점으로부터 25m 이내에 설치 또는 배치하여 상시 사용이 가능하여야 하며 동결방지조치를 하여야 한다. 〈개정 2016.7.18.〉
3. 넘어질 우려가 없어야 하고 손쉽게 사용할 수 있어야 하며, 식별이 용이하도록 "간이소화장치" 표시를 하여야 한다.

제 6 조(비상경보장치의 성능 및 설치기준) 비상경보장치의 성능 및 설치기준은 다음 각 호와 같다.
1. 비상경보장치는 영 제15조의4제1항에 해당하는 작업을 하는 경우 작업종료 시까지 작업지점으로부터 5m 이내에 설치 또는 배치하여 상시 사용이 가능하여야 한다. 〈개정 2016.7.18.〉
2. 비상경보장치는 화재사실 통보 및 대피를 해당 작업장의 모든 사람이 알 수 있을 정도의 음량을 확보하여야 한다.

제 7 조(간이피난유도선의 성능 및 설치기준) 간이피난유도선의 성능 및 설치기준은 다음 각 호와 같다.
1. 간이피난유도선은 광원점등방식으로 공사장의 출입구까지 설치하고 공사의 작업 중에는 상시 점등되어야 한다.
2. 설치위치는 바닥으로부터 높이 1m 이하로 하며, 작업장의 어느 위치에서도 출입구로의 피난방향을 알 수 있는 표시를 하여야 한다.

제 8 조(간이소화장치 설치제외) 영 제15조의5제3항 별표5의2 제3호가목의 "소방청장이 정하여 고시하는 기준에 맞는 소화기"란 "대형소화기를 작업지점으로부터 25m 이내 쉽게 보이는 장소에 6개 이상을 배치한 경우"를 말한다. 〈개정 2016. 7. 18., 2017. 7. 26.〉

제 9 조(설치·유지기준의 특례) 소방본부장 또는 소방서장은 기존건축물의 증축·

개축·대수선이나 용도변경으로 인해 이 기준에 따른 임시소방시설의 설치가 현저하게 곤란하다고 인정되는 경우에는 해당 임시소방시설의 기능 및 사용에 지장이 없는 범위 안에서 이 기준의 일부를 적용하지 아니 할 수 있다.

소방관련법규

01 소방기본법 · 시행령 · 시행규칙

1. 소방기본법, 소방기본법 시행령

Question 01 특수가연물의 품명 및 수량을 기술하시오.

2) 소방기본법 시행령 별표 2
[별표 2] 〈개정 2005.10.20.〉

특수가연물(제6조관련)

품명		수량
면화류		200킬로그램 이상
나무껍질 및 대팻밥		400킬로그램 이상
넝마 및 종이부스러기		1,000킬로그램 이상
사류(絲類)		1,000킬로그램 이상
볏짚류		1,000킬로그램 이상
가연성고체류		3,000킬로그램 이상
석탄 · 목탄류		10,000킬로그램 이상
가연성액체류		2세제곱미터 이상
목재가공품 및 나무부스러기		10세제곱미터 이상
합성수지류	발포시킨 것	20세제곱미터 이상
	그 밖의 것	3,000킬로그램 이상

암기방법 면나넝사 볏가석가 목합합, 수량도 암기 필요 중요도 ★★★

Question 02 특수가연물의 용어의 정의중 가연성고체와 가연성액체를 설명하시오.

1. "가연성고체류"라 함은 고체로서 다음 각목의 것을 말한다.
   가. 인화점이 섭씨 40도 이상 100도 미만인 것

나. 인화점이 섭씨 100도 이상 200도 미만이고, 연소열량이 1그램당 8킬로칼로리 이상인 것
다. 인화점이 섭씨 200도 이상이고 연소열량이 1그램당 8킬로칼로리 이상인 것으로서 융점이 100도 미만인 것
라. 1기압과 섭씨 20도 초과 40도 이하에서 액상인 것으로서 인화점이 섭씨 70도 이상 섭씨 200도 미만이거나 나목 또는 다목에 해당하는 것

2. "가연성액체류"라 함은 다음 각목의 것을 말한다.
    가. 1기압과 섭씨 20도 이하에서 액상인 것으로서 가연성 액체량이 40중량퍼센트 이하이면서 인화점이 섭씨 40도 이상 섭씨 70도 미만이고 연소점이 섭씨 60도 이상인 물품
    나. 1기압과 섭씨 20도에서 액상인 것으로서 가연성 액체량이 40중량퍼센트 이하이고 인화점이 섭씨 70도 이상 섭씨 250도 미만인 물품
    다. 동물의 기름기와 살코기 또는 식물의 씨나 과일의 살로부터 추출한 것으로서 다음의 1에 해당하는 것
        (1) 1기압과 섭씨 20도에서 액상이고 인화점이 250도 미만인 것으로서 「위험물안전관리법」 제20조제1항의 규정에 의한 용기기준과 수납·저장기준에 적합하고 용기외부에 물품명·수량 및 "화기엄금" 등의 표시를 한 것
        (2) 1기압과 섭씨 20도에서 액상이고 인화점이 섭씨 250도 이상인 것

Question 03. 특수가연물의 저장취급의 기준을 설명 (소방 기본법 시행령 제7조)

1. 특수가연물을 저장 또는 취급하는 장소에는 품명·최대수량 및 화기취급의 금지 표지를 설치할 것
2. 다음 각 목의 기준에 따라 쌓아 저장할 것. 다만, 석탄·목탄류를 발전(發電)용으로 저장하는 경우에는 그러하지 아니하다.
    가. 품명별로 구분하여 쌓을 것
    나. 쌓는 높이는 10미터 이하가 되도록 하고, 쌓는 부분의 바닥면적은 50제곱미터(석탄·목탄류의 경우에는 200제곱미터) 이하가 되도록 할 것. 다만, 살수설비를 설치하거나, 방사능력 범위에 해당 특수가연물이 포함되도록 대형수동식소화기를 설치하는 경우에는 쌓는 높이를 15미터 이하, 쌓는 부분의 바닥면적을 200제곱미터(석탄·목탄류의 경우에는 300제곱미터) 이하로 할 수 있다.

다. 쌓는 부분의 바닥면적 사이는 1미터 이상이 되도록 할 것

 표구10살1 ★★★

Question 04 화재경계지구 지정대상지역 (소방기본법 제13조)

1. 시장지역
2. 공장·창고가 밀집한 지역
3. 목조건물이 밀집한 지역
4. 위험물의 저장 및 처리 시설이 밀집한 지역
5. 석유화학제품을 생산하는 공장이 있는 지역
6. 「산업입지 및 개발에 관한 법률」 제2조제8호에 따른 산업단지
7. 소방시설·소방용수시설 또는 소방출동로가 없는 지역
8. 그 밖에 제1호부터 제7호까지에 준하는 지역으로서 소방청장·소방본부장 또는 소방서장이 화재경계지구로 지정할 필요가 있다고 인정하는 지역

 시공목석산 위없필 ★★★

Question 05 보일러 등의 위치·구조 및 관리와 화재예방을 위하여 불의 사용에 있어서 지켜야 하는 사항(제5조 관련)

[별표 1] 〈개정 2021.1.5〉

보일러 등의 위치·구조 및 관리와 화재예방을 위하여 불의 사용에 있어서 지켜야 하는 사항(제5조관련)

종류	내용
보일러	1. 가연성 벽·바닥 또는 천장과 접촉하는 증기기관 또는 연통의 부분은 규조토·석면 등 난연성 단열재로 덮어씌워야 한다. 2. 경유·등유 등 액체연료를 사용하는 경우에는 다음 각목의 사항을 지켜야 한다. 　가. 연료탱크는 보일러본체로부터 수평거리 1미터 이상의 간격을 두어 설치할 것 　나. 연료탱크에는 화재 등 긴급상황이 발생하는 경우 연료를 차단할 수 있는 개폐밸브를 연료탱크로부터 0.5미터 이내에 설치할 것

종류	내용

	다. 연료탱크 또는 연료를 공급하는 배관에는 여과장치를 설치할 것
	라. 사용이 허용된 연료 외의 것을 사용하지 아니할 것
	마. 연료탱크에는 불연재료(「건축법 시행령」 제2조제10호의 규정에 의한 것을 말한다. 이하 이 표에서 같다)로 된 받침대를 설치하여 연료탱크가 넘어지지 아니하도록 할 것
	3. 기체연료를 사용하는 경우에는 다음 각목에 의한다.
	  가. 보일러를 설치하는 장소에는 환기구를 설치하는 등 가연성가스가 머무르지 아니하도록 할 것
	  나. 연료를 공급하는 배관은 금속관으로 할 것
	  다. 화재 등 긴급시 연료를 차단할 수 있는 개폐밸브를 연료용기 등으로부터 0.5미터 이내에 설치할 것
	  라. 보일러가 설치된 장소에는 가스누설경보기를 설치할 것
	4. 보일러와 벽·천장 사이의 거리는 0.6미터 이상 되도록 하여야 한다.
	5. 보일러를 실내에 설치하는 경우에는 콘크리트바닥 또는 금속 외의 불연재료로 된 바닥 위에 설치하여야 한다.

난로	1. 연통은 천장으로부터 0.6미터 이상 떨어지고, 건물 밖으로 0.6미터 이상 나오게 설치하여야 한다.
	2. 가연성 벽·바닥 또는 천장과 접촉하는 연통의 부분은 규조토·석면 등 난연성 단열재로 덮어씌워야 한다.
	3. 이동식난로는 다음 각목의 장소에서 사용하여서는 아니된다. 다만, 난로가 쓰러지지 아니하도록 받침대를 두어 고정시키거나 쓰러지는 경우 즉시 소화되고 연료의 누출을 차단할 수 있는 장치가 부착된 경우에는 그러하지 아니하다.
	  가. 「다중이용업소의 안전관리에 관한 특별법」 제2조제1항제1호에 따른 다중이용업의 영업소
	  나. 「학원의 설립·운영 및 과외교습에 관한 법률」 제2조제1호의 규정에 의한 학원
	  다. 「학원의 설립·운영 및 과외교습에 관한 법률 시행령」 제2조제1항제4호의 규정에 의한 독서실
	  라. 「공중위생관리법」 제2조제1항제2호·제3호 및 제6호의 규정에 의한 숙박업·목욕장업·세탁업의 영업장
	  마. 「의료법」 제3조제2항의 규정에 의한 종합병원·병원·치과병원·한방병원·요양병원·의원·치과의원·한의원 및 조산원
	  바. 「식품위생법 시행령」 제21조제8호에 따른 휴게음식점영업, 일반음식점영업, 단란주점영업, 유흥주점영업 및 제과점영업의 영업장
	  사. 「영화 및 비디오물의 진흥에 관한 법률」 제2조제10호에 따른 영화상영관
	  아. 「공연법」 제2조제4호의 규정에 의한 공연장
	  사. 「박물관 및 미술관 진흥법」 제2조제1호 및 제2호의 규정에 의한 박물관 및 미술관
	  차. 「유통산업발전법」 제2조제6호의 규정에 의한 상점가
	  카. 「건축법」 제20조에 따른 가설건축물
	  타. 역·터미널

종류	내용
건조설비	1. 건조설비와 벽·천장 사이의 거리는 0.5미터 이상 되도록 하여야 한다. 2. 건조물품이 열원과 직접 접촉하지 아니하도록 하여야 한다. 3. 실내에 설치하는 경우에 벽·천장 또는 바닥은 불연재료로 하여야 한다.
수소가스를 넣는 기구	1. 연통 그 밖의 화기를 사용하는 시설의 부근에서 띄우거나 머물게 하여서는 아니된다. 2. 건축물의 지붕에서 띄워서는 아니된다. 다만, 지붕이 불연재료로 된 평지붕으로서 그 넓이가 기구 지름의 2배 이상인 경우에는 그러지 아니하다. 3. 다음 각목의 장소에서 운반하거나 취급하여서는 아니된다. 　가. 공연장 : 극장·영화관·연예장·음악당·서커스장 그 밖의 이와 비슷한 것 　나. 집회장 : 회의장·공회장·예식장 그 밖의 이와 비슷한 것 　다. 관람장 : 운동경기관람장(운동시설에 해당하는 것을 제외한다)·경마장·자동차경주장 그 밖의 이와 비슷한 것 　라. 전시장 : 박물관·미술관·과학관·기념관·산업전시장·박람회장 그 밖의 이와 비슷한 것 4. 수소가스를 넣거나 빼는 때에는 다음 각목의 사항을 지켜야 한다. 　가. 통풍이 잘 되는 옥외의 장소에서 할 것 　나. 조작자 외의 사람이 접근하지 아니하도록 할 것 　다. 전기시설이 부착된 경우에는 전원을 차단하고 할 것 　라. 마찰 또는 충격을 주는 행위를 하지 말 것 　마. 수소가스를 넣을 때에는 기구 안에 수소가스 또는 공기를 제거한 후 감압기를 사용할 것 5. 수소가스는 용량의 90퍼센트 이상을 유지하여야 한다. 6. 띄우거나 머물게 하는 때에는 감시인을 두어야 한다. 다만, 건축물 옥상에서 띄우거나 머물게 하는 경우에는 그러하지 아니하다. 7. 띄우는 각도는 지표면에 대하여 45도 이하로 유지하고 바람이 초속 7미터 이상 부는 때에는 띄워서는 아니된다.
불꽃을 사용하는 용접·용단 기구	용접 또는 용단 작업장에서는 다음 각 호의 사항을 지켜야 한다. 다만,「산업안전보건법」제38조의 적용을 받는 사업장의 경우에는 적용하지 아니한다. 1. 용접 또는 용단 작업자로부터 반경 5m 이내에 소화기를 갖추어 둘 것 2. 용접 또는 용단 작업장 주변 반경 10m 이내에는 가연물을 쌓아두거나 놓아두지 말 것. 다만, 가연물의 제거가 곤란하여 방지포 등으로 방호조치를 한 경우는 제외한다.
전기시설	1. 전류가 통하는 전선에는 과전류차단기를 설치하여야 한다. 2. 전선 및 접속기구는 내열성이 있는 것으로 하여야 한다.
노·화덕 설비	1. 실내에 설치하는 경우에는 흙바닥 또는 금속 외의 불연재료로 된 바닥이나 흙바닥에 설치하여야 한다. 2. 노 또는 화덕을 설치하는 장소의 벽·천장은 불연재료로 된 것이어야 한다. 3. 노 또는 화덕의 주위에는 녹는 물질이 확산되지 아니하도록 높이 0.1미터 이상의 턱을 설치하여야 한다. 4. 시간당 열량이 30만킬로칼로리 이상인 노를 설치하는 경우에는 다음 각목의 사

종류	내용
	항을 지켜야 한다. 가. 주요구조부(「건축법」 제2조제1항제7호에 따른 것을 말한다. 이하 이 표에서 같다)는 불연재료로 할 것 나. 창문과 출입구는 「건축법 시행령」 제64조의 규정에 의한 갑종방화문 또는 을종방화문으로 설치할 것 다. 노 주위에는 1미터 이상 공간을 확보할 것
음식조리를 위하여 설치하는 설비	일반음식점에서 조리를 위하여 불을 사용하는 설비를 설치하는 경우에는 다음 각 목의 사항을 지켜야 한다. 가. 주방설비에 부속된 배출덕트(공기 배출통로)는 0.5밀리미터 이상의 아연도 금강판 또는 이와 동등 이상의 내식성 불연재료로 설치할 것 나. 주방시설에는 동물 또는 식물의 기름을 제거할 수 있는 필터 등을 설치할 것 다. 열을 발생하는 조리기구는 반자 또는 선반으로부터 0.6미터 이상 떨어지게 할 것 라. 열을 발생하는 조리기구로부터 0.15미터 이내의 거리에 있는 가연성 주요구조부는 석면판 또는 단열성이 있는 불연재료로 덮어 씌울 것

2. 소방기본법 시행규칙

소방용수시설의 설치기준 (소방기본법 시행규칙 별표3)

1. 공통기준
    가. 국토의계획및이용에관한법률 제36조제1항제1호의 규정에 의한 주거지역·상업지역 및 공업지역에 설치하는 경우 : 소방대상물과의 수평거리를 100미터 이하가 되도록 할 것
    나. 가목 외의 지역에 설치하는 경우 : 소방대상물과의 수평거리를 140미터 이하가 되도록 할 것
2. 소방용수시설별 설치기준
    가. 소화전의 설치기준 : 상수도와 연결하여 지하식 또는 지상식의 구조로 하고, 소방용호스와 연결하는 소화전의 연결금속구의 구경은 65밀리미터로 할 것
    나. 급수탑의 설치기준 : 급수배관의 구경은 100밀리미터 이상으로 하고, 개폐밸브는 지상에서 1.5미터 이상 1.7미터 이하의 위치에 설치하도록 할 것
    다. 저수조의 설치기준
        (1) 지면으로부터의 낙차가 4.5미터 이하일 것

(2) 흡수부분의 수심이 0.5미터 이상일 것
(3) 소방펌프자동차가 쉽게 접근할 수 있도록 할 것
(4) 흡수에 지장이 없도록 토사 및 쓰레기 등을 제거할 수 있는 설비를 갖출 것
(5) 흡수관의 투입구가 사각형의 경우에는 한 변의 길이가 60센티미터 이상, 원형의 경우에는 지름이 60센티미터 이상일 것
(6) 저수조에 물을 공급하는 방법은 상수도에 연결하여 자동으로 급수되는 구조일 것

암기방법 4.5, 0.5, 60, 접근제거자동 중요도 ★★★

3. 비상소화장치 설치기준
 ③ 법 제10조제2항에 따른 비상소화장치의 설치기준은 다음 각 호와 같다.
1. 비상소화장치는 비상소화장치함, 소화전, 소방호스(소화전의 방수구에 연결하여 소화용수를 방수하기 위한 도관으로서 호스와 연결금속구로 구성되어 있는 소방용릴호스 또는 소방용고무내장호스를 말한다), 관창(소방호스용 연결금속구 또는 중간연결금속구 등의 끝에 연결하여 소화용수를 방수하기 위한 나사식 또는 차입식 토출기구를 말한다)을 포함하여 구성할 것
2. 소방호스 및 관창은 「화재예방, 소방시설 설치·유지 및 안전관리에 관한 법률」제36조제5항에 따라 소방청장이 정하여 고시하는 형식승인 및 제품검사의 기술기준에 적합한 것으로 설치할 것
3. 비상소화장치함은 「화재예방, 소방시설 설치·유지 및 안전관리에 관한 법률」제39조제4항에 따라 소방청장이 정하여 고시하는 성능인증 및 제품검사의 기술기준에 적합한 것으로 설치할 것

Question 07 소방신호의 종류 (소방기본법 시행규칙 제10조)

1. 경계신호 : 화재예방상 필요하다고 인정되거나 법 제14조의 규정에 의한 화재위험경보시 발령
2. 발화신호 : 화재가 발생한 때 발령
3. 해제신호 : 소화활동이 필요없다고 인정되는 때 발령
4. 훈련신호 : 훈련상 필요하다고 인정되는 때 발령

암기방법 경발해훈 중요도 ★★★

화재예방, 소방시설 설치·유지 및 안전관리에 관한 법률(약칭 : 소방시설법)·시행령·시행규칙

1. 화재예방, 소방시설 설치·유지 및 안전관리에 관한 법률

Question 08 용어정의 (유지관리법 2조)

1. "소방시설"이란 소화설비, 경보설비, 피난설비, 소화용수설비, 그 밖에 소화활동설비로서 대통령령으로 정하는 것을 말한다.
   ※ 대통령령에서 정하는 것 : 시행령 별표1
2. "소방시설등"이란 소방시설과 비상구(非常口), 그 밖에 소방 관련 시설로서 대통령령으로 정하는 것을 말한다.
   ※ 시행령 4조 "그 밖에 소방 관련 시설로서 대통령령으로 정하는 것"이란 방화문 및 방화셔터를 말한다.

Question 09 주택에 설치하는 소방시설 (유지관리법8조)

제8조(주택에 설치하는 소방시설) ① 다음 각 호의 주택의 소유자는 대통령령으로 정하는 소방시설을 설치하여야 한다. 〈개정 2015.7.24.〉
1. 「건축법」 제2조제2항제1호의 단독주택
2. 「건축법」 제2조제2항제2호의 공동주택(아파트 및 기숙사는 제외한다)
② 국가 및 지방자치단체는 제1항에 따라 주택에 설치하여야 하는 소방시설(이하 "주택용 소방시설"이라 한다)의 설치 및 국민의 자율적인 안전관리를 촉진하기 위하여 필요한 시책을 마련하여야 한다. 〈개정 2015.7.24.〉
③ 주택용 소방시설의 설치기준 및 자율적인 안전관리 등에 관한 사항은 특별시·광역시·특별자치시·도 또는 특별자치도의 조례로 정한다. 〈개정 2014.1.7.,

2015.7.24.〉

[본조신설 2011.8.4.]

참고 (시행령 13조) 대통령령으로 정하는 소방시설이란 소화기 및 단독경보형감지기를 말한다.

암기방법 소 단 중요도 ★★★

부칙 제2조(주택에 소화기 및 단독경보형감지기 설치에 대한 적용례) 제8조의 개정규정은 이 법 시행 후 최초로 주택을 신축, 증축, 개축, 재축, 이전, 대수선하는 경우부터 적용한다. 다만, 이 법 시행 전의 주택에 대하여는 이 법 시행 후 5년이 경과한 날부터 적용한다.

Question 10. 피난시설, 방화구획, 방화시설에 대하여 금지행위 (유지관리법 제 10조)

유지관리법제10조(피난시설, 방화구획 및 방화시설의 유지·관리)
① 특정소방대상물의 관계인은 「건축법」 제49조에 따른 피난시설, 방화구획(防火區劃) 및 같은 법 제50조부터 제53조까지의 규정에 따른 방화벽, 내부 마감재료 등(이하 "방화시설"이라 한다)에 대하여 다음 각 호의 행위를 하여서는 아니 된다.
1. 피난시설, 방화구획 및 방화시설을 폐쇄하거나 훼손하는 등의 행위
2. 피난시설, 방화구획 및 방화시설의 주위에 물건을 쌓아두거나 장애물을 설치하는 행위
3. 피난시설, 방화구획 및 방화시설의 용도에 장애를 주거나 「소방기본법」 제16조에 따른 소방활동에 지장을 주는 행위
4. 그 밖에 피난시설, 방화구획 및 방화시설을 변경하는 행위
② 소방본부장이나 소방서장은 특정소방대상물의 관계인이 제1항 각 호의 행위를 한 경우에는 피난시설, 방화구획 및 방화시설의 유지·관리를 위하여 필요한 조치를 명할 수 있다.

Question 11
화재안전기준등이 변경되었을 경우 강화된 기준을 적용하는 소방시설등을 써라.

설치유지 및 안전관리에 관한 법률 제11조(소방시설기준 적용의 특례)
① 소방본부장이나 소방서장은 제9조제1항 전단에 따른 대통령령 또는 화재안전기준이 변경되어 그 기준이 강화되는 경우 기존의 특정소방대상물(건축물의 신축·개축·재축·이전 및 대수선 중인 특정소방대상물을 포함한다)의 소방시설에 대하여는 변경 전의 대통령령 또는 화재안전기준을 적용한다. 다만, 다음 각 호의 어느 하나에 해당하는 소방시설의 경우에는 대통령령 또는 화재안전기준의 변경으로 강화된 기준을 적용한다. 〈개정 2014. 1. 7., 2016. 1. 27., 2018. 3. 27., 2020. 6. 9.〉
1. 다음 소방시설 중 대통령령으로 정하는 것
   가. 소화기구
   나. 비상경보설비
   다. 자동화재속보설비
   라. 피난구조설비
2. 다음 각 목의 지하구에 설치하여야 하는 소방시설
   가. 「국토의 계획 및 이용에 관한 법률」 제2조제9호에 따른 공동구
   나. 전력 또는 통신사업용 지하구
3. 노유자(老幼者)시설, 의료시설에 설치하여야 하는 소방시설 중 대통령령으로 정하는 것

시행령 제15조의6(강화된 소방시설기준의 적용대상) 법 제11조제1항제3호에서 "대통령령으로 정하는 것"이란 다음 각 호의 어느 하나에 해당하는 설비를 말한다. 〈개정 2018. 6. 26.〉
1. 노유자(老幼者)시설에 설치하는 간이스프링클러설비, 자동화재탐지설비 및 단독경보형 감지기
2. 의료시설에 설치하는 스프링클러설비, 간이스프링클러설비, 자동화재탐지설비 및 자동화재속보설비

암기방법 **소경속피공전 노의, 간자단, 스간자속** 중요도 ★★★

Question 12. 임시소방시설 설치. 유지, 관리

법률 제10조의2(특정소방대상물의 공사 현장에 설치하는 임시소방시설의 유지·관리 등)

① 특정소방대상물의 건축·대수선·용도변경 또는 설치 등을 위한 공사를 시공하는 자(이하 이 조에서 "시공자"라 한다)는 공사 현장에서 인화성(引火性) 물품을 취급하는 작업 등 대통령령으로 정하는 작업(이하 이 조에서 "화재위험작업"이라 한다)을 하기 전에 설치 및 철거가 쉬운 화재대비시설(이하 이 조에서 "임시소방시설"이라 한다)을 설치하고 유지·관리하여야 한다.

② 제1항에도 불구하고 시공자가 화재위험작업 현장에 소방시설 중 임시소방시설과 기능 및 성능이 유사한 것으로서 대통령령으로 정하는 소방시설을 제9조제1항 전단에 따른 화재안전기준에 맞게 설치하고 유지·관리하고 있는 경우에는 임시소방시설을 설치하고 유지·관리한 것으로 본다. 〈개정 2016.1.27.〉

③ 소방본부장 또는 소방서장은 제1항이나 제2항에 따라 임시소방시설 또는 소방시설이 설치 또는 유지·관리되지 아니할 때에는 해당 시공자에게 필요한 조치를 하도록 명할 수 있다.

④ 제1항에 따라 임시소방시설을 설치하여야 하는 공사의 종류와 규모, 임시소방시설의 종류 등에 관하여 필요한 사항은 대통령령으로 정하고, 임시소방시설의 설치 및 유지·관리 기준은 소방청장이 정하여 고시한다.

시행령 제15조의5(임시소방시설의 종류 및 설치기준 등)

① 법 제10조의2제1항에서 "인화성(引火性) 물품을 취급하는 작업 등 대통령령으로 정하는 작업"이란 다음 각 호의 어느 하나에 해당하는 작업을 말한다. 〈개정 2017. 7. 26., 2018. 6. 26.〉

1. 인화성·가연성·폭발성 물질을 취급하거나 가연성 가스를 발생시키는 작업
2. 용접·용단 등 불꽃을 발생시키거나 화기를 취급하는 작업
3. 전열기구, 가열전선 등 열을 발생시키는 기구를 취급하는 작업
4. 소방청장이 정하여 고시하는 폭발성 부유분진을 발생시킬 수 있는 작업
5. 그 밖에 제1호부터 제4호까지와 비슷한 작업으로 소방청장이 정하여 고시하는 작업

암기방법 인용전폭비   중요도 ★★★

② 법 제10조의2제1항에 따라 공사 현장에 설치하여야 하는 설치 및 철거가 쉬운 화재대비시설(이하 "임시소방시설"이라 한다)의 종류와 임시소방시설을 설치하여야 하는 공사의 종류 및 규모는 별표 5의2 제1호 및 제2호와 같다.
③ 법 제10조의2제2항에 따른 임시소방시설과 기능과 성능이 유사한 소방시설은 별표 5의2 제3호와 같다.

필수사항 (최근 제정내용으로 아주 중요)   중요도 ★★★★★

[별표 5의2] 〈개정 2018. 6. 26.〉
임시소방시설의 종류와 설치기준 등(제15조의5제2항·제3항 관련)

1. 임시소방시설의 종류
   가. 소화기
   나. 간이소화장치 : 물을 방사(放射)하여 화재를 진화할 수 있는 장치로서 소방청장이 정하는 성능을 갖추고 있을 것
   다. 비상경보장치 : 화재가 발생한 경우 주변에 있는 작업자에게 화재사실을 알릴 수 있는 장치로서 소방청장이 정하는 성능을 갖추고 있을 것
   라. 간이피난유도선 : 화재가 발생한 경우 피난구 방향을 안내할 수 있는 장치로서 소방청장이 정하는 성능을 갖추고 있을 것

2. 임시소방시설을 설치하여야 하는 공사의 종류와 규모
   가. 소화기 : 제12조제1항에 따라 건축허가등을 할 때 소방본부장 또는 소방서장의 동의를 받아야 하는 특정소방대상물의 건축·대수선·용도변경 또는 설치 등을 위한 공사 중 제15조의5제1항 각 호에 따른 작업을 하는 현장(이하 "작업현장"이라 한다)에 설치한다.
   나. 간이소화장치 : 다음의 어느 하나에 해당하는 공사의 작업현장에 설치한다.
      1) 연면적 3천m^2 이상
      2) 지하층, 무창층 또는 4층 이상의 층. 이 경우 해당 층의 바닥면적이 600m^2 이상인 경우만 해당한다.
   다. 비상경보장치 : 다음의 어느 하나에 해당하는 공사의 작업현장에 설치한다.
      1) 연면적 400m^2 이상
      2) 지하층 또는 무창층. 이 경우 해당 층의 바닥면적이 150m^2 이상인 경우만 해당한다.
   라. 간이피난유도선 : 바닥면적이 150m^2 이상인 지하층 또는 무창층의 작업현장에 설치한다.

3. 임시소방시설과 기능 및 성능이 유사한 소방시설로서 임시소방시설을 설치한 것

으로 보는 소방시설
   가. 간이소화장치를 설치한 것으로 보는 소방시설 : 옥내소화전 또는 소방청장이 정하여 고시하는 기준에 맞는 소화기
   나. 비상경보장치를 설치한 것으로 보는 소방시설 : 비상방송설비 또는 자동화재탐지설비
   다. 간이피난유도선을 설치한 것으로 보는 소방시설 : 피난유도선, 피난구유도등, 통로유도등 또는 비상조명등

Question 13 소방기술심의위원회 심의 사항

법률 제11조의2(소방기술심의위원회)
① 다음 각 호의 사항을 심의하기 위하여 소방청에 중앙소방기술심의위원회(이하 "중앙위원회"라 한다)를 둔다. 〈개정 2017. 7. 26.〉
1. 화재안전기준에 관한 사항
2. 소방시설의 구조 및 원리 등에서 공법이 특수한 설계 및 시공에 관한 사항
3. 소방시설의 설계 및 공사감리의 방법에 관한 사항
4. 소방시설공사의 하자를 판단하는 기준에 관한 사항
5. 그 밖에 소방기술 등에 관하여 대통령령으로 정하는 사항
② 다음 각 호의 사항을 심의하기 위하여 특별시·광역시·특별자치시·도 및 특별자치도에 지방소방기술심의위원회(이하 "지방위원회"라 한다)를 둔다.
1. 소방시설에 하자가 있는지의 판단에 관한 사항
2. 그 밖에 소방기술 등에 관하여 대통령령으로 정하는 사항
③ 제1항과 제2항에 따른 중앙위원회 및 지방위원회의 구성·운영에 필요한 사항은 대통령령으로 정한다.

시행령 제18조의2(소방기술심의위원회의 심의사항)
① 법 제11조의2제1항제5호에서 "대통령령으로 정하는 사항"이란 다음 각 호의 사항을 말한다.
1. 연면적 10만제곱미터 이상의 특정소방대상물에 설치된 소방시설의 설계·시공·감리의 하자 유무에 관한 사항
2. 새로운 소방시설과 소방용품 등의 도입 여부에 관한 사항

3. 그 밖에 소방기술과 관련하여 소방청장이 심의에 부치는 사항

② 법 제11조의2제2항제2호에서 "대통령령으로 정하는 사항"이란 다음 각 호의 사항을 말한다. 〈개정 2017.1.26.〉

1. 연면적 10만제곱미터 미만의 특정소방대상물에 설치된 소방시설의 설계·시공·감리의 하자 유무에 관한 사항
2. 소방본부장 또는 소방서장이 화재안전기준 또는 위험물 제조소등(「위험물안전관리법」제2조제1항제6호에 따른 제조소등을 말한다. 이하 같다)의 시설기준의 적용에 관하여 기술검토를 요청하는 사항
3. 그 밖에 소방기술과 관련하여 시·도지사가 심의에 부치는 사항

[본조신설 2015.6.30]

Question 14 공동 소방안전관리자를 선임하여야하는 경우

설치유지 및 안전관리에 관한 법률 제21조
1. 고층 건축물(지하층을 제외한 층수가 11층 이상인 건축물만 해당한다)
2. 지하가(지하의 인공구조물 안에 설치된 상점 및 사무실, 그 밖에 이와 비슷한 시설이 연속하여 지하도에 접하여 설치된 것과 그 지하도를 합한 것을 말한다)
3. 그 밖에 대통령령으로 정하는 특정소방대상물

암기방법 고지대 (복 5 5 도 지)   중요도 ★★★

시행령 제25조(공동 소방안전관리자 선임대상 특정소방대상물) 법 제21조제3호에서 "대통령령으로 정하는 특정소방대상물"이란 다음 각 호의 어느 하나에 해당하는 특정소방대상물을 말한다. 〈개정 2021. 8. 24.〉

1. 별표 2에 따른 복합건축물로서 연면적이 5천제곱미터 이상인 것 또는 층수가 5층 이상인 것
2. 별표 2에 따른 판매시설 중 도매시장, 소매시장 및 전통시장
3. 제22조제1항에 따른 특정소방대상물 중 소방본부장 또는 소방서장이 지정하는 것

Question 15 관리사의 결격사유 (유지관리법 제27조)

제27조(관리사의 결격사유) 다음 각 호의 어느 하나에 해당하는 사람은 관리사가 될 수 없다. 〈개정 2015.7.24.〉

1. 피성년후견인
2. 이 법, 「소방기본법」, 「소방시설공사업법」 또는 「위험물 안전관리법」에 따른 금고 이상의 실형을 선고받고 그 집행이 끝나거나(집행이 끝난 것으로 보는 경우를 포함한다) 집행이 면제된 날부터 2년이 지나지 아니한 사람
3. 이 법, 「소방기본법」, 「소방시설공사업법」 또는 「위험물 안전관리법」에 따른 금고 이상의 형의 집행유예를 선고받고 그 유예기간 중에 있는 사람
4. 제28조에 따라 자격이 취소(제27조제1호에 해당하여 자격이 취소된 경우는 제외한다)된 날부터 2년이 지나지 아니한 사람

암기방법 피금유취   중요도 ★★★

2. 화재예방, 소방시설 설치·유지 및 안전관리에 관한 법률 시행령

Question 16 내진설계 대상 소방시설 종류

법률 제9조의2(소방시설의 내진설계기준) 「지진·화산재해대책법」 제14조제1항 각 호의 시설 중 대통령령으로 정하는 특정소방대상물에 대통령령으로 정하는 소방시설을 설치하려는 자는 지진이 발생할 경우 소방시설이 정상적으로 작동될 수 있도록 소방청장이 정하는 내진설계기준에 맞게 소방시설을 설치하여야 한다. 〈개정 2014. 11. 19., 2015. 7. 24., 2017. 7. 26.〉
[본조신설 2011. 8. 4.]

시행령 제15조의2(소방시설의 내진설계) ① 법 제9조의2에서 "대통령령으로 정하는 특정소방대상물"이란 「건축법」 제2조제1항제2호에 따른 건축물로서 「지진·화산재해대책법 시행령」 제10조제1항 각 호에 해당하는 시설을 말한다.
② 법 제9조의2에서 "대통령령으로 정하는 소방시설"이란 소방시설 중 옥내소화전

설비, 스프링클러설비, 물분무등소화설비를 말한다.

암기방법 지, 옥스물 중요도 ★★★★★

참고 「지진·화산재해대책법 시행령」 제10조제1항 각 호

제10조(내진설계기준의 설정 대상 시설)
① 법 제14조제1항 각 호 외의 부분에서 "대통령령으로 정하는 시설"이란 다음 각 호의 시설을 말한다. 〈개정 2009. 9. 9., 2009. 11. 2., 2009. 12. 14., 2010. 7. 12., 2010. 10. 14., 2011. 10. 25., 2013. 3. 23., 2014. 7. 7., 2014. 7. 14., 2014. 8. 6., 2015. 7. 24., 2016. 1. 12., 2017. 1. 17., 2017. 3. 29., 2017. 12. 19., 2018. 1. 16., 2018. 12. 4., 2019. 3. 12., 2019. 12. 24.〉

1. 「건축법 시행령」 제32조제2항 각 호에 해당하는 건축물
2. 「공유수면 관리 및 매립에 관한 법률」과 「방조제관리법」 등 관계 법령에 따라 국가에서 설치·관리하고 있는 배수갑문 및 방조제
3. 「공항시설법」 제2조제7호에 따른 공항시설
4. 「하천법」 제7조제2항에 따른 국가하천의 수문 중 국토교통부장관이 정하여 고시한 수문
5. 「농어촌정비법」 제2조제6호에 따른 저수지 중 총저수용량 30만톤 이상인 저수지
6. 「댐건설 및 주변지역지원 등에 관한 법률」 제2조제2호에 따른 다목적댐
7. 「댐건설 및 주변지역지원 등에 관한 법률」 외에 다른 법령에 따른 댐 중 생활·공업 및 농업 용수의 저장, 발전, 홍수 조절 등의 용도로 이용하기 위한 높이 15미터 이상인 댐 및 그 부속시설
8. 「도로법 시행령」 제2조제2호에 따른 교량·터널
9. 「도시가스사업법」 제2조제5호에 따른 가스공급시설 및 「고압가스 안전관리법」 제4조제4항에 따른 고압가스의 제조·저장 및 판매의 시설과 「액화석유가스의 안전관리 및 사업법」 제5조제4항의 기준에 따른 액화저장탱크, 지지구조물, 기초 및 배관
10. 「도시철도법」 제2조제3호에 따른 도시철도시설 중 역사(驛舍), 본선박스, 다리
11. 「산업안전보건법」 제83조에 따라 고용노동부장관이 유해하거나 위험한 기계·기구 및 설비에 대한 안전인증기준을 정하여 고시한 시설
12. 「석유 및 석유대체연료 사업법」에 따른 석유정제시설, 석유비축시설, 석유저장시설, 「액화석유가스의 안전관리 및 사업법 시행령」 제8조에 따른 액화석유가스 저장시실 및 같은 영 제11조의 비축의무를 위한 저장시설
13. 「송유관 안전관리법」 제2조제2호에 따른 송유관
14. 「물환경보전법 시행령」 제61조제1호에 따른 산업단지 공공폐수처리시설
15. 「수도법」 제3조제17호에 따른 수도시설
16. 「어촌·어항법」 제2조제5호에 따른 어항시설

17. 「원자력안전법」제2조제20호 및 같은 법 시행령 제10조에 따른 원자력이용시설 중 원자로 및 관계시설, 핵연료주기시설, 사용후핵연료 중간저장시설, 방사성폐기물의 영구처분시설, 방사성폐기물의 처리 및 저장시설
18. 「전기사업법」제2조에 따른 발전용 수력설비·화력설비, 송전설비, 변전설비 및 배전설비
19. 「철도산업발전 기본법」제3조제2호 및 「철도의 건설 및 철도시설 유지관리에 관한 법률」제2조제6호에 따른 철도시설 중 다리, 터널 및 역사
20. 「폐기물관리법」제2조제8호에 따른 폐기물처리시설
21. 「하수도법」제2조제9호에 따른 공공하수처리시설
22. 「항만법」제2조제5호에 따른 항만시설
23. 「국토의 계획 및 이용에 관한 법률」제2조제9호에 따른 공동구
24. 「학교시설사업 촉진법」제2조제1호 및 같은 법 시행령 제1조의2에 따른 학교시설 중 교사(校舍), 체육관, 기숙사, 급식시설 및 강당
25. 「궤도운송법」에 따른 궤도
26. 「관광진흥법」제3조제1항제6호에 따른 유기시설(遊技施設) 및 유기기구(遊技機具)
27. 「의료법」제3조에 따른 종합병원, 병원 및 요양병원
28. 「물류시설의 개발 및 운영에 관한 법률」제2조제2호에 따른 물류터미널
29. 「집단에너지사업법」제2조제6호에 따른 공급시설 중 열수송관
30. 제2항에 해당하는 시설

② 법 제14조제1항제32호에서 "대통령령으로 정하는 시설"이란 「방송통신발전 기본법」제2조제3호에 따른 방송통신설비 중에서 「방송통신설비의 기술기준에 관한 규정」제22조제2항에 따라 기준을 정한 설비를 말한다. 〈신설 2014. 8. 6., 2018. 12. 4.〉

필수사항 소방시설의 내진설계기준(신규 고시) 중요 내용임 중요도 ★★★★★

소방청고시 제2015-138호

소방시설의 내진설계 기준

[시행 2021. 2. 19.] [소방청고시 제2021-15호, 2021. 2. 19., 일부개정]

제 1 조(목적) 이 기준은 「화재예방, 소방시설 설치·유지 및 안전관리에 관한 법률」제9조의2에 따라 소방청장에게 위임한 소방시설의 내진설계 기준에 관하여 필요한 사항을 규정함을 목적으로 한다. 〈개정 2017. 7. 26.〉

제 2 조(적용범위) ① 「화재예방, 소방시설 설치·유지 및 안전관리에 관한 법률 시행

령」(이하 "영"이라 한다) 제15조의2에 따른 옥내소화전설비, 스프링클러설비, 물분무등소화설비(이하 이 조에서 "각 설비"라 한다)는 이 기준에서 정하는 규정에 적합하게 설치하여야 한다. 다만, 각 설비의 성능시험배관, 지중매설배관, 배수배관 등은 제외한다.
② 제1항의 각 설비에 대하여 특수한 구조 등으로 특별한 조사·연구에 의해 설계하는 경우에는 그 근거를 명시하고, 이 기준을 따르지 아니할 수 있다.

제 3 조(정의) 이 기준에서 사용하는 용어의 정의는 다음과 같다.
1. "내진"이란 면진, 제진을 포함한 지진으로부터 소방시설의 피해를 줄일 수 있는 구조를 의미하는 포괄적인 개념을 말한다.
2. "면진"이란 건축물과 소방시설을 지진동으로부터 격리시켜 지반진동으로 인한 지진력이 직접 구조물로 전달되는 양을 감소시킴으로써 내진성을 확보하는 수동적인 지진 제어 기술을 말한다.
3. "제진"이란 별도의 장치를 이용하여 지진력에 상응하는 힘을 구조물 내에서 발생시키거나 지진력을 흡수하여 구조물이 부담해야 하는 지진력을 감소시키는 지진 제어 기술을 말한다.
4. "수평지진하중(F_{pw})"이란 지진 시 흔들림 방지 버팀대에 전달되는 배관의 동적지진하중 또는 같은 크기의 정적지진하중으로 환산한 값으로 허용응력설계법으로 산정한 지진하중을 말한다.
5. "세장비(L/r)"란 흔들림 방지 버팀대 지지대의 길이(L)와, 최소단면2차반경(r)의 비율을 말하며, 세장비가 커질수록 좌굴(buckling)현상이 발생하여 지진 발생 시 파괴되거나 손상을 입기 쉽다.
6. "지진거동특성"이란 지진발생으로 인한 외부적인 힘에 반응하여 움직이는 특성을 말한다.
7. "지진분리이음"이란 지진발생시 지진으로 인한 진동이 배관에 손상을 주지 않고 배관의 축방향 변위, 회전, 1° 이상의 각도 변위를 허용하는 이음을 말한다. 단, 구경 200mm 이상의 배관은 허용하는 각도변위를 0.5° 이상으로 한다.
8. "지진분리장치"란 지진 발생 시 건축물 지진분리이음 설치 위치 및 지상에 노출된 건축물과 건축물 사이 등에서 발생하는 상대변위 발생에 대응하기 위해 모두 방향에서의 변위를 허용하는 커플링, 플렉시블 조인트, 관부속품 등의 집합체를 말한다.
9. "가요성이음장치"란 지진 시 수조 또는 가압송수장치와 배관 사이 등에서 발생하는 상대변위 발생에 대응하기 위해 수평 및 수직 방향의 변위를 허용하는 플렉시

블 조인트 등을 말한다.
10. "가동중량(W_p)"이란 수조, 가압송수장치, 함류, 제어반등, 가스계 및 분말소화설비의 저장용기, 비상전원, 배관의 작동상태를 고려한 무게를 말하며 다음 각 목의 기준에 따른다.
    가. 배관의 작동상태를 고려한 무게란 배관 및 기타 부속품의 무게를 포함하기 위한 중량으로 용수가 충전된 배관 무게의 1.15배를 적용한다.
    나. 수조, 가압송수장치, 함류, 제어반등, 가스계 및 분말소화설비의 저장용기, 비상전원의 작동상태를 고려한 무게란 유효중량에 안전율을 고려하여 적용한다.
11. "근입 깊이"란 앵커볼트가 벽면 또는 바닥면 속으로 들어가 인발력에 저항할 수 있는 구간의 길이를 말한다.
12. "내진스토퍼"란 지진하중에 의해 과도한 변위가 발생하지 않도록 제한하는 장치를 말한다.
13. "구조부재"란 건축설계에 있어 구조계산에 포함되는 하중을 지지하는 부재를 말한다.
14. "지진하중"이란 지진에 의한 지반운동으로 구조물에 작용하는 하중을 말한다.
15. "편심하중"이란 하중의 합력 방향이 그 물체의 중심을 지나지 않을 때의 하중을 말한다.
16. "지진동"이란 지진 시 발생하는 진동을 말한다.
17. "단부"란 직선배관에서 방향 전환하는 지점과 배관이 끝나는 지점을 말한다.
18. "S"란 재현주기 2400년을 기준으로 정의되는 최대고려 지진의 유효수평지반가속도로서 "건축물 내진설계기준(KDS 41 17 00)"의 지진구역에 따른 지진구역계수(Z)에 2400년 재현주기에 해당하는 위험도계수(I) 2.0을 곱한 값을 말한다.
19. "S_s"란 단주기 응답지수(short period response parameter)로서 유효수평지반가속도 S를 2.5배한 값을 말한다.
20. "영향구역"이란 흔들림 방지 버팀대가 수평지진하중을 지지할 수 있는 예상구역을 말한다.
21. "상쇄배관(offset)"이란 영향구역 내의 직선배관이 방향전환 한 후 다시 같은 방향으로 연속될 경우, 중간에 방향전환 된 짧은 배관은 단부로 보지 않고 상쇄하여 직선으로 볼 수 있는 것을 말하며, 짧은 배관의 합산길이는 3.7m 이하여야 한다.
22. "수직직선배관"이란 중력방향으로 설치된 주배관, 교차배관, 가지배관 등으로서 어떠한 방향전환도 없는 직선배관을 말한다. 단, 방향전환부분의 배관길이가 상쇄배관(offset) 길이 이하인 경우 하나의 수직직선배관으로 간주한다.

23. "수평직선배관"이란 수평방향으로 설치된 주배관, 교차배관, 가지배관 등으로서 어떠한 방향전환도 없는 직선배관을 말한다. 단, 방향전환부분의 배관길이가 상쇄배관(offset) 길이 이하인 경우 하나의 수평직선배관으로 간주한다.
24. "가지배관 고정장치"란 지진거동특성으로부터 가지배관의 움직임을 제한하여 파손, 변형 등으로부터 가지배관을 보호하기 위한 와이어타입, 환봉타입의 고정장치를 말한다.
25. "제어반등"이란 수신기(중계반을 포함한다), 동력제어반, 감시제어반 등을 말한다.
26. "횡방향 흔들림 방지 버팀대"란 수평직선배관의 진행방향과 직각방향(횡방향)의 수평지진하중을 지지하는 버팀대를 말한다.
27. "종방향 흔들림 방지 버팀대"란 수평직선배관의 진행방향(종방향)의 수평지진하중을 지지하는 버팀대를 말한다.
28. "4방향 흔들림 방지 버팀대"란 건축물 평면상에서 종방향 및 횡방향 수평지진하중을 지지하거나, 종·횡 단면상에서 전·후·좌·우 방향의 수평지진하중을 지지하는 버팀대를 말한다.

제 3 조의2(공통 적용사항) ① 소방시설의 내진설계에서 내진등급, 성능수준, 지진위험도, 지진구역 및 지진구역계수는 "건축물 내진설계기준(KDS 41 17 00)"을 따르고 중요도계수(I_p)는 1.5로 한다.
② 지진하중은 다음 각 호의 기준에 따라 계산한다.
1. 소방시설의 지진하중은 "건축물 내진설계기준" 중 비구조요소의 설계지진력 산정방법을 따른다.
2. 허용응력설계법을 적용하는 경우에는 제1호의 산정방법 중 허용응력설계법 외의 방법으로 산정된 설계지진력에 0.7을 곱한 값을 지진하중으로 적용한다.
3. 지진에 의한 소화배관의 수평지진하중(F_{pw}) 산정은 허용응력설계법으로 하며 다음 각호 중 어느 하나를 적용한다.
    가. $F_{pw} = C_p \times W_p$
    F_{pw} : 수평지진하중, W_p : 가동중량
    C_p : 소화배관의 지진계수(별표 1에 따라 산정한다.)
    나. 제1호에 따른 산정방법 중 허용응력설계법 외의 방법으로 산정된 설계지진력에 0.7을 곱한 값을 수평지진하중(F_{pw})으로 적용한다.
4. 지진에 의한 배관의 수평설계지진력이 $0.5W_p$을 초과하고, 흔들림 방지 버팀대의

각도가 수직으로부터 45도 미만인 경우 또는 수평설계지진력이 $1.0\,W_p$를 초과하고 흔들림 방지 버팀대의 각도가 수직으로부터 60도 미만인 경우 흔들림 방지 버팀대는 수평설계지진력에 의한 유효수직반력을 견디도록 설치해야한다.

③ 앵커볼트는 다음 각 호의 기준에 따라 설치한다.

1. 수조, 가압송수장치, 함, 제어반등, 비상전원, 가스계 및 분말소화설비의 저장용기 등은 "건축물 내진설계기준" 비구조요소의 정착부의 기준에 따라 앵커볼트를 설치하여야 한다.
2. 앵커볼트는 건축물 정착부의 두께, 볼트설치 간격, 모서리까지 거리, 콘크리트의 강도, 균열 콘크리트 여부, 앵커볼트의 단일 또는 그룹설치 등을 확인하여 최대허용하중을 결정하여야 한다.
3. 흔들림 방지 버팀대에 설치하는 앵커볼트 최대허용하중은 제조사가 제시한 설계하중 값에 0.43을 곱하여야 한다.
4. 건축물 부착 형태에 따른 프라잉효과나 편심을 고려하여 수평지진하중의 작용하중을 구하고 앵커볼트 최대허용하중과 작용하중과의 내진설계 적정성을 평가하여 설치하여야 한다.
5. 소방시설을 팽창성·화학성 또는 부분적으로 현장타설된 건축부재에 정착할 경우에는 수평지진하중을 1.5배 증가시켜 사용한다.

④ 수조·가압송수장치·제어반등 및 비상전원 등을 바닥에 고정하는 경우 기초(패드 포함)부분의 구조안전성을 확인하여야 한다.

제 4 조(수원) 수조는 다음 각 호의 기준에 따라 설치하여야 한다.

1. 수조는 지진에 의하여 손상되거나 과도한 변위가 발생하지 않도록 기초(패드포함), 본체 및 연결부분의 구조안전성을 확인하여야 한다.
2. 수조는 건축물의 구조부재나 구조부재와 연결된 수조 기초부(패드)에 고정하여 지진 시 파손(손상), 변형, 이동, 전도 등이 발생하지 않아야 한다.
3. 수조와 연결되는 소화배관에는 지진 시 상대변위를 고려하여 가요성이음장치를 설치하여야 한다.

제 5 조(가압송수장치) ① 가압송수장치에 방진장치가 있어 앵커볼트로 지지 및 고정할 수 없는 경우에는 다음 각 호의 기준에 따라 내진스토퍼 등을 설치하여야 한다. 다만, 방진장치에 이 기준에 따른 내진성능이 있는 경우는 제외한다.

1. 정상운전에 지장이 없도록 내진스토퍼와 본체 사이에 최소 3mm 이상 이격하여 설치한다.

2. 내진스토퍼는 제조사에서 제시한 허용하중이 제3조의2제2항에 따른 지진하중 이상을 견딜 수 있는 것으로 설치하여야 한다. 단, 내진스토퍼와 본체사이의 이격거리가 6mm를 초과한 경우에는 수평지진하중의 2배 이상을 견딜 수 있는 것으로 설치하여야 한다.

② 가압송수장치의 흡입측 및 토출측에는 지진 시 상대변위를 고려하여 가요성이음장치를 설치하여야 한다.

③ 삭제

제 6 조(배관) ① 배관은 다음 각 호의 기준에 따라 설치하여야 한다.
1. 건물 구조부재간의 상대변위에 의한 배관의 응력을 최소화하기 위하여 지진분리이음 또는 지진분리장치를 사용하거나 이격거리를 유지하여야 한다.
2. 건축물 지진분리이음 설치위치 및 건축물 간의 연결배관 중 지상노출 배관이 건축물로 인입되는 위치의 배관에는 관경에 관계없이 지진분리장치를 설치하여야 한다.
3. 천장과 일체 거동을 하는 부분에 배관이 지지되어 있을 경우 배관을 단단히 고정시키기 위해 흔들림 방지 버팀대를 사용하여야 한다.
4. 배관의 흔들림을 방지하기 위하여 흔들림 방지 버팀대를 사용하여야 한다.
5. 흔들림 방지 버팀대와 그 고정장치는 소화설비의 동작 및 살수를 방해하지 않아야 한다.
6. 삭제

② 배관의 수평지진하중은 다음 각 호의 기준에 따라 계산하여야 한다.
1. 흔들림 방지 버팀대의 수평지진하중 산정 시 배관의 중량은 가동중량(W_p)으로 산정한다.
2. 흔들림 방지 버팀대에 작용하는 수평지진하중은 제3조의2제2항제3호에 따라 산정한다.
3. 수평지진하중(F_{pw})은 배관의 횡방향과 종방향에 각각 적용되어야 한다.

③ 벽, 바닥 또는 기초를 관통하는 배관 주위에는 다음 각 호의 기준에 따라 이격거리를 확보하여야 한다. 다만, 벽, 바닥 또는 기초의 각 면에서 300mm 이내에 지진분리이음을 설치하거나 내화성능이 요구되지 않는 석고보드나 이와 유사한 부서지기 쉬운 부재를 관통하는 배관은 그러하지 아니하다.
1. 관통구 및 배관 슬리브의 호칭구경은 배관의 호칭구경이 25mm 내지 100mm 미만인 경우 배관의 호칭구경보다 50mm 이상, 배관의 호칭구경이 100mm 이상인 경우에는 배관의 호칭구경보다 100mm 이상 커야 한다. 다만, 배관의 호칭구경이

50mm 이하인 경우에는 배관의 호칭구경 보다 50mm 미만의 더 큰 관통구 및 배관 슬리브를 설치할 수 있다.

2. 방화구획을 관통하는 배관의 틈새는 「건축물의 피난·방화구조 등의 기준에 관한 규칙」 제14조제2항에 따라 인정된 내화충전구조 중 신축성이 있는 것으로 메워야 한다.

④ 소방시설의 배관과 연결된 타 설비배관을 포함한 수평지진하중은 제2항의 기준에 따라 결정하여야 한다.

제 7 조(지진분리이음) ① 배관의 변형을 최소화하고 소화설비 주요 부품 사이의 유연성을 증가시킬 필요가 있는 위치에 설치하여야 한다.

② 구경 65mm 이상의 배관에는 지진분리이음을 다음 각 호의 위치에 설치하여야 한다.

1. 모든 수직직선배관은 상부 및 하부의 단부로 부터 0.6m 이내에 설치하여야 한다. 다만, 길이가 0.9m 미만인 수직직선배관은 지진분리이음을 설치하지 아니할 수 있으며, 0.9m~2.1m 사이의 수직직선배관은 하나의 지진분리이음을 설치할 수 있다.

2. 제6조제3항 본문의 단서에도 불구하고 2층 이상의 건물인 경우 각 층의 바닥으로부터 0.3m, 천장으로부터 0.6m 이내에 설치하여야 한다.

3. 수직직선배관에서 티분기된 수평배관 분기지점이 천장 아래 설치된 지진분리이음보다 아래에 위치한 경우 분기된 수평배관에 지진분리이음을 다음 각 목의 기준에 적합하게 설치하여야 한다.

   가. 티분기 수평직선배관으로부터 0.6m 이내에 지진분리이음을 설치한다.

   나. 티분기 수평직선배관 이후 2차측에 수직직선배관이 설치된 경우 1차측 수직직선배관의 지진분리이음 위치와 동일선상에 지진분리이음을 설치하고, 티분기 수평직선배관의 길이가 0.6m 이하인 경우에는 그 티분기된 수평직선배관에 가목에 따른 지진분리이음을 설치하지 아니한다.

4. 수직직선배관에 중간 지지부가 있는 경우에는 지지부로부터 0.6m 이내의 윗부분 및 아랫부분에 설치해야 한다.

③ 제6조제3항제1호에 따른 이격거리 규정을 만족하는 경우에는 지진분리이음을 설치하지 아니할 수 있다.

제 8 조(지진분리장치) 지진분리장치는 다음 각 호의 기준에 따라 설치하여야 한다.

1. 지진분리장치는 배관의 구경에 관계없이 지상층에 설치된 배관으로 건축물 지진

분리이음과 소화배관이 교차하는 부분 및 건축물 간의 연결배관 중 지상 노출 배관이 건축물로 인입되는 위치에 설치하여야 한다.
2. 지진분리장치는 건축물 지진분리이음의 변위량을 흡수할 수 있도록 전후좌우 방향의 변위를 수용할 수 있도록 설치하여야 한다.
3. 지진분리장치의 전단과 후단의 1.8m 이내에는 4방향 흔들림 방지 버팀대를 설치하여야 한다.
4. 지진분리장치 자체에는 흔들림 방지 버팀대를 설치할 수 없다.

제 9 조(흔들림 방지 버팀대) ① 흔들림 방지 버팀대는 다음 각 호의 기준에 따라 설치하여야 한다.
1. 흔들림 방지 버팀대는 내력을 충분히 발휘할 수 있도록 견고하게 설치하여야 한다.
2. 배관에는 제6조제2항에서 산정된 횡방향 및 종방향의 수평지진하중에 모두 견디도록 흔들림 방지 버팀대를 설치하여야 한다.
3. 흔들림 방지 버팀대가 부착된 건축 구조부재는 소화배관에 의해 추가된 지진하중을 견딜 수 있어야 한다.
4. 흔들림 방지 버팀대의 세장비(L/r)는 300을 초과하지 않아야 한다.
5. 4방향 흔들림 방지 버팀대는 횡방향 및 종방향 흔들림 방지 버팀대의 역할을 동시에 할 수 있어야 한다.
6. 하나의 수평직선배관은 최소 2개의 횡방향 흔들림 방지 버팀대와 1개의 종방향 흔들림 방지 버팀대를 설치하여야 한다. 다만, 영향구역 내 배관의 길이가 6m 미만인 경우에는 횡방향과 종방향 흔들림 방지 버팀대를 각 1개씩 설치 할 수 있다.

② 소화펌프(충압펌프를 포함한다. 이하 같다) 주위의 수직직선배관 및 수평직선배관은 다음 각 호의 기준에 따라 흔들림 방지 버팀대를 설치한다.
1. 소화펌프 흡입측 수평직선배관 및 수직직선배관의 수평지진하중을 계산하여 흔들림 방지 버팀대를 설치하여야 한다.
2. 소화펌프 토출측 수평직선배관 및 수직직선배관의 수평지진하중을 계산하여 흔들림 방지 버팀대를 설치하여야 한다.

③ 흔들림 방지 버팀대는 소방청장이 고시한「흔들림 방지 버팀대의 성능인증 및 제품검사의 기술기준」에 따라 성능인증 및 제품검사를 받은 것으로 설치하여야 한다.

제10조(수평직선배관 흔들림 방지 버팀대) ① 횡방향 흔들림 방지 버팀대는 다음 각 호의 기준에 따라 설치하여야 한다.

1. 배관 구경에 관계없이 모든 수평주행배관·교차배관 및 옥내소화전설비의 수평배관에 설치하여야 하고, 가지배관 및 기타배관에는 구경 65mm 이상인 배관에 설치하여야 한다. 다만, 옥내소화전설비의 수직배관에서 분기된 구경 50mm 이하의 수평배관에 설치되는 소화전함이 1개인 경우에는 횡방향 흔들림 방지 버팀대를 설치하지 않을 수 있다.
2. 횡방향 흔들림 방지 버팀대의 설계하중은 설치된 위치의 좌우 6m를 포함한 12m 이내의 배관에 작용하는 횡방향 수평지진하중으로 영향구역내의 수평주행배관, 교차배관, 가지배관의 하중을 포함하여 산정한다.
3. 흔들림 방지 버팀대의 간격은 중심선을 기준으로 최대간격이 12m를 초과하지 않아야 한다.
4. 마지막 흔들림 방지 버팀대와 배관 단부 사이의 거리는 1.8m를 초과하지 않아야 한다.
5. 영향구역 내에 상쇄배관이 설치되어 있는 경우 배관의 길이는 그 상쇄배관 길이를 합산하여 산정한다.
6. 횡방향 흔들림 방지 버팀대가 설치된 지점으로부터 600mm 이내에 그 배관이 방향전환되어 설치된 경우 그 횡방향 흔들림방지 버팀대는 인접배관의 종방향 흔들림 방지 버팀대로 사용할 수 있으며, 배관의 구경이 다른 경우에는 구경이 큰 배관에 설치하여야 한다.
7. 가지배관의 구경이 65mm 이상일 경우 다음 각 목의 기준에 따라 설치한다.
    가. 가지배관의 구경이 65mm 이상인 배관의 길이가 3.7m 이상인 경우에 횡방향 흔들림 방지 버팀대를 제9조제1항에 따라 설치한다.
    나. 가지배관의 구경이 65mm 이상인 배관의 길이가 3.7m 미만인 경우에는 횡방향 흔들림 방지 버팀대를 설치하지 않을 수 있다.
8. 횡방향 흔들림 방지 버팀대의 수평지진하중은 별표 2에 따른 영향구역의 최대허용하중 이하로 적용하여야 한다.
9. 교차배관 및 수평주행배관에 설치되는 행가가 다음 각 목의 기준을 모두 만족하는 경우 횡방향 흔들림 방지 버팀대를 설치하지 않을 수 있다.
    가. 건축물 구조부재 고정점으로부터 배관 상단까지의 거리가 150mm 이내일 것
    나. 배관에 설치된 모든 행가의 75% 이상이 가목의 기준을 만족할 것
    다. 교차배관 및 수평주행배관에 연속하여 설치된 행가는 가목의 기준을 연속하여 초과하지 않을 것
    라. 지진계수(C_p) 값이 0.5 이하일 것
    마. 수평주행배관의 구경은 150mm 이하이고, 교차배관의 구경은 100mm 이하일

것

바. 행가는 「스프링클러설비의 화재안전기준」 제8조제13항에 따라 설치할 것

② 종방향 흔들림 방지 버팀대는 다음 각 호의 기준에 따라 설치하여야 한다.

1. 배관 구경에 관계없이 모든 수평주행배관·교차배관 및 옥내소화전설비의 수평배관에 설치하여야 한다. 다만, 옥내소화전설비의 수직배관에서 분기된 구경 50mm 이하의 수평배관에 설치되는 소화전함이 1개인 경우에는 종방향 흔들림 방지 버팀대를 설치하지 않을 수 있다.
2. 종방향 흔들림 방지 버팀대의 설계하중은 설치된 위치의 좌우 12m를 포함한 24m 이내의 배관에 작용하는 수평지진하중으로 영향구역내의 수평주행배관, 교차배관 하중을 포함하여 산정하며, 가지배관의 하중은 제외한다.
3. 수평주행배관 및 교차배관에 설치된 종방향 흔들림 방지 버팀대의 간격은 중심선을 기준으로 24 m를 넘지 않아야 한다.
4. 마지막 흔들림 방지 버팀대와 배관 단부 사이의 거리는 12m를 초과하지 않아야 한다.
5. 영향구역 내에 상쇄배관이 설치되어 있는 경우 배관 길이는 그 상쇄배관 길이를 합산하여 산정한다.
6. 종방향 흔들림 방지 버팀대가 설치된 지점으로부터 600mm 이내에 그 배관이 방향전환되어 설치된 경우 그 종방향 흔들림방지 버팀대는 인접배관의 횡방향 흔들림 방지 버팀대로 사용할 수 있으며, 배관의 구경이 다른 경우에는 구경이 큰 배관에 설치하여야 한다.

제11조(수직직선배관 흔들림 방지 버팀대) 수직직선배관 흔들림 방지 버팀대는 다음 각 호의 기준에 따라 설치하여야 한다.

1. 길이 1m를 초과하는 수직직선배관의 최상부에는 4방향 흔들림 방지 버팀대를 설치하여야 한다. 다만, 가지배관은 설치하지 아니할 수 있다.
2. 수직직선배관 최상부에 설치된 4방향 흔들림 방지 버팀대가 수평직선배관에 부착된 경우 그 흔들림 방지 버팀대는 수직직선배관의 중심선으로부터 0.6m 이내에 설치되어야 하고, 그 흔들림 방지 버팀대의 하중은 수직 및 수평방향의 배관을 모두 포함하여야 한다.
3. 수직직선배관 4방향 흔들림 방지 버팀대 사이의 거리는 8m를 초과하지 않아야 한다.
4. 소화전함에 아래 또는 위쪽으로 설치되는 65mm 이상의 수직직선배관은 다음 각 목의 기준에 따라 설치한다.

가. 수직직선배관의 길이가 3.7m 이상인 경우, 4방향 흔들림 방지 버팀대를 1개 이상 설치하고, 말단에 U볼트 등의 고정장치를 설치한다.

나. 수직직선배관의 길이가 3.7m 미만인 경우, 4방향 흔들림 방지 버팀대를 설치하지 아니할 수 있고, U볼트 등의 고정장치를 설치한다.

5. 수직직선배관에 4방향 흔들림 방지 버팀대를 설치하고 수평방향으로 분기된 수평직선배관의 길이가 1.2m 이하인 경우 수직직선배관에 수평직선배관의 지진하중을 포함하는 경우 수평직선배관의 흔들림 방지 버팀대를 설치하지 않을 수 있다.
6. 수직직선배관이 다층건물의 중간층을 관통하며, 관통구 및 슬리브의 구경이 제6조제3항제1호에 따른 배관 구경별 관통구 및 슬리브 구경 미만인 경우에는 4방향 흔들림 방지 버팀대를 설치하지 아니할 수 있다.

제12조(흔들림 방지 버팀대 고정장치) 흔들림 방지 버팀대 고정장치에 작용하는 수평지진하중은 허용하중을 초과하여서는 아니 된다.
1. 삭제
2. 삭제

제13조(가지배관 고정장치 및 헤드) ① 가지배관의 고정장치는 각 호에 따라 설치하여야 한다.
1. 가지배관에는 별표 3의 간격에 따라 고정장치를 설치한다.
2. 와이어타입 고정장치는 행가로부터 600mm 이내에 설치하여야 한다. 와이어 고정점에 가장 가까운 행거는 가지배관의 상방향 움직임을 지지할 수 있는 유형이어야 한다.
3. 환봉타입 고정장치는 행가로부터 150mm이내에 설치한다.
4. 환봉타입 고정장치의 세장비는 400을 초과하여서는 아니된다. 단, 양쪽 방향으로 두 개의 고정장치를 설치하는 경우 세장비를 적용하지 아니한다.
5. 고정장치는 수직으로부터 45° 이상의 각도로 설치하여야 하고, 설치각도에서 최소 1340N 이상의 인장 및 압축하중을 견딜 수 있어야 하며 와이어를 사용하는 경우 와이어는 1960N 이상의 인장하중을 견디는 것으로 설치하여야 한다.
6. 가지배관 상의 말단 헤드는 수직 및 수평으로 과도한 움직임이 없도록 고정하여야 한다.
7. 가지배관에 설치되는 행가는 「스프링클러설비의 화재안전기준」 제8조제13항에 따라 설치한다.

8. 가지배관에 설치되는 행가가 다음 각 목의 기준을 모두 만족하는 경우 고정장치를 설치하지 않을 수 있다.
   가. 건축물 구조부재 고정점으로부터 배관 상단까지의 거리가 150mm 이내일 것
   나. 가지배관에 설치된 모든 행가의 75% 이상이 가목의 기준을 만족할 것
   다. 가지배관에 연속하여 설치된 행가는 가목의 기준을 연속하여 초과하지 않을 것

② 가지배관 고정에 사용되지 않는 건축부재와 헤드 사이의 이격거리는 75mm 이상을 확보하여야 한다.

제14조(제어반등) 제어반등은 다음 각 호의 기준에 따라 설치하여야 한다.
1. 제어반등의 지진하중은 제3조의2제2항에 따라 계산하고, 앵커볼트는 제3조의2제3항에 따라 설치하여야 한다. 단, 제어반등의 하중이 450N 이하이고 내력벽 또는 기둥에 설치하는 경우 직경 8mm 이상의 고정용 볼트 4개 이상으로 고정할 수 있다.
2. 건축물의 구조부재인 내력벽·바닥 또는 기둥 등에 고정하여야 하며, 바닥에 설치하는 경우 지진하중에 의해 전도가 발생하지 않도록 설치하여야 한다.
3. 제어반등은 지진 발생 시 기능이 유지되어야 한다.

제15조(유수검지장치) 유수검지장치는 지진발생시 기능을 상실하지 않아야 하며, 연결부위는 파손되지 않아야 한다.

제16조(소화전함) 소화전함은 다음 각 호의 기준에 따라 설치하여야 한다.
1. 지진 시 파손 및 변형이 발생하지 않아야 하며, 개폐에 장애가 발생하지 않아야 한다.
2. 건축물의 구조부재인 내력벽·바닥 또는 기둥 등에 고정하여야 하며, 바닥에 설치하는 경우 지진하중에 의해 전도가 발생하지 않도록 설치하여야 한다.
3. 소화전함의 지진하중은 제3조의2제2항에 따라 계산하고, 앵커볼트는 제3조의2제3항에 따라 설치하여야 한다. 단, 소화전함의 하중이 450N 이하이고 내력벽 또는 기둥에 설치하는 경우 직경 8mm 이상의 고정용 볼트 4개 이상으로 고정할 수 있다.

제17조(비상전원) 비상전원은 다음 각 호의 기준에 따라 설치하여야 한다.
1. 자가발전설비의 지진하중은 제3조의2제2항에 따라 계산하고, 앵커볼트는 제3조

의2제3항에 따라 설치하여야 한다.
2. 비상전원은 지진 발생 시 전도되지 않도록 설치하여야 한다.

제18조(가스계 및 분말소화설비) ① 이산화탄소소화설비, 할론소화설비, 할로겐화합물 및 불활성기체소화설비, 분말소화설비의 저장용기는 지진하중에 의해 전도가 발생하지 않도록 설치하고, 지진하중은 제3조의2제2항에 따라 계산하고 앵커볼트는 제3조의2제3항에 따라 설치하여야 한다.
② 이산화탄소소화설비, 할론소화설비, 할로겐화합물 및 불활성기체소화설비, 분말소화설비의 제어반등은 제14조의 기준에 따라 설치하여야 한다.
③ 이산화탄소소화설비, 할론소화설비, 할로겐화합물 및 불활성기체소화설비, 분말소화설비의 기동장치 및 비상전원은 지진으로 인한 오동작이 발생하지 않도록 설치하여야 한다.

제19조(설치·유지기준의 특례) 소방본부장 또는 소방서장은 기존건축물이 증축·개축·대수선되거나 용도변경되는 경우에 있어서 이 기준이 정하는 기준에 따라 해당 건축물에 설치하여야 할 소방시설 내진설계의 공사가 현저하게 곤란하다고 인정되는 경우에는 해당 설비의 기능 및 사용에 지장이 없는 범위 안에서 소방시설의 내진설계 기준 일부를 적용하지 아니할 수 있다.

제20조(재검토 기한) 소방청장은 「훈령·예규 등의 발령 및 관리에 관한 규정」에 따라 이 고시에 대하여 2021년 7월 1일을 기준으로 매3년이 되는 시점(매 3년째의 6월 30일 까지를 말한다)마다 그 타당성을 검토하여 개선 등의 조치를 하여야 한다.

부　칙 〈제2021-15호, 2021.2.19〉

제 1 조(시행일) 이 고시는 발령한 날부터 시행한다. 다만, 제9조제3항의 개정규정은 「흔들림 방지 버팀대의 성능인증 및 제품검사의 기술기준」 제정 후 시행일 이후 6개월이 경과한 날부터 시행한다.

제 2 조(경과조치) 이 고시 시행 당시 건축허가 등의 동의 또는 착공신고가 완료된 특정소방대상물에 대하여는 종전의 기준에 따른다.

Question 17. 소방시설의 종류(시행령 별표 1)

필수사항 (최근 일부개정으로 숙지 필요) 중요도 ★★★

[별표 1] 〈개정 2021. 1. 5.〉
소방시설(제3조 관련)
1. 소화설비 : 물 또는 그 밖의 소화약제를 사용하여 소화하는 기계·기구 또는 설비로서 다음 각 목의 것
    가. 소화기구
       1) 소화기
       2) 간이소화용구 : 에어로졸식 소화용구, 투척용 소화용구, 소공간용 소화용구 및 소화약제 외의 것을 이용한 간이소화용구
       3) 자동확산소화기
    나. 자동소화장치
       1) 주거용 주방자동소화장치
       2) 상업용 주방자동소화장치
       3) 캐비닛형 자동소화장치
       4) 가스자동소화장치
       5) 분말자동소화장치
       6) 고체에어로졸자동소화장치
    다. 옥내소화전설비(호스릴옥내소화전설비를 포함한다)
    라. 스프링클러설비등
       1) 스프링클러설비
       2) 간이스프링클러설비(캐비닛형 간이스프링클러설비를 포함한다)
       3) 화재조기진압용 스프링클러설비
    마. 물분무등소화설비
       1) 물분무소화설비
       2) 미분무소화설비
       3) 포소화설비
       4) 이산화탄소소화설비
       5) 할론소화설비
       6) 할로겐화합물 및 불활성기체(다른 원소와 화학 반응을 일으키기 어려운 기

체를 말한다. 이하 같다) 소화설비
        7) 분말소화설비
        8) 강화액소화설비
        9) 고체에어로졸소화설비

암기방법 물미포 이할할 분강고 중요도 ★★★

    바. 옥외소화전설비
 2. 경보설비 : 화재발생 사실을 통보하는 기계·기구 또는 설비로서 다음 각 목의 것
    가. 단독경보형 감지기
    나. 비상경보설비
        1) 비상벨설비
        2) 자동식사이렌설비
    다. 시각경보기
    라. 자동화재탐지설비
    마. 비상방송설비
    바. 자동화재속보설비
    사. 통합감시시설
    아. 누전경보기
    자. 가스누설경보기
 3. 피난구조설비 : 화재가 발생할 경우 피난하기 위하여 사용하는 기구 또는 설비로서 다음 각 목의 것
    가. 피난기구
        1) 피난사다리
        2) 구조대
        3) 완강기
        4) 그 밖에 법 제9조제1항에 따라 소방청장이 정하여 고시하는 화재안전기준(이하 "화재안전기준"이라 한다)으로 정하는 것
    나. 인명구조기구
        1) 방열복, 방화복(안전모, 보호장갑 및 안전화를 포함한다)
        2) 공기호흡기
        3) 인공소생기
    다. 유도등
        1) 피난유도선

2) 피난구유도등
3) 통로유도등
4) 객석유도등
5) 유도표지
라. 비상조명등 및 휴대용비상조명등
4. 소화용수설비 : 화재를 진압하는 데 필요한 물을 공급하거나 저장하는 설비로서 다음 각 목의 것
    가. 상수도소화용수설비
    나. 소화수조·저수조, 그 밖의 소화용수설비
5. 소화활동설비 : 화재를 진압하거나 인명구조활동을 위하여 사용하는 설비로서 다음 각 목의 것
    가. 제연설비
    나. 연결송수관설비
    다. 연결살수설비
    라. 비상콘센트설비
    마. 무선통신보조설비
    바. 연소방지설비

암기방법 **송살방 무제비** 중요도 ★★★
(암기 필요)

Question 18
특정소방대상물의 종류 30가지를 나열하라.

설치유지 및 안전관리에 관한법률 시행령 별표2

필수사항 (최근 일부개정으로 숙지 필요) 중요도 ★★★
(30가지는 동일하고 세부내용이 일부 변경됨)

[별표 2] 〈개정 2020. 12. 10.〉
특정소방대상물(제5조 관련)
1. 공동주택
    가. 아파트등 : 주택으로 쓰이는 층수가 5층 이상인 주택

나. 기숙사 : 학교 또는 공장 등에서 학생이나 종업원 등을 위하여 쓰는 것으로서 공동취사 등을 할 수 있는 구조를 갖추되, 독립된 주거의 형태를 갖추지 않은 것(「교육기본법」 제27조제2항에 따른 학생복지주택을 포함한다)

2. 근린생활시설

　가. 슈퍼마켓과 일용품(식품, 잡화, 의류, 완구, 서적, 건축자재, 의약품, 의료기기 등) 등의 소매점으로서 같은 건축물(하나의 대지에 두 동 이상의 건축물이 있는 경우에는 이를 같은 건축물로 본다. 이하 같다)에 해당 용도로 쓰는 바닥면적의 합계가 1천m^2 미만인 것

　나. 휴게음식점, 제과점, 일반음식점, 기원(棋院), 노래연습장 및 단란주점(단란주점은 같은 건축물에 해당 용도로 쓰는 바닥면적의 합계가 150m^2 미만인 것만 해당한다)

　다. 이용원, 미용원, 목욕장 및 세탁소(공장이 부설된 것과 「대기환경보전법」, 「물환경보전법」 또는 「소음·진동관리법」에 따른 배출시설의 설치허가 또는 신고의 대상이 되는 것은 제외한다)

　라. 의원, 치과의원, 한의원, 침술원, 접골원(接骨院), 조산원(「모자보건법」 제2조제11호에 따른 산후조리원을 포함한다) 및 안마원(「의료법」 제82조제4항에 따른 안마시술소를 포함한다)

　마. 탁구장, 테니스장, 체육도장, 체력단련장, 에어로빅장, 볼링장, 당구장, 실내낚시터, 골프연습장, 물놀이형 시설(「관광진흥법」 제33조에 따른 안전성검사의 대상이 되는 물놀이형 시설을 말한다. 이하 같다), 그 밖에 이와 비슷한 것으로서 같은 건축물에 해당 용도로 쓰는 바닥면적의 합계가 500m^2 미만인 것

　바. 공연장(극장, 영화상영관, 연예장, 음악당, 서커스장, 「영화 및 비디오물의 진흥에 관한 법률」 제2조제16호가목에 따른 비디오물감상실업의 시설, 같은 호 나목에 따른 비디오물소극장업의 시설, 그 밖에 이와 비슷한 것을 말한다. 이하 같다) 또는 종교집회장[교회, 성당, 사찰, 기도원, 수도원, 수녀원, 제실(祭室), 사당, 그 밖에 이와 비슷한 것을 말한다. 이하 같다]으로서 같은 건축물에 해당 용도로 쓰는 바닥면적의 합계가 300m^2 미만인 것

　사. 금융업소, 사무소, 부동산중개사무소, 결혼상담소 등 소개업소, 출판사, 서점, 그 밖에 이와 비슷한 것으로서 같은 건축물에 해당 용도로 쓰는 바닥면적의 합계가 500m^2 미만인 것

　아. 제조업소, 수리점, 그 밖에 이와 비슷한 것으로서 같은 건축물에 해당 용도로 쓰는 바닥면적의 합계가 500m^2 미만이고, 「대기환경보전법」, 「물환경보전법」 또는 「소음·진동관리법」에 따른 배출시설의 설치허가 또는 신고의 대상이

아닌 것
자. 「게임산업진흥에 관한 법률」 제2조제6호의2에 따른 청소년게임제공업 및 일반게임제공업의 시설, 같은 조 제7호에 따른 인터넷컴퓨터게임시설제공업의 시설 및 같은 조 제8호에 따른 복합유통게임제공업의 시설로서 같은 건축물에 해당 용도로 쓰는 바닥면적의 합계가 500m² 미만인 것
차. 사진관, 표구점, 학원(같은 건축물에 해당 용도로 쓰는 바닥면적의 합계가 500m² 미만인 것만 해당하며, 자동차학원 및 무도학원은 제외한다), 독서실, 고시원(「다중이용업소의 안전관리에 관한 특별법」에 따른 다중이용업 중 고시원업의 시설로서 독립된 주거의 형태를 갖추지 않은 것으로서 같은 건축물에 해당 용도로 쓰는 바닥면적의 합계가 500m² 미만인 것을 말한다), 장의사, 동물병원, 총포판매사, 그 밖에 이와 비슷한 것
카. 의약품 판매소, 의료기기 판매소 및 자동차영업소로서 같은 건축물에 해당 용도로 쓰는 바닥면적의 합계가 1천m² 미만인 것
타. 삭제 〈2013.1.9〉

3. 문화 및 집회시설
가. 공연장으로서 근린생활시설에 해당하지 않는 것
나. 집회장 : 예식장, 공회당, 회의장, 마권(馬券) 장외 발매소, 마권 전화투표소, 그 밖에 이와 비슷한 것으로서 근린생활시설에 해당하지 않는 것
다. 관람장 : 경마장, 경륜장, 경정장, 자동차 경기장, 그 밖에 이와 비슷한 것과 체육관 및 운동장으로서 관람석의 바닥면적의 합계가 1천m² 이상인 것
라. 전시장 : 박물관, 미술관, 과학관, 문화관, 체험관, 기념관, 산업전시장, 박람회장, 견본주택, 그 밖에 이와 비슷한 것
마. 동·식물원 : 동물원, 식물원, 수족관, 그 밖에 이와 비슷한 것

4. 종교시설
가. 종교집회장으로서 근린생활시설에 해당하지 않는 것
나. 가목의 종교집회장에 설치하는 봉안당(奉安堂)

5. 판매시설
가. 도매시장 : 「농수산물 유통 및 가격안정에 관한 법률」 제2조제2호에 따른 농수산물도매시장, 같은 조 제5호에 따른 농수산물공판장, 그 밖에 이와 비슷한 것(그 안에 있는 근린생활시설을 포함한다)
나. 소매시장 : 시장, 「유통산업발전법」 제2조제3호에 따른 대규모점포, 그 밖에 이와 비슷한 것(그 안에 있는 근린생활시설을 포함한다)
다. 전통시장 : 「전통시장 및 상점가 육성을 위한 특별법」 제2조제1호에 따른 전

통시장(그 안에 있는 근린생활시설을 포함하며, 노점형시장은 제외한다)
라. 상점 : 다음의 어느 하나에 해당하는 것(그 안에 있는 근린생활시설을 포함한다)
   1) 제2호가목에 해당하는 용도로서 같은 건축물에 해당 용도로 쓰는 바닥면적 합계가 1천m² 이상인 것
   2) 제2호자목에 해당하는 용도로서 같은 건축물에 해당 용도로 쓰는 바닥면적 합계가 500m² 이상인 것

6. 운수시설
   가. 여객자동차터미널
   나. 철도 및 도시철도 시설(정비창 등 관련 시설을 포함한다)
   다. 공항시설(항공관제탑을 포함한다)
   라. 항만시설 및 종합여객시설

7. 의료시설
   가. 병원 : 종합병원, 병원, 치과병원, 한방병원, 요양병원
   나. 격리병원 : 전염병원, 마약진료소, 그 밖에 이와 비슷한 것
   다. 정신의료기관
   라. 「장애인복지법」 제58조제1항제4호에 따른 장애인 의료재활시설

8. 교육연구시설
   가. 학교
      1) 초등학교, 중학교, 고등학교, 특수학교, 그 밖에 이에 준하는 학교 : 「학교시설사업 촉진법」 제2조제1호나목의 교사(校舍)(교실·도서실 등 교수·학습활동에 직접 또는 간접적으로 필요한 시설물을 말하되, 병설유치원으로 사용되는 부분은 제외한다. 이하 같다), 체육관, 「학교급식법」 제6조에 따른 급식시설, 합숙소(학교의 운동부, 기능선수 등이 집단으로 숙식하는 장소를 말한다. 이하 같다)
      2) 대학, 대학교, 그 밖에 이에 준하는 각종 학교 : 교사 및 합숙소
   나. 교육원(연수원, 그 밖에 이와 비슷한 것을 포함한다)
   다. 직업훈련소
   라. 학원(근린생활시설에 해당하는 것과 자동차운전학원·정비학원 및 무도학원은 제외한다)
   마. 연구소(연구소에 준하는 시험소와 계량계측소를 포함한다)
   바. 도서관

9. 노유자시설

가. 노인 관련 시설 : 「노인복지법」에 따른 노인주거복지시설, 노인의료복지시설, 노인여가복지시설, 주·야간보호서비스나 단기보호서비스를 제공하는 재가노인복지시설(「노인장기요양보험법」에 따른 재가장기요양기관을 포함한다), 노인보호전문기관, 노인일자리지원기관, 학대피해노인 전용쉼터, 그 밖에 이와 비슷한 것

나. 아동 관련 시설 : 「아동복지법」에 따른 아동복지시설, 「영유아보육법」에 따른 어린이집, 「유아교육법」에 따른 유치원[제8호가목1)에 따른 학교의 교사 중 병설유치원으로 사용되는 부분을 포함한다], 그 밖에 이와 비슷한 것

다. 장애인 관련 시설 : 「장애인복지법」에 따른 장애인 거주시설, 장애인 지역사회재활시설(장애인 심부름센터, 한국수어통역센터, 점자도서 및 녹음서 출판시설 등 장애인이 직접 그 시설 자체를 이용하는 것을 주된 목적으로 하지 않는 시설은 제외한다), 장애인 직업재활시설, 그 밖에 이와 비슷한 것

라. 정신질환자 관련 시설 : 「정신건강증진 및 정신질환자 복지서비스 지원에 관한 법률」에 따른 정신재활시설(생산품판매시설은 제외한다), 정신요양시설, 그 밖에 이와 비슷한 것

마. 노숙인 관련 시설 : 「노숙인 등의 복지 및 자립지원에 관한 법률」 제2조제2호에 따른 노숙인복지시설(노숙인일시보호시설, 노숙인자활시설, 노숙인재활시설, 노숙인요양시설 및 쪽방상담소만 해당한다), 노숙인종합지원센터 및 그 밖에 이와 비슷한 것

바. 가목부터 마목까지에서 규정한 것 외에 「사회복지사업법」에 따른 사회복지시설 중 결핵환자 또는 한센인 요양시설 등 다른 용도로 분류되지 않는 것

10. 수련시설

가. 생활권 수련시설 : 「청소년활동 진흥법」에 따른 청소년수련관, 청소년문화의집, 청소년특화시설, 그 밖에 이와 비슷한 것

나. 자연권 수련시설 : 「청소년활동 진흥법」에 따른 청소년수련원, 청소년야영장, 그 밖에 이와 비슷한 것

다. 「청소년활동 진흥법」에 따른 유스호스텔

11. 운동시설

가. 탁구장, 체육도장, 테니스장, 체력단련장, 에어로빅장, 볼링장, 당구장, 실내낚시터, 골프연습장, 물놀이형 시설, 그 밖에 이와 비슷한 것으로서 근린생활시설에 해당하지 않는 것

나. 체육관으로서 관람석이 없거나 관람석의 바닥면적이 1천m^2 미만인 것

다. 운동장 : 육상장, 구기장, 볼링장, 수영장, 스케이트장, 롤러스케이트장, 승마

장, 사격장, 궁도장, 골프장 등과 이에 딸린 건축물로서 관람석이 없거나 관람석의 바닥면적이 1천m² 미만인 것

12. 업무시설
    가. 공공업무시설 : 국가 또는 지방자치단체의 청사와 외국공관의 건축물로서 근린생활시설에 해당하지 않는 것
    나. 일반업무시설 : 금융업소, 사무소, 신문사, 오피스텔(업무를 주로 하며, 분양하거나 임대하는 구획 중 일부의 구획에서 숙식을 할 수 있도록 한 건축물로서 국토교통부장관이 고시하는 기준에 적합한 것을 말한다), 그 밖에 이와 비슷한 것으로서 근린생활시설에 해당하지 않는 것
    다. 주민자치센터(동사무소), 경찰서, 지구대, 파출소, 소방서, 119안전센터, 우체국, 보건소, 공공도서관, 국민건강보험공단, 그 밖에 이와 비슷한 용도로 사용하는 것
    라. 마을회관, 마을공동작업소, 마을공동구판장, 그 밖에 이와 유사한 용도로 사용되는 것
    마. 변전소, 양수장, 정수장, 대피소, 공중화장실, 그 밖에 이와 유사한 용도로 사용되는 것

13. 숙박시설
    가. 일반형 숙박시설 : 「공중위생관리법 시행령」 제4조제1호가목에 따른 숙박업의 시설
    나. 생활형 숙박시설 : 「공중위생관리법 시행령」 제4조제1호나목에 따른 숙박업의 시설
    다. 고시원(근린생활시설에 해당하지 않는 것을 말한다)
    라. 그 밖에 가목부터 다목까지의 시설과 비슷한 것

14. 위락시설
    가. 단란주점으로서 근린생활시설에 해당하지 않는 것
    나. 유흥주점, 그 밖에 이와 비슷한 것
    다. 「관광진흥법」에 따른 유원시설업(遊園施設業)의 시설, 그 밖에 이와 비슷한 시설(근린생활시설에 해당하는 것은 제외한다)
    라. 무도장 및 무도학원
    마. 카지노영업소

15. 공장
    물품의 제조·가공[세탁·염색·도장(塗裝)·표백·재봉·건조·인쇄 등을 포함한다] 또는 수리에 계속적으로 이용되는 건축물로서 근린생활시설, 위험물 저

장 및 처리 시설, 항공기 및 자동차 관련 시설, 분뇨 및 쓰레기 처리시설, 묘지 관련 시설 등으로 따로 분류되지 않는 것

16. 창고시설(위험물 저장 및 처리 시설 또는 그 부속용도에 해당하는 것은 제외한다)
    가. 창고(물품저장시설로서 냉장·냉동 창고를 포함한다)
    나. 하역장
    다. 「물류시설의 개발 및 운영에 관한 법률」에 따른 물류터미널
    라. 「유통산업발전법」 제2조제15호에 따른 집배송시설

17. 위험물 저장 및 처리 시설
    가. 위험물 제조소등
    나. 가스시설 : 산소 또는 가연성 가스를 제조·저장 또는 취급하는 시설 중 지상에 노출된 산소 또는 가연성 가스 탱크의 저장용량의 합계가 100톤 이상이거나 저장용량이 30톤 이상인 탱크가 있는 가스시설로서 다음의 어느 하나에 해당하는 것
        1) 가스 제조시설
            가) 「고압가스 안전관리법」 제4조제1항에 따른 고압가스의 제조허가를 받아야 하는 시설
            나) 「도시가스사업법」 제3조에 따른 도시가스사업허가를 받아야 하는 시설
        2) 가스 저장시설
            가) 「고압가스 안전관리법」 제4조제3항에 따른 고압가스 저장소의 설치허가를 받아야 하는 시설
            나) 「액화석유가스의 안전관리 및 사업법」 제8조제1항에 따른 액화석유가스 저장소의 설치 허가를 받아야 하는 시설
        3) 가스 취급시설
            「액화석유가스의 안전관리 및 사업법」 제5조에 따른 액화석유가스 충전사업 또는 액화석유가스 집단공급사업의 허가를 받아야 하는 시설

18. 항공기 및 자동차 관련 시설(건설기계 관련 시설을 포함한다)
    가. 항공기격납고
    나. 차고, 주차용 건축물, 철골 조립식 주차시설(바닥면이 조립식이 아닌 것을 포함한다) 및 기계장치에 의한 주차시설
    다. 세차장
    라. 폐차장
    마. 자동차 검사장
    바. 자동차 매매장

사. 자동차 정비공장
아. 운전학원·정비학원
자. 다음의 건축물을 제외한 건축물의 내부(「건축법 시행령」제119조제1항제3호 다목에 따른 필로티와 건축물 지하를 포함한다)에 설치된 주차장
  1) 「건축법 시행령」별표 1 제1호에 따른 단독주택
  2) 「건축법 시행령」별표 1 제2호에 따른 공동주택 중 50세대 미만인 연립주택 또는 50세대 미만인 다세대주택
차. 「여객자동차 운수사업법」, 「화물자동차 운수사업법」 및 「건설기계관리법」에 따른 차고 및 주기장(駐機場)

19. 동물 및 식물 관련 시설
    가. 축사[부화장(孵化場)을 포함한다]
    나. 가축시설 : 가축용 운동시설, 인공수정센터, 관리사(管理舍), 가축용 창고, 가축시장, 동물검역소, 실험동물 사육시설, 그 밖에 이와 비슷한 것
    다. 도축장
    라. 도계장
    마. 작물 재배사(栽培舍)
    바. 종묘배양시설
    사. 화초 및 분재 등의 온실
    아. 식물과 관련된 마목부터 사목까지의 시설과 비슷한 것(동·식물원은 제외한다)

20. 자원순환 관련 시설
    가. 하수 등 처리시설
    나. 고물상
    다. 폐기물재활용시설
    라. 폐기물처분시설
    마. 폐기물감량화시설

21. 교정 및 군사시설
    가. 보호감호소, 교도소, 구치소 및 그 지소
    나. 보호관찰소, 갱생보호시설, 그 밖에 범죄자의 갱생·보호·교육·보건 등의 용도로 쓰는 시설
    다. 치료감호시설
    라. 소년원 및 소년분류심사원
    마. 「출입국관리법」제52조제2항에 따른 보호시설
    바. 「경찰관 직무집행법」제9조에 따른 유치장

사. 국방·군사시설(「국방·군사시설 사업에 관한 법률」 제2조제1호가목부터 마목까지의 시설을 말한다)
22. 방송통신시설
　　가. 방송국(방송프로그램 제작시설 및 송신·수신·중계시설을 포함한다)
　　나. 전신전화국
　　다. 촬영소
　　라. 통신용 시설
　　마. 그 밖에 가목부터 라목까지의 시설과 비슷한 것
23. 발전시설
　　가. 원자력발전소
　　나. 화력발전소
　　다. 수력발전소(조력발전소를 포함한다)
　　라. 풍력발전소
　　마. 그 밖에 가목부터 라목까지의 시설과 비슷한 것(집단에너지 공급시설을 포함한다)
24. 묘지 관련 시설
　　가. 화장시설
　　나. 봉안당(제4호나목의 봉안당은 제외한다)
　　다. 묘지와 자연장지에 부수되는 건축물
　　라. 동물화장시설, 동물건조장(乾燥葬)시설 및 동물 전용의 납골시설
25. 관광 휴게시설
　　가. 야외음악당
　　나. 야외극장
　　다. 어린이회관
　　라. 관망탑
　　마. 휴게소
　　바. 공원·유원지 또는 관광지에 부수되는 건축물
26. 장례시설
　　가. 장례식장[의료시설의 부수시설(「의료법」 제36조제1호에 따른 의료기관의 종류에 따른 시설을 말한다)은 제외한다]
　　나. 동물 전용의 장례식장
27. 지하가
　　지하의 인공구조물 안에 설치되어 있는 상점, 사무실, 그 밖에 이와 비슷한 시설이

연속하여 지하도에 면하여 설치된 것과 그 지하도를 합한 것
가. 지하상가
나. 터널 : 차량(궤도차량용은 제외한다) 등의 통행을 목적으로 지하, 해저 또는 산을 뚫어서 만든 것

28. 지하구
    가. 전력·통신용의 전선이나 가스·냉난방용의 배관 또는 이와 비슷한 것을 집합수용하기 위하여 설치한 지하 인공구조물로서 사람이 점검 또는 보수를 하기 위하여 출입이 가능한 것 중 다음의 어느 하나에 해당하는 것
        1) 전력 또는 통신사업용 지하 인공구조물로서 전력구(케이블 접속부가 없는 경우에는 제외한다) 또는 통신구 방식으로 설치된 것
        2) 1)외의 지하 인공구조물로서 폭이 1.8미터 이상이고 높이가 2미터 이상이며 길이가 50미터 이상인 것
    나. 「국토의 계획 및 이용에 관한 법률」제2조제9호에 따른 공동구

필수사항 (지하구 정의 암기 필요) 중요도 ★★★

29. 문화재
    「문화재보호법」에 따라 문화재로 지정된 건축물

30. 복합건축물
    가. 하나의 건축물이 제1호부터 제27호까지의 것 중 둘 이상의 용도로 사용되는 것. 다만, 다음의 어느 하나에 해당하는 경우에는 복합건축물로 보지 않는다.
        1) 관계 법령에서 주된 용도의 부수시설로서 그 설치를 의무화하고 있는 용도 또는 시설
        2) 「주택법」제35조제1항제3호 및 제4호에 따라 주택 안에 부대시설 또는 복리시설이 설치되는 특정소방대상물
        3) 건축물의 주된 용도의 기능에 필수적인 용도로서 다음의 어느 하나에 해당하는 용도
            가) 건축물의 설비, 대피 또는 위생을 위한 용도, 그 밖에 이와 비슷한 용도
            나) 사무, 작업, 집회, 물품저장 또는 주차를 위한 용도, 그 밖에 이와 비슷한 용도
            다) 구내식당, 구내세탁소, 구내운동시설 등 종업원후생복리시설(기숙사는 제외한다) 또는 구내소각시설의 용도, 그 밖에 이와 비슷한 용도
    나. 하나의 건축물이 근린생활시설, 판매시설, 업무시설, 숙박시설 또는 위락시설의 용도와 주택의 용도로 함께 사용되는 것

Question 19. 둘 이상 특정소방대상물을 하나로 보는 경우와 별개의 특정소방대상물로 보는 경우

설치유지 및 안전관리에 관한법률 시행령 [별표2] 비고

1. 내화구조로 된 하나의 특정소방대상물이 개구부(건축물에서 채광 · 환기 · 통풍 · 출입 등을 위하여 만든 창이나 출입구를 말한다)가 없는 내화구조의 바닥과 벽으로 구획되어 있는 경우에는 그 구획된 부분을 각각 별개의 특정소방대상물로 본다.

2. 둘 이상의 특정소방대상물이 다음 각 목의 어느 하나에 해당되는 구조의 복도 또는 통로(이하 이 표에서 "연결통로"라 한다)로 연결된 경우에는 이를 하나의 소방대상물로 본다.
   가. 내화구조로 된 연결통로가 다음의 어느 하나에 해당되는 경우
      1) 벽이 없는 구조로서 그 길이가 6m 이하인 경우
      2) 벽이 있는 구조로서 그 길이가 10m 이하인 경우. 다만, 벽 높이가 바닥에서 천장까지의 높이의 2분의 1 이상인 경우에는 벽이 있는 구조로 보고, 벽 높이가 바닥에서 천장까지의 높이의 2분의 1 미만인 경우에는 벽이 없는 구조로 본다.
   나. 내화구조가 아닌 연결통로로 연결된 경우
   다. 컨베이어로 연결되거나 플랜트설비의 배관 등으로 연결되어 있는 경우
   라. 지하보도, 지하상가, 지하가로 연결된 경우
   마. 방화셔터 또는 갑종 방화문이 설치되지 않은 피트로 연결된 경우
   바. 지하구로 연결된 경우

암기방법 내내지지 피플 , 6, 10 중요도 ★★★★★
(자주 출제, 10회 기출)

3. 제2호에도 불구하고 연결통로 또는 지하구와 소방대상물의 양쪽에 다음 각 목의 어느 하나에 적합한 경우에는 각각 별개의 소방대상물로 본다.
   가. 화재 시 경보설비 또는 자동소화설비의 작동과 연동하여 자동으로 닫히는 방화셔터 또는 갑종 방화문이 설치된 경우
   나. 화재 시 자동으로 방수되는 방식의 드렌처설비 또는 개방형 스프링클러헤드가 설치된 경우

암기방법 연지소양, 연자방, 자방드개 중요도 ★★★★★
(자주출제, 10회기출)

4. 위 제1호부터 제30호까지의 특정소방대상물의 지하층이 지하가와 연결되어 있는 경우 해당 지하층의 부분을 지하가로 본다. 다만, 다음 지하가와 연결되는 지하층에 지하층 또는 지하가에 설치된 방화문이 자동폐쇄장치·자동화재탐지설비 또는 자동소화설비와 연동하여 닫히는 구조이거나 그 윗부분에 드렌처설비가 설치된 경우에는 지하가로 보지 않는다.

Question 20. 형식승인 대상 소방용품의 종류(시행령 제37조 별표 3)

제37조(형식승인대상 소방용품) 법 제36조제1항 본문에서 "대통령령으로 정하는 소방용품"이란 별표 3 제1호[별표 1 제1호나목2)에 따른 상업용 주방소화장치는 제외한다] 및 같은 표 제2호부터 제4호까지에 해당하는 소방용품을 말한다. 〈개정 2014.7.7., 2015.1.6., 2017.1.26.〉

[별표 3] 〈개정 2018.6.26.〉
소방용품(제6조 관련)
1. 소화설비를 구성하는 제품 또는 기기
    가. 별표 1 제1호가목의 소화기구(소화약제 외의 것을 이용한 간이소화용구는 제외한다)
    나. 별표 1 제1호나목의 자동소화장치
    다. 소화설비를 구성하는 소화전, 관창(菅槍), 소방호스, 스프링클러헤드, 기동용 수압개폐장치, 유수제어밸브 및 가스관선택밸브
2. 경보설비를 구성하는 제품 또는 기기
    가. 누전경보기 및 가스누설경보기
    나. 경보설비를 구성하는 발신기, 수신기, 중계기, 감지기 및 음향장치(경종만 해당한다)
3. 피난구조설비를 구성하는 제품 또는 기기
    가. 피난사다리, 구조대, 완강기(간이완강기 및 지지대를 포함한다)
    나. 공기호흡기(충전기를 포함한다)
    다. 피난구유도등, 통로유도등, 객석유도등 및 예비 전원이 내장된 비상조명등
4. 소화용으로 사용하는 제품 또는 기기
    가. 소화약제(별표 1 제1호나목2)와 3)의 자동소화장치와 같은 호 마목3)부터 8)

까지의 소화설비용만 해당한다)
  나. 방염제(방염액 · 방염도료 및 방염성물질을 말한다)
5. 그 밖에 행정안전부령으로 정하는 소방 관련 제품 또는 기기

암기방법 소 경 피 소 총 중요도 ★★★

(중요 내용임, 14회 기출)

Question 21 수용인원의 산정방법 (별표4)

1. 숙박시설이 있는 특정소방대상물
    가. 침대가 있는 숙박시설 : 해당 특정소방물의 종사자 수에 침대 수(2인용 침대는 2개로 산정한다)를 합한 수
    나. 침대가 없는 숙박시설 : 해당 특정소방대상물의 종사자 수에 숙박시설 바닥면적의 합계를 $3m^2$로 나누어 얻은 수를 합한 수
2. 제1호 외의 특정소방대상물
    가. 강의실 · 교무실 · 상담실 · 실습실 · 휴게실 용도로 쓰이는 특정소방대상물 : 해당 용도로 사용하는 바닥면적의 합계를 $1.9m^2$로 나누어 얻은 수
    나. 강당, 문화 및 집회시설, 운동시설, 종교시설 : 해당 용도로 사용하는 바닥면적의 합계를 $4.6m^2$로 나누어 얻은 수(관람석이 있는 경우 고정식 의자를 설치한 부분은 그 부분의 의자 수로 하고, 긴 의자의 경우에는 의자의 정면너비를 0.45m로 나누어 얻은 수로 한다)
    다. 그 밖의 특정소방대상물 : 해당 용도로 사용하는 바닥면적의 합계를 $3m^2$로 나누어 얻은 수

비고
1. 위 표에서 바닥면적을 산정할 때에는 복도(「건축법 시행령」 제2조제11호에 따른 준불연재료 이상의 것을 사용하여 바닥에서 천장까지 벽으로 구획한 것을 말한다), 계단 및 화장실의 바닥면적을 포함하지 않는다.
2. 계산 결과 소수점 이하의 수는 반올림한다.

암기방법 숙, 종침3, 강교상1.9, 강문 4.6, 고의, 긴 0.45, 3 중요도 ★★★★★

(아주 중요)

화재안전기준 및 소방관련법령기준

Question 22. 수용인원을 고려하여 설치하여야하는 소방시설의 종류 및 설치대상

1. 스프링클러설비
   1) 문화 및 집회시설(동·식물원은 제외한다), 종교시설(주요구조부가 목조인 것은 제외한다), 운동시설(물놀이형 시설은 제외한다)로서 수용인원이 100명 이상인 것
   2) 판매시설, 운수시설 및 창고시설(물류터미널에 한정한다)로서 수용인원이 500명 이상인 것
2. 자동화재탐지설비
   노유자시설로서 연면적 400m² 이상인 노유자시설 및 숙박시설이 있는 수련시설로서 수용인원 100명 이상인 것
3. 공기호흡기
   수용인원 100명 이상의 문화 및 집회시설 중 영화상영관
4. 휴대용 비상조명등
   수용인원 100명 이상의 영화상영관
5. 제연설비
   문화 및 집회시설 중 영화상영관으로서 수용인원 100명 이상인 것
6. 비상경보설비
   50명 이상의 근로자가 작업하는 옥내 작업장

암기방법 S자공휴제비   중요도 ★★★

(암기 필요)

Question 23. 소방시설의 설치대상 (별표 5)

필수사항 (최근 일부 개정됨, 계속하여 필요한 사항임)   중요도 ★★★
(암기해두면 아주 유용함)

[별표 5] 〈개정 2021.8.24.〉
특정소방대상물의 관계인이 특정소방대상물의 규모·용도 및 수용인원 등을 고려하여 갖추어야 하는 소방시설의 종류(제15조 관련)

1. 소화설비
    가. 화재안전기준에 따라 소화기구를 설치하여야 하는 특정소방대상물은 다음의 어느 하나와 같다.
        1) 연면적 33m^2 이상인 것. 다만, 노유자시설의 경우에는 투척용 소화용구 등을 화재안전기준에 따라 산정된 소화기 수량의 2분의 1 이상으로 설치할 수 있다.
        2) 1)에 해당하지 않는 시설로서 가스시설, 발전시설 중 전기저장시설 및 지정문화재
        3) 터널
        4) 지하구
    나. 자동소화장치를 설치하여야 하는 특정소방대상물은 다음의 어느 하나와 같다.
        1) 주거용 주방자동소화장치를 설치하여야 하는 것 : 아파트등 및 30층 이상 오피스텔의 모든 층
        2) 캐비닛형 자동소화장치, 가스자동소화장치, 분말자동소화장치 또는 고체에어로졸자동소화장치를 설치하여야 하는 것 : 화재안전기준에서 정하는 장소
    다. 옥내소화전설비를 설치하여야 하는 특정소방대상물(위험물 저장 및 처리 시설 중 가스시설, 지하구 및 방재실 등에서 스프링클러설비 또는 물분무등소화설비를 원격으로 조정할 수 있는 업무시설 중 무인변전소는 제외한다)은 다음의 어느 하나와 같다.
        1) 연면적 3천m^2 이상(지하가 중 터널은 제외한다)이거나 지하층·무창층(축사는 제외한다) 또는 층수가 4층 이상인 것 중 바닥면적이 600m^2 이상인 층이 있는 것은 모든 층
        2) 지하가 중 터널로서 다음에 해당하는 터널
            가) 길이가 1천미터 이상인 터널
            나) 예상교통량, 경사도 등 터널의 특성을 고려하여 총리령으로 정하는 터널
        3) 1)에 해당하지 않는 근린생활시설, 판매시설, 운수시설, 의료시설, 노유자시설, 업무시설, 숙박시설, 위락시설, 공장, 창고시설, 항공기 및 자동차 관련 시설, 교정 및 군사시설 중 국방·군사시설, 방송통신시설, 발전시설, 장례시설 또는 복합건축물로서 연면적 1천5백m^2 이상이거나 지하층·무창층 또는 층수가 4층 이상인 층 중 바닥면적이 300m^2 이상인 층이 있는 것은 모든 층
        4) 건축물의 옥상에 설치된 차고 또는 주차장으로서 차고 또는 주차의 용도로

사용되는 부분의 면적이 200m² 이상인 것
5) 1) 및 3)에 해당하지 않는 공장 또는 창고시설로서 「소방기본법 시행령」 별표 2에서 정하는 수량의 750배 이상의 특수가연물을 저장·취급하는 것
라. 스프링클러설비를 설치하여야 하는 특정소방대상물(위험물 저장 및 처리 시설 중 가스시설 또는 지하구는 제외한다)은 다음의 어느 하나와 같다.

필수사항 (복잡하고 중요한 사항으로 정리 암기 필요) 중요도 ★★★

1) 문화 및 집회시설(동·식물원은 제외한다), 종교시설(주요구조부가 목조인 것은 제외한다), 운동시설(물놀이형 시설은 제외한다)로서 다음의 어느 하나에 해당하는 경우에는 모든 층
   가) 수용인원이 100명 이상인 것
   나) 영화상영관의 용도로 쓰이는 층의 바닥면적이 지하층 또는 무창층인 경우에는 500m² 이상, 그 밖의 층의 경우에는 1천m² 이상인 것
   다) 무대부가 지하층·무창층 또는 4층 이상의 층에 있는 경우에는 무대부의 면적이 300m² 이상인 것
   라) 무대부가 다) 외의 층에 있는 경우에는 무대부의 면적이 500m² 이상인 것

2) 판매시설, 운수시설 및 창고시설(물류터미널에 한정한다)로서 바닥면적의 합계가 5천m² 이상이거나 수용인원이 500명 이상인 경우에는 모든 층

3) 층수가 6층 이상인 특정소방대상물의 경우에는 모든 층. 다만, 다음의 어느 하나에 해당하는 경우에는 제외한다.
   가) 주택 관련 법령에 따라 기존의 아파트등을 리모델링하는 경우로서 건축물의 연면적 및 층높이가 변경되지 않는 경우. 이 경우 해당 아파트등의 사용검사 당시의 소방시설의 설치에 관한 대통령령 또는 화재안전기준을 적용한다.
   나) 스프링클러설비가 없는 기존의 특정소방대상물을 용도변경하는 경우. 다만, 1)·2)·4)·5) 및 8)부터 12)까지의 규정에 해당하는 특정소방대상물로 용도변경하는 경우에는 해당 규정에 따라 스프링클러설비를 설치한다.

4) 다음의 어느 하나에 해당하는 용도로 사용되는 시설의 바닥면적의 합계가 600m² 이상인 것은 모든 층
   가) 근린생활시설 중 조산원 및 산후조리원
   나) 의료시설 중 정신의료기관

다) 의료시설 중 종합병원, 병원, 치과병원, 한방병원 및 요양병원(정신병원은 제외한다)
라) 노유자시설
마) 숙박이 가능한 수련시설
5) 창고시설(물류터미널은 제외한다)로서 바닥면적 합계가 5천m^2 이상인 경우에는 모든 층
6) 천장 또는 반자(반자가 없는 경우에는 지붕의 옥내에 면하는 부분)의 높이가 10m를 넘는 랙식 창고(rack warehouse)(물건을 수납할 수 있는 선반이나 이와 비슷한 것을 갖춘 것을 말한다)로서 바닥면적의 합계가 1천5백m^2 이상인 것
7) 1)부터 6)까지의 특정소방대상물에 해당하지 않는 특정소방대상물의 지하층·무창층(축사는 제외한다) 또는 층수가 4층 이상인 층으로서 바닥면적이 1천m^2 이상인 층
8) 6)에 해당하지 않는 공장 또는 창고시설로서 다음의 어느 하나에 해당하는 시설
   가) 「소방기본법 시행령」 별표 2에서 정하는 수량의 1천 배 이상의 특수가연물을 저장·취급하는 시설
   나) 「원자력안전법 시행령」 제2조제1호에 따른 중·저준위방사성폐기물(이하 "중·저준위방사성폐기물"이라 한다)의 저장시설 중 소화수를 수집·처리하는 설비가 있는 저장시설
9) 지붕 또는 외벽이 불연재료가 아니거나 내화구조가 아닌 공장 또는 창고시설로서 다음의 어느 하나에 해당하는 것
   가) 창고시설(물류터미널에 한정한다) 중 2)에 해당하지 않는 것으로서 바닥면적의 합계가 2천5백m^2 이상이거나 수용인원이 250명 이상인 것
   나) 창고시설(물류터미널은 제외한다) 중 5)에 해당하지 않는 것으로서 바닥면적의 합계가 2천5백m^2 이상인 것
   다) 랙식 창고시설 중 6)에 해당하지 않는 것으로서 바닥면적의 합계가 750m^2 이상인 것
   라) 공장 또는 창고시설 중 7)에 해당하지 않는 것으로서 지하층·무창층 또는 층수가 4층 이상인 것 중 바닥면적이 500m^2 이상인 것
   마) 공장 또는 창고시설 중 8)가)에 해당하지 않는 것으로서 「소방기본법 시행령」 별표 2에서 정하는 수량의 500배 이상의 특수가연물을 저장·취급하는 시설

10) 지하가(터널은 제외한다)로서 연면적 1천㎡ 이상인 것
11) 기숙사(교육연구시설·수련시설 내에 있는 학생 수용을 위한 것을 말한다) 또는 복합건축물로서 연면적 5천㎡ 이상인 경우에는 모든 층
12) 교정 및 군사시설 중 다음의 어느 하나에 해당하는 경우에는 해당 장소
   가) 보호감호소, 교도소, 구치소 및 그 지소, 보호관찰소, 갱생보호시설, 치료감호시설, 소년원 및 소년분류심사원의 수용거실
   나) 「출입국관리법」 제52조제2항에 따른 보호시설(외국인보호소의 경우에는 보호대상자의 생활공간으로 한정한다. 이하 같다)로 사용하는 부분. 다만, 보호시설이 임차건물에 있는 경우는 제외한다.
   다) 「경찰관 직무집행법」 제9조에 따른 유치장
13) 발전시설 중 전기저장시설
14) 1)부터 13)까지의 특정소방대상물에 부속된 보일러실 또는 연결통로 등
마. 간이스프링클러설비를 설치하여야 하는 특정소방대상물은 다음의 어느 하나와 같다.
1) 근린생활시설 중 다음의 어느 하나에 해당하는 것
   가) 근린생활시설로 사용하는 부분의 바닥면적 합계가 1천㎡ 이상인 것은 모든 층
   나) 의원, 치과의원 및 한의원으로서 입원실이 있는 시설
   다) 조산원 및 산후조리원으로서 연면적 600㎡ 미만인 시설
2) 교육연구시설 내에 합숙소로서 연면적 100㎡ 이상인 것
3) 의료시설 중 다음의 어느 하나에 해당하는 시설
   가) 종합병원, 병원, 치과병원, 한방병원 및 요양병원(정신병원과 의료재활시설은 제외한다)으로 사용되는 바닥면적의 합계가 600㎡ 미만인 시설
   나) 정신의료기관 또는 의료재활시설로 사용되는 바닥면적의 합계가 300㎡ 이상 600㎡ 미만인 시설
   다) 정신의료기관 또는 의료재활시설로 사용되는 바닥면적의 합계가 300㎡ 미만이고, 창살(철재·플라스틱 또는 목재 등으로 사람의 탈출 등을 막기 위하여 설치한 것을 말하며, 화재 시 자동으로 열리는 구조로 되어 있는 창살은 제외한다)이 설치된 시설
4) 노유자시설로서 다음의 어느 하나에 해당하는 시설
   가) 제12조제1항제6호 각 목에 따른 시설(제12조제1항제6호가목2) 및 같은 호 나목부터 바목까지의 시설 중 단독주택 또는 공동주택에 설치되는 시설은 제외하며, 이하 "노유자 생활시설"이라 한다)

나) 가)에 해당하지 않는 노유자시설로 해당 시설로 사용하는 바닥면적의 합계가 300m² 이상 600m² 미만인 시설

다) 가)에 해당하지 않는 노유자시설로 해당 시설로 사용하는 바닥면적의 합계가 300m² 미만이고, 창살(철재·플라스틱 또는 목재 등으로 사람의 탈출 등을 막기 위하여 설치한 것을 말하며, 화재 시 자동으로 열리는 구조로 되어 있는 창살은 제외한다)이 설치된 시설

5) 건물을 임차하여 「출입국관리법」 제52조제2항에 따른 보호시설로 사용하는 부분

6) 숙박시설 중 생활형 숙박시설로서 해당 용도로 사용되는 바닥면적의 합계가 600m² 이상인 것

7) 복합건축물(별표 2 제30호나목의 복합건축물만 해당한다)로서 연면적 1천m² 이상인 것은 모든 층

바. 물분무등소화설비를 설치하여야 하는 특정소방대상물(위험물 저장 및 처리시설 중 가스시설 또는 지하구는 제외한다)은 다음의 어느 하나와 같다.

1) 항공기 및 자동차 관련 시설 중 항공기격납고

2) 차고, 주차용 건축물 또는 철골 조립식 주차시설. 이 경우 연면적 800m² 이상인 것만 해당한다.

3) 건축물 내부에 설치된 차고 또는 주차장으로서 차고 또는 주차의 용도로 사용되는 부분의 바닥면적이 200m² 이상인 층

4) 기계장치에 의한 주차시설을 이용하여 20대 이상의 차량을 주차할 수 있는 것

5) 특정소방대상물에 설치된 전기실·발전실·변전실(가연성 절연유를 사용하지 않는 변압기·전류차단기 등의 전기기기와 가연성 피복을 사용하지 않은 전선 및 케이블만을 설치한 전기실·발전실 및 변전실은 제외한다)·축전지실·통신기기실 또는 전산실, 그 밖에 이와 비슷한 것으로서 바닥면적이 300m² 이상인 것[하나의 방화구획 내에 둘 이상의 실(室)이 설치되어 있는 경우에는 이를 하나의 실로 보아 바닥면적을 산정한다]. 다만, 내화구조로 된 공정제어실 내에 설치된 주조정실로서 양압시설이 설치되고 전기기기에 220볼트 이하인 저전압이 사용되며 종업원이 24시간 상주하는 곳은 제외한다.

6) 소화수를 수집·처리하는 설비가 설치되어 있지 않은 중·저준위방사성폐기물의 저장시설. 다만, 이 경우에는 이산화탄소소화설비, 할론소화설비 또는 할로겐화합물 및 불활성기체 소화설비를 설치하여야 한다.

7) 지하가 중 예상 교통량, 경사도 등 터널의 특성을 고려하여 행정안전부령으로 정하는 터널. 다만, 이 경우에는 물분무소화설비를 설치하여야 한다.
8) 「문화재보호법」 제2조제3항제1호 및 제2호에 따른 지정문화재 중 소방청장이 문화재청장과 협의하여 정하는 것

암기방법 항차차기전 방터지 , 800, 200, 20, 300 **중요도** ★★★★★
(자주 출제)

사. 옥외소화전설비를 설치하여야 하는 특정소방대상물(아파트등, 위험물 저장 및 처리 시설 중 가스시설, 지하구 또는 지하가 중 터널은 제외한다)은 다음의 어느 하나와 같다.
  1) 지상 1층 및 2층의 바닥면적의 합계가 9천m² 이상인 것. 이 경우 같은 구(區) 내의 둘 이상의 특정소방대상물이 행정안전부령으로 정하는 연소(延燒) 우려가 있는 구조인 경우에는 이를 하나의 특정소방대상물로 본다.
  2) 「문화재보호법」 제23조에 따라 보물 또는 국보로 지정된 목조건축물
  3) 1)에 해당하지 않는 공장 또는 창고시설로서 「소방기본법 시행령」 별표 2에서 정하는 수량의 750배 이상의 특수가연물을 저장·취급하는 것

2. 경보설비
  가. 비상경보설비를 설치하여야 할 특정소방대상물(지하구, 모래·석재 등 불연재료 창고 및 위험물 저장·처리 시설 중 가스시설은 제외한다)은 다음의 어느 하나와 같다.
    1) 연면적 400m²(지하가 중 터널 또는 사람이 거주하지 않거나 벽이 없는 축사 등 동·식물 관련시설은 제외한다) 이상이거나 지하층 또는 무창층의 바닥면적이 150m²(공연장의 경우 100m²) 이상인 것
    2) 지하가 중 터널로서 길이가 500m 이상인 것
    3) 50명 이상의 근로자가 작업하는 옥내 작업장
  나. 비상방송설비를 설치하여야 하는 특정소방대상물(위험물 저장 및 처리 시설 중 가스시설, 사람이 거주하지 않는 동물 및 식물 관련 시설, 지하가 중 터널, 축사 및 지하구는 제외한다)은 다음의 어느 하나와 같다.
    1) 연면적 3천5백m² 이상인 것
    2) 지하층을 제외한 층수가 11층 이상인 것
    3) 지하층의 층수가 3층 이상인 것

암기방법 35, 11, 3 **중요도** ★★★

다. 누전경보기는 계약전류용량(같은 건축물에 계약 종류가 다른 전기가 공급되는 경우에는 그 중 최대계약전류용량을 말한다)이 100암페어를 초과하는 특정소방대상물(내화구조가 아닌 건축물로서 벽·바닥 또는 반자의 전부나 일부를 불연재료 또는 준불연재료가 아닌 재료에 철망을 넣어 만든 것만 해당한다)에 설치하여야 한다. 다만, 위험물 저장 및 처리 시설 중 가스시설, 지하가 중 터널 또는 지하구의 경우에는 그러하지 아니하다.

라. 자동화재탐지설비를 설치하여야 하는 특정소방대상물은 다음의 어느 하나와 같다.

필수사항 (중요항목으로 암기필요함) 중요도 ★★★

1) 근린생활시설(목욕장은 제외한다), 의료시설(정신의료기관 또는 요양병원은 제외한다), 숙박시설, 위락시설, 장례시설 및 복합건축물로서 연면적 600m² 이상인 것

2) 공동주택, 근린생활시설 중 목욕장, 문화 및 집회시설, 종교시설, 판매시설, 운수시설, 운동시설, 업무시설, 공장, 창고시설, 위험물 저장 및 처리 시설, 항공기 및 자동차 관련 시설, 교정 및 군사시설 중 국방·군사시설, 방송통신시설, 발전시설, 관광 휴게시설, 지하가(터널은 제외한다)로서 연면적 1천m² 이상인 것

3) 교육연구시설(교육시설 내에 있는 기숙사 및 합숙소를 포함한다), 수련시설(수련시설 내에 있는 기숙사 및 합숙소를 포함하며, 숙박시설이 있는 수련시설은 제외한다), 동물 및 식물 관련 시설(기둥과 지붕만으로 구성되어 외부와 기류가 통하는 장소는 제외한다), 분뇨 및 쓰레기 처리시설, 교정 및 군사시설(국방·군사시설은 제외한다) 또는 묘지 관련 시설로서 연면적 2천m² 이상인 것

4) 지하구

5) 지하가 중 터널로서 길이가 1천m 이상인 것

6) 노유자 생활시설

7) 6)에 해당하지 않는 노유자시설로서 연면적 400m² 이상인 노유자시설 및 숙박시설이 있는 수련시설로서 수용인원 100명 이상인 것

8) 2)에 해당하지 않는 공장 및 창고시설로서 「소방기본법 시행령」 별표 2에서 정하는 수량의 500배 이상의 특수가연물을 저장·취급하는 것

9) 의료시설 중 정신의료기관 또는 요양병원으로서 다음의 어느 하나에 해당하는 시설

가) 요양병원(정신병원과 의료재활시설은 제외한다)
나) 정신의료기관 또는 의료재활시설로 사용되는 바닥면적의 합계가 300m² 이상인 시설
다) 정신의료기관 또는 의료재활시설로 사용되는 바닥면적의 합계가 300m² 미만이고, 창살(철재·플라스틱 또는 목재 등으로 사람의 탈출 등을 막기 위하여 설치한 것을 말하며, 화재 시 자동으로 열리는 구조로 되어 있는 창살은 제외한다)이 설치된 시설

10) 판매시설 중 전통시장
11) 1)에 해당하지 않는 근린생활시설 중 조산원 및 산후조리원
12) 2)에 해당하지 않는 발전시설 중 전기저장시설

마. 자동화재속보설비를 설치하여야 하는 특정소방대상물은 다음의 어느 하나와 같다.

1) 업무시설, 공장, 창고시설, 교정 및 군사시설 중 국방·군사시설, 발전시설(사람이 근무하지 않는 시간에는 무인경비시스템으로 관리하는 시설만 해당한다)로서 바닥면적이 1천5백m² 이상인 층이 있는 것. 다만, 사람이 24시간 상시 근무하고 있는 경우에는 자동화재속보설비를 설치하지 않을 수 있다.

2) 노유자 생활시설

3) 2)에 해당하지 않는 노유자시설로서 바닥면적이 500m² 이상인 층이 있는 것. 다만, 사람이 24시간 상시 근무하고 있는 경우에는 자동화재속보설비를 설치하지 않을 수 있다.

4) 수련시설(숙박시설이 있는 건축물만 해당한다)로서 바닥면적이 500m² 이상인 층이 있는 것. 다만, 사람이 24시간 상시 근무하고 있는 경우에는 자동화재속보설비를 설치하지 않을 수 있다.

5) 「문화재보호법」 제23조에 따라 보물 또는 국보로 지정된 목조건축물. 다만, 사람이 24시간 상시 근무하고 있는 경우에는 자동화재속보설비를 설치하지 않을 수 있다.

6) 근린생활시설 중 다음의 어느 하나에 해당하는 시설
가) 의원, 치과의원 및 한의원으로서 입원실이 있는 시설
나) 조산원 및 산후조리원

7) 의료시설 중 다음의 어느 하나에 해당하는 것
가) 종합병원, 병원, 치과병원, 한방병원 및 요양병원(정신병원과 의료재활시설은 제외한다)
나) 정신병원 및 의료재활시설로 사용되는 바닥면적의 합계가 500m² 이상

인 층이 있는 것
        8) 판매시설 중 전통시장
        9) 1)에 해당하지 않는 발전시설 중 전기저장시설
        10) 1)부터 9)까지에 해당하지 않는 특정소방대상물 중 층수가 30층 이상인 것
    바. 단독경보형 감지기를 설치하여야 하는 특정소방대상물은 다음의 어느 하나와 같다.
        1) 연면적 1천m^2 미만의 아파트등
        2) 연면적 1천m^2 미만의 기숙사
        3) 교육연구시설 또는 수련시설 내에 있는 합숙소 또는 기숙사로서 연면적 2천m^2 미만인 것
        4) 연면적 600m^2 미만의 숙박시설
        5) 라목7)에 해당하지 않는 수련시설(숙박시설이 있는 것만 해당한다)
        6) 연면적 400m^2 미만의 유치원
    사. 시각경보기를 설치하여야 하는 특정소방대상물은 라목에 따라 자동화재탐지설비를 설치하여야 하는 특정소방대상물 중 다음의 어느 하나에 해당하는 것과 같다.
        1) 근린생활시설, 문화 및 집회시설, 종교시설, 판매시설, 운수시설, 운동시설, 위락시설, 창고시설 중 물류터미널
        2) 의료시설, 노유자시설, 업무시설, 숙박시설, 발전시설 및 장례시설
        3) 교육연구시설 중 도서관, 방송통신시설 중 방송국
        4) 지하가 중 지하상가
    아. 가스누설경보기를 설치하여야 하는 특정소방대상물(가스시설이 설치된 경우만 해당한다)은 다음의 어느 하나와 같다.
        1) 판매시설, 운수시설, 노유자시설, 숙박시설, 창고시설 중 물류터미널
        2) 문화 및 집회시설, 종교시설, 의료시설, 수련시설, 운동시설, 장례시설
    자. 통합감시시설을 설치하여야 하는 특정소방대상물은 지하구로 한다.

3. 피난구조설비
    가. 피난기구는 특정소방대상물의 모든 층에 화재안전기준에 적합한 것으로 설치하여야 한다. 다만, 피난층, 지상 1층, 지상 2층(별표 2 제9호에 따른 노유자시설 중 피난층이 아닌 지상 1층과 피난층이 아닌 지상 2층은 제외한다) 및 층수가 11층 이상인 층과 위험물 저장 및 처리시설 중 가스시설, 지하가 중 터널 또는 지하구의 경우에는 그러하지 아니하다.

나. 인명구조기구를 설치하여야 하는 특정소방대상물은 다음의 어느 하나와 같다.
  1) 방열복 또는 방화복(안전모, 보호장갑 및 안전화를 포함한다), 인공소생기 및 공기호흡기를 설치하여야 하는 특정소방대상물 : 지하층을 포함하는 층수가 7층 이상인 관광호텔
  2) 방열복 또는 방화복(안전모, 보호장갑 및 안전화를 포함한다) 및 공기호흡기를 설치하여야 하는 특정소방대상물 : 지하층을 포함하는 층수가 5층 이상인 병원
  3) 공기호흡기를 설치하여야 하는 특정소방대상물은 다음의 어느 하나와 같다.
    가) 수용인원 100명 이상인 문화 및 집회시설 중 영화상영관
    나) 판매시설 중 대규모점포
    다) 운수시설 중 지하역사
    라) 지하가 중 지하상가
    마) 제1호바목 및 화재안전기준에 따라 이산화탄소소화설비(호스릴이산화탄소소화설비는 제외한다)를 설치하여야 하는 특정소방대상물

다. 유도등을 설치하여야 할 대상은 다음의 어느 하나와 같다.
  1) 피난구유도등, 통로유도등 및 유도표지는 별표 2의 특정소방대상물에 설치한다. 다만, 다음의 어느 하나에 해당하는 경우는 제외한다.
    가) 지하가 중 터널
    나) 별표 2 제19호에 따른 동물 및 식물 관련 시설 중 축사로서 가축을 직접 가두어 사육하는 부분
  2) 객석유도등은 다음의 어느 하나에 해당하는 특정소방대상물에 설치한다.
    가) 유흥주점영업시설(「식품위생법 시행령」 제21조제8호라목의 유흥주점영업 중 손님이 춤을 출 수 있는 무대가 설치된 카바레, 나이트클럽 또는 그 밖에 이와 비슷한 영업시설만 해당한다)
    나) 문화 및 집회시설
    다) 종교시설
    라) 운동시설

라. 비상조명등을 설치하여야 하는 특정소방대상물(창고시설 중 창고 및 하역장, 위험물 저장 및 처리 시설 중 가스시설은 제외한다)은 다음의 어느 하나와 같다.
  1) 지하층을 포함하는 층수가 5층 이상인 건축물로서 연면적 3천m^2 이상인 것
  2) 1)에 해당하지 않는 특정소방대상물로서 그 지하층 또는 무창층의 바닥면적이 450m^2 이상인 경우에는 그 지하층 또는 무창층
  3) 지하가 중 터널로서 그 길이가 500m 이상인 것

마. 휴대용 비상조명등을 설치하여야 하는 특정소방대상물은 다음의 어느 하나와 같다.
  1) 숙박시설
  2) 수용인원 100명 이상의 영화상영관, 판매시설 중 대규모점포, 철도 및 도시철도 시설 중 지하역사, 지하가 중 지하상가

> **암기방법** 숙영대지지, 다중(다중이용업법) 중요도 ★★★★

4. 소화용수설비

상수도소화용수설비를 설치하여야 하는 특정소방대상물은 다음 각 목의 어느 하나와 같다. 다만, 상수도소화용수설비를 설치하여야 하는 특정소방대상물의 대지 경계선으로부터 180m 이내에 지름 75mm 이상인 상수도용 배수관이 설치되지 않은 지역의 경우에는 화재안전기준에 따른 소화수조 또는 저수조를 설치하여야 한다.
  가. 연면적 5천㎡ 이상인 것. 다만, 위험물 저장 및 처리 시설 중 가스시설, 지하가 중 터널 또는 지하구의 경우에는 그러하지 아니하다.
  나. 가스시설로서 지상에 노출된 탱크의 저장용량의 합계가 100톤 이상인 것

5. 소화활동설비
  가. 제연설비를 설치하여야 하는 특정소방대상물은 다음의 어느 하나와 같다.
    1) 문화 및 집회시설, 종교시설, 운동시설로서 무대부의 바닥면적이 200㎡ 이상 또는 문화 및 집회시설 중 영화상영관으로서 수용인원 100명 이상인 것
    2) 지하층이나 무창층에 설치된 근린생활시설, 판매시설, 운수시설, 숙박시설, 위락시설, 의료시설, 노유자시설 또는 창고시설(물류터미널만 해당한다)로서 해당 용도로 사용되는 바닥면적의 합계가 1천㎡ 이상인 층
    3) 운수시설 중 시외버스정류장, 철도 및 도시철도 시설, 공항시설 및 항만시설의 대기실 또는 휴게시설로서 지하층 또는 무창층의 바닥면적이 1천㎡ 이상인 것
    4) 지하가(터널은 제외한다)로서 연면적 1천㎡ 이상인 것
    5) 지하가 중 예상 교통량, 경사도 등 터널의 특성을 고려하여 행정안전부령으로 정하는 터널
    6) 특정소방대상물(갓복도형 아파트등은 제외한다)에 부설된 특별피난계단, 비상용 승강기의 승강장 또는 피난용 승강기의 승강장

> **암기방법** 무영지무, 시지터, 특 중요도 ★★★★

나. 연결송수관설비를 설치하여야 하는 특정소방대상물(위험물 저장 및 처리 시설 중 가스시설 또는 지하구는 제외한다)은 다음의 어느 하나와 같다.
   1) 층수가 5층 이상으로서 연면적 6천㎡ 이상인 것
   2) 1)에 해당하지 않는 특정소방대상물로서 지하층을 포함하는 층수가 7층 이상인 것
   3) 1) 및 2)에 해당하지 않는 특정소방대상물로서 지하층의 층수가 3층 이상이고 지하층의 바닥면적의 합계가 1천㎡ 이상인 것
   4) 지하가 중 터널로서 길이가 1천m 이상인 것

다. 연결살수설비를 설치하여야 하는 특정소방대상물(지하구는 제외한다)은 다음의 어느 하나와 같다.
   1) 판매시설, 운수시설, 창고시설 중 물류터미널로서 해당 용도로 사용되는 부분의 바닥면적의 합계가 1천㎡ 이상인 것
   2) 지하층(피난층으로 주된 출입구가 도로와 접한 경우는 제외한다)으로서 바닥면적의 합계가 150㎡ 이상인 것. 다만, 「주택법 시행령」 제21조제4항에 따른 국민주택규모 이하인 아파트등의 지하층(대피시설로 사용하는 것만 해당한다)과 교육연구시설 중 학교의 지하층의 경우에는 700㎡ 이상인 것으로 한다.
   3) 가스시설 중 지상에 노출된 탱크의 용량이 30톤 이상인 탱크시설
   4) 1) 및 2)의 특정소방대상물에 부속된 연결통로

라. 비상콘센트설비를 설치하여야 하는 특정소방대상물(위험물 저장 및 처리 시설 중 가스시설 또는 지하구는 제외한다)은 다음의 어느 하나와 같다.
   1) 층수가 11층 이상인 특정소방대상물의 경우에는 11층 이상의 층
   2) 지하층의 층수가 3층 이상이고 지하층의 바닥면적의 합계가 1천㎡ 이상인 것은 지하층의 모든 층
   3) 지하가 중 터널로서 길이가 500m 이상인 것

암기방법 11 지3천 터500 중요도 ★★★

마. 무선통신보조설비를 설치하여야 하는 특정소방대상물(위험물 저장 및 처리 시설 중 가스시설은 제외한다)은 다음의 어느 하나와 같다.
   1) 지하가(터널은 제외한다)로서 연면적 1천㎡ 이상인 것
   2) 지하층의 바닥면적의 합계가 3천㎡ 이상인 것 또는 지하층의 층수가 3층 이상이고 지하층의 바닥면적의 합계가 1천㎡ 이상인 것은 지하층의 모든 층

3) 지하가 중 터널로서 길이가 500m 이상인 것
4) 「국토의 계획 및 이용에 관한 법률」 제2조제9호에 따른 공동구
5) 층수가 30층 이상인 것으로서 16층 이상 부분의 모든 층

암기방법 지천, 지3천, 지 3 천. 터5백, 공, 30 16 중요도 ★★★★★
(최근 개정으로 반드시 암기)

바. 연소방지설비는 지하구(전력 또는 통신사업용인 것만 해당한다)에 설치하여야 한다.

비고
별표 2 제1호부터 제27호까지 중 어느 하나에 해당하는 시설(이하 이 표에서 "근린생활시설등"이라 한다)의 소방시설 설치기준이 복합건축물의 소방시설 설치기준보다 강한 경우 복합건축물 안에 있는 해당 근린생활시설등에 대해서는 그 근린생활시설등의 소방시설 설치기준을 적용한다.

Question 24. 소방시설의 설치시 무창층을 고려하여 설치하여야 하는 소방시설 및 대상, 무창층의 정의

1. 옥내소화전
   무창층(축사는 제외한다) 또는 층수가 4층 이상인 것 중 바닥면적이 600m² 이상인 층이 있는것은 모든 층 등
2. 스프링클러설비
   1) 영화상영관의 용도로 쓰이는 층의 바닥면적이 지하층 또는 무창층인 경우에는 500m² 이상, 그밖의 층의 경우에는 1천m² 이상인 것 등
   2) 무대부가 지하층·무창층 또는 4층 이상의 층에 있는 경우에는 무대부의 면적이 300m² 이상인 것
3. 비상경보설비
   지하층 또는 무창층의 바닥면적이 150m²(공연장의 경우 100m²) 이상인 것
4. 비상조명등
   지하층 또는 무창층의 바닥면적이 450m² 이상인 경우에는 그 지하층 또는 무창층
5. 제연설비
   지하층이나 무창층에 설치된 근린생활시설, 판매시설, 운수시설, 숙박시설, 위락

시설, 의료시설, 노유자시설 또는 창고시설(물류터미널만 해당한다)로서 해당 용도로 사용되는 바닥면적의 합계가 1천m² 이상인 층

제2조(정의) 이 영에서 사용하는 용어의 뜻은 다음과 같다.

1. "무창층"(無窓層)이란 지상층 중 다음 각 목의 요건을 모두 갖춘 개구부의 면적의 합계가 해당 층의 바닥면적의 30분의 1 이하가 되는 층을 말한다.

   가. 크기는 지름 50센티미터 이상의 원이 내접(內接)할 수 있는 크기일 것

   나. 해당 층의 바닥면으로부터 개구부 밑부분까지의 높이가 1.2미터 이내일 것

   다. 도로 또는 차량이 진입할 수 있는 빈터를 향할 것

   라. 화재 시 건축물로부터 쉽게 피난할 수 있도록 창살이나 그 밖의 장애물이 설치되지 아니할 것

   마. 내부 또는 외부에서 쉽게 부수거나 열 수 있을 것

암기방법: 1/30, 50, 1.2, 도피부 (중요) ★★★★★

Question 25. 특정소방대상물의 소방시설 설치의 면제기준 (별표 6)

필수사항: (일부 변경으로 숙지필요) ★★★

[별표 6] 〈개정 2021.8.24.〉

특정소방대상물의 소방시설 설치의 면제기준(제16조 관련)

설치가 면제되는 소방시설	설치면제 기준
1. 스프링클러설비	스프링클러설비를 설치하여야 하는 특정소방대상물[별표 5 제1호라목13)은 제외한다]에 물분무등소화설비를 화재안전기준에 적합하게 설치한 경우에는 그 설비의 유효범위(해당 소방시설이 화재를 감지·소화 또는 경보할 수 있는 부분을 말한다. 이하 같다)에서 설치가 면제된다.
2. 물분무등소화설비	물분무등소화설비를 설치하여야 하는 차고·주차장에 스프링클러설비를 화재안전기준에 적합하게 설치한 경우에는 그 설비의 유효범위에서 설치가 면제된다.
3. 간이스프링클러설비	간이스프링클러설비를 설치하여야 하는 특정소방대상물에 스프링클러설비, 물분무소화설비 또는 미분무소화설비를 화재안전기준에 적합하게 설치한 경우에는 그 설비의 유효범위에서 설치가 면제된다.

설치가 면제되는 소방시설	설치면제 기준
4. 비상경보설비 또는 단독경보형 감지기	비상경보설비 또는 단독경보형 감지기를 설치하여야 하는 특정소방대상물에 자동화재탐지설비를 화재안전기준에 적합하게 설치한 경우에는 그 설비의 유효범위에서 설치가 면제된다.
5. 비상경보설비	비상경보설비를 설치하여야 할 특정소방대상물에 단독경보형 감지기를 2개 이상의 단독경보형 감지기와 연동하여 설치하는 경우에는 그 설비의 유효범위에서 설치가 면제된다.
6. 비상방송설비	비상방송설비를 설치하여야 하는 특정소방대상물에 자동화재탐지설비 또는 비상경보설비와 같은 수준 이상의 음향을 발하는 장치를 부설한 방송설비를 화재안전기준에 적합하게 설치한 경우에는 그 설비의 유효범위에서 설치가 면제된다.
7. 피난구조설비	피난구조설비를 설치하여야 하는 특정소방대상물에 그 위치·구조 또는 설비의 상황에 따라 피난상 지장이 없다고 인정되는 경우에는 화재안전기준에서 정하는 바에 따라 설치가 면제된다.
8. 연결살수설비	가. 연결살수설비를 설치하여야 하는 특정소방대상물에 송수구를 부설한 스프링클러설비, 간이스프링클러설비, 물분무소화설비 또는 미분무소화설비를 화재안전기준에 적합하게 설치한 경우에는 그 설비의 유효범위에서 설치가 면제된다. 나. 가스 관계 법령에 따라 설치되는 물분무장치 등에 소방대가 사용할 수 있는 연결송수구가 설치되거나 물분무장치 등에 6시간 이상 공급할 수 있는 수원(水源)이 확보된 경우에는 설치가 면제된다.
9. 제연설비	가. 제연설비를 설치하여야 하는 특정소방대상물(별표 5 제5호가목 6)은 제외한다)에 다음의 어느 하나에 해당하는 설비를 설치한 경우에는 설치가 면제된다. 1) 공기조화설비를 화재안전기준의 제연설비기준에 적합하게 설치하고 공기조화설비가 화재 시 제연설비기능으로 자동전환되는 구조로 설치되어 있는 경우 2) 직접 외부 공기와 통하는 배출구의 면적의 합계가 해당 제연구역[제연경계(제연설비의 일부인 천장을 포함한다)에 의하여 구획된 건축물 내의 공간을 말한다] 바닥면적의 100분의 1 이상이고, 배출구부터 각 부분까지의 수평거리가 30m 이내이며, 공기유입구가 화재안전기준에 적합하게(외부 공기를 직접 자연 유입할 경우에 유입구의 크기는 배출구의 크기 이상이어야 한다) 설치되어 있는 경우 나. 별표 5 제5호가목6)에 따라 제연설비를 설치하여야 하는 특정소방대상물 중 노대(露臺)와 연결된 특별피난계단, 노대가 설치된 비상용 승강기의 승강장 또는 「건축법 시행령」 제91조제5호의 기준에 따라 배연설비가 설치된 피난용 승강기의 승강장에는 설치가 면제된다.
10. 비상조명등	비상조명등을 설치하여야 하는 특정소방대상물에 피난구유도등 또는 통로유도등을 화재안전기준에 적합하게 설치한 경우에는 그 유도등의 유효범위에서 설치가 면제된다.

설치가 면제되는 소방시설	설치면제 기준
11. 누전경보기	누전경보기를 설치하여야 하는 특정소방대상물 또는 그 부분에 아크경보기(옥내 배전선로의 단선이나 선로 손상 등으로 인하여 발생하는 아크를 감지하고 경보하는 장치를 말한다) 또는 전기 관련 법령에 따른 지락차단장치를 설치한 경우에는 그 설비의 유효범위에서 설치가 면제된다.
12. 무선통신보조설비	무선통신보조설비를 설치하여야 하는 특정소방대상물에 이동통신 구내 중계기 선로설비 또는 무선이동중계기(「전파법」 제58조의2에 따른 적합성평가를 받은 제품만 해당한다) 등을 화재안전기준의 무선통신보조설비기준에 적합하게 설치한 경우에는 설치가 면제된다.
13. 상수도소화용수설비	가. 상수도소화용수설비를 설치하여야 하는 특정소방대상물의 각 부분으로부터 수평거리 140m 이내에 공공의 소방을 위한 소화전이 화재안전기준에 적합하게 설치되어 있는 경우에는 설치가 면제된다. 나. 소방본부장 또는 소방서장이 상수도소화용수설비의 설치가 곤란하다고 인정하는 경우로서 화재안전기준에 적합한 소화수조 또는 저수조가 설치되어 있거나 이를 설치하는 경우에는 그 설비의 유효범위에서 설치가 면제된다.
14. 연소방지설비	연소방지설비를 설치하여야 하는 특정소방대상물에 스프링클러설비, 물분무소화설비 또는 미분무소화설비를 화재안전기준에 적합하게 설치한 경우에는 그 설비의 유효범위에서 설치가 면제된다.
15. 연결송수관설비	연결송수관설비를 설치하여야 하는 소방대상물에 옥외에 연결송수구 및 옥내에 방수구가 부설된 옥내소화전설비, 스프링클러설비, 간이스프링클러설비 또는 연결살수설비를 화재안전기준에 적합하게 설치한 경우에는 그 설비의 유효범위에서 설치가 면제된다. 다만, 지표면에서 최상층 방수구의 높이가 70m 이상인 경우에는 설치하여야 한다.
16. 자동화재탐지설비	자동화재탐지설비의 기능(감지·수신·경보기능을 말한다)과 성능을 가진 스프링클러설비 또는 물분무등소화설비를 화재안전기준에 적합하게 설치한 경우에는 그 설비의 유효범위에서 설치가 면제된다.
17. 옥외소화전설비	옥외소화전설비를 설치하여야 하는 보물 또는 국보로 지정된 목조문화재에 상수도소화용수설비를 옥외소화전설비의 화재안전기준에서 정하는 방수압력·방수량·옥외소화전함 및 호스의 기준에 적합하게 설치한 경우에는 설치가 면제된다.
18. 옥내소화전설비	소방본부장 또는 소방서장이 옥내소화전설비의 설치가 곤란하다고 인정하는 경우로서 호스릴 방식의 미분무소화설비 또는 옥외소화전설비를 화재안전기준에 적합하게 설치한 경우에는 그 설비의 유효범위에서 설치가 면제된다.
19. 자동소화장치	자동소화장치(주거용 주방자동소화장치는 제외한다)를 설치하여야 하는 특정소방대상물에 물분무등소화설비를 화재안전기준에 적합하게 설치한 경우에는 그 설비의 유효범위에서 설치가 면제된다.

Question 26. 소방시설을 설치하지 아니할 수 있는 소방시설의 범위 (별표7)

소방시설을 설치하지 아니할 수 있는 특정소방대상물 및 소방시설의 범위(제18조 관련)

구 분	특정소방대상물	소방시설
1. 화재 위험도가 낮은 특정소방대상물	석재, 불연성금속, 불연성 건축재료 등의 가공공장·기계조립공장·주물공장 또는 불연성 물품을 저장하는 창고	옥외소화전 및 연결살수설비
	「소방기본법」제2조제5호에 따른 소방대(消防隊)가 조직되어 24시간 근무하고 있는 청사 및 차고	옥내소화전설비, 스프링클러설비, 물분무등소화설비, 비상방송설비, 피난기구, 소화용수설비, 연결송수관설비, 연결살수설비
2. 화재안전기준을 적용하기 어려운 특정소방대상물	펄프공장의 작업장, 음료수 공장의 세정 또는 충전을 하는 작업장, 그 밖에 이와 비슷한 용도로 사용하는 것	스프링클러설비, 상수도소화용수설비 및 연결살수설비
	정수장, 수영장, 목욕장, 농예·축산·어류양식용 시설, 그 밖에 이와 비슷한 용도로 사용되는 것	자동화재탐지설비, 상수도소화용수설비 및 연결살수설비
3. 화재안전기준을 달리 적용하여야 하는 특수한 용도 또는 구조를 가진 특정소방대상물	원자력발전소, 핵폐기물처리시설	연결송수관설비 및 연결살수설비
4. 「위험물 안전관리법」제19조에 따른 자체소방대가 설치된 특정소방대상물	자체소방대가 설치된 위험물 제조소등에 부속된 사무실	옥내소화전설비, 소화용수설비, 연결살수설비 및 연결송수관설비

암기방법 낮어달자 중요도 ★★★
(연결살수는 공통)

Question 27. 소방시설관리업의 인력기준 및 장비기준 (별표 9)

[별표 9] 〈개정 2017.7.26.〉
소방시설관리업의 등록기준(제36조제1항 관련)
1. 주된 기술인력 : 소방시설관리사 1명 이상
2. 보조 기술인력 : 다음의 어느 하나에 해당하는 사람 2명 이상. 다만, 나목부터 라목까지의 규정에 해당하는 사람은 「소방시설공사업법」 제28조제2항에 따른 소방기술 인정 자격수첩을 발급받은 사람이어야 한다.
   가. 소방설비기사 또는 소방설비산업기사
   나. 소방공무원으로 3년 이상 근무한 사람
   다. 소방 관련 학과의 학사학위를 취득한 사람
   라. 행정안전부령으로 정하는 소방기술과 관련된 자격·경력 및 학력이 있는 사람

필수사항 (장비기준 삭제)   중요도 ★★★★★

Question 28. 건축허가 동의 대상물의 범위 및 동의제외 기준

제12조(건축허가등의 동의대상물의 범위 등)
① 법 제7조제1항에 따라 건축물 등의 신축·증축·개축·재축(再築)·이전·용도변경 또는 대수선(大修繕)의 허가·협의 및 사용승인(이하 "건축허가등"이라 한다)을 할 때 미리 소방본부장 또는 소방서장의 동의를 받아야 하는 건축물 등의 범위는 다음 각 호와 같다. 〈개정 2013. 1. 9., 2015. 1. 6., 2015. 6. 30., 2017. 1. 26., 2017. 5. 29., 2019. 8. 6., 2020. 9. 15., 2021. 8. 24.〉

1. 연면적(「건축법 시행령」 제119조제1항제4호에 따라 산정된 면적을 말한다. 이하 같다)이 400제곱미터 이상인 건축물. 다만, 다음 각 목의 어느 하나에 해당하는 시설은 해당 목에서 정한 기준 이상인 건축물로 한다.
   가. 「학교시설사업 촉진법」 제5조의2제1항에 따라 건축등을 하려는 학교시설 : 100제곱미터
   나. 노유자시설(老幼者施設) 및 수련시설 : 200제곱미터
   다. 「정신건강증진 및 정신질환자 복지서비스 지원에 관한 법률」 제3조제5호에 따른 정신의료기관(입원실이 없는 정신건강의학과 의원은 제외하며, 이하

"정신의료기관"이라 한다) : 300제곱미터
라. 「장애인복지법」 제58조제1항제4호에 따른 장애인 의료재활시설(이하 "의료재활시설"이라 한다) : 300제곱미터

1의2. 층수(「건축법 시행령」 제119조제1항제9호에 따라 산정된 층수를 말한다. 이하 같다)가 6층 이상인 건축물
2. 차고·주차장 또는 주차용도로 사용되는 시설로서 다음 각 목의 어느 하나에 해당하는 것
   가. 차고·주차장으로 사용되는 바닥면적이 200제곱미터 이상인 층이 있는 건축물이나 주차시설
   나. 승강기 등 기계장치에 의한 주차시설로서 자동차 20대 이상을 주차할 수 있는 시설
3. 항공기격납고, 관망탑, 항공관제탑, 방송용 송수신탑
4. 지하층 또는 무창층이 있는 건축물로서 바닥면적이 150제곱미터(공연장의 경우에는 100제곱미터) 이상인 층이 있는 것
5. 별표 2의 특정소방대상물 중 조산원, 산후조리원, 위험물 저장 및 처리 시설, 발전시설 중 전기저장시설, 지하구
6. 제1호에 해당하지 않는 노유자시설 중 다음 각 목의 어느 하나에 해당하는 시설. 다만, 가목2) 및 나목부터 바목까지의 시설 중 「건축법 시행령」 별표 1의 단독주택 또는 공동주택에 설치되는 시설은 제외한다.
   가. 별표 2 제9호가목에 따른 노인 관련 시설 중 다음의 어느 하나에 해당하는 시설
      1) 「노인복지법」 제31조제1호·제2호 및 제4호에 따른 노인주거복지시설·노인의료복지시설 및 재가노인복지시설
      2) 「노인복지법」 제31조제7호에 따른 학대피해노인 전용쉼터
   나. 「아동복지법」 제52조에 따른 아동복지시설(아동상담소, 아동전용시설 및 지역아동센터는 제외한다)
   다. 「장애인복지법」 제58조제1항제1호에 따른 장애인 거주시설
   라. 정신질환자 관련 시설(「정신건강증진 및 정신질환자 복지서비스 지원에 관한 법률」 제27조제1항제2호에 따른 공동생활가정을 제외한 재활훈련시설과 같은 법 시행령 제16조제3호에 따른 종합시설 중 24시간 주거를 제공하지 아니하는 시설은 제외한다)
   마. 별표 2 제9호마목에 따른 노숙인 관련 시설 중 노숙인자활시설, 노숙인재활시설 및 노숙인요양시설
   바. 결핵환자나 한센인이 24시간 생활하는 노유자시설

7. 「의료법」제3조제2항제3호라목에 따른 요양병원(이하 "요양병원"이라 한다). 다만, 정신의료기관 중 정신병원(이하 "정신병원"이라 한다)과 의료재활시설은 제외한다.

암기방법 연4, 1, 2, 3, 6 ,차 20, 2, 항, 지 위 노 요 중요도 ★★★
(최근 개정으로 숙지 필요) (암기 필요)

② 제1항에도 불구하고 다음 각 호의 어느 하나에 해당하는 특정소방대상물은 소방본부장 또는 소방서장의 건축허가등의 동의대상에서 제외된다. 〈개정 2014. 7. 7., 2017. 1. 26., 2018. 6. 26., 2019. 8. 6.〉

1. 별표 5에 따라 특정소방대상물에 설치되는 소화기구, 누전경보기, 피난기구, 방열복 · 방화복 · 공기호흡기 및 인공소생기, 유도등 또는 유도표지가 법 제9조제1항 전단에 따른 화재안전기준(이하 "화재안전기준"이라 한다)에 적합한 경우 그 특정소방대상물
2. 건축물의 증축 또는 용도변경으로 인하여 해당 특정소방대상물에 추가로 소방시설이 설치되지 아니하는 경우 그 특정소방대상물
3. 법 제9조의3제1항에 따라 성능위주설계를 한 특정소방대상물

암기방법 소피누 방방공인 유 추 성 중요도 ★★★★★
(아주 중요)

③ 법 제7조제1항에 따라 건축허가등의 권한이 있는 행정기관은 건축허가등의 동의를 받으려는 경우에는 동의요구서에 행정안전부령으로 정하는 서류를 첨부하여 해당 건축물 등의 소재지를 관할하는 소방본부장 또는 소방서장에게 동의를 요구하여야 한다. 이 경우 동의 요구를 받은 소방본부장 또는 소방서장은 첨부서류가 미비한 경우에는 그 서류의 보완을 요구할 수 있다. 〈개정 2013.3.23., 2014.11.19., 2017.7.26.〉

Question 29 증축시 소방시설기준 적용 및 적용의 특례 (시행령 17조)

법 제11조제3항에 따라 소방본부장 또는 소방서장은 특정소방대상물이 증축되는 경우에는 기존 부분을 포함한 특정소방대상물의 전체에 대하여 증축 당시의 소방시설의 설치에 관한 대통령령 또는 화재안전기준을 적용해야 한다. 다만, 다음 각 호의 어느 하나에 해당하는 경우에는 기존 부분에 대해서는 증축 당시의 소방시설의 설치에

관한 대통령령 또는 화재안전기준을 적용하지 않는다.

제17조(특정소방대상물의 증축 또는 용도변경 시의 소방시설기준 적용의 특례)

1. 기존 부분과 증축 부분이 내화구조(耐火構造)로 된 바닥과 벽으로 구획된 경우
2. 기존 부분과 증축 부분이 「건축법 시행령」 제46조제1항제2호에 따른 방화문 또는 자동방화셔터로 구획되어 있는 경우
3. 자동차 생산공장 등 화재 위험이 낮은 특정소방대상물 내부에 연면적 33제곱미터 이하의 직원 휴게실을 증축하는 경우
4. 자동차 생산공장 등 화재 위험이 낮은 특정소방대상물에 캐노피(기둥으로 받치거나 매달아 놓은 덮개를 말하며, 3면 이상에 벽이 없는 구조의 것을 말한다)를 설치하는 경우

암기방법 증전, 내갑자자   중요도 ★★★

Question 30. 용도변경시 소방시설기준 적용 및 적용의 특례 (시행령 17조)

법 제11조제3항에 따라 소방본부장 또는 소방서장은 특정소방대상물이 용도변경되는 경우에는 용도변경되는 부분에 대해서만 용도변경 당시의 소방시설의 설치에 관한 대통령령 또는 화재안전기준을 적용한다. 다만, 다음 각 호의 어느 하나에 해당하는 경우에는 특정소방대상물 전체에 대하여 용도변경 전에 해당 특정소방대상물에 적용되던 소방시설의 설치에 관한 대통령령 또는 화재안전기준을 적용한다. 〈개정 2014. 7. 7., 2019. 8. 6.〉

1. 특정소방대상물의 구조·설비가 화재연소 확대 요인이 적어지거나 피난 또는 화재진압활동이 쉬워지도록 변경되는 경우
2. 문화 및 집회시설 중 공연장·집회장·관람장, 판매시설, 운수시설, 창고시설 중 물류터미널이 불특정 다수인이 이용하는 것이 아닌 일정한 근무자가 이용하는 용도로 변경되는 경우
3. 용도변경으로 인하여 천장·바닥·벽 등에 고정되어 있는 가연성 물질의 양이 줄어드는 경우
4. 「다중이용업소의 안전관리에 관한 특별법」 제2조제1항제1호에 따른 다중이용업의 영업소(이하 "다중이용업소"라 한다), 문화 및 집회시설, 종교시설, 판매시설, 운수시설, 의료시설, 노유자시설, 수련시설, 운동시설, 숙박시설, 위락시설, 창고시설 중 물류터미널, 위험물 저장 및 처리 시설 중 가스시설, 장례식장이 각각 이

호에 규정된 시설 외의 용도로 변경되는 경우
※ 용도변경시에는 용도변경된 부분에 대하여만 용도변경시의 화재안전기준 등을 적용한다. (예외 : 특례)

암기방법 용 용 연일 줄다 　　　중요도 ★★★

Question 31 방염성능기준 이상의 실내장식물 등을 설치하여야 하는 특정소방대상물

시행령 제19조(방염성능기준 이상의 실내장식물 등을 설치하여야 하는 특정소방대상물) 법 제12조제1항에서 "대통령령으로 정하는 특정소방대상물"이란 다음 각 호의 어느 하나에 해당하는 것을 말한다. 〈개정 2011. 11. 23., 2012. 1. 31., 2013. 1. 9., 2015. 1. 6., 2019. 8. 6., 2021. 8. 24.〉

1. 근린생활시설 중 의원, 조산원, 산후조리원, 체력단련장, 공연장 및 종교집회장
2. 건축물의 옥내에 있는 시설로서 다음 각 목의 시설
   가. 문화 및 집회시설
   나. 종교시설
   다. 운동시설(수영장은 제외한다)
3. 의료시설
4. 교육연구시설 중 합숙소
5. 노유자시설
6. 숙박이 가능한 수련시설
7. 숙박시설
8. 방송통신시설 중 방송국 및 촬영소
9. 다중이용업소
10. 제1호부터 제9호까지의 시설에 해당하지 않는 것으로서 층수가 11층 이상인 것 (아파트는 제외한다)

암기방법 의체공종, 문종운, 의합노수숙방, 다11　　　중요도 ★★★
(암기 필요) (최근 개정) (방염은 아주 중요함)

Question 32. 방염대상물품, 방염성능기준 (시행령 20조)

유지관리법 제12조(소방대상물의 방염 등) ① 대통령령으로 정하는 특정소방대상물에 실내장식 등의 목적으로 설치 또는 부착하는 물품으로서 대통령령으로 정하는 물품(이하 "방염대상물품"이라 한다)은 방염성능기준 이상의 것으로 설치하여야 한다. 〈개정 2015.7.24.〉

시행령 제20조(방염대상물품 및 방염성능기준)
① 법 제12조제1항에서 "대통령령으로 정하는 물품"이란 다음 각 호의 어느 하나에 해당하는 것을 말한다. 〈개정 2016. 1. 19., 2019. 8. 6., 2021. 3. 2.〉

1. 제조 또는 가공 공정에서 방염처리를 한 물품(합판·목재류의 경우에는 설치 현장에서 방염처리를 한 것을 포함한다)으로서 다음 각 목의 어느 하나에 해당하는 것
   가. 창문에 설치하는 커튼류(블라인드를 포함한다)
   나. 카펫, 두께가 2밀리미터 미만인 벽지류(종이벽지는 제외한다)
   다. 전시용 합판 또는 섬유판, 무대용 합판 또는 섬유판
   라. 암막·무대막(「영화 및 비디오물의 진흥에 관한 법률」제2조제10호에 따른 영화상영관에 설치하는 스크린과 「다중이용업소의 안전관리에 관한 특별법 시행령」제2조제7호의4에 따른 가상체험 체육시설업에 설치하는 스크린을 포함한다)
   마. 섬유류 또는 합성수지류 등을 원료로 하여 제작된 소파·의자(「다중이용업소의 안전관리에 관한 특별법 시행령」제2조제1호나목 및 같은 조 제6호에 따른 단란주점영업, 유흥주점영업 및 노래연습장업의 영업장에 설치하는 것만 해당한다)

2. 건축물 내부의 천장이나 벽에 부착하거나 설치하는 것으로서 다음 각 목의 어느 하나에 해당하는 것. 다만, 가구류(옷장, 찬장, 식탁, 식탁용 의자, 사무용 책상, 사무용 의자, 계산대 및 그 밖에 이와 비슷한 것을 말한다. 이하 이 조에서 같다)와 너비 10센티미터 이하인 반자돌림대 등과 「건축법」제52조에 따른 내부마감재료는 제외한다.
   가. 종이류(두께 2밀리미터 이상인 것을 말한다)·합성수지류 또는 섬유류를 주원료로 한 물품
   나. 합판이나 목재
   다. 공간을 구획하기 위하여 설치하는 간이 칸막이(접이식 등 이동 가능한 벽체나

천장 또는 반자가 실내에 접하는 부분까지 구획하지 아니하는 벽체를 말한다)
라. 흡음(吸音)이나 방음(防音)을 위하여 설치하는 흡음재(흡음용 커튼을 포함한다) 또는 방음재(방음용 커튼을 포함한다)

> **암기방법** **창카전암 소의** ★★★★★
> (아주 중요) (최근 개정)

> **암기방법** **가반내, 종합칸흡** ★★★★★
> (아주 중요) (실내 장식물임)

② 법 제12조제3항에 따른 방염성능기준은 다음 각 호의 기준에 따르되, 제1항에 따른 방염대상물품의 종류에 따른 구체적인 방염성능기준은 다음 각 호의 기준의 범위에서 소방청장이 정하여 고시하는 바에 따른다. 〈개정 2014. 11. 19., 2017. 7. 26.〉

1. 버너의 불꽃을 제거한 때부터 불꽃을 올리며 연소하는 상태가 그칠 때까지 시간은 20초 이내일 것
2. 버너의 불꽃을 제거한 때부터 불꽃을 올리지 아니하고 연소하는 상태가 그칠 때까지 시간은 30초 이내일 것
3. 탄화(炭化)한 면적은 50제곱센티미터 이내, 탄화한 길이는 20센티미터 이내일 것
4. 불꽃에 의하여 완전히 녹을 때까지 불꽃의 접촉 횟수는 3회 이상일 것
5. 소방청장이 정하여 고시한 방법으로 발연량(發煙量)을 측정하는 경우 최대연기밀도는 400 이하일 것

> **암기방법** **잔잔탄탄 불발, 235 234** ★★★★★
> (아주 중요)

③ 소방본부장 또는 소방서장은 제1항에 따른 물품 외에 다음 각 호의 어느 하나에 해당하는 물품의 경우에는 방염처리된 물품을 사용하도록 권장할 수 있다. 〈개정 2019. 8. 6.〉

1. 다중이용업소, 의료시설, 노유자시설, 숙박시설 또는 장례식장에서 사용하는 침구류·소파 및 의자
2. 건축물 내부의 천장 또는 벽에 부착하거나 설치하는 가구류

> **암기방법** **다숙의노장, 침소의, 가** ★★★
> (암기 필요)

참고 방염성능기준이 신규 제정되었음

방염성능기준

[시행 2021. 1. 14.] [소방청고시 제2021-7호, 2021. 1. 14., 일부개정]

제 1 조(목적) 이 기준은 「화재예방, 소방시설 설치·유지 및 안전관리에 관한 법률」제12조제3항 및 같은 법 시행령(이하 "영"이라 한다.) 제20조제2항에 따른 방염대상물품의 방염성능 기준에 관하여 필요한 사항을 정함을 목적으로 한다.

제 2 조(용어의 정리) 이 기준에서 사용하는 용어는 다음과 같다.

1. "얇은 포"란 포지형태의 방염성능검사물품(이하 "방염물품"이라한다)으로서 $1m^2$의 중량이 450g 이하인 것을 말한다.
2. "두꺼운 포"란 포지형태의 방염물품으로서 $1m^2$의 중량이 450 g을 초과하는 것을 말한다.
3. "탄화면적"이란 불꽃에 의하여 탄화된 면적을 말한다.
4. "탄화길이"란 불꽃에 의하여 탄화된 길이를 말한다.
5. "접염횟수"란 불꽃에 의하여 녹을 때까지 불꽃의 접촉횟수를 말한다.
6. "용융하는 물품"이란 불꽃에 의하여 녹는 물품을 말한다.
7. "잔염시간"이란 버너의 불꽃을 제거한 때부터 불꽃을 올리며 연소하는 상태가 그칠 때까지의 시간을 말한다.
8. "잔신시간"이란 버너의 불꽃을 제거한 때부터 불꽃을 올리지 아니하고 연소하는 상태가 그칠 때 까지의 시간(잔염이 생기는 동안의 시간은 제외한다)을 말한다.
9. "내세탁성"이란 세탁한 경우에도 제4조의 규정에 의한 기준 이상의 방염성능이 있는 것을 말한다.
10. "선처리물품"이란 소방용품의 품질관리 등에 관한 규칙 제3조제1항제1호의 물품을 말한다.
11. "현장방염처리물품"이란 설치현장에서 방염처리된 물품을 말한다.
12. "슬랫"이란 목재 블라인드에 연이어 붙여지는데 쓰이는 널 또는 조각을 말한다.

제 3 조(방염성능검사의 대상) 방염성능검사의 대상은 다음 각 호와 같다.

1. 카페트 : 마루 또는 바닥등에 까는 두꺼운 섬유제품을 말하며 직물카페트, 터프트카페트, 자수카페트, 니트카페트, 접착카페트, 니들펀치카페트 등을 말한다.
2. 커텐 : 실내장식 또는 구획을 위하여 창문 등에 치는 천을 말한다.
3. 블라인드 : 햇빛을 가리기 위해 실내 창에 설치하는 천이나 목재 슬랫 등을 말한다.
    가. 포제 블라인드 : 합성수지 등을 주 원료로 하는 천을 말하며 버티칼, 롤 스크린 등을 포함한다.
    나. 목재 블라인드 : 목재를 주 원료로 하는 슬랫을 말한다.
4. 암막 : 빛을 막기 위하여 창문등에 치는 천을 말한다.

5. 무대막 : 무대에 설치하는 천을 말하며 스크린을 포함한다.
6. 벽지류 : 두께가 2mm 미만인 포지로서 벽, 천장 또는 반자 등에 부착하는 것을 말한다.
   가. 비닐벽지 : 합성수지를 주원료로 한 벽지를 말한다.
   나. 벽포지 : 섬유류를 주원료로 한 벽지를 말하며 부직포로 제조된 벽지를 포함한다.
   다. 인테리어필름 : 합성수지에 점착 가공하여 제조된 벽지를 말한다.
   라. 천연재료벽지 : 천연재료(펄프, 식물등)를 주원료로 한 벽지를 말한다.
7. 합판 : 나무 등을 가공하여 제조된 판을 말하며, 중밀도섬유판(MDF), 목재판넬(HDF), 파티클보드(PB)를 포함한다. 이 경우 방염처리 및 장식을 위하여 표면에 0.4mm 이하인 시트를 부착한 것도 합판으로 본다.
8. 목재 : 나무를 재료로 하여 제조된 물품을 말한다.
9. 섬유판 : 합성수지판 또는 합판 등에 섬유류를 부착하거나 섬유류로 제조된 것을 말하며 섬유류로 제조된 흡음재 및 방음재를 포함한다.
10. 합성수지판 : 합성수지를 주원료로 하여 제조된 실내장식물을 말하며 합성수지로 제조된 흡음재 및 방음재를 포함한다.
11. 합성수지 시트 : 합성수지로 제조된 포지를 말한다.
12. 소파·의자 : 섬유류 또는 합성수지류 등을 소재로 제작된 물품을 말한다.
13. 기타물품 : 다중이용업소의 안전관리에 관한 특별법 시행령 제3조의 규정에 의한 실내장식물로서 제1호 내지 제12호에 해당하지 아니하는 물품을 말한다.

제 4 조(방염성능의 기준) ① 영 제20조제2항제1호부터 제4호에 따른 방염성능기준은 제5조부터 제7조, 제7조의2, 제7조의3 및 제9조에 따른 측정기준 및 방법을 적용하여 측정하였을 때 다음 각 호에서 규정하는 기준에 적합하여야 한다. 다만, 접염횟수의 기준은 용융하는 물품에 한하여 적용한다.
1. 카페트의 방염성능기준은 잔염시간이 20초 이내, 탄화길이 10cm 이내 이어야 한다. 이 경우 내세탁성을 측정하는 물품은 세탁전과 세탁 후에 이 기준에 적합하여야 한다.
2. 얇은 포의 방염성능기준은 잔염시간 3초 이내, 잔신시간 5초 이내, 탄화면적 30cm^2 이내, 탄화길이 20cm 이내, 접염횟수 3회 이상 이어야 한다. 이 경우 내세탁성을 측정하는 물품은 세탁전과 세탁 후에 이 기준에 적합하여야 한다.
3. 두꺼운 포의 방염성능기준은 잔염시간 5초 이내, 잔신시간 20초 이내, 탄화면적 40cm^2 이내, 탄화길이 20cm 이내, 접염횟수 3회 이상 이어야 한다. 이 경우 내세탁성을 측정하는 물품은 세탁전과 세탁 후에 이 기준에 적합하여야 한다.
4. 합성수지판의 방염성능기준은 잔염시간 5초 이내, 잔신시간 20초 이내, 탄화면적 40cm^2 이내, 탄화길이 20cm 이내 이어야 한다.
5. 합판, 섬유판, 목재 및 기타물품 (이하 "합판등"이라 한다.)의 방염성능기준은 잔염시간 10초 이내, 잔신시간 30초 이내, 탄화면적 50cm^2 이내, 탄화길이 20cm 이내 이어야 한다.
6. 소파·의자의 방염성능기준은 다음 각 목에 적합하여야 한다.

가. 삭제
나. 버너법에 의한 시험은 잔염시간 및 잔신시간이 각각 120초 이내일 것
다. 45도 에어믹스버너 철망법에 의한 시험은 탄화길이가 최대 7.0cm 이내, 평균 5.0cm 이내일 것

② 영 제20조제2항제5호에 따른 방염성능기준의 최대연기밀도는 제8조에 따른 측정기준 및 방법을 적용하여 측정하였을 경우 다음 각 호에서 규정하는 기준에 적합하여야 하며, 선처리물품에 한하여 적용한다.
1. 카페트, 합성수지판, 소파·의자 등 : 400 이하
2. 얇은 포 및 두꺼운 포 : 200 이하
3. 합판 및 목재 : 신청값 이하(이 경우 신청값은 400 이하로 할 것)

제 5 조(카페트의 방염성능측정기준 및 방법) 카페트의 방염성능 측정기준 및 방법은 다음 각 호의 방법을 적용한다.
1. 연소시험장치는 [별도 1]의 연소시험장, [별도 2]의 시험체눌림틀 및 파레트판, [별도 3]의 전기불꽃발생장치로 하고, [별도 4]의 에어믹스버너를 사용한다.
2. 시험에 사용하는 연료는 KS M 2150(액화석유가스)에 적합한 것이어야 한다.
3. 시험체는 카페트에서 임의로 절취한 가로 29cm, 세로 19cm의 것으로 한다. 이 경우 시험체는 가로방향으로 2개, 세로방향으로 1개를 각각 만든다.
4. 시험체의 건조는 (50 ± 2)℃인 항온 건조기 안에서 24시간 건조한 후 실리카겔을 넣은 데시케이터안에 2시간 동안 넣어둔다. 다만, 열에 의한 영향을 받지 아니하는 것은 (105 ± 2)℃의 항온건조기에서 1시간 건조한 후 실리카겔을 넣은 데시게이터안에 2시간동안 넣어둔 것으로 할 수 있다.
5. 성능시험 측정은 다음의 방법에 따른다.
   가. 시험체는 파레트판에 시험체눌림틀로 고정할 것
   나. 가스압력은 4kPa(0.04kg/cm^2)로 할 것
   다. 버너의 불꽃길이는 24mm로 할 것
   라. 버너는 수평으로 하고, 그 선단을 시험체로 중앙 하단 표면에서 1mm 떨어지게 놓을 것
   마. 가열은 각 시험체에 대하여 30초간 실시할 것

제 6 조(얇은 포 및 두꺼운 포의 방염성능 측정기준 및 방법) ① 얇은 포 및 두꺼운 포의 방염성능측정기준 및 방법은 다음 각 호에 적합하여야 한다.
1. 연수시험장치는 [별도 1]의 연소시험함, [별도 5]의 시험체받침틀 및 [별도 3]의 전기불꽃 발생장치로 하고, 얇은 포의 시험에 있어서는 [별도 6]의 마이크로버너, 두꺼운 포의 시험에 있어서는 [별도 7]의 맥켈버너를 사용한다.
2. 시험에 사용하는 연료는 KS M 2150(액화석유가스)에 적합하여야 한다.
3. 시험체는 2m^2 이상의 측정대상물품에서 임의로 잘라낸 가로 35cm, 세로 25cm의

것으로 3개씩 만든다.
4. 시험체의 건조는 (50 ± 2)℃ 인 항온건조기안에서 24시간 건조한 후 실리카겔을 넣은 데시게이터안에 2시간동안 넣어둔다. 다만, 열에 의한 영향을 받지 아니하는 것은 (105 ± 2)℃ 의 항온건조기 안에서 1시간 건조한 후 실리카겔을 넣은 데시케이터 안에 2시간 동안 넣어둔 것으로 할 수 있다.
5. 성능시험측정은 다음 방법에 의한다.
   가. 시험체는 시험체 받침틀 안에 느슨하지 아니하게 고정할 것. 다만, 용융하는 물품은 가로 263mm, 세로 258mm의 시험체가 가로 250mm, 세로 150mm인 시험체지지틀안에 들어가도록 설치할 것
   나. 버너의 불꽃의 길이는 마이크로버너에 있어서는 45mm, 맥켈버너에 있어서는 65mm로 할 것
   다. 불꽃의 선단이 시험체 중앙 하단에 접하도록 버너를 설치할 것
   라. 탄화길이는 시험체의 탄화부분에 있어서의 최대길이로 할 것
   마. 가열은 각 시험체에 대하여 얇은 포에 있어서는 1분간, 두꺼운 포에 있어서는 2분간 실시하며, 가열시간중에 착염하는 시험체에 대하여 다시 시험하되, 착염한 후부터 얇은 포에 있어서는 3초 후에, 두꺼운 포에 있어서는 6초후에 버너를 제거할 것

② 용융하는 물품은 다음 방법에 의하여 접염시험을 추가로 실시한다.
1. 연소시험장치는 [별도 1]의 연소시험함, [별도 3]의 전기불꽃 발생장치, [별도 6]의 마이크로버너 및 [별도 8]의 시험체받침코일을 사용한다.
2. 시험체 받침코일은 KS D 3702(스테인레스강선재)에 적합하고, 직경 0.5mm의 경질 스테인레스 강선으로 내경 10mm, 선의 상호간격 2mm, 길이 15cm의 것으로 한다.
3. 시험에 사용하는 연료는 KS M 2150(액화석유가스)에 적합하여야 한다.
4. 시험체는 다음의 규정에 적합하여야 한다.
   가. 제1항 제3호에서 절취한 나머지의 측정대상 물품에서 임의로 잘라낸 폭 10cm, 중량 1g의 것. 다만, 폭 10cm 길이 20cm의 것으로서 중량이 1g 미만의 것은 폭 10cm 길이 20cm의 것으로 할 것
   나. 제1항 제4호의 규정에 의하여 처리한 것
5. 성능시험측정은 다음 방법에 의한다.
   가. 시험체는 폭 10cm를 유지되도록 말아서 시험체받침 코일속에 넣을 것
   나. 버너의 불꽃의 길이는 45mm로 할 것
   다. 버너는 불꽃의 끝이 시험체의 하단에 접하도록 고정시키고 시험체가 용융을 정지할 때까지 가열할 것
   라. 5개의 시험체에 대하여 실시하고, 그 하단부터 9cm되는 곳이 용융할 때까지 다. 목의 가열조작을 반복할 것

제 7 조(합성수지판, 합판등의 방염성능측정기준 및 방법) 합성수지판, 합판, 인테리어필름 부

착 합판, 목재 블라인드 등의 방염성능측정기준 및 방법은 다음 각 호에 적합하여야 한다.
1. 연소시험장치는 [별도 1]의 연소시험함, [별도 5]의 시험체받침틀, [별도 3]의 전기불꽃발생장치 및 [별도 7]의 맥켈버너를 사용한다.
2. 시험에 사용하는 연료는 KS M 2150(액화석유가스)에 적합한 것이어야 한다.
3. 시험체는 1.6m² 이상의 측정대상물품에서 임의로 절취한 가로 29cm, 세로19cm의 것으로 3개씩 만든다.
4. 시험체의 건조는 (40±2)℃ 항온건조기안에서 24시간 건조한 후 실리카겔을 넣은 데시케이터안에 2시간 동안 넣어둔다. 다만, 열에 영향을 받지 않는 것은 (105±2)℃의 항온건조기 안에서 1시간 건조한 후 실리카겔을 넣은 데시케이터 안에 2시간 동안 넣어둔 것으로 할 수 있다.
5. 성능시험측정은 다음의 방법에 의한다.
   가. 시험체는 시험체받침틀에 고정할 것
   나. 버너의 불꽃의 길이는 65mm로 할 것
   다. 불꽃의 선단이 시험체 중앙 하단에 접하도록 버너를 설치할 것
   라. 가열은 각 시험체에 대하여 2분간 실시할 것

제 7 조의2(현장방염처리물품의 방염성능측정기준 및 방법) 현장방염처리물품(합판, 목재 등)의 방염성능측정기준 및 방법은 다음 각 호에 적합하여야 한다.
1. 연소시험장치는 [별도 1]의 연소시험함, [별도 5]의 시험체받침틀, [별도 3]의 전기불꽃발생장치 및 [별도 7]의 맥켈버너를 사용한다.
2. 시험에 사용하는 연료는 KS M 2150(액화석유가스)에 적합한 것이어야 한다.
3. 시험체는 특수장소에 설치하는 방염물품의 종류 및 방염처리방법 별로 임의로 절취한 것으로 크기는 가로 29cm, 세로 19cm로 각각 1개 이상을 만든다.
4. 시험체의 건조는 (40±2)℃ 항온건조기안에서 24시간 건조한 후 실리카겔을 넣은 데시케이터안에 2시간 동안 넣어둔다. 다만, 열에 영향을 받지 않는 것은 (105±2)℃의 항온건조기 안에서 1시간 건조한 후 실리카겔을 넣은 데시케이터 안에 2시간 동안 넣어 둔 것으로 할 수 있다.
5. 성능시험측정은 다음의 방법에 의한다.
   가. 시험체는 시험체받침틀에 고정할 것
   나. 버너의 불꽃의 길이는 65mm로 할 것
   다. 불꽃의 선단이 시험체 중앙 하단에 접하도록 버너를 설치할 것
   라. 가열은 각 시험체에 대하여 2분간 실시할 것

제 7 조의3(소파·의자의 방염성능측정기준 및 방법) ① 삭제
② 소파·의자는 버너법에 의한 방염성능측정기준 및 방법은 다음 각 호에 적합하여야 한다.
1. 연소시험장치는 [별도 10]의 버너법시험모형, [별도 3]의 전기불꽃발생장치로 하고,

[별도 4]의 에어믹스버너를 사용한다.
2. 시험에 사용하는 연료는 KS M 2150(액화석유가스)에 적합한 것이어야 한다.
3. 시험체는 가로 300mm, 세로 300mm의 크기로 절취하며, 겉감으로 충진재를 감싼 상태의 시료를 수평과 수직으로 조합하여 각각 3개를 제작한다.
4. 시험체의 건조는 (50 ± 2)℃인 항온건조기 안에서 24시간 건조한 후 실리카겔을 넣은 데시케이터안에 2시간 동안 넣어둔다. 다만, 열에 의한 영향을 받지 아니 하는 것은 (105 ± 2)℃의 항온건조기에서 1시간 건조한 후 실리카겔을 넣은 데시케이터안에 2시간 동안 넣어둔 것으로 할 수 있다.
5. 성능시험 측정은 다음 각 목의 방법에 의한다.
    가. 가스압력은 4kPa(0.04kg/cm^2)로 할 것
    나. 버너의 불꽃길이는 24mm로 할 것
    다. 버너의 축은 등받이와 45도 경사의 평면과 좌부와 45도 각도(등받이가 없는 경우에는 시험체에 수직인 평면내에 45도의 각도)로 가장자리부터 50mm 이상 떨어진 위치에 불꽃의 선단이 시험체에 접하도록 설치할 것
    라. 가열은 각 시험체에 대하여 30초간 실시할 것

③ 소파ㆍ의자에 사용하는 겉감(섬유류 및 합성수지등)은 45도 에어믹스버너 철망법에 의한 방염성능측정기준 및 방법은 다음 각 호에 적합하여야 한다.
1. 연소시험장치는 [별도 1]의 연소시험함의 3. 카페트의 경우, [별도 3]의 전기불꽃발생장치로 하고, [별도 4]의 에어믹스버너 및 [별도 11]의 시험체지지틀을 사용한다.
2. 시험에 사용하는 연료는 KS M 2150(액화석유가스)에 적합한 것이어야 한다.
3. 시험체의 크기는 가로 250mm, 세로 350mm로 3개를 만든다.
4. 시험체의 건조는 (50 ± 2)℃인 항온 건조기 안에서 24시간 건조한 후 실리카겔을 넣은 데시케이터안에 2시간 동안 넣어둔다. 다만, 열에 의한 영향을 받지 아니 하는 것은 (105 ± 2)℃의 항온건조기에서 1시간 건조한 후 실리카겔을 넣은 데시게이터안에 2시간동안 넣어둔 것으로 할 수 있다.
5. 성능시험 측정은 다음 각목의 방법에 의한다.
    가. 시험체는 철망을 놓은 시험체눌림틀에 고정할 것
    나. 가스압력은 4kPa(0.04kg/cm^2)로 할 것
    다. 버너의 불꽃길이는 24mm로 할 것
    라. 버너는 수평으로 하고, 그 선단을 시험체로 중앙 하단 표면에서 1mm 떨어지게 놓을 것
    마. 가열은 각 시험체에 대하여 30초간 실시할 것

제 8 조(방염물품의 연기밀도 측정기준 및 방법) 방염물품의 연기밀도 측정기준 및 방법은 다음 각 호의 방법을 적용한다.
1. 시험장치 및 절차는 ASTM E 662(고체물질에서 발생하는 연기의 비광학밀도를 위한 표준시험방법)에 따른다. 다만 용융하는 물품은 KS M ISO 5659-2(프라스틱-연

기발생 제2부 : 단일연소쳄버시험에 의한 연기밀도)에 따른다.
2. 가열은 2.5W/cm²의 방열기와 파이롯트버너(프로판가스 50cm³/분, 공기 500cm³/분 으로 공급)를 사용한다 다만 KS M ISO 5659-2의 방법으로 시험하는 경우에는 2.5W/cm²의 방열기와 불꽃길이가 30mm인 버너를 사용한다.
3. 최대연기밀도는 다음 계산식으로 산출한다.
4. 최대연기밀도는 보정값을 3회 이상 측정하여 중위수 값으로 한다.
5. 소파·의자는 겉감 및 충진재를 구분하여 측정한다.

제 9 조(방염물품의 내세탁성 측정기준 및 방법) ① 방염처리한 카페트는 진공모터가 1마력 이상인 진공모터가 750W(1마력) 이상인 진공청소기로 카페트 전용세제를 가하면서 12분간씩 4회 세탁 및 건조한 후에도 방염성능을 측정한다.

② 커텐, 암막 및 직물로 제조된 무대막(벨벳류·부직포는 제외)은 다음 각 호의 방법으로 5회 세탁 및 건조한 후에도 방염성능을 측정한다.
1. 세탁기는 세탁조가 직경 50cm 이상, 깊이 27cm 이상으로 수평으로 설치된 상업용 세탁기를 사용한다.
2. 세탁하는 동안의 물의 온도를 (40 ± 3)℃로 유지시켜야 한다.
3. 세제는 중성세제로 하며, 물 1L 당 1g의 비율로 첨가한다.
4. 세탁은 세탁시간 10분 이상, 헹굼 2회, 탈수를 1회로 한다.
5. 건조는 5회 세탁 완료 후에 텀블건조기로 실시한다.

제10조(표시) 방염물품에는 다음 사항을 보기 쉬운 부위에 잘 지워지지 아니하도록 표시하여야 한다. 다만, 현장방염처리물품에는 이규정을 적용하지 아니하며 제6호는 포장지 또는 사용안내서에 표시할 수 있다.
1. 품명
2. 제조년월 및 제조번호(두루마리번호 또는 포장상자번호등) 또는 로트번호
3. 제조업체명 또는 상호(커텐 및 암막의 경우에는 이면 또는 포장지에 표시하여야 한다.)
4. 소재혼용율
5. 최대연기밀도 신청값
6. 길이 및 폭(포장단위가 두루마리인 경우)
7. 주의사항

제11조(세부사항) 이 기준의 시행에 관하여 필요한 세부사항은 소방청장이 이를 정한다.

제12조(재검토기한) 소방청장은 「훈령·예규 등의 발령 및 관리에 관한 규정」에 따라 이 고시에 대하여 2017년 1월 1일 기준으로 매3년이 되는 시점(매 3년째의 12월 31일까지를 말한다)마다 그 타당성을 검토하여 개선 등의 조치를 하여야 한다.

부   칙 〈제2019-2호, 2021. 1. 14.〉
이 고시는 발령한 날부터 시행한다.

Question 33. 소방안전관리자를 두어야 하는 특정소방대상물 (시행령 22조)

필수사항 (소방안전관리 최근 개정으로 아주 중요함) 중요도 ★★★

제22조(소방안전관리자를 두어야 하는 특정소방대상물)

① 법 제20조제2항에 따라 소방안전관리자를 선임하여야 하는 특정소방대상물(이하 "소방안전관리대상물"이라 한다)은 다음 각 호의 어느 하나에 해당하는 특정소방대상물로 한다. 다만, 「공공기관의 소방안전관리에 관한 규정」을 적용받는 특정소방대상물은 제외한다. 〈개정 2015.6.30., 2017.1.26.〉

1. 특급 소방안전관리대상물

    별표 2의 특정소방대상물 중 다음 각 목의 어느 하나에 해당하는 것으로서 동·식물원, 철강 등 불연성 물품을 저장·취급하는 창고, 위험물 저장 및 처리 시설 중 위험물 제조소등, 지하구를 제외한 것(이하 "특급 소방안전관리대상물"이라 한다)

    가. 50층 이상(지하층은 제외한다)이거나 지상으로부터 높이가 200미터 이상인 아파트

    나. 30층 이상(지하층을 포함한다)이거나 지상으로부터 높이가 120미터 이상인 특정소방대상물(아파트는 제외한다)

    다. 나목에 해당하지 아니하는 특정소방대상물로서 연면적이 20만제곱미터 이상인 특정소방대상물(아파트는 제외한다)

암기방법 50, 200 아, 3, 120, 20 중요도 ★★★★★

(아주 중요)

2. 1급 소방안전관리대상물

    가. 30층 이상(지하층은 제외한다)이거나 지상으로부터 높이가 120미터 이상인 아파트

    나. 연면적 1만5천제곱미터 이상인 특정소방대상물(아파트는 제외한다)

    다. 나목에 해당하지 아니하는 특정소방대상물로서 층수가 11층 이상인 특정소방대상물(아파트는 제외한다)

    라. 가연성 가스를 1천톤 이상 저장·취급하는 시설

3. 2급 소방안전관리대상물

    가. 별표 5 제1호다목부터 바목까지의 규정에 해당하는 특정소방대상물[호스릴(Hose Reel) 방식의 물분무등소화설비만을 설치한 경우는 제외한다]

나. 삭제 〈2017.1.26.〉
다. 가스 제조설비를 갖추고 도시가스사업의 허가를 받아야 하는 시설 또는 가연성 가스를 100톤 이상 1천톤 미만 저장·취급하는 시설
라. 지하구
마. 「공동주택관리법 시행령」 제2조 각 호의 어느 하나에 해당하는 공동주택
바. 「문화재보호법」 제23조에 따라 보물 또는 국보로 지정된 목조건축물
4. 별표 2의 특정소방대상물 중 이 항 제1호부터 제3호까지에 해당하지 아니하는 특정소방대상물로서 별표 5 제2호라목에 해당하는 특정소방대상물(이하 "3급 소방안전관리대상물"이라 한다)

② 제1항에도 불구하고 건축물대장의 건축물현황도에 표시된 대지경계선 안의 지역 또는 인접한 2개 이상의 대지에 제1항에 따라 소방안전관리자를 두어야 하는 특정소방대상물이 둘 이상 있고, 그 관리에 관한 권원(權原)을 가진 자가 동일인인 경우에는 이를 하나의 특정소방대상물로 보되, 그 특정소방대상물이 제1항제1호부터 제4호까지의 규정 중 둘 이상에 해당하는 경우에는 그 중에서 급수가 높은 특정소방대상물로 본다. 〈개정 2017.1.26.〉[전문개정 2012.9.14.]

Question 34 특급 소방안전관리대상물의 소방안전관리자의 자격

제23조(소방안전관리자 및 소방안전관리보조자의 선임대상자)
① 특급 소방안전관리대상물의 관계인은 다음 각 호의 어느 하나에 해당하는 사람 중에서 소방안전관리자를 선임해야 한다. 〈개정 2014. 11. 19., 2015. 1. 6., 2017. 1. 26., 2017. 7. 26., 2018. 6. 26., 2020. 9. 15.〉
1. 소방기술사 또는 소방시설관리사의 자격이 있는 사람
2. 소방설비기사의 자격을 취득한 후 5년 이상 1급 소방안전관리대상물의 소방안전관리자로 근무한 실무경력(법 제20조제3항에 따라 소방안전관리자로 선임되어 근무한 경력은 제외한다. 이하 이 조에서 같다)이 있는 사람
3. 소방설비산업기사의 자격을 취득한 후 7년 이상 1급 소방안전관리대상물의 소방안전관리자로 근무한 실무경력이 있는 사람
4. 소방공무원으로 20년 이상 근무한 경력이 있는 사람
5. 소방청장이 실시하는 특급 소방안전관리대상물의 소방안전관리에 관한 시험에 합격한 사람. 이 경우 해당 시험은 다음 각 목의 어느 하나에 해당하는 사람만 응시

할 수 있다.
- 가. 1급 소방안전관리대상물의 소방안전관리자로 5년(소방설비기사의 경우 2년, 소방설비산업기사의 경우 3년) 이상 근무한 실무경력이 있는 사람
- 나. 1급 소방안전관리대상물의 소방안전관리자로 선임될 수 있는 자격이 있는 사람으로서 특급 또는 1급 소방안전관리대상물의 소방안전관리보조자로 7년 이상 근무한 실무경력이 있는 사람
- 다. 소방공무원으로 10년 이상 근무한 경력이 있는 사람
- 라. 「고등교육법」 제2조제1호부터 제6호까지의 어느 하나에 해당하는 학교(이하 "대학"이라 한다)에서 소방안전관리학과(소방청장이 정하여 고시하는 학과를 말한다. 이하 같다)를 전공하고 졸업한 사람(법령에 따라 이와 같은 수준의 학력이 있다고 인정되는 사람을 포함한다)으로서 해당 학과를 졸업한 후 2년 이상 1급 소방안전관리대상물의 소방안전관리자로 근무한 실무경력이 있는 사람
- 마. 다음 1)부터 3)까지의 어느 하나에 해당하는 사람으로서 해당 요건을 갖춘 후 3년 이상 1급 소방안전관리대상물의 소방안전관리자로 근무한 실무경력이 있는 사람
    1) 대학에서 소방안전 관련 교과목(소방청장이 정하여 고시하는 교과목을 말한다. 이하 같다)을 12학점 이상 이수하고 졸업한 사람
    2) 법령에 따라 1)에 해당하는 사람과 같은 수준의 학력이 있다고 인정되는 사람으로서 해당 학력 취득 과정에서 소방안전 관련 교과목을 12학점 이상 이수한 사람
    3) 대학에서 소방안전 관련 학과(소방청장이 정하여 고시하는 학과를 말한다. 이하 같다)를 전공하고 졸업한 사람(법령에 따라 이와 같은 수준의 학력이 있다고 인정되는 사람을 포함한다)
- 바. 소방행정학(소방학 및 소방방재학을 포함한다) 또는 소방안전공학(소방방재공학 및 안전공학을 포함한다) 분야에서 석사학위 이상을 취득한 후 2년 이상 1급 소방안전관리대상물의 소방안전관리자로 근무한 실무경력이 있는 사람
- 사. 특급 소방안전관리대상물의 소방안전관리보조자로 10년 이상 근무한 실무경력이 있는 사람
- 아. 법 제41조제1항제3호 및 이 영 제38조에 따라 특급 소방안전관리대상물의 소방안전관리에 대한 강습교육을 수료한 사람
- 자. 「초고층 및 지하연계 복합건축물 재난관리에 관한 특별법」 제12조제1항 본문에 따라 총괄재난관리자로 지정되어 1년 이상 근무한 경력이 있는 사람

6. 삭제 〈2017. 1. 26.〉

Question 35. 소방안전관리자의 업무

법 제20조 ⑥항

⑥ 특정소방대상물(소방안전관리대상물은 제외한다)의 관계인과 소방안전관리대상물의 소방안전관리자의 업무는 다음 각 호와 같다. 다만, 제1호·제2호 및 제4호의 업무는 소방안전관리대상물의 경우에만 해당한다. 〈개정 2014.1.7., 2014.12.30.〉

1. 제21조의2에 따른 피난계획에 관한 사항과 대통령령으로 정하는 사항이 포함된 소방계획서의 작성 및 시행
2. 자위소방대(自衛消防隊) 및 초기대응체계의 구성·운영·교육
3. 제10조에 따른 피난시설, 방화구획 및 방화시설의 유지·관리
4. 제22조에 따른 소방훈련 및 교육
5. 소방시설이나 그 밖의 소방 관련 시설의 유지·관리
6. 화기(火氣) 취급의 감독
7. 그 밖에 소방안전관리에 필요한 업무

암기방법 계자유훈유화   중요도 ★★★★★

Question 36. 소방계획서 작성시 포함사항

제24조(소방안전관리대상물의 소방계획서 작성 등)

1. 소방안전관리대상물의 위치·구조·연면적·용도 및 수용인원 등 일반 현황
2. 소방안전관리대상물에 설치한 소방시설·방화시설(防火施設), 전기시설·가스시설 및 위험물시설의 현황
3. 화재 예방을 위한 자체점검계획 및 진압대책
4. 소방시설·피난시설 및 방화시설의 점검·정비계획
5. 피난층 및 피난시설의 위치와 피난경로의 설정, 장애인 및 노약자의 피난계획 등을 포함한 피난계획
6. 방화구획, 제연구획, 건축물의 내부 마감재료(불연재료·준불연재료 또는 난연재료로 사용된 것을 말한다) 및 방염물품의 사용현황과 그 밖의 방화구조 및 설비의 유지·관리계획
7. 법 제22조에 따른 소방훈련 및 교육에 관한 계획

8. 법 제22조를 적용받는 특정소방대상물의 근무자 및 거주자의 자위소방대 조직과 대원의 임무(장애인 및 노약자의 피난 보조 임무를 포함한다)에 관한 사항
9. 증축·개축·재축·이전·대수선 중인 특정소방대상물의 공사장 소방안전관리에 관한 사항
10. 공동 및 분임 소방안전관리에 관한 사항
11. 소화와 연소 방지에 관한 사항
12. 위험물의 저장·취급에 관한 사항(「위험물안전관리법」제17조에 따라 예방규정을 정하는 제조소등은 제외한다)
13. 그 밖에 소방안전관리를 위하여 소방본부장 또는 소방서장이 소방안전관리대상물의 위치·구조·설비 또는 관리 상황 등을 고려하여 소방안전관리에 필요하여 요청하는 사항

Question 37 소방안전관리보조자를 두어야 하는 특정소방대상물(시행령 22조의 2)

시행령 제22조의2(소방안전관리보조자를 두어야 하는 특정소방대상물)
① 법 제20조제2항에 따라 소방안전관리보조자를 선임하여야 하는 특정소방대상물은 제22조에 따라 소방안전관리자를 두어야 하는 특정소방대상물 중 다음 각 호의 어느 하나에 해당하는 특정소방대상물(이하 "보조자선임대상 특정소방대상물"이라 한다)로 한다. 다만, 제3호에 해당하는 특정소방대상물로서 해당 특정소방대상물이 소재하는 지역을 관할하는 소방서장이 야간이나 휴일에 해당 특정소방대상물이 이용되지 아니한다는 것을 확인한 경우에는 소방안전관리보조자를 선임하지 아니할 수 있다. 〈개정 2015.6.30.〉
1. 「건축법 시행령」 별표 1 제2호가목에 따른 아파트(300세대 이상인 아파트만 해당한다)
2. 제1호에 따른 아파트를 제외한 연면적이 1만5천제곱미터 이상인 특정소방대상물
3. 제1호 및 제2호에 따른 특정소방대상물을 제외한 특정소방대상물 중 다음 각 목의 어느 하나에 해당하는 특정소방대상물
   가. 공동주택 중 기숙사
   나. 의료시설
   다. 노유자시설
   라. 수련시설

마. 숙박시설(숙박시설로 사용되는 바닥면적의 합계가 1천500제곱미터 미만이고 관계인이 24시간 상시 근무하고 있는 숙박시설은 제외한다)

② 보조자선임대상 특정소방대상물의 관계인이 선임하여야 하는 소방안전관리보조자의 최소 선임기준은 다음 각 호와 같다. 〈개정 2015. 6. 30., 2020. 9. 15.〉

1. 제1항제1호의 경우 : 1명. 다만, 초과되는 300세대마다 1명 이상을 추가로 선임하여야 한다.
2. 제1항제2호의 경우 : 1명. 다만, 초과되는 연면적 1만5천제곱미터(특정소방대상물의 방재실에 자위소방대가 24시간 상시 근무하고「소방장비관리법 시행령」별표 1 제1호가목에 따른 소방자동차 중 소방펌프차, 소방물탱크차, 소방화학차 또는 무인방수차를 운용하는 경우에는 3만제곱미터로 한다)마다 1명 이상을 추가로 선임해야 한다.
3. 제1항제3호의 경우 : 1명

[본조신설 2015. 1. 6.]

Question 38. 소방안전 특별관리시설물의 안전관리

제20조의2(소방안전 특별관리시설물의 안전관리)
① 소방청장은 화재 등 재난이 발생할 경우 사회·경제적으로 피해가 큰 다음 각 호의 시설(이하 이 조에서 "소방안전 특별관리시설물"이라 한다)에 대하여 소방안전 특별관리를 하여야 한다. 〈개정 2017. 7. 26., 2017. 12. 26., 2018. 3. 2., 2019. 11. 26.〉

1. 「공항시설법」제2조제7호의 공항시설
2. 「철도산업발전기본법」제3조제2호의 철도시설
3. 「도시철도법」제2조제3호의 도시철도시설
4. 「항만법」제2조제5호의 항만시설
5. 「문화재보호법」제2조제3항의 지정문화재인 시설(시설이 아닌 지정문화재를 보호하거나 소장하고 있는 시설을 포함한다)
6. 「산업기술단지 지원에 관한 특례법」제2조제1호의 산업기술단지
7. 「산업입지 및 개발에 관한 법률」제2조제8호의 산업단지
8. 「초고층 및 지하연계 복합건축물 재난관리에 관한 특별법」제2조제1호 및 제2호의 초고층 건축물 및 지하연계 복합건축물
9. 「영화 및 비디오물의 진흥에 관한 법률」제2조제10호의 영화상영관 중 수용인원

    1,000명 이상인 영화상영관
10. 전력용 및 통신용 지하구
11. 「한국석유공사법」 제10조제1항제3호의 석유비축시설
12. 「한국가스공사법」 제11조제1항제2호의 천연가스 인수기지 및 공급망
13. 「전통시장 및 상점가 육성을 위한 특별법」 제2조제1호의 전통시장으로서 대통령령으로 정하는 전통시장
14. 그 밖에 대통령령으로 정하는 시설물

② 소방청장은 제1항에 따른 특별관리를 체계적이고 효율적으로 하기 위하여 시·도지사와 협의하여 소방안전 특별관리기본계획을 수립하여 시행하여야 한다.
③ 시·도지사는 제2항에 따른 소방안전 특별관리기본계획에 저촉되지 아니하는 범위에서 관할 구역에 있는 소방안전 특별관리시설물의 안전관리에 적합한 소방안전 특별관리시행계획을 수립하여 시행하여야 한다.
④ 그 밖에 제2항 및 제3항에 따른 소방안전 특별관리기본계획 및 소방안전 특별관리시행계획의 수립·시행에 필요한 사항은 대통령령으로 정한다.
[본조신설 2015. 7. 24.]

3. 화재예방, 소방시설 설치·유지 및 안전관리에 관한 법률 시행규칙

Question 39 지체점검의 구분, 대상, 점검인원, 자격, 방법 등(별표 1)

필수사항 (최근 개정으로 매우 중요. 반드시 암기)
(공공기관의 자체점검도 통합됨) 중요도 ★★★★★

[별표 1] 〈개정 2021. 7. 13.〉
소방시설등의 자체점검의 구분과 그 대상, 점검자의 자격, 점검 방법·횟수 및 시기
(제18조제1항 관련)
1. 소방시설등에 대한 자체점검은 다음 각 목과 같이 구분한다.
    가. 작동기능점검 : 소방시설등을 인위적으로 조작하여 정상적으로 작동하는지를 점검하는 것
    나. 종합정밀점검 : 소방시설등의 작동기능점검을 포함하여 소방시설등의 설비

별 주요 구성 부품의 구조기준이 법 제9조제1항에 따라 소방청장이 정하여 고시하는 화재안전기준 및 「건축법」 등 관련 법령에서 정하는 기준에 적합한지 여부를 점검하는 것을 말한다.

2. 작동기능점검은 다음의 구분에 따라 실시한다.
   가. 작동기능점검은 영 제5조에 따른 특정소방대상물을 대상으로 한다. 다만, 다음의 어느 하나에 해당하는 특정소방대상물은 제외한다.
      1) 위험물 제조소등과 영 별표 5에 따라 소화기구만을 설치하는 특정소방대상물
      2) 영 제22조제1항제1호에 해당하는 특정소방대상물

   참고 > 영 제22조 제1항 제1호
   1. 별표 2의 특정소방대상물 중 다음 각 목의 어느 하나에 해당하는 것으로서 동·식물원, 철강 등 불연성 물품을 저장·취급하는 창고, 위험물 저장 및 처리 시설 중 위험물 제조소등, 지하구를 제외한 것(이하 "특급 소방안전관리대상물"이라 한다)
      가. 50층 이상(지하층은 제외한다)이거나 지상으로부터 높이가 200미터 이상인 아파트
      나. 30층 이상(지하층을 포함한다)이거나 지상으로부터 높이가 120미터 이상인 특정소방대상물(아파트는 제외한다)
      다. 나목에 해당하지 아니하는 특정소방대상물로서 연면적이 20만제곱미터 이상인 특정소방대상물(아파트는 제외한다)

   암기방법 모두, 위소특 제외 중요도 ★★★

   나. 작동기능점검은 해당 특정소방대상물의 관계인·소방안전관리자 또는 소방시설관리업자(소방시설관리사를 포함하여 등록된 기술인력을 말한다)가 점검할 수 있다. 이 경우 소방시설관리업자 또는 소방안전관리자로 선임된 소방시설관리사 및 소방기술사가 점검하는 경우에는 별표 2에 따른 점검인력 배치기준을 따라야 한다.
   다. 작동기능점검은 별표 2의2에 따른 점검 장비를 이용하여 점검할 수 있다.
   라. 작동기능점검은 연 1회 이상 실시한다.
   마. 작동기능점검의 점검시기는 다음과 같다.
      1) 제3호가목에 따른 종합정밀점검대상 : 종합정밀점검을 받은 달부터 6개월이 되는 달에 실시한다.
      2) 제19조제1항에 따라 작동기능점검 결과를 보고하여야 하는 대상 [1)에 해당하는 경우는 제외한다]
         가) 건축물의 사용승인일(건축물의 경우에는 건축물관리대장 또는 건물

등기사항증명서에 기재되어 있는 날, 시설물의 경우에는 「시설물의 안전 및 유지관리에 관한 특별법」 제55조제1항에 따른 시설물통합정보관리체계에 저장·관리되고 있는 날을 말하며, 건축물관리대장, 건물등기사항증명서 및 시설물통합정보관리체계를 통해 확인되지 않는 경우에는 소방시설완공검사증명서에 기재된 날을 말한다. 이하 이 표에서 같다)이 속하는 달의 말일까지 실시한다.

　　나) 신규로 건축물의 사용승인을 받은 건축물은 그 다음 해(건축물이 아닌 경우에는 그 특정소방대상물을 이용 또는 사용하기 시작한 해의 다음 해를 말한다. 이하 이 표에서 같다)부터 실시하되, 소방시설완공검사증명서를 받은 후 1년이 경과한 후에 사용승인을 받은 경우에는 사용승인을 받은 그 해부터 실시한다. 다만, 그 해의 작동기능점검은 가)에도 불구하고 사용승인일부터 3개월 이내에 실시할 수 있다.

　3) 그 밖의 점검대상 : 연중 실시한다.

3. 종합정밀점검은 다음의 구분에 따라 실시한다.
　가. 종합정밀점검은 다음의 어느 하나에 해당하는 특정소방대상물을 대상으로 한다.
　　1) 스프링클러설비가 설치된 특정소방대상물
　　2) 물분무등소화설비[호스릴(Hose Reel) 방식의 물분무등소화설비만을 설치한 경우는 제외한다]가 설치된 연면적 5,000m² 이상인 특정소방대상물(위험물 제조소등은 제외한다)
　　3) 「다중이용업소의 안전관리에 관한 특별법 시행령」 제2조제1호나목, 같은 조 제2호(비디오물소극장업은 제외한다)·제6호·제7호·제7호의2 및 제7호의5의 다중이용업의 영업장이 설치된 특정소방대상물로서 연면적이 2,000m² 이상인 것
　　4) 제연설비가 설치된 터널
　　5) 「공공기관의 소방안전관리에 관한 규정」 제2조에 따른 공공기관 중 연면적(터널·지하구의 경우 그 길이와 평균폭을 곱하여 계산된 값을 말한다)이 1,000m² 이상인 것으로서 옥내소화전설비 또는 자동화재탐지설비가 설치된 것. 다만, 「소방기본법」 제2조제5호에 따른 소방대가 근무하는 공공기관은 제외한다.

암기방법 스, 물등5천, 다2천, 제터, 공천　　중요도 ★★★★★
(가장 중요)

나. 종합정밀점검은 소방시설관리업자 또는 소방안전관리자로 선임된 소방시설 관리사 및 소방기술사가 실시할 수 있다. 이 경우 별표 2에 따른 점검인력 배치 기준을 따라야 한다.

다. 종합정밀점검은 별표 2의2에 따른 점검 장비를 이용하여 점검하여야 한다.

라. 종합정밀점검의 점검횟수는 다음과 같다.

1) 연 1회 이상(영 제22조제1항제1호에 해당하는 특정소방대상물의 경우에는 반기에 1회 이상) 실시한다.

2) 1)에도 불구하고 소방본부장 또는 소방서장은 소방청장이 소방안전관리가 우수하다고 인정한 특정소방대상물에 대해서는 3년의 범위에서 소방청장이 고시하거나 정한 기간 동안 종합정밀점검을 면제할 수 있다. 다만, 면제기간 중 화재가 발생한 경우는 제외한다.

마. 종합정밀점검의 점검시기는 다음 기준에 의한다.

1) 건축물의 사용승인일이 속하는 달에 실시한다. 다만, 「공공기관의 안전관리에 관한 규정」 제2조제2호 또는 제5호에 따른 학교의 경우에는 해당 건축물의 사용승인일이 1월에서 6월 사이에 있는 경우에는 6월 30일까지 실시할 수 있다.

2) 1)에도 불구하고 신규로 건축물의 사용승인을 받은 건축물은 그 다음 해부터 실시하되, 건축물의 사용승인일이 속하는 달의 말일까지 실시한다. 다만, 소방시설완공검사증명서를 받은 후 1년이 경과한 이후에 사용승인을 받은 경우에는 사용승인을 받은 그 해부터 실시하되, 그 해의 종합정밀점검은 사용승인일부터 3개월 이내에 실시할 수 있다.

3) 건축물 사용승인일 이후 제3호가목3)에 해당하게 된 때에는 그 다음 해부터 실시한다.

4) 하나의 대지경계선 안에 2개 이상의 점검 대상 건축물이 있는 경우에는 그 건축물 중 사용승인일이 가장 빠른 건축물의 사용승인일을 기준으로 점검할 수 있다.

4. 제1호에도 불구하고 「공공기관의 소방안전관리에 관한 규정」 제2조에 따른 공공기관의 장(이하 "기관장"이라 한다)은 공공기관에 설치된 소방시설등의 유지·관리상태를 맨눈 또는 신체감각을 이용하여 점검하는 외관점검을 월 1회 이상 실시(작동기능점검 또는 종합정밀점검을 실시한 달에는 실시하지 않을 수 있다)하고, 그 점검결과를 2년간 자체 보관하여야 한다. 이 경우 외관점검의 점검자는 해당 특정소방대상물의 관계인, 소방안전관리자 또는 소방시설관리업자(소방시설관

리사를 포함하여 등록된 기술인력을 말한다)로 하여야 한다.

5. 제1호 및 제4호에도 불구하고 기관장은 해당 공공기관의 전기시설물 및 가스시설에 대하여 다음 각 목의 구분에 따른 점검 또는 검사를 받아야 한다.
   가. 전기시설물의 경우 : 「전기사업법」 제63조에 따른 사용전검사, 같은 법 제65조에 따른 정기검사 및 같은 법 제66조에 따른 일반용전기설비의 점검
   나. 가스시설의 경우 : 「도시가스사업법」 제17조에 따른 검사, 「고압가스 안전관리법」 제16조의2 및 제20조제4항에 따른 검사 또는 「액화석유가스의 안전관리 및 사업법」 제37조 및 제44조제2항·제4항에 따른 검사

Question 40 점검인력 배치에 관한 배치기준(별표 2)

[별표 2] 〈개정 2018.9.5.〉
소방시설등의 자체점검 시 점검인력 배치기준(제18조제1항 관련)

1. 소방시설관리업자가 점검하는 경우에는 소방시설관리사 1명과 영 별표 9 제2호에 따른 보조 기술인력(이하 "보조인력"이라 한다) 2명을 점검인력 1단위로 하되, 점검인력 1단위에 2명(같은 건축물을 점검할 때에는 4명) 이내의 보조인력을 추가할 수 있다. 다만, 제26조의2제2호에 따른 작동기능점검(이하 "소규모점검"이라 한다)의 경우에는 보조인력 1명을 점검인력 1단위로 한다.

1의2. 소방안전관리자로 선임된 소방시설관리사 및 소방기술사가 점검하는 경우에는 소방시설관리사 또는 소방기술사 중 1명과 보조인력 2명을 점검인력 1단위로 하되, 점검인력 1단위에 4명 이내의 보조인력을 추가할 수 있다. 다만, 보조인력은 해당 특정소방대상물의 관계인 또는 소방안전관리보조자로 할 수 있으며, 소규모점검의 경우에는 보조인력 1명을 점검인력 1단위로 한다.

2. 점검인력 1단위가 하루 동안 점검할 수 있는 특정소방대상물의 연면적(이하 "점검한도 면적"이라 한다)은 다음 각 목과 같다.
   가. 종합정밀점검 : 10,000m^2
   나. 작동기능점검 : 12,000m^2(소규모점검의 경우에는 3,500m^2)

3. 점검인력 1단위에 보조인력을 1명씩 추가할 때마다 종합정밀점검의 경우에는 3,000m^2, 작동기능점검의 경우에는 3,500m^2씩을 점검한도 면적에 더한다.

4. 소방시설관리업자 또는 소방안전관리자로 선임된 소방시설관리사 및 소방기술

사가 하루 동안 점검한 면적은 실제 점검면적(지하구는 그 길이에 폭의 길이 1.8m를 곱하여 계산된 값을 말하며, 터널은 3차로 이하인 경우에는 그 길이에 폭의 길이 3.5m를 곱하고, 4차로 이상인 경우에는 그 길이에 폭의 길이 7m를 곱한 값을 말한다. 다만, 한쪽 측벽에 소방시설이 설치된 4차로 이상인 터널의 경우는 그 길이와 폭의 길이 3.5m를 곱한 값을 말한다. 이하 같다)에 다음 각 목의 기준을 적용하여 계산한 면적(이하 "점검면적"이라 한다)으로 하되, 점검면적은 점검한도 면적을 초과하여서는 아니 된다.

가. 실제 점검면적에 다음의 가감계수를 곱한다.

구분	대상용도	가감계수
1류	노유자시설, 숙박시설, 위락시설, 의료시설(정신보건의료기관), 수련시설, 복합건축물(1류에 속하는 시설이 있는 경우)	1.2
2류	문화 및 집회시설, 종교시설, 의료시설(정신보건시설 제외), 교정 및 군사시설(군사시설 제외), 지하가, 복합건축물(1류에 속하는 시설이 있는 경우 제외), 발전시설, 판매시설	1.1
3류	근린생활시설, 운동시설, 업무시설, 방송통신시설, 운수시설	1.0
4류	공장, 위험물 저장 및 처리시설, 창고시설	0.9
5류	공동주택(아파트 제외), 교육연구시설, 항공기 및 자동차 관련 시설, 동물 및 식물 관련 시설, 분뇨 및 쓰레기 처리시설, 군사시설, 묘지 관련 시설, 관광휴게시설, 장례식장, 지하구, 문화재	0.8

나. 점검한 특정소방대상물이 다음의 어느 하나에 해당할 때에는 다음에 따라 계산된 값을 가목에 따라 계산된 값에서 뺀다.
  1) 영 별표 5 제1호라목에 따라 스프링클러설비가 설치되지 않은 경우 : 가목에 따라 계산된 값에 0.1을 곱한 값
  2) 영 별표 5 제1호바목에 따라 물분무등소화설비가 설치되지 않은 경우 : 가목에 따라 계산된 값에 0.15를 곱한 값
  3) 영 별표 5 제5호가목에 따라 제연설비가 설치되지 않은 경우 : 가목에 따라 계산된 값에 0.1을 곱한 값

다. 2개 이상의 특정소방대상물을 하루에 점검하는 경우에는 나중에 점검하는 특정소방대상물에 대하여 특정소방대상물 간의 최단 주행거리 5km마다 나목에 따라 계산된 값(나목에 따라 계산된 값이 없을 때에는 가목에 따라 계산된 값을 말한다)에 0.02를 곱한 값을 더한다.

5. 제2호부터 제4호까지의 규정에도 불구하고 아파트(공용시설, 부대시설 또는 복리시설은 포함하고, 아파트가 포함된 복합건축물의 아파트 외의 부분은 제외한다. 이하 이 표에서 같다)를 점검할 때에는 다음 각 목의 기준에 따른다.

가. 점검인력 1단위가 하루 동안 점검할 수 있는 아파트의 세대수(이하 "점검한도

세대수"라 한다)는 다음과 같다.
　　1) 종합정밀점검 : 300세대
　　2) 작동기능점검 : 350세대(소규모점검의 경우에는 90세대)
나. 점검인력 1단위에 보조인력을 1명씩 추가할 때마다 종합정밀점검의 경우에는 70세대, 작동기능점검의 경우에는 90세대씩을 점검한도 세대수에 더한다.
다. 소방시설관리업자 또는 소방안전관리자로 선임된 소방시설관리사 및 소방기술사가 하루 동안 점검한 세대수는 실제 점검 세대수에 다음의 기준을 적용하여 계산한 세대수(이하 "점검세대수"라 한다)로 하되, 점검세대수는 점검한도 세대수를 초과하여서는 아니 된다.
　　1) 점검한 아파트가 다음의 어느 하나에 해당할 때에는 다음에 따라 계산된 값을 실제 점검 세대수에서 뺀다.
　　　(가) 영 별표 5 제1호라목에 따라 스프링클러설비가 설치되지 않은 경우 : 실제 점검 세대수에 0.1을 곱한 값
　　　(나) 영 별표 5 제1호바목에 따라 물분무등소화설비가 설치되지 않은 경우 : 실제 점검 세대수에 0.15를 곱한 값
　　　(다) 영 별표 5 제5호가목에 따라 제연설비가 설치되지 않은 경우 : 실제 점검 세대수에 0.1을 곱한 값
　　2) 2개 이상의 아파트를 하루에 점검하는 경우에는 나중에 점검하는 아파트에 대하여 아파트 간의 최단 주행거리 5km마다 1)에 따라 계산된 값(1)에 따라 계산된 값이 없을 때에는 실제 점검 세대수를 말한다)에 0.02를 곱한 값을 더한다.
6. 아파트와 아파트 외 용도의 건축물을 하루에 점검할 때에는 종합정밀점검의 경우 제5호에 따라 계산된 값에 33.3, 작동기능점검의 경우 제5호에 따라 계산된 값에 34.3(소규모점검의 경우에는 38.9)을 곱한 값을 점검면적으로 보고 제2호 및 제3호를 적용한다.
7. 종합정밀점검과 작동기능점검을 하루에 점검하는 경우에는 작동기능점검의 점검면적 또는 점검세대수에 0.8을 곱한 값을 종합정밀점검 점검면적 또는 점검세대수로 본다.
8. 제3호부터 제7호까지의 규정에 따라 계산된 값은 소수점 이하 둘째 자리에서 반올림한다.

필수사항 (기본적인 내용 정리 암기 필요)　　　중요도
　　　　　(공공기관도 통합되어 동일기준으로 적용)

Question 41 점검능력 평가 항목

제26조의4(점검능력의 평가) ① 법 제33조의2에 따른 점검능력 평가 항목은 다음과 같다. 〈개정 2013.4.16〉

1. 대행실적(법 제20조제3항에 따라 소방안전관리 업무를 대행하여 수행한 실적을 말한다)
2. 점검실적(법 제25조제1항에 따른 소방시설등에 대한 점검실적을 말한다). (이 경우 점검실적은 제18조제1항 및 별표 2에 따른 점검인력 배치기준에 적합한 것으로 확인된 경우만 인정한다.)
3. 기술력
4. 경력
5. 신인도

Question 42 소방시설별 점검장비

화재예방, 소방시설 설치·유지 및 안전관리에 관한 법률 시행규칙 [별표 2의2] 〈개정 2021. 7. 13.〉

소방시설별 점검 장비(제18조제2항 관련)

소방시설	장비	규격
공통시설	방수압력측정계, 절연저항계(절연저항측정기), 전류전압측정계	
소화기구	저울	
옥내소화전설비 옥외소화전설비	소화전밸브압력계	
스프링클러설비 포소화설비	헤드결합렌치	
이산화탄소소화설비 분말소화설비 할론소화설비 할로겐화합물 및 불활성기체(다른 원소와 화학 반응을 일으키기 어려운 기체) 소화설비	검량계, 기동관누설시험기, 그 밖에 소화약제의 저장량을 측정할 수 있는 점검기구	

소방시설	장비	규격
자동화재탐지설비 시각경보기	열감지기시험기, 연(煙)감지기시험기, 공기주입시험기, 감지기시험기연결폴대, 음량계	
누전경보기	누전계	누전전류 측정용
무선통신보조설비	무선기	통화시험용
제연설비	풍속풍압계, 폐쇄력측정기, 차압계(압력차 측정기)	
통로유도등 비상조명등	조도계	최소눈금이 0.1럭스 이하인 것

비고 : 종합정밀점검의 경우에는 위 점검 장비를 사용하여야 하며, 작동기능점검의 경우에는 점검 장비를 사용하지 않을 수 있다.

Question 43. 연소우려가 있는 건축물의 구조

제7조(연소 우려가 있는 건축물의 구조) 영 별표 5 제1호사목1) 후단에서 "행정안전부령으로 정하는 연소(延燒) 우려가 있는 구조"란 다음 각 호의 기준에 모두 해당하는 구조를 말한다. 〈개정 2014. 7. 8., 2014. 11. 19., 2017. 7. 26.〉

1. 건축물대장의 건축물 현황도에 표시된 대지경계선 안에 둘 이상의 건축물이 있는 경우
2. 각각의 건축물이 다른 건축물의 외벽으로부터 수평거리가 1층의 경우에는 6미터 이하, 2층 이상의 층의 경우에는 10미터 이하인 경우
3. 개구부(영 제2조제1호에 따른 개구부를 말한다)가 다른 건축물을 향하여 설치되어 있는 경우

참고 연소할 우려가 있는 구조일 경우 : 유지관리법, 옥외소화전 설치대상 판단에 있어 하나의 건물로 본다.
연소할 우려가 있는 부분 : 건축법, 방화구조, 방화문 등 방화조치
연소할 우려가 있는 개구부 : 화재안전기준, 개방형헤드, 드렌쳐설비

암기방법 둘 6, 10, 개   중요도 ★★★
(3가지 비교 정리 필요함)

Question 44 점검결과 보고서의 제출(시행규칙 19조)

제19조(점검결과보고서의 제출)
① 법 제20조제2항 전단에 따른 소방안전관리대상물의 관계인 및 「공공기관의 소방안전관리에 관한 규정」 제5조에 따라 소방안전관리자를 선임해야 하는 공공기관의 장은 별표 1에 따른 작동기능점검 또는 종합정밀점검을 실시한 경우 법 제25조제2항에 따라 7일 이내에 별지 제21호서식의 소방시설등 자체점검 실시결과 보고서를 소방본부장 또는 소방서장에게 제출해야 한다. 이 경우 소방청장이 지정하는 전산망을 통하여 그 점검결과보고서를 제출할 수 있다. 〈개정 2014. 11. 19., 2015. 1. 9., 2017. 2. 10., 2017. 7. 26., 2019. 8. 13., 2021. 3. 25.〉
② 삭제 〈2021. 3. 25.〉
③ 법 제20조제2항 전단에 따른 소방안전관리대상물의 관계인 및 「공공기관의 소방안전관리에 관한 규정」 제5조에 따라 소방안전관리자를 선임해야 하는 공공기관의 기관장은 법 제25조제3항에 따라 별표 1에 따른 작동기능점검 또는 종합정밀점검을 실시한 경우 그 점검결과를 2년간 자체 보관해야 한다. 〈개정 2017. 2. 10., 2021. 3. 25.〉

Question 45 성능위주설계대상 특정소방대상물 범위

제15조의3(성능위주설계를 해야 하는 특정소방대상물의 범위) 법 제9조의3제1항에서 "대통령령으로 정하는 특정소방대상물"이란 다음 각 호의 어느 하나에 해당하는 특정소방대상물(신축하는 것만 해당한다)을 말한다. 〈개정 2021. 8. 24.〉
1. 연면적 20만제곱미터 이상인 특정소방대상물. 다만, 별표 2 제1호에 따른 공동주택 중 주택으로 쓰이는 층수가 5층 이상인 주택(이하 이 조에서 "아파트등"이라 한다)은 제외한다.
2. 다음 각 목의 특정소방대상물
   가. 50층 이상(지하층은 제외한다)이거나 지상으로부터 높이가 200미터 이상인 아파트등
   나. 30층 이상(지하층을 포함한다)이거나 지상으로부터 높이가 120미터 이상인 특정소방대상물(아파트등은 제외한다)

3. 연면적 3만제곱미터 이상인 특정소방대상물로서 다음 각 목의 어느 하나에 해당하는 특정소방대상물
   가. 별표 2 제6호나목의 철도 및 도시철도 시설
   나. 별표 2 제6호다목의 공항시설
4. 하나의 건축물에 「영화 및 비디오물의 진흥에 관한 법률」 제2조제10호에 따른 영화상영관이 10개 이상인 특정소방대상물
5. 「초고층 및 지하연계 복합건축물 재난관리에 관한 특별법」 제2조제2호에 따른 지하연계 복합건축물에 해당하는 특정소방대상물

[본조신설 2015. 6. 30.]
[제목개정 2021. 8. 24.]
[종전 제15조의3은 제15조의4로 이동 〈2015. 6. 30.〉]

암기방법 20, 50 200 아, 30 120, 3철공, 하영10, 지복   중요도 ★★★★★
(최근 개정으로 아주 중요)

Question 46 성능위주설계의 변경신고 대상(소방시설 등의 성능위주설계 방법 및 기준)
[시행 2017. 7. 26.] [소방청고시 제2017-1호, 2017. 7. 26., 타법개정]

제6조(성능위주설계의 변경신고 등) ① 성능위주설계자는 다음 각 호의 어느 하나에 해당하는 경우에는 별지 제3호서식의 성능위주설계 변경신고서에 제4조제1항 각 호의 서류(변경되는 부분만을 말한다)를 첨부하여 관할 소방서장에게 신고하여야 한다.
1. 연면적이 10% 이상 증가되는 경우
2. 연면적을 기준으로 10% 이상 용도변경이 되는 경우
3. 층수가 증가되는 경우
4. 「화재예방, 소방시설 설치·유지 및 안전관리에 관한 법률」과 「화재안전기준」을 적용하기 곤란한 특수공간으로 변경되는 경우
5. 「건축법」 제16조제1항에 따라 허가를 받았거나 신고한 사항을 변경하려는 경우
6. 제5호에 해당하지 않는 허가 또는 신고사항의 변경으로 종전의 성능위주설계 심의내용과 달라지는 경우

암기방법 10, 10 , 증 . 특. 허, 달   중요도 ★★★

Question 47. 내용연수 설정 대상 소방용품(유지관리법 시행령)

제15조의4(내용연수 설정 대상 소방용품) ① 법 제9조의5제1항 후단에 따라 내용연수를 설정하여야 하는 소방용품은 분말형태의 소화약제를 사용하는 소화기로 한다.
② 제1항에 따른 소방용품의 내용연수는 10년으로 한다.

03 공공기관의 소방안전관리에 관한 규정

※ 공공기관의 소방점검과 점검인력배치기준 이 유지관리법으로 통합됨.
   (유지관리법 시행령 별표 1, 별표 2)

Question 48 공공기관의 적용범위 (공공 제2조)

제2조(적용 범위) 이 영은 다음 각 호의 어느 하나에 해당하는 공공기관에 적용한다.
1. 국가 및 지방자치단체
2. 국공립학교
3. 「공공기관의 운영에 관한 법률」 제4조에 따른 공공기관
4. 「지방공기업법」 제49조에 따라 설립된 지방공사 또는 같은 법 제76조에 따라 설립된 지방공단
5. 「사립학교법」 제2조제1항에 따른 사립학교

[전문개정 2012.1.31.]

04 소방시설공사업법 · 시행령 · 시행규칙

Question 49 소방시설업의 종류 (법 제2조(정의))

1. "소방시설업"이란 다음 각 목의 영업을 말한다.
    가. 소방시설설계업 : 소방시설공사에 기본이 되는 공사계획, 설계도면, 설계 설명서, 기술계산서 및 이와 관련된 서류(이하 "설계도서"라 한다)를 작성(이하 "설계"라 한다)하는 영업
    나. 소방시설공사업 : 설계도서에 따라 소방시설을 신설, 증설, 개설, 이전 및 정비(이하 "시공"이라 한다)하는 영업
    다. 소방공사감리업 : 소방시설공사에 관한 발주자의 권한을 대행하여 소방시설공사가 설계도서와 관계 법령에 따라 적법하게 시공되는지를 확인하고, 품질·시공 관리에 대한 기술지도를 하는(이하 "감리"라 한다) 영업
    라. 방염처리업 : 방염대상물품을 방염처리하는 영업

Question 50 착공신고대상 소방시설공사

시행령 제4조(소방시설공사의 착공신고 대상)
1. 신설하는 공사 : 참고
2. 증설하는 공사 : 참고
3. 특정소방대상물에 설치된 소방시설등을 구성하는 다음 각 목의 어느 하나에 해당하는 것의 전부 또는 일부를 개설(改設), 이전(移轉) 또는 정비(整備)하는 공사. 다만, 고장 또는 파손 등으로 인하여 작동시킬 수 없는 소방시설을 긴급히 교체하거나 보수하여야 하는 경우에는 신고하지 않을 수 있다.
    가. 수신반(受信盤)
    나. 소화펌프

다. 동력(감시)제어반

암기방법 개설. 이전, 정비 , 수펌제   중요도 ★★★

Question 51 완공검사를 위한 현장확인 대상 특정소방대상물 (시행령 제5조)

1. 문화 및 집회시설, 종교시설, 판매시설, 노유자(老幼者)시설, 수련시설, 운동시설, 숙박시설, 창고시설, 지하상가 및 「다중이용업소의 안전관리에 관한 특별법」에 따른 다중이용업소
2. 다음 각 목의 어느 하나에 해당하는 설비가 설치되는 특정소방대상물
   가. 스프링클러설비등
   나. 물분무등소화설비(호스릴 방식의 소화설비는 제외한다)
3. 연면적 1만제곱미터 이상이거나 11층 이상인 특성소방대상물(아파트는 제외한다)
4. 가연성가스를 제조·저장 또는 취급하는 시설 중 지상에 노출된 가연성가스탱크의 저장용량 합계가 1천톤 이상인 시설

암기방법 문종판 노수운 숙창지다, 스등물등, 만 11, 가천   중요도 ★★★

Question 52 하자보수 대상 소방시설과 하자보수 보증기간 (시행령 제6조)

1. 피난기구, 유도등, 유도표지, 비상경보설비, 비상조명등, 비상방송설비 및 무선통신보조설비 : 2년
2. 자동식소화기, 옥내소화전설비, 스프링클러설비, 간이스프링클러설비, 물분무등소화설비, 옥외소화전설비, 자동화재탐지설비, 상수도소화용수설비 및 소화활동설비(무선통신보조설비는 제외한다) : 3년

Question 53. 소방기술용역의 대가 기준 산정방식 (시행규칙 제21조)

시행규칙 제21조(소방기술용역의 대가 기준 산정방식) 법 제25조에서 "행정안전부령으로 정하는 방식"이란 「엔지니어링산업 진흥법」 제31조제2항에 따라 산업통상자원부장관이 고시한 엔지니어링사업대가의 기준 중 다음 각 호에 따른 방식을 말한다. 〈개정 2013. 3. 23., 2014. 11. 19., 2017. 7. 26., 2021. 6. 10.〉
1. 소방시설설계의 대가 : 통신부문에 적용하는 공사비 요율에 따른 방식
2. 소방공사감리의 대가 : 실비정액 가산방식

05 다중이용업소 안전관리에 관한 특별법 · 시행령 · 시행규칙

★ 다중은 아주 중요하므로 반드시 정리하여 암기하여야 함 ★

1. 다중이용업소 안전관리에 관한 특별법

Question 54 용어 정의 (특별법 제2조)

① 이 법에서 사용하는 용어의 뜻은 다음과 같다. 〈개정 2011.8.4, 2014.1.7〉
1. "다중이용업"이란 불특정 다수인이 이용하는 영업 중 화재 등 재난 발생 시 생명·신체·재산상의 피해가 발생할 우려가 높은 것으로서 대통령령으로 정하는 영업을 말한다.
2. "안전시설등"이란 소방시설, 비상구, 영업장 내부 피난통로, 그 밖의 안전시설로서 대통령령으로 정하는 것을 말한다.

필수사항 (안전시설등 정의 중요 개념임)   중요도 ★★★★★

3. "실내장식물"이란 건축물 내부의 천장 또는 벽에 설치하는 것으로서 대통령령으로 정하는 것을 말한다.
4. "화재위험평가"란 다중이용업의 영업소(이하 "다중이용업소"라 한다)가 밀집한 지역 또는 건축물에 대하여 화재 발생 가능성과 화재로 인한 불특정 다수인의 생명·신체·재산상의 피해 및 주변에 미치는 영향을 예측·분석하고 이에 대한 대책을 마련하는 것을 말한다.
5. "밀폐구조의 영업장"이란 지상층에 있는 다중이용업소의 영업장 중 채광·환기·통풍 및 피난 등이 용이하지 못한 구조로 되어 있으면서 대통령령으로 정하는 기준에 해당하는 영업장을 말한다.
6. "영업장의 내부구획"이란 다중이용업소의 영업장 내부를 이용객들이 사용할 수 있도록 벽 또는 칸막이 등을 사용하여 구획된 실(室)을 만드는 것을 말한다.

Question 55 밀폐구조의 영업장

필수사항 (최근 신규 제정으로 아주 중요) 중요도 ★★★★★

(무창층 개념이 변경된 것임)

암기방법 1/30 , 원 1.2 도창부 중요도 ★★★★★

법 제2조 ①항

5. "밀폐구조의 영업장"이란 지상층에 있는 다중이용업소의 영업장 중 채광·환기·통풍 및 피난 등이 용이하지 못한 구조로 되어 있으면서 대통령령으로 정하는 기준에 해당하는 영업장을 말한다.

시행령 제3조의2(밀폐구조의 영업장) 법 제2조제1항제5호에서 "대통령령으로 정하는 기준"이란 「화재예방, 소방시설 설치·유지 및 안전관리에 관한 법률 시행령」 제2조에 따른 요건을 모두 갖춘 개구부의 면적의 합계가 영업장으로 사용하는 바닥면적의 30분의 1 이하가 되는 것을 말한다. 〈개정 2016. 1. 19., 2018. 7. 10.〉

[본조신설 2014. 12. 23.]

유지관리법 2조

제2조(정의) 이 영에서 사용하는 용어의 뜻은 다음과 같다.

1. "무창층"(無窓層)이란 지상층 중 다음 각 목의 요건을 모두 갖춘 개구부(건축물에서 채광·환기·통풍 또는 출입 등을 위하여 만든 창·출입구, 그 밖에 이와 비슷한 것을 말한다)의 면적의 합계가 해당 층의 바닥면적(「건축법 시행령」 제119조제1항제3호에 따라 산정된 면적을 말한다. 이하 같다)의 30분의 1 이하가 되는 층을 말한다.

   가. 크기는 지름 50센티미터 이상의 원이 내접(內接)할 수 있는 크기일 것
   나. 해당 층의 바닥면으로부터 개구부 밑부분까지의 높이가 1.2미터 이내일 것
   다. 도로 또는 차량이 진입할 수 있는 빈터를 향할 것
   라. 화재 시 건축물로부터 쉽게 피난할 수 있도록 창살이나 그 밖의 장애물이 설치되지 아니할 것
   마. 내부 또는 외부에서 쉽게 부수거나 열 수 있을 것

2. "피난층"이란 곧바로 지상으로 갈 수 있는 출입구가 있는 층을 말한다.

[전문개정 2012.9.14.]

Question 56. 실내장식물의 설치기준

법 제10조(다중이용업의 실내장식물)
① 다중이용업소에 설치하거나 교체하는 실내장식물(반자돌림대 등의 너비가 10센티미터 이하인 것은 제외한다)은 불연재료(不燃材料) 또는 준불연재료로 설치하여야 한다.
② 제1항에도 불구하고 합판 또는 목재로 실내장식물을 설치하는 경우로서 그 면적이 영업장 천장과 벽을 합한 면적의 10분의 3(스프링클러설비 또는 간이스프링클러설비가 설치된 경우에는 10분의 5) 이하인 부분은 「화재예방, 소방시설 설치·유지 및 안전관리에 관한 법률」 제12조제3항에 따른 방염성능기준 이상의 것으로 설치할 수 있다. 〈개정 2011. 8. 4., 2018. 10. 16.〉

암기방법 불준방, 3/10, 5/10   중요도 ★★★
(암기 필요)

Question 57. 다중이용업 영업장의 내부구획

법 제10조의2(영업장의 내부구획)
① 다중이용업소의 영업장 내부를 구획하고자 할 때에는 불연재료로 구획하여야 한다. 이 경우 다음 각 호의 어느 하나에 해당하는 다중이용업소의 영업장은 천장(반자 속)까지 구획하여야 한다.
1. 단란주점 및 유흥주점 영업
2. 노래연습장업

Question 58. 화재위험평가의 정의 대상 및 화재위험 유발지수

1. 화재위험평가란 다중이용업의 영업소(이하 "다중이용업소"라 한다)가 밀집한 지역 또는 건축물에 대하여 화재 발생 가능성과 화재로 인한 불특정 다수인의 생명·신체·재산상의 피해 및 주변에 미치는 영향을 예측·분석하고 이에 대한 대

책을 마련하는 것을 말한다.(특별법 2조4항 용어의 정의)
2. 제15조(다중이용업소에 대한 화재위험평가 등)화재위험평가 대상 지역 또는 건축물의 범위
   1) 2천제곱미터 지역 안에 다중이용업소가 50개 이상 밀집하여 있는 경우
   2) 5층 이상인 건축물로서 다중이용업소가 10개 이상 있는 경우
   3) 하나의 건축물에 다중이용업소로 사용하는 영업장 바닥면적의 합계가 1천제곱미터 이상인 경우

암기방법 2, 5, 10, 1000   중요도 ★★★★★
(아주 중요)

② 소방청장, 소방본부장 또는 소방서장은 화재위험평가 결과 그 위험유발지수가 대통령령으로 정하는 기준 이상인 경우에는 해당 다중이용업주 또는 관계인에게 「화재예방, 소방시설 설치·유지 및 안전관리에 관한 법률」 제5조에 따른 조치를 명할 수 있다. 〈개정 2011. 8. 4., 2014. 11. 19., 2017. 7. 26., 2018. 10. 16., 2021. 1. 5.〉
④ 소방청장, 소방본부장 또는 소방서장은 화재위험평가의 결과 그 위험유발지수가 대통령령으로 정하는 기준 미만인 다중이용업소에 대하여는 안전시설등의 일부를 설치하지 아니하게 할 수 있다. 〈개정 2014. 11. 19., 2017. 7. 26.〉
3. 화재위험 유발지수 (특별법 시행령 별표4)

화재위험유발지수(제11조제1항 및 제13조 관련)

등급	평가점수	위험수준
A	80 이상	20 미만
B	60 이상 79 이하	20 이상 39 이하
C	40 이상 59 이하	40 이상 59 이하
D	20 이상 39 이하	60 이상 79 이하
E	20 미만	80 이상

비고
1. "평가점수"란 영업소 등에 사용되거나 설치된 가연물의 양, 소방시설의 화재진화를 위한 성능 등을 고려한 영업소의 화재안정성을 100점 만점 기준으로 환산한 점수를 말한다.
2. "위험수준"이란 영업소 등에 사용되거나 설치된 가연물의 양, 화기취급의 종류 등을 고려한 영업소의 화재 발생 가능성을 100점 만점 기준으로 환산한 점수를 말한다.

암기방법 2,4,6,8   중요도 ★★★
(암기 필요)

제11조(화재위험유발지수) ① 법 제15조제2항에서 "대통령령으로 정하는 기준 이상

인 경우"란 별표 4의 디(D) 등급 또는 이(E) 등급인 경우를 말한다.
제13조(안전시설등의 설치 일부 면제) 법 제15조제4항에서 "대통령령으로 정하는 기준 미만인 다중이용업소"란 별표 4의 에이(A) 등급인 다중이용업소를 말한다.

Question 59. 평가대행자 갖추어야 할 기술인력·시설·장비 기준

시행령 [별표 5] 〈개정 2021.7.6.〉
평가대행자 갖추어야 할 기술인력·시설·장비 기준(제14조 관련)

1. 기술인력 기준 : 다음 각 목의 기술인력을 보유할 것
   가. 소방기술사 자격을 취득한 사람 1명 이상
   나. 다음 1) 또는 2)의 어느 하나에 해당하는 사람 2명 이상
      1) 소방기술사, 소방설비기사 또는 소방설비산업기사 자격을 가진 사람
      2) 「소방시설공사업법」 제28조제1항에 따라 소방기술과 관련된 자격·학력 및 경력을 인정받은 사람으로서 같은 조 제2항에 따른 자격수첩을 발급받은 사람
   다. 삭제 〈2016. 12. 30.〉

2. 시설 및 장비 기준 : 다음 각 목의 시설 및 장비를 갖출 것
   가. 화재 모의시험이 가능한 컴퓨터 1대 이상
   나. 화재 모의시험을 위한 프로그램
   다. 삭제 〈2014.12.23.〉

비고
1. 두 종류 이상의 자격을 가진 기술인력은 그 중 한 종류의 자격을 가진 기술인력으로 본다.
2. 평가대행자가 화재위험평가 대행업무와 「소방시설공사업법」 및 같은 법 시행령에 따른 전문 소방시설설계업 또는 전문 소방공사감리업을 함께 하는 경우에는 전문 소방시설설계업 또는 전문 소방공사감리업 보유 기술인력으로 등록된 소방기술사는 제1호가목에 따라 갖추어야 하는 소방기술사로 볼 수 있다.

2. 다중이용업소 특별법 시행령

Question 60 다중이영업소의 종류

시행령 제2조(다중이용업) 「다중이용업소의 안전관리에 관한 특별법」(이하 "법"이라 한다) 제2조제1항제1호에서 "대통령령으로 정하는 영업"이란 다음 각 호의 어느 하나에 해당하는 영업을 말한다. 〈개정 2008. 12. 24., 2009. 7. 1., 2009. 8. 6., 2010. 8. 11., 2012. 1. 31., 2013. 3. 23., 2013. 11. 20., 2014. 11. 19., 2014. 12. 23., 2016. 1. 19., 2017. 7. 26., 2018. 7. 10., 2021. 3. 2., 2021. 12. 30.〉

1. 「식품위생법 시행령」 제21조제8호에 따른 식품접객업 중 다음 각 목의 어느 하나에 해당하는 것
   가. 휴게음식점영업·제과점영업 또는 일반음식점영업으로서 영업장으로 사용하는 바닥면적(「건축법 시행령」 제119조제1항제3호에 따라 산정한 면적을 말한다. 이하 같다)의 합계가 100제곱미터(영업장이 지하층에 설치된 경우에는 그 영업장의 바닥면적 합계가 66제곱미터) 이상인 것. 다만, 영업장(내부계단으로 연결된 복층구조의 영업장을 제외한다)이 다음의 어느 하나에 해당하는 층에 설치되고 그 영업장의 주된 출입구가 건축물 외부의 지면과 직접 연결되는 곳에서 하는 영업을 제외한다.
      (1) 지상 1층
      (2) 지상과 직접 접하는 층
   나. 단란주점영업과 유흥주점영업

1의2. 「식품위생법 시행령」 제21조제9호에 따른 공유주방 운영업 중 휴게음식점영업·제과점영업 또는 일반음식점영업에 사용되는 공유주방을 운영하는 영업으로서 영업장 바닥면적의 합계가 100제곱미터(영업장이 지하층에 설치된 경우에는 그 바닥면적 합계가 66제곱미터) 이상인 것. 다만, 영업장(내부계단으로 연결된 복층구조의 영업장은 제외한다)이 다음 각 목의 어느 하나에 해당하는 층에 설치되고 그 영업장의 주된 출입구가 건축물 외부의 지면과 직접 연결되는 곳에서 하는 영업은 제외한다.
   가. 지상 1층
   나. 지상과 직접 접하는 층

2. 「영화 및 비디오물의 진흥에 관한 법률」 제2조제10호, 같은 조 제16호가목·나목 및 라목에 따른 영화상영관·비디오물감상실업·비디오물소극장업 및 복합영상

물제공업
3. 「학원의 설립·운영 및 과외교습에 관한 법률」 제2조제1호에 따른 학원(이하 "학원"이라 한다)으로서 다음 각 목의 어느 하나에 해당하는 것
    가. 「화재예방, 소방시설 설치·유지 및 안전관리에 관한 법률 시행령」 별표 4에 따라 산정된 수용인원(이하 "수용인원"이라 한다)이 300명 이상인 것
    나. 수용인원 100명 이상 300명 미만으로서 다음의 어느 하나에 해당하는 것. 다만, 학원으로 사용하는 부분과 다른 용도로 사용하는 부분(학원의 운영권자를 달리하는 학원과 학원을 포함한다)이 「건축법 시행령」 제46조에 따른 방화구획으로 나누어진 경우는 제외한다.
        (1) 하나의 건축물에 학원과 기숙사가 함께 있는 학원
        (2) 하나의 건축물에 학원이 둘 이상 있는 경우로서 학원의 수용인원이 300명 이상인 학원
        (3) 하나의 건축물에 제1호, 제2호, 제4호부터 제7호까지, 제7호의2부터 제7호의5까지 및 제8호의 다중이용업 중 어느 하나 이상의 다중이용업과 학원이 함께 있는 경우
4. 목욕장업으로서 다음 각 목에 해당하는 것
    가. 하나의 영업장에서 「공중위생관리법」 제2조제1항제3호가목에 따른 목욕장업 중 맥반석·황토·옥 등을 직접 또는 간접 가열하여 발생하는 열기나 원적외선 등을 이용하여 땀을 배출하게 할 수 있는 시설 및 설비를 갖춘 것으로서 수용인원(물로 목욕을 할 수 있는 시설부분의 수용인원은 제외한다)이 100명 이상인 것
    나. 「공중위생관리법」 제2조제1항제3호나목의 시설 및 설비를 갖춘 목욕장업
5. 「게임산업진흥에 관한 법률」 제2조제6호·제6호의2·제7호 및 제8호의 게임제공업·인터넷컴퓨터게임시설제공업 및 복합유통게임제공업. 다만, 게임제공업 및 인터넷컴퓨터게임시설제공업의 경우에는 영업장(내부계단으로 연결된 복층구조의 영업장은 제외한다)이 다음 각 목의 어느 하나에 해당하는 층에 설치되고 그 영업장의 주된 출입구가 건축물 외부의 지면과 직접 연결된 구조에 해당하는 경우는 제외한다.
    가. 지상 1층
    나. 지상과 직접 접하는 층
6. 「음악산업진흥에 관한 법률」 제2조제13호에 따른 노래연습장업
7. 「모자보건법」 제2조제10호에 따른 산후조리업
7의2. 고시원업[구획된 실(室) 안에 학습자가 공부할 수 있는 시설을 갖추고 숙박 또는 숙식을 제공하는 형태의 영업]

7의3. 「사격 및 사격장 안전관리에 관한 법률 시행령」 제2조제1항 및 별표 1에 따른 권총사격장(실내사격장에 한정하며, 같은 조 제1항에 따른 종합사격장에 설치된 경우를 포함한다)
7의4. 「체육시설의 설치·이용에 관한 법률」 제10조제1항제2호에 따른 가상체험 체육시설업(실내에 1개 이상의 별도의 구획된 실을 만들어 골프 종목의 운동이 가능한 시설을 경영하는 영업으로 한정한다)
7의5. 「의료법」 제82조제4항에 따른 안마시술소
8. 법 제15조제2항에 따른 화재위험평가결과 위험유발지수가 제11조제1항에 해당하거나 화재발생시 인명피해가 발생할 우려가 높은 불특정다수인이 출입하는 영업으로서 행정안전부령으로 정하는 영업. 이 경우 소방청장은 관계 중앙행정기관의 장과 미리 협의하여야 한다.

암기방법 음주학 영게 목노산 고사골안 행(전수콜) 중요도 ★★★★★
(아주 중요)

시행규칙 제2조(다중이용업)
행정안전부령으로 정하는 영업
  가. 전화방업·화상대화방업: 구획된 실(室) 안에 전화기·텔레비전·모니터 또는 카메라 등 상대방과 대화할 수 있는 시설을 갖춘 형태의 영업
  나. 수면방업: 구획된 실(室) 안에 침대·간이침대 그 밖에 휴식을 취할 수 있는 시설을 갖춘 형태의 영업
  다. 콜라텍업: 손님이 춤을 추는 시설 등을 갖춘 형태의 영업으로서 주류판매가 허용되지 아니하는 영업

암기방법 전수콜 중요도 ★★★★★
(암기 필요)

Question 61. 실내장식물의 종류

제3조(실내장식물)
법 제2조제1항제3호에서 "대통령령으로 정하는 것"이란 건축물 내부의 천장이나 벽에 붙이는(설치하는) 것으로서 다음 각 호의 어느 하나에 해당하는 것을 말한다. 다만,

가구류(옷장, 찬장, 식탁, 식탁용 의자, 사무용 책상, 사무용 의자 및 계산대, 그 밖에 이와 비슷한 것을 말한다)와 너비 10센티미터 이하인 반자돌림대 등과 「건축법」 제52조에 따른 내부마감재료는 제외한다. 〈개정 2008.10.29., 2014.12.23., 2018.7.10.〉

1. 종이류(두께 2밀리미터 이상인 것을 말한다) · 합성수지류 또는 섬유류를 주원료로 한 물품
2. 합판이나 목재
3. 공간을 구획하기 위하여 설치하는 간이 칸막이(접이식 등 이동 가능한 벽체나 천장 또는 반자가 실내에 접하는 부분까지 구획하지 아니하는 벽체를 말한다)
4. 흡음(吸音)이나 방음(防音)을 위하여 설치하는 흡음재(흡음용 커튼을 포함한다) 또는 방음재(방음용 커튼을 포함한다)

암기방법 **가반내, 종합칸흡** 중요도 ★★★★★
(아주 중요)

Question 62 안전시설 등의 종류 및 설치대상 (시행령 별표1의2)

암기방법 **소비영그, 소경피, 영누창** 중요도 ★★★★★
(안전시설 구분 및 내용 완전히 암기해야 함)(가장 중요)(출제 예상)

[별표 1의2] 〈개정 2020. 12. 1.〉
다중이용업소에 설치 · 유지하여야 하는 안전시설등(제9조 관련)

1. 소방시설
   가. 소화설비
      1) 소화기 또는 자동확산소화기
      2) 간이스프링클러설비(캐비닛형 간이스프링클러설비를 포함한다). 다만, 다음의 영업장에만 설치한다.
         가) 지하층에 설치된 영업장
         나) 법 제9조제1항제1호에 따른 숙박을 제공하는 형태의 다중이용업소의 영업장 중 다음에 해당하는 영업장. 다만, 지상 1층에 있거나 지상과 직접 맞닿아 있는 층(영업장의 주된 출입구가 건축물 외부의 지면과 직접 연결된 경우를 포함한다)에 설치된 영업장은 제외한다.
            (1) 제2조제7호에 따른 산후조리업의 영업장

(2) 제2조제7호의2에 따른 고시원업(이하 이 표에서 "고시원업"이라 한다)의 영업장

다) 법 제9조제1항제2호에 따른 밀폐구조의 영업장

라) 제2조제7호의3에 따른 권총사격장의 영업장

암기방법 지밀산고사 중요도 ★★★★★

나. 경보설비

1) 비상벨설비 또는 자동화재탐지설비. 다만, 노래반주기 등 영상음향장치를 사용하는 영업장에는 자동화재탐지설비를 설치하여야 한다.

2) 가스누설경보기. 다만, 가스시설을 사용하는 주방이나 난방시설이 있는 영업장에만 설치한다.

다. 피난설비

1) 피난기구

가) 미끄럼대

나) 피난사다리

다) 구조대

라) 완강기

마) 다수인 피난장비

바) 승강식 피난기

2) 피난유도선. 다만, 영업장 내부 피난통로 또는 복도가 있는 영업장에만 설치한다.

3) 유도등, 유도표지 또는 비상조명등

4) 휴대용 비상조명등

2. 비상구. 다만, 다음 각 목의 어느 하나에 해당하는 영업장에는 비상구를 설치하지 않을 수 있다.

가. 주된 출입구 외에 해당 영업장 내부에서 피난층 또는 지상으로 통하는 직통계단이 주된 출입구 중심선으로부터 수평거리로 영업장의 긴 변 길이의 2분의 1 이상 떨어진 위치에 별도로 설치된 경우

나. 피난층에 설치된 영업장[영업장으로 사용하는 바닥면적이 33제곱미터 이하인 경우로서 영업장 내부에 구획된 실(室)이 없고, 영업장 전체가 개방된 구조의 영업장을 말한다]으로서 그 영업장의 각 부분으로부터 출입구까지의 수평거리가 10미터 이하인 경우

암기방법 직 피 중요도 ★★★★★

3. 영업장 내부 피난통로. 다만, 구획된 실(室)이 있는 영업장에만 설치한다.
4. 삭제 〈2014.12.23.〉
5. 그 밖의 안전시설
   가. 영상음향차단장치. 다만, 노래반주기 등 영상음향장치를 사용하는 영업장에만 설치한다.
   나. 누전차단기
   다. 창문. 다만, 고시원업의 영업장에만 설치한다.

암기방법 영누창 중요도 ★★★★★

비고
1. "피난유도선(避難誘導線)"이란 햇빛이나 전등불로 축광(蓄光)하여 빛을 내거나 전류에 의하여 빛을 내는 유도체로서 화재 발생 시 등 어두운 상태에서 피난을 유도할 수 있는 시설을 말한다.
2. "비상구"란 주된 출입구와 주된 출입구 외에 화재 발생 시 등 비상시 영업장의 내부로부터 지상·옥상 또는 그 밖의 안전한 곳으로 피난할 수 있도록「건축법 시행령」에 따른 직통계단·피난계단·옥외피난계단 또는 발코니에 연결된 출입구를 말한다.
3. "구획된 실(室)"이란 영업장 내부에 이용객 등이 사용할 수 있는 공간을 벽이나 칸막이 등으로 구획한 공간을 말한다. 다만, 영업장 내부를 벽이나 칸막이 등으로 구획한 공간이 없는 경우에는 영업장 내부 전체 공간을 하나의 구획된 실(室)로 본다.
4. "영상음향차단장치"란 영상 모니터에 화상(畵像) 및 음반 재생장치가 설치되어 있어 영화, 음악 등을 감상할 수 있는 시설이나 화상 재생장치 또는 음반 재생장치 중 한 가지 기능만 있는 시설을 차단하는 장치를 말한다.

3. 다중이용업특별법 시행규칙

Question 63. 안전시설등의 설치, 유지 기준 (시행규칙 별표2)

[별표 2] 〈개정 2021. 7. 13.〉

안전시설등의 설치·유지 기준(제9조 관련)

안전시설등 종류	설치·유지 기준
1. 소방시설 　가. 소화설비 　　1) 소화기 또는 　　　자동확산소화기	영업장 안의 구획된 실마다 설치할 것
2) 간이스프링클러 　　　설비	「화재예방, 소방시설 설치·유지 및 안전관리에 관한 법률」제9조제1항에 따른 화재안전기준에 따라 설치할 것. 다만, 영업장의 구획된 실마다 간이스프링클러헤드 또는 스프링클러헤드가 설치된 경우에는 그 설비의 유효범위 부분에는 간이스프링클러설비를 설치하지 않을 수 있다.
나. 비상벨설비 또는 자동화재탐지설비	가) 영업장의 구획된 실마다 비상벨설비 또는 자동화재탐지설비 중 하나 이상을 「화재예방, 소방시설 설치·유지 및 안전관리에 관한 법률」제9조제1항에 따른 화재안전기준에 따라 설치할 것 나) 자동화재탐지설비를 설치하는 경우에는 감지기와 지구음향장치는 영업장의 구획된 실마다 설치할 것. 다만, 영업장의 구획된 실에 비상방송설비의 음향장치가 설치된 경우 해당 실에는 지구음향장치를 설치하지 않을 수 있다. 다) 영상음향차단장치가 설치된 영업장에 자동화재탐지설비의 수신기를 별도로 설치할 것
다. 피난설비 　　1) 영 별표 1의2 제1호 　　　다목1)에 따른 피난 　　　기구	4층 이하 영업장의 비상구(발코니 또는 부속실)에는 피난기구를 「화재예방, 소방시설 설치·유지 및 안전관리에 관한 법률」제9조제1항에 따른 화재안전기준에 따라 설치할 것
2) 피난유도선	가) 영업장 내부 피난통로 또는 복도에 「화재예방, 소방시설 설치·유지 및 안전관리에 관한 법률」제9조제1항에 따라 소방청장이 정하여 고시하는 유도등 및 유도표지의 화재안전기준에 따라 설치할 것 나) 전류에 의하여 빛을 내는 방식으로 할 것
3) 유도등, 유도표지 　　　또는 비상조명등	영업장의 구획된 실마다 유도등, 유도표지 또는 비상조명등 중 하나 이상을 「화재예방, 소방시설 설치·유지 및 안전관리에 관한 법률」제9조제1항에 따른 화재안전기준에 따라 설치할 것
4) 휴대용 비상조명등	영업장안의 구획된 실마다 휴대용 비상조명등을 「화재예방, 소방시설 설치·유지 및 안전관리에 관한 법률」제9조제1항에 따른 화재안전기준에 따라 설치할 것

안전시설등 종류	설치 · 유지 기준
2. 비상구	가. 공통 기준 **암기방법** **위규구문재** 중요도 ★★★★★ **(완전히 암기 필요) (아주 중요)** 1) 설치 위치 : 비상구는 영업장(2개 이상의 층이 있는 경우에는 각각의 층별 영업장을 말한다. 이하 이 표에서 같다) 주된 출입구의 반대방향에 설치하되, 주된 출입구 중심선으로부터의 수평거리가 영업장의 긴 변 길이의 2분의 1 이상 떨어진 위치에 설치할 것. 다만, 건물구조로 인하여 주된 출입구의 반대방향에 설치할 수 없는 경우에는 주된 출입구 중심선으로부터의 수평거리가 영업장의 긴 변 길이의 2분의 1 이상 떨어진 위치에 설치할 수 있다. 2) 비상구 규격 : 가로 75센티미터 이상, 세로 150센티미터 이상(비상구 문틀을 제외한 비상구의 가로길이 및 세로길이를 말한다)으로 할 것 3) 비상구 구조 　가) 비상구는 구획된 실 또는 천장으로 통하는 구조가 아닌 것으로 할 것. 다만, 영업장 바닥에서 천장까지 불연재료(不燃材料)로 구획된 부속실(전실)은 그러하지 아니하다. 　나) 비상구는 다른 영업장 또는 다른 용도의 시설(주차장은 제외한다)을 경유하는 구조가 아닌 것이어야 하고, 층별 영업장은 다른 영업장 또는 다른 용도의 시설과 불연재료 · 준불연재료로 된 차단벽이나 칸막이로 분리되도록 할 것. 다만, 둘 이상의 영업소가 주방 외에 객실부분을 공동으로 사용하는 등의 구조 또는 「식품위생법 시행규칙」 별표 14 제8호가목5)다)에 따라 각 영업소와 영업소 사이를 분리 또는 구획하는 별도의 차단벽이나 칸막이 등을 설치하지 않을 수 있는 경우는 그러하지 아니하다. 4) 문이 열리는 방향 : 피난방향으로 열리는 구조로 할 것. 다만, 주된 출입구의 문이 「건축법 시행령」 제35조에 따른 피난계단 또는 특별피난계단의 설치 기준에 따라 설치하여야 하는 문이 아니거나 같은 법 시행령 제46조에 따라 설치되는 방화구획이 아닌 곳에 위치한 주된 출입구가 다음의 기준을 충족하는 경우에는 자동문[미서기(슬라이딩)문을 말한다]으로 설치할 수 있다. 　가) 화재감지기와 연동하여 개방되는 구조 　나) 정전 시 자동으로 개방되는 구조 　다) 정전 시 수동으로 개방되는 구조 **암기방법** **미서기 가능 - 연정수** 중요도 ★★★★★ 5) 문의 재질 : 주요 구조부(영업장의 벽, 천장 및 바닥을 말한다. 이하 이 표에서 같다)가 내화구조(耐火構造)인 경우 비상구와 주된 출입구의 문은 방화문(防火門)으로 설치할 것. 다만, 다음의 어느 하나에 해당하는 경우에는 불연재료로 설치

안전시설등 종류	설치 · 유지 기준
	할 수 있다. 　가) 주요 구조부가 내화구조가 아닌 경우 　나) 건물의 구조상 비상구 또는 주된 출입구의 문이 지표면과 접하는 경우로서 화재의 연소 확대 우려가 없는 경우 　다) 비상구 또는 주 출입구의 문이 「건축법 시행령」 제35조에 따른 피난계단 또는 특별피난계단의 설치 기준에 따라 설치하여야 하는 문이 아니거나 같은 법 시행령 제46조에 따라 설치되는 방화구획이 아닌 곳에 위치한 경우 나. 복층구조(複層構造) 영업장(각각 다른 2개 이상의 층을 내부계단 또는 통로가 설치되어 하나의 층의 내부에서 다른 층으로 출입할 수 있도록 되어 있는 구조의 영업장을 말한다)의 기준 　1) 각 층마다 영업장 외부의 계단 등으로 피난할 수 있는 비상구를 설치할 것 　2) 비상구의 문은 가목5)에 따른 재질로 설치할 것 　3) 비상구의 문이 열리는 방향은 실내에서 외부로 열리는 구조로 할 것 　4) 영업장의 위치 및 구조가 다음의 어느 하나에 해당하는 경우에는 1)에도 불구하고 그 영업장으로 사용하는 어느 하나의 층에 비상구를 설치할 것 　　가) 건축물 주요 구조부를 훼손하는 경우 　　나) 옹벽 또는 외벽이 유리로 설치된 경우 등 **암기방법** **각방재하 (주유)**　　　중요도 ★★★★★ 　　　　　　　(아주 중요) 다. 영업장의 위치가 4층 이하(지하층인 경우는 제외한다)인 경우의 기준 　1) 피난 시에 유효한 발코니(가로 75센티미터 이상, 세로 150센티미터 이상, 높이 100센티미터 이상인 난간을 말한다) 또는 부속실(불연재료로 바닥에서 천장까지 구획된 실로서 가로 75센티미터 이상, 세로 150센티미터 이상인 것을 말한다. 이하 이 목에서 같다)을 설치하고, 그 장소에 적합한 피난기구를 설치할 것 **암기방법** **발부피**　　　중요도 ★★★★★ 　　　　　　(아주 중요) 　2) 부속실을 설치하는 경우 부속실 입구의 문과 건물 외부로 나가는 문의 규격은 가목2)에 따른 비상구 규격으로 할 것. 다만, 120센티미터 이상의 난간이 있는 경우에는 발판 등을 설치하고 건축물 외부로 나가는 문의 규격과 재질을 가로 75센티미터 이상, 세로 100센티미터 이상의 창호로 설치할 수 있다. 　3) 추락 등의 방지를 위하여 다음 사항을 갖추도록 할 것 　　가) 발코니 및 부속실 입구의 문을 개방하면 경보음이 울리도록 경보음 발생 장치를 설치하고, 추락위험을 알리는 표지

안전시설등 종류	설치 · 유지 기준
	를 문(부속실의 경우 외부로 나가는 문도 포함한다)에 부착할 것 나) 부속실에서 건물 외부로 나가는 문 안쪽에는 기둥·바닥·벽 등의 견고한 부분에 탈착이 가능한 쇠사슬 또는 안전로프 등을 바닥에서부터 120센티미터 이상의 높이에 가로로 설치할 것. 다만, 120센티미터 이상의 난간이 설치된 경우에는 쇠사슬 또는 안전로프 등을 설치하지 않을 수 있다.
3. 영업장 내부 피난통로	가. 내부 피난통로의 폭은 120센티미터 이상으로 할 것. 다만, 양 옆에 구획된 실이 있는 영업장으로서 구획된 실의 출입문 열리는 방향이 피난통로 방향인 경우에는 150센티미터 이상으로 설치하여야 한다. 나. 구획된 실부터 주된 출입구 또는 비상구까지의 내부 피난통로의 구조는 세 번 이상 구부러지는 형태로 설치하지 말 것
4. 창문	가. 영업장 층별로 가로 50센티미터 이상, 세로 50센티미터 이상 열리는 창문을 1개 이상 설치할 것 나. 영업장 내부 피난통로 또는 복도에 바깥 공기와 접하는 부분에 설치할 것(구획된 실에 설치하는 것을 제외한다)
5. 영상음향차단장치	가. 화재 시 자동화재탐지설비의 감지기에 의하여 자동으로 음향 및 영상이 정지될 수 있는 구조로 설치하되, 수동(하나의 스위치로 전체의 음향 및 영상장치를 제어할 수 있는 구조를 말한다)으로도 조작할 수 있도록 설치할 것 나. 영상음향차단장치의 수동차단스위치를 설치하는 경우에는 관계인이 일정하게 거주하거나 일정하게 근무하는 장소에 설치할 것. 이 경우 수동차단스위치와 가장 가까운 곳에 "영상음향차단스위치"라는 표지를 부착하여야 한다. 다. 전기로 인한 화재발생 위험을 예방하기 위하여 부하용량에 알맞은 누전차단기(과전류차단기를 포함한다)를 설치할 것 라. 영상음향차단장치의 작동으로 실내 등의 전원이 차단되지 않는 구조로 설치할 것
6. 보일러실과 영업장 사이의 방화구획	보일러실과 영업장 사이의 출입문은 방화문으로 설치하고, 개구부(開口部)에는 방화댐퍼(화재 시 연기 등을 차단하는 장치)를 설치할 것

비고
1. "방화문(防火門)"이란 「건축법 시행령」 제64조에 따른 갑종방화문 또는 을종방화문으로서 언제나 닫힌 상태를 유지하거나 화재로 인한 연기의 발생 또는 온도의 상승에 따라 자동적으로 닫히는 구조를 말한다. 다만, 자동으로 닫히는 구조 중 열에 의하여 녹는 퓨즈[도화선(導火線)을 말한다]타입 구조의 방화문은 제외한다.
2. 법 제15조제4항에 따라 소방청장·소방본부장 또는 소방서장은 해당 영업장에 대해 화재위험평가를 실시한 결과 화재위험유발지수가 영 제13조에 따른 기준 미만인 업종에 대해서는 소방시설·비상구 또는 그 밖의 안전시설등의 설치를 면제한다.
3. 소방본부장 또는 소방서장은 비상구의 크기, 비상구의 설치 거리, 간이스프링클러설비의 배관 구경(口徑) 등 소방청장이 정하여 고시하는 안전시설등에 대해서는 소방청장이 고시하는 바에 따라 안전시설등의 설치·유지 기준의 일부를 적용하지 않을 수 있다.

Question 64 피난안내도 비치대상, 제외, 피난안내도 포함내용, 크기, 재질 등

시행규칙 [별표 2의2] 〈개정 2019.4.22.〉
피난안내도 비치 대상 등(제12조제1항 관련)

1. 피난안내도 비치 대상 : 영 제2조에 따른 다중이용업의 영업장. 다만, 다음 각 목의 어느 하나에 해당하는 경우에는 비치하지 않을 수 있다.
    가. 영업장으로 사용하는 바닥면적의 합계가 33제곱미터 이하인 경우
    나. 영업장내 구획된 실이 없고, 영업장 어느 부분에서도 출입구 및 비상구를 확인할 수 있는 경우

암기방법 **다, 33구** 중요도 ★★★

2. 피난안내 영상물 상영 대상
    가. 「영화 및 비디오물 진흥에 관한 법률」제2조제10호 및 제16호나목의 영화상영관 및 비디오물소극장업의 영업장
    나. 「음악산업 진흥에 관한 법률」제2조제13호의 노래연습장업의 영업장
    다. 「식품위생법 시행령」제21조제8호다목 및 라목의 단란주점영업 및 유흥주점영업의 영업장. 다만, 피난안내 영상물을 상영할 수 있는 시설이 설치된 경우만 해당한다.
    라. 삭제 〈2015.1.7.〉
    마. 영 제2조제8호에 해당하는 영업으로서 피난안내 영상물을 상영할 수 있는 시설을 갖춘 영업장

암기방법 **영노단상** 중요도 ★★★

3. 피난안내도 비치 위치 : 다음 각 목의 어느 하나에 해당하는 위치에 모두 설치할 것
    가. 영업장 주 출입구 부분의 손님이 쉽게 볼 수 있는 위치
    나. 구획된 실의 벽, 탁자 등 손님이 쉽게 볼 수 있는 위치
    다. 「게임산업진흥에 관한 법률」제2조제7호의 인터넷컴퓨터게임시설제공업 영업장의 인터넷컴퓨터게임시설이 설치된 책상. 다만, 책상 위에 비치된 컴퓨터에 피난안내도를 내장하여 새로운 이용객이 컴퓨터를 작동할 때마다 피난안내도가 모니터에 나오는 경우에는 책상에 피난안내도가 비치된 것으로 본다.

암기방법 **출벽** 중요도 ★★★
(암기 필요)

4. 피난안내 영상물 상영 시간 : 영업장의 내부구조 등을 고려하여 정하되, 상영 시기(時期)는 다음 각 목과 같다.
   가. 영화상영관 및 비디오물소극장업 : 매 회 영화상영 또는 비디오물 상영 시작 전
   나. 노래연습장업 등 그 밖의 영업 : 매 회 새로운 이용객이 입장하여 노래방 기기(機器) 등을 작동할 때
5. 피난안내도 및 피난안내 영상물에 포함되어야 할 내용 : 다음 각 호의 내용을 모두 포함할 것. 이 경우 광고 등 피난안내에 혼선을 초래하는 내용을 포함해서는 안 된다.
   가. 화재 시 대피할 수 있는 비상구 위치
   나. 구획된 실 등에서 비상구 및 출입구까지의 피난 동선
   다. 소화기, 옥내소화전 등 소방시설의 위치 및 사용방법
   라. 피난 및 대처방법

암기방법 비피 소피 중요도 ★★★

6. 피난안내도의 크기 및 재질
   가. 크기 : B4(257mm×364mm) 이상의 크기로 할 것. 다만, 각 층별 영업장의 면적 또는 영업장이 위치한 층의 바닥면적이 각각 400m² 이상인 경우에는 A3(297mm×420mm) 이상의 크기로 하여야 한다.
   나. 재질 : 종이(코팅처리한 것을 말한다), 아크릴, 강판 등 쉽게 훼손 또는 변형되지 않는 것으로 할 것
7. 피난안내도 및 피난안내 영상물에 사용하는 언어 : 피난안내도 및 피난안내영상물은 한글 및 1개 이상의 외국어를 사용하여 작성하여야 한다.
8. 장애인을 위한 피난안내 영상물 상영 : 「영화 및 비디오물의 진흥에 관한 법률」 제2조제10호에 따른 영화상영관 중 전체 객석 수의 합계가 300석 이상인 영화상영관의 경우 피난안내 영상물은 장애인을 위한 한국수어·폐쇄자막·화면해설 등을 이용하여 상영해야 한다.

Question 65 소방안전교육 대상자

시행규칙 제5조(소방안전교육의 대상자 등)
① 법 제8조제1항에 따라 소방청장·소방본부장 또는 소방서장이 실시하는 소방안

전교육(이하 "소방안전교육"이라 한다)을 받아야 하는 대상자(이하 "교육대상자"라 한다)는 다음 각 호와 같다. 〈개정 2014. 11. 19., 2017. 7. 26., 2019. 4. 22.〉
1. 다중이용업을 운영하는 자(이하 "다중이용업주"라 한다)
2. 다중이용업주 외에 해당 영업장(다중이용업주가 둘 이상의 영업장을 운영하는 경우에는 각각의 영업장을 말한다)을 관리하는 종업원 1명 이상 또는 「국민연금법」 제8조제1항에 따라 국민연금 가입의무대상자인 종업원 1명 이상
3. 다중이용업을 하려는 자

② 제1항제1호에도 불구하고 다중이용업주가 직접 소방안전교육을 받기 곤란한 경우로서 소방청장이 정하는 경우에는 영업장의 종업원 중 소방청장이 정하는 자로 하여금 다중이용업주를 대신하여 소방안전교육을 받게 할 수 있다. 〈개정 2014. 11. 19., 2017. 7. 26.〉

Question 66 안전점검 대상, 점검자자격, 점검주기, 점검방법 등

시행규칙 제14조

1. 안전점검 대상 : 다중이용업소의 영업장에 설치된 영 제9조의 안전시설등
2. 안전점검자의 자격은 다음 각 목과 같다.
    가. 해당 영업장의 다중이용업주 또는 다중이용업소가 위치한 특정소방대상물의 소방안전관리자(소방안전관리자가 선임된 경우에 한한다)
    나. 해당 업소의 종업원 중 「화재예방, 소방시설 설치·유지 및 안전관리에 관한 법률 시행령」 제23조제2항제7호마목 또는 제3항제5호자목에 따라 소방안전관리자 자격을 취득한 자, 「국가기술자격법」에 따라 소방기술사·소방설비기사 또는 소방설비산업기사 자격을 취득한 자
    다. 「화재예방, 소방시설 설치·유지 및 안전관리에 관한 법률」 제29조에 따른 소방시설관리업자
3. 점검주기 : 매 분기별 1회 이상 점검. 다만, 「화재예방, 소방시설 설치·유지 및 안전관리에 관한 법률」 제25조제1항에 따라 자체점검을 실시한 경우에는 자체점검을 실시한 그 분기에는 점검을 실시하지 아니할 수 있다.
4. 점검방법 : 안전시설등의 작동 및 유지·관리 상태를 점검한다.

Question 67. 다중이용업소 안전시설등의 세부점검표 내용 (시행규칙 서식10)

다중이용업소의 안전관리에 관한 특별법 시행규칙[별지 제10호서식]〈개정 2018.3.21〉

안전시설등 세부점검표

점검대상

대 상 명		전화번호	
소 재 지		주 용 도	
건물구조		대표자		소방안전관리자	

점검사항

점검사항	점검결과	조치사항

① 소화기 또는 자동확산소화기의 외관점검
  - 구획된 실마다 설치되어 있는지 확인
  - 약제 응고상태 및 압력게이지 지시침 확인
② 간이스프링클러설비 작동기능점검
  - 시험밸브 개방 시 펌프기동, 음향경보 확인
  - 헤드의 누수·변형·손상·장애 등 확인
③ 경보설비 작동기능점검
  - 비상벨설비의 누름스위치, 표시등, 수신기 확인
  - 자동화재탐지설비의 감지기, 발신기, 수신기 확인
  - 가스누설경보기 정상작동여부 확인
④ 피난설비 작동기능점검 및 외관점검
  - 유도등·유도표지 등 부착상태 및 점등상태 확인
  - 구획된 실마다 휴대용비상조명등 비치 여부
  - 화재신호 시 피난유도선 점등상태 확인
  - 피난기구(완강기, 피난사다리 등) 설치상태 확인
⑤ 비상구 관리상태 확인
⑥ 영업장 내부 피난통로 관리상태 확인
  - 영업장 내부 피난통로 상 물건 적치 등 관리상태
⑦ 창문(고시원) 관리상태 확인
⑧ 영상음향차단장치 작동기능점검
  - 경보설비와 연동 및 수동작동 여부 점검
   (화재신호 시 영상음향차단 되는 지 확인)
⑨ 누전차단기 작동 여부 확인
⑩ 피난안내도 설치 위치 확인
⑪ 피난안내영상물 상영 여부 확인
⑫ 실내장식물·내부구획 재료 교체 여부 확인
  - 커튼, 카페트 등 방염선처리제품 사용 여부
  - 합판·목재 방염성능확보 여부
  - 내부구획재료 불연재료 사용 여부
⑬ 방염 소파·의자 사용 여부 확인
⑭ 안전시설등 세부점검표 분기별 작성 및 1년간 보관여부
⑮ 화재배상책임보험 가입여부 및 계약기간 확인		

점검일자 :   .   .   .   점검자 :   (서명 또는 인)

210mm×297mm[백상지 (80g/m^2) 또는 중질지 (80g/m^2)]

암기방법 소간경피, 비영창영, 누피피실, 방안화   중요도 ★★★★

(중요) (11회 기출)

초고층 및 지하연계 복합건축물 재난관리 특별법

★ 정리 숙지 필요함, 최근 신규제정, 13회 기출 ★

Question 68 초고층 및 지하연계복합건축물의 정의 (특별법 제2조)

제2조(정의) 이 법에서 사용하는 용어의 정의는 다음 각 호와 같다.

1. "초고층 건축물"이란 층수가 50층 이상 또는 높이가 200미터 이상인 건축물을 말한다(「건축법」 제84조에 따른 높이 및 층수를 말한다. 이하 같다).
2. "지하연계 복합건축물"이란 다음 각 목의 요건을 모두 갖춘 것을 말한다.
   가. 층수가 11층 이상이거나 1일 수용인원이 5천명 이상인 건축물로서 지하부분이 지하역사 또는 지하도상가와 연결된 건축물
   나. 건축물 안에 「건축법」 제2조제2항제5호에 따른 문화 및 집회시설, 같은 항 제7호에 따른 판매시설, 같은 항 제8호에 따른 운수시설, 같은 항 제14호에 따른 업무시설, 같은 항 제15호에 따른 숙박시설, 같은 항 제16호에 따른 위락(慰樂)시설 중 유원시설업(遊園施設業)의 시설 또는 대통령령으로 정하는 용도의 시설이 하나 이상 있는 건축물
3. "관계지역"이란 제3조에 따른 건축물 및 시설물(이하 "초고층 건축물등"이라 한다)과 그 주변지역을 포함하여 재난의 예방·대비·대응 및 수습 등의 활동에 필요한 지역으로 대통령령으로 정하는 지역을 말한다.
4. "일반건축물등"이란 관계지역 안에서 초고층 건축물등을 제외한 건축물 또는 시설물을 말한다.
5. "관리주체"란 초고층 건축물등 또는 일반건축물등의 소유자 또는 관리자(그 건축물등의 소유자와 관리계약 등에 따라 관리책임을 진 자를 포함한다)를 말한다.
6. "관계인"이란 해당 초고층 건축물등 또는 일반건축물등의 소유자·관리자 또는 점유자를 말한다.
7. "총괄재난관리자"란 해당 초고층 건축물등의 재난 및 안전관리 업무를 총괄하는 자를 말한다.
8. "유해·위험물질"이란 유독물·독성가스·가연성가스·위험물 등 사람에게 유

해하거나 화재 또는 폭발의 위험성이 있는 물질로서 그 종류 및 범위는 대통령령으로 정한다.

Question 69 피난안전구역의 설치 등

시행령 제14조(피난안전구역 설치기준 등) ① 초고층 건축물등의 관리주체는 법 제18조제1항에 따라 다음 각 호의 구분에 따른 피난안전구역을 설치하여야 한다.
1. 초고층 건축물 : 「건축법 시행령」 제34조제3항에 따른 피난안전구역을 설치할 것
1의 2. 30층 이상 49층 이하인 지하연계복합건축물 : 「건축법시행령」 34조 4항에 따른 피난안전구역을 설치할 것
2. 16층 이상 29층 이하인 지하연계 복합건축물 : 지상층별 거주밀도가 제곱미터당 1.5명을 초과하는 층은 해당 층의 사용형태별 면적의 합의 10분의 1에 해당하는 면적을 피난안전구역으로 설치할 것
3. 초고층 건축물등의 지하층이 법 제2조제2호나목의 용도로 사용되는 경우 : 해당 지하층에 별표 2의 피난안전구역 면적 산정기준에 따라 피난안전구역을 설치하거나, 선큰[지표 아래에 있고 외기(外氣)에 개방된 공간으로서 건축물 사용자 등의 보행·휴식 및 피난 등에 제공되는 공간을 말한다. 이하 같다]을 설치할 것

[별표 2] 피난안전구역 면적 산정기준(제 14조 1항 3호 관련)
    1) 지하층이 하나의 용도로 사용되는 경우 :
        피난안전구역 면적 = (수용인원 × 0.1) × 0.28m^2
    2) 지하층이 둘이상의 용도로 사용되는 경우 :
        피난안전구역 면적 = (사용형태별 수용인원의 합 × 0.1) × 0.28m^2
비고 : 1) 수용인원은 사용형태별 면적과 거주밀도를 곱한 값을 말한다.. 다만, 업무용도와 주거용도의 수용인원은 용도의 면적과 거주밀도를 곱한 값으로 한다.
      2) 건축물의 사용형태별 거주 밀도는 다음표와 같다.

② 제1항에 따라 설치하는 피난안전구역은 「건축법 시행령」 제34조제5항에 따른 피난안전구역의 규모와 설치기준에 맞게 설치하여야 하며, 다음 각 호의 소방시설(「화재예방, 소방시설 설치·유지 및 안전관리에 관한 법률 시행령」 별표 1에 따른 소방시설을 말한다)을 모두 갖추어야 한다. 이 경우 소방시설은 「화재예방, 소방시설 설

치·유지 및 안전관리에 관한 법률」 제9조제1항에 따른 화재안전기준에 맞는 것이어야 한다. 〈개정 2016.11.22.〉
1. 소화설비 중 소화기구(소화기 및 간이소화용구만 해당한다), 옥내소화전설비 및 스프링클러설비
2. 경보설비 중 자동화재탐지설비
3. 피난설비 중 방열복, 공기호흡기(보조마스크를 포함한다), 인공소생기, 피난유도선(피난안전구역으로 통하는 직통계단 및 특별피난계단을 포함한다), 피난안전구역으로 피난을 유도하기 위한 유도등·유도표지, 비상조명등 및 휴대용비상조명등
4. 소화활동설비 중 제연설비, 무선통신보조설비

③ 선큰은 다음 각 호의 기준에 맞게 설치하여야 한다. 〈개정 2015.4.14., 2016.11.22.〉
1. 다음 각 목의 구분에 따라 용도(「건축법 시행령」 별표 1에 따른 용도를 말한다)별로 산정한 면적을 합산한 면적 이상으로 설치할 것
   가. 문화 및 집회시설 중 공연장, 집회장 및 관람장은 해당 면적의 7퍼센트 이상
   나. 판매시설 중 소매시장은 해당 면적의 7퍼센트 이상
   다. 그 밖의 용도는 해당 면적의 3퍼센트 이상
2. 다음 각 목의 기준에 맞게 설치할 것
   가. 지상 또는 피난층(직접 지상으로 통하는 출입구가 있는 층 및 제1항에 따른 피난안전구역을 말한다)으로 통하는 너비 1.8미터 이상의 직통계단을 설치하거나, 너비 1.8미터 이상 및 경사도 12.5퍼센트 이하의 경사로를 설치할 것
   나. 거실(건축물 안에서 거주, 집무, 작업, 집회, 오락, 그 밖에 이와 유사한 목적을 위하여 사용되는 방을 말한다. 이하 같다) 바닥면적 100제곱미터마다 0.6미터 이상을 거실에 접하도록 하고, 선큰과 거실을 연결하는 출입문의 너비는 거실 바닥면적 100제곱미터마다 0.3미터로 산정한 값 이상으로 할 것
3. 다음 각 목의 기준에 맞는 설비를 갖출 것
   가. 빗물에 의한 침수 방지를 위하여 차수판(遮水板), 집수정(集水井), 역류방지기를 설치할 것
   나. 선큰과 거실이 접하는 부분에 제연설비[드렌처(수막)설비 또는 공기조화설비와 별도로 운용하는 제연설비를 말한다]를 설치할 것. 다만, 선큰과 거실이 접하는 부분에 설치된 공기조화설비가 「화재예방, 소방시설 설치·유지 및 안전관리에 관한 법률」 제9조제1항에 따른 화재안전기준에 맞게 설치되어 있고, 화재발생 시 제연설비 기능으로 자동 전환되는 경우에는 제연설비를 설치하지 않을 수 있다.

피.방규칙제 8조의 2(피난안전구역의 설치기준)
(「건축법 시행령」 제34조 제3항 및 제4항에 따른 (피난, 방화구조 등의 기준에 관한규칙 8조의2)

> **참고** 건축법시행령 제34조 제3항 : 초고층건축물에는 피난안전구역을 지상층으로부터 최대 30개층마다 1개소 이상을 설치해야 한다.
>
> 건축법시행령 제34조 제4항 : 준초고층건축물에는 피난안전구역을 해당건축물 전체층수의 1/2에 해당하는 층으로부터 상하 5개층 이내에 1개소 이상을 설치해야 한다.

① 영 제34조제3항 및 제4항에 따라 설치하는 피난안전구역(이하 "피난안전구역"이라 한다)은 해당 건축물의 1개층을 대피공간으로 하며, 대피에 장애가 되지 아니하는 범위에서 기계실, 보일러실, 전기실 등 건축설비를 설치하기 위한 공간과 같은 층에 설치할 수 있다. 이 경우 피난안전구역은 건축설비가 설치되는 공간과 내화구조로 구획하여야 한다. 〈개정 2012. 1. 6.〉

② 피난안전구역에 연결되는 특별피난계단은 피난안전구역을 거쳐서 상·하층으로 갈 수 있는 구조로 설치하여야 한다.

③ 피난안전구역의 구조 및 설비는 다음 각 호의 기준에 적합하여야 한다. 〈개정 2012. 1. 6., 2014. 11. 19., 2017. 7. 26., 2019. 8. 6.〉

1. 피난안전구역의 바로 아래층 및 위층은 「녹색건축물 조성 지원법」 제15조제1항에 따라 국토교통부장관이 정하여 고시한 기준에 적합한 단열재를 설치할 것. 이 경우 아래층은 최상층에 있는 거실의 반자 또는 지붕 기준을 준용하고, 위층은 최하층에 있는 거실의 바닥 기준을 준용할 것
2. 피난안전구역의 내부마감재료는 불연재료로 설치할 것
3. 건축물의 내부에서 피난안전구역으로 통하는 계단은 특별피난계단의 구조로 설치할 것
4. 비상용 승강기는 피난안전구역에서 승하차 할 수 있는 구조로 설치할 것
5. 피난안전구역에는 식수공급을 위한 급수전을 1개소 이상 설치하고 예비전원에 의한 조명설비를 설치할 것
6. 관리사무소 또는 방재센터 등과 긴급연락이 가능한 경보 및 통신시설을 설치할 것
7. 별표 1의2에서 정하는 기준에 따라 산정한 면적 이상일 것
8. 피난안전구역의 높이는 2.1미터 이상일 것
9. 「건축물의 설비기준 등에 관한 규칙」 제14조에 따른 배연설비를 설치할 것
10. 그 밖에 소방청장이 정하는 소방 등 재난관리를 위한 설비를 갖출 것

> 참고 별표 1의 2 : 피난안전구역 윗층의 재실자수 × 0.5 × 0.28m²
> 윗층 재실자수 : 해당 피난안전구역과 다음 피난안전구역 사이의 용도별 바닥면적을 사용형태별 재실자밀도로 나눈 값

시행령 제14조(피난안전구역 설치기준 등)
④ 초고층 건축물등의 관리주체는 피난안전구역에 제1항부터 제3항까지에서 규정한 사항 외에 재난의 예방·대응 및 지원을 위하여 행정안전부령으로 정하는 설비 등을 갖추어야 한다. 〈개정 2013. 3. 23., 2014. 11. 19., 2017. 7. 26.〉

시행규칙 제8조(피난안전구역의 설비 등)
「초고층 및 지하연계 복합건축물 재난관리에 관한 특별법 시행령」(이하 "영"이라 한다) 제14조제4항에서 "행정안전부령으로 정하는 설비 등"이란 다음 각 호의 장비를 말한다. 〈개정 2013. 3. 23., 2014. 11. 19., 2017. 7. 26., 2021. 7. 13.〉

1. 자동심장충격기 등 심폐소생술을 할 수 있는 응급장비
2. 다음 각 목의 구분에 따른 수량의 방독면
   가. 초고층 건축물에 설치된 피난안전구역 : 피난안전구역 위층의 재실자 수(「건축물의 피난·방화구조 등의 기준에 관한 규칙」 별표 1의2에 따라 산정된 재실자 수를 말한다)의 10분의 1 이상
   나. 지하연계 복합건축물에 설치된 피난안전구역 : 피난안전구역이 설치된 층의 수용인원(영 별표 2에 따라 산정된 수용인원을 말한다)의 10분의 1 이상

Question 70 종합방재실의 설치기준등(시행규칙 7조)

제7조(종합방재실의 설치기준) ① 초고층 건축물등의 관리주체는 법 제16조제1항에 따라 다음 각 호의 기준에 맞는 종합방재실을 설치·운영하여야 한다.

1. 종합방재실의 개수 : 1개. 다만, 100층 이상인 초고층 건축물등의 관리주체는 종합방재실이 그 기능을 상실하는 경우에 대비하여 종합방재실을 추가로 설치하거나, 관계지역 내 다른 종합방재실에 보조종합재난관리체제를 구축하여 재난관리업무가 중단되지 아니하도록 하여야 한다.
2. 종합방재실의 위치
   가. 1층 또는 피난층. 다만, 초고층 건축물등에 「건축법 시행령」 제35조에 따른 특별피난계단(이하 "특별피난계단"이라 한다)이 설치되어 있고, 특별피난계단 출입

구로부터 5미터 이내에 종합방재실을 설치하려는 경우에는 2층 또는 지하 1층에 설치할 수 있으며, 공동주택의 경우에는 관리사무소 내에 설치할 수 있다.
    나. 비상용 승강장, 피난 전용 승강장 및 특별피난계단으로 이동하기 쉬운 곳
    다. 재난정보 수집 및 제공, 방재 활동의 거점(據點) 역할을 할 수 있는 곳
    라. 소방대(消防隊)가 쉽게 도달할 수 있는 곳
    마. 화재 및 침수 등으로 인하여 피해를 입을 우려가 적은 곳
3. 종합방재실의 구조 및 면적
    가. 다른 부분과 방화구획(防火區劃)으로 설치할 것. 다만, 다른 제어실 등의 감시를 위하여 두께 7밀리미터 이상의 망입(網入)유리(두께 16.3밀리미터 이상의 접합유리 또는 두께 28밀리미터 이상의 복층유리를 포함한다)로 된 4제곱미터 미만의 붙박이창을 설치할 수 있다.
    나. 제2항에 따른 인력의 대기 및 휴식 등을 위하여 종합방재실과 방화구획된 부속실(附屬室)을 설치할 것
    다. 면적은 20제곱미터 이상으로 할 것
    라. 재난 및 안전관리, 방범 및 보안, 테러 예방을 위하여 필요한 시설·장비의 설치와 근무 인력의 재난 및 안전관리 활동, 재난 발생 시 소방대원의 지휘 활동에 지장이 없도록 설치할 것
    마. 출입문에는 출입 제한 및 통제 장치를 갖출 것
4. 종합방재실의 설비 등
    가. 조명설비(예비전원을 포함한다) 및 급수·배수설비
    나. 상용전원(常用電源)과 예비전원의 공급을 자동 또는 수동으로 전환하는 설비
    다. 급기(給氣)·배기(排氣) 설비 및 냉방·난방 설비
    라. 전력 공급 상황 확인 시스템
    마. 공기조화·냉난방·소방·승강기 설비의 감시 및 제어시스템
    바. 자료 저장 시스템
    사. 지진계 및 풍향·풍속계
    아. 소화 장비 보관함 및 무정전(無停電) 전원공급장치
    자. 피난안전구역, 피난용 승강기 승강장 및 테러 등의 감시와 방범·보안을 위한 폐쇄회로텔레비전(CCTV)

② 초고층 건축물등의 관리주체는 종합방재실에 재난 및 안전관리에 필요한 인력을 3명 이상 상주(常住)하도록 하여야 한다.

③ 초고층 건축물등의 관리주체는 종합방재실의 기능이 항상 정상적으로 작동되도록 종합방재실의 시설 및 장비 등을 수시로 점검하고, 그 결과를 보관하여야 한다.

07 건축법 · 시행령 · 시행규칙

1. 건축법, 건축법 시행령

Question 71 용어 정의

건축법 제2조(정의)

5. "지하층"이란 건축물의 바닥이 지표면 아래에 있는 층으로서 바닥에서 지표면까지 평균높이가 해당 층 높이의 2분의 1 이상인 것을 말한다.
7. "주요구조부"란 내력벽(耐力壁), 기둥, 바닥, 보, 지붕틀 및 주계단(主階段)을 말한다. 다만, 사이 기둥, 최하층 바닥, 작은 보, 차양, 옥외 계단, 그 밖에 이와 유사한 것으로 건축물의 구조상 중요하지 아니한 부분은 제외한다.
8. "건축"이란 건축물을 신축·증축·개축·재축(再築)하거나 건축물을 이전하는 것을 말한다.
9. "대수선"이란 건축물의 기둥, 보, 내력벽, 주계단 등의 구조나 외부 형태를 수선·변경하거나 증설하는 것으로서 대통령령으로 정하는 것을 말한다.
10. "리모델링"이란 건축물의 노후화를 억제하거나 기능 향상 등을 위하여 대수선하거나 일부 증축하는 행위를 말한다.
19. "고층건축물"이란 층수가 30층 이상이거나 높이가 120미터 이상인 건축물을 말한다.

시행령

15. "초고층 건축물"이란 층수가 50층 이상이거나 높이가 200미터 이상인 건축물을 말한다.
15의2. "준초고층 건축물"이란 고층건축물 중 초고층 건축물이 아닌 것을 말한다.

암기방법 30, 120, 50, 200 중요도 ★★★
(건축법상 고층건축물) (암기 필요)

Question 72. 대수선의 범위

시행령 제3조의2(대수선의 범위)

법 제2조제1항제9호에서 "대통령령으로 정하는 것"이란 다음 각 호의 어느 하나에 해당하는 것으로서 증축·개축 또는 재축에 해당하지 아니하는 것을 말한다. 〈개정 2010. 2. 18., 2014. 11. 28.〉

1. 내력벽을 증설 또는 해체하거나 그 벽면적을 30제곱미터 이상 수선 또는 변경하는 것
2. 기둥을 증설 또는 해체하거나 세 개 이상 수선 또는 변경하는 것
3. 보를 증설 또는 해체하거나 세 개 이상 수선 또는 변경하는 것
4. 지붕틀(한옥의 경우에는 지붕틀의 범위에서 서까래는 제외한다)을 증설 또는 해체하거나 세 개 이상 수선 또는 변경하는 것
5. 방화벽 또는 방화구획을 위한 바닥 또는 벽을 증설 또는 해체하거나 수선 또는 변경하는 것
6. 주계단·피난계단 또는 특별피난계단을 증설 또는 해체하거나 수선 또는 변경하는 것
7. 삭제 〈2019. 10. 22.〉
8. 다가구주택의 가구 간 경계벽 또는 다세대주택의 세대 간 경계벽을 증설 또는 해체하거나 수선 또는 변경하는 것
9. 건축물의 외벽에 사용하는 마감재료(법 제52조제2항에 따른 마감재료를 말한다)를 증설 또는 해체하거나 벽면적 30제곱미터 이상 수선 또는 변경하는 것

암기방법 내기보지 주방미경마 , 30, 세 개, 해체, 수선 변경 중요도 ★★★
(암기 필요)

Question 73. 직통계단의 설치 기준

시행령 제34조(직통계단의 설치)

① 건축물의 피난층(직접 지상으로 통하는 출입구가 있는 층 및 제3항과 제4항에 따른 피난안전구역을 말한다. 이하 같다) 외의 층에서는 피난층 또는 지상으로 통하는 직통계단(경사로를 포함한다. 이하 같다)을 거실의 각 부분으로부터 계단(거실로부

터 가장 가까운 거리에 있는 1개소의 계단을 말한다)에 이르는 보행거리가 30미터 이하가 되도록 설치해야 한다. 다만, 건축물(지하층에 설치하는 것으로서 바닥면적의 합계가 300제곱미터 이상인 공연장·집회장·관람장 및 전시장은 제외한다)의 주요구조부가 내화구조 또는 불연재료로 된 건축물은 그 보행거리가 50미터(층수가 16층 이상인 공동주택의 경우 16층 이상인 층에 대해서는 40미터) 이하가 되도록 설치할 수 있으며, 자동화 생산시설에 스프링클러 등 자동식 소화설비를 설치한 공장으로서 국토교통부령으로 정하는 공장인 경우에는 그 보행거리가 75미터(무인화 공장인 경우에는 100미터) 이하가 되도록 설치할 수 있다. 〈개정 2009. 7. 16., 2010. 2. 18., 2011. 12. 30., 2013. 3. 23., 2019. 8. 6., 2020. 10. 8.〉

암기방법 보행거리 : 30, 50, 40   중요도 ★★★
(암기 필요)

② 법 제49조제1항에 따라 피난층 외의 층이 다음 각 호의 어느 하나에 해당하는 용도 및 규모의 건축물에는 국토교통부령으로 정하는 기준에 따라 피난층 또는 지상으로 통하는 직통계단을 2개소 이상 설치하여야 한다. 〈개정 2009. 7. 16., 2013. 3. 23., 2014. 3. 24., 2015. 9. 22., 2017. 2. 3.〉

1. 제2종 근린생활시설 중 공연장·종교집회장, 문화 및 집회시설(전시장 및 동·식물원은 제외한다), 종교시설, 위락시설 중 주점영업 또는 장례시설의 용도로 쓰는 층으로서 그 층에서 해당 용도로 쓰는 바닥면적의 합계가 200제곱미터(제2종 근린생활시설 중 공연장·종교집회장은 각각 300제곱미터) 이상인 것

2. 단독주택 중 다중주택·다가구주택, 제1종 근린생활시설 중 정신과의원(입원실이 있는 경우로 한정한다), 제2종 근린생활시설 중 인터넷컴퓨터게임시설제공업소(해당 용도로 쓰는 바닥면적의 합계가 300제곱미터 이상인 경우만 해당한다)·학원·독서실, 판매시설, 운수시설(여객용 시설만 해당한다), 의료시설(입원실이 없는 치과병원은 제외한다), 교육연구시설 중 학원, 노유자시설 중 아동 관련 시설·노인복지시설·장애인 거주시설(「장애인복지법」 제58조제1항제1호에 따른 장애인 거주시설 중 국토교통부령으로 정하는 시설을 말한다. 이하 같다) 및 「장애인복지법」 제58조제1항제4호에 따른 장애인 의료재활시설(이하 "장애인 의료재활시설"이라 한다), 수련시설 중 유스호스텔 또는 숙박시설의 용도로 쓰는 3층 이상의 층으로서 그 층의 해당 용도로 쓰는 거실의 바닥면적의 합계가 200제곱미터 이상인 것

3. 공동주택(층당 4세대 이하인 것은 제외한다) 또는 업무시설 중 오피스텔의 용도로 쓰는 층으로서 그 층의 해당 용도로 쓰는 거실의 바닥면적의 합계가 300제곱미터

이상인 것
4. 제1호부터 제3호까지의 용도로 쓰지 아니하는 3층 이상의 층으로서 그 층 거실의 바닥면적의 합계가 400제곱미터 이상인 것
5. 지하층으로서 그 층 거실의 바닥면적의 합계가 200제곱미터 이상인 것

③ 초고층 건축물에는 피난층 또는 지상으로 통하는 직통계단과 직접 연결되는 피난안전구역(건축물의 피난·안전을 위하여 건축물 중간층에 설치하는 대피공간을 말한다. 이하 같다)을 지상층으로부터 최대 30개 층마다 1개소 이상 설치하여야 한다. 〈신설 2009.7.16, 2011.12.30.〉

암기방법 피난안전구역, 30
(암기 필요)
중요도 ★★★★★

④ 준초고층 건축물에는 피난층 또는 지상으로 통하는 직통계단과 직접 연결되는 피난안전구역을 해당 건축물 전체 층수의 2분의 1에 해당하는 층으로부터 상하 5개층 이내에 1개소 이상 설치하여야 한다. 다만, 국토교통부령으로 정하는 기준에 따라 피난층 또는 지상으로 통하는 직통계단을 설치하는 경우에는 그러하지 아니하다. 〈신설 2011.12.30, 2013.3.23〉

Question 74 피난계단의 설치기준

시행령 제35조(피난계단의 설치)

① 법 제49조제1항에 따라 5층 이상 또는 지하 2층 이하인 층에 설치하는 직통계단은 국토교통부령으로 정하는 기준에 따라 피난계단 또는 특별피난계단으로 설치하여야 한다. 다만, 건축물의 주요구조부가 내화구조 또는 불연재료로 되어 있는 경우로서 다음 각 호의 어느 하나에 해당하는 경우에는 그러하지 아니하다. 〈개정 2008.10.29, 2013.3.23〉
1. 5층 이상인 층의 바닥면적의 합계가 200제곱미터 이하인 경우
2. 5층 이상인 층의 바닥면적 200제곱미터 이내마다 방화구획이 되어 있는 경우

암기방법 5, 2, 주내불, 5.2, 5.2방
(암기 필요)
중요도 ★★★★★

② 건축물(갓복도식 공동주택은 제외한다)의 11층(공동주택의 경우에는 16층) 이상인 층(바닥면적이 400제곱미터 미만인 층은 제외한다) 또는 지하 3층 이하인 층(바닥면적이 400제곱미터미만인 층은 제외한다)으로부터 피난층 또는 지상으로 통하는 직통계단은 제1항에도 불구하고 특별피난계단으로 설치하여야 한다. 〈개정 2008.10.29.〉

암기방법 11, 16, 3, 4갓 제외   중요도 ★★★★★

(암기 필요)

③ 제1항에서 판매시설의 용도로 쓰는 층으로부터의 직통계단은 그 중 1개소 이상을 특별피난계단으로 설치하여야 한다. 〈개정 2008.10.29.〉
⑤ 건축물의 5층 이상인 층으로서 문화 및 집회시설 중 전시장 또는 동·식물원, 판매시설, 운수시설(여객용 시설만 해당한다), 운동시설, 위락시설, 관광휴게시설(다중이 이용하는 시설만 해당한다) 또는 수련시설 중 생활권 수련시설의 용도로 쓰는 층에는 제34조에 따른 직통계단 외에 그 층의 해당 용도로 쓰는 바닥면적의 합계가 2천제곱미터를 넘는 경우에는 그 넘는 2천 제곱미터 이내마다 1개소의 피난계단 또는 특별피난계단(4층 이하의 층에는 쓰지 아니하는 피난계단 또는 특별피난계단만 해당한다)을 설치하여야 한다. 〈개정 2008.10.29, 2009.7.16.〉

Question 75 옥상광장 등의 설치 기준

건축법시행령 제40조(옥상광장 등의 설치)
① 옥상광장 또는 2층 이상인 층에 있는 노대등[노대(露臺)나 그 밖에 이와 비슷한 것을 말한다. 이하 같다]의 주위에는 높이 1.2미터 이상의 난간을 설치하여야 한다. 다만, 그 노대등에 출입할 수 없는 구조인 경우에는 그러하지 아니하다. 〈개정 2018. 9. 4.〉
② 5층 이상인 층이 제2종 근린생활시설 중 공연장·종교집회장·인터넷컴퓨터게임시설제공업소(해당 용도로 쓰는 바닥면적의 합계가 각각 300제곱미터 이상인 경우만 해당한다), 문화 및 집회시설(전시장 및 동·식물원은 제외한다), 종교시설, 판매시설, 위락시설 중 주점영업 또는 장례시설의 용도로 쓰는 경우에는 피난 용도로 쓸 수 있는 광장을 옥상에 설치하여야 한다. 〈개정 2014. 3. 24., 2017. 2. 3.〉

③ 다음 각 호의 어느 하나에 해당하는 건축물은 옥상으로 통하는 출입문에 「화재예방, 소방시설 설치·유지 및 안전관리에 관한 법률」 제39조제1항에 따른 성능인증 및 같은 조 제2항에 따른 제품검사를 받은 비상문자동개폐장치(화재 등 비상시에 소방시스템과 연동되어 잠김 상태가 자동으로 풀리는 장치를 말한다)를 설치해야 한다. 〈신설 2021. 1. 8.〉

1. 제2항에 따라 피난 용도로 쓸 수 있는 광장을 옥상에 설치해야 하는 건축물
2. 피난 용도로 쓸 수 있는 광장을 옥상에 설치하는 다음 각 목의 건축물
   가. 다중이용 건축물
   나. 연면적 1천제곱미터 이상인 공동주택

암기방법 11, 1만, 평, 경, 헬, 대 중요도 ★★★
(암기 필요)

④ 층수가 11층 이상인 건축물로서 11층 이상인 층의 바닥면적의 합계가 1만 제곱미터 이상인 건축물의 옥상에는 다음 각 호의 구분에 따른 공간을 확보하여야 한다. 〈개정 2009. 7. 16., 2011. 12. 30., 2021. 1. 8.〉

1. 건축물의 지붕을 평지붕으로 하는 경우 : 헬리포트를 설치하거나 헬리콥터를 통하여 인명 등을 구조할 수 있는 공간
2. 건축물의 지붕을 경사지붕으로 하는 경우 : 경사지붕 아래에 설치하는 대피공간

⑤ 제4항에 따른 헬리포트를 설치하거나 헬리콥터를 통하여 인명 등을 구조할 수 있는 공간 및 경사지붕 아래에 설치하는 대피공간의 설치기준은 국토교통부령으로 정한다. 〈신설 2011. 12. 30., 2013. 3. 23., 2021. 1. 8.〉

[전문개정 2008.10.29.]

참고 (피방규칙 13조) : 문제 84 참조

Question 76 대피공간의 설치기준 (건축법시행령 제46조 ④항)

필수사항 (발코니 확장에 따른 대피공간 설치기준을 규정하는 것임) 중요도 ★★★★★
(아주 중요)

④ 공동주택 중 아파트로서 4층 이상인 층의 각 세대가 2개 이상의 직통계단을 사용할 수 없는 경우에는 발코니에 인접 세대와 공동으로 또는 각 세대별로 다음 각 호의

요건을 모두 갖춘 대피공간을 하나 이상 설치해야 한다. 이 경우 인접 세대와 공동으로 설치하는 대피공간은 인접 세대를 통하여 2개 이상의 직통계단을 쓸 수 있는 위치에 우선 설치되어야 한다. 〈개정 2013. 3. 23., 2020. 10. 8.〉
1. 대피공간은 바깥의 공기와 접할 것
2. 대피공간은 실내의 다른 부분과 방화구획으로 구획될 것
3. 대피공간의 바닥면적은 인접 세대와 공동으로 설치하는 경우에는 3제곱미터 이상, 각 세대별로 설치하는 경우에는 2제곱미터 이상일 것
4. 국토교통부장관이 정하는 기준에 적합할 것

암기방법 **접방3적** 중요도 ★★★★★
(아주 중요)

Question 77 대피공간 설치제외 조건 (건축법시행령 제46조 ⑤항)

⑤ 제4항에도 불구하고 아파트의 4층 이상인 층에서 발코니에 다음 각 호의 어느 하나에 해당하는 구조 또는 시설을 갖춘 경우에는 대피공간을 설치하지 않을 수 있다. 〈개정 2010. 2. 18., 2013. 3. 23., 2014. 8. 27., 2018. 9. 4., 2021. 8. 10.〉
1. 발코니와 인접 세대와의 경계벽이 파괴하기 쉬운 경량구조 등인 경우
2. 발코니의 경계벽에 피난구를 설치한 경우
3. 발코니의 바닥에 국토교통부령으로 정하는 하향식 피난구를 설치한 경우
4. 국토교통부장관이 제4항에 따른 대피공간과 동일하거나 그 이상의 성능이 있다고 인정하여 고시하는 구조 또는 시설(이하 이 호에서 "대체시설"이라 한다)을 갖춘 경우. 이 경우 국토교통부장관은 대체시설의 성능에 대해 미리「과학기술분야 정부출연연구기관 등의 설립·운영 및 육성에 관한 법률」제8조제1항에 따라 설립된 한국건설기술연구원(이하 "한국건설기술연구원"이라 한다)의 기술검토를 받은 후 고시해야 한다.

암기방법 **경피하대** 중요도 ★★★★
(아주 중요)

Question 78. 노인요양시설 등에 대피공간 등 설치

시행령 46조
⑥ 요양병원, 정신병원, 「노인복지법」 제34조제1항제1호에 따른 노인요양시설(이하 "노인요양시설"이라 한다), 장애인 거주시설 및 장애인 의료재활시설의 피난층 외의 층에는 다음 각 호의 어느 하나에 해당하는 시설을 설치하여야 한다. 〈신설 2015. 9. 22., 2018. 9. 4.〉
1. 각 층마다 별도로 방화구획된 대피공간
2. 거실에 접하여 설치된 노대등
3. 계단을 이용하지 아니하고 건물 외부의 지상으로 통하는 경사로 또는 인접 건축물로 피난할 수 있도록 설치하는 연결복도 또는 연결통로

Question 79. 방화구획 설치 및 완화기준

제46조(방화구획의 설치)
① 법 제49조제2항에 따라 주요구조부가 내화구조 또는 불연재료로 된 건축물로서 연면적이 1천 제곱미터를 넘는 것은 국토교통부령으로 정하는 기준에 따라 내화구조로 된 바닥·벽 및 제64조에 따른 갑종 방화문(국토교통부장관이 정하는 기준에 적합한 자동방화셔터를 포함한다. 이하 이 조에서 같다)으로 구획(이하 "방화구획"이라 한다)하여야 한다. 다만, 「원자력안전법」 제2조에 따른 원자로 및 관계시설은 「원자력안전법」에서 정하는 바에 따른다. 〈개정 2011. 10. 25., 2013. 3. 23.〉

암기방법 주내불 1000 ★★★★★
(암기 필요)

② 다음 각 호의 어느 하나에 해당하는 건축물의 부분에는 제1항을 적용하지 않거나 그 사용에 지장이 없는 범위에서 제1항을 완화하여 적용할 수 있다. 〈개정 2010. 2. 18., 2017. 2. 3., 2019. 8. 6., 2020. 10. 8.〉
1. 문화 및 집회시설(동·식물원은 제외한다), 종교시설, 운동시설 또는 장례시설의 용도로 쓰는 거실로서 시선 및 활동공간의 확보를 위하여 불가피한 부분
2. 물품의 제조·가공·보관 및 운반 등에 필요한 고정식 대형기기 설비의 설치를 위

하여 불가피한 부분. 다만, 지하층인 경우에는 지하층의 외벽 한쪽 면(지하층의 바닥면에서 지상층 바닥 아래면까지의 외벽 면적 중 4분의 1 이상이 되는 면을 말한다) 전체가 건물 밖으로 개방되어 보행과 자동차의 진입·출입이 가능한 경우에 한정한다.
3. 계단실부분·복도 또는 승강기의 승강로 부분(해당 승강기의 승강을 위한 승강로비 부분을 포함한다)으로서 그 건축물의 다른 부분과 방화구획으로 구획된 부분
4. 건축물의 최상층 또는 피난층으로서 대규모 회의장·강당·스카이라운지·로비 또는 피난안전구역 등의 용도로 쓰는 부분으로서 그 용도로 사용하기 위하여 불가피한 부분
5. 복층형 공동주택의 세대별 층간 바닥 부분
6. 주요구조부가 내화구조 또는 불연재료로 된 주차장
7. 단독주택, 동물 및 식물 관련 시설 또는 교정 및 군사시설 중 군사시설(집회, 체육, 창고 등의 용도로 사용되는 시설만 해당한다)로 쓰는 건축물
8. 건축물의 1층과 2층의 일부를 동일한 용도로 사용하며 그 건축물의 다른 부분과 방화구획으로 구획된 부분(바닥면적의 합계가 500제곱미터 이하인 경우로 한정한다)

암기방법 시대피복 주계단 1,2 　　중요도 ★★★

(암기 필요)

Question 80 경계벽 및 칸막이벽의 설치 대상

시행령 제53조(경계벽 등의 설치)
① 법 제49조제4항에 따라 다음 각 호의 어느 하나에 해당하는 건축물의 경계벽은 국토교통부령으로 정하는 기준에 따라 설치해야 한다. 〈개정 2010. 8. 17., 2013. 3. 23., 2014. 3. 24., 2014. 11. 28., 2015. 9. 22., 2019. 10. 22., 2020. 10. 8.〉
1. 단독주택 중 다가구주택의 각 가구 간 또는 공동주택(기숙사는 제외한다)의 각 세대 간 경계벽(제2조제14호 후단에 따라 거실·침실 등의 용도로 쓰지 아니하는 발코니 부분은 제외한다)
2. 공동주택 중 기숙사의 침실, 의료시설의 병실, 교육연구시설 중 학교의 교실 또는 숙박시설의 객실 간 경계벽

3. 제1종 근린생활시설 중 산후조리원의 다음 각 호의 어느 하나에 해당하는 경계벽
   가. 임산부실 간 경계벽
   나. 신생아실 간 경계벽
   다. 임산부실과 신생아실 간 경계벽
4. 제2종 근린생활시설 중 다중생활시설의 호실 간 경계벽
5. 노유자시설 중 「노인복지법」 제32조제1항제3호에 따른 노인복지주택(이하 "노인복지주택"이라 한다)의 각 세대 간 경계벽
6. 노유자시설 중 노인요양시설의 호실 간 경계벽

② 법 제49조제4항에 따라 다음 각 호의 어느 하나에 해당하는 건축물의 층간바닥(화장실의 바닥은 제외한다)은 국토교통부령으로 정하는 기준에 따라 설치해야 한다. 〈신설 2014. 11. 28., 2016. 8. 11., 2019. 10. 22.〉

1. 단독주택 중 다가구주택
2. 공동주택(「주택법」 제15조에 따른 주택건설사업계획승인 대상은 제외한다)
3. 업무시설 중 오피스텔
4. 제2종 근린생활시설 중 다중생활시설
5. 숙박시설 중 다중생활시설

Question 81 건축물의 내화구조 대상

시행령 제56조(건축물의 내화구조)
① 법 제50조제1항 본문에 따라 다음 각 호의 어느 하나에 해당하는 건축물(제5호에 해당하는 건축물로서 2층 이하인 건축물은 지하층 부분만 해당한다)의 주요구조부와 지붕은 내화구조로 해야 한다. 다만, 연면적이 50제곱미터 이하인 단층의 부속건축물로서 외벽 및 처마 밑면을 방화구조로 한 것과 무대의 바닥은 그렇지 않다. 〈개정 2009. 6. 30., 2010. 2. 18., 2010. 8. 17., 2013. 3. 23., 2014. 3. 24., 2017. 2. 3., 2019. 8. 6., 2019. 10. 22., 2021. 1. 5.〉

필수사항 (주요구조부임) 중요도 ★★★★

1. 제2종 근린생활시설 중 공연장·종교집회장(해당 용도로 쓰는 바닥면적의 합계가 각각 300제곱미터 이상인 경우만 해당한다), 문화 및 집회시설(전시장 및 동·식물원은 제외한다), 종교시설, 위락시설 중 주점영업 및 장례시설의 용도로 쓰는

건축물로서 관람실 또는 집회실의 바닥면적의 합계가 200제곱미터(옥외관람석의 경우에는 1천 제곱미터) 이상인 건축물

2. 문화 및 집회시설 중 전시장 또는 동·식물원, 판매시설, 운수시설, 교육연구시설에 설치하는 체육관·강당, 수련시설, 운동시설 중 체육관·운동장, 위락시설(주점영업의 용도로 쓰는 것은 제외한다), 창고시설, 위험물저장 및 처리시설, 자동차 관련 시설, 방송통신시설 중 방송국·전신전화국·촬영소, 묘지 관련 시설 중 화장시설·동물화장시설 또는 관광휴게시설의 용도로 쓰는 건축물로서 그 용도로 쓰는 바닥면적의 합계가 500제곱미터 이상인 건축물

3. 공장의 용도로 쓰는 건축물로서 그 용도로 쓰는 바닥면적의 합계가 2천 제곱미터 이상인 건축물. 다만, 화재의 위험이 적은 공장으로서 국토교통부령으로 정하는 공장은 제외한다.

4. 건축물의 2층이 단독주택 중 다중주택 및 다가구주택, 공동주택, 제1종 근린생활시설(의료의 용도로 쓰는 시설만 해당한다), 제2종 근린생활시설 중 다중생활시설, 의료시설, 노유자시설 중 아동 관련 시설 및 노인복지시설, 수련시설 중 유스호스텔, 업무시설 중 오피스텔, 숙박시설 또는 장례시설의 용도로 쓰는 건축물로서 그 용도로 쓰는 바닥면적의 합계가 400제곱미터 이상인 건축물

5. 3층 이상인 건축물 및 지하층이 있는 건축물. 다만, 단독주택(다중주택 및 다가구주택은 제외한다), 동물 및 식물 관련 시설, 발전시설(발전소의 부속용도로 쓰는 시설은 제외한다), 교도소·소년원 또는 묘지 관련 시설(화장시설 및 동물화장시설은 제외한다)의 용도로 쓰는 건축물과 철강 관련 업종의 공장 중 제어실로 사용하기 위하여 연면적 50제곱미터 이하로 증축하는 부분은 제외한다.

② 법 제50조제1항 단서에 따라 막구조의 건축물은 주요구조부에만 내화구조로 할 수 있다. 〈개정 2019. 10. 22.〉

암기방법 문동공공 3지 , 2, 5, 2, 4 중요도 ★★★
(건축법 기본사항으로 숙지 필요)

Question 82 방화문 구분

건축법 시행령 제64조(방화문의 구분) ① 방화문은 다음 각 호와 같이 구분한다.
1. 60분+ 방화문 : 연기 및 불꽃을 차단할 수 있는 시간이 60분 이상이고, 열을 차단

할 수 있는 시간이 30분 이상인 방화문
2. 60분 방화문 : 연기 및 불꽃을 차단할 수 있는 시간이 60분 이상인 방화문
3. 30분 방화문 : 연기 및 불꽃을 차단할 수 있는 시간이 30분 이상 60분 미만인 방화문
② 제1항 각 호의 구분에 따른 방화문 인정 기준은 국토교통부령으로 정한다.
[전문개정 2020. 10. 8.]

필수사항 (최근 개정 신설 내용으로 중요)　　중요도 ★★★★★

08 발코니 등의 구조변경 절차 및 설치기준

Question 83 대피공간의 구조, 방화판, 방화유리창, 창호, 난간 등

제3조(대피공간의 구조) ① 건축법 시행령 제46조제4항의 규정에 따라 설치되는 대피공간은 채광방향과 관계없이 거실 각 부분에서 접근이 용이하고 외부에서 신속하고 원활한 구조활동을 할 수 있는 장소에 설치하여야 하며, 출입구에 설치하는 갑종방화문은 거실쪽에서만 열 수 있는 구조(잠금장치가 거실 쪽에 설치되는 것을 말하며, 대피공간임을 알 수 있는 표지판을 설치할 것)로서 대피공간을 향해 열리는 밖여닫이로 하여야 한다.

② 대피공간은 1시간 이상의 내화성능을 갖는 내화구조의 벽으로 구획되어야 하며, 벽·천장 및 바닥의 내부마감재료는 준불연재료 또는 불연재료를 사용하여야 한다.

③ 대피공간은 외기에 개방되어야 한다. 다만, 창호를 설치하는 경우에는 폭 0.7미터 이상, 높이 1.0미터 이상(구조체에 고정되는 창틀 부분은 제외한다)은 반드시 외기에 개방될 수 있어야 하며, 비상시 외부의 도움을 받는 경우 피난에 장애가 없는 구조로 설치하여야 한다.

④ 대피공간에는 정전에 대비해 휴대용 손전등을 비치하거나 비상전원이 연결된 조명설비가 설치되어야 한다.

⑤ 대피공간은 대피에 지장이 없도록 시공·유지관리되어야 하며, 대피공간을 보일러실 또는 창고 등 대피에 장애가 되는 공간으로 사용하여서는 아니된다. 다만, 에어컨 실외기 등 냉방설비의 배기장치를 대피공간에 설치하는 경우에는 다음 각 호의 기준에 적합하여야 한다.

1. 냉방설비의 배기장치를 불연재료로 구획할 것
2. 제1호에 따라 구획된 면적은 건축법 시행령 제46조제4항제3호에 따른 대피공간 바닥면적 산정시 제외할 것

암기방법 접1외 조대
(암기 필요)

중요도 ★★★

제4조(방화판 또는 방화유리창의 구조) ① 아파트 2층 이상의 층에서 스프링클러의 살수범위에 포함되지 않는 발코니를 구조·변경하는 경우에는 발코니 끝부분에 바닥판 두께를 포함하여 높이가 90센티미터 이상의 방화판 또는 방화유리창을 설치하여야 한다.

② 제1항의 규정에 의하여 설치하는 방화판과 방화유리창은 창호와 일체 또는 분리하여 설치할 수 있다. 다만, 난간은 별도로 설치하여야 한다.

③ 방화판은「건축물의 피난·방화구조 등의 기준에 관한 규칙」제6조의 규정에서 규정하고 있는 불연재료를 사용할 수 있다. 다만, 방화판으로 유리를 사용하는 경우에는 제5항의 규정에 따른 방화유리를 사용하여야 한다.

④ 제1항부터 제3항까지에 따라 설치하는 방화판은 화재시 아래층에서 발생한 화염을 차단할 수 있도록 발코니 바닥과의 사이에 틈새가 없이 고정되어야 하며, 틈새가 있는 경우에는「건축물의 피난·방화구조 등의 기준에 관한 규칙」제14조제2항제2호에서 정한 재료로 틈새를 메워야 한다.

⑤ 방화유리창에서 방화유리(창호 등을 포함한다)는 한국산업표준 KS F 2845(유리구획부분의 내화시험방법)에서 규정하고 있는 시험방법에 따라 시험한 결과 비차열 30분 이상의 성능을 가져야 한다.

⑥ 입주자 및 사용자는 관리규약을 통해 방화판 또는 방화유리창 중 하나를 선택할 수 있다.

제5조(발코니 창호 및 난간등의 구조) ① 발코니를 거실등으로 사용하는 경우 난간의 높이는 1.2미터 이상이어야 하며 난간에 난간살이 있는 경우에는 난간살 사이의 간격을 10센티미터 이하의 간격으로 설치하는 등 안전에 필요한 조치를 하여야 한다.

② 발코니를 거실등으로 사용하는 경우 발코니에 설치하는 창호 등은「건축법 시행령」제91조제3항에 따른「건축물의 에너지절약 설계기준」및「건축물의 구조기준 등에 관한 규칙」제3조에 따른「건축구조기준」에 적합하여야 한다.

③ 제4조에 따라 방화유리창을 설치하는 경우에는 추락 등의 방지를 위하여 필요한 조치를 하여야 한다. 다만, 방화유리창의 방화유리가 난간높이 이상으로 설치되는 경우는 그러하지 아니하다.

제6조(발코니 내부마감재료 등) 스프링클러의 살수범위에 포함되지 않는 발코니를 구조변경하여 거실등으로 사용하는 경우 발코니에 자동화재탐지기를 설치(단독주택은 제외한다)하고 내부마감재료는「건축물의 피난·방화구조 등의 기준에 관한 규칙」제24조의 규정에 적합하여야 한다.

건축물의 피난·방화구조 등의 기준에 관한 규칙

Question 84 방화구획의 설치기준

제14조(방화구획의 설치기준) ①영 제46조제1항 각 호 외의 부분 본문에 따라 건축물에 설치하는 방화구획은 다음 각 호의 기준에 적합해야 한다. 〈개정 2010. 4. 7., 2019. 8. 6., 2021. 3. 26.〉

1. 10층 이하의 층은 바닥면적 1천제곱미터(스프링클러 기타 이와 유사한 자동식 소화설비를 설치한 경우에는 바닥면적 3천제곱미터)이내마다 구획할 것
2. 매층마다 구획할 것. 다만, 지하 1층에서 지상으로 직접 연결하는 경사로 부위는 제외한다.
3. 11층 이상의 층은 바닥면적 200제곱미터(스프링클러 기타 이와 유사한 자동식 소화설비를 설치한 경우에는 600제곱미터)이내마다 구획할 것. 다만, 벽 및 반자의 실내에 접하는 부분의 마감을 불연재료로 한 경우에는 바닥면적 500제곱미터(스프링클러 기타 이와 유사한 자동식 소화설비를 설치한 경우에는 1천500제곱미터)이내마다 구획하여야 한다.
4. 필로티나 그 밖에 이와 비슷한 구조(벽면적의 2분의 1 이상이 그 층의 바닥면에서 위층 바닥 아래면까지 공간으로 된 것만 해당한다)의 부분을 주차장으로 사용하는 경우 그 부분은 건축물의 다른 부분과 구획할 것

암기방법 10, 층, 11, 필, 1000, 200, 500, SP 3배 중요도 ★★★★★
(아주 중요)

②제1항에 따른 방화구획은 다음 각 호의 기준에 적합하게 설치해야 한다. 〈개정 2003. 1. 6., 2005. 7. 22., 2006. 6. 29., 2008. 3. 14., 2010. 4. 7., 2012. 1. 6., 2013. 3. 23., 2019. 8. 6., 2021. 3. 26.〉

1. 영 제46조에 따른 방화구획으로 사용하는 60+방화문 또는 60분방화문은 언제나 닫힌 상태를 유지하거나 화재로 인한 연기 또는 불꽃을 감지하여 자동적으로 닫히는 구조로 할 것. 다만, 연기 또는 불꽃을 감지하여 자동적으로 닫히는 구조로 할

수 없는 경우에는 온도를 감지하여 자동적으로 닫히는 구조로 할 수 있다.
2. 외벽과 바닥 사이에 틈이 생긴 때나 급수관·배전관 그 밖의 관이 방화구획으로 되어 있는 부분을 관통하는 경우 그로 인하여 방화구획에 틈이 생긴 때에는 그 틈을 한국건설기술연구원장이 국토교통부장관이 정하여 고시하는 기준에 따라 내화채움성능을 인정한 구조로 메울 것
   가. 삭제 〈2021. 3. 26.〉
   나. 삭제 〈2021. 3. 26.〉

암기방법 관틈 내화충전   중요도 ★★★
(암기 필요)

3. 환기·난방 또는 냉방시설의 풍도가 방화구획을 관통하는 경우에는 그 관통부분 또는 이에 근접한 부분에 다음 각 목의 기준에 적합한 댐퍼를 설치할 것. 다만, 반도체공장건축물로서 방화구획을 관통하는 풍도의 주위에 스프링클러헤드를 설치하는 경우에는 그렇지 않다.
   가. 화재로 인한 연기 또는 불꽃을 감지하여 자동적으로 닫히는 구조로 할 것. 다만, 주방 등 연기가 항상 발생하는 부분에는 온도를 감지하여 자동적으로 닫히는 구조로 할 수 있다.
   나. 국토교통부장관이 정하여 고시하는 비차열(非遮熱) 성능 및 방연성능 등의 기준에 적합할 것
   다. 삭제 〈2019. 8. 6.〉
   라. 삭제 〈2019. 8. 6.〉
4. 영 제46조제1항제2호와 제81조제5항제5호에 따라 설치되는 자동방화셔터는 피난이 가능한 60+방화문 또는 60분방화문으로부터 3미터 이내에 별도로 설치할 것

암기방법 풍댐, 자비   중요도 ★★★
(암기 필요)

③ 영 제46조제1항제2호에서 "국토교통부령으로 정하는 기준에 적합한 것"이란 한국건설기술연구원장이 국토교통부장관이 정하여 고시하는 바에 따라 다음 각 호의 사항을 모두 인정한 것을 말한다. 〈신설 2019. 8. 6., 2021. 3. 26.〉
1. 생산공장의 품질 관리 상태를 확인한 결과 국토교통부장관이 정하여 고시하는 기준에 적합할 것

2. 해당 제품의 품질시험을 실시한 결과 비차열 1시간 이상의 내화성능을 확보하였을 것

④ 영 제46조제5항제3호에 따른 하향식 피난구(덮개, 사다리, 경보시스템을 포함한다)의 구조는 다음 각 호의 기준에 적합하게 설치해야 한다. 〈신설 2010. 4. 7., 2019. 8. 6., 2021. 3. 26.〉

1. 피난구의 덮개는 품질시험을 실시한 결과 비차열 1시간 이상의 내화성능을 가져야 하며, 피난구의 유효 개구부 규격은 직경 60센티미터 이상일 것
2. 상층·하층간 피난구의 설치위치는 수직방향 간격을 15센티미터 이상 띄어서 설치할 것
3. 아래층에서는 바로 위층의 피난구를 열 수 없는 구조일 것
4. 사다리는 바로 아래층의 바닥면으로부터 50센티미터 이하까지 내려오는 길이로 할 것
5. 덮개가 개방될 경우에는 건축물관리시스템 등을 통하여 경보음이 울리는 구조일 것
6. 피난구가 있는 곳에는 예비전원에 의한 조명설비를 설치할 것

암기방법 덮개상 아사경조, 1, 60, 15, 50   중요도 ★★★★★
(아주 중요)

⑤ 제2항제2호에 따른 건축물의 외벽과 바닥 사이의 내화채움방법에 필요한 사항은 국토교통부장관이 정하여 고시한다. 〈신설 2012. 1. 6., 2013. 3. 23., 2019. 8. 6., 2021. 3. 26.〉

Question 85 헬리포트 및 구조공간 설치기준

피방규칙 제13조(헬리포트 및 구조공간 설치 기준)

① 영 제40조제4항제1호에 따라 건축물에 설치하는 헬리포트는 다음 각 호의 기준에 적합해야 한다. 〈개정 2003. 1. 6., 2010. 4. 7., 2012. 1. 6., 2021. 3. 26.〉

1. 헬리포트의 길이와 너비는 각각 22미터이상으로 할 것. 다만, 건축물의 옥상바닥의 길이와 너비가 각각 22미터이하인 경우에는 헬리포트의 길이와 너비를 각각 15미터까지 감축할 수 있다.
2. 헬리포트의 중심으로부터 반경 12미터 이내에는 헬리콥터의 이·착륙에 장애가

되는 건축물, 공작물, 조경시설 또는 난간 등을 설치하지 아니할 것
3. 헬리포트의 주위한계선은 백색으로 하되, 그 선의 너비는 38센티미터로 할 것
4. 헬리포트의 중앙부분에는 지름 8미터의 "ⓗ"표지를 백색으로 하되, "H"표지의 선의 너비는 38센티미터로, "O"표지의 선의 너비는 60센티미터로 할 것
5. 헬리포트로 통하는 출입문에 영 제40조제3항 각 호 외의 부분에 따른 비상문자동개폐장치(이하 "비상문자동개폐장치"라 한다)를 설치할 것

② 영 제40조제4항제1호에 따라 옥상에 헬리콥터를 통하여 인명 등을 구조할 수 있는 공간을 설치하는 경우에는 직경 10미터 이상의 구조공간을 확보해야 하며, 구조공간에는 구조활동에 장애가 되는 건축물, 공작물 또는 난간 등을 설치해서는 안 된다. 이 경우 구조공간의 표시기준 및 설치기준 등에 관하여는 제1항제3호부터 제5호까지의 규정을 준용한다. 〈신설 2010. 4. 7., 2012. 1. 6., 2021. 3. 26.〉

③ 영 제40조제4항제2호에 따라 설치하는 대피공간은 다음 각 호의 기준에 적합해야 한다. 〈신설 2012. 1. 6., 2021. 3. 26.〉
1. 대피공간의 면적은 지붕 수평투영면적의 10분의 1 이상 일 것
2. 특별피난계단 또는 피난계단과 연결되도록 할 것
3. 출입구·창문을 제외한 부분은 해당 건축물의 다른 부분과 내화구조의 바닥 및 벽으로 구획할 것
4. 출입구는 유효너비 0.9미터 이상으로 하고, 그 출입구에는 60+방화문 또는 60분 방화문을 설치할 것
4의2. 제4호에 따른 방화문에 비상문자동개폐장치를 설치할 것
5. 내부마감재료는 불연재료로 할 것
6. 예비전원으로 작동하는 조명설비를 설치할 것
7. 관리사무소 등과 긴급 연락이 가능한 통신시설을 설치할 것

암기방법 면특 구출 조통불, 1/10, 0.9 중요도 ★★★
(암기 필요)

참고 건축법시행령 제40조(옥상광장 등의 설치)
① 옥상광장 또는 2층 이상인 층에 있는 노대등[노대(露臺)나 그 밖에 이와 비슷한 것을 말한다. 이하 같다]의 주위에는 높이 1.2미터 이상의 난간을 설치하여야 한다. 다만, 그 노대등에 출입할 수 없는 구조인 경우에는 그러하지 아니하다. 〈개정 2018. 9. 4.〉
② 5층 이상인 층이 제2종 근린생활시설 중 공연장·종교집회장·인터넷컴퓨터게임시설제공업소(해당 용도로 쓰는 바닥면적의 합계가 각각 300제곱미터 이상인 경

우만 해당한다), 문화 및 집회시설(전시장 및 동·식물원은 제외한다), 종교시설, 판매시설, 위락시설 중 주점영업 또는 장례시설의 용도로 쓰는 경우에는 피난 용도로 쓸 수 있는 광장을 옥상에 설치하여야 한다. 〈개정 2014. 3. 24., 2017. 2. 3.〉
③ 다음 각 호의 어느 하나에 해당하는 건축물은 옥상으로 통하는 출입문에 「화재예방, 소방시설 설치·유지 및 안전관리에 관한 법률」 제39조제1항에 따른 성능인증 및 같은 조 제2항에 따른 제품검사를 받은 비상문자동개폐장치(화재 등 비상시에 소방시스템과 연동되어 잠김 상태가 자동으로 풀리는 장치를 말한다)를 설치해야 한다. 〈신설 2021. 1. 8.〉
1. 제2항에 따라 피난 용도로 쓸 수 있는 광장을 옥상에 설치해야 하는 건축물
2. 피난 용도로 쓸 수 있는 광장을 옥상에 설치하는 다음 각 목의 건축물
    가. 다중이용 건축물
    나. 연면적 1천제곱미터 이상인 공동주택
④ 층수가 11층 이상인 건축물로서 11층 이상인 층의 바닥면적의 합계가 1만 제곱미터 이상인 건축물의 옥상에는 다음 각 호의 구분에 따른 공간을 확보하여야 한다. 〈개정 2009. 7. 16., 2011. 12. 30., 2021. 1. 8.〉
1. 건축물의 지붕을 평지붕으로 하는 경우 : 헬리포트를 설치하거나 헬리콥터를 통하여 인명 등을 구조할 수 있는 공간
2. 건축물의 지붕을 경사지붕으로 하는 경우 : 경사지붕 아래에 설치하는 대피공간
⑤ 제4항에 따른 헬리포트를 설치하거나 헬리콥터를 통하여 인명 등을 구조할 수 있는 공간 및 경사지붕 아래에 설치하는 대피공간의 설치기준은 국토교통부령으로 정한다. 〈신설 2011. 12. 30., 2013. 3. 23., 2021. 1. 8.〉

Question 86 내화구조 기준

피방규칙 제3조(내화구조) 영 제2조제7호에서 "국토교통부령으로 정하는 기준에 적합한 구조"란 다음 각 호의 어느 하나에 해당하는 것을 말한다. 〈개정 2000. 6. 3., 2005. 7. 22., 2006. 6. 29., 2008. 3. 14., 2008. 7. 21., 2010. 4. 7., 2013. 3. 23., 2019. 8. 6., 2021. 8. 27.〉

필수사항 (벽체라도 암기 필요) (어느 정도 암기 필요)   중요도 ★★★

1. 벽의 경우에는 다음 각 목의 어느 하나에 해당하는 것
    가. 철근콘크리트조 또는 철골철근콘크리트조로서 두께가 10센티미터 이상인 것

나. 골구를 철골조로 하고 그 양면을 두께 4센티미터 이상의 철망모르타르(그 바름바탕을 불연재료로 한 것으로 한정한다. 이하 이 조에서 같다) 또는 두께 5센티미터 이상의 콘크리트블록·벽돌 또는 석재로 덮은 것

다. 철재로 보강된 콘크리트블록조·벽돌조 또는 석조로서 철재에 덮은 콘크리트블록등의 두께가 5센티미터 이상인 것

라. 벽돌조로서 두께가 19센티미터 이상인 것

마. 고온·고압의 증기로 양생된 경량기포 콘크리트패널 또는 경량기포 콘크리트블록조로서 두께가 10센티미터 이상인 것

2. 외벽 중 비내력벽인 경우에는 제1호에도 불구하고 다음 각 목의 어느 하나에 해당하는 것

   가. 철근콘크리트조 또는 철골철근콘크리트조로서 두께가 7센티미터 이상인 것

   나. 골구를 철골조로 하고 그 양면을 두께 3센티미터 이상의 철망모르타르 또는 두께 4센티미터 이상의 콘크리트블록·벽돌 또는 석재로 덮은 것

   다. 철재로 보강된 콘크리트블록조·벽돌조 또는 석조로서 철재에 덮은 콘크리트블록등의 두께가 4센티미터 이상인 것

   라. 무근콘크리트조·콘크리트블록조·벽돌조 또는 석조로서 그 두께가 7센티미터 이상인 것

3. 기둥의 경우에는 그 작은 지름이 25센티미터 이상인 것으로서 다음 각 목의 어느 하나에 해당하는 것. 다만, 고강도 콘크리트(설계기준강도가 50MPa 이상인 콘크리트를 말한다. 이하 이 조에서 같다)를 사용하는 경우에는 국토교통부장관이 정하여 고시하는 고강도 콘크리트 내화성능 관리기준에 적합해야 한다.

   가. 철근콘크리트조 또는 철골철근콘크리트조

   나. 철골을 두께 6센티미터(경량골재를 사용하는 경우에는 5센티미터)이상의 철망모르타르 또는 두께 7센티미터 이상의 콘크리트블록·벽돌 또는 석재로 덮은 것

   다. 철골을 두께 5센티미터 이상의 콘크리트로 덮은 것

4. 바닥의 경우에는 다음 각 목의 어느 하나에 해당하는 것

   가. 철근콘크리트조 또는 철골철근콘크리트조로서 두께가 10센티미터 이상인 것

   나. 철재로 보강된 콘크리트블록조·벽돌조 또는 석조로서 철재에 덮은 콘크리트블록등의 두께가 5센티미터 이상인 것

   다. 철재의 양면을 두께 5센티미터 이상의 철망모르타르 또는 콘크리트로 덮은 것

5. 보(지붕틀을 포함한다)의 경우에는 다음 각 목의 어느 하나에 해당하는 것. 다만, 고강도 콘크리트를 사용하는 경우에는 국토교통부장관이 정하여 고시하는 고강

도 콘크리트내화성능 관리기준에 적합해야 한다.
   가. 철근콘크리트조 또는 철골철근콘크리트조
   나. 철골을 두께 6센티미터(경량골재를 사용하는 경우에는 5센티미터)이상의 철망모르타르 또는 두께 5센티미터 이상의 콘크리트로 덮은 것
   다. 철골조의 지붕틀(바닥으로부터 그 아랫부분까지의 높이가 4미터 이상인 것에 한한다)로서 바로 아래에 반자가 없거나 불연재료로 된 반자가 있는 것
6. 지붕의 경우에는 다음 각 목의 어느 하나에 해당하는 것
   가. 철근콘크리트조 또는 철골철근콘크리트조
   나. 철재로 보강된 콘크리트블록조·벽돌조 또는 석조
   다. 철재로 보강된 유리블록 또는 망입유리(두꺼운 판유리에 철망을 넣은 것을 말한다)로 된 것
7. 계단의 경우에는 다음 각 목의 어느 하나에 해당하는 것
   가. 철근콘크리트조 또는 철골철근콘크리트조
   나. 무근콘크리트조·콘크리트블록조·벽돌조 또는 석조
   다. 철재로 보강된 콘크리트블록조·벽돌조 또는 석조
   라. 철골조
8. 「과학기술분야 정부출연연구기관 등의 설립·운영 및 육성에 관한 법률」제8조에 따라 설립된 한국건설기술연구원의 장(이하 "한국건설기술연구원장"이라 한다)이 해당 내화구조에 대하여 다음 각 목의 사항을 모두 인정하는 것. 다만, 「산업표준화법」에 따른 한국산업표준으로 내화성능이 인정된 구조로 된 것은 나목에 따른 품질시험을 생략할 수 있다.
   가. 생산공장의 품질 관리 상태를 확인한 결과 국토교통부장관이 정하여 고시하는 기준에 적합할 것
   나. 가목에 따라 적합성이 인정된 제품에 대하여 품질시험을 실시한 결과 별표 1에 따른 성능기준에 적합할 것
9. 다음 각 목의 어느 하나에 해당하는 것으로서 한국건설기술연구원장이 국토교통부장관으로부터 승인받은 기준에 적합한 것으로 인정하는 것
   가. 한국건설기술연구원장이 인정한 내화구조 표준으로 된 것
   나. 한국건설기술연구원장이 인정한 성능설계에 따라 내화구조의 성능을 검증할 수 있는 구조로 된 것
10. 한국건설기술연구원장이 제27조제1항에 따라 정한 인정기준에 따라 인정하는 것

Question 87 방화구조의 기준

제4조(방화구조)
1. 철망모르타르로서 그 바름두께가 2센티미터 이상인 것
2. 석고판위에 시멘트모르타르 또는 회반죽을 바른 것으로서 그 두께의 합계가 2.5센티미터 이상인 것
3. 시멘트모르타르위에 타일을 붙인 것으로서 그 두께의 합계가 2.5센티미터 이상인 것
4. 삭제 〈2010.4.7〉
5. 삭제 〈2010.4.7〉
6. 심벽에 흙으로 맞벽치기한 것
7. 「산업표준화법」에 따른 한국산업표준이 정하는 바에 따라 시험한 결과 방화 2급 이상에 해당하는 것

암기방법 철석 시심2, 2, 2.5
(아주 중요)

중요도 ★★★★★

Question 88 피난계단의 구조

피방규칙 제9조(피난계단 및 특별피난계단의 구조)
①영 제35조제1항 각 호 외의 부분 본문에 따라 건축물의 5층 이상 또는 지하 2층 이하의 층으로부터 피난층 또는 지상으로 통하는 직통계단(지하 1층인 건축물의 경우에는 5층 이상의 층으로부터 피난층 또는 지상으로 통하는 직통계단과 직접 연결된 지하 1층의 계단을 포함한다)은 피난계단 또는 특별피난계단으로 설치해야 한다. 〈개정 2019. 8. 6.〉
②제1항에 따른 피난계단 및 특별피난계단의 구조는 다음 각 호의 기준에 적합해야 한다. 〈개정 2000. 6. 3., 2003. 1. 6., 2005. 7. 22., 2010. 4. 7., 2012. 1. 6., 2019. 8. 6., 2021. 3. 26.〉
1. 건축물의 내부에 설치하는 피난계단의 구조
    가. 계단실은 창문·출입구 기타 개구부(이하 "창문등"이라 한다)를 제외한 당해

건축물의 다른 부분과 내화구조의 벽으로 구획할 것
나. 계단실의 실내에 접하는 부분(바닥 및 반자 등 실내에 면한 모든 부분을 말한다)의 마감(마감을 위한 바탕을 포함한다)은 불연재료로 할 것
다. 계단실에는 예비전원에 의한 조명설비를 할 것
라. 계단실의 바깥쪽과 접하는 창문등(망이 들어 있는 유리의 붙박이창으로서 그 면적이 각각 1제곱미터 이하인 것을 제외한다)은 당해 건축물의 다른 부분에 설치하는 창문등으로부터 2미터 이상의 거리를 두고 설치할 것
마. 건축물의 내부와 접하는 계단실의 창문등(출입구를 제외한다)은 망이 들어 있는 유리의 붙박이창으로서 그 면적을 각각 1제곱미터 이하로 할 것
바. 건축물의 내부에서 계단실로 통하는 출입구의 유효너비는 0.9미터 이상으로 하고, 그 출입구에는 피난의 방향으로 열 수 있는 것으로서 언제나 닫힌 상태를 유지하거나 화재로 인한 연기 또는 불꽃을 감지하여 자동적으로 닫히는 구조로 된 영 제64조제1항제1호의 60+ 방화문(이하 "60+방화문"이라 한다) 또는 같은 항 제2호의 방화문(이하 "60분방화문"이라 한다)을 설치할 것. 다만, 연기 또는 불꽃을 감지하여 자동적으로 닫히는 구조로 할 수 없는 경우에는 온도를 감지하여 자동적으로 닫히는 구조로 할 수 있다.
사. 계단은 내화구조로 하고 피난층 또는 지상까지 직접 연결되도록 할 것

암기방법 내불조 창창 출계, 2, 1, 0.9   중요도 ★★★
(암기 필요)

2. 건축물의 바깥쪽에 설치하는 피난계단의 구조
  가. 계단은 그 계단으로 통하는 출입구외의 창문등(망이 들어 있는 유리의 붙박이창으로서 그 면적이 각각 1제곱미터 이하인 것을 제외한다)으로부터 2미터 이상의 거리를 두고 설치할 것
  나. 건축물의 내부에서 계단으로 통하는 출입구에는 60+방화문 또는 60분방화문을 설치할 것
  다. 계단의 유효너비는 0.9미터 이상으로 할 것
  라. 계단은 내화구조로 하고 지상까지 직접 연결되도록 할 것

암기방법 2 9 출계   중요도 ★★★
(암기 필요)

Question 89. 특별피난계단의 구조

가. 건축물의 내부와 계단실은 노대를 통하여 연결하거나 외부를 향하여 열 수 있는 면적 1제곱미터 이상인 창문(바닥으로부터 1미터 이상의 높이에 설치한 것에 한한다) 또는 「건축물의 설비기준 등에 관한 규칙」 제14조의 규정에 적합한 구조의 배연설비가 있는 면적 3제곱미터 이상인 부속실을 통하여 연결할 것

나. 계단실·노대 및 부속실(「건축물의 설비기준 등에 관한 규칙」 제10조제2호 가목의 규정에 의하여 비상용승강기의 승강장을 겸용하는 부속실을 포함한다)은 창문등을 제외하고는 내화구조의 벽으로 각각 구획할 것

다. 계단실 및 부속실의 실내에 접하는 부분(바닥 및 반자 등 실내에 면한 모든 부분을 말한다)의 마감(마감을 위한 바탕을 포함한다)은 불연재료로 할 것

라. 계단실에는 예비전원에 의한 조명설비를 할 것

마. 계단실·노대 또는 부속실에 설치하는 건축물의 바깥쪽에 접하는 창문등(망이 들어 있는 유리의 붙박이창으로서 그 면적이 각각 1제곱미터이하인 것을 제외한다)은 계단실·노대 또는 부속실외의 당해 건축물의 다른 부분에 설치하는 창문등으로부터 2미터 이상의 거리를 두고 설치할 것

바. 계단실에는 노대 또는 부속실에 접하는 부분외에는 건축물의 내부와 접하는 창문등을 설치하지 아니할 것

사. 계단실의 노대 또는 부속실에 접하는 창문등(출입구를 제외한다)은 망이 들어 있는 유리의 붙박이창으로서 그 면적을 각각 1제곱미터 이하로 할 것

아. 노대 및 부속실에는 계단실외의 건축물의 내부와 접하는 창문등(출입구를 제외한다)을 설치하지 아니할 것

자. 건축물의 내부에서 노대 또는 부속실로 통하는 출입구에는 60+방화문 또는 60분방화문을 설치하고, 노대 또는 부속실로부터 계단실로 통하는 출입구에는 60+방화문, 60분방화문 또는 영 제64조제1항제3호의 30분 방화문을 설치할 것. 이 경우 방화문은 언제나 닫힌 상태를 유지하거나 화재로 인한 연기 또는 불꽃을 감지하여 자동적으로 닫히는 구조로 해야 하고, 연기 또는 불꽃으로 감지하여 자동적으로 닫히는 구조로 할 수 없는 경우에는 온도를 감지하여 자동적으로 닫히는 구조로 할 수 있다.

차. 계단은 내화구조로 하되, 피난층 또는 지상까지 직접 연결되도록 할 것

카. 출입구의 유효너비는 0.9미터 이상으로 하고 피난의 방향으로 열 수 있을 것

암기방법 노부, 내불조 창창창창 출계9   **중요도** ★★★★★
(아주 중요)

Question 90 방화벽의 구조 기준

피방규칙 제21조(방화벽의 구조)
① 영 제57조제2항에 따라 건축물에 설치하는 방화벽은 다음 각 호의 기준에 적합해야 한다. 〈개정 2010. 4. 7., 2021. 3. 26.〉
1. 내화구조로서 홀로 설 수 있는 구조일 것
2. 방화벽의 양쪽 끝과 윗쪽 끝을 건축물의 외벽면 및 지붕면으로부터 0.5미터 이상 튀어 나오게 할 것
3. 방화벽에 설치하는 출입문의 너비 및 높이는 각각 2.5미터 이하로 하고, 해당 출입문에는 60+방화문 또는 60분방화문을 설치할 것

암기방법 내 5 출
(중요) 중요도 ★★★

Question 91 지하층의 구조 및 설비 기준

피방규칙 제25조(지하층의 구조)
① 법 제53조에 따라 건축물에 설치하는 지하층의 구조 및 설비는 다음 각 호의 기준에 적합하여야 한다. 〈개정 2003.1.6, 2005.7.22, 2006.6.29, 2010.4.7, 2010.12.30〉
1. 거실의 바닥면적이 50제곱미터 이상인 층에는 직통계단외에 피난층 또는 지상으로 통하는 비상탈출구 및 환기통을 설치할 것. 다만, 직통계단이 2개소 이상 설치되어 있는 경우에는 그러하지 아니하다.
1의2. 제2종근린생활시설 중 공연장·단란주점·당구장·노래연습장, 문화 및 집회시설중 예식장·공연장, 수련시설 중 생활권수련시설·자연권수련시설, 숙박시설중 여관·여인숙, 위락시설중 단란주점·유흥주점 또는 「다중이용업소의 안전관리에 관한 특별법 시행령」 제2조에 따른 다중이용업의 용도에 쓰이는 층으로서 그 층의 거실의 바닥면적의 합계가 50세곱미터 이상인 건축물에는 직통계단을 2개소 이상 설치할 것
2. 바닥면적이 1천제곱미터이상인 층에는 피난층 또는 지상으로 통하는 직통계단을 영 제46조의 규정에 의한 방화구획으로 구획되는 각 부분마다 1개소 이상 설치하

되, 이를 피난계단 또는 특별피난계단의 구조로 할 것
3. 거실의 바닥면적의 합계가 1천제곱미터 이상인 층에는 환기설비를 설치할 것
4. 지하층의 바닥면적이 300제곱미터 이상인 층에는 식수공급을 위한 급수전을 1개소이상 설치할 것

Question 92 비상탈출구 적합기준

②제1항제1호에 따른 지하층의 비상탈출구는 다음 각호의 기준에 적합하여야 한다. 다만, 주택의 경우에는 그러하지 아니하다. 〈개정 2000.6.3, 2010.4.7〉

1. 비상탈출구의 유효너비는 0.75미터 이상으로 하고, 유효높이는 1.5미터 이상으로 할 것
2. 비상탈출구의 문은 피난방향으로 열리도록 하고, 실내에서 항상 열 수 있는 구조로 하여야 하며, 내부 및 외부에는 비상탈출구의 표시를 할 것
3. 비상탈출구는 출입구로부터 3미터 이상 떨어진 곳에 설치할 것
4. 지하층의 바닥으로부터 비상탈출구의 아랫부분까지의 높이가 1.2미터 이상이 되는 경우에는 벽체에 발판의 너비가 20센티미터 이상인 사다리를 설치할 것
5. 비상탈출구는 피난층 또는 지상으로 통하는 복도나 직통계단에 직접 접하거나 통로 등으로 연결될 수 있도록 설치하여야 하며, 피난층 또는 지상으로 통하는 복도나 직통계단까지 이르는 피난통로의 유효너비는 0.75미터 이상으로 하고, 피난통로의 실내에 접하는 부분의 마감과 그 바탕은 불연재료로 할 것
6. 비상탈출구의 진입부분 및 피난통로에는 통행에 지장이 있는 물건을 방치하거나 시설물을 설치하지 아니할 것
7. 비상탈출구의 유도등과 피난통로의 비상조명등의 설치는 소방법령이 정하는 바에 의할 것

암기방법 유문 3 사, 접 통 유, 0.75 1.5 3 1.2 20 0.75 중요도 ★★★
(암기 필요)

10 건축물의 설비기준등에 관한 규칙

Question 93 비상용승강기 설치, 면제 및 승강장, 승강로, 구조 (제9조 및 10조)

(건축법시행령) 제90조(비상용 승강기의 설치) ① 법 제64조제2항에 따라 높이 31미터를 넘는 건축물에는 다음 각 호의 기준에 따른 대수 이상의 비상용 승강기(비상용 승강기의 승강장 및 승강로를 포함한다. 이하 이 조에서 같다)를 설치하여야 한다. 다만, 법 제64조제1항에 따라 설치되는 승강기를 비상용 승강기의 구조로 하는 경우에는 그러하지 아니하다.

1. 높이 31미터를 넘는 각 층의 바닥면적 중 최대 바닥면적이 1천500제곱미터 이하인 건축물 : 1대 이상
2. 높이 31미터를 넘는 각 층의 바닥면적 중 최대 바닥면적이 1천500제곱미터를 넘는 건축물 : 1대에 1천500제곱미터를 넘는 3천 제곱미터 이내마다 1대씩 더한 대수 이상

암기방법 **31, 1500, 1, 3000, +1**   중요도 ★★★★★
(중요)

② 제1항에 따라 2대 이상의 비상용 승강기를 설치하는 경우에는 화재가 났을 때 소화에 지장이 없도록 일정한 간격을 두고 설치하여야 한다.
③ 건축물에 설치하는 비상용 승강기의 구조 등에 관하여 필요한 사항은 국토교통부령으로 정한다. 〈개정 2013.3.23.〉[전문개정 2008.10.29]

제9조(비상용승강기를 설치하지 아니할 수 있는 건축물) 법 제64조제2항 단서에서 "국토교통부령이 정하는 건축물"이라 함은 다음 각 호의 건축물을 말한다. 〈개정 1996.2.9., 1999.5.11., 2006.5.12., 2008.3.14., 2008.7.10., 2013.3.23., 2017.12.4.〉
1. 높이 31미터를 넘는 각층을 거실외의 용도로 쓰는 건축물
2. 높이 31미터를 넘는 각층의 바닥면적의 합계가 500제곱미터 이하인 건축물
3. 높이 31미터를 넘는 층수가 4개층 이하로서 당해 각층의 바닥면적의 합계 200제

곱미터(벽 및 반자가 실내에 접하는 부분의 마감을 불연재료로 한 경우에는 500제곱미터) 이내마다 방화구획(영 제46조제1항 본문에 따른 방화구획을 말한다. 이하 같다)으로 구획된 건축물

암기방법 31, 거, 500, 4 200(500) 방 (중요) 　　중요도 ★★★★★

제10조(비상용승강기의 승강장 및 승강로의 구조)
1. 비상용승강기 승강장의 구조
   가. 승강장의 창문·출입구 기타 개구부를 제외한 부분은 당해 건축물의 다른 부분과 내화구조의 바닥 및 벽으로 구획할 것. 다만, 공동주택의 경우에는 승강장과 특별피난계단(「건축물의 피난·방화구조 등의 기준에 관한 규칙」 제9조의 규정에 의한 특별피난계단을 말한다. 이하 같다)의 부속실과의 겸용부분을 특별피난계단의 계단실과 별도로 구획하는 때에는 승강장을 특별피난계단의 부속실과 겸용할 수 있다.
   나. 승강장은 각층의 내부와 연결될 수 있도록 하되, 그 출입구(승강로의 출입구를 제외한다)에는 갑종방화문을 설치할 것. 다만, 피난층에는 갑종방화문을 설치하지 아니할 수 있다.
   다. 노대 또는 외부를 향하여 열 수 있는 창문이나 제14조제2항의 규정에 의한 배연설비를 설치할 것
   라. 벽 및 반자가 실내에 접하는 부분의 마감재료(마감을 위한 바탕을 포함한다)는 불연재료로 할 것
   마. 채광이 되는 창문이 있거나 예비전원에 의한 조명설비를 할 것
   바. 승강장의 바닥면적은 비상용승강기 1대에 대하여 6제곱미터 이상으로 할 것. 다만, 옥외에 승강장을 설치하는 경우에는 그러하지 아니하다.
   사. 피난층이 있는 승강장의 출입구(승강장이 없는 경우에는 승강로의 출입구)로부터 도로 또는 공지(공원·광장 기타 이와 유사한 것으로서 피난 및 소화를 위한 당해 대지에의 출입에 지장이 없는 것을 말한다)에 이르는 거리가 30미터 이하일 것
   아. 승강장 출입구 부근의 잘 보이는 곳에 당해 승강기가 비상용승강기임을 알 수 있는 표지를 할 것

암기방법 내불조 연창 6 30 표 (중요) 　　중요도 ★★★★★

2. 비상용승강기의 승강로의 구조
   가. 승강로는 당해 건축물의 다른 부분과 내화구조로 구획할 것
   나. 각층으로부터 피난층까지 이르는 승강로를 단일구조로 연결하여 설치할 것

암기방법 내 단　　　　　　　　　　　　　　　　　　　　　　중요도 ★★★

> **참고** **건축법 제64조(승강기)** ① 건축주는 6층 이상으로서 연면적이 2천제곱미터 이상인 건축물(대통령령으로 정하는 건축물은 제외한다)을 건축하려면 승강기를 설치하여야 한다. 이 경우 승강기의 규모 및 구조는 국토교통부령으로 정한다. 〈개정 2013. 3. 23.〉
> ② 높이 31미터를 초과하는 건축물에는 대통령령으로 정하는 바에 따라 제1항에 따른 승강기뿐만 아니라 비상용승강기를 추가로 설치하여야 한다. 다만, 국토교통부령으로 정하는 건축물의 경우에는 그러하지 아니하다. 〈개정 2013. 3. 23.〉
> ③ 고층건축물에는 제1항에 따라 건축물에 설치하는 승용승강기 중 1대 이상을 대통령령으로 정하는 바에 따라 피난용승강기로 설치하여야 한다. 〈신설 2018. 4. 17.〉

Question 94 다중이용시설의 기계환기설비의 설치기준(제11조)

1. 다중이용시설의 기계환기설비 용량기준은 시설이용 인원 당 환기량을 원칙으로 산정할 것
2. 기계환기설비는 다중이용시설로 공급되는 공기의 분포를 최대한 균등하게 하여 실내 기류의 편차가 최소화될 수 있도록 할 것
3. 공기공급체계·공기배출체계 또는 공기흡입구·배기구 등에 설치되는 송풍기는 외부의 기류로 인하여 송풍능력이 떨어지는 구조가 아닐 것
4. 바깥공기를 공급하는 공기공급체계 또는 바깥공기가 도입되는 공기흡입구는 다음 각 목의 요건을 모두 갖춘 공기여과기 또는 집진기(集塵機) 등을 갖출 것
   가. 입자형·가스형 오염물질을 제거 또는 여과하는 성능이 일정 수준 이상일 것
   나. 여과장치 등의 청소 및 교환 등 유지관리가 쉬운 구조일 것
   다. 공기여과기의 경우 한국산업표준(KS B 6141)에 따른 입자 포집률이 계수법으로 측정하여 60퍼센트 이상일 것
5. 공기배출체계 및 배기구는 배출되는 공기가 공기공급체계 및 공기흡입구로 직접 들어가지 아니하는 위치에 설치할 것

6. 기계환기설비를 구성하는 설비·기기·장치 및 제품 등의 효율과 성능 등을 판정하는데 있어 이 규칙에서 정하지 아니한 사항에 대하여는 해당항목에 대한 한국산업표준에 적합할 것

Question 95 거실에 설치하는 배연설비의 설치기준 (제14조)

1. 영 제46조제1항에 따라 건축물이 방화구획으로 구획된 경우에는 그 구획마다 1개소 이상의 배연창을 설치하되, 배연창의 상변과 천장 또는 반자로부터 수직거리가 0.9미터 이내일 것. 다만, 반자높이가 바닥으로부터 3미터 이상인 경우에는 배연창의 하변이 바닥으로부터 2.1미터 이상의 위치에 놓이도록 설치하여야 한다.
2. 배연창의 유효면적은 별표 2의 산정기준에 의하여 산정된 면적이 1제곱미터 이상으로서 그 면적의 합계가 당해 건축물의 바닥면적(영 제46조제1항 또는 제3항의 규정에 의하여 방화구획이 설치된 경우에는 그 구획된 부분의 바닥면적을 말한다)의 100분의 1이상일 것. 이 경우 바닥면적의 산정에 있어서 거실바닥면적의 20분의 1 이상으로 환기창을 설치한 거실의 면적은 이에 산입하지 아니한다.
3. 배연구는 연기감지기 또는 열감지기에 의하여 자동으로 열 수 있는 구조로 하되, 손으로도 열고 닫을 수 있도록 할 것
4. 배연구는 예비전원에 의하여 열 수 있도록 할 것
5. 기계식 배연설비를 하는 경우에는 제1호 내지 제4호의 규정에 불구하고 소방관계법령의 규정에 적합하도록 할 것

Question 96 특별피난계단 및 비상용승강기 승강장에 설치하는 배연설비의 설치기준

1. 배연구 및 배연풍도는 불연재료로 하고, 화재가 발생한 경우 원활하게 배연시킬 수 있는 규모로서 외기 또는 평상시에 사용하지 아니하는 굴뚝에 연결할 것
2. 배연구에 설치하는 수동개방장치 또는 자동개방장치(열감지기 또는 연기감지기에 의한 것을 말한다)는 손으로도 열고 닫을 수 있도록 할 것
3. 배연구는 평상시에는 닫힌 상태를 유지하고, 연 경우에는 배연에 의한 기류로 인하여 닫히지 아니하도록 할 것

4. 배연구가 외기에 접하지 아니하는 경우에는 배연기를 설치할 것
5. 배연기는 배연구의 열림에 따라 자동적으로 작동하고, 충분한 공기배출 또는 가압 능력이 있을 것
6. 배연기에는 예비전원을 설치할 것
7. 공기유입방식을 급기가압방식 또는 급·배기방식으로 하는 경우에는 제1호 내지 제6호의 규정에 불구하고 소방관계법령의 규정에 적합하게 할 것

방화문 및 자동방화셔터의 인정 및 관리기준

[시행 2021. 8. 7.] [국토교통부고시 제2021-1009호, 2021. 8. 6., 일부개정]

Question 97 용어 정의

제2조(정의) 이 기준에서 사용하는 용어의 정의는 다음과 같다.

1. "방화문"이라 함은 화재의 확대, 연소를 방지하기 위해 건축물의 개구부에 설치하는 문으로 「건축물의 피난·방화구조 등의 기준에 관한 규칙」(이하 "규칙"이라 한다) 제26조의 규정에 따른 성능을 확보하여 한국건설기술연구원장(이하 "원장"이리 한다)이 성능을 인정한 구조를 말한다.
2. "자동방화셔터"(이하 "셔터"라 한다)라 함은 공항·체육관 등 넓은 공간에 부득이하게 수직 또는 수평 구획 벽을 설치하지 못하는 경우에 사용하는 셔터를 말하며, 규칙 제14조 제3항의 규정에 따른 성능을 확보하여 원장이 성능을 인정한 구조를 말한다.
3. "방화댐퍼"라 함은 「건축물의 피난·방화구조 등의 기준에 관한 규칙」 제14조제2항제3호나목에 따라 이 기준에서 정하는 성능을 확보한 댐퍼를 말한다.
4. "하향식 피난구" 란 규칙 제14조제4항의 구조로서 발코니 바닥에 설치하는 수평 피난설비를 말한다.
5. "품질시험"이라 함은 방화문(셔터)의 인정에 필요한 내화시험 및 부가시험을 말한다.
6. "제조업자"라 함은 방화문(셔터)를 구성하는 주요 재료·제품의 생산 및 제조를 업으로 하는 자를 말한다.
7. "시공자"라 함은 방화문(셔터)를 사용하여 건축물을 건축하고자 하는 자로서 「건설산업기본법」 제9조의 규정에 따라 등록된 일반건설업을 영위하는 자(직영공사인 경우에는 건축주를 말한다)를 말한다.
8. "신청자"라 함은 이 기준에 의하여 방화문(셔터)의 인정을 받고자 신청하는 자 또는 방화댐퍼, 하향식 피난구 성능확인을 신청하는 자를 말한다.
9. "인정업자"라 함은 이 기준에 의하여 원장이 방화문 또는 셔터의 성능을 인정한 구조를 보유한 자를 말한다.

10. "인정품목"이라 함은 방화문 또는 셔터를 구분하는 데 있어 그 구성 제품의 종류에 따라 유사한 형상, 작동방식 및 재료 등으로 분류한 것을 말한다.
[전문개정]

Question 98. 방화문 및 셔터의 성능기준

제4조(성능기준 및 구성)

① 건축물 방화구획을 위해 설치하는 방화문 및 셔터는 건축물의 용도 등 구분에 따라 화재 시의 가열에 규칙 제14조제3항 또는 제26조에서 정하는 시간 이상을 견딜 수 있어야 하며, 차연성능, 개폐성능 등 방화문 또는 셔터가 갖추어야 하는 성능에 대해서는 세부운영지침에서 정하는 바에 따른다. 〈전문개정〉

② 원장은 규칙 제14조제3항 또는 제26조에서 정하는 내화성능 보다 나은 성능을 확보한 방화문 또는 셔터에 대해 30분 단위로 추가하여 인정할 수 있다. 〈전문개정〉

③ 방화문은 항상 닫혀있는 구조 또는 화재발생시 불꽃, 연기 및 열에 의하여 자동으로 닫힐 수 있는 구조여야 한다. 〈전문개정〉

④ 셔터는 전동 및 수동에 의해서 개폐할 수 있는 장치와 화재발생시 불꽃, 연기 및 열에 의하여 자동 폐쇄되는 장치 일체로서 화재발생시 불꽃 또는 연기감지기에 의한 일부폐쇄와 열감지기에 의한 완전폐쇄가 이루어 질 수 있는 구조를 가진 것이어야 한다. 다만, 수직방향으로 폐쇄되는 구조가 아닌 경우는 불꽃, 연기 및 열감지에 의해 완전폐쇄가 될 수 있는 구조여야 한다.

⑤ 셔터의 상부는 상층 바닥에 직접 닿도록 하여야 하며, 그렇지 않은 경우 방화구획 처리를 하여 연기와 화염의 이동통로가 되지 않도록 하여야 한다.

Question 99. 방화댐퍼 설치기준, 성능, 성능시험

제23조 (방화댐퍼)

① 성능시험은 건축법시행령 제63조에 따라 지정된 기관에서 할 수 있다.
② 방화댐퍼는 다음 각 호에 적합하게 설치되어야 한다.
1. 미끄럼부는 열팽창, 녹, 먼지 등에 의해 작동이 저해받지 않는 구조일 것

2. 방화댐퍼의 주기적인 작동상태, 점검, 청소 및 수리 등 유리·관리를 위하여 검사구·점검구는 방화댐퍼에 인접하여 설치할 것
3. 부착 방법은 구조체에 견고하게 부착시키는 공법으로 화재시 덕트가 탈락, 낙하해도 손상되지 않을 것
4. 배연기의 압력에 의해 방재상 해로운 진동 및 간격이 생기지 않는 구조일 것

③ 방화댐퍼는 다음 각 호의 성능을 확보하여야 한다.
1. 별표 6에 따른 내화성능시험 결과 비차열 1시간 이상의 성능
2. KS F 2822(방화 댐퍼의 방연 시험 방법)에서 규정한 방연성능

④ 방화댐퍼의 성능시험은 다음의 기준을 따라야 한다.
1. 시험체는 날개, 케이싱, 각종 부속품 등을 포함하여 실제의 것과 동일한 구성·재료 및 크기의 것으로 하되, 실제의 크기가 3미터 곱하기 3미터의 가열로 크기보다 큰 경우에는 시험체 크기를 가열로에 설치할 수 있는 최대크기로 한다.
2. 내화시험 및 방연시험은 시험체 양면에 대하여 각 1회씩 실시한다. 단, 수평부재에 설치되는 방화댐퍼의 경우 내화시험은 화재노출면에 대해 2회 실시한다.
3. 내화성능 시험체와 방연성능 시험체는 동일한 구성·재료로 제작되어야 하며, 내화성능 시험체는 가장 큰 크기로, 방연성능 시험체는 가장 작은 크기로 제작되어야 한다.

⑤ 시험성적서는 2년간 유효하며, 시험성적서와 동일한 구성 및 재질로서 내화성능 시험체 크기와 방연성능 시험체 크기 사이의 것인 경우에는 이미 발급된 성적서로 그 성능을 갈음할 수 있다.

여타 관련법령들

1. 위험물안전관련법령
건별로 별도 정리하시기 바람(출제빈도가 아주 낮음)

2. 건축물 마감재료의 난연성능 및 화재 확산 방지구조 기준
관리사시험에 출제될 중요문제는 거의 없음

3. 방염성능기준
최근 제정 내용으로 중요한 내용임
Question 32 방염항목에 기준이 올려져 있음

4. 내화구조의 인정 및 관리기준
관리사시험에 출제될 중요문제는 거의 없음

5. 고강도 콘크리트 기둥·보의 내화성능 관리기준
관리사시험에 출제될 중요문제는 거의 없음

6. 소방시설등의 성능위주설계 방법 및 기준
설계로 관리사와는 크게 연관이 없어 다루지 않음

7. 형식승인 및 제품검사 기술기준
내용이 복잡, 방대하여 다루지 않지만 가끔 출제되기도 함(본인 선택적 해결)

8. 성능인증 및 제품검사 기술기준
내용이 복잡, 방대하여 다루지 않지만 가끔 출제되기도 함(본인 선택적 해결)

9. 소방시설별 성능시험조사표(소방시설 자체점검사항 등에 관한 고시)
최근 출제되고 있으므로 별도로 준비가 필요함(내용이 방대하여 본인이 선택적 해결)

13 소방시설 자체 점검 등에 관한 고시

★ 매 회차 출제되는 필수 중요사항으로 반드시 암기해야 함 ★

[별표] 소방시설도시기호

분류	명칭	도시기호	분류	명칭	도시기호
배관	일반배관	───	헤드류	스프링클러헤드폐쇄형 상향식(평면도)	─●─
	옥내·외소화전	──H──		스프링클러헤드폐쇄형 하향식(평면도)	
	스프링클러	──SP──		스프링클러헤드개방형 상향식(평면도)	
	물분무	──WS──		스프링클러헤드개방형 하향식(평면도)	
	포소화	──F──		스프링클러헤드폐쇄형 상향식(계통도)	
	배수관	──D──		스프링클러헤드폐쇄형 하향식(입면도)	
	전선관 입상			스프링클러헤드폐쇄형 상·하향식(입면도)	
	전선관 입하			스프링클러헤드 상향형(입면도)	
	전선관 통과			스프링클러헤드 하향형(입면도)	
관이음쇠	후렌지			분말·탄산가스·할로겐헤드	
	유니온			연결살수헤드	
	플러그			물분무헤드(평면도)	
	90° 엘보			물분무헤드(입면도)	
	45° 엘보			드랜쳐헤드(평면도)	
	티			드랜쳐헤드(입면도)	
	크로스			포헤드(평면도)	
	맹후렌지			포헤드(입면도)	
	캡			감지헤드(평면도)	

분류	명 칭	도시기호	분류	명 칭	도시기호
헤드류	감지헤드(입면도)		밸브류	FOOT밸브	
	청정소화약제방출헤드(평면도)			볼밸브	
	청정소화약제방출헤드(입면도)			배수밸브	
밸브류	체크밸브			자동배수밸브	
	가스체크밸브			여과망	
	게이트밸브(상시개방)			자동밸브	
	게이트밸브(상시폐쇄)			감압밸브	
	선택밸브			공기조절밸브	
	조작밸브(일반)		계기류	압력계	
	조작밸브(전자식)			연성계	
	조작밸브(가스식)			유량계	
	경보밸브(습식)		소화전	옥내소화전함	
	경보밸브(건식)			옥내소화전 방수용기구병설	
	프리액션밸브			옥외소화전	
	경보델류지밸브	D		포말소화전	F
	프리액션밸브수동조작함	SVP		송수구	
	플렉시블조인트			방수구	
	솔레노이드밸브	S	스트레이너	Y형	
	모터밸브	M		U형	
	릴리프밸브(이산화탄소용)				
	릴리프밸브(일반)				
	동체크밸브				
	앵글밸브				

화재안전기준 및 소방관련법령기준

분류	명 칭	도시기호	분류	명 칭	도시기호
저장탱크류	고가수조 (물올림장치)		경보설비기기류	차동식스포트형감지기	
	압력챔버			보상식스포트형감지기	
	포말원액탱크	(수직) (수평)		정온식스포트형감지기	
레듀셔	편심레듀셔			연기감지기	S
	원심레듀셔			감지선	⊙
혼합장치류	프레져프로포셔너			공기관	──
	라인프로포셔너			열전대	■
	프레져사이드 프로포셔너			열반도체	∞
	기 타	P		차동식분포형 감지기의 검출기	⋈
펌프류	일반펌프			발신기셋트 단독형	PBL
	펌프모터(수평)	M		발신기 셋트 옥내소화전내장형	PBL
	펌프모터(수직)	M		경계구역번호	△
저장용기류	분말약제 저장용기	P.D		비상용누름버튼	F
	저장용기			비상전화기	ET
				비상벨	B
				사이렌	◁
				모터사이렌	M◁
				전자사이렌	S◁
				조작장치	EP

570

분류	명 칭	도시기호	분류	명 칭	도시기호
경보설비기기류	증폭기	AMP	제연설비	수동식제어	□
	기동누름버튼	Ⓔ		천장용 배풍기	
	이온화식감지기 (스포트형)	S I		벽부착용 배풍기	
	광전식 연기감지기 (아나로그)	S A		배풍기 / 일반배풍기	
	광전식 연기감지기 (스포트형)	S P		배풍기 / 관로배풍기	
	감지기간선 HIV 1.2mm×4(22C)	— F ⫽		댐퍼 / 화재댐퍼	
	감지기간선 HIV 1.2mm×8(22C)	— F ⫽⫽		댐퍼 / 연기댐퍼	
	유도등간선 HIV 2.0mm×3(22C)	— EX —		댐퍼 / 화재/연기 댐퍼	
	경보부저	BZ	스위치류	압력스위치	PS
	제어반	⌧		탬퍼스위치	TS
	표시반		방연·방화문	연기감지기(전용)	S
	회로시험기	⊙		열감지기(전용)	
	화재경보벨	Ⓑ		자동폐쇄장치	ER
	시각경보기(스트로브)			연동제어기	
	수신기	⌧		배연창기동 모터	M
	부수신기			배연창수동조작함	
	중계기		피뢰침	피뢰부(평면도)	⊙
	표시등	◐		피뢰부(입면도)	
	피난구유도등	✖		피뢰도선 및 지붕위 도체	—│—
	통로유도등	→	제연설비	접지	⏚
	표시판	△		접지저항 측정용단자	⊗
	보조전원	TR			
	종단저항	Ω			

분류	명 칭	도시기호	분류	명 칭	도시기호
소화기류	ABC 소화기	소	기타	비상분전반	
	자동확산 소화기	자		가스계소화설비의 수동조작함	RM
	자동식 소화기	소		전동기구동	M
	이산화탄소 소화기	C		엔진구동	E
	할로겐화합물 소화기	△		배관행거	
기타	안테나			기압계	
	스피커			배기구	
	연기 방연벽			바닥은폐선	-------
	화재방화벽	———		노출배선	———
	화재 및 연기방화벽			소화가스 패키지	PAC
	비상콘센트				

작동기능, 종합정밀 점검표
(소방시설 자체점검사항 등에 관한 고시)

[시행 2021. 4. 1.] [소방청고시 제2021-17호, 2021. 3. 25., 일부개정]

★ 작동·종합점검표는 점검실무과목으로 50% 이상 출제비중을 차지하고 있는 필수 중요사항으로 반드시 암기해야 함 ★★★★★★

1. 소화기구 및 자동소화장치 점검표
2. 옥내소화전설비 점검표
3. 스프링클러설비 점검표
4. 간이스프링클러설비 점검표
5. 화재조기진압용 스프링클러설비 점검표
6. 물분무소화설비 점검표
7. 미분무소화설비 점검표
8. 포소화설비 점검표
9. 이산화탄소소화설비 점검표
10. 할론소화설비 점검표
11. 할로겐화합물 및 불활성기체소화설비 점검표
12. 분말소화설비 점검표
13. 옥외소화전설비 점검표
14. 비상경보설비 및 단독경보형감지기 점검표
15. 자동화재탐지설비 및 시각경보장치 점검표
16. 비상방송설비 점검표
17. 자동화재속보설비 및 통합감시시설 점검표
18. 누전경보기 점검표
19. 가스누설경보기 점검표
20. 피난기구 및 인명구조기구 점검표
21. 유도등 및 유도표지 점검표
22. 비상조명등 및 휴대용비상조명등 점검표
23. 소화용수설비 점검표
24. 제연설비 점검표
25. 특별피난계단의 계단실 및 부속실 제연설비 점검표
26. 연결송수관설비 점검표
27. 연결살수설비 점검표
28. 비상콘센트설비 점검표
29. 무선통신보조설비 점검표
30. 연소방지설비 점검표
31. 기타사항 점검표
32. 다중이용업소 점검표

1. 소화기구 및 자동소화장치 점검표

번 호	점검항목	점검결과
1-A. 소화기구(소화기, 자동확산소화기, 간이소화용구)		
1-A-001	○ 거주자 등이 손쉽게 사용할 수 있는 장소에 설치되어 있는지 여부	
1-A-002	○ 설치높이 적합 여부	
1-A-003	○ 배치거리(보행거리 소형 20m 이내, 대형 30m 이내) 적합 여부	
1-A-004	○ 구획된 거실(바닥면적 33m^2 이상)마다 소화기 설치 여부	
1-A-005	○ 소화기 표지 설치상태 적정 여부	
1-A-006	○ 소화기의 변형·손상 또는 부식 등 외관의 이상 여부	
1-A-007	○ 지시압력계(녹색범위)의 적정 여부	
1-A-008	○ 수동식 분말소화기 내용연수(10년) 적정 여부	
1-A-009	● 설치수량 적정 여부	
1-A-010	● 적응성 있는 소화약제 사용 여부	
1-B. 자동소화장치		
	[주거용 주방 자동소화장치]	
1-B-001	○ 수신부의 설치상태 적정 및 정상(예비전원, 음향장치 등) 작동 여부	
1-B-002	○ 소화약제의 지시압력 적정 및 외관의 이상 여부	
1-B-003	○ 소화약제 방출구의 설치상태 적정 및 외관의 이상 여부	
1-B-004	○ 감지부 설치상태 적정 여부	
1-B-005	○ 탐지부 설치상태 적정 여부	
1-B-006	○ 차단장치 설치상태 적정 및 정상 작동 여부	
	[상업용 주방 자동소화장치]	
1-B-011	○ 소화약제의 지시압력 적정 및 외관의 이상 여부	
1-B-012	○ 후드 및 덕트에 감지부와 분사헤드의 설치상태 적정 여부	
1-B-013	○ 수동기동장치의 설치상태 적정 여부	
	[캐비닛형 자동소화장치]	
1-B-021	○ 분사헤드의 설치상태 적합 여부	
1-B-022	○ 화재감지기 설치상태 적합 여부 및 정상 작동 여부	
1-B-023	○ 개구부 및 통기구 설치 시 자동폐쇄장치 설치 여부	
	[가스·분말·고체에어로졸 자동소화장치]	
1-B-031	○ 수신부의 정상(예비전원, 음향장치 등) 작동 여부	
1-B-032	○ 소화약제의 지시압력 적정 및 외관의 이상 여부	
1-B-033	○ 감지부(또는 화재감지기) 설치상태 적정 및 정상 작동 여부	
비고		

※ 점검항목 중 "●"는 종합정밀점검의 경우에만 해당한다.
※ 점검결과란은 양호 "○", 불량 "×", 해당없는 항목은 "/"로 표시한다.
※ 점검항목 내용 중 "설치기준" 및 "설치상태"에 대한 점검은 정상적인 작동 가능 여부를 포함한다.
※ '비고'란에는 특정소방대상물의 위치·구조·용도 및 소방시설의 상황 등이 이 표의 항목대로 기재하기 곤란하거나 이 표에서 누락된 사항을 기재한다.(이하 같다)

2. 옥내소화전설비 점검표

번호	점검항목	점검결과
2-A. 수원		
2-A-001	○ 주된수원의 유효수량 적정 여부(겸용설비 포함)	
2-A-002	○ 보조수원(옥상)의 유효수량 적정 여부	
2-B. 수조		
2-B-001	● 동결방지조치 상태 적정 여부	
2-B-002	○ 수위계 설치상태 적정 또는 수위 확인 가능 여부	
2-B-003	● 수조 외측 고정사다리 설치상태 적정 여부(바닥보다 낮은 경우 제외)	
2-B-004	● 실내설치 시 조명설비 설치상태 적정 여부	
2-B-005	○ "옥내소화전설비용 수조"표지 설치상태 적정 여부	
2-B-006	● 다른 소화설비와 겸용 시 겸용설비의 이름 표시한 표지 설치상태 적정 여부	
2-B-007	● 수조-수직배관 접속부분 "옥내소화전설비용 배관"표지 설치상태 적정 여부	
2-C. 가압송수장치		
	[펌프방식]	
2-C-001	● 동결방지조치 상태 적정 여부	
2-C-002	○ 옥내소화전 방수량 및 방수압력 적정 여부	
2-C-003	● 감압장치 설치 여부(방수압력 0.7MPa 초과 조건)	
2-C-004	○ 성능시험배관을 통한 펌프 성능시험 적정 여부	
2-C-005	● 다른 소화설비와 겸용인 경우 펌프 성능 확보 가능 여부	
2-C-006	○ 펌프 흡입측 연성계·진공계 및 토출측 압력계 등 부속장치의 변형·손상 유무	
2-C-007	● 기동장치 적정 설치 및 기동압력 설정 적정 여부	
2-C-008	○ 기동스위치 설치 적정 여부(ON/OFF 방식)	
2-C-009	● 주펌프와 동등이상 펌프 추가설치 여부	
2-C-010	● 물올림장치 설치 적정(전용 여부, 유효수량, 배관구경, 자동급수) 여부	
2-C-011	● 충압펌프 설치 적정(토출압력, 정격토출량) 여부	
2-C-012	○ 내연기관 방식의 펌프 설치 적정(정상기동(기동장치 및 제어반) 여부, 축전지 상태, 연료량) 여부	
2-C-013	○ 가압송수장치의 "옥내소화전펌프" 표지설치 여부 또는 다른 소화설비와 겸용 시 겸용설비 이름 표시 부착 여부	
	[고가수조방식]	
2-C-021	○ 수위계·배수관·급수관·오버플로우관·맨홀 등 부속장치의 변형·손상 유무	
	[압력수조방식]	
2-C-031	● 압력수조의 압력 적정 여부	
2-C-032	○ 수위계·급수관·급기관·압력계·안전장치·공기압축기 등 부속장치의 변형·손상 유무	
	[가압수조방식]	
2-C-041	● 가압수조 및 가압원 설치장소의 방화구획 여부	
2-C-042	○ 수위계·급수관·배수관·급기관·압력계 등 부속장치의 변형·손상 유무	

번호	점검항목	점검결과
2-D. 송수구		
2-D-001	○ 설치장소 적정 여부	
2-D-002	● 연결배관에 개폐밸브를 설치한 경우 개폐상태 확인 및 조작가능 여부	
2-D-003	● 송수구 설치 높이 및 구경 적정 여부	
2-D-004	● 자동배수밸브(또는 배수공)·체크밸브 설치 여부 및 설치 상태 적정 여부	
2-D-005	○ 송수구 마개 설치 여부	
2-E. 배관 등		
2-E-001	● 펌프의 흡입측 배관 여과장치의 상태 확인	
2-E-002	● 성능시험배관 설치(개폐밸브, 유량조절밸브, 유량측정장치) 적정 여부	
2-E-003	● 순환배관 설치(설치위치·배관구경, 릴리프밸브 개방압력) 적정 여부	
2-E-004	● 동결방지조치 상태 적정 여부	
2-E-005	○ 급수배관 개폐밸브 설치(개폐표시형, 흡입측 버터플라이 제외) 적정 여부	
2-E-006	● 다른 설비의 배관과의 구분 상태 적정 여부	
2-F. 함 및 방수구 등		
2-F-001	○ 함 개방 용이성 및 장애물 설치 여부 등 사용 편의성 적정 여부	
2-F-002	○ 위치·기동 표시등 적정 설치 및 정상 점등 여부	
2-F-003	○ "소화전" 표시 및 사용요령(외국어 병기) 기재 표지판 설치상태 적정 여부	
2-F-004	● 대형공간(기둥 또는 벽이 없는 구조) 소화전 함 설치 적정 여부	
2-F-005	● 방수구 설치 적정 여부	
2-F-006	○ 함 내 소방호스 및 관창 비치 적정 여부	
2-F-007	○ 호스의 접결상태, 구경, 방수 압력 적정 여부	
2-F-008	● 호스릴방식 노즐 개폐장치 사용 용이 여부	
2-G. 전원		
2-G-001	● 대상물 수전방식에 따른 상용전원 적정 여부	
2-G-002	● 비상전원 설치장소 적정 및 관리 여부	
2-G-003	○ 자가발전설비인 경우 연료 적정량 보유 여부	
2-G-004	○ 자가발전설비인 경우 「전기사업법」에 따른 정기점검 결과 확인	
2-H. 제어반		
2-H-001	● 겸용 감시·동력 제어반 성능 적정 여부(겸용으로 설치된 경우)	
	[감시제어반]	
2-H-011	○ 펌프 작동 여부 확인 표시등 및 음향경보장치 정상작동 여부	
2-H-012	○ 펌프 별 자동·수동 전환스위치 정상작동 여부	
2-H-013	● 펌프 별 수동기동 및 수동중단 기능 정상작동 여부	
2-H-014	● 상용전원 및 비상전원 공급 확인 가능 여부(비상전원 있는 경우)	
2-H-015	● 수조·물올림탱크 저수위 표시등 및 음향경보장치 정상작동 여부	
2-H-016	○ 각 확인회로 별 도통시험 및 작동시험 정상작동 여부	
2-H-017	○ 예비전원 확보 유무 및 시험 적합 여부	
2-H-018	● 감시제어반 전용실 적정 설치 및 관리 여부	
2-H-019	● 기계·기구 또는 시설 등 제어 및 감시설비 외 설치 여부	

번호	점검항목	점검결과
2-H-021	[동력제어반] ○ 앞면은 적색으로 하고, "옥내소화전설비용 동력제어반" 표지 설치 여부	
2-H-031	[발전기제어반] ● 소방전원보존형발전기는 이를 식별할 수 있는 표지 설치 여부	

※ 펌프성능시험(펌프 명판 및 설계치 참조)

구 분		체절운전	정격운전 (100%)	정격유량의 150%운전	적 정 여 부
토출량 (l/min)	주				1. 체절운전시 토출압은 정격토출압의 140% 이하일 것( ) 2. 정격운전시 토출량과 토출압이 규정치 이상일 것( ) 3. 정격토출량 150%에서 토출압이 정격토출압의 65% 이상일 것( )
	예비				
토출압 (MPa)	주				
	예비				

○ 설정압력 :
○ 주펌프
  기동 :   MPa
  정지 :   MPa
○ 예비펌프
  기동 :   MPa
  정지 :   MPa
○ 충압펌프
  기동 :   MPa
  정지 :   MPa

※ 릴리프밸브 작동압력 :   MPa

비고	

3. 스프링클러설비 점검표

번호	점검항목	점검결과
3-A. 수원		
3-A-001	○ 주된수원의 유효수량 적정 여부(겸용설비 포함)	
3-A-002	○ 보조수원(옥상)의 유효수량 적정 여부	
3-B. 수조		
3-B-001	● 동결방지조치 상태 적정 여부	
3-B-002	○ 수위계 설치 또는 수위 확인 가능 여부	
3-B-003	● 수조 외측 고정사다리 설치 여부(바닥보다 낮은 경우 제외)	
3-B-004	● 실내설치 시 조명설비 설치 여부	
3-B-005	○ "스프링클러설비용 수조" 표지설치 여부 및 설치 상태	
3-B-006	● 다른 소화설비와 겸용 시 겸용설비의 이름 표시한 표지설치 여부	
3-B-007	● 수조-수직배관 접속부분 "스프링클러설비용 배관" 표지설치 여부	
3-C. 가압송수장치		
	[펌프방식]	
3-C-001	● 동결방지조치 상태 적정 여부	
3-C-002	○ 성능시험배관을 통한 펌프 성능시험 적정 여부	
3-C-003	● 다른 소화설비와 겸용인 경우 펌프 성능 확보 가능 여부	
3-C-004	○ 펌프 흡입측 연성계·진공계 및 토출측 압력계 등 부속장치의 변형·손상 유무	
3-C-005	● 기동장치 적정 설치 및 기동압력 설정 적정 여부	
3-C-006	○ 물올림장치 설치 적정(전용 여부, 유효수량, 배관구경, 자동급수) 여부	
3-C-007	● 충압펌프 설치 적정(토출압력, 정격토출량) 여부	
3-C-008	○ 내연기관 방식의 펌프 설치 적정(정상기동(기동장치 및 제어반) 여부, 축전지 상태, 연료량) 여부	
3-C-009	○ 가압송수장치의 "스프링클러펌프" 표지설치 여부 또는 다른 소화설비와 겸용 시 겸용설비 이름 표시 부착 여부	
	[고가수조방식]	
3-C-021	○ 수위계·배수관·급수관·오버플로우관·맨홀 등 부속장치의 변형·손상 유무	
	[압력수조방식]	
3-C-031	● 압력수조의 압력 적정 여부	
3-C-032	○ 수위계·급수관·급기관·압력계·안전장치·공기압축기 등 부속장치의 변형·손상 유무	
	[가압수조방식]	
3-C-041	● 가압수조 및 가압원 설치장소의 방화구획 여부	
3-C-042	○ 수위계·급수관·배수관·급기관·압력계 등 부속장치의 변형·손상 유무	
3-D. 폐쇄형스프링클러설비 방호구역 및 유수검지장치		
3-D-001	● 방호구역 적정 여부	
3-D-002	● 유수검지장치 설치 적정(수량, 접근·점검 편의성, 높이) 여부	

번호	점검항목	점검결과
3-D-003	○ 유수검지장치실 설치 적정(실내 또는 구획, 출입문 크기, 표지) 여부	
3-D-004	● 자연낙차에 의한 유수압력과 유수검지장치의 유수검지압력 적정여부	
3-D-005	● 조기반응형헤드 적합 유수검지장치 설치 여부	

3-E. 개방형스프링클러설비 방수구역 및 일제개방밸브

3-E-001	● 방수구역 적정 여부	
3-E-002	● 방수구역 별 일제개방밸브 설치 여부	
3-E-003	● 하나의 방수구역을 담당하는 헤드 개수 적정 여부	
3-E-004	○ 일제개방밸브실 설치 적정(실내(구획), 높이, 출입문, 표지) 여부	

3-F. 배관

3-F-001	● 펌프의 흡입측 배관 여과장치의 상태 확인	
3-F-002	● 성능시험배관 설치(개폐밸브, 유량조절밸브, 유량측정장치) 적정 여부	
3-F-003	● 순환배관 설치(설치위치 · 배관구경, 릴리프밸브 개방압력) 적정 여부	
3-F-004	● 동결방지조치 상태 적정 여부	
3-F-005	○ 급수배관 개폐밸브 설치(개폐표시형, 흡입측 버터플라이 제외) 및 작동표시스위치 적정(제어반 표시 및 경보, 스위치 동작 및 도통시험) 여부	
3-F-006	○ 준비작동식 유수검지장치 및 일제개방밸브 2차측 배관 부대설비 설치 적정(개폐표시형 밸브, 수직배수배관, 개폐밸브, 자동배수장치, 압력스위치 설치 및 감시제어반 개방 확인) 여부	
3-F-007	○ 유수검지장치 시험장치 설치 적정(설치위치, 배관구경, 개폐밸브 및 개방형 헤드, 물받이 통 및 배수관) 여부	
3-F-008	● 주차장에 설치된 스프링클러 방식 적정(습식 외의 방식) 여부	
3-F-009	● 다른 설비의 배관과의 구분 상태 적정 여부	

3-G. 음향장치 및 기동장치

3-G-001	○ 유수검지에 따른 음향장치 작동 가능 여부(습식 · 건식의 경우)	
3-G-002	○ 감지기 작동에 따라 음향장치 작동 여부(준비작동식 및 일제개방밸브의 경우)	
3-G-003	● 음향장치 설치 담당구역 및 수평거리 적정 여부	
3-G-004	● 주 음향장치 수신기 내부 또는 직근 설치 여부	
3-G-005	● 우선경보방식에 따른 경보 적정 여부	
3-G-006	○ 음향장치(경종 등) 변형 · 손상 확인 및 정상 작동(음량 포함) 여부	
	[펌프 작동]	
3-G-011	○ 유수검지장치의 발신이나 기동용 수압개폐장치의 작동에 따른 펌프 기동 확인 (습식 · 건식의 경우)	
3-G-012	○ 화재감지기의 감지나 기동용 수압개폐장치의 작동에 따른 펌프 기동 확인 (준비작동식 및 일제개방밸브의 경우)	
	[준비작동식유수검지장치 또는 일제개발밸브 작동]	
3-G-021	○ 담당구역내 화재감지기 동작(수동 기동 포함)에 따라 개방 및 작동 여부	
3-G-022	○ 수동조작함 (설치높이, 표시등) 설치 적정 여부	

번호	점검항목	점검결과
3-H. 헤드		
3-H-001	○ 헤드의 변형·손상 유무	
3-H-002	○ 헤드 설치 위치·장소·상태(고정) 적정 여부	
3-H-003	○ 헤드 살수장애 여부	
3-H-004	● 무대부 또는 연소우려 있는 개구부 개방형 헤드 설치 여부	
3-H-005	● 조기반응형 헤드 설치 여부(의무 설치 장소의 경우)	
3-H-006	● 경사진 천장의 경우 스프링클러헤드의 배치상태	
3-H-007	● 연소할 우려가 있는 개구부 헤드 설치 적정 여부	
3-H-008	● 습식·부압식스프링클러 외의 설비 상향식 헤드 설치 여부	
3-H-009	● 측벽형 헤드 설치 적정 여부	
3-H-010	● 감열부에 영향을 받을 우려가 있는 헤드의 차폐판 설치 여부	
3-I. 송수구		
3-I-001	○ 설치장소 적정 여부	
3-I-002	● 연결배관에 개폐밸브를 설치한 경우 개폐상태 확인 및 조작가능 여부	
3-I-003	● 송수구 설치 높이 및 구경 적정 여부	
3-I-004	○ 송수압력범위 표시 표지 설치 여부	
3-I-005	● 송수구 설치 개수 적정 여부(폐쇄형 스프링클러설비의 경우)	
3-I-006	● 자동배수밸브(또는 배수공)·체크밸브 설치 여부 및 설치 상태 적정 여부	
3-I-007	○ 송수구 마개 설치 여부	
3-J. 전원		
3-J-001	● 대상물 수전방식에 따른 상용전원 적정 여부	
3-J-002	● 비상전원 설치장소 적정 및 관리 여부	
3-J-003	○ 자가발전설비인 경우 연료 적정량 보유 여부	
3-J-004	○ 자가발전설비인 경우 「전기사업법」에 따른 정기점검 결과 확인	
3-K. 제어반		
3-K-001	● 겸용 감시·동력 제어반 성능 적정 여부(겸용으로 설치된 경우)	
	[감시제어반]	
3-K-011	○ 펌프 작동 여부 확인 표시등 및 음향경보장치 정상작동 여부	
3-K-012	○ 펌프 별 자동·수동 전환스위치 정상작동 여부	
3-K-013	● 펌프 별 수동기동 및 수동중단 기능 정상작동 여부	
3-K-014	● 상용전원 및 비상전원 공급 확인 가능 여부(비상전원 있는 경우)	
3-K-015	● 수조·물올림탱크 저수위 표시등 및 음향경보장치 정상작동 여부	
3-K-016	○ 각 확인회로 별 도통시험 및 작동시험 정상작동 여부	
3-K-017	○ 예비전원 확보 유무 및 시험 적합 여부	
3-K-018	● 감시제어반 전용실 적정 설치 및 관리 여부	
3-K-019	● 기계·기구 또는 시설 등 제어 및 감시설비 외 설치 여부	
3-K-020	○ 유수검지장치·일제개방밸브 작동 시 표시 및 경보 정상작동 여부	
3-K-021	○ 일제개방밸브 수동조작스위치 설치 여부	

번호	점검항목	점검결과
3-K-022	● 일제개방밸브 사용 설비 화재감지기 회로별 화재표시 적정 여부	
3-K-023	● 감시제어반과 수신기 간 상호 연동 여부(별도로 설치된 경우)	
3-K-031	[동력제어반] ○ 앞면은 적색으로 하고, "스프링클러설비용 동력제어반" 표지 설치 여부	
3-K-041	[발전기제어반] ● 소방전원보존형발전기는 이를 식별할 수 있는 표지 설치 여부	

3-L. 헤드 설치제외

3-L-001	● 헤드 설치 제외 적정 여부(설치 제외된 경우)	
3-L-002	● 드렌처설비 설치 적정 여부	

※ 펌프성능시험(펌프 명판 및 설계치 참조)

구 분		체절운전	정격운전 (100%)	정격유량의 150%운전	적 정 여 부
토출량 (l/min)	주				1. 체절운전시 토출압은 정격토출압의 140% 이하일 것( ) 2. 정격운전시 토출량과 토출압이 규정치 이상일 것( ) 3. 정격토출량 150%에서 토출압이 정격토출압의 65% 이상일 것( )
	예비				
토출압 (MPa)	주				
	예비				

○ 설정압력 :
○ 주펌프
  기동 :　　　MPa
  정지 :　　　MPa
○ 예비펌프
  기동 :　　　MPa
  정지 :　　　MPa
○ 충압펌프
  기동 :　　　MPa
  정지 :　　　MPa

※ 릴리프밸브 작동압력 :　　　MPa

비고	

4. 간이스프링클러설비 점검표

번호	점검항목	점검결과
4-A. 수원		
4-A-001	○ 수원의 유효수량 적정 여부(겸용설비 포함)	
4-B. 수조		
4-B-001	○ 자동급수장치 설치 여부	
4-B-002	● 동결방지조치 상태 적정 여부	
4-B-003	○ 수위계 설치 또는 수위 확인 가능 여부	
4-B-004	● 수조 외측 고정사다리 설치 여부(바닥보다 낮은 경우 제외)	
4-B-005	● 실내설치 시 조명설비 설치 여부	
4-B-006	○ "간이스프링클러설비용 수조" 표지 설치상태 적정 여부	
4-B-007	● 다른 소화설비와 겸용 시 겸용설비의 이름 표시한 표지설치 여부	
4-B-008	● 수조-수직배관 접속부분 "간이스프링클러설비용 배관" 표지설치 여부	
4-C. 가압송수장치		
4-C-001	[상수도직결형] ○ 방수량 및 방수압력 적정 여부	
4-C-011	[펌프방식] ● 동결방지조치 상태 적정 여부	
4-C-012	○ 성능시험배관을 통한 펌프 성능시험 적정 여부	
4-C-013	● 다른 소화설비와 겸용인 경우 펌프 성능 확보 가능 여부	
4-C-014	○ 펌프 흡입측 연성계·진공계 및 토출측 압력계 등 부속장치의 변형·손상 유무	
4-C-015	● 기동장치 적정 설치 및 기동압력 설정 적정 여부	
4-C-016	● 물올림장치 설치 적정(전용 여부, 유효수량, 배관구경, 자동급수) 여부	
4-C-017	● 충압펌프 설치 적정(토출압력, 정격토출량) 여부	
4-C-018	○ 내연기관 방식의 펌프 설치 적정(정상기동(기동장치 및 제어반) 여부, 축전지 상태, 연료량) 여부	
4-C-019	○ 가압송수장치의 "간이스프링클러펌프" 표지설치 여부 또는 다른 소화설비와 겸용 시 겸용설비 이름 표시 부착 여부	
4-C-031	[고가수조방식] ○ 수위계·배수관·급수관·오버플로우관·맨홀 등 부속장치의 변형·손상 유무	
4-C-041 4-C-042	[압력수조방식] ● 압력수조의 압력 적정 여부 ○ 수위계·급수관·급기관·압력계·안전장치·공기압축기 등 부속장치의 변형·손상 유무	
4-C-051 4-C-052	[가압수조방식] ● 가압수조 및 가압원 설치장소의 방화구획 여부 ○ 수위계·급수관·배수관·급기관·압력계 등 부속장치의 변형·손상 유무	
비고		

번호	점검항목	점검결과

4-D. 방호구역 및 유수검지장치

번호	점검항목	점검결과
4-D-001	● 방호구역 적정 여부	
4-D-002	● 유수검지장치 설치 적정(수량, 접근·점검 편의성, 높이) 여부	
4-D-003	○ 유수검지장치실 설치 적정(실내 또는 구획, 출입문 크기, 표지) 여부	
4-D-004	● 자연낙차에 의한 유수압력과 유수검지장치의 유수검지압력 적정여부	
4-D-005	● 주차장에 설치된 간이스프링클러 방식 적정(습식 외의 방식) 여부	

4-E. 배관 및 밸브

번호	점검항목	점검결과
4-E-001	○ 상수도직결형 수도배관 구경 및 유수검지에 따른 다른 배관 자동 송수 차단 여부	
4-E-002	○ 급수배관 개폐밸브 설치(개폐표시형, 흡입측 버터플라이 제외) 및 작동표시스위치 적정(제어반 표시 및 경보, 스위치 동작 및 도통시험) 여부	
4-E-003	● 펌프의 흡입측 배관 여과장치의 상태 확인	
4-E-004	● 성능시험배관 설치(개폐밸브, 유량조절밸브, 유량측정장치) 적정 여부	
4-E-005	● 순환배관 설치(설치위치·배관구경, 릴리프밸브 개방압력) 적정 여부	
4-E-006	● 동결방지조치 상태 적정 여부	
4-E-007	○ 준비작동식 유수검지장치 2차측 배관 부대설비 설치 적정(개폐표시형 밸브, 수직배수배관·개폐밸브, 자동배수장치, 압력스위치 설치 및 감시제어반 개방 확인) 여부	
4-E-008	○ 유수검지장치 시험장치 설치 적정(설치위치, 배관구경, 개폐밸브 및 개방형 헤드, 물받이 통 및 배수관) 여부	
4-E-009	● 간이스프링클러설비 배관 및 밸브 등의 순서의 적정 시공 여부	
4-E-010	● 다른 설비의 배관과의 구분 상태 적정 여부	

4-F. 음향장치 및 기동장치

번호	점검항목	점검결과
4-F-001	○ 유수검지에 따른 음향장치 작동 가능 여부(습식의 경우)	
4-F-002	● 음향장치 설치 담당구역 및 수평거리 적정 여부	
4-F-003	● 주 음향장치 수신기 내부 또는 직근 설치 여부	
4-F-004	● 우선경보방식에 따른 경보 적정 여부	
4-F-005	○ 음향장치(경종 등) 변형·손상 확인 및 정상 작동(음량 포함) 여부	
	[펌프 작동]	
4-F-011	○ 유수검지장치의 발신이나 기동용 수압개폐장치의 작동에 따른 펌프 기동 확인 (습식의 경우)	
4-F-012	○ 화재감지기의 감지나 기동용 수압개폐장치의 작동에 따른 펌프 기동 확인 (준비작동식의 경우)	
	[준비작동식유수검지장치 작동]	
4-F-021	○ 담당구역내 화재감지기 동작(수동 기동 포함)에 따라 개방 및 작동 여부	
4-F-022	○ 수동조작함(설치높이, 표시등) 설치 적정 여부	
비고		

번호	점검항목	점검결과
4-G. 간이헤드		
4-G-001	○ 헤드의 변형·손상 유무	
4-G-002	○ 헤드 설치 위치·장소·상태(고정) 적정 여부	
4-G-003	○ 헤드 살수장애 여부	
4-G-004	● 감열부에 영향을 받을 우려가 있는 헤드의 차폐판 설치 여부	
4-G-005	● 헤드 설치 제외 적정 여부(설치 제외된 경우)	
4-H. 송수구		
4-H-001	○ 설치장소 적정 여부	
4-H-002	● 연결배관에 개폐밸브를 설치한 경우 개폐상태 확인 및 조작가능 여부	
4-H-003	● 송수구 설치 높이 및 구경 적정 여부	
4-H-004	● 자동배수밸브(또는 배수공)·체크밸브 설치 여부 및 설치 상태 적정 여부	
4-H-005	○ 송수구 마개 설치 여부	
4-I. 제어반		
4-I-001	● 겸용 감시·동력 제어반 성능 적정 여부(겸용으로 설치된 경우)	
	[감시제어반]	
4-I-011	○ 펌프 작동 여부 확인 표시등 및 음향경보장치 정상작동 여부	
4-I-012	○ 펌프 별 자동·수동 전환스위치 정상작동 여부	
4-I-013	● 펌프 별 수동기동 및 수동중단 기능 정상작동 여부	
4-I-014	● 상용전원 및 비상전원 공급 확인 가능 여부(비상전원 있는 경우)	
4-I-015	● 수조·물올림탱크 저수위 표시등 및 음향경보장치 정상작동 여부	
4-I-016	○ 각 확인회로 별 도통시험 및 작동시험 정상작동 여부	
4-I-017	○ 예비전원 확보 유무 및 시험 적합 여부	
4-I-018	● 감시제어반 전용실 적정 설치 및 관리 여부	
4-I-019	● 기계·기구 또는 시설 등 제어 및 감시설비 외 설치 여부	
4-I-020	○ 유수검지장치 작동 시 표시 및 경보 정상작동 여부	
4-I-021	● 감시제어반과 수신기 간 상호 연동 여부(별도로 설치된 경우)	
	[동력제어반]	
4-I-031	○ 앞면은 적색으로 하고, "간이스프링클러설비용 동력제어반" 표지 설치 여부	
	[발전기제어반]	
4-I-041	● 소방전원보존형발전기는 이를 식별할 수 있는 표지 설치 여부	
4-J. 전원		
4-J-001	● 대상물 수전방식에 따른 상용전원 적정 여부	
4-J-002	● 비상전원 설치장소 적정 및 관리 여부	
4-J-003	○ 자가발전설비인 경우 연료 적정량 보유 여부	
4-J-004	○ 자가발전설비인 경우 「전기사업법」에 따른 정기점검 결과 확인	
비고		

번호	점검항목	점검결과

※ 펌프성능시험(펌프 명판 및 설계치 참조)

구 분		체절운전	정격운전 (100%)	정격유량의 150%운전	적 정 여 부
토출량 (l/min)	주				1. 체절운전시 토출압은 정격토출압의 140% 이하일 것( )
	예비				2. 정격운전시 토출량과 토출압이 규정치 이상일 것( )
토출압 (MPa)	주				3. 정격토출량 150%에서 토출압이 정격토출압의 65% 이상일 것( )
	예비				

○ 설정압력 :
○ 주펌프
  기동 :　　　MPa
  정지 :　　　MPa
○ 예비펌프
  기동 :　　　MPa
  정지 :　　　MPa
○ 충압펌프
  기동 :　　　MPa
  정지 :　　　MPa

※ 릴리프밸브 작동압력 :　　　MPa

비고	

5. 화재조기진압용 스프링클러설비 점검표

번호	점검항목	점검결과
5-A. 설치장소의 구조		
5-A-001	● 설비 설치장소의 구조(층고, 내화구조, 방화구획, 천장 기울기, 천장 자재 돌출부 길이, 보 간격, 선반 물 침투구조) 적합 여부	
5-B. 수원		
5-B-001	○ 주된수원의 유효수량 적정 여부(겸용설비 포함)	
5-B-002	○ 보조수원(옥상)의 유효수량 적정 여부	
5-C. 수조		
5-C-001	● 동결방지조치 상태 적정 여부	
5-C-002	○ 수위계 설치 또는 수위 확인 가능 여부	
5-C-003	● 수조 외측 고정사다리 설치 여부(바닥보다 낮은 경우 제외)	
5-C-004	● 실내설치 시 조명설비 설치 여부	
5-C-005	○ "화재조기진압용 스프링클러설비용 수조" 표지설치 여부 및 설치 상태	
5-C-006	● 다른 소화설비와 겸용 시 겸용설비의 이름 표시한 표지설치 여부	
5-C-007	● 수조-수직배관 접속부분 "화재조기진압용 스프링클러설비용 배관" 표지설치 여부	
5-D. 가압송수장치		
	[펌프방식]	
5-D-001	● 동결방지조치 상태 적정 여부	
5-D-002	○ 성능시험배관을 통한 펌프 성능시험 적정 여부	
5-D-003	● 다른 소화설비와 겸용인 경우 펌프 성능 확보 가능 여부	
5-D-004	○ 펌프 흡입측 연성계 · 진공계 및 토출측 압력계 등 부속장치의 변형 · 손상 유무	
5-D-005	● 기동장치 적정 설치 및 기동압력 설정 적정 여부	
5-D-006	○ 물올림장치 설치 적정(전용 여부, 유효수량, 배관구경, 자동급수) 여부	
5-D-007	● 충압펌프 설치 적정(토출압력, 정격토출량) 여부	
5-D-008	○ 내연기관 방식의 펌프 설치 적정(정상기동(기동장치 및 제어반) 여부, 축전지 상태, 연료량) 여부	
5-D-009	○ 가압송수장치의 "화재조기진압용 스프링클러펌프" 표지설치 여부 또는 다른 소화설비와 겸용 시 겸용설비 이름 표시 부착 여부	
	[고가수조방식]	
5-D-021	○ 수위계 · 배수관 · 급수관 · 오버플로우관 · 맨홀 등 부속장치의 변형 · 손상 유무	
	[압력수조방식]	
5-D-031	● 압력수조의 압력 적정 여부	
5-D-032	○ 수위계 · 급수관 · 급기관 · 압력계 · 안전장치 · 공기압축기 등 부속장치의 변형 · 손상 유무	
	[가압수조방식]	
5-D-041	● 가압수조 및 가압원 설치장소의 방화구획 여부	
5-D-042	○ 수위계 · 급수관 · 배수관 · 급기관 · 압력계 등 부속장치의 변형 · 손상 유무	
비고		

번호	점검항목	점검결과
5-E. 방호구역 및 유수검지장치		
5-E-001	● 방호구역 적정 여부	
5-E-002	● 유수검지장치 설치 적정(수량, 접근·점검 편의성, 높이) 여부	
5-E-003	○ 유수검지장치실 설치 적정(실내 또는 구획, 출입문 크기, 표지) 여부	
5-E-004	● 자연낙차에 의한 유수압력과 유수검지장치의 유수검지압력 적정여부	
5-F. 배관		
5-F-001	● 펌프의 흡입측 배관 여과장치의 상태 확인	
5-F-002	● 성능시험배관 설치(개폐밸브, 유량조절밸브, 유량측정장치) 적정 여부	
5-F-003	● 순환배관 설치(설치위치·배관구경, 릴리프밸브 개방압력) 적정 여부	
5-F-004	● 동결방지조치 상태 적정 여부	
5-F-005	○ 급수배관 개폐밸브 설치(개폐표시형, 흡입측 버터플라이 제외) 및 작동표시스위치 적정(제어반 표시 및 경보, 스위치 동작 및 도통시험) 여부	
5-F-006	○ 유수검지장치 시험장치 설치 적정(설치위치, 배관구경, 개폐밸브 및 개방형 헤드, 물받이 통 및 배수관) 여부	
5-F-007	● 다른 설비의 배관과의 구분 상태 적정 여부	
5-G. 음향장치 및 기동장치		
5-G-001	○ 유수검지에 따른 음향장치 작동 가능 여부	
5-G-002	● 음향장치 설치 담당구역 및 수평거리 적정 여부	
5-G-003	● 주 음향장치 수신기 내부 또는 직근 설치 여부	
5-G-004	● 우선경보방식에 따른 경보 적정 여부	
5-G-005	○ 음향장치(경종 등) 변형·손상 확인 및 정상 작동(음량 포함) 여부	
5-G-011	[펌프 작동] ○ 유수검지장치의 발신이나 기동용 수압개폐장치의 작동에 따른 펌프 기동 확인	
5-H. 헤드		
5-H-001	○ 헤드의 변형·손상 유무	
5-H-002	○ 헤드 설치 위치·장소·상태(고정) 적정 여부	
5-H-003	○ 헤드 살수장애 여부	
5-H-004	● 감열부에 영향을 받을 우려가 있는 헤드의 차폐판 설치 여부	
5-I. 저장물의 간격 및 환기구		
5-I-001	● 저장물품 배치 간격 적정 여부	
5-I-002	● 환기구 설치 상태 적정 여부	
5-J. 송수구		
5-J-001	○ 설치장소 적정 여부	
5-J-002	● 연결배관에 개폐밸브를 설치한 경우 개폐상태 확인 및 조작기능 여부	
5-J-003	● 송수구 설치 높이 및 구경 적정 여부	
5-J-004	○ 송수압력범위 표시 표지 설치 여부	
5-J-005	● 송수구 설치 개수 적정 여부	
5-J-006	● 자동배수밸브(또는 배수공)·체크밸브 설치 여부 및 설치 상태 적정 여부	
5-J-007	○ 송수구 마개 설치 여부	

번호	점검항목	점검결과
5-K. 전원		
5-K-001	● 대상물 수전방식에 따른 상용전원 적정 여부	
5-K-002	● 비상전원 설치장소 적정 및 관리 여부	
5-K-003	○ 자가발전설비인 경우 연료 적정량 보유 여부	
5-K-004	○ 자가발전설비인 경우 「전기사업법」에 따른 정기점검 결과 확인	
5-L. 제어반		
5-L-001	● 겸용 감시ㆍ동력 제어반 성능 적정 여부(겸용으로 설치된 경우)	
	[감시제어반]	
5-L-001	○ 펌프 작동 여부 확인 표시등 및 음향경보장치 정상작동 여부	
5-L-002	○ 펌프 별 자동ㆍ수동 전환스위치 정상작동 여부	
5-L-003	● 펌프 별 수동기동 및 수동중단 기능 정상작동 여부	
5-L-004	● 상용전원 및 비상전원 공급 확인 가능 여부(비상전원 있는 경우)	
5-L-005	● 수조ㆍ물올림탱크 저수위 표시등 및 음향경보장치 정상작동 여부	
5-L-006	○ 각 확인회로 별 도통시험 및 작동시험 정상작동 여부	
5-L-007	○ 예비전원 확보 유무 및 시험 적합 여부	
5-L-008	● 감시제어반 전용실 적정 설치 및 관리 여부	
5-L-009	● 기계ㆍ기구 또는 시설 등 제어 및 감시설비 외 설치 여부	
5-L-010	○ 유수검지장치 작동 시 표시 및 경보 정상작동 여부	
5-L-011	○ 감시제어반과 수신기 간 상호 연동 여부(별도로 설치된 경우)	
	[동력제어반]	
5-L-021	○ 앞면은 적색으로 하고, "화재조기진압용 스프링클러설비용 동력제어반" 표지 설치 여부	
	[발전기제어반]	
5-L-031	● 소방전원보존형발전기는 이를 식별할 수 있는 표지 설치 여부	
5-M. 설치금지 장소		
5-M-001	● 설치가 금지된 장소(제4류 위험물 등이 보관된 장소) 설치 여부	

※ 펌프성능시험(펌프 명판 및 설계치 참조)

구 분		체절운전	정격운전 (100%)	정격유량의 150%운전	적 정 여 부
토출량 (*l*/min)	주				1. 체절운전시 토출압은 정격토출압의 140% 이하일 것 ( )
	예비				2. 정격운전시 토출량과 토출압이 규정치 이상일 것 ( )
토출압 (MPa)	주				3. 정격토출량 150%에서 토출압이 정격토출압의 65% 이상일 것 ( )
	예비				

○ 설정압력 :
○ 주펌프
  기동 :   MPa
  정지 :   MPa
○ 예비펌프
  기동 :   MPa
  정지 :   MPa
○ 충압펌프
  기동 :   MPa
  정지 :   MPa

※ 릴리프밸브 작동압력 :   MPa

비고	

6. 물분무소화설비 점검표

번호	점검항목	점검결과
6-A. 수원		
6-A-001	○ 수원의 유효수량 적정 여부(겸용설비 포함)	
6-B. 수조		
6-B-001	● 동결방지조치 상태 적정 여부	
6-B-002	○ 수위계 설치 또는 수위 확인 가능 여부	
6-B-003	● 수조 외측 고정사다리 설치 여부(바닥보다 낮은 경우 제외)	
6-B-004	● 실내설치 시 조명설비 설치 여부	
6-B-005	○ "물분무소화설비용 수조" 표지 설치상태 적정 여부	
6-B-006	● 다른 소화설비와 겸용 시 겸용설비의 이름 표시한 표지설치 여부	
6-B-007	● 수조-수직배관 접속부분 "물분무소화설비용 배관" 표지설치 여부	
6-C. 가압송수장치		
	[펌프방식]	
6-C-001	● 동결방지조치 상태 적정 여부	
6-C-002	○ 성능시험배관을 통한 펌프 성능시험 적정 여부	
6-C-003	● 다른 소화설비와 겸용인 경우 펌프 성능 확보 가능 여부	
6-C-004	○ 펌프 흡입측 연성계·진공계 및 토출측 압력계 등 부속장치의 변형·손상 유무	
6-C-005	● 기동장치 적정 설치 및 기동압력 설정 적정 여부	
6-C-006	○ 물올림장치 설치 적정(전용 여부, 유효수량, 배관구경, 자동급수) 여부	
6-C-007	● 충압펌프 설치 적정(토출압력, 정격토출량) 여부	
6-C-008	○ 내연기관 방식의 펌프 설치 적정(정상기동(기동장치 및 제어반) 여부, 축전지 상태, 연료량) 여부	
6-C-009	○ 가압송수장치의 "물분무소화설비펌프" 표지설치 여부 또는 다른 소화설비와 겸용 시 겸용설비 이름 표시 부착 여부	
	[고가수조방식]	
6-C-021	○ 수위계·배수관·급수관·오버플로우관·맨홀 등 부속장치의 변형·손상 유무	
	[압력수조방식]	
6-C-031	● 압력수조의 압력 적정 여부	
6-C-032	○ 수위계·급수관·급기관·압력계·안전장치·공기압축기 등 부속장치의 변형·손상 유무	
	[가압수조방식]	
6-C-041	● 가압수조 및 가압원 설치장소의 방화구획 여부	
6-C-042	○ 수위계·급수관·배수관·급기관·압력계 등 부속장치의 변형·손상 유무	
6-D. 기동장치		
6-D-001	○ 수동식 기동장치 조작에 따른 가압송수장치 및 개방밸브 정상 작동 여부	
6-D-002	○ 수동식 기동장치 인근 "기동장치" 표지설치 여부	
6-D-003	○ 자동식 기동장치는 화재감지기의 작동 및 헤드 개방과 연동하여 경보를 발하고, 가압송수장치 및 개방밸브 정상 작동 여부	
6-E. 제어밸브 등		
6-E-001	○ 제어밸브 설치 위치(높이) 적정 및 "제어밸브" 표지 설치 여부	
6-E-002	● 자동개방밸브 및 수동식 개방밸브 설치위치(높이) 적정 여부	
6-E-003	● 자동개방밸브 및 수동식 개방밸브 시험장치 설치 여부	

번호	점검항목	점검결과
6-F. 물분무헤드		
6-F-001	○ 헤드의 변형·손상 유무	
6-F-002	○ 헤드 설치 위치·장소·상태(고정) 적정 여부	
6-F-003	● 전기절연 확보 위한 전기기기와 헤드 간 거리 적정 여부	
6-G. 배관 등		
6-G-001	● 펌프의 흡입측 배관 여과장치의 상태 확인	
6-G-002	● 성능시험배관 설치(개폐밸브, 유량조절밸브, 유량측정장치) 적정 여부	
6-G-003	● 순환배관 설치(설치위치·배관구경, 릴리프밸브 개방압력) 적정 여부	
6-G-004	● 동결방지조치 상태 적정 여부	
6-G-005	○ 급수배관 개폐밸브 설치(개폐표시형, 흡입측 버터플라이 제외) 및 작동표시스위치 적정(제어반 표시 및 경보, 스위치 동작 및 도통시험) 여부	
6-G-006	● 다른 설비의 배관과의 구분 상태 적정 여부	
6-H. 송수구		
6-H-001	○ 설치장소 적정 여부	
6-H-002	● 연결배관에 개폐밸브를 설치한 경우 개폐상태 확인 및 조작가능 여부	
6-H-003	● 송수구 설치 높이 및 구경 적정 여부	
6-H-004	○ 송수압력범위 표시 표지 설치 여부	
6-H-005	● 송수구 설치 개수 적정 여부	
6-H-006	● 자동배수밸브(또는 배수공)·체크밸브 설치 여부 및 설치 상태 적정 여부	
6-H-007	○ 송수구 마개 설치 여부	
6-I. 배수설비(차고·주차장의 경우)		
6-I-001	● 배수설비(배수구, 기름분리장치 등) 설치 적정 여부	
6-J. 제어반		
6-J-001	● 겸용 감시·동력 제어반 성능 적정 여부(겸용으로 설치된 경우)	
	[감시제어반]	
6-J-011	○ 펌프 작동 여부 확인 표시등 및 음향경보장치 정상작동 여부	
6-J-012	○ 펌프 별 자동·수동 전환스위치 정상작동 여부	
6-J-013	● 펌프 별 수동기동 및 수동중단 기능 정상작동 여부	
6-J-014	● 상용전원 및 비상전원 공급 확인 가능 여부(비상전원 있는 경우)	
6-J-015	● 수조·물올림탱크 저수위 표시등 및 음향경보장치 정상작동 여부	
6-J-016	○ 각 확인회로 별 도통시험 및 작동시험 정상작동 여부	
6-J-017	○ 예비전원 확보 유무 및 시험 적합 여부	
6-J-018	● 감시제어반 전용실 적정 설치 및 관리 여부	
6-J-019	● 기계·기구 또는 시설 등 제어 및 감시설비 외 설치 여부	
	[동력제어반]	
6-J-031	○ 앞면은 적색으로 하고, "물분무소화설비용 동력제어반" 표지 설치 여부	
	[발전기제어반]	
6-J-041	● 소방전원보존형발전기는 이를 식별할 수 있는 표지 설치 여부	
6-K. 전원		
6-K-001	● 대상물 수전방식에 따른 상용전원 적정 여부	
6-K-002	● 비상전원 설치장소 적정 및 관리 여부	
6-K-003	○ 자가발전설비인 경우 연료 적정량 보유 여부	
6-K-004	○ 자가발전설비인 경우 「전기사업법」에 따른 정기점검 결과 확인	

번호	점검항목	점검결과
6-L. 물분무헤드의 제외		
6-L-001	● 헤드 설치 제외 적정 여부(설치 제외된 경우)	

※ 펌프성능시험(펌프 명판 및 설계치 참조)

구 분		체절운전	정격운전 (100%)	정격유량의 150%운전	적 정 여 부
토출량 (l/min)	주				1. 체절운전시 토출압은 정격토출압의 140% 이하일 것( )
	예비				2. 정격운전시 토출량과 토출압이 규정치 이상일 것( )
토출압 (MPa)	주				3. 정격토출량 150%에서 토출압이 정격토출압의 65% 이상일 것( )
	예비				

○ 설정압력 :
○ 주펌프
  기동 :   MPa
  정지 :   MPa
○ 예비펌프
  기동 :   MPa
  정지 :   MPa
○ 충압펌프
  기동 :   MPa
  정지 :   MPa

※ 릴리프밸브 작동압력 :　　　MPa

비고	

7. 미분무소화설비 점검표

번호	점검항목	점검결과
7-A. 수원		
7-A-001	○ 수원의 수질 및 필터(또는 스트레이너) 설치 여부	
7-A-002	● 주배관 유입측 필터(또는 스트레이너) 설치 여부	
7-A-003	○ 수원의 유효수량 적정 여부	
7-A-004	● 첨가제의 양 산정 적정 여부(첨가제를 사용한 경우)	
7-B. 수조		
7-B-001	○ 전용 수조 사용 여부	
7-B-002	● 동결방지조치 상태 적정 여부	
7-B-003	○ 수위계 설치 또는 수위 확인 가능 여부	
7-B-004	● 수조 외측 고정사다리 설치 여부(바닥보다 낮은 경우 제외)	
7-B-005	● 실내설치 시 조명설비 설치 여부	
7-B-006	○ "미분무설비용 수조" 표지 설치상태 적정 여부	
7-B-007	● 수조-수직배관 접속부분 "미분무설비용 배관" 표지설치 여부	
7-C. 가압송수장치		
	[펌프방식]	
7-C-001	● 동결방지조치 상태 적정 여부	
7-C-002	● 전용 펌프 사용 여부	
7-C-003	○ 펌프 토출측 압력계 등 부속장치의 변형·손상 유무	
7-C-004	○ 성능시험배관을 통한 펌프 성능시험 적정 여부	
7-C-005	○ 내연기관 방식의 펌프 설치 적정(정상기동(기동장치 및 제어반) 여부, 축전지 상태, 연료량) 여부	
7-C-006	○ 가압송수장치의 "미분무펌프" 등 표지설치 여부	
	[압력수조방식]	
7-C-011	○ 동결방지조치 상태 적정 여부	
7-C-012	● 전용 압력수조 사용 여부	
7-C-013	○ 압력수조의 압력 적정 여부	
7-C-014	○ 수위계·급수관·급기관·압력계·안전장치·공기압축기 등 부속장치의 변형·손상 유무	
7-C-015	○ 압력수조 토출측 압력계 설치 및 적정 범위 여부	
7-C-016	○ 작동장치 구조 및 기능 적정 여부	
	[가압수조방식]	
7-C-021	● 전용 가압수조 사용 여부	
7-C-022	● 가압수조 및 가압원 설치장소의 방화구획 여부	
7-C-023	○ 수위계·급수관·배수관·급기관·압력계 등 구성품의 변형·손상 유무	
7-D. 폐쇄형 미분무소화설비의 방호구역 및 개방형 미분무소화설비의 방수구역		
7-D-001	○ 방호(방수)구역의 설정기준(바닥면적, 층 등) 적정 여부	

번호	점검항목	점검결과
7-E. 배관 등		
7-E-001	○ 급수배관 개폐밸브 설치(개폐표시형, 흡입측 버터플라이 제외) 및 작동표시스위치 적정(제어반 표시 및 경보, 스위치 동작 및 도통시험) 여부	
7-E-002	● 성능시험배관 설치(개폐밸브, 유량조절밸브, 유량측정장치) 적정 여부	
7-E-003	● 동결방지조치 상태 적정 여부	
7-E-004	○ 유수검지장치 시험장치 설치 적정(설치위치, 배관구경, 개폐밸브 및 개방형 헤드, 물받이 통 및 배수관) 여부	
7-E-005	● 주차장에 설치된 미분무소화설비 방식 적정(습식 외의 방식) 여부	
7-E-006	● 다른 설비의 배관과의 구분 상태 적정 여부	
	[호스릴 방식]	
7-E-011	● 방호대상물 각 부분으로부터 호스접결구까지 수평거리 적정 여부	
7-E-012	○ 소화약제저장용기의 위치표시등 정상 점등 및 표지 설치 여부	
7-F. 음향장치		
7-F-001	○ 유수검지에 따른 음향장치 작동 가능 여부	
7-F-002	○ 개방형 미분무설비는 감지기 작동에 따라 음향장치 작동 여부	
7-F-003	● 음향장치 설치 담당구역 및 수평거리 적정 여부	
7-F-004	● 주 음향장치 수신기 내부 또는 직근 설치 여부	
7-F-005	● 우선경보방식에 따른 경보 적정 여부	
7-F-006	○ 음향장치(경종 등) 변형·손상 확인 및 정상 작동(음량 포함) 여부	
7-F-007	○ 발신기(설치높이, 설치거리, 표시등) 설치 적정 여부	
7-G. 헤드		
7-G-001	○ 헤드 설치 위치·장소·상태(고정) 적정 여부	
7-G-002	○ 헤드의 변형·손상 유무	
7-G-003	○ 헤드 살수장애 여부	
7-H. 전원		
7-H-001	● 대상물 수전방식에 따른 상용전원 적정 여부	
7-H-002	● 비상전원 설치장소 적정 및 관리 여부	
7-H-003	○ 자가발전설비인 경우 연료 적정량 보유 여부	
7-H-004	○ 자가발전설비인 경우 「전기사업법」에 따른 정기점검 결과 확인	
7-I. 제어반		
	[감시제어반]	
7-I-001	○ 펌프 작동 여부 확인 표시등 및 음향경보장치 정상작동 여부	
7-I-002	○ 펌프 별 자동·수동 전환스위치 정상작동 여부	
7-I-003	● 펌프 별 수동기동 및 수동중단 기능 정상작동 여부	
7-I-004	● 상용전원 및 비상전원 공급 확인 가능 여부(비상전원 있는 경우)	
7-I-005	● 수조·물올림탱크 저수위 표시등 및 음향경보장치 정상작동 여부	
7-I-006	○ 각 확인회로 별 도통시험 및 작동시험 정상작동 여부	

화재안전기준 및 소방관련법령기준

번호	점검항목	점검결과
7-I-007	○ 예비전원 확보 유무 및 시험 적합 여부	
7-I-008	● 감시제어반 전용실 적정 설치 및 관리 여부	
7-I-009	● 기계·기구 또는 시설 등 제어 및 감시설비 외 설치 여부	
7-I-010	○ 감시제어반과 수신기 간 상호 연동 여부(별도로 설치된 경우)	
7-I-021	[동력제어반] ○ 앞면은 적색으로 하고, "미분무소화설비용 동력제어반" 표지 설치 여부	
7-I-031	[발전기제어반] ● 소방전원보존형발전기는 이를 식별할 수 있는 표지 설치 여부	

※ 펌프성능시험(펌프 명판 및 설계치 참조)

구 분		체절운전	정격운전 (100%)	정격유량의 150%운전	적 정 여 부
토출량 (*l*/min)	주				1. 체절운전시 토출압은 정격토출압의 140% 이하일 것(　)
	예비				2. 정격운전시 토출량과 토출압이 규정치 이상일 것(　)
토출압 (MPa)	주				3. 정격토출량 150%에서 토출압이 정격토출압의 65% 이상일 것(　)
	예비				

○설정압력 :
○주펌프
  기동 :　　　MPa
  정지 :　　　MPa
○예비펌프
  기동 :　　　MPa
  정지 :　　　MPa
○충압펌프
  기동 :　　　MPa
  정지 :　　　MPa

※ 릴리프밸브 작동압력 :　　　MPa

비고	

8. 포소화설비 점검표

번호	점검항목	점검결과
8-A. 종류 및 적응성		
8-A-001	● 특정소방대상물 별 포소화설비 종류 및 적응성 적정 여부	
8-B. 수원		
8-B-001	○ 수원의 유효수량 적정 여부(겸용설비 포함)	
8-C. 수조		
8-C-001	● 동결방지조치 상태 적정 여부	
8-C-002	○ 수위계 설치 또는 수위 확인 가능 여부	
8-C-003	● 수조 외측 고정사다리 설치 여부(바닥보다 낮은 경우 제외)	
8-C-004	● 실내설치 시 조명설비 설치 여부	
8-C-005	○ "포소화설비용 수조" 표지설치 여부 및 설치 상태	
8-C-006	● 다른 소화설비와 겸용 시 겸용설비의 이름 표시한 표지설치 여부	
8-C-007	● 수조-수직배관 접속부분 "포소화설비용 배관" 표지설치 여부	
8-D. 가압송수장치		
	[펌프방식]	
8-D-001	● 동결방지조치 상태 적정 여부	
8-D-002	○ 성능시험배관을 통한 펌프 성능시험 적정 여부	
8-D-003	● 다른 소화설비와 겸용인 경우 펌프 성능 확보 가능 여부	
8-D-004	○ 펌프 흡입측 연성계·진공계 및 토출측 압력계 등 부속장치의 변형·손상 유무	
8-D-005	● 기동장치 적정 설치 및 기동압력 설정 적정 여부	
8-D-006	○ 물올림장치 설치 적정(전용 여부, 유효수량, 배관구경, 자동급수) 여부	
8-D-007	● 충압펌프 설치 적정(토출압력, 정격토출량) 여부	
8-D-008	○ 내연기관 방식의 펌프 설치 적정(정상기동(기동장치 및 제어반) 여부, 축전지 상태, 연료량) 여부	
8-D-009	○ 가압송수장치의 "포소화설비펌프" 표지설치 여부 또는 다른 소화설비와 겸용 시 겸용설비 이름 표시 부착 여부	
	[고가수조방식]	
8-D-021	○ 수위계·배수관·급수관·오버플로우관·맨홀 등 부속장치의 변형·손상 유무	
	[압력수조방식]	
8-D-031	● 압력수조의 압력 적정 여부	
8-D-032	○ 수위계·급수관·급기관·압력계·안전장치·공기압축기 등 부속장치의 변형·손상 유무	
	[가압수조방식]	
8-D-041	● 가압수조 및 가압원 설치장소의 방화구획 여부	
8-D-042	○ 수위계·급수관·배수관·급기관·압력계 등 부속장치의 변형·손상 유무	
비고		

번호	점검항목	점검결과
8-E. 배관 등		
8-E-001	● 송액관 기울기 및 배액밸브 설치 적정 여부	
8-E-002	● 펌프의 흡입측 배관 여과장치의 상태 확인	
8-E-003	● 성능시험배관 설치(개폐밸브, 유량조절밸브, 유량측정장치) 적정 여부	
8-E-004	● 순환배관 설치(설치위치·배관구경, 릴리프밸브 개방압력) 적정 여부	
8-E-005	● 동결방지조치 상태 적정 여부	
8-E-006	○ 급수배관 개폐밸브 설치(개폐표시형, 흡입측 버터플라이 제외) 적정 여부	
8-E-007	○ 급수배관 개폐밸브 작동표시스위치 설치 적정(제어반 표시 및 경보, 스위치 동작 및 도통시험, 전기배선 종류) 여부	
8-E-008	● 다른 설비의 배관과의 구분 상태 적정 여부	
8-F. 송수구		
8-F-001	○ 설치장소 적정 여부	
8-F-002	● 연결배관에 개폐밸브를 설치한 경우 개폐상태 확인 및 조작가능 여부	
8-F-003	● 송수구 설치 높이 및 구경 적정 여부	
8-F-004	○ 송수압력범위 표시 표지 설치 여부	
8-F-005	● 송수구 설치 개수 적정 여부	
8-F-006	● 자동배수밸브(또는 배수공)·체크밸브 설치 여부 및 설치 상태 적정 여부	
8-F-007	○ 송수구 마개 설치 여부	
8-G. 저장탱크		
8-G-001	● 포약제 변질 여부	
8-G-002	● 액면계 또는 계량봉 설치상태 및 저장량 적정 여부	
8-G-003	● 그라스게이지 설치 여부(가압식이 아닌 경우)	
8-G-004	○ 포소화약제 저장량의 적정 여부	
8-H. 개방밸브		
8-H-001	○ 자동 개방밸브 설치 및 화재감지장치의 작동에 따라 자동으로 개방되는지 여부	
8-H-002	○ 수동식 개방밸브 적정 설치 및 작동 여부	
8-I. 기동장치		
8-I-001 8-I-002 8-I-003 8-I-004	[수동식 기동장치] ○ 직접·원격조작 가압송수장치·수동식개방밸브·소화약제혼합장치 기동 여부 ● 기동장치 조작부의 접근성 확보, 설치 높이, 보호장치 설치 적정 여부 ○ 기동장치 조작부 및 호스접결구 인근 "기동장치의 조작부" 및 "접결구" 표지설치 여부 ● 수동식 기동장치 설치개수 적정 여부	
8-I-011	[자동식 기동장치] ○ 화재감지기 또는 폐쇄형 스프링클러헤드의 개방과 연동하여 가압송수장치·일제개방밸브 및 포소화약제 혼합장치 기동 여부	
8-I-012	● 폐쇄형 스프링클러헤드 설치 적정 여부	
8-I-013	● 화재감지기 및 발신기 설치 적정 여부	
8-I-014	● 동결우려 장소 자동식기동장치 자동화재탐지설비 연동 여부	

번호	점검항목	점검결과
	[자동경보장치]	
8-I-021	○ 방사구역 마다 발신부(또는 층별 유수검지장치) 설치 여부	
8-I-022	○ 수신기는 설치 장소 및 헤드개방·감지기 작동 표시장치 설치 여부	
8-I-023	● 2 이상 수신기 설치 시 수신기간 상호 동시 통화 가능 여부	

8-J. 포헤드 및 고정포방출구

번호	점검항목	점검결과
	[포헤드]	
8-J-001	○ 헤드의 변형·손상 유무	
8-J-002	○ 헤드 수량 및 위치 적정 여부	
8-J-003	○ 헤드 살수장애 여부	
	[호스릴포소화설비 및 포소화전설비]	
8-J-011	○ 방수구와 호스릴함 또는 호스함 사이의 거리 적정 여부	
8-J-012	○ 호스릴함 또는 호스함 설치 높이, 표지 및 위치표시등 설치 여부	
8-J-013	● 방수구 설치 및 호스릴·호스 길이 적정 여부	
	[전역방출방식의 고발포용 고정포 방출구]	
8-J-021	○ 개구부 자동폐쇄장치 설치 여부	
8-J-022	● 방호구역의 관포체적에 대한 포수용액 방출량 적정 여부	
8-J-023	● 고정포방출구 설치 개수 적정 여부	
8-J-024	○ 고정포방출구 설치 위치(높이) 적정 여부	
	[국소방출방식의 고발포용 고정포 방출구]	
8-J-031	● 방호대상물 범위 설정 적정 여부	
8-J-032	● 방호대상물별 방호면적에 대한 포수용액 방출량 적정 여부	

8-K. 전원

번호	점검항목	점검결과
8-K-001	● 대상물 수전방식에 따른 상용전원 적정 여부	
8-K-002	● 비상전원 설치장소 적정 및 관리 여부	
8-K-003	○ 자가발전설비인 경우 연료 적정량 보유 여부	
8-K-004	○ 자가발전설비인 경우 「전기사업법」에 따른 정기점검 결과 확인	

8-L. 제어반

번호	점검항목	점검결과
8-L-001	● 겸용 감시·동력 제어반 성능 적정 여부(겸용으로 설치된 경우)	
	[감시제어반]	
8-L-011	○ 펌프 작동 여부 확인 표시등 및 음향경보장치 정상작동 여부	
8-L-012	○ 펌프 별 자동·수동 전환스위치 정상작동 여부	
8-L-013	● 펌프 별 수동기동 및 수동중단 기능 정상작동 여부	
8-L-014	● 상용전원 및 비상전원 공급 확인 가능 여부(비상전원 있는 경우)	
8-L-015	● 수조·물올림탱크 저수위 표시등 및 음향경보장치 정상작동 여부	
8-L-016	○ 각 확인회로 별 도통시험 및 작동시험 정상작동 여부	
8-L-017	○ 예비전원 확보 유무 및 시험 적합 여부	
8-L-018	● 감시제어반 전용실 적정 설치 및 관리 여부	
8-L-019	● 기계·기구 또는 시설 등 제어 및 감시설비 외 설치 여부	

화재안전기준 및 소방관련법령기준

번호	점검항목	점검결과
8-L-031	[동력제어반] ○ 앞면은 적색으로 하고, "포소화설비용 동력제어반" 표지 설치 여부	
8-L-041	[발전기제어반] ● 소방전원보존형발전기는 이를 식별할 수 있는 표지 설치 여부	

※ 펌프성능시험(펌프 명판 및 설계치 참조)

구 분		체절운전	정격운전 (100%)	정격유량의 150%운전	적 정 여 부
토출량 (l/min)	주				1. 체절운전시 토출압은 정격토출압의 140% 이하일 것( ) 2. 정격운전시 토출량과 토출압이 규정치 이상일 것( ) 3. 정격토출량 150%에서 토출압이 정격토출압의 65% 이상일 것( )
	예비				
토출압 (MPa)	주				
	예비				

○ 설정압력 :
○ 주펌프
   기동 :　　　MPa
   정지 :　　　MPa
○ 예비펌프
   기동 :　　　MPa
   정지 :　　　MPa
○ 충압펌프
   기동 :　　　MPa
   정지 :　　　MPa

※ 릴리프밸브 작동압력 :　　　MPa

비고	

9. 이산화탄소소화설비 점검표

번호	점검항목	점검결과
9-A. 저장용기		
9-A-001	● 설치장소 적정 및 관리 여부	
9-A-002	○ 저장용기 설치장소 표지 설치 여부	
9-A-003	● 저장용기 설치 간격 적정 여부	
9-A-004	○ 저장용기 개방밸브 자동·수동 개방 및 안전장치 부착 여부	
9-A-005	● 저장용기와 집합관 연결배관 상 체크밸브 설치 여부	
9-A-006	● 저장용기와 선택밸브(또는 개폐밸브) 사이 안전장치 설치 여부	
	[저압식]	
9-A-011	● 안전밸브 및 봉판 설치 적정(작동 압력) 여부	
9-A-012	● 액면계·압력계 설치 여부 및 압력강하경보장치 작동 압력 적정 여부	
9-A-013	○ 자동냉동장치의 기능	
9-B. 소화약제		
9-B-001	○ 소화약제 저장량 적정 여부	
9-C. 기동장치		
9-C-001	○ 방호구역별 출입구 부근 소화약제 방출표시등 설치 및 정상 작동 여부	
	[수동식 기동장치]	
9-C-011	○ 기동장치 부근에 비상스위치 설치 여부	
9-C-012	● 방호구역별 또는 방호대상별 기동장치 설치 여부	
9-C-013	○ 기동장치 설치 적정(출입구 부근 등, 높이, 보호장치, 표지, 전원표시등) 여부	
9-C-014	○ 방출용 스위치 음향경보장치 연동 여부	
	[자동식 기동장치]	
9-C-021	○ 감지기 작동과의 연동 및 수동기동 가능 여부	
9-C-022	● 저장용기 수량에 따른 전자 개방밸브 수량 적정 여부(전기식 기동장치의 경우)	
9-C-023	○ 기동용 가스용기의 용적, 충전압력 적정 여부(가스압력식 기동장치의 경우)	
9-C-024	● 기동용 가스용기의 안전장치, 압력게이지 설치 여부(가스압력식 기동장치의 경우)	
9-C-025	● 저장용기 개방구조 적정 여부(기계식 기동장치의 경우)	
9-D. 제어반 및 화재표시반		
9-D-001	○ 설치장소 적정 및 관리 여부	
9-D-002	○ 회로도 및 취급설명서 비치 여부	
9-D-003	● 수동잠금밸브 개폐여부 확인 표시등 설치 여부	
	[제어반]	
9-D-011	○ 수동기동장치 또는 감지기 신호 수신 시 음향경보장치 작동 기능 정상 여부	
9-D-012	○ 소화약제 방출·지연 및 기타 제어 기능 적정 여부	
9-D-013	○ 전원표시등 설치 및 정상 점등 여부	
	[화재표시반]	
9-D-021	○ 방호구역별 표시등(음향경보장치 조작, 감지기 작동), 경보기 설치 및 작동 여부	
9-D-022	○ 수동식 기동장치 작동표시 표시등 설치 및 정상 작동 여부	
9-D-023	○ 소화약제 방출표시등 설치 및 정상 작동 여부	
9-D-024	● 자동식기동장치 자동·수동 절환 및 절환표시등 설치 및 정상 작동 여부	

번호	점검항목	점검결과
9-E. 배관 등		
9-E-001	○ 배관의 변형·손상 유무	
9-E-002	● 수동잠금밸브 설치 위치 적정 여부	
9-F. 선택밸브		
9-F-001	● 선택밸브 설치 기준 적합 여부	
9-G. 분사헤드		
	[전역방출방식]	
9-G-001	○ 분사헤드의 변형·손상 유무	
9-G-002	● 분사헤드의 설치위치 적정 여부	
	[국소방출방식]	
9-G-011	○ 분사헤드의 변형·손상 유무	
9-G-012	● 분사헤드의 설치장소 적정 여부	
	[호스릴방식]	
9-G-021	● 방호대상물 각 부분으로부터 호스접결구까지 수평거리 적정 여부	
9-G-022	○ 소화약제저장용기의 위치표시등 정상 점등 및 표지 설치 여부	
9-G-023	● 호스릴소화설비 설치장소 적정 여부	
9-H. 화재감지기		
9-H-001	○ 방호구역별 화재감지기 감지에 의한 기동장치 작동 여부	
9-H-002	● 교차회로(또는 NFSC 203 제7조제1항 단서 감지기) 설치 여부	
9-H-003	● 화재감지기별 유효 바닥면적 적정 여부	
9-I. 음향경보장치		
9-I-001	○ 기동장치 조작 시(수동식-방출용스위치, 자동식-화재감지기) 경보 여부	
9-I-002	○ 약제 방사 개시(또는 방출 압력스위치 작동) 후 경보 적정 여부	
9-I-003	● 방호구역 또는 방호대상물 구획 안에서 유효한 경보 가능 여부	
	[방송에 따른 경보장치]	
9-I-011	● 증폭기 재생장치의 설치장소 적정 여부	
9-I-012	● 방호구역·방호대상물에서 확성기 간 수평거리 적정 여부	
9-I-013	● 제어반 복구스위치 조작 시 경보 지속 여부	
9-J. 자동폐쇄장치		
9-J-001	○ 환기장치 자동정지 기능 적정 여부	
9-J-002	○ 개구부 및 통기구 자동폐쇄장치 설치 장소 및 기능 적합 여부	
9-J-003	● 자동폐쇄장치 복구장치 설치기준 적합 및 위치표지 적합 여부	
9-K. 비상전원		
9-K-001	● 설치장소 적정 및 관리 여부	
9-K-002	○ 자가발전설비인 경우 연료 적정량 보유 여부	
9-K-003	○ 자가발전설비인 경우 「전기사업법」에 따른 정기점검 결과 확인	
9-L. 배출설비		
9-L-001	● 배출설비 설치상태 및 관리 여부	
9-M. 과압배출구		
9-M-001	● 과압배출구 설치상태 및 관리 여부	

번호	점검항목	점검결과
9-N. 안전시설 등		
9-N-001	○ 소화약제 방출알림 시각경보장치 설치기준 적합 및 정상 작동 여부	
9-N-002	○ 방호구역 출입구 부근 잘 보이는 장소에 소화약제 방출 위험경고표지 부착 여부	
9-N-003	○ 방호구역 출입구 외부 인근에 공기호흡기 설치 여부	
비고		

※ 약제저장량 점검리스트

설치위치	용기 No.	실내 온도(℃)	약제높이 (cm)	충전량 (kg)	손실량 (kg)	점검 결과	비고

※ 약제량 손실 5% 초과 시 불량으로 판정합니다.

10. 할론소화설비 점검표

번호	점검항목	점검결과
10-A. 저장용기		
10-A-001	● 설치장소 적정 및 관리 여부	
10-A-002	○ 저장용기 설치장소 표지 설치상태 적정 여부	
10-A-003	● 저장용기 설치 간격 적정 여부	
10-A-004	○ 저장용기 개방밸브 자동·수동 개방 및 안전장치 부착 여부	
10-A-005	● 저장용기와 집합관 연결배관 상 체크밸브 설치 여부	
10-A-006	● 저장용기와 선택밸브(또는 개폐밸브) 사이 안전장치 설치 여부	
10-A-007	○ 축압식 저장용기의 압력 적정 여부	
10-A-008	● 가압용 가스용기 내 질소가스 사용 및 압력 적정 여부	
10-A-009	● 가압식 저장용기 압력조정장치 설치 여부	
10-B. 소화약제		
10-B-001	○ 소화약제 저장량 적정 여부	
10-C. 기동장치		
10-C-001	○ 방호구역별 출입구 부근 소화약제 방출표시등 설치 및 정상 작동 여부	
	[수동식 기동장치]	
10-C-011	○ 기동장치 부근에 비상스위치 설치 여부	
10-C-012	● 방호구역별 또는 방호대상별 기동장치 설치 여부	
10-C-013	○ 기동장치 설치상태 적정(출입구 부근 등, 높이, 보호장치, 표지, 전원표시등) 여부	
10-C-014	○ 방출용 스위치 음향경보장치 연동 여부	
	[자동식 기동장치]	
10-C-021	○ 감지기 작동과의 연동 및 수동기동 가능 여부	
10-C-022	● 저장용기 수량에 따른 전자 개방밸브 수량 적정 여부(전기식 기동장치의 경우)	
10-C-023	○ 기동용 가스용기의 용적, 충전압력 적정 여부(가스압력식 기동장치의 경우)	
10-C-024	● 기동용 가스용기의 안전장치, 압력게이지 설치 여부(가스압력식 기동장치의 경우)	
10-C-025	● 저장용기 개방구조 적정 여부(기계식 기동장치의 경우)	
10-D. 제어반 및 화재표시반		
10-D-001	○ 설치장소 적정 및 관리 여부	
10-D-002	○ 회로도 및 취급설명서 비치 여부	
	[제어반]	
10-D-011	○ 수동기동장치 또는 감지기 신호 수신 시 음향경보장치 작동 기능 정상 여부	
10-D-012	○ 소화약제 방출·지연 및 기타 제어 기능 적정 여부	
10-D-013	○ 전원표시등 설치 및 정상 점등 여부	
	[화재표시반]	
10-D-021	○ 방호구역별 표시등(음향경보장치 조작, 감지기 작동), 경보기 설치 및 작동 여부	
10-D-022	○ 수동식 기동장치 작동표시 표시등 설치 및 정상 작동 여부	
10-D-023	○ 소화약제 방출표시등 설치 및 정상 작동 여부	
10-D-024	● 자동식기동장치 자동·수동 절환 및 절환표시등 설치 및 정상 작동 여부	

번호	점검항목	점검결과
10-E. 배관 등		
10-E-001	○ 배관의 변형 · 손상 유무	
10-F. 선택밸브		
10-F-001	● 선택밸브 설치 기준 적합 여부	
10-G. 분사헤드		
10-G-001 10-G-002	[전역방출방식] ○ 분사헤드의 변형 · 손상 유무 ● 분사헤드의 설치위치 적정 여부	
10-G-011 10-G-012	[국소방출방식] ○ 분사헤드의 변형 · 손상 유무 ● 분사헤드의 설치장소 적정 여부	
10-G-021 10-G-022 10-G-023	[호스릴방식] ● 방호대상물 각 부분으로부터 호스접결구까지 수평거리 적정 여부 ○ 소화약제저장용기의 위치표시등 정상 점등 및 표지 설치상태 적정 여부 ● 호스릴소화설비 설치장소 적정 여부	
10-H. 화재감지기		
10-H-001 10-H-002 10-H-003	○ 방호구역별 화재감지기 감지에 의한 기동장치 작동 여부 ● 교차회로(또는 NFSC 203 제7조제1항 단서 감지기) 설치 여부 ● 화재감지기별 유효 바닥면적 적정 여부	
10-I. 음향경보장치		
10-I-001 10-I-002 10-I-003	○ 기동장치 조작 시(수동식-방출용스위치, 자동식-화재감지기) 경보 여부 ○ 약제 방사 개시(또는 방출 압력스위치 작동) 후 경보 적정 여부 ● 방호구역 또는 방호대상물 구획 안에서 유효한 경보 가능 여부	
10-I-011 10-I-012 10-I-013	[방송에 따른 경보장치] ● 증폭기 재생장치의 설치장소 적정 여부 ● 방호구역 · 방호대상물에서 확성기 간 수평거리 적정 여부 ● 제어반 복구스위치 조작 시 경보 지속 여부	
10-J. 자동폐쇄장치		
10-J-001 10-J-002 10-J-003	○ 환기장치 자동정지 기능 적정 여부 ○ 개구부 및 통기구 자동폐쇄장치 설치 장소 및 기능 적합 여부 ● 자동폐쇄장치 복구장치 및 위치표지 설치상태 적정 여부	
10-K. 비상전원		
10-K-001 10-K-002 10-K-003	● 설치장소 적정 및 관리 여부 ○ 자가발전설비인 경우 연료 적정량 보유 여부 ○ 자가발전설비인 경우 「전기사업법」에 따른 정기점검 결과 확인	

※ 약제저장량 점검리스트

설치위치	용기 No.	실내 온도(℃)	약제높이 (cm)	충전량 (kg)	손실량 (kg)	점검 결과	비고
							※ 약제량 손실 5% 초과 시 불량으로 판정합니다.

11. 할로겐화합물 및 불활성기체소화설비 점검표

번호	점검항목	점검결과
	11-A. 저장용기	
11-A-001	● 설치장소 적정 및 관리 여부	
11-A-002	○ 저장용기 설치장소 표지 설치 여부	
11-A-003	● 저장용기 설치 간격 적정 여부	
11-A-004	○ 저장용기 개방밸브 자동·수동 개방 및 안전장치 부착 여부	
11-A-005	● 저장용기와 집합관 연결배관 상 체크밸브 설치 여부	
	11-B. 소화약제	
11-B-001	○ 소화약제 저장량 적정 여부	
	11-C. 기동장치	
11-C-001	○ 방호구역별 출입구 부근 소화약제 방출표시등 설치 및 정상 작동 여부	
	[수동식 기동장치]	
11-C-011	○ 기동장치 부근에 비상스위치 설치 여부	
11-C-012	● 방호구역별 또는 방호대상별 기동장치 설치 여부	
11-C-013	○ 기동장치 설치 적정(출입구 부근 등, 높이, 보호장치, 표지, 전원표시등) 여부	
11-C-014	○ 방출용 스위치 음향경보장치 연동 여부	
	[자동식 기동장치]	
11-C-021	○ 감지기 작동과의 연동 및 수동기동 가능 여부	
11-C-022	● 저장용기 수량에 따른 전자 개방밸브 수량 적정 여부(전기식 기동장치의 경우)	
11-C-023	○ 기동용 가스용기의 용적, 충전압력 적정 여부(가스압력식 기동장치의 경우)	
11-C-024	● 기동용 가스용기의 안전장치, 압력게이지 설치 여부(가스압력식 기동장치의 경우)	
11-C-025	● 저장용기 개방구조 적정 여부(기계식 기동장치의 경우)	
	11-D. 제어반 및 화재표시반	
11-D-001	○ 설치장소 적정 및 관리 여부	
11-D-002	○ 회로도 및 취급설명서 비치 여부	
	[제어반]	
11-D-011	○ 수동기동장치 또는 감지기 신호 수신 시 음향경보장치 작동 기능 정상 여부	
11-D-012	○ 소화약제 방출·지연 및 기타 제어 기능 적정 여부	
11-D-013	○ 전원표시등 설치 및 정상 점등 여부	
	[화재표시반]	
11-D-021	○ 방호구역별 표시등(음향경보장치 조작, 감지기 작동), 경보기 설치 및 작동 여부	
11-D-022	○ 수동식 기동장치 작동표시 표시등 설치 및 정상 작동 여부	
11-D-023	○ 소화약제 방출표시등 설치 및 정상 작동 여부	
11-D-024	● 자동식기동장치 자동·수동 절환 및 절환표시등 설치 및 정상 작동 여부	
	11-E. 배관 등	
11-E-001	○ 배관의 변형·손상 유무	
	11-F. 선택밸브	
11-F-001	○ 선택밸브 설치 기준 적합 여부	
	11-G. 분사헤드	
11-G-001	○ 분사헤드의 변형·손상 유무	
11-G-002	● 분사헤드의 설치높이 적정 여부	

번호	점검항목	점검결과
11-H. 화재감지기		
11-H-001	○ 방호구역별 화재감지기 감지에 의한 기동장치 작동 여부	
11-H-002	● 교차회로(또는 NFSC 203 제7조제1항 단서 감지기) 설치 여부	
11-H-003	● 화재감지기별 유효 바닥면적 적정 여부	
11-I. 음향경보장치		
11-I-001	○ 기동장치 조작 시(수동식-방출용스위치, 자동식-화재감지기) 경보 여부	
11-I-002	○ 약제 방사 개시(또는 방출 압력스위치 작동) 후 경보 적정 여부	
11-I-003	● 방호구역 또는 방호대상물 구획 안에서 유효한 경보 가능 여부	
11-I-011	[방송에 따른 경보장치] ● 증폭기 재생장치의 설치장소 적정 여부	
11-I-012	● 방호구역·방호대상물에서 확성기 간 수평거리 적정 여부	
11-I-013	● 제어반 복구스위치 조작 시 경보 지속 여부	
11-J. 자동폐쇄장치		
11-J-001	[화재표시반] ○ 환기장치 자동정지 기능 적정 여부	
11-J-002	○ 개구부 및 통기구 자동폐쇄장치 설치 장소 및 기능 적합 여부	
11-J-003	● 자동폐쇄장치 복구장치 설치기준 적합 및 위치표지 적합 여부	
11-K. 비상전원		
11-K-001	● 설치장소 적정 및 관리 여부	
11-K-002	○ 자가발전설비인 경우 연료 적정량 보유 여부	
11-K-003	○ 자가발전설비인 경우 「전기사업법」에 따른 정기점검 결과 확인	
11-L. 과압배출구		
11-L-001	● 과압배출구 설치상태 및 관리 여부	
비고		

※ 약제저장량 점검리스트

설치위치	용기 No.	실내 온도(℃)	약제높이 (cm)	충전량(압) (kg)(kg/cm^2)	손실량 (kg)	점검 결과	비고 (손실 5%초과)
							※ 약제량 손실 (불활성기체는 압력손실) 5% 초과 시 불량으로 판정합니다. ※ 불활성기체는 손실량에 압력게이지 값을 기록합니다.

12. 분말소화설비 점검표

번호	점검항목	점검결과
12-A. 저장용기		
12-A-001	● 설치장소 적정 및 관리 여부	
12-A-002	○ 저장용기 설치장소 표지 설치 여부	
12-A-003	● 저장용기 설치 간격 적정 여부	
12-A-004	○ 저장용기 개방밸브 자동·수동 개방 및 안전장치 부착 여부	
12-A-005	● 저장용기와 집합관 연결배관 상 체크밸브 설치 여부	
12-A-006	● 저장용기 안전밸브 설치 적정 여부	
12-A-007	● 저장용기 정압작동장치 설치 적정 여부	
12-A-008	● 저장용기 청소장치 설치 적정 여부	
12-A-009	○ 저장용기 지시압력계 설치 및 충전압력 적정 여부(축압식의 경우)	
12-B. 가압용 가스용기		
12-B-001	○ 가압용 가스용기 저장용기 접속 여부	
12-B-002	○ 가압용 가스용기 전자개방밸브 부착 적정 여부	
12-B-003	○ 가압용 가스용기 압력조정기 설치 적정 여부	
12-B-004	○ 가압용 또는 축압용 가스 종류 및 가스량 적정 여부	
12-B-005	● 배관 청소용 가스 별도 용기 저장 여부	
12-C. 소화약제		
12-C-001	○ 소화약제 저장량 적정 여부	
12-D. 기동장치		
12-D-001	○ 방호구역별 출입구 부근 소화약제 방출표시등 설치 및 정상 작동 여부	
12-D-011	**[수동식 기동장치]** ○ 기동장치 부근에 비상스위치 설치 여부	
12-D-012	● 방호구역별 또는 방호대상별 기동장치 설치 여부	
12-D-013	○ 기동장치 설치 적정(출입구 부근 등, 높이, 보호장치, 표지, 전원표시등) 여부	
12-D-014	○ 방출용 스위치 음향경보장치 연동 여부	
12-D-021	**[자동식 기동장치]** ○ 감지기 작동과의 연동 및 수동기동 가능 여부	
12-D-022	● 저장용기 수량에 따른 전자 개방밸브 수량 적정 여부(전기식 기동장치의 경우)	
12-D-023	○ 기동용 가스용기의 용적, 충전압력 적정 여부(가스압력식 기동장치의 경우)	
12-D-024	● 기동용 가스용기의 안전장치, 압력게이지 설치 여부(가스압력식 기동장치의 경우)	
12-D-025	● 저장용기 개방구조 적정 여부(기계식 기동장치의 경우)	
12-E. 제어반 및 화재표시반		
12-E-001	○ 설치장소 적정 및 관리 여부	
12-E-002	○ 회로도 및 취급설명서 비치 여부	
12-E-011	**[제어반]** ○ 수동기동장치 또는 감지기 신호 수신 시 음향경보장치 작동 기능 정상 여부	
12-E-012	○ 소화약제 방출·지연 및 기타 제어 기능 적정 여부	
12-E-013	○ 전원표시등 설치 및 정상 점등 여부	

번호	점검항목	점검결과
	[화재표시반]	
12-E-021	○ 방호구역별 표시등(음향경보장치 조작, 감지기 작동), 경보기 설치 및 작동 여부	
12-E-022	○ 수동식 기동장치 작동표시 표시등 설치 및 정상 작동 여부	
12-E-023	○ 소화약제 방출표시등 설치 및 정상 작동 여부	
12-E-024	● 자동식기동장치 자동 · 수동 절환 및 절환표시등 설치 및 정상 작동 여부	

12-F. 배관 등

번호	점검항목	점검결과
12-F-001	○ 배관의 변형 · 손상 유무	

12-G. 선택밸브

번호	점검항목	점검결과
12-G-001	○ 선택밸브 설치 기준 적합 여부	

12-H. 분사헤드

번호	점검항목	점검결과
	[전역방출방식]	
12-H-001	○ 분사헤드의 변형 · 손상 유무	
12-H-002	● 분사헤드의 설치위치 적정 여부	
	[국소방출방식]	
12-H-011	○ 분사헤드의 변형 · 손상 유무	
12-H-012	● 분사헤드의 설치장소 적정 여부	
	[호스릴방식]	
12-H-021	● 방호대상물 각 부분으로부터 호스접결구까지 수평거리 적정 여부	
12-H-022	○ 소화약제저장용기의 위치표시등 정상 점등 및 표지 설치 여부	
12-H-023	● 호스릴소화설비 설치장소 적정 여부	

12-I. 화재감지기

번호	점검항목	점검결과
12-I-001	○ 방호구역별 화재감지기 감지에 의한 기동장치 작동 여부	
12-I-002	● 교차회로(또는 NFSC 203 제7조제1항 단서 감지기) 설치 여부	
12-I-003	● 화재감지기별 유효 바닥면적 적정 여부	

12-J. 음향경보장치

번호	점검항목	점검결과
12-J-001	○ 기동장치 조작 시(수동식-방출용스위치, 자동식-화재감지기) 경보 여부	
12-J-002	○ 약제 방사 개시(또는 방출 압력스위치 작동) 후 1분 이상 경보 여부	
12-J-003	● 방호구역 또는 방호대상물 구획 안에서 유효한 경보 가능 여부	
	[방송에 따른 경보장치]	
12-J-011	● 증폭기 재생장치의 설치장소 적정 여부	
12-J-012	● 방호구역 · 방호대상물에서 확성기 간 수평거리 적정 여부	
12-J-013	● 제어반 복구스위치 조작 시 경보 지속 여부	

12-K. 비상전원

번호	점검항목	점검결과
12-K-001	● 설치장소 적정 및 관리 여부	
12-K-002	○ 자가발전설비인 경우 연료 적정량 보유 여부	
12-K-003	○ 자가발전설비인 경우 「전기사업법」에 따른 정기점검 결과 확인	
비고		

13. 옥외소화전설비 점검표

번호	점검항목	점검결과
13-A. 수원		
13-A-001	○ 수원의 유효수량 적정 여부(겸용설비 포함)	
13-B. 수조		
13-B-001	● 동결방지조치 상태 적정 여부	
13-B-002	○ 수위계 설치 또는 수위 확인 가능 여부	
13-B-003	● 수조 외측 고정사다리 설치 여부(바닥보다 낮은 경우 제외)	
13-B-004	● 실내설치 시 조명설비 설치 여부	
13-B-005	○ "옥외소화전설비용 수조" 표지설치 여부 및 설치 상태	
13-B-006	● 다른 소화설비와 겸용 시 겸용설비의 이름 표시한 표지설치 여부	
13-B-007	● 수조-수직배관 접속부분 "옥외소화전설비용 배관" 표지설치 여부	
13-C. 가압송수장치		
	[펌프방식]	
13-C-001	● 동결방지조치 상태 적정 여부	
13-C-002	○ 옥외소화전 방수량 및 방수압력 적정 여부	
13-C-003	● 감압장치 설치 여부(방수압력 0.7MPa 초과 조건)	
13-C-004	○ 성능시험배관을 통한 펌프 성능시험 적정 여부	
13-C-005	● 다른 소화설비와 겸용인 경우 펌프 성능 확보 가능 여부	
13-C-006	○ 펌프 흡입측 연성계·진공계 및 토출측 압력계 등 부속장치의 변형·손상 유무	
13-C-007	● 기동장치 적정 설치 및 기동압력 설정 적정 여부	
13-C-008	○ 기동스위치 설치 적정 여부(ON/OFF 방식)	
13-C-009	● 물올림장치 설치 적정(전용 여부, 유효수량, 배관구경, 자동급수) 여부	
13-C-010	● 충압펌프 설치 적정(토출압력, 정격토출량) 여부	
13-C-011	○ 내연기관 방식의 펌프 설치 적정(정상기동(기동장치 및 제어반) 여부, 축전지 상태, 연료량) 여부	
13-C-012	○ 가압송수장치의 "옥외소화전펌프" 표지설치 여부 또는 다른 소화설비와 겸용 시 겸용설비 이름 표시 부착 여부	
	[고가수조방식]	
13-C-021	○ 수위계·배수관·급수관·오버플로우관·맨홀 등 부속장치의 변형·손상 유무	
	[압력수조방식]	
13-C-031	● 압력수조의 압력 적정 여부	
13-C-032	○ 수위계·급수관·급기관·압력계·안전장치·공기압축기 등 부속장치의 변형 손상 유무	
	[가압수조방식]	
13-C-041	● 가압수조 및 가압원 설치장소의 방화구획 여부	
13-C-042	○ 수위계·급수관·배수관·급기관·압력계 등 부속장치의 변형·손상 유무	
13-D. 배관 등		
13-D-001	● 호스접결구 높이 및 각 부분으로부터 호스접결구까지의 수평거리 적정 여부	
13-D-002	○ 호스 구경 적정 여부	
13-D-003	● 펌프의 흡입측 배관 여과장치의 상태 확인	
13-D-004	● 성능시험배관 설치(개폐밸브, 유량조절밸브, 유량측정장치) 적정 여부	
13-D-005	● 순환배관 설치(설치위치·배관구경, 릴리프밸브 개방압력) 적정 여부	
13-D-006	● 동결방지조치 상태 적정 여부	

번호	점검항목	점검결과
13-D-007	○ 급수배관 개폐밸브 설치(개폐표시형, 흡입측 버터플라이 제외) 적정 여부	
13-D-008	● 다른 설비의 배관과의 구분 상태 적정 여부	

13-E. 소화전함 등

번호	점검항목	점검결과
13-E-001	○ 함 개방 용이성 및 장애물 설치 여부 등 사용 편의성 적정 여부	
13-E-002	○ 위치 · 기동 표시등 적정 설치 및 정상 점등 여부	
13-E-003	○ "옥외소화전" 표시 설치 여부	
13-E-004	● 소화전함 설치 수량 적정 여부	
13-E-005	○ 옥외소화전함 내 소방호스, 관창, 옥외소화전개방 장치 비치 여부	
13-E-006	○ 호스의 접결상태, 구경, 방수 거리 적정 여부	

13-F. 전원

번호	점검항목	점검결과
13-F-001	● 대상물 수전방식에 따른 상용전원 적정 여부	
13-F-002	● 비상전원 설치장소 적정 및 관리 여부	
13-F-003	○ 자가발전설비인 경우 연료 적정량 보유 여부	
13-F-004	○ 자가발전설비인 경우 「전기사업법」에 따른 정기점검 결과 확인	

13-G. 제어반

번호	점검항목	점검결과
13-G-001	● 겸용 감시 · 동력 제어반 성능 적정 여부(겸용으로 설치된 경우)	
	[감시제어반]	
13-G-011	○ 펌프 작동 여부 확인 표시등 및 음향경보장치 정상작동 여부	
13-G-012	○ 펌프 별 자동 · 수동 전환스위치 정상작동 여부	
13-G-013	● 펌프 별 수동기동 및 수동중단 기능 정상작동 여부	
13-G-014	● 상용전원 및 비상전원 공급 확인 가능 여부(비상전원 있는 경우)	
13-G-015	● 수조 · 물올림탱크 저수위 표시등 및 음향경보장치 정상작동 여부	
13-G-016	○ 각 확인회로 별 도통시험 및 작동시험 정상작동 여부	
13-G-017	○ 예비전원 확보 유무 및 시험 적합 여부	
13-G-018	● 감시제어반 전용실 적정 설치 및 관리 여부	
13-G-019	● 기계 · 기구 또는 시설 등 제어 및 감시설비 외 설치 여부	
	[동력제어반]	
13-G-031	○ 앞면은 적색으로 하고, "옥외소화전설비용 동력제어반" 표지 설치 여부	
	[발전기제어반]	
13-G-041	● 소방전원보존형발전기는 이를 식별할 수 있는 표지 설치 여부	

※ 펌프성능시험(펌프 명판 및 설계치 참조)

구 분		체절운전	정격운전 (100%)	정격유량의 150%운전	적 정 여 부
토출량 (l/min)	주				1. 체절운전시 토출압은 정격토출압의 140% 이하일 것( )
	예비				2. 정격운전시 토출량과 토출압이 규정치 이상일 것( )
토출압 (MPa)	주				3. 정격토출량 150%에서 토출압이 정격토출압의 65% 이상일 것( )
	예비				

○ 설정압력 :
○ 주펌프
　기동 :　　　MPa
　정지 :　　　MPa
○ 예비펌프
　기동 :　　　MPa
　정지 :　　　MPa
○ 충압펌프
　기동 :　　　MPa
　정지 :　　　MPa

※ 릴리프밸브 작동압력 :　　　MPa

비고	

14. 비상경보설비 및 단독경보형감지기 점검표

번호	점검항목	점검결과
14-A. 비상경보설비		
14-A-001	○ 수신기 설치장소 적정(관리용이) 및 스위치 정상 위치 여부	
14-A-002	○ 수신기 상용전원 공급 및 전원표시등 정상점등 여부	
14-A-003	○ 예비전원(축전지) 상태 적정 여부(상시 충전, 상용전원 차단 시 자동절환)	
14-A-004	○ 지구음향장치 설치기준 적합 여부	
14-A-005	○ 음향장치(경종 등) 변형·손상 확인 및 정상 작동(음량 포함) 여부	
14-A-006	○ 발신기 설치 장소, 위치(수평거리) 및 높이 적정 여부	
14-A-007	○ 발신기 변형·손상 확인 및 정상 작동 여부	
14-A-008	○ 위치표시등 변형·손상 확인 및 정상 점등 여부	
14-B. 단독경보형감지기		
14-B-001	○ 설치 위치(각 실, 바닥면적 기준 추가설치, 최상층 계단실) 적정 여부	
14-B-002	○ 감지기의 변형 또는 손상이 있는지 여부	
14-B-003	○ 정상적인 감시상태를 유지하고 있는지 여부(시험작동 포함)	
비고		

15. 자동화재탐지설비 및 시각경보장치 점검표

번호	점검항목	점검결과

15-A. 경계구역

15-A-001	● 경계구역 구분 적정 여부	
15-A-002	● 감지기를 공유하는 경우 스프링클러 · 물분무소화 · 제연설비 경계구역 일치 여부	

15-B. 수신기

15-B-001	○ 수신기 설치장소 적정(관리용이) 여부	
15-B-002	○ 조작스위치의 높이는 적정하며 정상 위치에 있는지 여부	
15-B-003	● 개별 경계구역 표시 가능 회선수 확보 여부	
15-B-004	● 축적기능 보유 여부(환기 · 면적 · 높이 조건 해당할 경우)	
15-B-005	○ 경계구역 일람도 비치 여부	
15-B-006	○ 수신기 음향기구의 음량 · 음색 구별 가능 여부	
15-B-007	● 감지기 · 중계기 · 발신기 작동 경계구역 표시 여부(종합방재반 연동 포함)	
15-B-008	● 1개 경계구역 1개 표시등 또는 문자 표시 여부	
15-B-009	● 하나의 대상물에 수신기가 2 이상 설치된 경우 상호 연동되는지 여부	

15-C. 중계기

15-C-001	● 중계기 설치위치 적정 여부(수신기에서 감지기회로 도통시험하지 않는 경우)	
15-C-002	● 설치 장소(조작 · 점검 편의성, 화재 · 침수 피해 우려) 적정 여부	
15-C-003	● 전원입력 측 배선 상 과전류차단기 설치 여부	
15-C-004	● 중계기 전원 정전 시 수신기 표시 여부	
15-C-005	● 상용전원 및 예비전원 시험 적정 여부	

15-D. 감지기

15-D-001	● 부착 높이 및 장소별 감지기 종류 적정 여부	
15-D-002	● 특정 장소(환기불량, 면적협소, 저층고)에 적응성이 있는 감지기 설치 여부	
15-D-003	○ 연기감지기 설치장소 적정 설치 여부	
15-D-004	● 감지기와 실내로의 공기유입구 간 이격거리 적정 여부	
15-D-005	● 감지기 부착면 적정 여부	
15-D-006	○ 감지기 설치(감지면적 및 배치거리) 적정 여부	
15-D-007	● 감지기별 세부 설치기준 적합 여부	
15-D-008	● 감지기 설치제외 장소 적합 여부	
15-D-009	○ 감지기 변형 · 손상 확인 및 작동시험 적합 여부	

15-E. 음향장치

15-E-001	○ 주음향장치 및 지구음향장치 설치 적정 여부	
15-E-002	○ 음향장치(경종 등) 변형 · 손상 확인 및 정상 작동(음량 포함) 여부	
15-E-003	● 우선경보 기능 정상작동 여부	

15-F. 시각경보장치

15-F-001	○ 시각경보장치 설치 장소 및 높이 적정 여부	
15-F-002	○ 시각경보장치 변형 · 손상 확인 및 정상 작동 여부	

번호	점검항목	점검결과
15-G. 발신기		
15-G-001	○ 발신기 설치 장소, 위치(수평거리) 및 높이 적정 여부	
15-G-002	○ 발신기 변형·손상 확인 및 정상 작동 여부	
15-G-003	○ 위치표시등 변형·손상 확인 및 정상 점등 여부	
15-H. 전원		
15-H-001	○ 상용전원 적정 여부	
15-H-002	○ 예비전원 성능 적정 및 상용전원 차단 시 예비전원 자동전환 여부	
15-I. 배선		
15-I-001	● 종단저항 설치 장소, 위치 및 높이 적정 여부	
15-I-002	● 종단저항 표지 부착 여부(종단감지기에 설치할 경우)	
15-I-003	○ 수신기 도통시험 회로 정상 여부	
15-I-004	● 감지기회로 송배전식 적용 여부	
15-I-005	● 1개 공통선 접속 경계구역 수량 적정 여부(P형 또는 GP형의 경우)	
비고		

16. 비상방송설비 점검표

번호	점검항목	점검결과
16-A. 음향장치		
16-A-001	● 확성기 음성입력 적정 여부	
16-A-002	● 확성기 설치 적정(층마다 설치, 수평거리, 유효하게 경보) 여부	
16-A-003	● 조작부 조작스위치 높이 적정 여부	
16-A-004	● 조작부 상 설비 작동층 또는 작동구역 표시 여부	
16-A-005	● 증폭기 및 조작부 설치 장소 적정 여부	
16-A-006	● 우선경보방식 적용 적정 여부	
16-A-007	● 겸용설비 성능 적정(화재 시 다른 설비 차단) 여부	
16-A-008	● 다른 전기회로에 의한 유도장애 발생 여부	
16-A-009	● 2 이상 조작부 설치 시 상호 동시통화 및 전 구역 방송 가능 여부	
16-A-010	● 화재신호 수신 후 방송개시 소요시간 적정 여부	
16-A-011	○ 자동화재탐지설비 작동과 연동하여 정상 작동 가능 여부	
16-B. 배선 등		
16-B-001	● 음량조절기를 설치한 경우 3선식 배선 여부	
16-B-002	● 하나의 층에 단락, 단선 시 다른 층의 화재통보 적부	
16-C. 전원		
16-C-001	○ 상용전원 적정 여부	
16-C-002	● 예비전원 성능 적정 및 상용전원 차단 시 예비전원 자동전환 여부	
비고		

17. 자동화재속보설비 및 통합감시시설 점검표

번호	점검항목	점검결과
17-A. 자동화재속보설비		
17-A-001	○ 상용전원 공급 및 전원표시등 정상 점등 여부	
17-A-002	○ 조작스위치 높이 적정 여부	
17-A-003	○ 자동화재탐지설비 연동 및 화재신호 소방관서 전달 여부	
17-B. 통합감시시설		
17-B-001	● 주·보조 수신기 설치 적정 여부	
17-B-002	○ 수신기 간 원격제어 및 정보공유 정상 작동 여부	
17-B-003	● 예비선로 구축 여부	
비고		

18. 누전경보기 점검표

번호	점검항목	점검결과
18-A. 설치방법		
18-A-001	● 정격전류에 따른 설치 형태 적정 여부	
18-A-002	● 변류기 설치위치 및 형태 적정 여부	
18-B. 수신부		
18-B-001	○ 상용전원 공급 및 전원표시등 정상 점등 여부	
18-B-002	● 가연성 증기, 먼지 등 체류 우려 장소의 경우 차단기구 설치 여부	
18-B-003	○ 수신부의 성능 및 누전경보 시험 적정 여부	
18-B-004	○ 음향장치 설치장소(상시 사람이 근무) 및 음량 · 음색 적정 여부	
18-C. 전원		
18-C-001	● 분전반으로부터 전용회로 구성 여부	
18-C-002	● 개폐기 및 과전류차단기 설치 여부	
18-C-003	● 다른 차단기에 의한 전원차단 여부(전원을 분기할 경우)	
비고		

19. 가스누설경보기 점검표

번호	점검항목	점검결과
19-A. 수신부		
19-A-001	○ 수신부 설치 장소 적정 여부	
19-A-002	○ 상용전원 공급 및 전원표시등 정상 점등 여부	
19-A-003	○ 음향장치의 음량 · 음색 · 음압 적정 여부	
19-B. 탐지부		
19-B-001	○ 탐지부의 설치방법 및 설치상태 적정 여부	
19-B-002	○ 탐지부의 정상 작동 여부	
19-C. 차단기구		
19-C-001	○ 차단기구는 가스 주배관에 견고히 부착되어 있는지 여부	
19-C-002	○ 시험장치에 의한 가스차단밸브의 정상 개 · 폐 여부	
비고		

20. 피난기구 및 인명구조기구 점검표

번호	점검항목	점검결과
20-A. 피난기구 공통사항		
20-A-001	● 대상물 용도별·층별·바닥면적별 피난기구 종류 및 설치개수 적정 여부	
20-A-002	○ 피난에 유효한 개구부 확보(크기, 높이에 따른 발판, 창문 파괴장치) 및 관리상태	
20-A-003	● 개구부 위치 적정(동일직선상이 아닌 위치) 여부	
20-A-004	○ 피난기구의 부착 위치 및 부착 방법 적정 여부	
20-A-005	○ 피난기구(지지대 포함)의 변형·손상 또는 부식이 있는지 여부	
20-A-006	○ 피난기구의 위치표시 표지 및 사용방법 표지 부착 적정 여부	
20-A-007	● 피난기구의 설치제외 및 설치감소 적합 여부	
20-B. 공기안전매트·피난사다리·(간이)완강기·미끄럼대·구조대		
20-B-001	● 공기안전매트 설치 여부	
20-B-002	● 공기안전매트 설치 공간 확보 여부	
20-B-003	● 피난사다리(4층 이상의 층)의 구조(금속성 고정사다리) 및 노대 설치 여부	
20-B-004	● (간이)완강기의 구조(로프 손상방지) 및 길이 적정 여부	
20-B-005	● 숙박시설의 객실마다 완강기(1개) 또는 간이완강기(2개 이상) 추가 설치 여부	
20-B-006	● 미끄럼대의 구조 적정 여부	
20-B-007	● 구조대의 길이 적정 여부	
20-C. 다수인 피난장비		
20-C-001	● 설치장소 적정(피난용이, 안전하게 하강, 피난층의 충분한 착지 공간) 여부	
20-C-002	● 보관실 설치 적정(건물외측 돌출, 빗물·먼지 등으로부터 장비 보호) 여부	
20-C-003	● 보관실 외측문 개방 및 탑승기 자동 전개 여부	
20-C-004	● 보관실 문 오작동 방지조치 및 문 개방 시 경보설비 연동(경보) 여부	
20-D. 승강식 피난기·하향식 피난구용 내림식 사다리		
20-D-001	● 대피실 출입문 갑종방화문 설치 및 표지 부착 여부	
20-D-002	● 대피실 표지(층별 위치표시, 피난기구 사용설명서 및 주의사항) 부착 여부	
20-D-003	● 대피실 출입문 개방 및 피난기구 작동 시 표시등·경보장치 작동 적정 여부 및 감시제어반 피난기구 작동 확인 가능 여부	
20-D-004	● 대피실 면적 및 하강구 규격 적정 여부	
20-D-005	● 하강구 내측 연결금속구 존재 및 피난기구 전개 시 장애발생 여부	
20-D-006	● 대피실 내부 비상조명등 설치 여부	
20-E. 인명구조기구		
20-E-001	○ 설치 장소 적정(화재시 반출 용이성) 여부	
20-E-002	○ "인명구조기구" 표시 및 사용방법 표지 설치 적정 여부	
20-E-003	○ 인명구조기구의 변형 또는 손상이 있는지 여부	
20-E-004	● 대상물 용도별·장소별 설치 인명구조기구 종류 및 설치개수 적정 여부	
비고		

21. 유도등 및 유도표지 점검표

번호	점검항목	점검결과
21-A. 유도등		
21-A-001	○ 유도등의 변형 및 손상 여부	
21-A-002	○ 상시(3선식의 경우 점검스위치 작동시) 점등 여부	
21-A-003	○ 시각장애(규정된 높이, 적정위치, 장애물 등으로 인한 시각장애 유무) 여부	
21-A-004	○ 비상전원 성능 적정 및 상용전원 차단 시 예비전원 자동전환 여부	
21-A-005	● 설치 장소(위치) 적정 여부	
21-A-006	● 설치 높이 적정 여부	
21-A-007	● 객석유도등의 설치 개수 적정 여부	
21-B. 유도표지		
21-B-001	○ 유도표지의 변형 및 손상 여부	
21-B-002	○ 설치 상태(유사 등화광고물·게시물 존재, 쉽게 떨어지지 않는 방식) 적정 여부	
21-B-003	○ 외광·조명장치로 상시 조명 제공 또는 비상조명등 설치 여부	
21-B-004	○ 설치 방법(위치 및 높이) 적정 여부	
21-C. 피난유도선		
21-C-001	○ 피난유도선의 변형 및 손상 여부	
21-C-002	○ 설치 방법(위치·높이 및 간격) 적정 여부	
	[축광방식의 경우]	
21-C-011	● 부착대에 견고하게 설치 여부	
21-C-012	○ 상시조명 제공 여부	
	[광원점등방식의 경우]	
21-C-021	○ 수신기 화재신호 및 수동조작에 의한 광원점등 여부	
21-C-022	○ 비상전원 상시 충전상태 유지 여부	
21-C-023	● 바닥에 설치되는 경우 매립방식 설치 여부	
21-C-024	● 제어부 설치위치 적정 여부	
비고		

22. 비상조명등 및 휴대용비상조명등 점검표

번호	점검항목	점검결과
22-A. 비상조명등		
22-A-001	○ 설치 위치(거실, 지상에 이르는 복도·계단, 그 밖의 통로) 적정 여부	
22-A-002	○ 비상조명등 변형·손상 확인 및 정상 점등 여부	
22-A-003	● 조도 적정 여부	
22-A-004	○ 예비전원 내장형의 경우 점검스위치 설치 및 정상 작동 여부	
22-A-005	● 비상전원 종류 및 설치장소 기준 적합 여부	
22-A-006	○ 비상전원 성능 적정 및 상용전원 차단 시 예비전원 자동전환 여부	
22-B. 휴대용비상조명등		
22-B-001	○ 설치 대상 및 설치 수량 적정 여부	
22-B-002	○ 설치 높이 적정 여부	
22-B-003	○ 휴대용비상조명등의 변형 및 손상 여부	
22-B-004	○ 어둠 속에서 위치를 확인할 수 있는 구조인지 여부	
22-B-005	○ 사용 시 자동으로 점등되는지 여부	
22-B-006	○ 건전지를 사용하는 경우 유효한 방전 방지조치가 되어있는지 여부	
22-B-007	○ 충전식 배터리의 경우에는 상시 충전되도록 되어 있는지의 여부	
비고		

23. 소화용수설비 점검표

번호	점검항목	점검결과
23-A. 소화수조 및 저수조		
23-A-001	[수원] ○ 수원의 유효수량 적정 여부	
23-A-011	[흡수관투입구] ○ 소방차 접근 용이성 적정 여부	
23-A-012	● 크기 및 수량 적정 여부	
23-A-013	○ "흡수관투입구" 표지 설치 여부	
23-A-021	[채수구] ○ 소방차 접근 용이성 적정 여부	
23-A-022	● 결합금속구 구경 적정 여부	
23-A-023	● 채수구 수량 적정 여부	
23-A-024	○ 개폐밸브의 조작 용이성 여부	
23-A-031	[가압송수장치] ○ 기동스위치 채수구 직근 설치 여부 및 정상 작동 여부	
23-A-032	○ "소화용수설비펌프" 표지 설치상태 적정 여부	
23-A-033	● 동결방지조치 상태 적정 여부	
23-A-034	● 토출측 압력계, 흡입측 연성계 또는 진공계 설치 여부	
23-A-035	○ 성능시험배관 적정 설치 및 정상작동 여부	
23-A-036	○ 순환배관 설치 적정 여부	
23-A-037	○ 물올림장치 설치 적정(전용 여부, 유효수량, 배관구경, 자동급수) 여부	
23-A-038	○ 내연기관 방식의 펌프 설치 적정(제어반 기동, 채수구 원격조작, 기동표시등 설치, 축전지 설비) 여부	
23-B. 상수도소화용수설비		
23-B-001	○ 소화전 위치 적정 여부	
23-B-002	○ 소화전 관리상태(변형·손상 등) 및 방수 원활 여부	
비고		

24. 제연설비 점검표

번호	점검항목	점검결과
24-A. 제연구역의 구획		
24-A-001	● 제연구역의 구획 방식 적정 여부 - 제연경계의 폭, 수직거리 적정 설치 여부 - 제연경계벽은 가동 시 급속하게 하강되지 아니하는 구조	
24-B. 배출구		
24-B-001	● 배출구 설치 위치(수평거리) 적정 여부	
24-B-002	○ 배출구 변형·훼손 여부	
24-C. 유입구		
24-C-001	○ 공기유입구 설치 위치 적정 여부	
24-C-002	○ 공기유입구 변형·훼손 여부	
24-C-003	● 옥외에 면하는 배출구 및 공기유입구 설치 적정 여부	
24-D. 배출기		
24-D-001	● 배출기와 배출풍도 사이 캔버스 내열성 확보 여부	
24-D-002	○ 배출기 회전이 원활하며 회전방향 정상 여부	
24-D-003	○ 변형·훼손 등이 없고 V-벨트 기능 정상 여부	
24-D-004	○ 본체의 방청, 보존상태 및 캔버스 부식 여부	
24-D-005	● 배풍기 내열성 단열재 단열처리 여부	
24-E. 비상전원		
24-E-001	● 비상전원 설치장소 적정 및 관리 여부	
24-E-002	○ 자가발전설비인 경우 연료 적정량 보유 여부	
24-E-003	○ 자가발전설비인 경우 「전기사업법」에 따른 정기점검 결과 확인	
24-F. 기 동		
24-F-001	○ 가동식의 벽·제연경계벽·댐퍼 및 배출기 정상 작동(화재감지기 연동) 여부	
24-F-002	○ 예상제연구역 및 제어반에서 가동식의 벽·제연경계벽·댐퍼 및 배출기 수동 기동 가능 여부	
24-F-003	○ 제어반 각종 스위치류 및 표시장치(작동표시등 등) 기능의 이상 여부	
비고		

25. 특별피난계단의 계단실 및 부속실 제연설비 점검표

번호	점검항목	점검결과
25-A. 과압방지조치		
25-A-001	● 자동차압·과압조절형 댐퍼(또는 플랩댐퍼)를 사용한 경우 성능 적정 여부	
25-B. 수직풍도에 따른 배출		
25-B-001	○ 배출댐퍼 설치(개폐여부 확인 기능, 화재감지기 동작에 따른 개방) 적정 여부	
25-B-002	○ 배출용송풍기가 설치된 경우 화재감지기 연동 기능 적정 여부	
25-C. 급기구		
25-C-001	○ 급기댐퍼 설치 상태(화재감지기 동작에 따른 개방) 적정 여부	
25-D. 송풍기		
25-D-001	○ 설치장소 적정(화재영향, 접근·점검 용이성) 여부	
25-D-002	○ 화재감지기 동작 및 수동조작에 따라 작동하는지 여부	
25-D-003	● 송풍기와 연결되는 캔버스 내열성 확보 여부	
25-E. 외기취입구		
25-E-001	○ 설치위치(오염공기 유입방지, 배기구 등으로부터 이격거리) 적정 여부	
25-E-002	● 설치구조(빗물·이물질 유입방지, 옥외의 풍속과 풍향에 영향) 적정 여부	
25-F. 제연구역의 출입문		
25-F-001	○ 폐쇄상태 유지 또는 화재 시 자동폐쇄 구조 여부	
25-F-002	● 자동폐쇄장치 폐쇄력 적정 여부	
25-G. 수동기동장치		
25-G-001	○ 기동장치 설치(위치, 전원표시등 등) 적정 여부	
25-G-002	○ 수동기동장치(옥내 수동발신기 포함) 조작 시 관련 장치 정상 작동 여부	
25-H. 제어반		
25-H-001	○ 비상용축전지의 정상 여부	
25-H-002	○ 제어반 감시 및 원격조작 기능 적정 여부	
25-I. 비상전원		
25-I-001	● 비상전원 설치장소 적정 및 관리 여부	
25-I-002	○ 자가발전설비인 경우 연료 적정량 보유 여부	
25-I-003	○ 자가발전설비인 경우 「전기사업법」에 따른 정기점검 결과 확인	
비고		

26. 연결송수관설비 점검표

번호	점검항목	점검결과
26-A. 송수구		
26-A-001	○ 설치장소 적정 여부	
26-A-002	○ 지면으로부터 설치 높이 적정 여부	
26-A-003	○ 급수개폐밸브가 설치된 경우 설치 상태 적정 및 정상 기능 여부	
26-A-004	○ 수직배관별 1개 이상 송수구 설치 여부	
26-A-005	○ "연결송수관설비송수구" 표지 및 송수압력범위 표지 적정 설치 여부	
26-A-006	○ 송수구 마개 설치 여부	
26-B. 배관 등		
26-B-001	● 겸용 급수배관 적정 여부	
26-B-002	● 다른 설비의 배관과의 구분 상태 적정 여부	
26-C. 방수구		
26-C-001	● 설치기준(층, 개수, 위치, 높이) 적정 여부	
26-C-002	○ 방수구 형태 및 구경 적정 여부	
26-C-003	○ 위치표시(표시등, 축광식표지) 적정 여부	
26-C-004	○ 개폐기능 설치 여부 및 상태 적정(닫힌 상태) 여부	
26-D. 방수기구함		
26-D-001	● 설치기준(층, 위치) 적정 여부	
26-D-002	○ 호스 및 관창 비치 적정 여부	
26-D-003	○ "방수기구함" 표지 설치상태 적정 여부	
26-E. 가압송수장치		
26-E-001	● 가압송수장치 설치장소 기준 적합 여부	
26-E-002	● 펌프 흡입측 연성계 · 진공계 및 토출측 압력계 설치 여부	
26-E-003	● 성능시험배관 및 순환배관 설치 적정 여부	
26-E-004	○ 펌프 토출량 및 양정 적정 여부	
26-E-005	○ 방수구 개방시 자동기동 여부	
26-E-006	○ 수동기동스위치 설치 상태 적정 및 수동스위치 조작에 따른 기동 여부	
26-E-007	○ 가압송수장치 "연결송수관펌프" 표지 설치 여부	
26-E-008	● 비상전원 설치장소 적정 및 관리 여부	
26-E-009	○ 자가발전설비인 경우 연료 적정량 보유 여부	
26-E-010	○ 자가발전설비인 경우 「전기사업법」에 따른 정기점검 결과 확인	
비고		

27. 연결살수설비 점검표

번호	점검항목	점검결과
27-A. 송수구		
27-A-001	○ 설치장소 적정 여부	
27-A-002	○ 송수구 구경(65mm) 및 형태(쌍구형) 적정 여부	
27-A-003	○ 송수구역별 호스접결구 설치 여부(개방형 헤드의 경우)	
27-A-004	○ 설치 높이 적정 여부	
27-A-005	● 송수구에서 주배관 상 연결배관 개폐밸브 설치 여부	
27-A-006	○ "연결살수설비 송수구" 표지 및 송수구역 일람표 설치 여부	
27-A-007	○ 송수구 마개 설치 여부	
27-A-008	○ 송수구의 변형 또는 손상 여부	
27-A-009	● 자동배수밸브 및 체크밸브 설치 순서 적정 여부	
27-A-010	○ 자동배수밸브 설치 상태 적정 여부	
27-A-011	● 1개 송수구역 설치 살수헤드 수량 적정 여부(개방형 헤드의 경우)	
27-B. 선택밸브		
27-B-001	○ 선택밸브 적정 설치 및 정상 작동 여부	
27-B-002	○ 선택밸브 부근 송수구역 일람표 설치 여부	
27-C. 배관 등		
27-C-001	○ 급수배관 개폐밸브 설치 적정(개폐표시형, 흡입측 버터플라이 제외) 여부	
27-C-002	● 동결방지조치 상태 적정 여부(습식의 경우)	
27-C-003	● 주배관과 타 설비 배관 및 수조 접속 적정 여부(폐쇄형 헤드의 경우)	
27-C-004	○ 시험장치 설치 적정 여부(폐쇄형 헤드의 경우)	
27-C-005	● 다른 설비의 배관과의 구분 상태 적정 여부	
27-D. 헤드		
27-D-001	○ 헤드의 변형·손상 유무	
27-D-002	○ 헤드 설치 위치·장소·상태(고정) 적정 여부	
27-D-003	○ 헤드 살수장애 여부	
비고		

28. 비상콘센트설비 점검표

번호	점검항목	점검결과
28-A. 전원		
28-A-001	● 상용전원 적정 여부	
28-A-002	● 비상전원 설치장소 적정 및 관리 여부	
28-A-003	○ 자가발전설비인 경우 연료 적정량 보유 여부	
28-A-004	○ 자가발전설비인 경우 「전기사업법」에 따른 정기점검 결과 확인	
28-B. 전원회로		
28-B-001	● 전원회로 방식(단상교류 220V) 및 공급용량(1.5kVA 이상) 적정 여부	
28-B-002	● 전원회로 설치개수(각 층에 2이상) 적정 여부	
28-B-003	● 전용 전원회로 사용 여부	
28-B-004	● 1개 전용회로에 설치되는 비상콘센트 수량 적정(10개 이하) 여부	
28-B-005	● 보호함 내부에 분기배선용 차단기 설치 여부	
28-C. 콘센트		
28-C-001	○ 변형·손상·현저한 부식이 없고 전원의 정상 공급여부	
28-C-002	● 콘센트별 배선용 차단기 설치 및 충전부 노출 방지 여부	
28-C-003	○ 비상콘센트 설치 높이, 설치 위치 및 설치 수량 적정 여부	
28-D. 보호함 및 배선		
28-D-001	○ 보호함 개폐용이한 문 설치 여부	
28-D-002	○ "비상콘센트" 표지 설치상태 적정 여부	
28-D-003	○ 위치표시등 설치 및 정상 점등 여부	
28-D-004	○ 점검 또는 사용상 장애물 유무	
비고		

29. 무선통신보조설비 점검표

번호	점검항목	점검결과
29-A. 누설동축케이블등		
29-A-001	○ 피난 및 통행 지장 여부(노출하여 설치한 경우)	
29-A-002	● 케이블 구성 적정(누설동축케이블 + 안테나 또는 동축케이블 + 안테나) 여부	
29-A-003	● 지지금구 변형 · 손상 여부	
29-A-004	● 누설동축케이블 및 안테나 설치 적정 및 변형 · 손상 여부	
29-A-005	● 누설동축케이블 말단 '무반사 종단저항' 설치 여부	
29-B. 무선기기접속단자		
29-B-001	○ 설치장소(소방활동 용이성, 상시 근무장소) 적정 여부	
29-B-002	● 단자 설치높이 적정 여부	
29-B-003	● 지상 접속단자 설치거리 적정 여부	
29-B-004	● 보호함 구조 적정 여부	
29-B-005	○ 보호함 "무선기기접속단자" 표지 설치 여부	
29-C. 분배기, 분파기, 혼합기		
29-C-001	● 먼지, 습기, 부식 등에 의한 기능 이상 여부	
29-C-002	● 설치장소 적정 및 관리 여부	
29-D. 증폭기 및 무선이동중계기		
29-D-001	● 상용전원 적정 여부	
29-D-002	○ 전원표시등 및 전압계 설치상태 적정 여부	
29-D-003	● 증폭기 비상전원 부착 상태 및 용량 적정 여부	
29-E. 기능점검		
29-E-001	● 무선통신 가능 여부	
비고		

30. 연소방지설비 점검표

번호	점검항목	점검결과
30-A. 배관		
30-A-001	○ 급수배관 개폐밸브 적정(개폐표시형) 설치 및 관리상태 적합 여부	
30-A-002	● 다른 설비의 배관과의 구분 상태 적정 여부	
30-B. 방수헤드		
30-B-001	○ 헤드의 변형 · 손상 유무	
30-B-002	○ 헤드 살수장애 여부	
30-B-003	○ 헤드상호 간 거리 적정 여부	
30-B-004	● 살수구역 설정 적정 여부	
30-C. 송수구		
30-C-001	○ 설치장소 적정 여부	
30-C-002	● 송수구 구경(65mm) 및 형태(쌍구형) 적정 여부	
30-C-003	○ 송수구 1m 이내 살수구역 안내표지 설치상태 적정 여부	
30-C-004	○ 설치 높이 적정 여부	
30-C-005	● 자동배수밸브 설치상태 적정 여부	
30-C-006	● 연결배관에 개폐밸브를 설치한 경우 개폐상태 확인 및 조작 가능 여부	
30-C-007	○ 송수구 마개 설치상태 적정 여부	
30-D. 방화벽		
30-D-001	● 방화문 관리상태 및 정상기능 적정 여부	
30-D-002	● 관통부위 내화성 화재차단제 마감 여부	
비고		

31. 기타사항 점검표

번호	점검항목	점검결과
31-A. 피난 · 방화시설		
31-A-001	○ 방화문 및 방화셔터의 관리 상태(폐쇄 · 훼손 · 변경) 및 정상 기능 적정 여부	
31-A-002	● 비상구 및 피난통로 확보 적정 여부(피난 · 방화시설 주변 장애물 적치 포함)	
31-B. 방염		
31-B-001	● 선처리 방염대상물품의 적합 여부(방염성능시험성적서 및 합격표시 확인)	
31-B-002	● 후처리 방염대상물품의 적합 여부(방염성능검사결과 확인)	
비고	※ 방염성능시험성적서, 합격표시 및 방염성능검사결과의 확인이 불가한 경우 비고에 기재한다.	

32. 다중이용업소 점검표

번호	점검항목	점검결과
32-A. 소화설비		
	소화기구(소화기, 자동확산소화기)	
32-A-001	○ 설치수량(구획된 실 등) 및 설치거리(보행거리) 적정 여부	
32-A-002	○ 설치장소(손쉬운 사용) 및 설치 높이 적정 여부	
32-A-003	○ 소화기 표지 설치상태 적정 여부	
32-A-004	○ 외형의 이상 또는 사용상 장애 여부	
32-A-005	○ 수동식 분말소화기 내용연수 적정여부	
	간이스프링클러설비	
32-A-011	○ 수원의 양 적정 여부	
32-A-012	○ 가압송수장치의 정상 작동 여부	
32-A-013	○ 배관 및 밸브의 파손, 변형 및 잠김 여부	
32-A-014	○ 상용전원 및 비상전원의 이상 여부	
32-A-015	● 유수검지장치의 정상 작동 여부	
32-A-016	● 헤드의 적정 설치 여부(미설치, 살수장애, 도색 등)	
32-A-017	● 송수구 결합부의 이상 여부	
32-A-018	● 시험밸브 개방시 펌프기동 및 음향 경보 여부	

※ 펌프성능시험(펌프 명판 및 설계치 참조)

구 분		체절운전	정격운전 (100%)	정격유량의 150%운전	적 정 여 부
토출량 (l/min)	주				1. 체절운전시 토출압은 정격토출압의 140% 이하일 것 ( )
	예비				2. 정격운전시 토출량과 토출압이 규정치 이상일 것 ( )
토출압 (MPa)	주				3. 정격토출량 150%에서 토출압이 정격토출압의 65% 이상일 것 ( )
	예비				

○ 설정압력 :
○ 주펌프
  기동 :   MPa
  정지 :   MPa
○ 예비펌프
  기동 :   MPa
  정지 :   MPa
○ 충압펌프
  기동 :   MPa
  정지 :   MPa

※ 릴리프밸브 작동압력 :   MPa

32-B. 경보설비

번호	점검항목	점검결과
	비상벨 · 자동화재탐지설비	
32-B-001	○ 구획된 실마다 감지기(발신기), 음향장치 설치 및 정상 작동 여부	
32-B-002	○ 전용 수신기가 설치된 경우 주수신기와 상호 연동되는지 여부	
32-B-003	○ 수신기 예비전원(축전지) 상태 적정 여부(상시 충전, 상용전원 차단 시 자동절환)	
	가스누설경보기	
32-B-011	● 주방 또는 난방시설이 설치된 장소에 설치 및 정상 작동 여부	

32-C. 피난구조설비

번호	점검항목	점검결과
	피난기구	
32-C-001	● 피난기구 종류 및 설치개수 적정 여부	
32-C-002	○ 피난기구의 부착 위치 및 부착 방법 적정 여부	
32-C-003	○ 피난기구(지지대 포함)의 변형 · 손상 또는 부식이 있는지 여부	
32-C-004	○ 피난기구의 위치표시 표지 및 사용방법 표지 부착 적정 여부	
32-C-005	● 피난에 유효한 개구부 확보(크기, 높이에 따른 발판, 창문 파괴장치) 및 관리상태	

번호	점검항목	점검결과
	피난유도선	
32-C-011	○ 피난유도선의 변형 및 손상 여부	
32-C-012	● 정상 점등(화재 신호와 연동 포함) 여부	
	유도등	
32-C-021	○ 상시(3선식의 경우 점검스위치 작동시) 점등 여부	
32-C-022	○ 시각장애(규정된 높이, 적정위치, 장애물 등으로 인한 시각장애 유무) 여부	
32-C-023	○ 비상전원 성능 적정 및 상용전원 차단 시 예비전원 자동전환 여부	
	유도표지	
32-C-031	○ 설치 상태(유사 등화광고물 · 게시물 존재, 쉽게 떨어지지 않는 방식) 적정 여부	
32-C-032	○ 외광 · 조명장치로 상시 조명 제공 또는 비상조명등 설치 여부	
	비상조명등	
32-C-041	○ 설치위치의 적정 여부	
32-C-042	● 예비전원 내장형의 경우 점검스위치 설치 및 정상 작동 여부	
	휴대용비상조명등	
32-C-051	○ 영업장안의 구획된 실마다 잘 보이는 곳에 1개 이상 설치 여부	
32-C-052	● 설치높이 및 표지의 적합 여부	
32-C-053	● 사용 시 자동으로 점등되는지 여부	
32-D. 비상구		
32-D-001	○ 피난동선에 물건을 쌓아두거나 장애물 설치 여부	
32-D-002	○ 피난구, 발코니 또는 부속실의 훼손 여부	
32-D-003	○ 방화문 · 방화셔터의 관리 및 작동상태	
32-E. 영업장 내부 피난통로 · 영상음향차단장치 · 누전차단기 · 창문		
32-E-001	○ 영업장 내부 피난통로 관리상태 적합 여부	
32-E-002	● 영상음향차단장치 설치 및 정상작동 여부	
32-E-003	● 누전차단기 설치 및 정상작동 여부	
32-E-004	○ 영업장 창문 관리상태 적합 여부	
32-F. 피난안내도 · 피난안내영상물		
32-F-001	○ 피난안내도의 정상 부착 및 피난안내영상물 상영 여부	
32-G. 방염		
32-G-001	● 선처리 방염대상물품의 적합 여부(방염성능시험성적서 및 합격표시 확인)	
32-G-002	● 후처리 방염대상물품의 적합 여부(방염성능검사결과 확인)	
비고	※ 방염성능시험성적서, 합격표시 및 방염성능검사결과의 확인이 불가한 경우 비고에 기재한다.	

이민호

자격 : 소방기술사 · 소방시설관리사 · 위험물기능장
경력 : 현 주경야독 소방, 위험물 전임교수
  점검업무와 감리업무 현장 다년 근무 경력

화재안전기준 및 소방관련법령

초판 발행	2014년 3월 10일
개정2판 발행	2014년 11월 30일
개정3판 발행	2016년 1월 20일
개정4판 발행	2017년 1월 25일
개정5판 발행	2018년 1월 25일
개정6판 발행	2019년 1월 15일
개정7판 발행	2020년 2월 20일
개정8판 발행	2021년 1월 20일
개정9판 발행	2022년 1월 25일

지은이 ▪ 이민호
펴낸이 ▪ 홍세진
펴낸곳 ▪ 세진북스

주소 ▪ (우)10207 경기도 고양시 일산서구 산율길 56(구산동 145-1)
전화 ▪ 031-924-3092
팩스 ▪ 031-924-3093
홈페이지 ▪ http://www.sejinbooks.kr

출판등록 ▪ 제 315-2008-042호(2008.12.9)
ISBN ▪ 979-11-5745-515-7 13530

값 ▪ **30,000원**

- 이 책의 출판권은 도서출판 세진북스가 가지고 있습니다.
- 이 책의 일부 또는 전체에 대한 무단 복제와 전제를 금합니다.

 세진북스에는 당신과 나
그리고 우리의 미래가 있습니다.